Principles and Applications of
3D Vision Technology for Robots

机器人三维视觉技术原理与应用

谢核　王刚　彭伟星　钟富强　等◎编著

化学工业出版社
·北京·

内容简介

本书系统地介绍了机器人三维视觉技术的基本原理及应用。全书共8章，按照理论基础-技术实现-实际应用的思路展开：基础理论部分主要介绍机器人三维视觉成像与运动学方面的基本原理和数学基础；技术实现部分主要介绍系统标定、路径规划、点云处理、数据融合与目标检测等主流核心技术；实际应用部分通过上下料、坡口切割、铣削、质量检测、导航等具体案例，展示三维视觉技术在工业制造等领域的应用。本书从理论到实践，从原理到应用，全面介绍了机器人三维视觉技术，确保读者能够形成完整的知识体系。

本书适合从事机器人视觉技术相关工作的工程技术人员和科研人员阅读，也可作为高等院校机器人工程、智能制造工程等相关专业师生的参考书。

图书在版编目（CIP）数据

机器人三维视觉技术原理与应用 / 谢核等编著. 北京 : 化学工业出版社, 2025. 10. -- ISBN 978-7-122-48805-3

Ⅰ. TP242.6

中国国家版本馆 CIP 数据核字第 2025H3Z177 号

责任编辑：金林茹
文字编辑：张　宇
责任校对：李雨函
装帧设计：王晓宇

出版发行：化学工业出版社
（北京市东城区青年湖南街 13 号　邮政编码 100011）
印　　装：天津千鹤文化传播有限公司
787mm×1092mm　1/16　印张 18¼　彩插 4　字数 450 千字
2026 年 2 月北京第 1 版第 1 次印刷

购书咨询：010-64518888
售后服务：010-64518899
网　　址：http://www.cip.com.cn
凡购买本书，如有缺损质量问题，本社销售中心负责调换。

定　　价：99.00 元　

PREFACE

前言

在科技蓬勃发展的今天，机器人技术犹如一颗璀璨的明星，照亮着人类探索未知世界的道路。而在机器人技术中，三维视觉技术扮演着至关重要的角色，它赋予了机器人“看”世界的能力，让机器人能够更深入地理解并交互我们所处的三维空间。特别是在智能制造领域，机器人三维视觉可以推动智能化生产，提升机器人的感知与控制能力，实现高精度的定位、加工控制与质量检测等功能，展现了巨大的市场潜力。例如，在上下料工序，利用三维视觉技术，机器人可以对不规则摆放的物体进行准确抓取，提高抓取的成功率和效率，这在仓储自动化、物流处理等领域具有重要意义。在质量控制方面，通过机器人三维视觉技术对产品进行高效高精度的三维扫描和建模，实现对产品质量的实时监控和检测，替代烦琐的人工操作，提高生产效率和产品质量。在机械加工方面，机器人三维视觉技术能够实时定位工件姿态，感知和监测加工过程，通过获取的数据进行分析和处理，为加工流程的优化提供指导，从而提升制造质量。机器人的这些优势将共同推动智能制造的发展，提升制造业的智能化水平和竞争力。

三维视觉技术是机器人感知环境和实现复杂任务的重要基础，但机器人三维视觉技术不同于单纯的视觉技术和机器人技术，需要同时考虑机器人运动学与视觉成像等多方面的技术，才能使三维视觉传感器和机器人更好地融合与协作。例如要实现汽车轮毂、电控端盖等多品种无序零件的批量质量检测，进行机器人测量路径自动规划时，既要考虑机器人关节极限、可达性、灵巧性、避障等因素，也要考虑三维视觉传感器视场角、视角、景深、可视性等因素。基于此，本书从视觉成像、系统标定、路径规划、点云融合、数据处理与目标检测六个方面展开，将机器人三维视觉技术系统化。

全书共8章，在阐述了机器人三维技术基本原理的基础上，也总结了笔者团队多年来的研究成果、应用案例与国内外最新进展。第1章介绍了结构光、激光雷达等工业上常见的三维视觉传感器的成像原理及特点，为读者在不同应用场景选择传感器提供技术参考；第2章介绍了位姿描述和齐次变换、操作臂正逆运动学、微分运动与雅可比矩阵等机械臂运动相关的基础知识；第3章介绍了机器人视觉系统标定技术，指导如何通过位姿误差传递建模、辨识与补偿精确获取传感器与机械臂之间的空间位姿；第4章介绍了机器人测量路径规划技术，包含传感器视点规划和机械臂运动路径技术，以实现测量数据获取的全面性、准确性或效率等目标；第5章介绍了多视角点云融合技术，以此将来自不同视角或不同时间点的点云数据进行精确对齐，重建出物体的完整三维模型；第6章介绍了精简、去噪光顺等点云处理技术；第7章从点、图像、点-图像三个角度介绍了常见的三维目标检测技术。第8章介绍了视觉引导的机器人上下料、坡口切割、铣削切边、质量检测、导航建图等应用案例。

本书第1章由钟富强撰写，第2、3章由王刚撰写，第4、5章由彭伟星撰写，第6、7

章由谢核撰写，第 8 章由谢核、王刚、钟富强等共同撰写。

本书内容的研究得到了国家重点研发计划项目“智能机器人”专项（多机器人协同制造中的自主智能与群智涌现，2023YFB4704800）、国家自然科学基金重大项目（面向重大装备制造的集群机器人协同控制基础理论与关键技术研究，62293512）等项目的资助。

机器人视觉技术发展日新月异，很多理论与应用问题还有待进一步深入研究，由于笔者学识有限，书中还有许多不足之处，敬请读者和专家批评指正。

编著者

CONTENTS

目录

第 1 章

机器人三维视觉成像技术

机器人三维传感技术是一种利用三维传感器来捕捉物体的三维形貌、位置和姿态，从而实现机器人感知、识别、定位和导航的关键技术。该技术结合了计算机视觉、图像处理和机器学习等多学科知识，广泛应用于工业自动化、服务机器人、医疗手术等领域，如图 1-1 所示。常用的三维传感技术包含立体视觉技术、结构光技术、激光扫描技术、激光雷达技术，以及 3D 点云与 2D 图像融合成像技术等，如图 1-2 所示。下面针对这些常用的三维传感技术进行详细介绍。

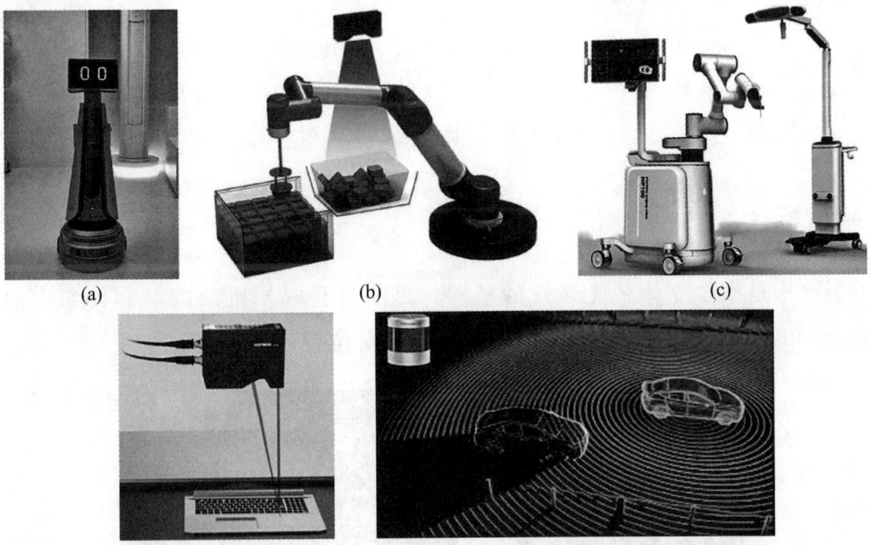

(a) (b) (c) (d) (e)

图 1-1　三维传感技术的应用

(a) 双目立体视觉　(b) 结构光　(c) 线激光　(d) 激光雷达

图 1-2　一些常用的三维视觉传感器

1.1 立体视觉技术

立体视觉是一种计算机视觉技术，利用两个或多个相机从不同视角拍摄同一场景，通过图像匹配和三角测量法计算物体的深度信息，从而重建三维场景，模拟了人类双眼视差的原理[1]，如图 1-3 所示。经典的立体视觉系统通常包含两个相机，称为双目立体视觉，具有效率高、精度合适、系统结构简单、成本低等优点，在虚拟现实、机器人导航及非接触式测量等领域具有巨大的应用价值。双目立体视觉是基于三角法的三维重建技术的基础，因此本节先介绍双目立体视觉技术。立体视觉技术实现三维重建的过程包含系统的标定、立体匹配和三角法重建几个主要步骤。这些步骤确保可以从二维图像获取准确的三维信息。

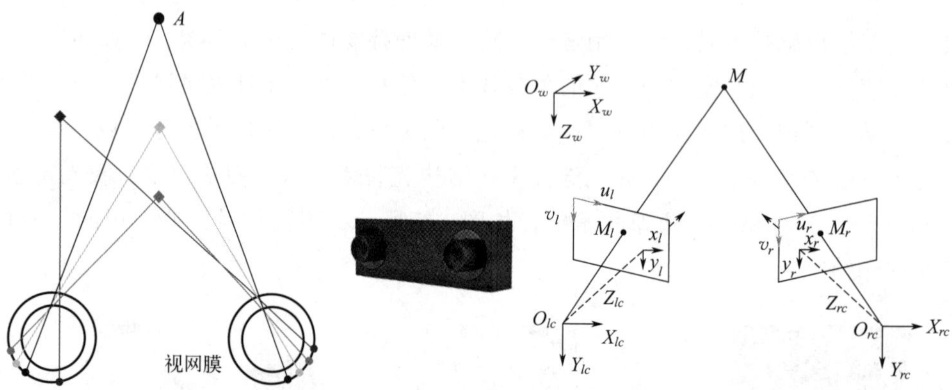

(a) 人类双眼视差原理　　(b) 立体视觉

图 1-3　立体视觉技术原理

1.1.1 系统标定

相机标定[2] 是整个立体视觉系统的基础，目的是获取相机的内参和外参。内参包含焦距、主点坐标和畸变系数；外参包含相机之间的相对位置和姿态。

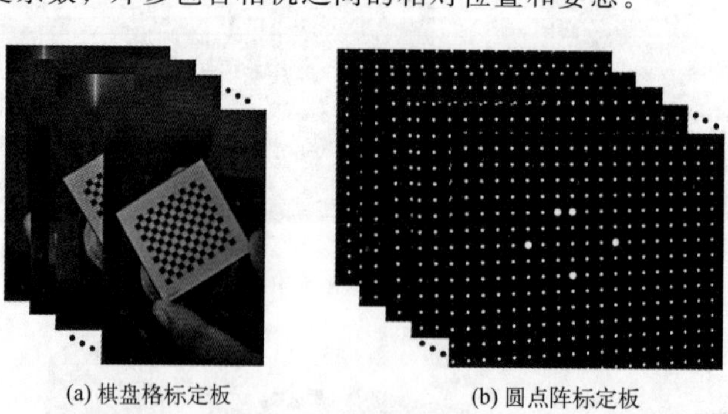

(a) 棋盘格标定板　　(b) 圆点阵标定板

图 1-4　立体视觉标定常用的棋盘格和圆点标定板

内参标定：使用标定板（如棋盘格图案和圆点图案）进行多次拍摄，如图 1-4 所示，利用标定算法计算相机的内参。在针孔相机模型（图 1-5）中，归一化像平面上的二维点的计算如下：

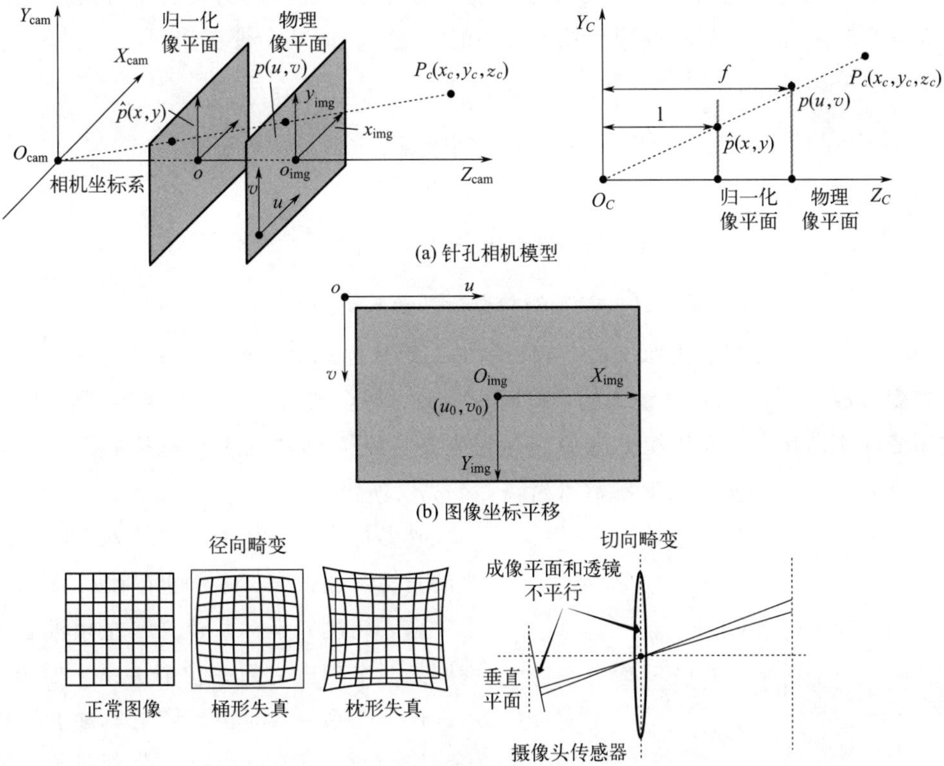

(a) 针孔相机模型

(b) 图像坐标平移

(c) 镜头畸变模型

图 1-5　针孔相机成像模型

$$\begin{bmatrix} x \\ y \end{bmatrix} = \begin{bmatrix} x_c/z_c \\ y_c/z_c \end{bmatrix} \tag{1-1}$$

式中，(x_c,y_c,z_c) 是三维点 P_c 在相机坐标系 O_{cam}-$X_{cam}Y_{cam}Z_{cam}$ 下的三维坐标；(x,y) 是三维点 P_c 在归一化像平面的投影点 $\hat{p}$ 的二维坐标点。归一化像平面到物理像平面（相机传感器所在平面）的转化如下：

$$\begin{bmatrix} u \\ v \end{bmatrix} = \begin{bmatrix} fax \\ fby \end{bmatrix} = \begin{bmatrix} f_x x \\ f_y y \end{bmatrix} \tag{1-2}$$

式中，(u,v) 是三维点 P_c 在物理像平面的投影点 p 的二维坐标点；f 指的是以 mm 为单位的焦距；a 和 b 表示尺度因子，单位是 pixel/mm；f_x 和 f_y 是以像素为单位分别沿着 X 和 Y 方向的焦距。一般以图像传感器左上角为坐标原点，需要进行坐标系平移：

$$\begin{bmatrix} u \\ v \end{bmatrix} = \begin{bmatrix} f_x x + u_0 \\ f_y y + v_0 \end{bmatrix} \tag{1-3}$$

式中，(u_0,v_0) 是相机坐标系 Z 轴与相机成像传感器的交点坐标，即主点坐标。综合式(1-1)～式(1-3) 可得：

$$\begin{bmatrix} u \\ v \\ 1 \end{bmatrix} = \frac{1}{z_c} \begin{bmatrix} f_x & 0 & u_0 \\ 0 & f_y & v_0 \\ 0 & 0 & 1 \end{bmatrix} \begin{bmatrix} x_c \\ y_c \\ z_c \end{bmatrix} \tag{1-4}$$

需要注意的是，以上相机模型没有考虑镜头的畸变，但相机的镜头不可避免地存在畸变，通常采用径向和切向的畸变模型校正镜头的畸变。径向畸变校正如下：

$$\begin{cases} x' = x(1+k_1r^2+k_2r^4+k_3r^6) \\ y' = y(1+k_1r^2+k_2r^4+k_3r^6) \end{cases} \tag{1-5}$$

切向畸变校正如下：

$$\begin{cases} x' = x+2p_1xy+p_2(r^2+2x^2) \\ y' = y+p_1(r^2+2y^2)+2p_2xy \end{cases} \tag{1-6}$$

式中，(x',y') 是归一化像平面上校正后的二维坐标；$r^2=x^2+y^2$；(k_1,k_2,k_3) 是镜头径向畸变参数；(p_1,p_2) 是镜头的切向畸变参数。综合式(1-5) 和式(1-6) 则可以同时校正径向畸变和切向畸变。立体视觉内参的标定则是标定立体视觉中相机的焦距 (f_x,f_y)、主点坐标 (u_0,v_0)、镜头的畸变参数 (k_1,k_2,k_3,p_1,p_2)。

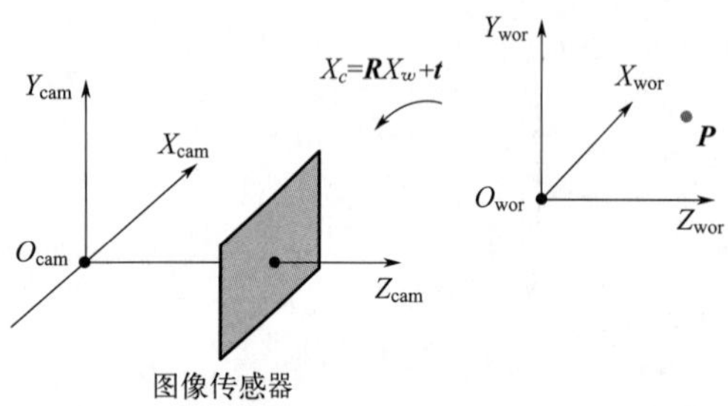

图 1-6　世界坐标系和相机坐标系下的坐标变换

外参标定：立体视觉系统外参的标定通常指的是标定相机坐标系和世界坐标系之间的位姿关系。当世界坐标系建立在左相机上时，外参则是两个相机之间的位姿关系。如图 1-6 所示，位姿关系一般是由旋转矩阵 $\boldsymbol{R}$ 和平移向量 $\boldsymbol{t}$ 表征，包含 6 个自由度，分别是绕着 X、Y 和 Z 轴旋转的 3 个角度 (α,β,γ) 和沿着这 3 个轴的平移分量 (t_x,t_y,t_z)。世界坐标系下的三维点转换到相机坐标系下的三维点的计算如下：

$$\begin{bmatrix} x_c \\ y_c \\ z_c \end{bmatrix} = \boldsymbol{R} \begin{bmatrix} x_w \\ y_w \\ z_w \end{bmatrix} + \boldsymbol{t} \tag{1-7}$$

式中，(x_w,y_w,z_w) 和 (x_c,y_c,z_c) 分别是三维点 P 在世界坐标系和相机坐标系下的三维坐标。$\boldsymbol{R}$ 和 $\boldsymbol{t}$ 是外参标定需要确认的位姿关系。在获取到系统的内参之后，传统的 PnP 算法经常用于外参的求解，最后采用 Levenberg-Marquardt（LM）法去同时优化内参 $(f_x, f_y,u_0,v_0,k_1,k_2,k_3,p_1,p_2)$ 和外参 $(\alpha,\beta,\gamma,t_x,t_y,t_z)$，使得反投影误差最小。旋转矩阵 $\boldsymbol{R}$ 可以由 (α,β,γ) 求解得出。

1.1.2　立体匹配

获取立体视觉系统的内参和外参后，在实现三维重建之前还需要立体匹配找出左右相机所拍摄图片中的对应点[3]。搜寻不同相机所拍摄图像上的对应点一直是立体视觉技术中的难点和热点问题。目前的主流方法有局部立体匹配算法、全局立体匹配算法[4,5]、基于特征点的匹配算法和基于深度学习的匹配方法。

(1) 局部立体匹配算法

局部立体匹配算法[4,6] 主要是利用左右视图中的局部区域的像素灰度值进行立体匹配，寻找左右图像中的对应点。在左图像中选取若干个感兴趣点（point of interest，POI），然后以每个感兴趣点为中心划取图像子块。为了加快在右图像中对应点的搜索效率，在右图像上沿着极线搜索对应点，以极线上的搜索点为中心，划取同样大小的图像子块。计算左图像上感兴趣点的图像子块和右图像上搜索点的图像子块之间的相似性。相似性评估方法有归一化的互相关方法（normalized cross correlation）、归一化的平方差方法和基于互信息的代价计算方法。接下来的视差计算则是在极线上搜寻相似性最高的图像子块，该子块的中心点为左图像上感兴趣点的对应点。视差图后处理是对视差图的结果进行判断，发现并改正可能的匹配错误。视差图后处理包括左右一致性检测、遮挡填补和加权中值滤波等。左右一致性检测指的是先从左视图到右视图进行立体匹配，然后从右视图到左视图进行匹配校验。遮挡填补指的是利用像素与邻近的背景像素具有相同的视差值这一特点来估算左视图中一些像素的视差值。此外，错误的匹配也会导致遮挡问题，利用遮挡问题，能纠正一些错误的匹配。中值滤波是对填补像素的视差进行中值滤波，解决遮挡填补后产生的横向条纹问题。

(2) 全局立体匹配算法

全局立体匹配算法[4,7] 和局部立体匹配算法存在共同点，都需要利用相似性评估方法找出左右视图中相关性最大的位置。全局立体匹配算法不同于局部立体匹配算法之处在于全局立体匹配算法还需考虑图像的视差在全局范围内是否是平滑的，对于相邻像素视差值相差较大的情况需要加以惩罚。全局立体匹配代价需同时考虑局部区域的像素匹配代价和视差平滑代价，公式定义如下：

$$E(d)=E_{\text{pixel}}(d)+E_{\text{smooth}}(d) \tag{1-8}$$

式中，$E(d)$ 表示图像中一像素在视差 d 时的匹配代价；$E_{\text{pixel}}(d)$ 表示以该像素为中心的局部区域里所有像素的像素匹配代价之和；$E_{\text{smooth}}(d)$ 表示该像素点与其邻域内像素的视差值之间的差值的惩罚项。全局立体匹配的难点在于如何最小化匹配代价函数的结果，常用的方法有：

① 在特定路径下寻找最小匹配代价的动态规划算法；

② 基于马尔可夫场估计最优解的置信度传播算法；

③ 采用“最大流”和“最小割”来优化代价函数的图割法。

(3) 基于特征点的立体匹配算法

基于特征点的立体匹配算法[4,8] 属于局部立体匹配算法的一种，在图像匹配中应用极其广泛。常用的特征点匹配算法有 SIFT（scale invariant feature transform）算法[9]、SURF（speeded up robust features）算法[10] 和 ORB（oriented FAST and rotated BRIEF）算法[11]。SIFT 算法是尺度不变特征匹配算法，这种描述具有尺度不变性，对旋转、缩放、亮度变化保持不变性。SURF 算法在保持 SIFT 算法优良性能的基础上，克服了 SIFT 算法计算复杂度高的缺点，改进了特征点的提取和特征向量的描述，加快了计算速度。ORB 算法结合了 FAST 角点检测算法和 BRIEF 描述子算法的优点，具有旋转不变性的特点。ORB 算法的优点是比 SIFT 和 SURF 算法快，可以快一个数量级。

(4) 基于深度学习的立体匹配算法

基于深度学习的立体匹配算法是一种新兴的热门的匹配算法[4,12]。神经网络从标注好的匹配结果图像数据中学习匹配规则，再将训练好的神经网络模型用于新图像的匹配预测。一些深度学习立体匹配方法借鉴了传统的局部/全局立体匹配方法，用深度学习方法实现局部/全局立体匹配方法的某一步：

① 用深度学习的方式计算两个图像子块的相似性，用以替代局部立体匹配方法中归一化的互相关等方法。

② 用深度学习的方式去进行视差图的后处理工作，用以替换局部立体匹配方法中的视差图后处理。

③ 用深度学习的方式评估像素匹配代价和视差平滑代价，用以替代全局立体匹配方法的匹配代价函数。

还可以利用深度学习方法直接进行端到端的学习，输入两幅图像，直接得到最终的视差图。

在某些特定场景中，如果有足够的数据集进行模型训练，则基于深度学习的立体匹配方法后续在相似场景中进行立体匹配时，通常可以取得优于传统立体匹配的效果，因为深度学习模型可以从数据集中学习到更为细致的匹配规则，比如一些传统特征不能体现的规则。但是训练好的模型遇到新场景时，如果没有足够多的关于新场景的数据用于对模型进行参数调整，则深度学习模型的匹配正确率将大大下降。这是目前深度学习立体匹配方法的共性问题，对训练数据集有很强的依赖性，泛化能力极其有限。

1.1.3 三维点重建

在标定获得立体视觉系统的内外参和通过立体匹配得到左右视图的视差或对应点之后，可通过三维点重建计算出三维空间坐标[13]。假设世界坐标系建立在左相机上，(u_l,v_l) 和 (u_r,v_r) 是左右视图的对应点，(X_w,Y_w,Z_w) 是待求解的三维点坐标，根据左相机的投影关系可得：

$$\begin{bmatrix} u_l \\ v_l \end{bmatrix} = \begin{bmatrix} f_x^L & 0 & c_x^L \\ 0 & f_y^L & c_y^L \end{bmatrix} \begin{bmatrix} X_w/Z_w \\ Y_w/Z_w \\ 1 \end{bmatrix} \tag{1-9}$$

假设左右相机的外参 $\boldsymbol{R}$ 和 $\boldsymbol{t}$ 分别为 $\boldsymbol{R}=[R_{11},R_{12},R_{13};R_{21},R_{22},R_{23};R_{31},R_{32},R_{33}]$ 和 $\boldsymbol{t}=[t_x,t_y,t_z]^{\mathrm{T}}$，则根据右相机的投影可得：

$$\begin{bmatrix} u_r \\ v_r \end{bmatrix} = \begin{bmatrix} f_x^R & 0 & c_x^R \\ 0 & f_y^R & c_y^R \end{bmatrix} \begin{bmatrix} \dfrac{R_{11}X_w+R_{12}Y_w+R_{13}Z_w+t_x}{R_{13}X_w+R_{32}Y_w+R_{33}Z_w+t_z} \\ \dfrac{R_{21}X_w+R_{22}Y_w+R_{23}Z_w+t_y}{R_{13}X_w+R_{32}Y_w+R_{33}Z_w+t_z} \\ 1 \end{bmatrix} \tag{1-10}$$

联合式(1-9) 和式(1-10) 求出三维点 (X_w,Y_w,Z_w) 的坐标：

$$[X_Q,Y_Q,Z_Q]^{\mathrm{T}}=\boldsymbol{M}^{+}\boldsymbol{b} \tag{1-11}$$

式中，$\boldsymbol{M}^{+}$ 指的是矩阵 $\boldsymbol{M}$ 的左逆$[\boldsymbol{M}^{+}=(\boldsymbol{M}^{\mathrm{T}}\boldsymbol{M})^{-1}\boldsymbol{M}^{\mathrm{T}}]$。$\boldsymbol{M}$ 和 $\boldsymbol{b}$ 分别为

$$\boldsymbol{M}=\begin{bmatrix} f_x^L & 0 & c_x^L-u_l \\ 0 & f_y^L & c_y^L-v_l \\ R_{11}f_x^R+R_{31}(c_x^R-u_r) & R_{12}f_x^R+R_{32}(c_x^R-u_r) & R_{13}f_x^R+R_{33}(c_x^R-u_r) \\ R_{21}f_y^R+R_{31}(c_y^R-u_r) & R_{22}f_y^R+R_{32}(c_y^R-u_r) & R_{23}f_y^R+R_{33}(c_y^R-u_r) \end{bmatrix} \tag{1-12}$$

$$\boldsymbol{b}=\begin{bmatrix} 0 \\ 0 \\ -[t_xf_x^r+t_z(c_x^R-u_r)] \\ -[t_yf_y^r+t_z(c_y^R-v_r)] \end{bmatrix} \tag{1-13}$$

式中，$(f_x^L,f_y^L,c_x^L,c_y^L,k_1^L)$ 和 $(f_x^R,f_y^R,c_x^R,c_y^R,k_1^R)$ 分别是左右相机的内参。需要说明的是，左右视图的对应点 (u_l,v_l) 和 (u_r,v_r) 已经经过了畸变校正。

1.2　结构光技术

结构光技术是一种基于主动光投射的三维扫描和测量技术[14]。向被测物体表面投射一系列已知模式的光线，即结构化的光（简称结构光），然后使用相机采集经过结构光编码的物体表面的图像，通过解码算法和三角化重建算法即可以获取物体表面的三维信息。结构光技术按其结构光编码方式分类有相移法、格雷码法和散斑法，如图 1-7 所示。本节将介绍这三种编码方式的结构光三维成像技术。

图 1-7　结构光编码方式

1.2.1　基于相移法的结构光技术

(1) 系统组成及标定

经典的基于相移法的结构光系统由一个相机和一个投影仪组成，如图 1-8 所示。投影仪向被测物体表面投射一系列带相移的正（余）弦波条纹来编码物体表面，相机采集物体表面的一系列条纹图像，利用相移法求取图像上的相位，再根据相位进行物体表面的三维重建。系统标定是三维重建的前提，该经典系统的标

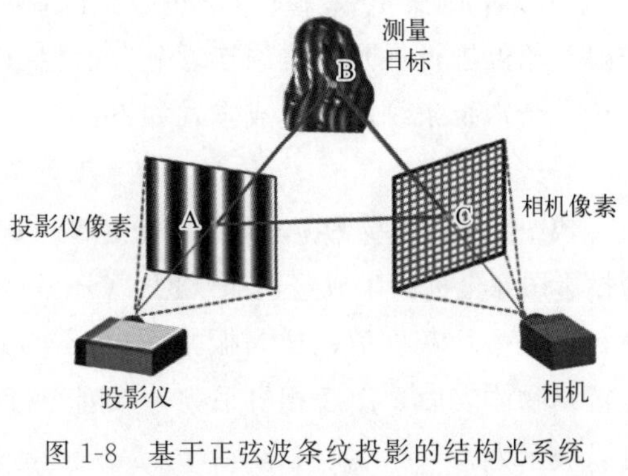

图 1-8　基于正弦波条纹投影的结构光系统

定方法主要有相位高度映射法[15] 和逆投影法[16]。其中相位高度映射法是标定相对参考平面的相位差与物体表面高度的对应关系；逆投影法是将投影仪当作一个逆向的相机，如图 1-9 所示，一般选用黑底白点的圆点标定板，标定板在视野范围内摆放多个姿态，对每个姿态，投影仪往标定板上投射竖条纹和横条纹并用相机采集对应的图片，然后求解圆形靶标点圆心处竖向条纹和横向条纹的相位，根据相位推断出圆形靶标点圆心在投影仪处的“成像”位置，用标定立体视觉的方法标定出由相机和投影仪组成的“双目”立体视觉内外参数。相位高度映射法由于相位差和高度之间的非线性关系以及不同位置的非线性关系不一样，因此其精度通常不高，限制了其应用范围。而逆投影法因其精度高成为主流的结构光系统的标定方法。

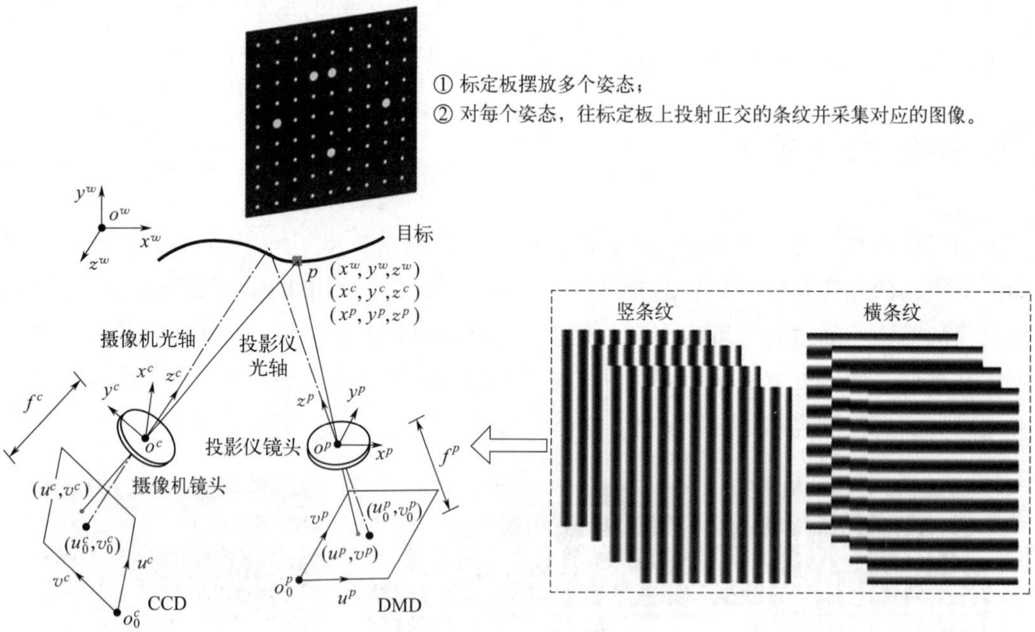

图 1-9　基于逆投影法的结构光系统的标定

(2) 基于相移法的结构光编码与解码

相移法因其操作简单、效率高、精度高的优点而广泛用于结构光的编码与解码[17]。相移法是把投影的条纹图案在一个周期内均匀移动 N 步（$N\geqslant 3$），每次移动 $2\pi/N$，根据相机采集到的 N 幅变形条纹图求解折叠相位 ϕ，其范围为 $-\pi$ 到 π。为了消除相位的歧义性，还需要对相位进行展开，得到连续分布的相位，用于后续的三维形貌重建。相移法一般采用的是正（余）弦条纹，其生成方式如下：

$$I_n(x,y)=A+B\cos[\phi(x,y)-2\pi n/N] \tag{1-14}$$

式中，n 分别设为 0，1，2，…，$N-1$，则可生成 N 幅相移正（余）弦条纹图；(x,y) 为投影图像坐标，生成竖向条纹时 $\phi(x,y)$ 可设为 $\phi(x,y)=2\pi fx$，f 是正（余）弦波的频率；A 是平均灰度值；B 是振幅；$I_n(x,y)$ 是生成的第 n 幅相移图。条纹经过投影仪投射至被测物体表面，然后相机采集一系列经过带相移的条纹编码的物体表面图像，采集的图片可以表示为

$$P_n(x,y)=A(x,y)+B(x,y)\cos[\phi(x,y)-2\pi n/N] \tag{1-15}$$

此时，每个像素点上的背景强度 $A(x,y)$ 和振幅 $B(x,y)$ 可能不一样，因为物体表面上各点的反光很可能不一样。$P_n(x,y)$ 为采集到的图片上的像素灰度值，则每一像素点的截断相位的求解方法为

$$\phi(x,y)=\arctan\frac{\sum_{n=0}^{N-1}P_n(x,y)\sin(2\pi n/N)}{\sum_{n=0}^{N-1}P_n(x,y)\cos(2\pi n/N)} \tag{1-16}$$

平均灰度 A 和振幅 B 的求解：

$$A(x,y)=\frac{1}{N}\sum_{n=0}^{N-1}P_n(x,y) \tag{1-17}$$

$$B(x,y)=\frac{1}{N}\sqrt{\left[\sum_{n=0}^{N-1}P_n(x,y)\sin(2\pi n/N)\right]^2+\left[\sum_{n=0}^{N-1}P_n(x,y)\cos(2\pi n/N)\right]^2} \tag{1-18}$$

为了消除截断相位的歧义性和获得连续的相位，需要对相位进行展开，相位展开的方法包含多频外差法、格雷码辅助法和多波长法等。下面重点介绍外差法，其测量精度高、相位展开可靠性高。外差原理是指将两种频率不同的相位函数 $\phi_1(x,y)$ 和 $\phi_2(x,y)$ 叠加得到一种频率更低的相位函数 $\phi_{12}(x,y)$，如图 1-10 所示，假设第一种频率的正（余）弦波的波长为 λ_1，第二种频率的正（余）弦波的波长为 λ_2，则生成的低频的正（余）弦波的波长 λ_b 为

$$\lambda_b=\frac{\lambda_1\lambda_2}{|\lambda_1-\lambda_2|} \tag{1-19}$$

两个频率的相位差计算方式：

$$\phi_{12}(x,y)=\begin{cases}\phi_1(x,y)-\phi_2(x,y) & \phi_1(x,y)\geqslant\phi_2(x,y)\\ 2\pi+\phi_1(x,y)-\phi_1(x,y) & \phi_1(x,y)<\phi_2(x,y)\end{cases} \tag{1-20}$$

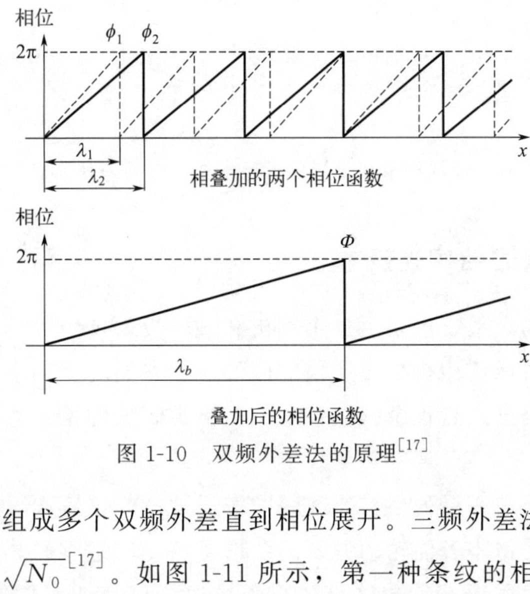

图 1-10　双频外差法的原理[17]

三频外差可以两两组成多个双频外差直到相位展开。三频外差法的条纹周期数可以设置为 N_0、N_0-1、$N_0-\sqrt{N_0}$[17]。如图 1-11 所示，第一种条纹的相位和第二种条纹的相位差可生成波数为 1 的条纹；第一种条纹的相位和第三种条纹的相位差可生成波数为 $\sqrt{N_0}$ 的

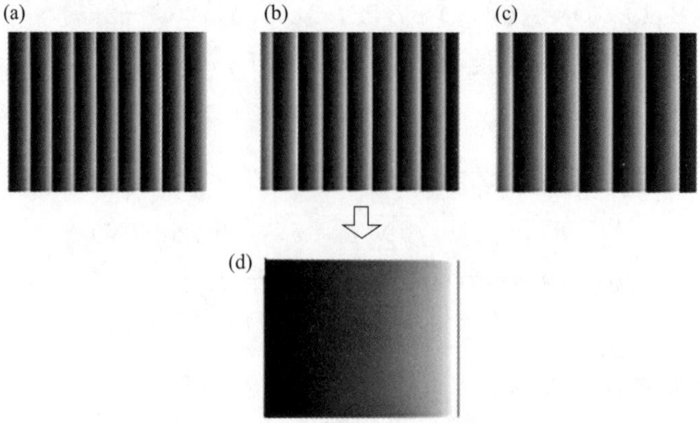

图 1-11　三频外差法相位展开[17]

（a）条纹数为 9 的折叠相位；（b）条纹数为 8 的折叠相位；（c）条纹数为 6 的折叠相位；（d）三频外差法展开的相位

条纹。然后根据波数为 1 的条纹中的相位和波数为 $\sqrt{N_0}$ 的条纹中的相位计算出后者的绝对相位，再结合波数为 N_0 的条纹中的相位计算出绝对相位：

$$\Phi(x,y)=\phi(x,y)+2k\pi \tag{1-21}$$

当图像上任意像素点的绝对相位求解之后，可以根据单相机和单投影仪组成的立体视觉系统的极线约束找到相机上像素点在投影仪上的亚像素对应点，如图 1-12 所示。然后可以利用 1.1.3 节中的三维重建方法计算出任意像素点对应的三维点，实现结构光的三维重建。

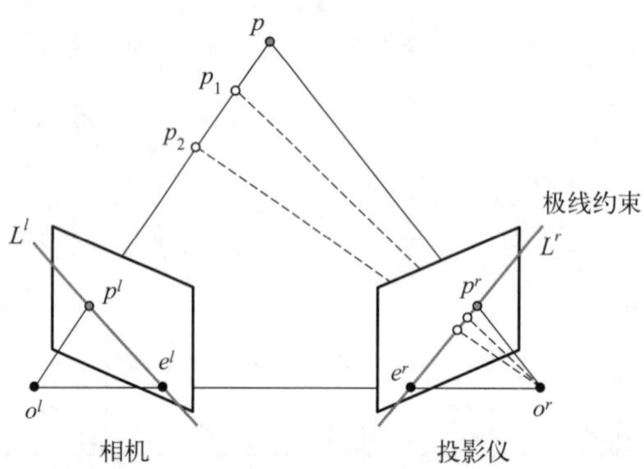

图 1-12　通过极线约束在投影仪上搜索相机上某一像素点的对应点

1.2.2　基于格雷码法的结构光技术

典型的格雷码法结构光系统也是由一个相机和一个投影仪组成的。系统的标定方法也可以是一样的：用逆投影法标定相机与投影仪的内外参。它们的差别主要在于结构光的编码和解码方式，相移法的编码方式是正余弦波条纹，而格雷码法的编码方式是二值化的条纹，如图 1-7 和图 1-13 所示。

格雷码法的基本原理是一系列格雷码编码图案通过投影仪逐次投影到被测物体表面，相机从另一视角同步拍摄受物体表面轮廓调制的变形条纹，通过解码算法提取格雷码变形条纹边缘或中心位置坐标，然后根据三角法重建出条纹边缘信息或者中心位置的三维坐标[18]。根据格雷码在结构光成像中所起作用的不同，格雷码法分为格雷码直接编码技术和格雷码辅助编码技术，后者可再细分为格雷码辅助线移技术、格雷码辅助条纹边缘移动技术和格雷码辅助相移技术。

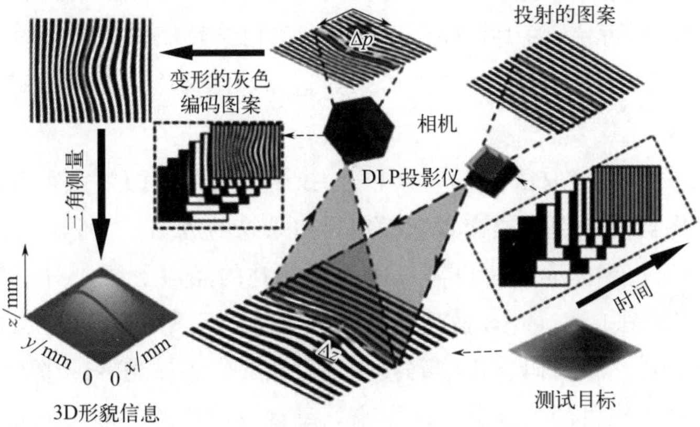

图 1-13　基于格雷码法的结构光技术[18]

(1) 格雷码直接编码技术

格雷码直接编码技术是将格雷码条纹直接用来调制被测面型。Inokuchi 等首次将格雷码条纹应用到三维形貌测量当中。格雷码编码方式是投影一系列二值化的格雷码码字图案到被测物体表面，然后投影图案受到被测物体表面轮廓调制发生弯曲变形。相机采集变形格雷码图案后，其解码方式如图 1-14 所示，计算如下：

$$V(x,y)=\sum_{i=1}^{m}GC_i(x,y)\times 2^{m-i} \tag{1-22}$$

$$k(x,y)=i(V(x,y)) \tag{1-23}$$

式中，m 是格雷码条纹图像总幅数；$GC_i(x,y)$是第 i 幅图像在像素坐标(x,y)处的对应的二值化的值 0 或 1；$i(\cdot)$ 用来查表找出 V 和 k 之间的已知的对应关系。

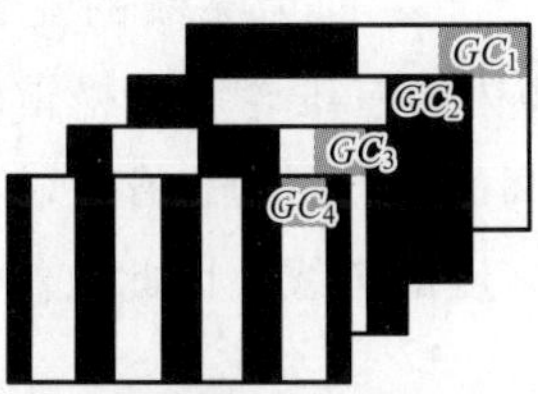

(a) 投影格雷码条纹

GC_1	0	0	0	0	0	0	0	0	1	1	1	1	1	1	1	1
GC_2	0	0	0	0	1	1	1	1	1	1	1	1	0	0	0	0
GC_3	0	0	1	1	1	1	0	0	0	0	1	1	1	1	0	0
GC_4	0	1	1	0	0	1	1	0	0	1	1	0	0	1	1	0
V	0	1	3	2	6	7	5	4	12	13	15	14	10	11	9	8
$i(V)$	0	1	2	3	4	5	6	7	8	9	10	11	12	13	14	15

(b) 格雷码解码

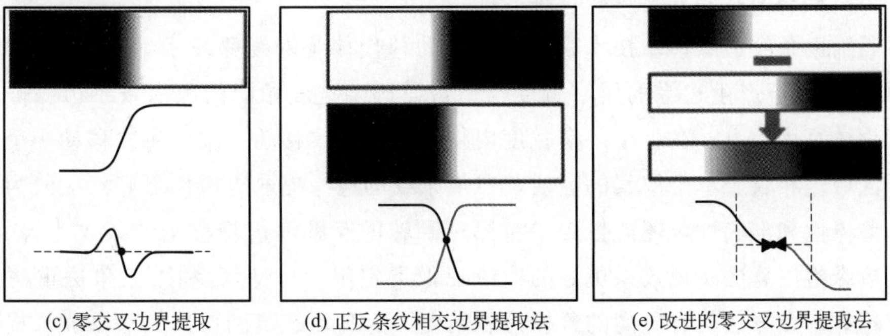

(c) 零交叉边界提取　(d) 正反条纹相交边界提取法　(e) 改进的零交叉边界提取法

图 1-14　格雷码直接编码解码方法[18]

从图 1-14 可以得出相邻两个码字之间四幅图中只有一位码字改变，解码的误码率可以降到最低，然后根据每根条纹的中心或者边界的位置利用三角法进行三维重建。条纹边界的提取一般要比条纹中心的提取更加准确，应用更广泛一些。条纹边界的提取方法主要有：

① 零交叉边界提取方法[图 1-14(c)]，首先对黑白条纹图像求取二阶导数，然后搜索黑白条纹边界处二阶导数的过零点，由于二阶求导运算对图像噪声非常敏感，需要对图像进行滤波预处理。

② 正反条纹相交边界提取法[图 1-14(d)]，投影两组互补的格雷码黑白条纹，在图像上搜寻互补黑白条纹图像对应剖线的交点来确定黑白条纹的边缘。

③ 改进的零交叉边界提取方法也需投影两组互补的黑白条纹，对采集到的互补的黑白条纹图像做差分运算[图 1-14(e)]，然后在差分图像上搜索零点所在的位置。条纹中心的提取方法一般采用重心法。格雷码直接编码技术一般只有在条纹边缘或中心才能解算物体三维形貌信息，因此其测量结果的空间分辨率不高，呈现离散化的“多线”分布的现象。

为了提高格雷码直接编码技术的空间分辨率，一些格雷码辅助编码技术出现了，根据辅助结构光的类型分为格雷码辅助线移技术、格雷码辅助条纹边缘移动技术和格雷码辅助相移技术。它们主要利用了格雷码鲁棒的解码特性和可以很好地消除条纹的空间歧义性[18]。

（2）格雷码辅助线移技术

格雷码辅助线移技术是格雷码辅助移动投影仪侧单个像素宽度的亮线组实现编码物体表面[19]。如图 1-15 所示，移动的单像素亮线组需要逐像素移动依次投影到被测物体表面：图中条纹宽度为 6 个像素，只有 1 个像素宽度的亮线的强度为 1，其余像素的强度设为 0，向右移动多线光栅 6 次，每次只移动 1 个像素，亮线则可以覆盖投影仪侧空间上所有的像素点；格雷码则用于消除亮线在空间位置上的歧义性。对采集的条纹图像中的亮线中心点的提取精度基本决定了格雷码辅助线移技术的三维成像的精度。成像系统具有低通滤波的效果，亮线的强度分布类似于高斯分布。为了实现对峰值点的亚像素检测，可以对所拍图像的每行进行一阶求导运算，然后通过线性插值找到一阶导数的过零点，即为亮线的亚像素峰值点[20]。获得亮线中心点的坐标后可根据三角法重建出被测物体的三维轮廓。格雷码辅助线移技术结合了格雷码编码无歧义性和线结构光扫描测量精度高的优点，但也存在缺点，由于成像系统的高斯低通滤波器特性和在投影仪侧只有 1 个像素宽度的亮线，因此成像系统中所拍图像的亮条纹的对比度不够大，影响亮条纹中心的提取精度。

（3）格雷码辅助条纹边缘移动技术

格雷码辅助条纹边缘移动技术是用边缘移动替代传统的线移技术编码物体表面[21]，如图 1-16 所示，用于产生边缘的码字宽度与格雷码码字宽度相同的黑白条纹边缘被当作特征用来标记物体高度信息，在 1 个码字宽度内将二值化条纹移动 3 次，每次移动 1 个像素来标记每个子区域。相较于单个像素的亮线，二值条纹的边缘提取鲁棒性更好。一般为了提升边缘提取的鲁棒性和准确性，还需投影一组黑白翻转的互补的边缘移动的条纹[21]，利用改进的零交叉边缘检测算法实现效果更好的边缘亚像素定位[22]，然后利用三角法重建出物体表面的三维轮廓。此方法具有更高的鲁棒性和精度，为高动态范围物体的三维成像提供了一个很好的技术手段。

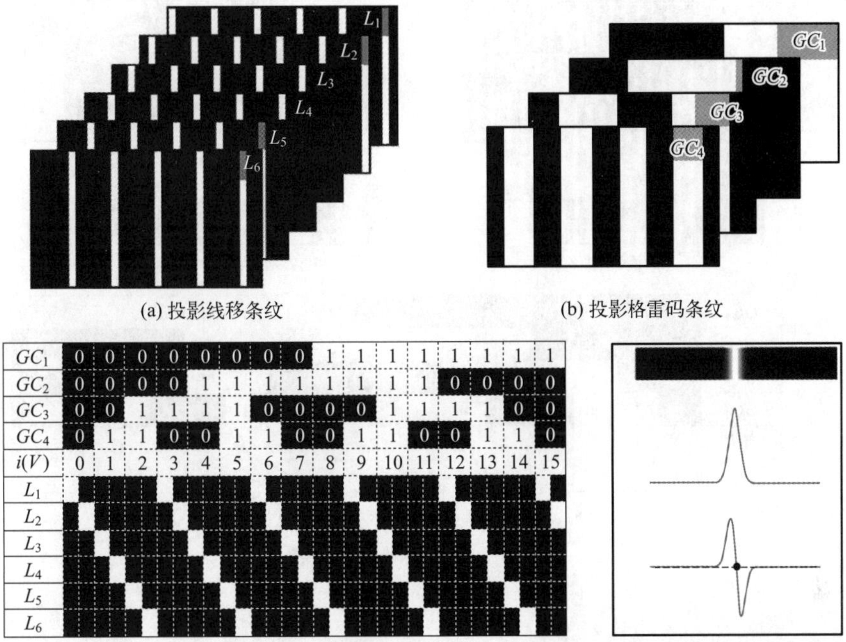

(a) 投影线移条纹　(b) 投影格雷码条纹

(c) 格雷码和线移码解码过程　(d) 亮线中心点提取

图 1-15　格雷码辅助线移技术[17]

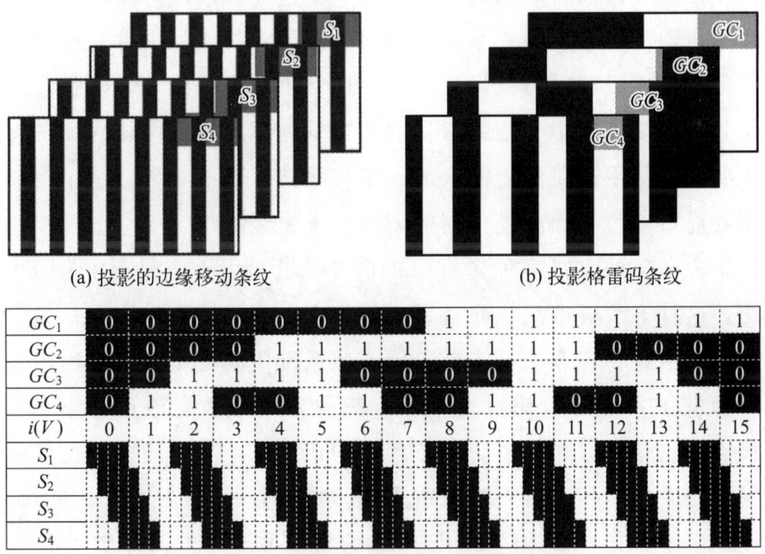

(a) 投影的边缘移动条纹　(b) 投影格雷码条纹

(c) 格雷码和边缘移动条纹解码过程

图 1-16　格雷码辅助边缘移动技术[17]

(4) 格雷码辅助相移技术

格雷码辅助相移技术借助格雷码消除相位的空间歧义性，利用相移技术在一个格雷码周期内对被测物体表面进行编码（见图 1-17）。该技术可以弥补格雷码辅助线移技术和格雷码辅助边缘移动技术空间分辨率离散的不足，实现相机端的全分辨率三维重建。包裹相位的求解已在 1.2.1 节中讲解了，这里不再介绍。

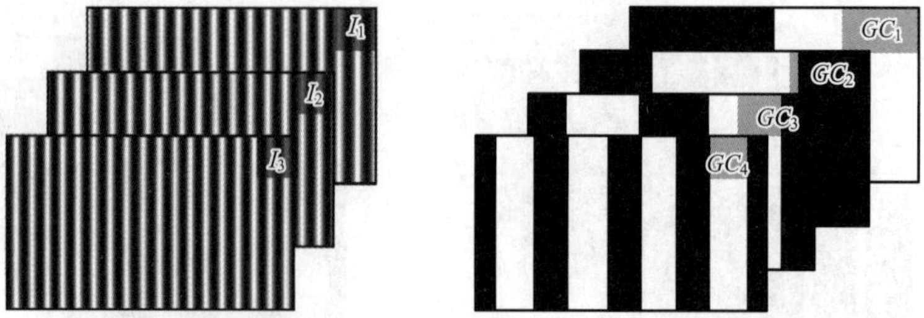

(a) 投影相移条纹　　(b) 投影格雷码条纹

GC_1	0	0	0	0	0	0	0	0	1	1	1	1	1	1	1	1
GC_2	0	0	0	0	1	1	1	1	1	1	1	1	0	0	0	0
GC_3	0	0	1	1	1	1	0	0	0	0	1	1	1	1	0	0
GC_4	0	1	1	0	0	1	1	0	0	1	1	0	0	1	1	0
$k=i(V)$	0	1	2	3	4	5	6	7	8	9	10	11	12	13	14	15
ϕ																

(c) 格雷码和相移条纹的解码过程

图 1-17　格雷码辅助相移技术[17]

1.2.3　基于散斑法的结构光技术

基于散斑法的结构光技术主要利用散斑投影仪投影随机散斑编码物体表面，然后利用两个或单个相机同步拍摄经过散斑编码的物体表面，通过立体匹配算法寻找对应点，然后根据三角法重建出物体表面的三维形貌。基于散斑法的结构光技术的硬件一般由两个相机和散斑投影仪组成或者由单个相机和散斑投影仪组成。通常由两个相机和散斑投影仪组成的系统精度更高，该系统是根据 1.1 节中介绍的双目立体视觉的原理进行物体表面的三维重建，散斑投影仪的作用主要是投影出散斑到物体表面、丰富物体表面的纹理。由单个相机和散斑投影仪组成的系统主要通过参考平面法进行物体表面三维重建[23]。

散斑投影仪生成散斑的方式多种多样（如图 1-18 所示）：一种是利用 DLP 投影仪直接投影出随机散斑，这种方法成本高，而且系统体积大，限制了它的应用；另一种是使用激光透过毛玻璃生成随机散斑，该方法成本低，但成像系统中不可避免地会出现主观散斑，存在去相关的问题，降低了系统的重建精度；还有一种方式是激光透过光学衍射器件（DOE）生成随机的散斑点阵，这种方式在消费电子产品中获得了巨大的应用，比如美国的苹果公司率先将该技术引入其手机产品进行人脸三维重建，此外，该方式在众多的 RGB-D 相机中也获得了大量应用。由于激光直接透过 DOE 生成的随机散斑中的圆点数量有限，因此其在较大视野范围内成像时特征点过于稀疏，严重影响三维成像的分辨率。结合垂直腔面发射激光器（VCSEL）和 DOE 可以生成更加稠密的随机散斑，从而增加三维成像的分辨率。

接下来主要介绍基于双目立体视觉和散斑投影仪的结构光三维成像技术[24,25]。如图 1-19 所示，两个相机组成双目立体视觉系统同步采集图像，可以采用张正友标定法标定出双目立体视觉系统的内外参，散斑投影仪采用 VCSEL 和 DOE 的方式投影出红外散斑丰富物体表面的纹理，采用归一化的互相关方法[式(1-24)]和极线约束进行立体匹配，找出左右相机之间稠密的对应点，计算出左右视图的视差：

$$A(t,s)=\frac{\sum_{i=-M}^{M}\sum_{j=-N}^{N}[f(i,j)-\overline{f}][g(i+t,j+s)-\overline{g}]}{\sqrt{\sum_{i=-M}^{M}\sum_{j=-N}^{N}[f(i,j)-\overline{f}]^2}\sqrt{\sum_{i=-M}^{M}\sum_{j=-N}^{N}[g(i+t,j+s)-\overline{g}]^2}} \tag{1-24}$$

式中，(t,s) 指的是视差；M 和 N 分别指的是图像子块长度和宽度的一半；$\overline{f}$ 和 $\overline{g}$ 分别指的是参考图像子块和目标图像子块的灰度值的平均值。在获得左右相机之间稠密的对应点之后，根据 1.1.3 节所述的技术可以实现物体表面三维重建。

图 1-18　基于散斑投影的结构光三维成像技术[24]

(a) B-SPP 成像系统安装；(b) 利用 DLP 投影仪投影随机散斑；(c) 利用毛玻璃（ground glass diffuser，GGD）生成随机散斑；(d) 利用光学衍射器件（DOE）生成随机散斑

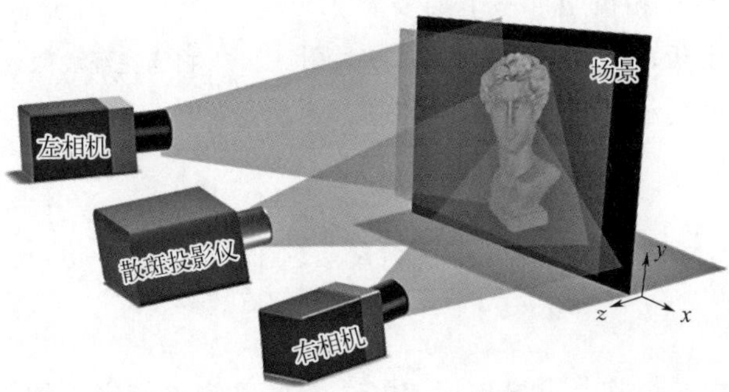

图 1-19　基于双目立体视觉和散斑投影仪的结构光三维成像技术[25]

1.3　线激光扫描三维成像技术

线激光扫描系统的经典结构是由一个激光器和一个相机组成，其三维重建原理也是基于三角法[26]。激光器发出的激光束经准直聚焦后入射到物体表面上，表面的散射光经过接收

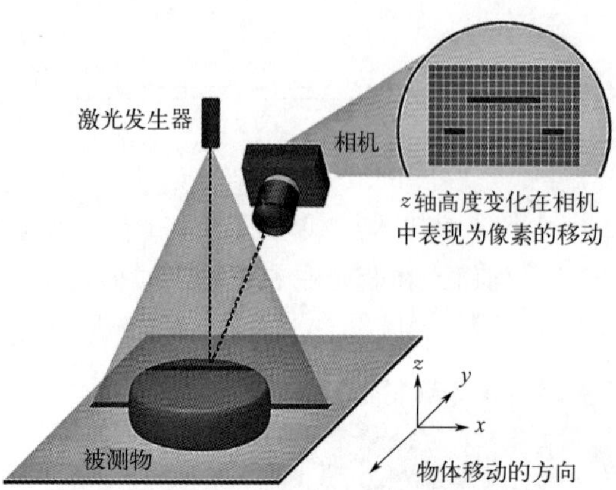

图 1-20　线激光扫描三维成像技术[27]

镜头成像于探测器的阵列（如 CMOS）芯片上，利用算法从图像上提取出激光线的位置，再根据三角法求出激光线所覆盖位置的三维坐标。由于线激光扫描三维成像技术只能测量激光线所覆盖位置的三维坐标，为了实现一个轮廓面的三维测量，需要配置一个运动机构带动被测物体沿着激光线的垂直方向运动，如图 1-20 所示。

1.3.1　系统的标定

系统的标定是线激光扫描三维成像的前提，主要的标定方法有两种，分别是参考平面法[28,29]和光平面法[30]，不同的标定方法标定的参数不一致。其中参考平面法原理和操作简单，主要是标定物体高度与激光线在相机上成像的线条偏移量的关系，如图 1-21 所示：用已知高度 h 的工件合理放置在激光器和相机的成像区域并在景深范围内，计算出成像芯片中的激光线在工件下的像素偏移量 Δx，标定出 h 和 Δx 的函数关系为 $h=f(\Delta x)$。可以采用多个不同高度的标定块来提升标定精度。

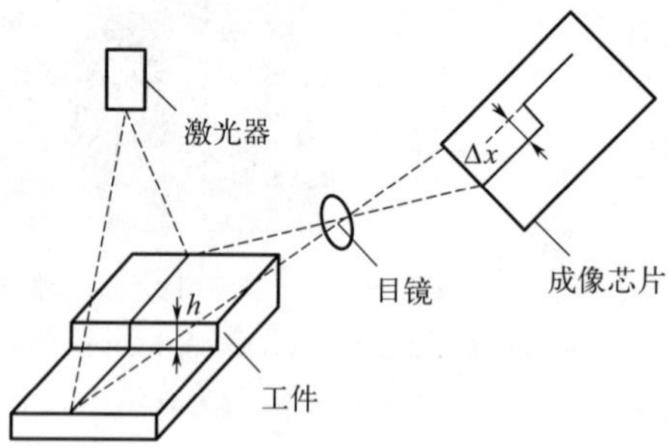

图 1-21　基于参考平面法的线激光扫描三维成像系统的标定方法[28]

另一种标定方法是光平面法[29]，如图 1-22 所示，标定出激光器所发出的光形成的光平面与相机坐标系的位姿关系，下面重点介绍这种标定方法。首先利用张正友标定方法标定出相机的内参，包括相机的焦距、主点坐标和镜头的畸变参数。然后将世界坐标系建立在相机坐标系下，用一块平面标定板在成像系统的视野下摆放多个姿态成像，分别利用 PnP 算法计算标定板在相机坐标系下的姿态。

假设相机相对标定板的位姿变换为 $\boldsymbol{R}$、$\boldsymbol{T}$，标定板在相机中的投影可表示为

$$s\begin{bmatrix}u\\v\\1\end{bmatrix}=\boldsymbol{K}[\boldsymbol{R}\quad\boldsymbol{T}]\begin{bmatrix}X\\Y\\Z\\1\end{bmatrix}\tag{1-25}$$

式中，$\boldsymbol{K}$ 为相机内参矩阵，可事先标定好，看成已知量。定义增广矩阵 $\boldsymbol{K}$［$\boldsymbol{R}$　$\boldsymbol{T}$］为一个 3 行 4 列的矩阵，模型的数学表达式可写成：

$$s\begin{bmatrix}u\\v\\1\end{bmatrix}=\begin{bmatrix}t_1 & t_2 & t_3 & t_4\\t_5 & t_6 & t_7 & t_8\\t_9 & t_{10} & t_{11} & t_{12}\end{bmatrix}\begin{bmatrix}X\\Y\\Z\\1\end{bmatrix}\tag{1-26}$$

用最后一行把 s 消去，得到两个约束：

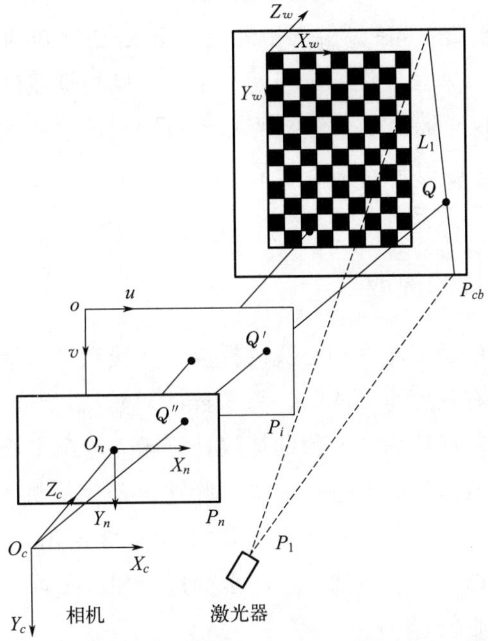

图1-22 基于光平面法的线激光扫描三维成像系统的标定方法[30]

$$
\begin{cases} u=\dfrac{t_1X+t_2Y+t_3Z+t_4}{t_9X+t_{10}Y+t_{11}Z+t_{12}} \\ v=\dfrac{t_5X+t_6Y+t_7Z+t_8}{t_9X+t_{10}Y+t_{11}Z+t_{12}} \end{cases} \tag{1-27}
$$

为简化表示，定义：

$$
\begin{cases} \boldsymbol{t}_1=(t_1,t_2,t_3,t_4)^{\mathrm{T}} \\ \boldsymbol{t}_2=(t_5,t_6,t_7,t_8)^{\mathrm{T}} \\ \boldsymbol{t}_3=(t_9,t_{10},t_{11},t_{12})^{\mathrm{T}} \end{cases} \tag{1-28}
$$

也定义空间点 $\boldsymbol{P}=(X,Y,Z,1)^{\mathrm{T}}$，则上面两个约束可转化成矩阵形式：

$$
\begin{cases} \boldsymbol{t}_1{}^{\mathrm{T}}\boldsymbol{P}-\boldsymbol{t}_3{}^{\mathrm{T}}\boldsymbol{P}u=\boldsymbol{0} \\ \boldsymbol{t}_2{}^{\mathrm{T}}\boldsymbol{P}-\boldsymbol{t}_3{}^{\mathrm{T}}\boldsymbol{P}v=\boldsymbol{0} \end{cases} \tag{1-29}
$$

由此可见，每个特征点能提供两个关于增广矩阵 $\boldsymbol{K}$［$\boldsymbol{R}\quad\boldsymbol{T}$］的线性约束，则 N 个特征点可列出 $2N$ 个约束：

$$
\begin{bmatrix} \boldsymbol{P}_1^{\mathrm{T}} & \boldsymbol{0} & -u_1\boldsymbol{P}_1^{\mathrm{T}} \\ \boldsymbol{0} & \boldsymbol{P}_1^{\mathrm{T}} & -v_1\boldsymbol{P}_1^{\mathrm{T}} \\ \vdots & \vdots & \vdots \\ \boldsymbol{P}_N^{\mathrm{T}} & \boldsymbol{0} & -u_N\boldsymbol{P}_N^{\mathrm{T}} \\ \boldsymbol{0} & \boldsymbol{P}_N^{\mathrm{T}} & -v_N\boldsymbol{P}_N^{\mathrm{T}} \end{bmatrix} \begin{bmatrix} \boldsymbol{t}_1 \\ \boldsymbol{t}_2 \\ \boldsymbol{t}_3 \end{bmatrix}=\boldsymbol{0} \tag{1-30}
$$

增广矩阵 $\boldsymbol{K}[\boldsymbol{R}\quad \boldsymbol{T}]$ 一共有 12 维，则最少需要 6 个特征点才可以实现增广矩阵的线性求解，SVD 分解是常用的求解方法。由于相机的内参 $\boldsymbol{K}$ 是已知的，相机相对标定板的位姿变换为 $\boldsymbol{R}$，$\boldsymbol{T}$ 则可以求解出来。假设标定板是个平面，则根据线激光在相机中成像的位置求解出激光轮廓中心线的 3D 坐标，多个姿态的标定板则对应多个线条区域的 3D 坐标，将这些激光轮廓中心线的 3D 坐标拟合成一个平面，称为激光器的光平面，此时求解出激光器的光平面和相机坐标系的位姿关系。

1.3.2 激光轮廓中心线的提取

线激光在相机中成像的激光轮廓中心线的提取，对线激光三维测量的精度影响巨大。激光轮廓中心线的提取方法有灰度重心法[31] 和 Steger 算法[32]。

灰度重心法是以像素灰度值为加权值的加权计算激光轮廓中心线的方法，精度可达亚像素级。该方法沿着光条横截面的方向进行扫描，筛选出灰度值最大点 $G_{\max}$ 以及灰度值大于极大值与阈值的差值 $G_{\max}-Th$ 的所有像素点，如图 1-23 所示，然后以这些像素的灰度值作为该像素的权重，对筛选出的这些像素点的坐标进行加权平均，利用重心计算公式可以计算某一行的激光轮廓的中心位置：

$$x=\frac{\sum_{i=0}^{n}(G_i x_i)}{\sum_{i=0}^{n}G_i} \tag{1-31}$$

式中，G_i 和 x_i 分别是像素点 i 的灰度值和列坐标。

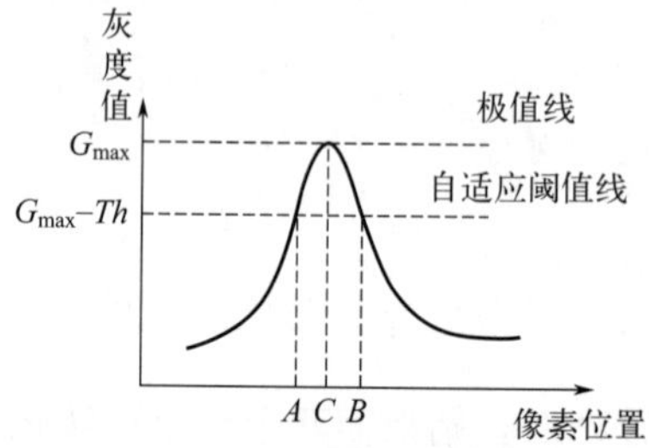

图 1-23　灰度重心法提取激光轮廓中心线[31]

Steger 算法是由德国慕尼黑大学的 Steger 教授首次提出的一种基于 Hessian 矩阵的亚像素级激光轮廓中心提取算法[32]。Steger 算法使用 Hessian 矩阵求解图像二阶方向导数，二阶方向导数绝对值最大的方向就是光条纹的法线方向。Hessian 矩阵的表达式：

$$\boldsymbol{H}(x,y)=\begin{bmatrix} I_{xx} & I_{xy} \\ I_{xy} & I_{yy} \end{bmatrix} \tag{1-32}$$

式中，I_{xx} 是图像灰度值沿着 X 方向的二阶导数；I_{yy} 是图像灰度值沿着 Y 方向的二阶导数；I_{xy} 是图像灰度值沿着 X 和 Y 方向的二阶导数。Hessian 矩阵最大特征值对应的特征向量就是该点像素灰度值变换最大的方向，也称法线方向。然后在法线方向上对光条纹灰度分布函数进行二阶泰勒展开，得到一阶过零点即为激光轮廓的中心点。Steger 算法精度高，但是其计算量大，一般需借助 GPU 或 FPGA 等硬件才能达到实时性。

在提取出激光轮廓的中心线之后，连接相机光心和激光轮廓中心线的每个点的直线与激光器光平面的交点即为需要求解的三维点。

1.4 激光雷达三维成像技术

激光雷达是一种基于飞行时间法的主动成像技术[33]，本质上是通过测量光脉冲或调制信号往返于激光雷达和目标之间的飞行时间来获得距离信息，同时通过扫描测量获得垂直于光束垂直平面内的方位信息。

激光雷达要实现目标距离测量，必须确保能够接收到足够的回波信号，一般根据激光雷达方程计算激光回波信号：

$$P_{\mathrm{R}}=\frac{4P_{\mathrm{T}}}{\pi\theta_{\mathrm{T}}^{2}R^{2}}\times\frac{\int\rho\,\mathrm{d}A}{\Omega R^{2}}\times\frac{\pi D^{2}}{4}\times\eta_{\mathrm{Atm}}\times\eta_{\mathrm{Sys}}+P_{\mathrm{b}} \tag{1-33}$$

式中，P_{T} 是激光发射功率；P_{R} 是接收回波功率；P_{b} 是噪声功率和背景辐射的叠加；R 是目标与雷达之间的距离；θ_{T} 是发射光束发散角；ρ 是目标表面对激光的反射率，$\mathrm{d}A$ 是目标表面面元；Ω 是目标光散射立体角；D 是接收天线孔径；η_{Atm} 是传输介质的双程透过率；η_{Sys} 是光学系统透过率。由公式可见，在外部条件一定的情况下，激光发射功率越高，接收天线孔径越大，背景噪声抑制越好，系统的信噪比越高[33]。激光测距的方法有很多种，可以直接利用激光脉冲的飞行时间进行测量，也可以通过对发射激光信号的幅值、频率、相位等进行调制，从而间接获得目标的距离。目前较为常用的激光测距技术大致可以分为直接脉冲飞行时间测量、幅度调制连续波测量以及频率调制连续波测量三种，下面介绍这三种测量方法。

1.4.1 直接脉冲飞行时间测量法

直接脉冲飞行时间测量指的是直接测量激光脉冲从发射到经目标反射后返回雷达的往返时间 t，如图 1-24 所示，然后根据激光的传输速度 c 得到目标的距离 $r=ct/2$。根据激光雷

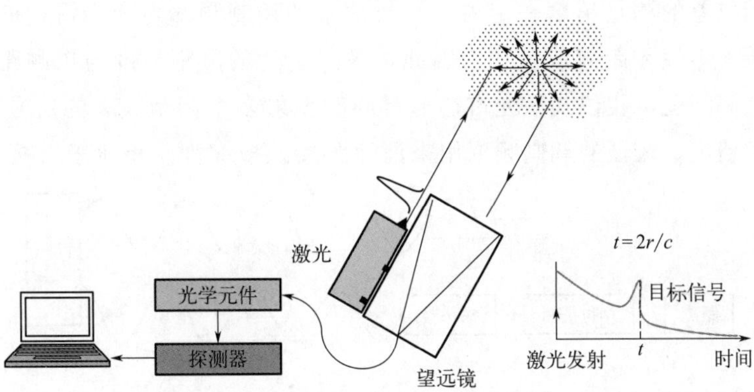

图 1-24　直接计算飞行时间的距离测量法[32]

达内部探测器的类型，直接脉冲测距技术可细分为线性探测和光子计数探测。线性探测模式下，探测器的电脉冲响应与入射光强呈线性关系，一般采用恒比定时、阈值鉴别法测量激光脉冲的往返飞行时间。而在光子计数探测模式下，探测器具有单光子级灵敏度，一个光子则能触发一次电脉冲响应，但该探测器只能响应回波信号的有无，很难表征信号的强弱。线性探测器输出的回波信号是随时间变化的电压值，经过 A/D 采样后，每一个激光脉冲都能激发一个对应的随时间变化的回波波形，精心设计的探测电路则能捕获到回波信号。线性探测模式下的激光雷达回波信号，通常关注的是回波功率与信噪比，提高发射脉冲的峰值功率和降低探测电路的噪声可以提升探测的距离。光子计数探测相对线性探测具有更高的灵敏度，使其在远距离或微弱信号的探测上获得越来越广泛的应用。对于光子计数的激光雷达回波信号，通常关注的是回波光子数与噪声计数，提高发射的单脉冲能量和抑制噪声光子计数，可以获得更远的探测距离。对于在白天工作的激光雷达，噪声光子主要来源于日光背景噪声，可以通过采用窄带宽的光学滤波器件和减小接收光学系统的视场角，来尽可能消除或降低日光的影响。直接脉冲测量式激光雷达一般发射纳秒级脉宽的激光脉冲，具有作用距离远、探测时间短的优点，理论上单发脉冲足以实现测距，光子计数探测器可以使激光雷达实现上百公里甚至上千公里的距离测量；缺点主要是测距精度较低，一般仅为厘米级[33]。

1.4.2 幅度调制连续波测量法

幅度调制连续波激光雷达又称为相位式激光雷达，与直接脉冲测量法不同，该方法发射的是连续激光信号，同时对发射信号的幅值进行调制，通过计算发射信号和回波信号之间的相位差进行距离测量[34]。当正弦波信号的调制频率为 f 时，如图 1-25 所示，发射信号与接收信号的相位差为

$$\Delta\phi = 2\pi f t = 2\pi f\left(\frac{2r}{c}\right) \tag{1-34}$$

目标距离则为

$$r = \frac{\Delta\phi c}{4\pi f} \tag{1-35}$$

由于相位具有周期性，检测到的相位差只能是 $0\sim2\pi$ 之间，超过 2π 的整周期将会造成距离模糊。当相位差的测量精度一定时，发射信号的调制频率与激光雷达的测距精度成正比，与探测的最大不模糊距离成反比。因此，激光雷达的测距精度与探测距离是相互矛盾的。为了解决这一问题，相位式激光雷达通常同时发射多个调制频率的信号[35]，较高的调制频率保证测距精度，较低的调制频率用来消除距离的模糊性。相比于直接脉冲测量方法，

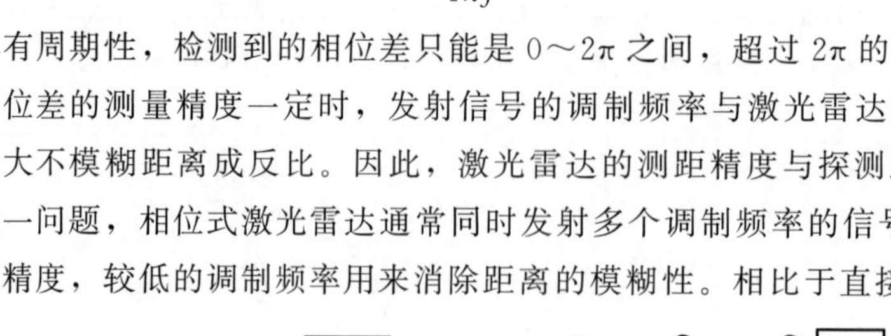

图 1-25 幅度调制相位测距[33]

相位式测量方法的精度更高，可达毫米级，但相位式激光雷达发射的是连续信号，平均功率远低于脉冲信号的峰值功率，这限制了雷达的测量距离。此外，相位式激光雷达必须采集完整的周期信号，这使系统的探测时间较长。

1.4.3　频率调制连续波测量法

频率调制连续测量法指的是调制所发射激光的光频率，能够避免幅值调制引起的发射功率损失[24]。对于频率调制式激光雷达，发射信号与回波信号存在时间差 t，将回波信号与本振信号混频后，平衡探测器就可以获得它们的差频信号 f_{if}：

$$f_{\mathrm{if}}=\frac{4rB}{Tc} \tag{1-36}$$

式中，r 是目标距离；T 为调制信号的周期；B 指的是调制宽度。

对激光雷达发射的信号进行对称三角波线性调频，能够同时获得被测物体的距离和速度信息。当目标与激光雷达平台在波束往返时间内发生相对运动时，多普勒效应使拍频信号发生偏移。因此，提取“上啁啾”和“下啁啾”的拍频频率能够确定目标的距离和速度。由式(1-36) 得到目标的距离：

$$r=\frac{Tc}{4B}\left(\frac{f_{\mathrm{if}}^{+}-f_{\mathrm{if}}^{-}}{2}\right) \tag{1-37}$$

式中，f_{if}^{+} 是上变频的差频信号频率；f_{if}^{-} 是下变频的差频信号频率。

同时还能够获得目标在雷达探测方向上的相对速度：

$$v=\frac{\lambda}{2}f_{\mathrm{d}}=\frac{\lambda}{2}\left(\frac{f_{\mathrm{if}}^{+}+f_{\mathrm{if}}^{-}}{2}\right) \tag{1-38}$$

式中，λ 指发射激光的波长；f_{d} 是多普勒频移。

相比于幅度调制连续波测量法，频率调制连续波测量法没有调制功率损失且测距精度更高，当调制带宽足够高时甚至能够达到微米级测距精度，其显著的优点是能够同时测量目标距离和多普勒径向相对速度。其缺点是调频激光器价格昂贵，系统成本高，而且激光调制过程通常存在非线性效应，非线性效应的校正则会增加系统的复杂程度；此外，调制光频率对于高精度测距还必须考虑传输介质的色散影响，并进行补偿。

1.4.4　激光雷达的扫描方式

以上三种方法可实现单点激光测距。同步测量每个测距点的方位信息则可以实现三维成像。方位信息可以通过扫描和面阵成像两种方式获取。扫描式激光雷达须使每个点快速测量，通常采用直接脉冲测量法，扫描装置用于控制雷达光轴指向不同的方向，逐一测量目标上各点的距离，同时记录光束所指向的方位和俯仰角，则可以获得目标的距离-角度-角度图像，为三维图像。激光雷达一般同时存在两个相互平行的光轴，分别是发射光轴和接收光轴。为了保证这两个光轴的同步扫描，扫描式雷达通常设计为发射-接收同轴。为了使接收到的回波功率足够强，扫描镜的光学有效孔径一般不能过小，同时这也限制了激光雷达的扫描速度。单点扫描的方法主要有机械式和固态式，如图 1-26 所示。机械式激光雷达较为成熟，主要有转镜扫描、摆镜扫描和双光楔扫描等类型，电机驱动镜面转动带动光束的偏转，具有大视场和高效率的优点，是近些年应用最广泛的激光雷达扫描方式。固态式扫描方法，如最新发展的一种基于 MEMS 式的扫描方式，通过微型反射镜的快速振动来驱动光束扫描，扫描速度相对传统的机械式扫描大幅提高，同时克服了机械式扫描系统体积大的不足，具有系统小型化的优点：整个系统几乎没有可见的机械运动部件，使得扫描结构微观化。但固态式扫描方法目前存在接收光路复杂，使用寿命较短的缺陷。当前其最大的劣势是探测距离非常有限：如果采用收发同轴的扫描方式，微型反射镜尺寸将限制其接收光学口径，探测距离受限；若采用发射扫描、大视场接收的方式，则背景噪声会大幅增加，同样限制了探测距离。

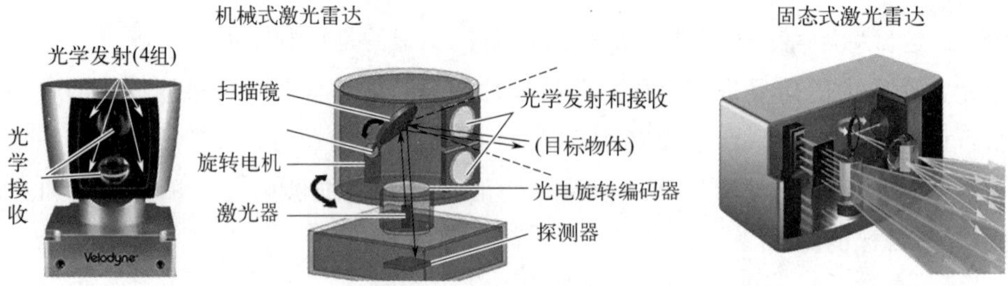

图 1-26　机械式激光雷达和固态式激光雷达

基于面阵成像方式的三维成像激光雷达在近些年也发展迅速。面阵式激光雷达不需要复杂的扫描机构，发射一次激光脉冲就能够获得一帧三维图像，可以大幅提高激光雷达的三维成像速度，特别适用于高速相对运动物体的三维成像等一些无法采用扫描成像的特殊场合。面阵式激光雷达按照光电探测器的类别可划分为 APD 阵列和 CCD 相机两种。APD 阵列的每个像元都可以作为一个单点探测的激光像元，可以直接测出与之对应的距离信息；而 CCD 相机无法直接获取距离信息，需通过所采集图像的灰度间接计算出每个像元对应的距离信息。对于面阵式激光雷达，激光信号发射器须设计为相对应的点阵式分光发射模式，目前通常采用衍射光学器件或者垂直腔面发射来进行激光的分束[33]。

1.5　3D 点云和 2D 图像的融合成像技术

3D 点云和 2D 图像的融合成像技术是当前机器人三维视觉领域中的一个重要课题，它能够结合 2D 图像的纹理信息和 3D 点云的空间位置信息，实现更精准和全面的物体识别、环境感知以及增强现实等应用。具体来说，3D 点云提供了场景的结构信息，而 2D 图像提供了细节和表面纹理的丰富信息，两者的融合可以吸取两者的优势。3D 点云可以通过前面小节所介绍的双目立体视觉、结构光、线激光扫描和激光雷达等方式获取到，包含场景或物体的空间坐标和深度信息。每个点云数据通常包含一个 3D 坐标和可能的反射强度、颜色等附加信息。2D 图像由传统相机拍摄，获取的是场景的二维纹理、颜色和光照等信息，但 2D 图像缺乏深度信息。下面以激光雷达的 3D 点云和 2D 图像的融合为例介绍 3D 和 2D 的融合成像技术。

融合激光雷达 3D 点云和相机所拍摄的 2D 图像的最快方法是标定出激光雷达和相机之间的外参[35]：旋转平移变换矩阵（$\boldsymbol{R},\boldsymbol{T}$），如图 1-27 所示。相机的内参可以提前用张正友标定法标定好。激光雷达坐标系设为 O_W-$X_WY_WZ_W$，相机坐标系设为 O_C-$X_CY_CZ_C$。激光雷达与相机之间的位姿关系可由旋转矩阵 $\boldsymbol{R}$ 与平移向量 $\boldsymbol{T}$ 表示。世界坐标点 P 在激光雷达坐标系中的坐标为 $P_L(X,Y,Z)$，其在相机中的成像像素点（u,v）的转换关系为

$$s\begin{bmatrix}u\\v\\1\end{bmatrix}=\boldsymbol{K}\begin{bmatrix}\boldsymbol{R}&\boldsymbol{T}\\\boldsymbol{0}&1\end{bmatrix}\begin{bmatrix}X\\Y\\Z\\1\end{bmatrix}=\boldsymbol{M}\begin{bmatrix}X\\Y\\Z\\1\end{bmatrix}\tag{1-39}$$

式中，s 为比例系数；$\boldsymbol{K}$ 为相机内参矩阵；$\boldsymbol{M}=\{M_{11},M_{12},M_{13},M_{14};M_{21},M_{22},M_{23},M_{24};M_{31},M_{32},M_{33},M_{34};M_{41},M_{42},M_{43},M_{44}\}$为激光雷达点云投影矩阵。为了找到激光雷达 3D 点云和 2D 图像特征点的一一对应关系，可以采用点云的强度信息将点云坐标按照中心投影的方式生成图像相应坐标的灰度，然后与相机图像进行特征点匹配；也可以通过制作同时具有 3D 特征和图像特征的靶标点实现。在提取到对应点之后，式(1-39) 可展开成：

$$\begin{cases}su=M_{11}X+M_{12}Y+M_{13}Z+M_{14}\\sv=M_{21}X+M_{22}Y+M_{23}Z+M_{24}\\s=M_{31}X+M_{32}Y+M_{33}Z+M_{34}\end{cases}\tag{1-40}$$

将其中的 s 消掉可得：

$$\begin{cases}u(M_{31}X+M_{32}Y+M_{33}Z+M_{34})=M_{11}X+M_{12}Y+M_{13}Z+M_{14}\\v(M_{31}X+M_{32}Y+M_{33}Z+M_{34})=M_{21}X+M_{22}Y+M_{23}Z+M_{24}\end{cases}\tag{1-41}$$

可知 1 对特征点可提供 2 个方程，至少需要非共面的 6 对特征点才能解出激光雷达和相机之间的位姿关系 $\boldsymbol{R}$ 和 $\boldsymbol{T}$。然后可以将激光雷达获取的 3D 点云投影到 2D 相机中实现 3D 点云和 2D 图像的融合。

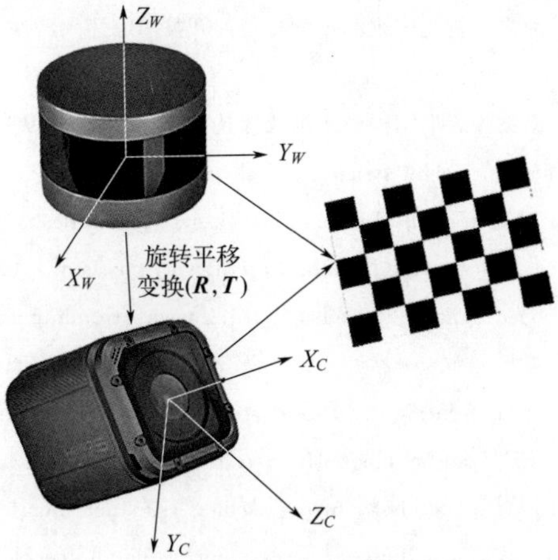

图 1-27　激光雷达和相机之间的外参标定[36]

参考文献

[1] 周星，高志军．立体视觉技术的应用与发展［J］．工程图学学报，2010，31（4）：50-55.

[2] Zhang Z. A flexible new technique for camera calibration［J］. IEEE Transactions on Pattern Analysis and Machine Intelligence，2000，22（11）：1330-1334.

[3] 曹之乐，严中红，王洪．双目立体视觉匹配技术综述［J］．重庆理工大学学报（自然科学），2015，29（2）：70-75.

[4] 立体匹配算法（局部立体匹配、全局立体匹配、深度学习立体匹配）［EB/OL］.（2021-11-24）. https：//bbs. huaweicloud. com/blogs/313208.

[5] 赵晨园，李文新，张庆熙．双目视觉的立体匹配算法研究进展［J］．计算机科学与探索，2020，14（7）：1104-1113.

[6] 王凯，李志伟，朱成德，等．基于二次引导滤波的局部立体匹配算法［J］．激光与光电子学进展，2019，56（8）：081004.

[7] 赵成星，张晓玲，杨宇．基于 SGBM 半全局立体匹配算法的三维重建［J］．激光杂志，2021，42（4）：139-143.

[8] 刘畅，基于特征点的立体匹配算法研究［D］．南京：南京邮电大学，2017.

[9] Chiu L C，Chang T S，Chen J Y，et al. Fast SIFT design for real-time visual feature extraction［J］. IEEE Transactions on Image Processing，2013，22（8）：3158-3167.

[10] Bay H，Ess A，Tuytelaars T，et al. Speeded-up robust features（SURF）［J］. Computer Vision and Image Understanding，2008，110（3）：346-359.

[11] Rublee E，Rabaud V，Konolige K，et al. ORB：An efficient alternative to SIFT or SURF［C］//Proceedings of International Conference on Computer Vision. November 6-13，2011，Barcelona，Spain. Piscataway，NJ：IEEE，2011：2564-2571.

[12] 肖进胜，田红，邹文涛，等．基于深度卷积神经网络的双目立体视觉匹配算法［J］．光学学报，2018，38（8）：0815017.

[13] Zhong F Q，Shao X X，Quan C. A comparative study of 3D reconstruction methods in stereo digital image correlation［J］. Optics and Lasers in Engineering，2019，122：142-150.

[14] 左超，张晓磊，胡岩，等．3D 真的来了吗？三维结构光传感器漫谈［J］．红外与激光工程，2020，49（3）：9-53.

[15] 陆鹏，孙长库，王鹏．条纹投影相位高度转换映射模型及其标定方法［J］．光学学报，38，no. 2（2018）：0212004.

[16] Huang P S. Novel method for structured light system calibration［J］. Optical Engineering，2006，45（8）：083601.

[17] 张宗华，李雁玲，高峰，等．面向结构光三维测量的相位展开技术综述（特邀）［J］．红外与激光工程，2023，52（8）：23-45.

[18] 张启灿，吴周杰．基于格雷码图案投影的结构光三维成像技术［J］．红外与激光工程，2020，49（3）：0303004.

[19] Gühring J. Dense 3D surface acquisition by structured light using off-the-shelf components［C］//Videometrics and Optical Methods for 3D Shape Measurement. International Society for Optics and Photonics，2000，4309：220-231.

[20] Blais F，Rioux M. Real-time numerical peak detector［J］. Signal Processing，1986，11（2）：145-155.

[21] Trobina M. Error model of a coded-light range sensor［R］. Zurich：Communication Technology Laboratory，ETH Zentrum，1995.

[22] Song Z，Chung R，Zhang X-T. An accurate and robust strip-edge-based structured light means for shiny surface micromeasurement in 3-D［J］. IEEE Transactions on Industrial Electronics，2013，60（3）：1023-1032.

[23] 单目散斑结构光标定［EB/OL］.（2024-5-17）. https：//blog. csdn. net/memmolo/article/details/136760798.

[24] Miao H S，Zhong F Q，Xiao C Y，et al. Quality assessment of digital speckle patterns for the single-shot speckle projection profilometry based on a visualised simulation platform［J］. Optics and Lasers in Engineering，2021，141：106571.

[25] 尹维，李明雨，胡岩，等．基于 VCSEL 投影阵列的散斑结构光三维成像技术及其传感器设计［J］．激光与光电子

学进展，2023，60（8）：0811014.

[26] 詹坤烽，陈文建，李武森，等．线激光三维场景重建系统及误差分析［J］. 中国激光，2018，45（12）：1204004.

[27] 线激光的相关知识［EB/OL］.（2023-8-28）. https：//blog. csdn. net/qq _ 42178122/article/details/132546615.

[28] 结构光视觉传感器的标定［EB/OL］.（2019-11-15）. https：//cloud. tencent. com/developer/article/1539467.

[29] 张曦，张健．线结构光标定方法综述［J］. 激光与光电子学进展，2018，55（2）：020001.

[30] 张瑞峰，舒子芸，南刚雷．一种新的线结构光标定方法［J］. 激光与光电子学进展，56（22），（2019）. 221101.

[31] 线结构光三维重建（一）［EB/OL］.（2022-8-22）. https：//blog. csdn. net/beyond951/article/details/125771158.

[32] Steger算法原理详解［EB/OL］.（2022-3-25）. https：//blog. csdn. net/u011725598/article/details/123744610.

[33] 刘博，于洋，姜朔．激光雷达探测及三维成像研究进展［J］. 光电工程，2019，46（7）：190167.

[34] Whyte R，Streeter L，Cree M J，et al. Application of lidar techniques to time-of-flight range imaging［J］. Applied Optics，2015，54（33）：9654-9664.

[35] Fan YY. Study of phase distance measurement based on dual-frequency modulated signals［D］. Taiyuan：North University of China，2014.

[36] 王世强，孟召宗，高楠，等．激光雷达与相机融合标定技术研究进展［J］. 红外与激光工程，2023，52（8）：119-132.

第 2 章 操作臂运动学

操作臂运动学是研究机器人在三维空间中运动规律的学科，它为理解和实现对机器人的精确操作提供了理论基础。机器人通常由多个连杆和关节按照特定方式连接组成链式结构[1]。在这种结构中，机器人的整体运动是各个关节运动叠加的结果。通过机器人运动学，我们能够描述和计算机器人在空间中的运动，从而实现精确控制和操作。本章将深入探讨机器人运动学的核心内容，主要包括以下几个部分：

① 位姿描述和齐次变换：介绍如何准确描述机器人连杆、末端执行器以及操作对象之间的相对位置和姿态，并使用齐次变换矩阵对坐标系之间的转换进行处理。

② 操作臂运动学：讲解操作臂的运动学模型，包括连杆参数、机器人 DH 模型、连杆变换以及正运动学方程。学习如何通过已知的关节配置计算末端执行器的位置和姿态，并理解连杆和关节在运动中的作用。

③ 操作臂逆运动学：逆运动学研究如何在已知末端执行器目标位置和姿态的情况下，计算各个关节的配置。这部分内容将介绍解决逆运动学问题的方法，理解如何根据目标位置调整机器人关节配置。

④ 操作臂的速度雅可比矩阵与微分运动：探讨机器人在运动过程中的速度分析，包括雅可比矩阵、伴随变换和微分运动。了解如何通过雅可比矩阵描述关节速度与末端执行器速度的关系，以及如何应用微分运动分析机器人在小的时间步长内的运动变化。

⑤ 通过四元数方法对操作臂运动学进行定义。

机器人可用三个词进行概括：操作臂、海陆空、人机共融。操作臂代表传统工业机器人。读者将通过本章对操作臂运动学的讲解，为后续章节的机器人控制、路径规划、任务执行等内容的学习奠定理论基础，掌握机器人运动学的基本理论和机器人控制方法。

2.1 位姿描述和齐次变换

在使用机器人运动学描述机器人运动状态的过程中，研究对象除了机器人本身，还需考虑操作对象以及周围环境。在机器人运动学中通常不考虑机器人关节和连杆的刚度变形，将各部分均视为刚体。位姿是位置与姿态的统称，描述刚体位姿的方式有很多种，如四元数法、矩阵指数法、齐次变换法等[2]。本小节中采用齐次变换法进行介绍。

在三维空间中，一个刚体具有 3 个移动自由度以及 3 个转动自由度，因此可通过在刚体上建立坐标系（通常在刚体质心），以该坐标系为基准，对其余刚体的位置和姿态进行描述。其中，可以通过包含 x、y、z 坐标的三维列向量 $\boldsymbol{p}$ 来描述刚体的位置；用包含绕 x、y、z 轴旋转的 3×3 旋转矩阵 $\boldsymbol{R}$ 来描述刚体的姿态。为了简化描述和运算，我们希望仅用一个矩阵即可描述刚体的平移及旋转，故采用 4×4 的齐次变换矩阵来统一描述这个三维列向量 $\boldsymbol{p}$ 和 3×3 旋转矩阵 $\boldsymbol{R}$。齐次变换矩阵通常用符号 $\boldsymbol{T}$ 进行表示，它能够将三维空间中的坐标点从一个坐标系转换到另一个坐标系，不仅在机器人运动学建模、规划与控制中起到至关重要的作用，而且在工业制造、自动驾驶、家庭服务等领域也得到了广泛的应用。

2.1.1　位姿描述

(1) 位置描述

假定笛卡儿空间中存在某一刚体 A，其在给定坐标系 $\{W\}$ 中的方位可用位置矢量 ${}^{W}_{A}\boldsymbol{p}$ 表示，如图 2-1 所示。其表达方式为

$$ {}^{W}_{A}\boldsymbol{p}=\begin{bmatrix} p_x \\ p_y \\ p_z \end{bmatrix} \tag{2-1} $$

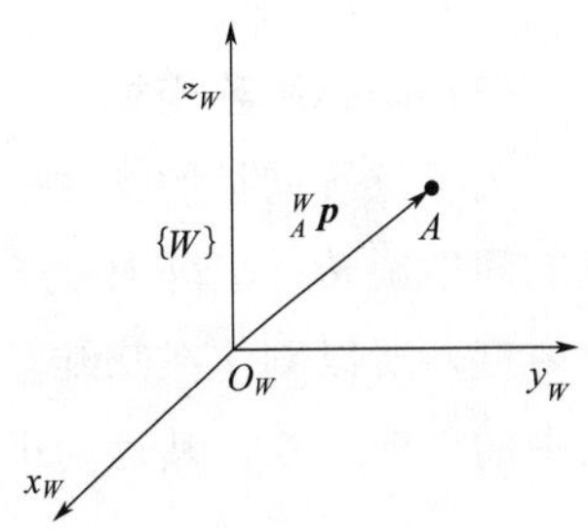

图 2-1　刚体位置描述

式中，${}^{W}_{A}\boldsymbol{p}$ 为一个 3×1 列矢量，该列矢量中 p_x、p_y、p_z 分别对应刚体 A 在 $\{W\}$ 坐标系中关于 x、y、z 坐标轴的坐标分量。

(2) 姿态描述

为了描述刚体 A 在 $\{W\}$ 坐标系下的姿态，定义刚体 A 相对于坐标系 $\{W\}$ 中 x、y、z 轴的姿态为 3 个 3×1 的单位列矢量，分别是 ${}^{W}\boldsymbol{x}_A$、${}^{W}\boldsymbol{y}_A$、${}^{W}\boldsymbol{z}_A$。在刚体位姿的描述中，通常用 $\boldsymbol{R}$ 来表示刚体姿态的旋转矩阵，那么相对于坐标系 $\{W\}$ 而言，${}^{W}_{A}\boldsymbol{R}$ 即为刚体 A 的姿态矩阵：

$$ {}^{W}_{A}\boldsymbol{R}=[{}^{W}\boldsymbol{x}_A \quad {}^{W}\boldsymbol{y}_A \quad {}^{W}\boldsymbol{z}_A]=\begin{bmatrix} r_{11} & r_{12} & r_{13} \\ r_{21} & r_{22} & r_{23} \\ r_{31} & r_{32} & r_{33} \end{bmatrix} \tag{2-2} $$

对于 ${}^{W}_{A}\boldsymbol{R}$，上标 W 表示的是笛卡儿空间中的坐标系 $\{W\}$，而下标 A 则表示的是建立在刚体上的坐标系 $\{A\}$。由于 ${}^{W}_{A}\boldsymbol{R}$ 描述坐标系 $\{A\}$ 到坐标系 $\{W\}$ 的旋转，因此 ${}^{W}\boldsymbol{x}_A$、${}^{W}\boldsymbol{y}_A$、${}^{W}\boldsymbol{z}_A$ 彼此垂直，表示 ${}^{W}_{A}\boldsymbol{R}$ 是一个标准正交矩阵，故矩阵符合下列条件：

$$ \begin{cases} {}^{W}_{A}\boldsymbol{R}^{\mathrm{T}}={}^{W}_{A}\boldsymbol{R}^{-1} \\ |{}^{W}_{A}\boldsymbol{R}|=1 \\ {}^{W}_{A}\boldsymbol{R}^{\mathrm{T}}\,{}^{W}_{A}\boldsymbol{R}={}^{W}_{A}\boldsymbol{R}^{-1}\,{}^{W}_{A}\boldsymbol{R}=\boldsymbol{I} \end{cases} \tag{2-3} $$

旋转矩阵 $\boldsymbol{R}$ 是一个 3×3 的正交矩阵，属于特殊正交群 $SO(3)$，其特点是行列式为 1 且

其转置矩阵等于其逆矩阵。

假定刚体 A 需要绕其坐标系 $\{A\}$ 的 x、y、z 轴转动 θ 角直至转动到 $\{A'\}$。

绕 x、y、z 轴转动的表达式分别为

$$\boldsymbol{R}_x(\theta)=\begin{bmatrix}1 & 0 & 0\\ 0 & \cos\theta & -\sin\theta\\ 0 & \sin\theta & \cos\theta\end{bmatrix} \tag{2-4}$$

$$\boldsymbol{R}_y(\theta)=\begin{bmatrix}\cos\theta & 0 & \sin\theta\\ 0 & 1 & 0\\ -\sin\theta & 0 & \cos\theta\end{bmatrix} \tag{2-5}$$

$$\boldsymbol{R}_z(\theta)=\begin{bmatrix}\cos\theta & -\sin\theta & 0\\ \sin\theta & \cos\theta & 0\\ 0 & 0 & 1\end{bmatrix} \tag{2-6}$$

(3) 坐标平移变换

关于位置向量的描述，刚体在空间中的位置向量 $\boldsymbol{p}$ 已经进行了介绍，其自由度为 3；其在空间中旋转的矩阵 $\boldsymbol{R}$ 的自由度也为 3。因为刚体在三维空间中具有 3 个转动和 3 个移动的自由度，所以刚体在三维空间中的运动可以被 $\boldsymbol{R}$ 和 $\boldsymbol{p}$ 充分描述。为了描述刚体在笛卡儿空间中的坐标变换，其运动也被分解为平移和旋转两种形式。

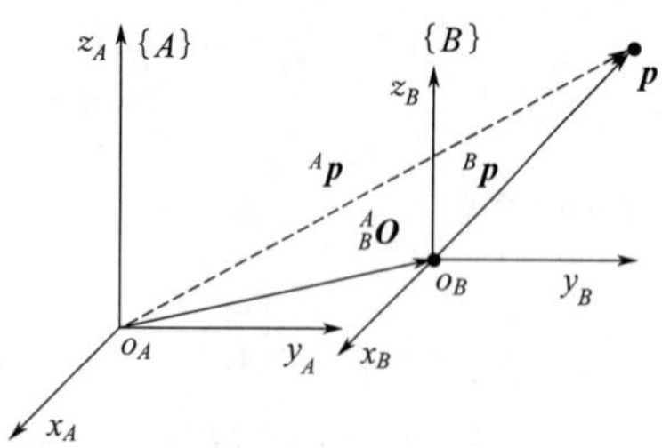

图 2-2 坐标平移

假定在空间中有两个姿态一致、原点位置不重合的坐标系 $\{A\}$ 和 $\{B\}$，这表示 $\{A\}$ 和 $\{B\}$ 仅存在相对平移。定义从 $\{A\}$ 原点到 $\{B\}$ 原点的平移矢量为 $^A_B\boldsymbol{O}$，若在空间中存在一点 $\boldsymbol{p}$，点 $\boldsymbol{p}$ 在 $\{A\}$ 和 $\{B\}$ 坐标系下的位置矢量分别为 $^A\boldsymbol{p}$、$^B\boldsymbol{p}$，如图 2-2 所示，$^A_B\boldsymbol{O}$、$^B\boldsymbol{p}$ 以及 $^A\boldsymbol{p}$ 满足三角矢量和关系。

$$^A\boldsymbol{p}={}^B\boldsymbol{p}+{}^A_B\boldsymbol{O} \tag{2-7}$$

式(2-7) 的平移过程被称为坐标平移或平移映射。

(4) 坐标旋转变换

如图 2-3 所示，假定空间存在 $\{A\}$、$\{B\}$ 两坐标系，它们的原点重合但在姿态上存在差异，这意味着 $\{A\}$ 和 $\{B\}$ 仅存在相对旋转。定义 $\{B\}$ 相对于 $\{A\}$ 的旋转矩阵为 $^A_B\boldsymbol{R}$。若空间中的某点 $\boldsymbol{p}$，则 $\boldsymbol{p}$ 在 $\{A\}$ 和 $\{B\}$ 坐标系下的位置矢量 $^A\boldsymbol{p}$、$^B\boldsymbol{p}$ 的变换关系为

$$^A\boldsymbol{p}={}^A_B\boldsymbol{R}\,{}^B\boldsymbol{p} \tag{2-8}$$

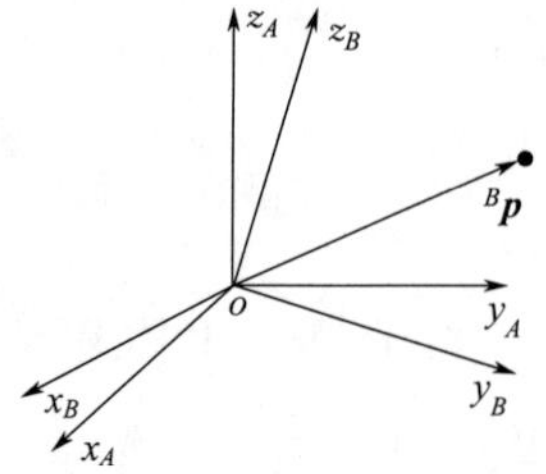

图 2-3 坐标旋转

上式中，某一点 $\boldsymbol{p}$ 由一个坐标系向另一个坐标系旋转的过程，称为坐标旋转或旋转映射。

相应地，$\{A\}$ 相对于 $\{B\}$ 的旋转矩阵可用 $^B_A\boldsymbol{R}$ 进行表示，$^B_A\boldsymbol{R}$ 和 $^A_B\boldsymbol{R}$ 是互逆的，由于 $\boldsymbol{R}$ 是正交矩阵，因此 $^B_A\boldsymbol{R}$ 和 $^A_B\boldsymbol{R}$ 满足以下关系：

$$^A_B\boldsymbol{R}={}^B_A\boldsymbol{R}^{-1}={}^B_A\boldsymbol{R}^{\mathrm{T}} \tag{2-9}$$

(5) 复合变换

一般情况下，刚体需要进行如图 2-4 所示的包含坐标平移和坐标旋转的复合变换。定义存在 $\{A\}$ 和 $\{B\}$ 两个参考坐标系，在这种情况下两个坐标系的原点位置和坐标系姿态均不一致，需要进行包含平移和旋转的复合变换。定义 ${}^{A}\boldsymbol{p}_{B}$ 为 $\{B\}$ 原点向 $\{A\}$ 原点平移的向量，${}_{B}^{A}\boldsymbol{R}$ 为 $\{B\}$ 相对于 $\{A\}$ 姿态的旋转矩阵，则空间中任一点 $\boldsymbol{p}$ 在 $\{A\}$ 和 $\{B\}$ 中的坐标 ${}^{A}\boldsymbol{p}$、${}^{B}\boldsymbol{p}$ 的复合变换关系为：

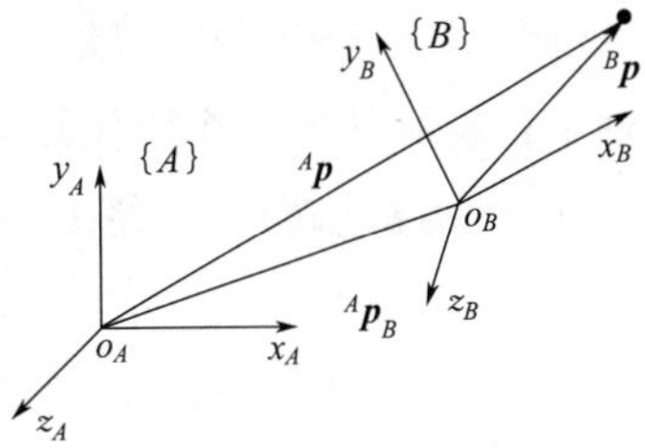

图 2-4　坐标系复合变换

$$
{}^{A}\boldsymbol{p}={}_{B}^{A}\boldsymbol{R}\,{}^{B}\boldsymbol{p}+{}^{A}\boldsymbol{p}_{B} \tag{2-10}
$$

上式中旋转部分可通过旋转过程 ${}_{B}^{A}\boldsymbol{R}$ 进行表示，平移过程通过向量加法描述。

2.1.2 齐次变换

在式(2-10) 中，对于刚体的复合变换，需要将平移和旋转过程分步进行，不利于数学表达。为了简化旋转和平移的组合操作，采用齐次坐标和齐次变换矩阵描述刚体的位姿变换。

对于三维空间中的点 $\boldsymbol{p}=[x,\ y,\ z]^{\mathrm{T}}$，可拓展为四维齐次坐标 $\boldsymbol{p}=[x,\ y,\ z,\ 1]^{\mathrm{T}}$。

对于刚体变换，定义齐次变换矩阵为 $\boldsymbol{T}$，该矩阵为一个 4×4 的矩阵，包括旋转矩阵 $\boldsymbol{R}$ 和平移向量 $\boldsymbol{p}$ 以及向量 $[0,0,0,1]$ 组成。

$$
\boldsymbol{T}=\begin{bmatrix}\boldsymbol{R} & \boldsymbol{p}\\ \boldsymbol{0}_{1\times3} & 1\end{bmatrix} \tag{2-11}
$$

相应地，式(2-10) 中复合变换和采用齐次坐标和齐次矩阵进行表达的表达，其形式如下：

$$
{}^{A}\boldsymbol{p}={}_{B}^{A}\boldsymbol{T}\,{}^{B}\boldsymbol{p} \tag{2-12}
$$

将上式中各项展开可得：

$$
\begin{bmatrix}{}^{A}\boldsymbol{p}\\ 1\end{bmatrix}=\begin{bmatrix}{}_{B}^{A}\boldsymbol{R} & {}^{A}\boldsymbol{p}_{B}\\ \boldsymbol{0}_{1\times3} & 1\end{bmatrix}\begin{bmatrix}{}^{B}\boldsymbol{p}\\ 1\end{bmatrix} \tag{2-13}
$$

上式进一步展开后可以等价为一个方程组：

$$
\begin{cases}{}^{A}\boldsymbol{p}={}_{B}^{A}\boldsymbol{R}\,{}^{B}\boldsymbol{p}+{}^{A}\boldsymbol{p}_{B}\\ 1=1\end{cases} \tag{2-14}
$$

可以看出式(2-14) 即为复合变换式(2-10) 的等价，因此使用如式(2-11) 形式的齐次变换能够有效地描述刚体的复合变换。

齐次变换提供了一种简洁而强大的数学工具，将旋转和平移进行了统一的数学表达，避免了分别处理旋转和平移的复杂性，且齐次变换可以方便地拓展到包括缩放、投影等更多线性变换的操作，在计算机图形学上也得到了广泛的应用。

2.1.3 欧拉角与旋转变换

在 2.1.2 节中，已经介绍了采用旋转矩阵 $\boldsymbol{R}$ 描述刚体姿态的方法，在本小节中将介绍采用欧拉角表示刚体旋转的方式以及其与旋转变换之间的关系。

在机器人运动学中，欧拉角又被称为 RPY 角（roll-pitch-yaw），指的是在固定的 z、y、x 轴上依次旋转的三个刚体转角，分别是：

① yaw（回转角）：绕 z 轴旋转 α；

② pitch（俯仰角）：绕 y 轴旋转 β；

③ roll（偏转角）：绕 x 轴旋转 γ。

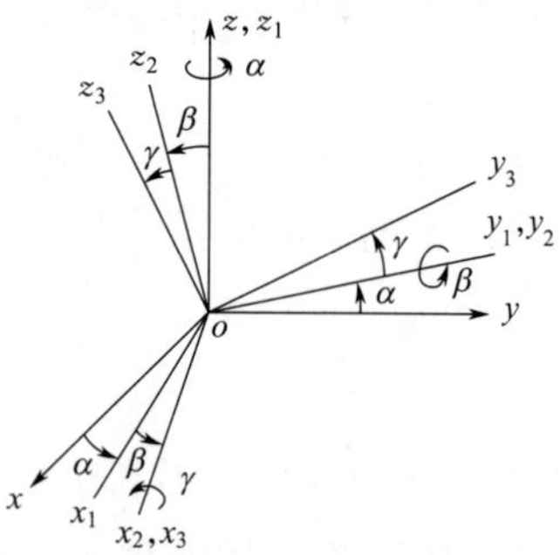

图 2-5　$z\rightarrow y\rightarrow x$ 旋转的 RPY 角法

为了将 RPY 角转化为旋转矩阵，我们需要按照绕 z、y、x 轴的旋转顺序，依次推导出每一个独立旋转的旋转矩阵。此法被称为“绕固定轴 $z\rightarrow y\rightarrow x$ 旋转”的 RPY 角法，因为刚体是按绕 $z\rightarrow y\rightarrow x$ 轴顺序依次旋转的。

定义原始坐标系为 $\{A\}$，绕 z 轴旋转后的坐标系为 $\{A_1\}$，绕 y 轴旋转后的坐标系为 $\{A_2\}$，绕 x 轴旋转后的坐标系为 $\{A_3\}$，其转动过程如图 2-5 所示。接下来我们将对整个旋转流程进行推导。

（1）绕 z 轴（yaw）的旋转变换

如图 2-6(a) 所示，$\{A_1\}$ 为绕 $\{A\}$ 中固定 z 轴旋转 α 后的坐标系。定义该旋转矩阵为 ${}_{A_1}^{A}\boldsymbol{R}_z(\alpha)$，其可表示为

$$
{}_{A_1}^{A}\boldsymbol{R}_z(\alpha)=\begin{bmatrix}\cos\alpha & -\sin\alpha & 0\\ \sin\alpha & \cos\alpha & 0\\ 0 & 0 & 1\end{bmatrix} \tag{2-15}
$$

该旋转矩阵描述了某刚体绕 z 轴的旋转，改变了其在 x-y 平面内的方向。

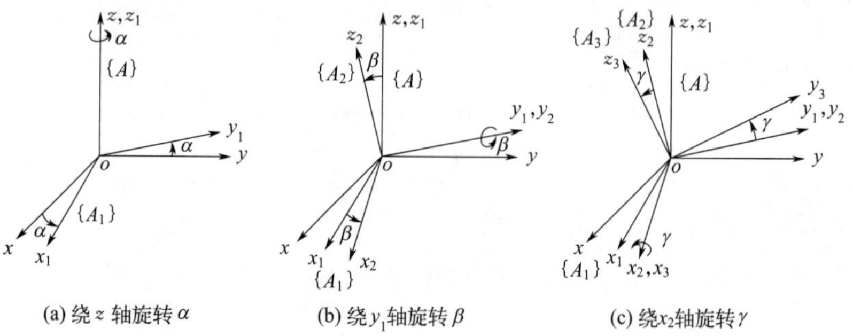

图 2-6　旋转变换

（2）绕 y 轴（pitch）的旋转变换

坐标系 $\{A_2\}$ 为绕坐标系 $\{A_1\}$ 中固定的 y_1 轴完成 β 旋转所得到的新坐标系，如图 2-6(b) 所示。定义该旋转矩阵为 ${}_{A_2}^{A_1}\boldsymbol{R}_y(\beta)$，其表达式为

$$
{}_{A_2}^{A_1}\boldsymbol{R}_y(\beta)=\begin{bmatrix}\cos\beta & 0 & \sin\beta\\ 0 & 1 & 0\\ -\sin\beta & 0 & \cos\beta\end{bmatrix} \tag{2-16}
$$

该旋转矩阵描述了某刚体绕 y_1 轴的旋转，改变了其在 z_1-x_1 平面内的方向。

(3) 绕 x 轴（roll）的旋转变换

最后一步为绕 $\{A_2\}$ 坐标系中固定轴 x_2 进行转动，得到的最终坐标系为 $\{A_3\}$，其过程如图 2-6(c) 所示。该过程的旋转矩阵可用${}^{A_2}_{A_3}\boldsymbol{R}_x(\gamma)$ 表示，其表达式为

$$
{}^{A_2}_{A_3}\boldsymbol{R}_x(\gamma)=\begin{bmatrix}1 & 0 & 0\\ 0 & \cos\gamma & -\sin\gamma\\ 0 & \sin\gamma & \cos\gamma\end{bmatrix} \tag{2-17}
$$

该矩阵描述了某刚体绕 x_2 轴的旋转，改变了其在 y_2-z_2 平面内的方向。

(4) 总旋转矩阵变换

定义最终坐标系 $\{A_3\}$ 相对于初始坐标系 $\{A\}$ 的旋转矩阵为${}^{A}_{A_3}\boldsymbol{R}_{x,y,z}(\gamma,\beta,\alpha)$，由于所有的旋转运动都是相对于运动坐标系进行的，在计算总旋转矩阵时需要遵守“从左向右”原则。为了简化书写，令 $\cos\alpha=\mathrm{c}\alpha$、$\sin\alpha=\mathrm{s}\alpha$，$\mathrm{c}\beta$、$\mathrm{s}\beta$、$\mathrm{c}\gamma$、$\mathrm{s}\gamma$ 同理。旋转过程可表示为

$$
\begin{aligned}
{}^{A}_{A_3}\boldsymbol{R}_{zxy}(\alpha,\beta,\gamma)&={}^{A}_{A_1}\boldsymbol{R}_z(\alpha)\,{}^{A_1}_{A_2}\boldsymbol{R}_y(\beta)\,{}^{A_2}_{A_3}\boldsymbol{R}_x(\gamma)\\
&=\begin{bmatrix}\mathrm{c}\alpha & -\mathrm{s}\alpha & 0\\ \mathrm{s}\alpha & \mathrm{c}\alpha & 0\\ 0 & 0 & 1\end{bmatrix}\begin{bmatrix}\mathrm{c}\beta & 0 & \mathrm{s}\beta\\ 0 & 1 & 0\\ -\mathrm{s}\beta & 0 & \mathrm{c}\beta\end{bmatrix}\begin{bmatrix}1 & 0 & 0\\ 0 & \mathrm{c}\gamma & -\mathrm{s}\gamma\\ 0 & \mathrm{s}\gamma & \mathrm{c}\gamma\end{bmatrix}
\end{aligned} \tag{2-18}
$$

将矩阵相乘后展开可得到${}^{A}_{A_3}\boldsymbol{R}_{zxy}(\alpha,\beta,\gamma)$的表达式为

$$
{}^{A}_{A_3}\boldsymbol{R}_{zxy}(\alpha,\beta,\gamma)=\begin{bmatrix}\mathrm{c}\alpha\,\mathrm{c}\beta & \mathrm{c}\alpha\,\mathrm{s}\beta\mathrm{s}\gamma-\mathrm{s}\alpha\,\mathrm{c}\gamma & \mathrm{c}\alpha\,\mathrm{s}\beta\mathrm{c}\gamma+\mathrm{s}\alpha\,\mathrm{s}\gamma\\ \mathrm{s}\alpha\,\mathrm{c}\beta & \mathrm{s}\alpha\,\mathrm{s}\beta\mathrm{s}\gamma+\mathrm{c}\alpha\,\mathrm{c}\gamma & \mathrm{s}\alpha\,\mathrm{s}\beta\mathrm{c}\gamma-\mathrm{c}\alpha\,\mathrm{s}\gamma\\ -\mathrm{s}\beta & \mathrm{c}\beta\mathrm{s}\gamma & \mathrm{c}\beta\mathrm{c}\gamma\end{bmatrix} \tag{2-19}
$$

上述流程是已知 RPY 角计算旋转矩阵 $\boldsymbol{R}_{zxy}(\alpha,\beta,\gamma)$的过程，通常被称为“正过程”；而给定旋转矩阵 $\boldsymbol{R}_{zxy}(\alpha,\beta,\gamma)$求解对应的 RPY 角的过程则是一个“逆过程”。假设已知：

$$
{}^{A}_{A_3}\boldsymbol{R}_{zxy}(\alpha,\beta,\gamma)=\begin{bmatrix}r_{11} & r_{12} & r_{13}\\ r_{21} & r_{22} & r_{23}\\ r_{31} & r_{32} & r_{33}\end{bmatrix} \tag{2-20}
$$

该问题可以理解为一个超越方程组，包含 3 个未知数，令式(2-19) 和式(2-20) 相等，可得到 9 个方程，其中有 6 个是相互独立的。因此可以利用其中的 3 个方程组求解对应的 3 个角度。

通过式(2-19) 和式(2-20) 中矩阵第一列的第一、二行联立可得：

$$
\cos\beta=\sqrt{r_{11}^2+r_{21}^2} \tag{2-21}
$$

若 $\cos\beta\neq 0$，α、β、γ 角的正反切计算公式如下：

$$
\begin{cases}\alpha=\mathrm{atan2}(r_{21},r_{11})\\ \beta=\mathrm{atan2}\left(-r_{31},\sqrt{r_{11}^2+r_{21}^2}\right)\\ \gamma=\mathrm{atan2}(r_{32},r_{33})\end{cases} \tag{2-22}
$$

式中，$\mathrm{atan2}(y,x)$是双变量反正切函数，可确保各角度在 $[-\pi,\pi]$ 范围内。

式(2-21) 中，$\cos\beta$ 存在两个解但通常情况下只取（$-\pi/2,\pi/2$] 范围内的解，在特殊情况下才需要求得所有的解。

当 $\beta=\pm90^\circ$ 即 $\cos\beta=0$ 时，式(2-22) 中的反解退化，导致 α 和 γ 的值可分离。这种情况下通常可选择 $\alpha=0^\circ$，从而求解出的结果如下：

① 当 $\beta=90^\circ$时，RPY 角分别为

$$\begin{cases}\alpha=0^\circ\\ \beta=90^\circ\\ \gamma=\operatorname{atan2}(r_{12},r_{22})\end{cases} \tag{2-23}$$

② 当 $\beta=-90^\circ$时，RPY 角分别为

$$\begin{cases}\alpha=0^\circ\\ \beta=-90^\circ\\ \gamma=-\operatorname{atan2}(r_{12},r_{22})\end{cases} \tag{2-24}$$

2.2 操作臂正运动学

操作臂运动学研究的是操作臂各连杆之间的位置、速度、加速度等变量的相互关系，重点关注位置变量的运动学，其他变量的关系可以通过对位置关系进行微分运算得到[3]。而操作臂通常被视为一个开放的运动链，连杆通过关节连接，关节可为旋转关节或平移关节，末端执行器（如工具或传感器）安装在链条末端，执行各种任务。在运动学研究中，末端执行器的位姿是主要关注对象[4]。

操作臂的关节通过驱动装置控制，改变关节配置（如角度或位移）可实现连杆的相对运动，最终使末端执行器达到预定位置和姿态。操作臂的运动学分为正运动学和逆运动学，本节将重点介绍正运动学，并在此之前先讨论连杆参数和变换内容。

2.2.1 连杆参数

在操作臂的运动学研究中，连杆参数通常被用于描述机器人的结构和运动关系。这种方法可以由机器人基座到末端执行器，精确地描绘各个连杆的相对位置和姿态。在众多的连杆参数化方法中，最经典且广泛应用的是 Denavit-Hartenberg（DH）参数化方法。

首先需要在每根连杆上建立固定坐标系，以精确描述各连杆之间的相对位置和姿态关系。通常，将机器人基座（连杆 0）对应的坐标系称为基坐标系，而第 i 个连杆对应的坐标系则为连杆 i 的坐标系 $\{i\}$。接下来，将详细描述操作臂各连杆坐标系的建立规则。

(1) 中间连杆坐标系 $\{i\}$ 的构建规则

对于第 i 个中间关节的坐标系 $\{i\}$，其 z 轴 z_i 与该关节轴线共线，指向没有统一的标准可任意规定，对于两平行的关节轴，通常定义它们的 z 轴朝向一致。

坐标系 $\{i\}$ 的 x 轴 x_i 与关节 i 和关节 $i+1$ 两轴线的公垂线共线，方向由关节 i 指向关节 $i+1$；当两轴线处于同一平面（即图 2-7 中 $a_i=0$）时，定义 $\boldsymbol{x}_i=\pm\boldsymbol{z}_{i+1}\times\boldsymbol{z}_i$。

坐标系 $\{i\}$ 的 y 轴 y_i 可以借助 x_i 和 z_i 的方向用右手法则进行确定。

(2) 首端连杆以及末端连杆坐标系构建规则

通常情况下为了简便表达，规定首端连杆坐标系 $\{1\}$ 与机器人基坐标系 $\{0\}$ 重合，定义基坐标系 z 轴方向为沿关节 1 的轴线方向。

对于末端连杆 n 的坐标系 $\{n\}$，其 z_n 和 y_n 方向的定义与中间关节相同，规定 x_n 的方向与 x_{n-1} 的方向一致。

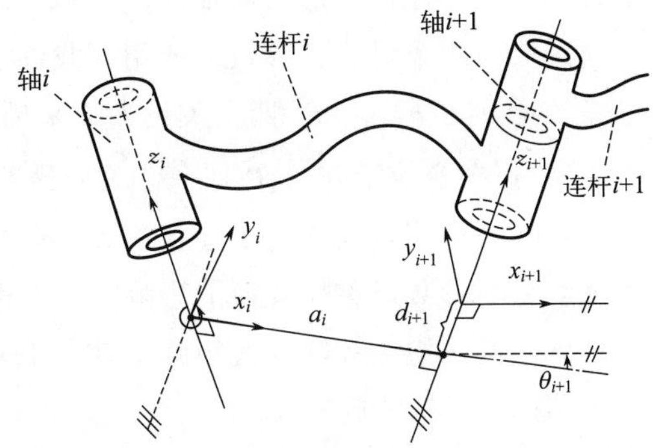

图 2-7　DH 参数化方法—定义坐标系示例

(3) DH 参数化定义

建立各关节坐标系后，可对机器人连杆进行参数化定义。在 DH 参数化方法中，每个连杆由四个关键参数描述，这些参数定义了两个相邻关节之间的几何关系。这四个参数如图 2-8 所示，分别为：

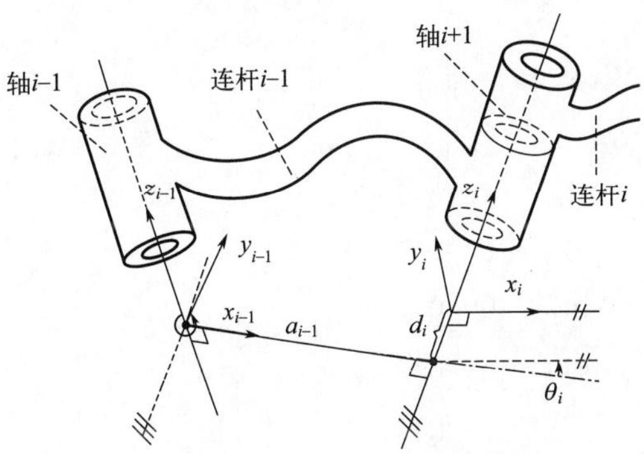

图 2-8　DH 参数化方法—关节参数定义示例

① 连杆长度（a_{i-1}）：连杆长度 a_{i-1} 是指第 $i-1$ 个关节轴与第 i 个关节轴之间的距离，即从 z_{i-1} 到 z_i 沿 x_{i-1} 测量的距离。由于 a_{i-1} 代表连杆长度，通常定义 $a_{i-1}\geqslant 0$。

② 连杆平移（d_i）：连杆平移 d_i 是指第 $i-1$ 个关节轴与第 i 个关节轴之间沿 z_{i-1} 轴方向的距离，即从 x_{i-1} 到 x_i 沿 z_i 的测量距离。当关节为旋转关节时，偏移量通常为常量；但是对于移动关节而言，偏移量是可变的。

③ 连杆扭角（α_{i-1}）：连杆扭角 α_{i-1} 是第 $i-1$ 个关节沿着连杆扭转到与第 i 个关节轴平行所需的旋转角度，即从 z_{i-1} 到 z_i 沿 x_{i-1} 旋转的角度。

④ 关节角（θ_i）：关节角 θ_i 是指第 i 关节绕 z_i 轴旋转的角度。对于旋转关节，θ_i 是一个变量，而对于平移关节，θ_i 通常为常量。

连杆参数是机器人操作臂运动学中的核心概念，它为描述和分析机器人运动提供了一个有效工具。基于连杆参数，我们能够推导出连杆变换矩阵以及机器人运动学方程，从而构建其运动学模型。这不仅有助于实现机器人的精准运动控制，也为机器人路径规划、姿态优化等应用奠定了理论基础。

2.2.2　连杆变换

在操作臂正运动学中，连杆变换用于描述从一个连杆坐标系到下一个连杆坐标系的空间变换关系。连杆变换是机器人运动学分析的核心内容，通过它可以将各个关节的相对位置和姿态整合为整个操作臂的运动描述。

通过上一小节对连杆参数的介绍，我们了解到，任何相邻的两个连杆之间的变换都可以通过 a_{i-1}、d_i、α_{i-1}、θ_i 四个关键参数来描述（例如连杆 $i-1$ 和 i）。坐标系 $\{i\}$ 相对于 $\{i-1\}$ 的齐次变换矩阵 ${}^{i-1}_{i}\boldsymbol{T}$ 是一个关于这四个参数的函数。这个转换矩阵可以分解为四个子转换矩阵的乘积，其中一个连杆参数对应着一个子转换矩阵。这种分解方式使得我们可以逐步理解每个参数对整体变换的影响，并有助于构建和分析更加复杂的机器人运动学系统。

具体来说，组成齐次变换矩阵 ${}^{i-1}_{i}\boldsymbol{T}$ 的每一个子变换矩阵都对应着一个平移或旋转操作：

① 绕 x_{i-1} 轴的旋转 α_{i-1}；

② 沿 x_{i-1} 轴的平移 a_{i-1}；

③ 绕 z_i 轴的旋转 θ_i；

④ 沿 z_i 轴的平移 d_i。

上述四个参数所对应的子矩阵为

$$\boldsymbol{R}_x(\alpha_{i-1})=\begin{bmatrix}1 & 0 & 0 & 0\\ 0 & \cos\alpha_{i-1} & -\sin\alpha_{i-1} & 0\\ 0 & \sin\alpha_{i-1} & \cos\alpha_{i-1} & 0\\ 0 & 0 & 0 & 1\end{bmatrix} \tag{2-25}$$

$$\boldsymbol{T}_x(a_{i-1})=\begin{bmatrix}1 & 0 & 0 & a_{i-1}\\ 0 & 1 & 0 & 0\\ 0 & 0 & 1 & 0\\ 0 & 0 & 0 & 1\end{bmatrix} \tag{2-26}$$

$$\boldsymbol{R}_z(\theta_i)=\begin{bmatrix}\cos\theta_i & -\sin\theta_i & 0 & 0\\ \sin\theta_i & \cos\theta_i & 0 & 0\\ 0 & 0 & 1 & 0\\ 0 & 0 & 0 & 1\end{bmatrix} \tag{2-27}$$

$$\boldsymbol{T}_z(d_i)=\begin{bmatrix}1 & 0 & 0 & 0\\ 0 & 1 & 0 & 0\\ 0 & 0 & 1 & d_i\\ 0 & 0 & 0 & 1\end{bmatrix} \tag{2-28}$$

以上的子变换矩阵均是相对于动坐标系而言的，所以在计算 ${}^{i-1}_{i}\boldsymbol{T}$ 时需要遵循如式(2-29)的计算原则，即“从左向右”的计算原则：

$$\begin{aligned}{}^{i-1}_{i}\boldsymbol{T}&=\boldsymbol{R}_x(\alpha_{i-1})\boldsymbol{T}_x(a_{i-1})\boldsymbol{R}_z(\theta_i)\boldsymbol{T}_z(d_i)\\ &=\begin{bmatrix}\cos\theta_i & -\sin\theta_i & 0 & a_{i-1}\\ \sin\theta_i\cos\alpha_{i-1} & \cos\theta_i\cos\alpha_{i-1} & -\sin\alpha_{i-1} & -d_i\sin\alpha_{i-1}\\ \sin\theta_i\sin\alpha_{i-1} & \cos\theta_i\sin\alpha_{i-1} & \cos\alpha_{i-1} & d_i\cos\alpha_{i-1}\\ 0 & 0 & 0 & 1\end{bmatrix}\end{aligned} \tag{2-29}$$

由于操作臂几何结构的限制，各关节通常只具有 1 个自由度，这意味着每个关节只能执行一个基本运动，因此${}^{i-1}_{i}\boldsymbol{T}$是关于某一个关节参数的单变量函数，其他 3 个参数为固定值，由操作臂结构所确定。实际上在已经给出的 DH 参数化模型构建方法中，关节变量只可能为关节角 θ_i 和连杆平移量 d_i。若关节 i 为旋转关节，则变量为 θ_i；若关节 i 为平移关节，则关节变量为 d_i。

通过一系列的相邻关节之间的齐次变换矩阵${}^{i-1}_{i}\boldsymbol{T}$依次相乘，可以推导出从机器人基坐标系到末端执行器之间的齐次变换矩阵。以一个 n 自由度的机器人为例，其末端执行机构 $\{n\}$ 相对于基坐标系 $\{0\}$ 的变换矩阵${}^{0}_{n}\boldsymbol{T}$可表示为

$$ {}^{0}_{n}\boldsymbol{T}={}^{0}_{1}\boldsymbol{T}{}^{1}_{2}\boldsymbol{T}\cdots{}^{n-1}_{n}\boldsymbol{T} \tag{2-30}$$

${}^{0}_{n}\boldsymbol{T}$被称为操作臂变换矩阵。假定该操作臂只包含旋转关节，则${}^{0}_{n}\boldsymbol{T}$是关于 n 个关节变量 θ_1，θ_2，…，θ_n 的函数，若能得知各关节间的转动角度，即可通过式(2-30) 计算得到末端连杆相对于机器人基坐标系的位姿。${}^{0}_{n}\boldsymbol{T}$是齐次变换矩阵，所以也可以写成由旋转矩阵与平移向量组成的复合矩阵：

$$ {}^{0}_{n}\boldsymbol{T}=\begin{bmatrix} {}^{0}_{n}\boldsymbol{R} & {}^{0}_{n}\boldsymbol{p} \\ \boldsymbol{0} & 1 \end{bmatrix} \tag{2-31}$$

式中，${}^{0}_{n}\boldsymbol{R}$是末端执行器 $\{n\}$ 相对于基坐标系 $\{0\}$ 的旋转矩阵（姿态矩阵）；${}^{0}_{n}\boldsymbol{p}$是末端执行器 $\{n\}$ 相对于基坐标系 $\{0\}$ 的位置向量。

2.2.3　操作臂正运动学方程

根据式(2-31)，如果知道操作臂各关节变量，可以计算操作臂末端执行器相对于机器人基坐标系的位姿。下面以经典的 6 自由度 KUKA KR3 R540 机器人为例，对其正运动学方程进行讲解。

KUKA KR3 R540 机器人是一个 6 自由度机器人，属于一个 6R 机构，它的 6 个关节均为转动关节。它的前三个关节用来确定末端执行器的参考点位置，后三个关节确定末端执行器的方位。KUKA KR3 R540 的 4、5、6 关节的轴线与大多数机器人一样相交于一点，且该点与 $\{4\}$、$\{5\}$、$\{6\}$ 的坐标原点重合，将该点定义为末端执行器的参考点。

图 2-9 所示为该机器人 θ_1，θ_2，…，θ_n 均为 0°时的姿态以及坐标系的分布情况（机器人基坐标系 $\{0\}$ 未在图中表示）。由于机器人基坐标系 $\{0\}$ 经常建立在关节 1 上，当 $\theta_1=0°$ 时，基坐标系 $\{0\}$ 与连杆 1 坐标系 $\{1\}$ 重合。对该机器人采用 DH 参数化方法得到的各连杆关节参数如表 2-1 所示。

表 2-1　KUKA KR3 R540 机器人的连杆参数

i	a_{i-1}	α_{i-1}	d_i	θ_i
1	0	0°	0	θ_1
2	0	−90°	0	θ_1
3	a_2	0°	d_3	θ_3
4	a_3	−90°	d_4	θ_4
5	0	90°	0	θ_5
6	0	−90°	0	θ_6

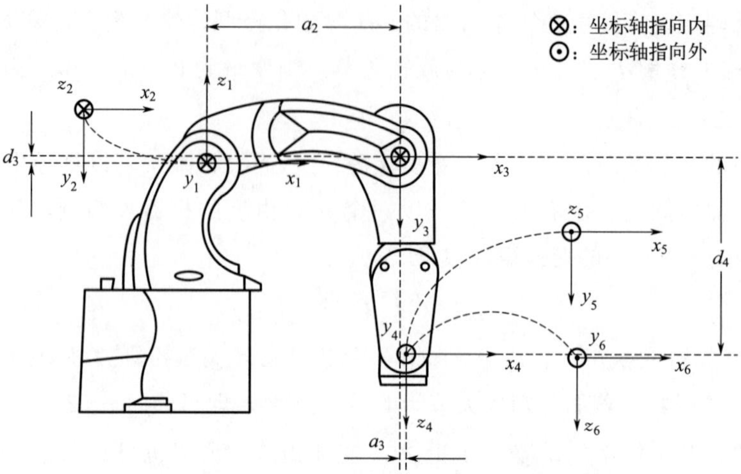

图 2-9　KUKA KR3 R540 操作臂坐标系和参数分布

根据式(2-30) 得到 KUKA KR3 R540 的操作臂变换矩阵${}_6^0\boldsymbol{T}$ 的表达式：

$$ {}_6^0\boldsymbol{T}(\boldsymbol{\theta})={}_1^0\boldsymbol{T}(\theta_1){}_2^1\boldsymbol{T}(\theta_2){}_3^2\boldsymbol{T}(\theta_3){}_4^3\boldsymbol{T}(\theta_4){}_5^4\boldsymbol{T}(\theta_5){}_6^5\boldsymbol{T}(\theta_6) \tag{2-32}$$

式(2-32) 为一个包含 6 个关节变量的函数，其中 $\boldsymbol{\theta}=[\theta_1,\theta_2,\theta_3,\theta_4,\theta_5,\theta_6]$，$\boldsymbol{\theta}\in\Re^6$ 为六维关节角度矢量。

各相邻连杆间的变化矩阵可通过式(2-29) 求得，表达式如下：

$$ {}_1^0\boldsymbol{T}=\begin{bmatrix} c\theta_1 & -s\theta_1 & 0 & 0 \\ s\theta_1 & c\theta_1 & 0 & 0 \\ 0 & 0 & 1 & 0 \\ 0 & 0 & 0 & 1 \end{bmatrix} \quad {}_2^1\boldsymbol{T}=\begin{bmatrix} c\theta_2 & -s\theta_2 & 0 & 0 \\ 0 & 0 & 1 & 0 \\ -s\theta_2 & -c\theta_2 & 0 & 0 \\ 0 & 0 & 0 & 1 \end{bmatrix}$$

$$ {}_3^2\boldsymbol{T}=\begin{bmatrix} c\theta_3 & -s\theta_3 & 0 & a_2 \\ s\theta_3 & c\theta_3 & 0 & 0 \\ 0 & 0 & 1 & d_3 \\ 0 & 0 & 0 & 1 \end{bmatrix} \quad {}_4^3\boldsymbol{T}=\begin{bmatrix} c\theta_4 & -s\theta_4 & 0 & a_3 \\ 0 & 0 & 1 & d_4 \\ -s\theta_4 & -c\theta_4 & 0 & 0 \\ 0 & 0 & 0 & 1 \end{bmatrix} \tag{2-33}$$

$$ {}_5^4\boldsymbol{T}=\begin{bmatrix} c\theta_5 & -s\theta_5 & 0 & 0 \\ 0 & 0 & -1 & 0 \\ s\theta_5 & c\theta_5 & 0 & 0 \\ 0 & 0 & 0 & 1 \end{bmatrix} \quad {}_6^5\boldsymbol{T}=\begin{bmatrix} c\theta_6 & -s\theta_6 & 0 & 0 \\ 0 & 0 & 1 & 0 \\ -s\theta_6 & -c\theta_6 & 0 & 0 \\ 0 & 0 & 0 & 1 \end{bmatrix}$$

在本小节将求取某些中间结果，这有助于 2.3 节中操作臂逆运动学问题的求解。

$$ {}_6^4\boldsymbol{T}={}_5^4\boldsymbol{T}{}_6^5\boldsymbol{T}=\begin{bmatrix} c\theta_5c\theta_6 & -c\theta_5s\theta_6 & -s\theta_5 & 0 \\ s\theta_6 & c\theta_6 & 0 & 0 \\ s\theta_5c\theta_6 & -s\theta_5s\theta_6 & c\theta_5 & 0 \\ 0 & 0 & 0 & 1 \end{bmatrix} \tag{2-34}$$

$$
{}_6^3\boldsymbol{T}={}_4^3\boldsymbol{T}{}_6^4\boldsymbol{T}=\begin{bmatrix} c\theta_4c\theta_5c\theta_6-s\theta_4s\theta_6 & -c\theta_4c\theta_5s\theta_6-s\theta_4c\theta_6 & -c\theta_4s\theta_5 & a_3 \\ s\theta_5c\theta_6 & -s\theta_5s\theta_6 & c\theta_5 & d_4 \\ -s\theta_4c\theta_5c\theta_6-c\theta_4s\theta_6 & s\theta_4c\theta_5s\theta_6-c\theta_4c\theta_6 & s\theta_4s\theta_5 & 0 \\ 0 & 0 & 0 & 1 \end{bmatrix} \tag{2-35}
$$

在 KUKA KR3 R540 结构中，关节 2 和关节 3 是平行的，故${}_2^1\boldsymbol{T}$ 和${}_3^2\boldsymbol{T}$ 的乘积矩阵${}_3^1\boldsymbol{T}$ 可用“二角和”公式进行简化表达：

$$
{}_3^1\boldsymbol{T}={}_2^1\boldsymbol{T}{}_3^2\boldsymbol{T}=\begin{bmatrix} c\theta_{23} & -s\theta_{23} & 0 & a_2c\theta_2 \\ 0 & 0 & 1 & d_3 \\ -s\theta_{23} & -c\theta_{23} & 0 & -a_2s\theta_2 \\ 0 & 0 & 0 & 1 \end{bmatrix} \tag{2-36}
$$

式中，$c\theta_{23}=\cos(\theta_2+\theta_3)$，$s\theta_{23}=\sin(\theta_2+\theta_3)$。公式中使用的“二角和”公式为

$$
\begin{aligned} \cos(\theta_2+\theta_3)&=\cos\theta_2\cos\theta_3-\sin\theta_2\sin\theta_3 \\ \sin(\theta_2+\theta_3)&=\cos\theta_2\sin\theta_3+\sin\theta_2\cos\theta_3 \end{aligned} \tag{2-37}
$$

${}_6^1\boldsymbol{T}$ 可通过${}_3^1\boldsymbol{T}$ 和${}_6^3\boldsymbol{T}$ 的乘积计算：

$$
{}_6^1\boldsymbol{T}={}_3^1\boldsymbol{T}{}_6^3\boldsymbol{T}=\begin{bmatrix} {}^1r_{11} & {}^1r_{12} & {}^1r_{13} & {}^1p_x \\ {}^1r_{21} & {}^1r_{22} & {}^1r_{23} & {}^1p_y \\ {}^1r_{31} & {}^1r_{32} & {}^1r_{33} & {}^1p_z \\ 0 & 0 & 0 & 1 \end{bmatrix} \tag{2-38}
$$

式(2-38) 中各元素的具体表达式如下所示：

$$
\begin{aligned}
{}^1r_{11}&=c\theta_{23}[c\theta_4c\theta_5c\theta_6-s\theta_4s\theta_6]-s\theta_{23}s\theta_5s\theta_6 \\
{}^1r_{21}&=-s\theta_4c\theta_5c\theta_6-c\theta_4s\theta_6 \\
{}^1r_{31}&=-s\theta_{23}[c\theta_4c\theta_5c\theta_6-s\theta_4s\theta_6]-c\theta_{23}s\theta_5s\theta_6 \\
{}^1r_{12}&=-c\theta_{23}[c\theta_4c\theta_5s\theta_6+s\theta_4c\theta_6]+s\theta_{23}s\theta_5s\theta_6 \\
{}^1r_{22}&=s\theta_4c\theta_5s\theta_6-c\theta_4c\theta_6 \\
{}^1r_{32}&=s\theta_{23}[c\theta_4c\theta_5s\theta_6+s\theta_4c\theta_6]+c\theta_{23}s\theta_5s\theta_6 \\
{}^1r_{13}&=-c\theta_{23}c\theta_4s\theta_5-s\theta_{23}c\theta_5 \\
{}^1r_{23}&=s\theta_4s\theta_5 \\
{}^1r_{33}&=s\theta_{23}c\theta_4s\theta_5-c\theta_{23}c\theta_5 \\
{}^1p_x&=a_2c\theta_2+a_3c\theta_{23}-d_4s\theta_{23} \\
{}^1p_y&=d_3 \\
{}^1p_z&=-a_3s\theta_{23}-a_2s\theta_2-d_4c\theta_{23}
\end{aligned} \tag{2-39}
$$

最后，得到 6 个连杆变换矩阵的乘积${}_6^0\boldsymbol{T}$：

$$
{}_6^0\boldsymbol{T}={}_1^0\boldsymbol{T}{}_6^1\boldsymbol{T}=\begin{bmatrix} r_{11} & r_{12} & r_{13} & p_x \\ r_{21} & r_{22} & r_{23} & p_y \\ r_{31} & r_{32} & r_{33} & p_z \\ 0 & 0 & 0 & 1 \end{bmatrix} \tag{2-40}
$$

式(2-40) 中各元素含义如下：

$$
\begin{aligned}
r_{11} &= c\theta_1\left[c\theta_{23}(c\theta_4 c\theta_5 c\theta_6 - s\theta_4 s\theta_5) - s\theta_{23} s\theta_5 c\theta_5\right] + s\theta_1(s\theta_4 c\theta_5 c\theta_6 + c\theta_4 s\theta_6) \\
r_{21} &= s\theta_1\left[c\theta_{23}(c\theta_4 c\theta_5 c\theta_6 - s\theta_4 s\theta_6) - s\theta_{23} s\theta_5 c\theta_6\right] - c\theta_1(s\theta_4 c\theta_5 c\theta_6 + c\theta_4 s\theta_6) \\
r_{31} &= -s\theta_{23}(c\theta_4 c\theta_5 c\theta_6 - s\theta_4 s\theta_6) - c\theta_{23} s\theta_5 c\theta_6 \\
r_{12} &= c\theta_1\left[c\theta_{23}(-c\theta_4 c\theta_5 s\theta_6 - s\theta_4 c\theta_6) + s\theta_{23} s\theta_5 s\theta_6\right] + s\theta_1(c\theta_4 c\theta_6 - s\theta_4 c\theta_5 s\theta_6) \\
r_{22} &= s\theta_1\left[c\theta_{23}(-c\theta_4 c\theta_5 s\theta_6 - s\theta_4 c\theta_6) + s\theta_{23} s\theta_5 s\theta_6\right] - c\theta_1(c\theta_4 c\theta_6 - s\theta_4 c\theta_5 s\theta_6) \\
r_{32} &= -s\theta_{23}(-c\theta_4 c\theta_5 s\theta_6 - s\theta_4 c\theta_6) + c\theta_{23} s\theta_5 s\theta_6 \\
r_{13} &= -c\theta_1(c\theta_{23} c\theta_4 s\theta_5 + s\theta_{23} c\theta_5) - s\theta_1 s\theta_4 s\theta_5 \\
r_{23} &= -s\theta_1(c\theta_{23} c\theta_4 s\theta_5 + s\theta_{23} c\theta_5) + c\theta_1 s\theta_4 s\theta_5 \\
r_{33} &= s\theta_{23} c\theta_4 s\theta_5 - c\theta_{23} c\theta_5 \\
p_x &= c\theta_1\left[a_2 c\theta_2 + a_3 c\theta_{23} - d_4 s\theta_{23}\right] - d_3 s\theta_1 \\
p_y &= s\theta_1\left[a_2 c\theta_2 + a_3 c\theta_{23} - d_4 s\theta_{23}\right] + d_3 c\theta_1 \\
p_z &= -a_3 s\theta_{23} - a_2 s\theta_2 - d_4 c\theta_{23}
\end{aligned} \tag{2-41}
$$

式(2-40) 描述了 KUKA KR3 R540 末端连杆坐标系 {6} 相对于坐标系 {0} 的位姿，是分析其运动状态的基础。

2.3 操作臂逆运动学

2.2 节介绍了已知操作臂各关节参数，求取操作臂末端连杆坐标系 {n} 相对于机器人基坐标系 {0} 的齐次变换矩阵${}_n^0\boldsymbol{T}$ 的方法。而已知${}_n^0\boldsymbol{T}$ 矩阵，即操作臂末端连杆 {n} 相对于基坐标系 {0} 的位姿，对每个关节变量 $\boldsymbol{\theta}=[\theta_1,\theta_2,\cdots,\theta_n]$，$\boldsymbol{\theta}\in\Re^n$ 求解的过程，称为操作臂逆运动学。

与正运动学相比，逆运动学问题的求解更为复杂[5]。这种复杂性主要源于逆运动学需要解决非线性方程组，并且这些方程组可能存在多个解，甚至在某些情况下无解。图 2-10 所示为一个 3R 机器人在某末端姿态存在两个解的示意图。在实际工程应用中，操作臂的逆运动学解法比正运动学更为关键，因为逆运动学是实现机器人姿态规划的基础。

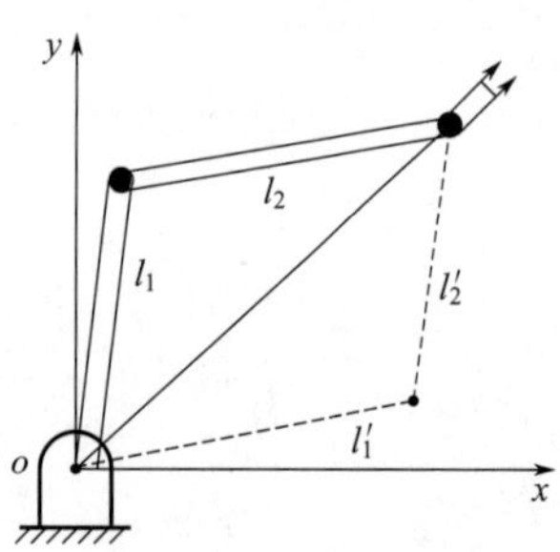

图 2-10 三连杆操作臂
（包含两种可行姿态）

在工程实践中，获得逆运动学问题的封闭解（即解析解）是最理想的情况。封闭解的存在不仅能显著提升操作臂运动的实时性，还能提高系统的整体效率。因此，逆运动学的研究在机器人控制领域具有重要的意义。

操作臂逆运动学的封闭解可通过几何解法以及代数解法进行计算[6]。

2.3.1　几何解法

在几何解法中，需要将操作臂的空间几何参数分解为平面几何参数[7]。图 2-11 所示为平面 3 自由度操作臂，可利用其 l_1 和 l_2 连杆以及基坐标系 {0} 和末端连杆坐标系 {3} 原点连线 OB 组成的三角形△OAB 的几何关系进行几何法求解。利用余弦定理，可建立关于 θ_2 的关系式：

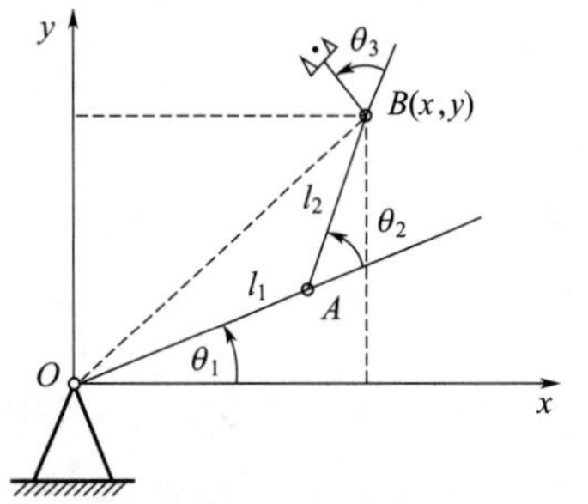

图 2-11　平面 3 自由度操作臂

$$x^2+y^2=l_1^2+l_2^2-2l_1l_2\cos(180°-\theta_2) \tag{2-42}$$

将式(2-42) 整理后可得 θ_2 的表达式为

$$\cos\theta_2=\frac{x^2+y^2-l_1^2-l_2^2}{2l_1l_2} \tag{2-43}$$

对于图 2-11 中所示机构，需要注意三点：

① 为了使该三角形成立，在图 2-11 中，△OAB 的几何关系需要满足 OB 不大于另两边之和，即 $\sqrt{x^2+y^2}\leqslant l_1+l_2$。

② 若该逆问题的解存在，则解 θ_2 需要满足 $\theta_2\in[-180°,0]$。

③ 两个可行解满足（另一个解如图 2-10 中虚线所示）$\theta_2'=-\theta_2$。

为了对 θ_1 进行求解，首先需要计算 β 角和 γ 角的表达式，分别为

$$\beta=\text{atan2}(y,x) \tag{2-44}$$

$$\cos\gamma=\frac{x^2+y^2+l_1^2-l_2^2}{2l_1\sqrt{x^2+y^2}} \tag{2-45}$$

最后得到 θ_1 的表达式为

$$\theta_1=\begin{cases}\beta+\gamma & \theta_1<0° \\ \beta-\gamma & \theta_1>0°\end{cases} \tag{2-46}$$

在平面内，各关节角度可以相加，θ_1、θ_2、θ_3 之和为末端执行器方位角 ϕ，故 θ_3 的表达式为

$$\theta_3=\phi-\theta_1-\theta_2 \tag{2-47}$$

根据以上过程可解决该 3R 操作臂逆运动学问题。但几何法通常只适用于结构简单的机器人，对于结构复杂的机器人且涉及三维问题，几何法求解将变得极为复杂且不易理解。对于结构复杂的机器人，通常采用代数解法进行求解[8,9]。

2.3.2　代数解法

对于 6 自由度操作臂，若该操作臂的 3 个连续关节的旋转轴线在空间中的某一点处交会，则该操作臂的逆运动学存在封闭解。KUKA KR3 R540 机器人符合上述几何构造。接下来将以 KUKA KR3 R540 机器人的逆运动学问题为例，利用代数方法进行求解。

KUKA KR3 R540 的${}_6^0\boldsymbol{T}$可由各关节的变换矩阵${}_i^{i-1}\boldsymbol{T}$的乘积来表示，在已知${}_6^0\boldsymbol{T}$的情况下可建立下列方程：

$$
{}_6^0\boldsymbol{T}=\begin{bmatrix} r_{11} & r_{12} & r_{13} & p_x \\ r_{21} & r_{22} & r_{23} & p_y \\ r_{31} & r_{32} & r_{33} & p_z \\ 0 & 0 & 0 & 1 \end{bmatrix} \tag{2-48}
$$

$$
={}_1^0\boldsymbol{T}(\theta_1){}_2^1\boldsymbol{T}(\theta_2){}_3^2\boldsymbol{T}(\theta_3){}_4^3\boldsymbol{T}(\theta_4){}_5^4\boldsymbol{T}(\theta_5){}_6^5\boldsymbol{T}(\theta_6)
$$

式中，θ_1，θ_2，…，θ_6 为需要求解的未知数。

为了求解 θ_1，需要将变换矩阵中与 θ_1 相关的部分单独提取，首先通过逆变换将 θ_1 移到方程的左侧：

$$
{}_1^0\boldsymbol{T}^{-1}(\theta_1){}_6^0\boldsymbol{T}={}_2^1\boldsymbol{T}(\theta_2){}_3^2\boldsymbol{T}(\theta_3){}_4^3\boldsymbol{T}(\theta_4){}_5^4\boldsymbol{T}(\theta_5){}_6^5\boldsymbol{T}(\theta_6) \tag{2-49}
$$

${}_1^0\boldsymbol{T}$ 的表达式已在式(2-33）中给出，故式(2-49）可改写为以下形式

$$
\begin{bmatrix} \cos\theta_1 & \sin\theta_1 & 0 & 0 \\ -\sin\theta_1 & \cos\theta_1 & 0 & 0 \\ 0 & 0 & 1 & 0 \\ 0 & 0 & 0 & 1 \end{bmatrix}\begin{bmatrix} r_{11} & r_{12} & r_{13} & p_x \\ r_{21} & r_{22} & r_{23} & p_y \\ r_{31} & r_{32} & r_{33} & p_z \\ 0 & 0 & 0 & 1 \end{bmatrix}={}_6^1\boldsymbol{T} \tag{2-50}
$$

式(2-50）中将等式右侧统一为了${}_6^1\boldsymbol{T}$，该表达式已在（2-38）中进行推导。令式(2-50）中等式两边矩阵的（2,4）元素对应相等可得

$$
-\mathrm{s}\theta_1 p_x+\mathrm{c}\theta_1 p_y=d_3 \tag{2-51}
$$

利用三角恒等代换将式(2-51）中 p_x 和 p_y 改写为基坐标形式：

$$
-\mathrm{s}\theta_1\rho\cos\phi+\mathrm{c}\theta_1\rho\sin\phi=d_3 \tag{2-52}
$$

式中，$\rho=\sqrt{p_x^2+p_y^2}$；$\phi=\operatorname{atan2}(p_y,p_x)$。通过差角公式可得到

$$
\begin{cases} \sin(\phi-\theta_1)=\dfrac{d_3}{\rho} \\ \cos(\phi-\theta_1)=\pm\sqrt{1-\dfrac{d_3^2}{\rho^2}} \end{cases} \tag{2-53}
$$

因此

$$
\phi-\theta_1=\operatorname{atan2}\left(\frac{d_3}{\rho},\pm\sqrt{1-\frac{d_3^2}{\rho^2}}\right) \tag{2-54}
$$

最后可得到 θ_1 的解为

$$
\theta_1=\operatorname{atan2}(p_y,p_x)-\operatorname{atan2}(d_3,\pm\sqrt{p_x^2+p_y^2-d_3^2}) \tag{2-55}
$$

式(2-55）中存在正、负号，因此 θ_1 存在两个可能的解。在得到 θ_1 的解后，式(2-50）中等式左边都是已知的，再令等式两端（1,4）和（3,4）元素分别对应相等可得到以下两个方程：

$$
\mathrm{c}\theta_1 p_x+\mathrm{s}\theta_1 p_y=a_3\mathrm{c}\theta_{23}-d_4\mathrm{s}\theta_{23}+a_2\mathrm{c}\theta_2 \tag{2-56}
$$

$$-p_x=a_3 s\theta_{23}+d_4 c\theta_{23}+a_2 c\theta_2 \tag{2-57}$$

式(2-51) 与式(2-57) 的平方和为

$$a_3 c\theta_3-d_4 s\theta_3=k \tag{2-58}$$

式(2-58) 中：

$$k=\frac{p_x^2+p_y^2+p_z^2-a_2^2-d_3^2-d_4^2}{2a_2} \tag{2-59}$$

式(2-58) 中只存在一个未知量 θ_3，对其做与式(2-51) 相同的操作后可得 θ_3 的解为

$$\theta_3=\text{atan2}(a_3,d_4)-\text{atan2}(k,\pm\sqrt{a_3^2+d_4^2-k^2}) \tag{2-60}$$

同样地，由于式(2-60) 中存在正、负号，θ_3 存在两个可能的解。

在式(2-35) 中，已经求得${}_6^3\boldsymbol{T}$。为了求解 θ_2，在式(2-48) 两端同时左乘${}_3^0\boldsymbol{T}^{-1}$ 可得

$${}_3^0\boldsymbol{T}^{-1}(\theta_1,\theta_2,\theta_3){}_6^0\boldsymbol{T}={}_4^3\boldsymbol{T}(\theta_4){}_5^4\boldsymbol{T}(\theta_5){}_6^5\boldsymbol{T}(\theta_6) \tag{2-61}$$

式(2-61) 可写为

$$\begin{bmatrix} c\theta_1 & s\theta_1 c\theta_{23} & -s\theta_{23} & -a_2 c\theta_3 \\ -c\theta_1 s\theta_{23} & -s\theta_1 s\theta_{23} & -c\theta_{23} & a_2 s\theta_3 \\ -s\theta_1 & c\theta_1 & 0 & -d_3 \\ 0 & 0 & 0 & 1 \end{bmatrix}\begin{bmatrix} r_{11} & r_{12} & r_{13} & p_x \\ r_{21} & r_{22} & r_{23} & p_y \\ r_{31} & r_{32} & r_{33} & p_z \\ 0 & 0 & 0 & 1 \end{bmatrix}={}_6^3\boldsymbol{T} \tag{2-62}$$

令该矩阵方程等式两侧元素（1,4）和（2,4）对应相等可得

$$c\theta_1 c\theta_{23} p_x+s\theta_1 c\theta_{23} p_y-s\theta_{23} p_z-a_2 c\theta_3=a_3 \tag{2-63}$$

$$-c\theta_1 s\theta_{23} p_x-s\theta_1 s\theta_{23} p_y-c\theta_{23} p_z+a_2 s\theta_3=d_4 \tag{2-64}$$

联立上述两个方程可得分别求得 $s\theta_{23}$ 和 $c\theta_{23}$ 的表达式

$$s\theta_{23}=\frac{(-a_3-a_2 c\theta_3)p_z+(c\theta_1 p_x+s\theta_1 p_y)(a_2 s\theta_3-d_4)}{p_z^2+(c\theta_1 p_x+s\theta_1 p_y)^2} \tag{2-65}$$

$$c\theta_{23}=\frac{(a_2 s\theta_3-d_4)p_z-(a_3+a_2 c\theta_3)(c\theta_1 p_x+s\theta_1 p_x)}{p_z^2+(c\theta_1 p_x+s\theta_1 p_y)^2} \tag{2-66}$$

以上两个表达式中分母均为正且相等，于是可以求得 θ_{23} 的解为

$$\begin{aligned}\theta_{23}=\theta_2+\theta_3=\text{atan2}\,[&(-a_3-a_2 c\theta_3)p_z-(c\theta_1 p_x+s\theta_1 p_y)(d_4-a_2 s\theta_3)\\ &(a_2 s\theta_3-d_4)p_z-(a_3+a_2 c\theta_3)(c\theta_1 p_x+s\theta_1 p_y)]\end{aligned} \tag{2-67}$$

由于 θ_1 和 θ_2 均存在两个解，故式(2-67) 中 θ_{23} 存在 4 种可能的解，这也意味着 θ_2 存在 4 种可能的解：

$$\theta_2=\theta_{23}-\theta_3 \tag{2-68}$$

注意，式(2-68) 中 θ_2 的可能解需要与相应的 θ_3 的值对应。

求得 θ_2 后，式(2-62) 中等式左侧矩阵中的元素全部已知，令该式中等式两边（1,3）和（3,3）元素对应相等可得到

$$r_{13} c\theta_1 c\theta_{23}+r_{23} s\theta_1 c\theta_{23}-r_{33} s\theta_{23}=-c\theta_4 s\theta_5 \tag{2-69}$$

$$-r_{13} s\theta_1+r_{23} c\theta_1=s\theta_4 s\theta_5 \tag{2-70}$$

式(2-70) 中如果满足 $s\theta_5\neq 0$ 可求得 θ_4 的解为

$$\theta_4 = \mathrm{atan2}(-r_{13}\mathrm{s}\theta_1 + r_{23}\mathrm{c}\theta_1, -r_{13}\mathrm{c}\theta_1\mathrm{c}\theta_{23} - r_{23}\mathrm{s}\theta_1\mathrm{c}\theta_{23} + r_{33}\mathrm{s}\theta_{23}) \tag{2-71}$$

事实上当 $\mathrm{s}\theta_5=0$ 时，KUKA KR3 R540 处于奇异形位。在此情况下，操作臂第 4 轴和第 6 轴的关节轴线重合，导致无法单独求解 θ_4 和 θ_6 的值，只能得到 θ_4 和 θ_6 的和或差。为了判断操作臂是否接近奇异形位，可检查式(2-71) 中 atan2 函数的两个参数是否都接近 0。如果两个参数均接近 0 则该系统处于奇异形位，否则不是。在奇异形位处，可任意选择 θ_4 的值再进一步计算相应的 θ_6。

一旦求解出 θ_4 的值，进一步改写式(2-48)，将其等号两端同时左乘 ${}^0_4\boldsymbol{T}^{-1}$ 可得

$${}^0_4\boldsymbol{T}^{-1}(\theta_1,\theta_2,\theta_3,\theta_4){}^0_6\boldsymbol{T} = {}^4_5\boldsymbol{T}(\theta_5){}^5_6\boldsymbol{T}(\theta_6) = {}^4_6\boldsymbol{T}(\theta_5,\theta_6) \tag{2-72}$$

式(2-72) 最左侧 ${}^0_4\boldsymbol{T}^{-1}(\theta_1,\theta_2,\theta_3,\theta_4)$ 中各关节变量均为已知量，则可求得该逆变换为

$$\begin{aligned}&{}^0_4\boldsymbol{T}^{-1}(\theta_1,\theta_2,\theta_3,\theta_4)\\ =&\begin{bmatrix} \mathrm{c}\theta_1\mathrm{c}\theta_{23}\mathrm{c}\theta_4+\mathrm{s}\theta_1\mathrm{s}\theta_4 & \mathrm{s}\theta_1\mathrm{c}\theta_{23}\mathrm{c}\theta_4-\mathrm{c}\theta_1\mathrm{s}\theta_4 & -\mathrm{s}\theta_{23}\mathrm{c}\theta_4 & -a_2\mathrm{c}\theta_3\mathrm{c}\theta_4+d_3\mathrm{s}\theta_4-a_3\mathrm{c}\theta_4 \\ -\mathrm{c}\theta_1\mathrm{c}\theta_{23}\mathrm{s}\theta_4+\mathrm{s}\theta_1\mathrm{c}\theta_4 & -\mathrm{s}\theta_1\mathrm{c}\theta_{23}\mathrm{s}\theta_4-\mathrm{c}\theta_1\mathrm{c}\theta_4 & \mathrm{s}\theta_{23}\mathrm{s}\theta_4 & a_2\mathrm{c}\theta_3\mathrm{s}\theta_4+d_3\mathrm{c}\theta_4+a_3\mathrm{s}\theta_4 \\ -\mathrm{c}\theta_1\mathrm{s}\theta_{23} & -\mathrm{s}\theta_1\mathrm{s}\theta_{23} & -\mathrm{c}\theta_{23} & a_2\mathrm{s}\theta_3-d_4 \\ 0 & 0 & 0 & 1 \end{bmatrix}\end{aligned} \tag{2-73}$$

式(2-72) 中，等式最右侧的 ${}^4_6\boldsymbol{T}$（θ_5，θ_6）已在式(2-34) 中求出。在式(2-72) 中令最外两侧矩阵中元素（1,3）和（3,3）对应相等可得

$$r_{13}(\mathrm{c}\theta_1\mathrm{c}\theta_{23}\mathrm{c}\theta_4+\mathrm{s}\theta_1\mathrm{s}\theta_4)+r_{23}(\mathrm{s}\theta_1\mathrm{c}\theta_{23}\mathrm{c}\theta_4-\mathrm{c}\theta_1\mathrm{s}\theta_4)-r_{33}(\mathrm{s}\theta_{23}\mathrm{c}\theta_4)=-\mathrm{s}\theta_5 \tag{2-74}$$

$$r_{13}(-\mathrm{c}\theta_1\mathrm{s}\theta_{23})+r_{23}(-\mathrm{s}\theta_1\mathrm{s}\theta_{23})-r_{33}(\mathrm{c}\theta_4)=\mathrm{c}\theta_5 \tag{2-75}$$

联立以上两个式子可求得 θ_5 的解为

$$\theta_5=\mathrm{atan2}(\mathrm{s}\theta_5,\mathrm{c}\theta_5) \tag{2-76}$$

重复上述流程求解 θ_6，再将式(2-48) 改写为已知量统一在左侧的形式：

$${}^0_5\boldsymbol{T}^{-1}(\theta_1,\theta_2,\cdots,\theta_5){}^0_6\boldsymbol{T}={}^5_6\boldsymbol{T}(\theta_6) \tag{2-77}$$

令式(2-77) 两端元素（3,1）和（1,1）分别对应相等可得

$$-r_{11}(\mathrm{c}\theta_1\mathrm{c}\theta_{23}\mathrm{s}\theta_4-\mathrm{s}\theta_1\mathrm{c}\theta_4)-r_{21}(\mathrm{s}\theta_1\mathrm{c}\theta_{23}\mathrm{s}\theta_4+\mathrm{c}\theta_1\mathrm{c}\theta_4)+r_{31}(\mathrm{s}\theta_{23}\mathrm{s}\theta_4)=\mathrm{s}\theta_6 \tag{2-78}$$

$$\begin{aligned}&r_{11}\left[(\mathrm{c}\theta_1\mathrm{c}\theta_{23}\mathrm{c}\theta_4+\mathrm{s}\theta_1\mathrm{s}\theta_4)\mathrm{c}\theta_5-\mathrm{c}\theta_1\mathrm{s}\theta_{23}\mathrm{s}\theta_5\right]+r_{21}\\ &\left[(\mathrm{s}\theta_1\mathrm{c}\theta_{23}\mathrm{c}\theta_4-\mathrm{c}\theta_1\mathrm{s}\theta_4)\mathrm{c}\theta_5-\mathrm{s}\theta_1\mathrm{s}\theta_{23}\mathrm{s}\theta_5\right]-r_{31}(\mathrm{s}\theta_{23}\mathrm{c}\theta_4\mathrm{c}\theta_5+\mathrm{c}\theta_{23}\mathrm{s}\theta_5)=\mathrm{c}\theta_6\end{aligned} \tag{2-79}$$

最后可求得 θ_6 的封闭解为

$$\theta_6=\mathrm{atan2}(\mathrm{s}\theta_6,\mathrm{c}\theta_6) \tag{2-80}$$

KUKA KR3 R540 总共存在 8 组逆运动学解，其中由于 θ_1 和 θ_3 的解析式中均出现"±"组合，可对应 2 组解。由于每一个姿态中，将操作臂进行翻转可得到另一种姿态，故该操作臂总共存在 8 组可能的解。翻转后得到的姿态中，只有后三个连杆的关节参数会产生变化，对应的两种解的关系为

$$\begin{cases}\theta_4'=\theta_4+\pi\\ \theta_5'=-\theta_5\\ \theta_6'=\theta_6+\pi\end{cases} \tag{2-81}$$

2.4 操作臂的速度雅可比矩阵与微分运动

在 2.2 节和 2.3 节中，我们详细讨论了操作臂各连杆之间的位姿关系描述方法，并建立了操作臂的运动学方程。本节将进一步研究操作臂的速度，特别是末端连杆与各关节之间的速度关系。为此，引入了雅可比矩阵来研究机构部件随时间变化的几何关系，它是机器人学中一个重要的工具。

雅可比矩阵是一个由多变量函数的微分构成的矩阵。在机器人学中，雅可比矩阵主要用于描述关节速度与末端执行器速度之间的关系[10]。通过雅可比矩阵，我们可以将关节空间的速度映射到操作空间，从而得到末端执行器的运动状态。雅可比矩阵不仅有助于理解操作臂的运动形位，还能帮助我们分析操作臂在某些姿态下可能出现的奇异性，通常我们把这些姿态称为奇异点位。当操作臂处于奇异点位时，意味着它在某些方向上速度传递性能下降甚至失效[11]。

通过对操作臂雅可比矩阵以及微分运动的研究，可以了解操作臂速度的传递特性以及转换关系，为操作臂的精确控制提供依据。

2.4.1 雅可比矩阵

假设有一个向量函数 $\boldsymbol{f}$：$\Re^n \rightarrow \Re^m$，将 n 维向量 $\boldsymbol{x}$ 映射到 m 维向量 $\boldsymbol{y}$：

$$\boldsymbol{y}=\boldsymbol{f}(\boldsymbol{x})=\begin{bmatrix} f_1(\boldsymbol{x}) \\ f_2(\boldsymbol{x}) \\ \vdots \\ f_m(\boldsymbol{x}) \end{bmatrix} \tag{2-82}$$

式中，$\boldsymbol{y}$ 是关于 $\boldsymbol{x}$ 的函数，其中 $\boldsymbol{x}=[x_1,x_2,\cdots,x_n]^{\mathrm{T}}$，$\boldsymbol{y}=[y_1,y_2,\cdots,y_m]^{\mathrm{T}}$。

$\boldsymbol{f}(\boldsymbol{x})$的雅可比矩阵 $\boldsymbol{J}(\boldsymbol{x})$为 $\boldsymbol{f}(\boldsymbol{x})$对输入向量 $\boldsymbol{x}$ 的偏导数矩阵，它是一个 $m \times n$ 的矩阵。具体来说 $\boldsymbol{J}$（$\boldsymbol{x}$）矩阵的第 i 行第 j 列的元素表示函数 f_i 对变量 x_j 的偏导数，$\boldsymbol{J}$（$\boldsymbol{x}$）的表达式为

$$\boldsymbol{J}(\boldsymbol{x})=\frac{\partial \boldsymbol{f}(\boldsymbol{x})}{\partial \boldsymbol{x}}=\begin{bmatrix} \dfrac{\partial f_1}{\partial x_1} & \dfrac{\partial f_1}{\partial x_2} & \cdots & \dfrac{\partial f_1}{\partial x_n} \\ \dfrac{\partial f_2}{\partial x_1} & \dfrac{\partial f_2}{\partial x_2} & \cdots & \dfrac{\partial f_2}{\partial x_n} \\ \vdots & \vdots & \ddots & \vdots \\ \dfrac{\partial f_m}{\partial x_1} & \dfrac{\partial f_m}{\partial x_2} & \cdots & \dfrac{\partial f_m}{\partial x_n} \end{bmatrix} \tag{2-83}$$

接下来以一个简单的二连杆操作臂为例，对其雅可比矩阵进行求解，并介绍如何通过雅可比矩阵判断操作臂奇异性。

图 2-12 所示为平面二连杆机构，连杆的长度分别为 l_1 和 l_2，两关节的角度分别为 θ_1

和 θ_2。第一个关节固定在基座上，操作臂的末端在坐标系中位置为（x,y）。

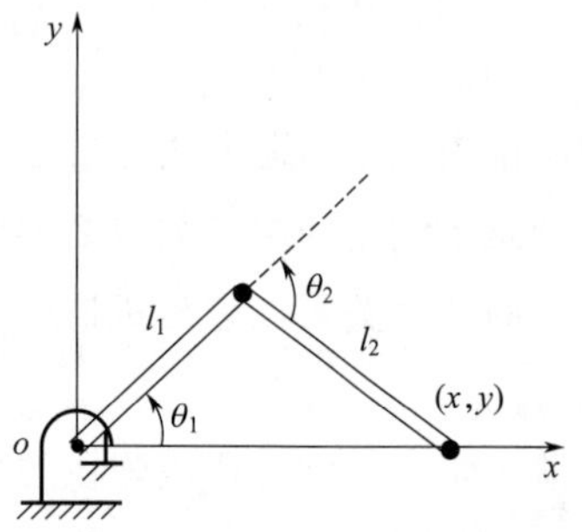

图 2-12　平面二连杆机构

该 2R 操作臂运动学方程可表示为

$$\begin{cases} x=l_1\cos\theta_1+l_2\cos(\theta_1+\theta_2) \\ y=l_1\sin\theta_1+l_2\sin(\theta_1+\theta_2) \end{cases} \tag{2-84}$$

将式(2-84）中等式两端同时对时间 t 求导，得到关节角速度 $\dot{\theta}_1$、$\dot{\theta}_2$ 与末端执行器速度 $\dot{x}$、$\dot{y}$ 之间关系为

$$\begin{bmatrix}\dot{x}\\ \dot{y}\end{bmatrix}=\begin{bmatrix}-l_1\sin\theta_1-l_2\sin(\theta_1+\theta_2) & -l_2\sin(\theta_1+\theta_2)\\ l_1\cos\theta_1+l_2\cos(\theta_1+\theta_2) & -l_2\sin(\theta_1+\theta_2)\end{bmatrix}\begin{bmatrix}\dot{\theta}_1\\ \dot{\theta}_2\end{bmatrix} \tag{2-85}$$

式(2-85）中等式右端的第一个矩阵即为雅可比矩阵 $\boldsymbol{J}(\boldsymbol{\theta})$：

$$\begin{aligned}\boldsymbol{J}(\boldsymbol{\theta})&=\begin{bmatrix}\dfrac{\partial x}{\partial\theta_1} & \dfrac{\partial x}{\partial\theta_2}\\ \dfrac{\partial y}{\partial\theta_1} & \dfrac{\partial y}{\partial\theta_2}\end{bmatrix}\\ &=\begin{bmatrix}-l_1\sin\theta_1-l_2\sin(\theta_1+\theta_2) & -l_2\sin(\theta_1+\theta_2)\\ l_1\cos\theta_1+l_2\cos(\theta_1+\theta_2) & l_2\cos(\theta_1+\theta_2)\end{bmatrix}\end{aligned} \tag{2-86}$$

式(2-86）中 $\boldsymbol{\theta}$ 为关节角度向量，$\boldsymbol{\theta}=[\theta_1,\theta_2]^{\mathrm{T}}$，定义 $\dot{\boldsymbol{x}}=[\dot{x},\dot{y}]^{\mathrm{T}}$，$\dot{\boldsymbol{\theta}}=[\dot{\theta}_1,\dot{\theta}_2]^{\mathrm{T}}$。从式(2-85）可以看出 $\boldsymbol{J}(\boldsymbol{\theta})$ 表示关节空间的速度和操作空间的速度之间的映射关系，式(2-85）也可写为

$$\dot{\boldsymbol{x}}=\boldsymbol{J}(\boldsymbol{\theta})\dot{\boldsymbol{\theta}} \tag{2-87}$$

对式(2-87）进行变换后可得

$$\dot{\boldsymbol{\theta}}=\boldsymbol{J}^{-1}(\boldsymbol{\theta})\dot{\boldsymbol{x}} \tag{2-88}$$

式(2-88）表示操作空间的速度和关节空间的速度之间的映射关系，$\boldsymbol{J}^{-1}(\boldsymbol{\theta})$ 为逆雅可比矩阵，其表达式为

$$\boldsymbol{J}^{-1}(\boldsymbol{\theta})=\frac{1}{l_1l_2\sin\theta_2}\begin{bmatrix}l_2\cos\theta_{12} & l_2\sin\theta_{12}\\ -l_1\cos\theta_1-l_2\cos\theta_{12} & -l_1\sin\theta_1-l_2\sin\theta_{12}\end{bmatrix} \tag{2-89}$$

式(2-89）中，当 θ_2 的值为 0 或 π 时 $\boldsymbol{J}^{-1}(\boldsymbol{\theta})$不存在，当 θ_2 接近该值时，操作臂的关节速度 $\dot{\boldsymbol{\theta}}$ 可能变得无限大，这与事实不符。相应地，在式(2-87）中，当 $\boldsymbol{J}(\boldsymbol{\theta})=\boldsymbol{0}$ 时，末端执行器速度 $\dot{\boldsymbol{x}}=\boldsymbol{0}$，这意味着即使关节进行运动，末端执行器也无法运动。通常将机器人此时所处的状态称为奇异状态，可以通过计算雅可比矩阵的行列式是否为 0 进行判断：

$$|\boldsymbol{J}(\boldsymbol{\theta})|=0 \tag{2-90}$$

操作臂的奇异状态发生在雅可比矩阵的行列式为 0 或者其秩低于最大可能值时（若是方阵则意味着行列式为 0）。此时雅可比矩阵失去了满秩属性，会出现以下问题：

① 自由度丧失：雅可比矩阵的秩下降，意味着机器人的末端执行器在某些方向上失去

了运动的自由度[12]。换句话说，某些关节的运动不再导致末端执行器的运动。

② 运动不可控：由于自由度的丧失，机器人末端执行器在某些方向上无法进行运动或无法控制。例如，如果末端执行器必须沿着某个方向运动，而这个方向对应的雅可比矩阵行列式为零，那么即使关节试图运动，末端执行器也无法沿该方向运动。

③ 力/扭矩放大：在奇异状态附近，雅可比矩阵的逆可能变得非常大，导致末端执行器的微小力或扭矩需求转化为非常大的关节力或扭矩。这会引起控制上的问题，并可能损坏机器人。

上述的例子为二自由度操作臂，它的雅可比矩阵 $\boldsymbol{J}$ 的计算比较简单，但是对于六自由度操作臂来说，它的雅可比矩阵计算比较复杂。接下来将介绍用矢量积方法和微分变换法对多自由度机械手的雅可比矩阵 $\boldsymbol{J}$ 进行计算。

2.4.2　速度雅可比矩阵

在式(2-87) 中，所推导出的关节空间到操作空间中速度矢量的线性映射关系为 $\dot{\boldsymbol{x}}=\boldsymbol{J}(\boldsymbol{\theta})\dot{\boldsymbol{\theta}}$。

该表达式仅考虑了旋转关节，因此无法描述移动关节的情况。为此，引入关节参数向量 $\boldsymbol{q}$，该向量不仅涵盖了旋转关节的角度参数，还包含了移动关节的位移参数。将上述关系式拓展为

$$\dot{\boldsymbol{x}}=\boldsymbol{J}(\boldsymbol{q})\dot{\boldsymbol{q}} \tag{2-91}$$

通过这种拓展，速度雅可比矩阵 $\boldsymbol{J}(\boldsymbol{q})$ 能够全面地描述机器人系统中包括旋转关节和移动关节在内的所有关节的速度映射关系。这一拓展式更具通用性，适用于更广泛的机器人运动学分析和应用场景。雅可比矩阵 $\boldsymbol{J}(\boldsymbol{q})$ 并不一定是方阵，它的行数与操作空间的维数相等，列数与操作臂关节的数目相等[13]。因此对于平面操作臂，其雅可比矩阵行数为 3；对于空间操作臂，其雅可比矩阵行数为 6。对于一个 n 自由度空间操作臂，其雅可比矩阵是一个 $6\times n$ 的矩阵，即 $\boldsymbol{J}\in\Re^{6\times n}$，它是由一个 $3\times n$ 的线速度矢量 $\boldsymbol{v}$ 和一个 $3\times n$ 的角速度矢量 $\boldsymbol{\omega}$ 组合形成。故其可以展开为

$$\begin{bmatrix}\boldsymbol{v}\\ \boldsymbol{\omega}\end{bmatrix}=\begin{bmatrix}\boldsymbol{J}_{v1} & \boldsymbol{J}_{v2} & \cdots & \boldsymbol{J}_{vn}\\ \boldsymbol{J}_{\omega 1} & \boldsymbol{J}_{\omega 2} & \cdots & \boldsymbol{J}_{\omega n}\end{bmatrix}\dot{\boldsymbol{q}} \tag{2-92}$$

接下来分别通过矢量积法和微分变换法求解雅可比矩阵。

2.4.2.1　矢量积法

对于操作臂某旋转关节 i，其对末端执行器的速度贡献可分为线速度和角速度两个部分。

(1) 角速度贡献

对于某 n 自由度操作臂，其旋转关节 i 的角速度 ω_i 是由关节轴 $\boldsymbol{z}_i$ 和关节角速度 $\dot{\boldsymbol{q}}_i$ 共同决定的。该角速度 $\boldsymbol{\omega}_i$ 可表示为

$$\boldsymbol{\omega}_i=\boldsymbol{z}_i\dot{\boldsymbol{q}}_i \tag{2-93}$$

这表示关节轴方向上的旋转会直接贡献给末端执行器的总角速度。由上式可知，$\boldsymbol{J}_{\omega i}=\boldsymbol{z}_i$。

(2) 线速度贡献

旋转关节的线速度贡献更为复杂。第 i 个旋转关节的运动会导致末端执行器产生线速度，这个线速度由矢量积决定：

$$\boldsymbol{v}_i=(\boldsymbol{z}_i\times{}^i\boldsymbol{p}_n)\dot{\boldsymbol{q}}_i \tag{2-94}$$

式中，${}^i\boldsymbol{p}_n$ 是末端执行器相对于关节 i 的位置向量，在关节坐标系 $\{i\}$ 中表示。由该式可知 $\boldsymbol{J}_{vi}=\boldsymbol{z}_i\times{}^i\boldsymbol{p}_n$。

在实际应用中，通常将所有的矢量转换到基坐标系 $\{0\}$ 下进行运算。定义${}^0_i\boldsymbol{R}$ 为第 i 个关节坐标系 $\{i\}$ 到基坐标系 $\{0\}$ 的旋转矩阵，因此末端执行器坐标系相对于 i 轴坐标系 $\{i\}$ 的位置矢量${}^i\boldsymbol{p}_n$ 和在基坐标系 $\{0\}$ 的位置向量${}^i\boldsymbol{p}_n^0$ 的变换关系为

$${}^i\boldsymbol{p}_n^0={}^0_i\boldsymbol{R}\,{}^i\boldsymbol{p}_n \tag{2-95}$$

因此，对于第 i 个旋转关节，其末端执行器的线速度和角速度贡献可表示为雅可比矩阵的第 i 列

$$\boldsymbol{J}_i=\begin{bmatrix}\boldsymbol{J}_{vi}\\ \boldsymbol{J}_{\omega i}\end{bmatrix}=\begin{bmatrix}\boldsymbol{z}_i\times{}^i\boldsymbol{p}_n^0\\ \boldsymbol{z}_i\end{bmatrix}=\begin{bmatrix}\boldsymbol{z}_i\times({}^0_i\boldsymbol{R}\,{}^i\boldsymbol{p}_n)\\ \boldsymbol{z}_i\end{bmatrix} \tag{2-96}$$

对于操作臂某移动关节 i，其在末端执行器上产生与关节轴 $\boldsymbol{z}_i$ 相同的线速度 $\boldsymbol{v}_i$ 贡献，而不产生角速度贡献。故其线速度和角速度贡献可表示为

$$\begin{aligned}\boldsymbol{v}_i&=\boldsymbol{z}_i\dot{\boldsymbol{q}}_i\\ \boldsymbol{\omega}_i&=\boldsymbol{0}\end{aligned} \tag{2-97}$$

故该关节的雅可比矩阵可写为

$$\boldsymbol{J}_i=\begin{bmatrix}\boldsymbol{J}_{vi}\\ \boldsymbol{J}_{\omega i}\end{bmatrix}=\begin{bmatrix}\boldsymbol{z}_i\\ \boldsymbol{0}\end{bmatrix} \tag{2-98}$$

以 KUKA KR3 R540 操作臂为例，其具有 6 个旋转关节，故其雅可比矩阵为

$$\begin{aligned}\boldsymbol{J}(\boldsymbol{q})&=\begin{bmatrix}\boldsymbol{J}_{v1} & \boldsymbol{J}_{v2} & \cdots & \boldsymbol{J}_{v6}\\ \boldsymbol{J}_{\omega 1} & \boldsymbol{J}_{\omega 2} & \cdots & \boldsymbol{J}_{\omega 6}\end{bmatrix}\\ &=\begin{bmatrix}\boldsymbol{z}_1\times({}^0_1\boldsymbol{R}^1\boldsymbol{p}_6) & \boldsymbol{z}_2\times({}^0_2\boldsymbol{R}^2\boldsymbol{p}_6) & \cdots & \boldsymbol{z}_n\times({}^0_6\boldsymbol{R}^6\boldsymbol{p}_6)\\ \boldsymbol{z}_1 & \boldsymbol{z}_2 & \cdots & \boldsymbol{z}_6\end{bmatrix}\end{aligned} \tag{2-99}$$

2.4.2.2 微分变换法

刚体的微分运动由微分移动与微分转动组成，定义微分移动和微分转动矢量分别为 $\boldsymbol{d}$ 和 $\boldsymbol{\delta}$。由式(2-92)，刚体微分运动矢量 $\boldsymbol{D}=[\boldsymbol{d},\boldsymbol{\delta}]^{\mathrm{T}}$ 与各关节微分运动 $\mathrm{d}\boldsymbol{q}$ 之间的关系可表示为

$$\boldsymbol{D}=\begin{bmatrix}\boldsymbol{d}\\ \boldsymbol{\delta}\end{bmatrix}=\begin{bmatrix}\boldsymbol{J}_{v1} & \boldsymbol{J}_{v2} & \cdots & \boldsymbol{J}_{vn}\\ \boldsymbol{J}_{\omega 1} & \boldsymbol{J}_{\omega 2} & \cdots & \boldsymbol{J}_{\omega n}\end{bmatrix}\mathrm{d}\boldsymbol{q} \tag{2-100}$$

该操作臂末端坐标系相对于第 i 轴的齐次变换矩阵${}_n^i\boldsymbol{T}$ 可写为

$$
{}_n^i\boldsymbol{T}=\begin{bmatrix} r_{11} & r_{12} & r_{13} & p_x \\ r_{21} & r_{22} & r_{23} & p_y \\ r_{31} & r_{32} & r_{33} & p_z \\ 0 & 0 & 0 & 1 \end{bmatrix}=\begin{bmatrix} \boldsymbol{r}_1 & \boldsymbol{r}_2 & \boldsymbol{r}_3 & \boldsymbol{p} \\ 0 & 0 & 0 & 1 \end{bmatrix} \tag{2-101}
$$

式中，$\boldsymbol{r}_1$、$\boldsymbol{r}_2$、$\boldsymbol{r}_3$ 分别为相对基坐标系 x、y、z 轴的旋转向量；$\boldsymbol{p}$ 为位移矢量。

对于旋转关节 i，其相对于前一个连杆 $i-1$ 的微分运动矢量 $\boldsymbol{d}$ 和 $\boldsymbol{\delta}$ 可表示为

$$
\boldsymbol{d}=\begin{bmatrix} 0 \\ 0 \\ 0 \end{bmatrix},\quad \boldsymbol{\delta}=\begin{bmatrix} 0 \\ 0 \\ 1 \end{bmatrix}\mathrm{d}\theta_i \tag{2-102}
$$

由于旋转关节只执行转动不发生平移运动，因此 $\boldsymbol{d}$ 为零向量。而 $\boldsymbol{\delta}$ 是关于 $\boldsymbol{z}_i$ 轴的微小旋转量，大小为 $\mathrm{d}\theta_i$。

通常情况下，我们更关心的是末端执行器相应微分运动矢量，其可表达为

$$
{}^n\boldsymbol{d}=\begin{bmatrix} (\boldsymbol{p}\times\boldsymbol{r}_1)_z \\ (\boldsymbol{p}\times\boldsymbol{r}_2)_z \\ (\boldsymbol{p}\times\boldsymbol{r}_3)_z \end{bmatrix},\quad {}^n\boldsymbol{\delta}=\begin{bmatrix} r_{31} \\ r_{32} \\ r_{33} \end{bmatrix} \tag{2-103}
$$

对于旋转关节 i，该关节所对应的雅可比矩阵可写为

$$
\boldsymbol{J}_i=\begin{bmatrix} \boldsymbol{J}_{vi} \\ \boldsymbol{J}_{\omega i} \end{bmatrix}=[(\boldsymbol{p}\times\boldsymbol{r}_1)_z^{\mathrm{T}},(\boldsymbol{p}\times\boldsymbol{r}_2)_z^{\mathrm{T}},(\boldsymbol{p}\times\boldsymbol{r}_3)_z^{\mathrm{T}},r_{31},r_{32},r_{33}]^{\mathrm{T}} \tag{2-104}
$$

对于移动关节 i，其相对于前一个连杆 $i-1$ 的微分运动矢量 $\boldsymbol{d}$ 和 $\boldsymbol{\delta}$ 可表示为

$$
\boldsymbol{d}=\begin{bmatrix} 0 \\ 0 \\ 1 \end{bmatrix}\mathrm{d}q_i,\quad \boldsymbol{\delta}=\begin{bmatrix} 0 \\ 0 \\ 0 \end{bmatrix} \tag{2-105}
$$

式中，$\mathrm{d}q_i$ 为关节 i 相对于 $i-1$ 的微分移动量。

相应地，其相对于末端执行器的微分运动矢量为

$$
{}^n\boldsymbol{d}=\begin{bmatrix} r_{31} \\ r_{32} \\ r_{33} \end{bmatrix}\mathrm{d}q_i,\quad {}^n\boldsymbol{\delta}=\begin{bmatrix} 0 \\ 0 \\ 0 \end{bmatrix} \tag{2-106}
$$

对于移动关节 i，其对于 $i-1$ 以及末端连杆均不产生微分旋转运动矢量贡献，故${}^n\boldsymbol{\delta}$ 始终为零向量。

因此对于移动关节 i，该关节所对应的雅可比矩阵可写为

$$
\boldsymbol{J}_i=\begin{bmatrix} \boldsymbol{J}_{vi} \\ \boldsymbol{J}_{\omega i} \end{bmatrix}=[r_{31},r_{32},r_{33},0,0,0]^{\mathrm{T}} \tag{2-107}
$$

2.4.3　伴随矩阵

在机器人学中，伴随矩阵（adjoint matrix）是描述刚体运动和力之间关系的重要工具，

可分为速度伴随矩阵以及力的伴随矩，分别用符号 $\mathrm{Ad}_V(\cdot)$ 和符号 $\mathrm{Ad}_F(\cdot)$ 进行表示。它们通常被用于描述运动（速度和角速度）和力（线性力与力矩）从一个坐标系转换到另一个坐标系的过程。

(1) 速度伴随矩阵

速度伴随矩阵 $\mathrm{Ad}_V(\cdot)$ 是与齐次变换矩阵 $\boldsymbol{T}$ 相关联的一个 6×6 的矩阵，它用于将一个刚体运动表达从一个坐标系转换到另一个坐标系。速度伴随矩阵的定义如下：

$$\mathrm{Ad}_V(\boldsymbol{T})=\begin{bmatrix}\boldsymbol{R} & [\boldsymbol{p}]\boldsymbol{R}\\ \boldsymbol{0} & \boldsymbol{R}\end{bmatrix} \tag{2-108}$$

式中，$\boldsymbol{R}$ 和 $\boldsymbol{p}$ 分别为该伴随矩阵对应的齐次变换矩阵 $\boldsymbol{T}$ 的旋转矩阵部分和平移向量部分；$[\boldsymbol{p}]$ 是平移向量 $\boldsymbol{p}$ 所对应的反对称矩阵（skew-symmetric matrix)，它的形式为

$$[\boldsymbol{p}]=\begin{bmatrix}0 & -p_z & p_y\\ p_z & 0 & -p_x\\ -p_y & p_x & 0\end{bmatrix} \tag{2-109}$$

假定空间中存在两个坐标系 $\{A\}$ 和 $\{B\}$，则 $\{B\}$ 相对于 $\{A\}$ 的位姿关系可用齐次变换矩阵 ${}_B^A\boldsymbol{T}$ 表示为

$${}_B^A\boldsymbol{T}=\begin{bmatrix}{}_B^A\boldsymbol{R} & {}_B^A\boldsymbol{p}\\ \boldsymbol{0} & 1\end{bmatrix}$$

假定在坐标系 $\{B\}$ 中有一个刚体的运动速度为 $\dot{\boldsymbol{x}}_B=\begin{bmatrix}\boldsymbol{v}_B\\ \boldsymbol{\omega}_B\end{bmatrix}$，其在坐标系 $\{A\}$ 中的速度表达为 ${}^A\dot{\boldsymbol{x}}_B=\begin{bmatrix}{}^A\boldsymbol{v}_B\\ {}^A\boldsymbol{\omega}_B\end{bmatrix}$。采用速度伴随矩阵 $\mathrm{Ad}_V({}_B^A\boldsymbol{T})$ 可将 ${}^B\dot{\boldsymbol{x}}_B$ 转换到坐标系 $\{A\}$ 中进行表达：

$${}^A\dot{\boldsymbol{x}}_B=\mathrm{Ad}_V({}_B^A\boldsymbol{T})\dot{\boldsymbol{x}}_B=\begin{bmatrix}{}_B^A\boldsymbol{R} & [{}_B^A\boldsymbol{p}]\,{}_B^A\boldsymbol{R}\\ \boldsymbol{0} & {}_B^A\boldsymbol{R}\end{bmatrix}\dot{\boldsymbol{x}}_B \tag{2-110}$$

上式可展开写为

$$\begin{bmatrix}{}^A\boldsymbol{v}_B\\ {}^A\boldsymbol{\omega}_B\end{bmatrix}=\begin{bmatrix}{}_B^A\boldsymbol{R} & [{}_B^A\boldsymbol{p}]\,{}_B^A\boldsymbol{R}\\ \boldsymbol{0} & {}_B^A\boldsymbol{R}\end{bmatrix}\begin{bmatrix}{}^B\boldsymbol{v}_B\\ {}^B\boldsymbol{\omega}_B\end{bmatrix} \tag{2-111}$$

根据（2-111）中的线性方程组可知，在 $\{A\}$ 坐标系下，线速度 ${}^A\boldsymbol{v}_B$ 同时受到姿态矩阵 ${}_B^A\boldsymbol{R}$ 和位置向量 ${}_B^A\boldsymbol{p}$ 的影响，其具体表达式如下：

$${}^A\boldsymbol{v}_B={}_B^A\boldsymbol{R}\,{}^B\boldsymbol{v}_B+[{}_B^A\boldsymbol{p}]\,{}_B^A\boldsymbol{R}\,{}^B\boldsymbol{\omega}_B \tag{2-112}$$

式中，旋转矩阵 ${}_B^A\boldsymbol{R}$ 将线速度从坐标系 $\{B\}$ 转换到坐标系 $\{A\}$ 中；$[{}_B^A\boldsymbol{p}]\,{}_B^A\boldsymbol{R}\,{}^B\boldsymbol{\omega}_B$ 项则表示由角速度引起的附加线速度分量。

而角速度部分可直接通过旋转矩阵 ${}_B^A\boldsymbol{R}$ 进行转换，其具体表达式为

$${}^A\boldsymbol{\omega}_B={}_B^A\boldsymbol{R}\,{}^B\boldsymbol{\omega}_B \tag{2-113}$$

速度伴随矩阵也存在其逆变换。对于${}_B^A\boldsymbol{T}$，其速度伴随矩阵的逆 Ad_V^{-1}（${}_B^A\boldsymbol{T}$）等于${}_B^A\boldsymbol{T}$ 的逆矩阵${}_A^B\boldsymbol{T}$ 的伴随矩阵，具体可表示为

$$\mathrm{Ad}_V^{-1}({}_B^A\boldsymbol{T})=\mathrm{Ad}_V({}_A^B\boldsymbol{T})=\begin{bmatrix}{}_B^A\boldsymbol{R}^{\mathrm{T}} & -{}_B^A\boldsymbol{R}^{\mathrm{T}}[{}_B^A\boldsymbol{p}]\\ \boldsymbol{0} & {}_B^A\boldsymbol{R}^{\mathrm{T}}\end{bmatrix}\tag{2-114}$$

（2）力的伴随矩阵

力的伴随矩阵与速度伴随矩阵类似，但它作用在力上，用于将一个坐标系中的力变换到另一个坐标系中。例如，当一个机器人末端执行器受到一个力时，可将该力从工作空间转换到关节空间，以进行运动分析和控制。对于某齐次变换矩阵 $\boldsymbol{T}$，其力的伴随矩阵可写为

$$\mathrm{Ad}_F(\boldsymbol{T})=\begin{bmatrix}\boldsymbol{R} & \boldsymbol{0}\\ [\boldsymbol{p}]\boldsymbol{R} & \boldsymbol{R}\end{bmatrix}\tag{2-115}$$

假如坐标系{B}中存在广义力 $\boldsymbol{F}_B=\begin{bmatrix}\boldsymbol{f}_B\\ \boldsymbol{m}_B\end{bmatrix}$，定义该力在坐标系{$A$}中可表示为${}^A\boldsymbol{F}_B=\begin{bmatrix}{}^A\boldsymbol{f}_B\\ {}^A\boldsymbol{m}_B\end{bmatrix}$。采用力的伴随变换 $\mathrm{Ad}_F({}_B^A\boldsymbol{T})$ 可将力 $\boldsymbol{F}_B$ 转换为在{A}下的力${}^A\boldsymbol{F}_B$，其转换关系为

$${}^A\boldsymbol{F}_B=\mathrm{Ad}_F({}_B^A\boldsymbol{T})\boldsymbol{F}_B=\begin{bmatrix}{}_B^A\boldsymbol{R} & \boldsymbol{0}\\ [{}_B^A\boldsymbol{p}]{}_B^A\boldsymbol{R} & {}_B^A\boldsymbol{R}\end{bmatrix}\boldsymbol{F}_B\tag{2-116}$$

将上式展开后可得：

$$\begin{bmatrix}{}^A\boldsymbol{f}_B\\ {}^A\boldsymbol{m}_B\end{bmatrix}=\begin{bmatrix}{}_B^A\boldsymbol{R} & \boldsymbol{0}\\ [{}_B^A\boldsymbol{p}]{}_B^A\boldsymbol{R} & {}_B^A\boldsymbol{R}\end{bmatrix}\begin{bmatrix}\boldsymbol{f}_B\\ \boldsymbol{m}_B\end{bmatrix}=\begin{bmatrix}{}_B^A\boldsymbol{R}\boldsymbol{f}_B\\ [{}_B^A\boldsymbol{p}]{}_B^A\boldsymbol{R}\boldsymbol{f}_B+{}_B^A\boldsymbol{R}\boldsymbol{m}_B\end{bmatrix}\tag{2-117}$$

式(2-117）表明在力的伴随运动中，力的部分${}^A\boldsymbol{f}_B={}_B^A\boldsymbol{R}\boldsymbol{f}_B$ 可直接采用旋转矩阵进行转换；而力矩部分${}^A\boldsymbol{m}_B=[{}_B^A\boldsymbol{p}]{}_B^A\boldsymbol{R}\boldsymbol{f}_B+{}_B^A\boldsymbol{R}\boldsymbol{m}_B$，不仅包含原力矩的旋转变换，还受平移作用中产生的力矩的影响。

力的伴随变换也同样存在其逆矩阵，其逆矩阵可表示为

$$\mathrm{Ad}_F^{-1}({}_B^A\boldsymbol{T})=\mathrm{Ad}_F({}_A^B\boldsymbol{T})=\begin{bmatrix}{}_B^A\boldsymbol{R}^{\mathrm{T}} & \boldsymbol{0}\\ -{}_B^A\boldsymbol{R}^{\mathrm{T}}[{}_B^A\boldsymbol{p}] & {}_B^A\boldsymbol{R}^{\mathrm{T}}\end{bmatrix}\tag{2-118}$$

通过速度伴随变换和力的伴随变换［分别见式(2-108）和式(2-115)］以及它们的逆矩阵［分别见式(2-114）和式(2-118)］，可以推导出速度伴随矩阵与力的伴随矩阵之间可通过转置和逆进行相互转换，即

$$\mathrm{Ad}_F^{-1}({}_B^A\boldsymbol{T})=\mathrm{Ad}_V^{\mathrm{T}}({}_B^A\boldsymbol{T}),\mathrm{Ad}_F({}_B^A\boldsymbol{T})=\mathrm{Ad}_V^{-\mathrm{T}}({}_B^A\boldsymbol{T})\tag{2-119}$$

2.4.4 微分运动

在机器人学中，刚体的微分运动是研究刚体在极小的时间或者位置变化下的运动特性的一种方法，在机器人运动学以及动力学研究中有着重要的意义。

在 2.1.2 节中已经了解到，机器人在某时间 t 下其末端执行器的位姿可以通过齐次变换矩阵 $\boldsymbol{T}(t)$ 表示。用末端执行器（刚体）在极小时间间隔 Δt 内的位姿变化表示齐次变换矩阵的倒数 $\dot{\boldsymbol{T}}$，其表达式为

$$\dot{\boldsymbol{T}}=\lim_{\Delta t\to 0}\frac{\boldsymbol{T}(t+\Delta t)-\boldsymbol{T}(t)}{\Delta t}=\lim_{\Delta t\to 0}\frac{\mathrm{d}\boldsymbol{T}}{\Delta t} \tag{2-120}$$

式中，$\boldsymbol{T}(t+\Delta t)$ 是 $\boldsymbol{T}(t)$ 经过极小时间间隔 Δt 运动后的结果。其可通过 $\boldsymbol{T}(t)$ 进行旋转和平移变换后得到，其表达形式如下：

$$\boldsymbol{T}(t+\Delta t)=\mathrm{Trans}(\mathrm{d}\boldsymbol{p})\mathrm{Rot}(\boldsymbol{f},\mathrm{d}\theta)\boldsymbol{T}(t) \tag{2-121}$$

式中，$\mathrm{Trans}(\mathrm{d}\boldsymbol{p})$ 表示微分移动变换；$\mathrm{Rot}(\boldsymbol{f},\mathrm{d}\theta)$ 为绕参考系中 $\boldsymbol{f}$ 矢量进行的微分转动变换。它们可分别表示为

$$\mathrm{Trans}(\mathrm{d}\boldsymbol{p})=\begin{bmatrix}\boldsymbol{I} & \mathrm{d}\boldsymbol{p}\\ \boldsymbol{0} & 1\end{bmatrix}=\begin{bmatrix}1 & 0 & 0 & \mathrm{d}p_x\\ 0 & 1 & 0 & \mathrm{d}p_y\\ 0 & 0 & 1 & \mathrm{d}p_z\\ 0 & 0 & 0 & 1\end{bmatrix} \tag{2-122}$$

$$\begin{aligned}\mathrm{Rot}(\boldsymbol{f},\mathrm{d}\theta)&=\mathrm{Rot}(f_x,\mathrm{d}x)\mathrm{Rot}(f_y,\mathrm{d}y)\mathrm{Rot}(f_z,\mathrm{d}z)\\ &=\begin{bmatrix}1 & -\delta_z & \delta_y & 0\\ \delta_z & 1 & -\delta_x & 0\\ -\delta_y & \delta_x & 1 & 0\\ 0 & 0 & 0 & 1\end{bmatrix}=\begin{bmatrix}1 & -f_z\delta\theta & f_y\delta\theta & 0\\ f_z\delta\theta & 1 & -f_x\delta\theta & 0\\ -f_y\delta\theta & f_x\delta\theta & 1 & 0\\ 0 & 0 & 0 & 1\end{bmatrix}\end{aligned} \tag{2-123}$$

对于微分 $\mathrm{d}\boldsymbol{T}$ 还可写为以下形式：

$$\mathrm{d}\boldsymbol{T}=\boldsymbol{\Delta T}=[\mathrm{Trans}(\mathrm{d}\boldsymbol{p})\mathrm{Rot}(\boldsymbol{f},\mathrm{d}\theta)-\boldsymbol{I}]\boldsymbol{T}(t) \tag{2-124}$$

式(2-124) 中，微分算子 $\boldsymbol{\Delta}=\mathrm{Trans}(\mathrm{d}\boldsymbol{p})\mathrm{Rot}(\boldsymbol{f},\mathrm{d}\theta)-\boldsymbol{I}$，其具体形式如下：

$$\begin{aligned}\boldsymbol{\Delta}&=\mathrm{Trans}(\mathrm{d}\boldsymbol{p})\mathrm{Rot}(\boldsymbol{f},\mathrm{d}\theta)-\boldsymbol{I}\\ &=\begin{bmatrix}1 & 0 & 0 & \mathrm{d}p_x\\ 0 & 1 & 0 & \mathrm{d}p_y\\ 0 & 0 & 1 & \mathrm{d}p_z\\ 0 & 0 & 0 & 1\end{bmatrix}\begin{bmatrix}1 & -\delta_z & \delta_y & 0\\ \delta_z & 1 & -\delta_x & 0\\ -\delta_y & \delta_x & 1 & 0\\ 0 & 0 & 0 & 1\end{bmatrix}-\begin{bmatrix}1 & 0 & 0 & 0\\ 0 & 1 & 0 & 0\\ 0 & 0 & 1 & 0\\ 0 & 0 & 0 & 1\end{bmatrix}\\ &=\begin{bmatrix}0 & -\delta_z & \delta_y & \mathrm{d}p_x\\ \delta_z & 0 & -\delta_x & \mathrm{d}p_y\\ -\delta_y & \delta_x & 0 & \mathrm{d}p_z\\ 0 & 0 & 0 & 0\end{bmatrix}\end{aligned} \tag{2-125}$$

式中，$[\mathrm{d}p_x,\mathrm{d}p_y,\mathrm{d}p_z]^{\mathrm{T}}=\boldsymbol{d}$ 代表微分运动矢量，$[\delta_x,\delta_y,\delta_z]^{\mathrm{T}}=\boldsymbol{\delta}$ 为微分转动矢量。与式(2-100) 类似，上述两个向量可以组合写为刚体微分矢量 $\boldsymbol{D}=\begin{bmatrix}\boldsymbol{d}\\ \boldsymbol{\delta}\end{bmatrix}$。微分运动矢量 $\boldsymbol{D}$ 和

微分算子 $\boldsymbol{\Delta}$ 的关系如下：

$$\boldsymbol{\Delta}=[\boldsymbol{D}]=\begin{bmatrix}[\boldsymbol{\delta}] & \boldsymbol{d}\\ \boldsymbol{0} & 0\end{bmatrix} \tag{2-126}$$

式中，$[\boldsymbol{\delta}]$ 为 $\boldsymbol{\delta}$ 所对应的反对称矩阵。

相应地，$\boldsymbol{\Delta}$ 和 $\boldsymbol{D}$ 间的关系可写为 $\boldsymbol{D}=\boldsymbol{\Delta}^{\vee}$。其中 $^{\vee}$ 表示 $^{\wedge}$ 的逆运算算子。

以上内容中所谈到的都是在固定坐标系中的微分变换，该坐标系也可以为动坐标系。用动坐标系对 $\boldsymbol{T}(t+\Delta t)$ 的微分变换描述如下：

$$\boldsymbol{T}(t+\Delta t)=\boldsymbol{T}(t)\mathrm{Trans}({}^{T}\mathrm{d}\boldsymbol{p})\mathrm{Rot}({}^{T}\boldsymbol{f},{}^{T}\mathrm{d}\theta) \tag{2-127}$$

相应地，$\mathrm{d}\boldsymbol{T}$ 表示成在运动坐标系下的微分：

$$\mathrm{d}\boldsymbol{T}=\boldsymbol{T}\,{}^{T}\boldsymbol{\Delta}=\boldsymbol{T}(t)\left[\mathrm{Trans}({}^{T}\mathrm{d}\boldsymbol{p})\mathrm{Rot}({}^{T}\boldsymbol{f},{}^{T}\mathrm{d}\theta)-\boldsymbol{I}\right] \tag{2-128}$$

接下来将介绍一个微分运动的例子：

若某机械臂末端的姿态矩阵为

$$\boldsymbol{T}=\begin{bmatrix}0 & 1 & 0 & 8\\ 1 & 0 & 0 & 12\\ 0 & 0 & 1 & 3\\ 0 & 0 & 0 & 1\end{bmatrix}$$

在此时，末端相对于机器人基坐标系的微分移动 $\boldsymbol{d}$ 和微分转动 $\boldsymbol{\delta}$ 分别为

$$\boldsymbol{d}=\begin{bmatrix}0.8\\ 0\\ 0.2\end{bmatrix},\boldsymbol{\delta}=\begin{bmatrix}0.05\\ 0.1\\ 0\end{bmatrix}$$

微分算子 $\boldsymbol{\Delta}$ 可通过式(2-125) 计算得到：

$$\boldsymbol{\Delta}=\begin{bmatrix}0 & 0 & 0.1 & 0.8\\ 0 & 0 & -0.05 & 0\\ -0.1 & 0.05 & 0 & 0.2\\ 0 & 0 & 0 & 0\end{bmatrix}$$

然后计算微分运动变换矩阵 $\mathrm{d}\boldsymbol{T}$：

$$\mathrm{d}\boldsymbol{T}=\boldsymbol{\Delta}\boldsymbol{T}=\begin{bmatrix}0 & 0 & 0.1 & 0.8\\ 0 & 0 & -0.05 & 0\\ -0.1 & 0.05 & 0 & 0.2\\ 0 & 0 & 0 & 0\end{bmatrix}\begin{bmatrix}0 & 1 & 0 & 8\\ 1 & 0 & 0 & 12\\ 0 & 0 & 1 & 3\\ 0 & 0 & 0 & 1\end{bmatrix}=\begin{bmatrix}0 & 0 & 0.1 & 1.1\\ 0 & 0 & -0.05 & -0.15\\ 0.05 & -0.1 & 0 & 0\\ 0 & 0 & 0 & 0\end{bmatrix}$$

上述微分运动变换是相对于机器人基坐标系，该坐标系为一个定坐标系。若定义相对于某一个运动坐标系 $\{T\}$，其微分移动和微分转动向量 ${}^{T}\boldsymbol{d}$ 和 ${}^{T}\boldsymbol{\delta}$ 同样为

$${}^{T}\boldsymbol{d}=\begin{bmatrix}0.8\\ 0\\ 0.2\end{bmatrix},\quad {}^{T}\boldsymbol{\delta}=\begin{bmatrix}0.05\\ 0.1\\ 0\end{bmatrix}$$

再次通过式(2-125) 计算得到其微分算子 ${}^{T}\boldsymbol{\Delta}$ 为

$$
{}^{T}\boldsymbol{\Delta}=\begin{bmatrix}0 & 0 & 0.1 & 0.8\\ 0 & 0 & -0.05 & 0\\ -0.1 & 0.05 & 0 & 0.2\\ 0 & 0 & 0 & 0\end{bmatrix}
$$

相应地，由式(2-127) 可计算得到相对于动坐标系$\{T\}$的微分运动变换为

$$
\mathrm{d}\boldsymbol{T}=\boldsymbol{T}\,{}^{T}\boldsymbol{\Delta}=\begin{bmatrix}0 & 1 & 0 & 8\\ 1 & 0 & 0 & 12\\ 0 & 0 & 1 & 3\\ 0 & 0 & 0 & 1\end{bmatrix}\begin{bmatrix}0 & 0 & 0.1 & 0.8\\ 0 & 0 & -0.05 & 0\\ -0.1 & 0.05 & 0 & 0.2\\ 0 & 0 & 0 & 0\end{bmatrix}=\begin{bmatrix}0 & 0 & -0.05 & 0\\ 0 & 0 & 0.1 & 0.8\\ -0.1 & 0.05 & 0 & 0.2\\ 0 & 0 & 0 & 0\end{bmatrix}
$$

对比上述例子可以看出，相对于不同坐标系的微分运动算子，所对应的微分运动 $\mathrm{d}\boldsymbol{T}$ 是不同的。为了在不同坐标系的微分运动算子 $\boldsymbol{\Delta}$ 和 ${}^{T}\boldsymbol{\Delta}$ 下得到相同的微分运动，根据式(2-124) 和式(2-128) 建立等式可得：

$$
\boldsymbol{\Delta T}=\boldsymbol{T}\,{}^{T}\boldsymbol{\Delta} \tag{2-129}
$$

根据式(2-129) 可推导出，为了得到相同的微分运动 $\mathrm{d}\boldsymbol{T}$，微分运动算子应满足如下关系：

$$
\boldsymbol{\Delta}=\boldsymbol{T}\,{}^{T}\boldsymbol{\Delta}\boldsymbol{T}^{-1} \tag{2-130}
$$

微分算子 $\boldsymbol{\Delta}$ 和 ${}^{T}\boldsymbol{\Delta}$ 对应的微分运动矢量 $\boldsymbol{D}$ 和 ${}^{T}\boldsymbol{D}$ 也满足速度的伴随变换。根据式(2-126)，${}^{T}\boldsymbol{\Delta}$ 可被定义为

$$
{}^{T}\boldsymbol{\Delta}=\begin{bmatrix}[{}^{T}\boldsymbol{\delta}] & {}^{T}\boldsymbol{d}\\ \boldsymbol{0} & 0\end{bmatrix} \tag{2-131}
$$

因此 ${}^{T}\boldsymbol{\Delta}$ 对应的微分运动矢量 ${}^{T}\boldsymbol{D}=\begin{bmatrix}{}^{T}\boldsymbol{d}\\ {}^{T}\boldsymbol{\delta}\end{bmatrix}$，由此可得到 $\boldsymbol{D}$ 到 ${}^{T}\boldsymbol{D}$ 的伴随变换关系为

$$
\begin{gathered}
\boldsymbol{D}=\mathrm{Ad}_V(\boldsymbol{T})\,{}^{T}\boldsymbol{D}\\
\begin{bmatrix}\boldsymbol{d}\\ \boldsymbol{\delta}\end{bmatrix}=\begin{bmatrix}\boldsymbol{R} & [\boldsymbol{p}]\boldsymbol{R}\\ \boldsymbol{0} & \boldsymbol{R}\end{bmatrix}\begin{bmatrix}{}^{T}\boldsymbol{d}\\ {}^{T}\boldsymbol{\delta}\end{bmatrix}
\end{gathered} \tag{2-132}
$$

对于任意两个坐标系 $\{A\}$ 和 $\{B\}$ 中的微分变换满足以下伴随变换关系：

$$
{}^{A}\boldsymbol{D}=\mathrm{Ad}_V({}^{A}_{B}\boldsymbol{T})\,{}^{B}\boldsymbol{D},\ {}^{B}\boldsymbol{D}=\mathrm{Ad}_A^{-1}({}^{A}_{B}\boldsymbol{T})\,{}^{A}\boldsymbol{D} \tag{2-133}
$$

式中，${}^{A}\boldsymbol{D}$ 和 ${}^{B}\boldsymbol{D}$ 分别为坐标系 $\{A\}$ 和 $\{B\}$ 对应的微分运动矢量；${}^{A}_{B}\boldsymbol{T}$ 为坐标系 $\{B\}$ 到 $\{A\}$ 的转换矩阵。

2.5 刚体运动的四元数表达

2.5.1 刚体运动

四元数是由 William Rowan Hamilton 提出的，用于复数的补充。后续 Shoemake 于 1985 年才将四元数引入计算机图形学中。四元数具有非奇异性和紧凑性，其表现形式为

$$
\boldsymbol{q}=w+x\mathrm{i}+y\mathrm{j}+z\mathrm{k} \tag{2-134}
$$

式中，w、x、y、z 均为实数；i、j、k 为四元数的虚单位，并且 i、j、k 具有以下性质：

$$\begin{cases} i^2=j^2=k^2=-1 \\ ij=k, ji=-k \\ jk=i, k=-i \\ ki=j, ik=-j \end{cases} \tag{2-135}$$

单位四元数表示纯旋转，其模长为 1：

$$\|\boldsymbol{q}\|=\sqrt{w^2+x^2+y^2+z^2}=1 \tag{2-136}$$

四元数旋转的方向由（x，y，z）表示，旋转的角度由 w 和$\sqrt{x^2+y^2+z^2}$共同决定。

通过四元数，三维空间中的旋转可被紧凑地表示为

$$\boldsymbol{q}=\cos\frac{\theta}{2}+\left(\sin\frac{\theta}{2}\right)\boldsymbol{v} \tag{2-137}$$

式中，θ 为旋转角度；$\boldsymbol{v}=[x, y, z]$ 是旋转轴的单位向量。

对于任意一个单位四元数 $\boldsymbol{q}=[w, x, y, z]$，其对应的旋转矩阵为

$$\boldsymbol{R}=\begin{bmatrix} 1-2(y^2+z^2) & 2(xy-wz) & 2(xz+wy) \\ 2(xy+wz) & 1-2(x^2+z^2) & 2(yz-wx) \\ 2(xz-wy) & 2(yz+wx) & 1-2(x^2+y^2) \end{bmatrix} \tag{2-138}$$

根据旋转矩阵的对角元素和归一化性质$\sqrt{w^2+x^2+y^2+z^2}=1$，四元数的实部 w 可计算为

$$w=\sqrt{1+R_{11}+R_{22}+R_{33}}/2 \tag{2-139}$$

在求得 w 后通过旋转矩阵中的非对角元素可分别计算虚部 x、y、z：

$$x=\frac{R_{32}-R_{23}}{4w}, y=\frac{R_{13}-R_{31}}{4w}, z=\frac{R_{21}-R_{12}}{4w} \tag{2-140}$$

在实际计算中，可能会出现小的数值误差，为了保证计算的结果满足归一化约束，可对最终得到的 w、x、y、z 进行归一化处理（可选步骤）：

$$\boldsymbol{q}=\frac{[w, x, y, z]}{\sqrt{w^2+x^2+y^2+z^2}} \tag{2-141}$$

若求出的 w 过小，为了避免解的不稳定，可从对角线元素中先求出 x、y 或 z，再通过旋转矩阵构建计算虚部 x、y、z 的计算公式分别为

$$\begin{aligned} x&=\sqrt{1+R_{11}-R_{22}-R_{33}}/2 \\ y&=\sqrt{1-R_{11}+R_{22}-R_{33}}/2 \\ z&=\sqrt{1-R_{11}-R_{22}+R_{33}}/2 \end{aligned} \tag{2-142}$$

与式(2-140）类似，由于通过对角线元素求出的值始终为另外三个元素求解等式的分母，该值越大越不易受到四舍五入的影响，因此需要选用 x、y、z 中最大的值进一步计算其他四元数的元素。

2.5.2 双四元数

2.5.1 节中所介绍的四元数只能表示旋转变换，但刚体在空间中的运动除了旋转变换外还包含平移变换，因此为了同时表达旋转和平移需要引入双四元数的概念。双四元数 $\boldsymbol{Q}$ 由一个旋转部分和一个对偶部分组成，对偶部分表示平移：

$$\boldsymbol{Q}=\boldsymbol{q}+\varepsilon\hat{\boldsymbol{q}} \tag{2-143}$$

式中，$\boldsymbol{q}=w+x\mathrm{i}+y\mathrm{j}+z\mathrm{k}$，为表示旋转的单位四元数；$\hat{\boldsymbol{q}}=\hat{w}+\hat{x}\mathrm{i}+\hat{y}\mathrm{j}+\hat{z}\mathrm{k}$，为对偶部分用于描述平移；ε 是对偶单位，满足 $\varepsilon^2=0$ 且 $\varepsilon\neq0$。对偶部分和旋转部分需要满足：

$$\hat{\boldsymbol{q}}=\frac{1}{2}\boldsymbol{t}\boldsymbol{q} \tag{2-144}$$

式中，$\boldsymbol{t}=x_t\mathrm{i}+y_t\mathrm{j}+z_t\mathrm{k}$ 为平移向量。

定义两坐标系 {A} 和 {B}，若已知从 {B} 到 {A} 的齐次变换矩阵为 ${}_B^A\boldsymbol{T}=\begin{bmatrix}{}_B^A\boldsymbol{R} & {}^A\boldsymbol{p}_B\\ \boldsymbol{0} & 1\end{bmatrix}$，定义该齐次变换矩阵对应的四元数为 ${}_B^A\boldsymbol{Q}={}_B^A\boldsymbol{q}+\varepsilon{}_B^A\hat{\boldsymbol{q}}$。其中旋转部分 $\boldsymbol{q}$ 对应的四元数分量可通过式(2-138)～式(2-142)的过程求解。为了求解对偶部分，对于平移向量 $\boldsymbol{t}$ 的分量 $[{}_B^Ax_t,{}_B^Ay_t,{}_B^Az_t]^{\mathrm{T}}$ 和 ${}^A\boldsymbol{p}_B$ 满足：

$${}^A\boldsymbol{p}_B=2\begin{bmatrix}{}_B^A\hat{w}{}_B^Ax-{}_B^A\hat{x}{}_B^Aw-{}_B^A\hat{y}{}_B^Az+{}_B^A\hat{z}{}_B^Ay\\ {}_B^A\hat{w}{}_B^Ay+{}_B^A\hat{x}{}_B^Az-{}_B^A\hat{y}{}_B^Aw-{}_B^A\hat{z}{}_B^Ax\\ {}_B^A\hat{w}{}_B^Az-{}_B^A\hat{x}{}_B^Ay+{}_B^A\hat{y}{}_B^Ax-{}_B^A\hat{z}{}_B^Aw\end{bmatrix}=\begin{bmatrix}{}_B^Ax_t\\ {}_B^Ay_t\\ {}_B^Az_t\end{bmatrix} \tag{2-145}$$

对偶部分 $\hat{\boldsymbol{q}}$ 的四元数分量 $\hat{w}$、$\hat{x}$、$\hat{y}$、$\hat{z}$ 表达式分别为

$$\begin{cases}{}_B^A\hat{w}=-\dfrac{1}{2}({}_B^Ax_t{}_B^Ax+{}_B^Ay_t{}_B^Ay+{}_B^Az_t{}_B^Az)\\ {}_B^A\hat{x}=\dfrac{1}{2}({}_B^Ax_t{}_B^Aw+{}_B^Ay_t{}_B^Az-{}_B^Az_t{}_B^Ay)\\ {}_B^A\hat{y}=\dfrac{1}{2}({}_B^Ay_t{}_B^Aw+{}_B^Az_t{}_B^Ax-{}_B^Ax_t{}_B^Az)\\ {}_B^A\hat{z}=\dfrac{1}{2}({}_B^Az_t{}_B^Aw+{}_B^Ax_t{}_B^Ay-{}_B^Ay_t{}_B^Ax)\end{cases} \tag{2-146}$$

除此之外，${}_B^A\boldsymbol{Q}$ 还可通过 {A} 和 {B} 对应的四元数进行计算。假设 {A} 和 {B} 相对于某一全局坐标系 {O} 的齐次变换矩阵分别为 ${}_A^O\boldsymbol{T}=\begin{bmatrix}\boldsymbol{R}_A & \boldsymbol{p}_A\\ \boldsymbol{0} & 1\end{bmatrix}$ 和 ${}_B^O\boldsymbol{T}=\begin{bmatrix}\boldsymbol{R}_B & \boldsymbol{p}_B\\ \boldsymbol{0} & 1\end{bmatrix}$，那么它们的四元数定义分别可写为

$$\boldsymbol{Q}_A=\boldsymbol{q}_A+\varepsilon\hat{\boldsymbol{q}}_A,\boldsymbol{Q}_B=\boldsymbol{q}_B+\varepsilon\hat{\boldsymbol{q}}_B \tag{2-147}$$

那么对于 ${}_B^A\boldsymbol{T}$，其中的旋转部分 ${}_B^A\boldsymbol{R}$ 可通过四元数 ${}_B^A\boldsymbol{Q}$ 表示，平移部分可通过 ${}^A\boldsymbol{p}_B$ 表示，它们可分别表达为

$$\begin{aligned}{}_B^A\boldsymbol{q}&=\boldsymbol{q}_A\boldsymbol{q}_B^*\\ {}_B^A\hat{\boldsymbol{q}}&=\frac{1}{2}(\boldsymbol{t}_A\boldsymbol{q}_B^*-\boldsymbol{q}_A\boldsymbol{t}_B)\end{aligned} \tag{2-148}$$

式中，$\boldsymbol{q}_A^*$ 是 $\boldsymbol{q}_A$ 的共轭；$\boldsymbol{t}_A$ 和 $\boldsymbol{t}_B$ 分别为 $\boldsymbol{Q}_A$ 和 $\boldsymbol{Q}_B$ 对应的平移向量。最终可得到从 $\{B\}$ 到 $\{A\}$ 的四元数表达为 ${}_B^A\boldsymbol{Q}={}_B^A\boldsymbol{q}+\varepsilon\,{}_B^A\hat{\boldsymbol{q}}$。

如果存在 $\{A\}$、$\{B\}$、$\{C\}$ 三个坐标系且已知 ${}_B^A\boldsymbol{T}$、${}_C^B\boldsymbol{T}$ 与 ${}_C^A\boldsymbol{T}$，那么它们对应的双四元数 ${}_B^A\boldsymbol{Q}$、${}_C^B\boldsymbol{Q}$ 和 ${}_C^A\boldsymbol{Q}$ 满足对偶四元数乘法规则：

$$
{}_C^A\boldsymbol{Q}={}_B^A\boldsymbol{Q}\times{}_C^B\boldsymbol{Q} \tag{2-149}
$$

式中，×表示四元数乘法。

2.6　本章小结

本章首先对三维空间刚体的位姿描述方法进行了详细阐述，包括位置和姿态的表示。为了简化平移和旋转的描述，齐次变换被引入其中，使旋转和平移被统一为 4×4 矩阵；介绍了欧拉角（RPY 角）与旋转矩阵之间的关系，用于描述刚体的旋转，并讨论了从欧拉角到旋转矩阵的正逆过程。这些内容为机器人运动学中的位姿分析提供了基础。其次介绍了一种采用 DH 参数的操作臂参数化模型构建方法。介绍了连杆间的矩阵变换关系用于描述不同连杆间的姿态变化；以 KUKA KR3 R540 操作臂为例对操作臂的正向运动学的原理和公式推导进行了讲解。然后讲解了操作臂逆运动学，这是在已知操作臂末端连杆位姿下，求取操作臂各连杆关节配置的方法，并讨论了可行关节配置解的数量。分析了操纵臂的微分运动，特别是末端连杆与各关节间的速度关系，并通过映射将关节空间的速度转换到操作空间，从而分析操作臂的奇异性和速度的传递特性，采用雅可比矩阵作为研究工具，引入了矢量积法和微分变换法等构建速度雅可比矩阵的方法，伴随矩阵被引入以处理刚体运动的转换，主要涉及速度变换中的应用，通过微分运动部分进一步解释了刚体在极小时间或位置变化下的运动特性。最后通过四元数方法对操作臂运动学进行了描述。

通过本章的学习对刚体以及操作臂运动学有了充分的认识，为后续对操作臂的运动规划打下了基础。

参考文献

[1] 何福本，梁延德，何太云．类人机器人仿真平台构建及其 Matlab 实现［J］．机械科学与技术，2011，30（5）：703-707.

[2] 刘晨荣．基于刚度的工业机器人设计研究［D］．兰州：兰州理工大学，2015.

[3] （美）John J. Craig. 机器人学导论［M］．负超，等译．北京：机械工业出版社，2006.

[4] 熊有伦．机器人学：建模、控制与视觉［M］．2 版．武汉：华中科技大学出版社，2020.

[5] 郭志强，崔天时，吕信超，等．六自由度机械臂逆运动学求解［J］．农机化研究，2016，38（12）：51-55.

[6] 张永德．机器人化全口义齿排牙技术［M］．哈尔滨：哈尔滨工业大学出版社，2007.

[7] 刘付成，王奉文，卢山，等．一种串联六自由度机械臂逆运动学解算方法及介质．CN202010129668.1［2024-09-05］.

[8] 蔡骅，胡维礼，李胜．基于单纯形法的机械手位姿逆解算法［C］．2003 年中国智能自动化会议论文集（上册）．2003.

[9] 李建，肖曙红，许勤益，等．视觉伺服中动态图像雅可比矩阵计算研究［J］．组合机床与自动化加工技术，2022

(3)：13-16.

[10] 石炜，李强．工业机器人奇异位形的分析及雅可比矩阵推导［J］．科技信息（学术研究），2007（16）：387-390.

[11] 华为实．并联机器人的奇异形位分析［J］．电子科技大学学报，1999，28（2）：144-147.

[12] 刘玉斌．一种新型6-PRRS并联机器人系统的研究［D］．哈尔滨：哈尔滨工业大学，2007.

[13] 倪受东，文巨峰，颜景平．四自由度冗余度机器人雅可比矩阵的建立［J］．仪器仪表学报，2001.

第 3 章 机器人视觉系统标定与误差补偿

在机器人测量-作业系统中，视觉系统就像机器人的“眼睛”，是其感知外部环境并与环境产生交互的核心组件。视觉系统的主要功能是通过各种视觉传感器，如彩色相机、深度相机以及激光雷达等，捕获环境信息。这些传感器采集到的数据经过处理和分析后，可以提取出工件的位置、姿态、形状以及尺寸等关键信息，对于引导机器人执行精确的操作至关重要。

要实现上述功能，首先需要对机器人视觉系统进行精确的标定，其目的是通过实验和计算，获取机器人作业系统中各个单元之间无法直接测量得到的位姿变换矩阵。这些位姿变换矩阵描述了视觉传感器、机器人机械臂以及靶标等单元之间的相对位置关系，是机器人准确执行任务的基础。

目前，在不考虑机器人自身运动学误差的情况下，机器人视觉系统的标定技术已经相当成熟。然而，机器人在实际应用中不可避免地存在运动学误差，加之各单元间未知的位姿变换矩阵也可能存在标定误差。这些误差在系统的运动学传递链中会逐步累积，加之进行分步标定时前序误差会影响后序的标定结果，从而进一步导致标定精度下降，影响机器人的作业精度和效率。因此，对视觉系统的标定进行精确的建模、误差辨识以及误差补偿，显得尤为重要。

通过本章的学习，读者将全面了解机器人视觉系统标定的理论基础和实际应用方法，掌握处理和解决实际机器人作业中误差问题的技能，为后续章节学习视觉检测内容奠定基础。

3.1 单机器人测量-作业系统的误差传递建模

工业机器人由于结构刚度、运动学复杂性、传动系统误差、工件和工具的位姿误差以及测量系统的手眼误差等因素的影响，其作业精度通常低于数控机床。配备视觉系统的工业机器人将工件到视觉传感器，以及视觉传感器到机器人末端执行器的坐标转换纳入运动学传递链中，误差也随着运动链的传递而叠加，导致机器人视觉系统中的作业点位与实际点位产生偏差。本节针对单机器人系统，对其误差的产生和传递进行数学建模。

3.1.1 作业系统运动链构建

图 3-1 所示为带有视觉系统的工业机器人，图中$\{B\}$为机器人基坐标系，$\{E\}$为机器人末端执行器坐标系，$\{T\}$为工具坐标系，$\{C\}$为视觉传感器坐标系，$\{W\}$为工件坐标系。在工件上连续的作业路径通常需要进行离散处理，定义该作业路径被离散成 m 个作业路径点$\{{}^W\boldsymbol{p}_1,\cdots,{}^W\boldsymbol{p}_i,\cdots,{}^W\boldsymbol{p}_m\}$，那么第 i 个作业路径点的坐标系为$\{P_i\}$。在该作业系统中，视觉传感器、机器人末端执行器、刀具与末端执行器的连接方式均为刚性连接，这意味着坐标系$\{E\}$到$\{C\}$和$\{T\}$两个坐标系的转换矩阵${}_C^E\boldsymbol{T}$与${}_T^E\boldsymbol{T}$均为固定矩阵，同时由于刚性连接，矩阵$\{C\}$和$\{T\}$的转换矩阵${}_T^C\boldsymbol{T}$也为固定矩阵。

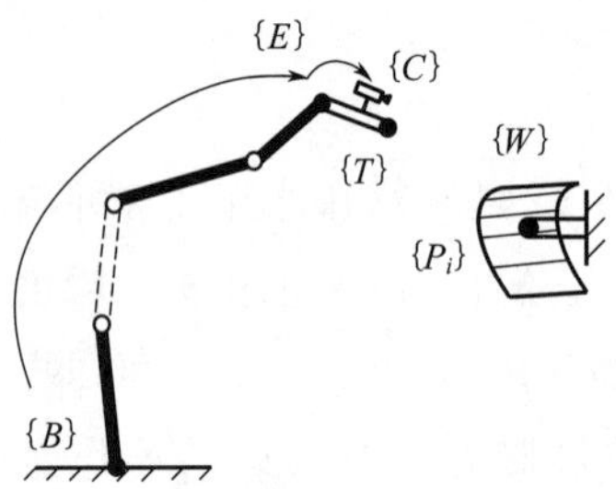

图 3-1 单机器人测量-作业系统

在 2.2 节中已经对机器人正运动学进行了推导，可得到机器人各关节坐标系的传递关系为

$$ {}_E^B\boldsymbol{T}={}_n^0\boldsymbol{T}={}_1^0\boldsymbol{T}\,{}_2^1\boldsymbol{T}\cdots{}_n^{n-1}\boldsymbol{T} \tag{3-1}$$

式中，${}_E^B\boldsymbol{T}$表示机器人末端连杆到机器人基坐标系的转换矩阵。

${}_T^E\boldsymbol{T}$是固定矩阵，可通过测量其与末端连杆的几何关系得出，${}_C^E\boldsymbol{T}$可通过手眼标定求得，将在 3.2 节对手眼标定原理及过程进行详细推导。第 i 个作业路径点坐标系$\{P_i\}$相对于视觉传感器坐标系$\{C\}$的齐次变换矩阵为${}_{P_i}^C\boldsymbol{T}$，那么作业路径点到机器人基坐标系的位姿传递关系为

$$ {}_{P_i}^B\boldsymbol{T}={}_E^B\boldsymbol{T}\,{}_C^E\boldsymbol{T}\,{}_{P_i}^C\boldsymbol{T} \tag{3-2}$$

由于在作业过程中，刀具末端理论上与作业路径点重合，故在作业过程中刀具末端位姿和路径点位姿满足以下关系：

$$ {}_{P_i}^B\boldsymbol{T}={}_T^B\boldsymbol{T} \tag{3-3}$$

该作业系统中误差伴随着运动学传递链进行传递，传递过程如图 3-2 所示。

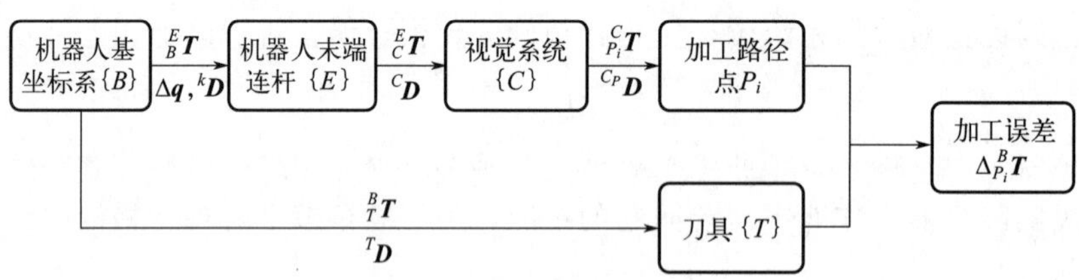

图 3-2 运动学及误差传递链

理论上作业时$\{P_i\}$和$\{T\}$坐标系应该重合，但在现实情况下因为误差的存在以及累积，$\{P_i\}$和$\{T\}$的位置和姿态均会具有偏差，定义该位姿误差为 $\Delta{}_{P_i}^B\boldsymbol{T}$，该误差可以用位姿矩阵${}_{P_i}^B\boldsymbol{T}$和${}_T^B\boldsymbol{T}$的差值进行定义，其表达式为

$$ \Delta{}_{P_i}^B\boldsymbol{T}={}_{P_i}^B\boldsymbol{T}-{}_T^B\boldsymbol{T} \tag{3-4}$$

该误差为传递链中每两个链条之间的误差叠加产生，包括：

① 运动学误差 $\Delta\boldsymbol{q}$ 和关节刚度误差${}^k\boldsymbol{D}$。

② 手眼标定误差 ${}^{C}\boldsymbol{D}$，即视觉传感器标定位置与视觉传感器实际位置之间的误差。

③ 路径点在视觉传感器坐标系下的测量误差 ${}^{C_P}\boldsymbol{D}$。

④ 工具位姿误差 ${}^{T}\boldsymbol{D}$。

第 2 章中已经详细地对微分算子 $\boldsymbol{\Delta}$ 进行了推导。对于任意位姿矩阵 ${}_{B}^{A}\boldsymbol{T}$，其位姿误差 $\Delta_{B}^{A}\boldsymbol{T}$ 在坐标系 $\{A\}$ 和 $\{B\}$ 下的微分算子满足下列公式：

$$
\begin{aligned}
{}^{A}\boldsymbol{\Delta} &= (\Delta_{B}^{A}\boldsymbol{T})_{A}^{B}\boldsymbol{T} \\
{}^{B}\boldsymbol{\Delta} &= (\Delta_{A}^{B}\boldsymbol{T})_{B}^{A}\boldsymbol{T}
\end{aligned}
\tag{3-5}
$$

根据式(3-2)、式(3-4) 以及式(3-5) 可推导出作业误差 $\Delta_{P_i}^{B}\boldsymbol{T}$ 在路径点坐标系 $\{P_i\}$ 下的微分算子为

$$
\begin{aligned}
{}^{P_i}\boldsymbol{\Delta} &= {}_{B}^{P_i}\boldsymbol{T}(\Delta_{P_i}^{B}\boldsymbol{T}) = {}_{B}^{P_i}\boldsymbol{T}({}_{E}^{B}\boldsymbol{T}{}_{C}^{E}\boldsymbol{T}{}_{P_i}^{C}\boldsymbol{T} - {}_{T}^{B}\boldsymbol{T}) \\
&= \begin{bmatrix} 0 & -{}^{P_i}\delta_z & {}^{P_i}\delta_y & {}^{P_i}d_x \\ {}^{P_i}\delta_z & 0 & -{}^{P_i}\delta_x & {}^{P_i}d_y \\ -{}^{P_i}\delta_y & {}^{P_i}\delta_x & 0 & {}^{P_i}d_z \\ 0 & 0 & 0 & 0 \end{bmatrix}
\end{aligned}
\tag{3-6}
$$

${}^{P_i}\boldsymbol{d} = [{}^{P_i}d_x, {}^{P_i}d_y, {}^{P_i}d_z]$ 为在 $\{P_i\}$ 下的位置误差向量，${}^{P_i}\boldsymbol{\delta} = [{}^{P_i}\delta_x, {}^{P_i}\delta_y, {}^{P_i}\delta_z]$ 为 $\{P_i\}$ 的姿态误差向量。参照 2.4 节中微分运动的内容可得到对应的姿态误差矢量 ${}^{P_i}\boldsymbol{D}$，可通过如下过程进行计算：

$$
{}^{P_i}\boldsymbol{D} = ({}^{P_i}\boldsymbol{\Delta})^{\vee} = \left({}_{B}^{P_i}\boldsymbol{T}({}_{E}^{B}\boldsymbol{T}\,{}_{C}^{E}\boldsymbol{T}\,{}_{P_i}^{C}\boldsymbol{T} - {}_{T}^{B}\boldsymbol{T})\right)^{\vee} = [{}^{P_i}d_x, {}^{P_i}d_y, {}^{P_i}d_z, {}^{P_i}\delta_x, {}^{P_i}\delta_y, {}^{P_i}\delta_z]^{\mathrm{T}} \tag{3-7}
$$

3.1.2　曲面作业误差定义

为了更精确地描述系统的误差，需要考虑作业过程中的曲率。定义某一曲面 M 上某一点 p_i 的法矢量为 $\boldsymbol{n}_i$，任意满足垂直关系的两个切矢量分别为 $\boldsymbol{\tau}_x$ 和 $\boldsymbol{\tau}_y$。在点 p_i 处以 p_i 为原点，法矢量 $\boldsymbol{n}_i$ 为 z 轴，切矢量 $\boldsymbol{\tau}_x$ 和 $\boldsymbol{\tau}_y$ 构成的平面为 x-y 平面（$\boldsymbol{\tau}_x$ 和 $\boldsymbol{\tau}_y$ 分别为 x 轴和 y 轴），可构建出 p_i 点的坐标系 $\{P_i\}$。假定在式(3-7) 所描述的误差情况下，即当位置误差为 ${}^{P_i}\boldsymbol{D}$ 时，定义目标点 p_i 的实际位置为 $\boldsymbol{q}_i$，则 $\boldsymbol{q}_i$ 的计算过程可以表示为

$$
\boldsymbol{q}_i = \boldsymbol{p}_i + {}^{P_i}\boldsymbol{d} = \boldsymbol{p}_i + {}^{P_i}d_x\boldsymbol{\tau}_x + {}^{P_i}d_y\boldsymbol{\tau}_y + {}^{P_i}d_z\boldsymbol{n}_i \tag{3-8}
$$

在传统的误差定义方法中，通常采用点到点或者点到面的计算公式对作业误差进行计算。其中通过点到点的距离计算法则表示作业点 $\boldsymbol{p}_i$ 的作业误差为

$$
\varphi_I(\boldsymbol{p}_i) = \|\boldsymbol{q}_i - \boldsymbol{p}_i\| = \|{}^{P_i}\boldsymbol{d}\| = \sqrt{{}^{P_i}d_x^2 + {}^{P_i}d_y^2 + {}^{P_i}d_z^2} \tag{3-9}
$$

通过点到切面距离表示法表示在作业点 $\boldsymbol{p}_i$ 处法向深度的作业误差为

$$
\varphi_T(\boldsymbol{p}_i) = (\boldsymbol{q}_i - \boldsymbol{p}_i)^{\mathrm{T}}\boldsymbol{n}_i = {}^{P_i}d_z \tag{3-10}
$$

在式(3-10) 的误差定义中，默认了目标点理论位置 $\boldsymbol{p}_i$ 和目标点实际位置 $\boldsymbol{q}_i$ 的法线重

合，仅考虑了在法向位置误差引起的理论点的变化，即${}^{P_i}d_z$ 的变化，而忽略了切向位置误差（${}^{P_i}d_x$，${}^{P_i}d_y$）对理论点位置的影响。在实际作业过程中，通常${}^{P_i}d_x$、${}^{P_i}d_y$、${}^{P_i}d_z$ 均会发生变化。

如图 3-3(a) 所示，假定点 p_i 为某一凸曲面 M 上的一点，该点处对应的曲率半径为 R_i。点 p_i 及其邻域可通过曲率半径 R_i 构造一个近似球面，定义该球面的球心为 O，点 q_i 对应的实际理论作业点 p_i' 通常可近似认为在球面上。由于 q_i 和 p_i' 的法矢量方向相同且 p_i' 位于球面上，故过 q_i 作球面的垂线，该垂线和球面的交点即为 p_i'。由于点 O、p_i'、q_i 三点共线，那么可借助曲率半径 R_i 计算该情况下 p_i' 点的作业误差，其计算规则为

$$\varphi_R(\boldsymbol{p}_i')=|q_iO|-|p_i'O|=\sqrt{(R_i+{}^{P_i}d_z)^2+{}^{P_i}d_x^2+{}^{P_i}d_y^2}-R_i \tag{3-11}$$

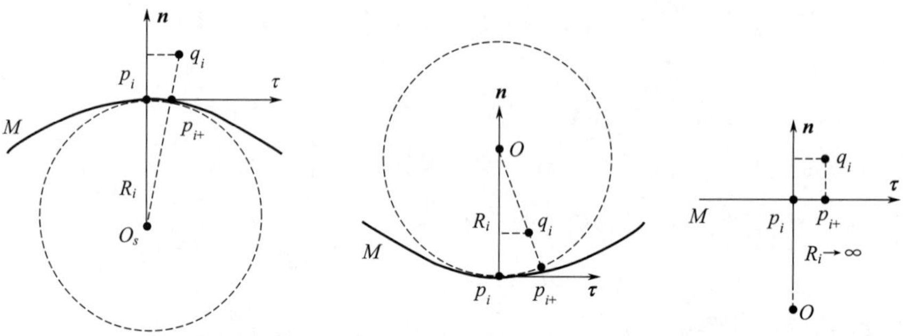

(a) 凸形曲面 (b) 凹形曲面 (c) 平面

图 3-3 不同曲面的作业误差计算模型

定义点 p_i' 和 p_i 之间的位置误差向量之差为 $\boldsymbol{\varphi}({}^{P_i}\boldsymbol{d})$，则 p_i' 的位置误差向量${}^{P_i'}\boldsymbol{d}$ 可近似表示为

$${}^{P_i'}\boldsymbol{d}\approx{}^{P_i}\boldsymbol{d}+\boldsymbol{\varphi}({}^{P_i}\boldsymbol{d}) \tag{3-12}$$

上式为一个近似等式，这是因为 p_i' 点和 p_i 点是近似在同一曲面上。在这种情况下 $\boldsymbol{p}_i'$ 和 $\boldsymbol{p}_i$ 的曲率半径和球心均一致（$R_i=R_i'$，${}^{P_i}O={}^{P_i'}O$），故式(3-11) 可写为

$$\begin{aligned}
&\varphi_R(\boldsymbol{P}_i',R_i',{}^{P_i'}\boldsymbol{d})\\
&=\sqrt{(R_i'+{}^{P_i'}d_z-\varphi({}^{P_i}d_z))^2+({}^{P_i'}d_x-\varphi({}^{P_i}d_x))^2+({}^{P_i'}d_y-\varphi({}^{P_i}d_y))^2}-R_i'\\
&=\sqrt{(R_i'+{}^{P_i'}d_z)^2+{}^{P_i'}d_x^2+{}^{P_i'}d_y^2}-R_i'
\end{aligned} \tag{3-13}$$

由上式可以看出点 p_i' 的作业误差受其对应的曲率半径 R_i' 以及位置误差${}^{P_i'}\boldsymbol{d}$ 影响。式(3-11) 的等式右端仅与 p_i 的参数有关，故可将式(3-11) 和式(3-13) 中的输入参数替换为 p_i 的相关参数，得到点 p_i 的作业误差为

$$\varphi_R(\boldsymbol{p}_i,R_i,{}^{P_i}\boldsymbol{d})=\sqrt{(R_i+{}^{P_i}d_z)^2+{}^{P_i}d_x^2+{}^{P_i}d_y^2}-R_i \tag{3-14}$$

式(3-14) 将切向上的误差（${}^{P_i}d_x$，${}^{P_i}d_y$）纳入了作业误差的计算中，通过运算可将其写为与 φ_T（点到面距离误差）和 φ_I（点到点距离误差）有关的形式：

$$
\begin{aligned}
\varphi_R(\boldsymbol{p}_i, R_i, {}^{P_i}\boldsymbol{d}) &= \sqrt{[R_i+(\boldsymbol{q}_i-\boldsymbol{p}_i)^{\mathrm{T}}\boldsymbol{n}_i]^2+[(\boldsymbol{q}_i-\boldsymbol{p}_i)^{\mathrm{T}}\boldsymbol{\tau}_x]^2+[(\boldsymbol{q}_i-\boldsymbol{p}_i)^{\mathrm{T}}\boldsymbol{\tau}_y]^2}-R_i \\
&= \sqrt{R_i^2+2R_i(\boldsymbol{q}_i-\boldsymbol{p}_i)^{\mathrm{T}}\boldsymbol{n}_i+\|\boldsymbol{q}_i-\boldsymbol{p}_i\|^2}-R_i \\
&= \sqrt{R_i^2+2R_i\varphi_T+\varphi_I^2}-R_i
\end{aligned}
\tag{3-15}
$$

以上过程为针对凸形曲面上某点的误差计算过程，对于凹形曲面［如图 3-3(b) 所示］，其计算过程类似，得到曲面（凸形或凹形）上某点误差计算公式为

$$
\varphi_R=\begin{cases}\sqrt{R_i^2+2R_i\varphi_T+\varphi_I^2}-R_i & (1)\\ R_i-\sqrt{R_i^2+2R_i\varphi_T+\varphi_I^2} & (2)\end{cases}
\tag{3-16}
$$

式中，子式(1) 为凸形曲面的误差计算公式；子式(2) 为凹形曲面的误差计算公式。

在上述过程所建立的作业误差计算模型所针对的问题是工具与工件为点接触的作业问题，最后的结果为作业点位 p_i 的法向深度误差，一般被用于评估整体型面的作业质量[1]。

3.1.3　运动学误差模型

机器人运动学误差表示机器人关节理论位置与实际位置之间的偏差，与关节驱动、关节构造误差、关节间隙、外部扰动和传感器误差等因素有关。定义某机器人的关节参数向量为 $\boldsymbol{q}$，对应的关节参数误差向量为 $\Delta\boldsymbol{q}$，则机器人运动学误差 $\Delta_E^B\boldsymbol{T}_q$ 为

$$
\Delta_E^B\boldsymbol{T}_q={}_E^B\boldsymbol{T}(\boldsymbol{q}+\Delta\boldsymbol{q})-{}_E^B\boldsymbol{T}(\boldsymbol{q})
\tag{3-17}
$$

那么该误差在末端坐标系$\{E\}$下的微分算子可表示为

$$
{}^E\boldsymbol{\Delta}_q={}_B^E\boldsymbol{T}(\boldsymbol{q})\Delta_E^B\boldsymbol{T}_q
\tag{3-18}
$$

与式(3-7) 类似，在末端坐标系$\{E\}$下的姿态误差${}^E\boldsymbol{D}_q$ 表达式为

$$
{}^E\boldsymbol{D}_q=({}^E\boldsymbol{\Delta}_q)^{\vee}=({}_B^E\boldsymbol{T}(\boldsymbol{q})\Delta_E^B\boldsymbol{T}_q)^{\vee}
\tag{3-19}
$$

末端坐标系$\{E\}$的姿态误差${}^E\boldsymbol{D}_q$ 与在路径点坐标系$\{P_i\}$下的姿态误差可用速度伴随矩阵进行转换，其关系为

$$
\begin{aligned}
{}^{P_i}\boldsymbol{D}_q &= \begin{bmatrix}{}^{P_i}\boldsymbol{d}_q\\ {}^{P_i}\boldsymbol{\delta}_q\end{bmatrix}^{\mathrm{T}} = \begin{bmatrix}{}_E^{P_i}\boldsymbol{R} & [{}^{P_i}\boldsymbol{p}_{Eo}]_E^{P_i}\boldsymbol{R}\\ \boldsymbol{0}_{3\times3} & {}_E^{P_i}\boldsymbol{R}\end{bmatrix}{}^E\boldsymbol{D}_q=\mathrm{Ad}_V({}_E^{P_i}\boldsymbol{T})^E\boldsymbol{D}_q \\
&= \mathrm{Ad}_V({}_E^{P_i}\boldsymbol{T})[{}_B^E\boldsymbol{T}(\boldsymbol{q})({}_E^B\boldsymbol{T}(\boldsymbol{q}+\Delta\boldsymbol{q})-{}_E^B\boldsymbol{T}(\boldsymbol{q}))]^{\vee}
\end{aligned}
\tag{3-20}
$$

式中，${}^{P_i}\boldsymbol{d}_q$ 为$\{P_i\}$坐标系下的位置误差矢量；${}^{P_i}\boldsymbol{\delta}_q$ 为姿态误差矢量。为了计算其曲率特征作业误差，假定该点处的曲率半径为 R_i，结合式(3-14)，并将其位置误差${}^{P_i}\boldsymbol{d}_q$ 代入可得曲率特征作业误差：

$$
\varphi_R=\sqrt{R_i^2+2R_i{}^{P_i}\boldsymbol{d}_q^{\mathrm{T}}\boldsymbol{n}_i+\|{}^{P_i}\boldsymbol{d}_q\|^2}-R_i
\tag{3-21}
$$

3.1.4 关节刚度误差模型

假定点 p_i 所受的广义力为 ${}^{P_i}\boldsymbol{F}=[{}^{P_i}\boldsymbol{f},{}^{P_i}\boldsymbol{m}]^{\mathrm{T}}$，它由力矢量 ${}^{P_i}\boldsymbol{f}\in\Re^3$ 与力矩矢量 ${}^{P_i}\boldsymbol{m}\in\Re^3$ 构成。为了通过 ${}^{P_i}\boldsymbol{F}$ 计算机器人末端坐标系 $\{E\}$ 处的受力，需要力的伴随矩阵进行转换。假定有两个坐标系 $\{A\}$ 和 $\{B\}$，从 $\{B\}$ 到 $\{A\}$ 的力的伴随矩阵可写为

$$\mathrm{Ad}_F({}^A_B\boldsymbol{T})=\begin{bmatrix} {}^A_B\boldsymbol{R} & \boldsymbol{0} \\ [{}^A\boldsymbol{p}_{Bo}]\,{}^A_B\boldsymbol{R} & {}^A_B\boldsymbol{R} \end{bmatrix} \tag{3-22}$$

式中，Ad_F 为力的伴随矩阵变换符号，对比速度伴随变换，力的伴随变换与速度伴随变换存在对偶变换关系，即 $\mathrm{Ad}_F^{-1}({}^A_B\boldsymbol{T})=\mathrm{Ad}_V^{\mathrm{T}}({}^A_B\boldsymbol{T})$。通过力的伴随矩阵得到 ${}^{P_i}\boldsymbol{F}$ 从 $\{P_i\}$ 到 $\{E\}$ 的伴随变换为

$$\begin{aligned} {}^E\boldsymbol{F} &= \mathrm{Ad}_F({}^E_{P_i}\boldsymbol{T})\,{}^{P_i}\boldsymbol{F} \\ &= \begin{bmatrix} {}^E_{P_i}\boldsymbol{R} & \boldsymbol{0}_{3\times3} \\ [{}^E\boldsymbol{p}_{P_iO}]\,{}^E_{P_i}\boldsymbol{R} & {}^E_{P_i}\boldsymbol{R} \end{bmatrix} {}^{P_i}\boldsymbol{F} \end{aligned} \tag{3-23}$$

为了得到 ${}^E\boldsymbol{F}$ 在机器人基坐标系 $\{B\}$ 下的表达，需要使用从 $\{E\}$ 到 $\{B\}$ 的旋转矩阵 ${}^B_E\boldsymbol{R}$ 对其中的力和力矩均进行转换，定义一个由两个 ${}^B_E\boldsymbol{R}$ 矩阵和两个 $\boldsymbol{0}_{3\times3}$ 矩阵构成的空间旋转矩阵为 $\mathrm{Sr}({}^B_E\boldsymbol{R})$，其具体形式为

$$\mathrm{Sr}({}^B_E\boldsymbol{R})=\begin{bmatrix} {}^B_E\boldsymbol{R} & \boldsymbol{0}_{3\times3} \\ \boldsymbol{0}_{3\times3} & {}^B_E\boldsymbol{R} \end{bmatrix} \tag{3-24}$$

则 ${}^E\boldsymbol{F}$ 在 $\{B\}$ 下的表达 ${}^B\boldsymbol{F}_E$ 可以表示为如下形式：

$${}^B\boldsymbol{F}_E=\begin{bmatrix} {}^B_E\boldsymbol{R}\ {}^E\boldsymbol{f}_E \\ {}^B_E\boldsymbol{R}\ {}^E\boldsymbol{m}_E \end{bmatrix}=\begin{bmatrix} {}^B_E\boldsymbol{R} & \boldsymbol{0} \\ \boldsymbol{0} & {}^B_E\boldsymbol{R} \end{bmatrix}{}^E\boldsymbol{F}=\mathrm{Sr}({}^B_E\boldsymbol{R})\,{}^E\boldsymbol{F} \tag{3-25}$$

定义机器人在可达到作业点 p_i 的情况下对应的关节配置为 $\boldsymbol{\theta}_i$。在机器人关节配置为 $\boldsymbol{\theta}_i$ 的情况下，其在笛卡儿空间中的刚度矩阵 $\boldsymbol{K}_{D,i}$ 的计算规则为

$$\boldsymbol{K}_{D,i}=\boldsymbol{J}(\theta_i)\boldsymbol{K}_\theta^{-1}\boldsymbol{J}(\theta_i)^{\mathrm{T}} \tag{3-26}$$

式中，$\boldsymbol{J}(\theta_i)$ 为机器人在关节配置 $\boldsymbol{\theta}_i$ 下的雅可比矩阵；$\boldsymbol{K}_\theta=\mathrm{diag}(k_1,\cdots,k_j,\cdots,k_n)$ 为关节刚度矩阵，其中 k_j 为机器人的关节 j 的刚度，k_n 为机器人末端关节的刚度。那么机器人末端相对机器人基坐标系 $\{B\}$ 的刚度变形量为

$${}^B\boldsymbol{D}_{E,i}=\boldsymbol{K}_{D,i}\,{}^B\boldsymbol{F}_E \tag{3-27}$$

联立式(3-25) 和式(3-27) 可推导出刚度变形量在坐标系 $\{E\}$ 下的表达式为

$${}^E\boldsymbol{D}_i=\mathrm{Sr}({}^E_B\boldsymbol{R})\,{}^B\boldsymbol{D}_{E,i} \tag{3-28}$$

在作业点坐标系 $\{p_i\}$ 处由刚度变形引起的误差矢量 ${}^{P_i}\boldsymbol{D}_i$ 为

$$\begin{aligned} {}^{P_i}\boldsymbol{D}_i &= \mathrm{Ad}_V({}^{P_i}_E\boldsymbol{T})\,{}^E\boldsymbol{D}_i \\ &= \mathrm{Ad}_V({}^{P_i}_E\boldsymbol{T})\mathrm{Sr}({}^E_B\boldsymbol{R})\boldsymbol{J}(\theta_i)\boldsymbol{K}_\theta^{-1}\boldsymbol{J}(\theta_i)^{\mathrm{T}}\mathrm{Sr}({}^B_E\boldsymbol{R})\mathrm{Ad}_F({}^E_{P_i}\boldsymbol{T})\,{}^{P_i}\boldsymbol{F} \end{aligned} \tag{3-29}$$

式(3-29) 中，令 $\mathrm{Ad}_V({}^{P_i}_{E}\boldsymbol{T})\mathrm{Sr}({}^{E}_{B}\boldsymbol{R})\boldsymbol{J}(\theta_i)\boldsymbol{K}_\theta^{-1}\boldsymbol{J}(\theta_i)^{\mathrm{T}}\mathrm{Sr}({}^{B}_{E}\boldsymbol{R})\mathrm{Ad}_F({}^{E}_{P_i}\boldsymbol{T})=\boldsymbol{X}_F$ （$\boldsymbol{X}_F$ 为一个 $6\times n$ 的矩阵)，可将该式简化为

$$ {}^{P_i}\boldsymbol{D}_i=\boldsymbol{X}_F\,{}^{P_i}\boldsymbol{F} \tag{3-30}$$

因此由机器人刚度变形以及受到的广义力所造成的作业路径点 $\boldsymbol{p}_i$ 处的法向误差为

$$\varphi_k={}^{P_i}d_z=({}^{P_i}\boldsymbol{D}_i)^{\mathrm{T}}\boldsymbol{D}_z=(\boldsymbol{X}_F\,{}^{P_i}\boldsymbol{F})^{\mathrm{T}}\boldsymbol{D}_z \tag{3-31}$$

式(3-31) 中，$\boldsymbol{D}_z=[0,0,1,0,0,0]^{\mathrm{T}}$ 为系数矩阵。误差 φ_k 的计算步骤为

① 对于作业路径点 $\boldsymbol{p}_i$，根据式(3-1) 计算出机器人理论位姿${}^{B}_{E}\boldsymbol{T}(\boldsymbol{q})$；

② 根据逆运动学求得机器人关节配置向量 $\boldsymbol{q}$，并考虑误差计算机器人实际位姿${}^{B}_{E}\boldsymbol{T}(\boldsymbol{q}+\Delta\boldsymbol{q})$；

③ 根据式(3-30) 计算位置矢量，最后通过式(3-31) 计算作业误差。

上述计算过程中，对于该作业系统作出了如下假设：

① 机器人的受力忽略工件重量的影响；

② 工件与工具均为刚体，不会产生变形；

③ 作业余量不对作业外力造成影响。如果将作业余量对外力的影响纳入考量，定义设计余量为 a_d，作业误差为 φ_k，则实际作业余量为（$a_d-\varphi_k$），此时在 p_i 点位处，外力${}^{P_i}\boldsymbol{F}$ 与实际作业余量（$a_d-\varphi_k$）呈正相关关系，故作业误差 φ_k 可被重新表示为

$$\begin{aligned}\varphi_k&=(\mathrm{Ad}_V({}^{P_i}_{E}\boldsymbol{T})\mathrm{Sr}({}^{E}_{B}\boldsymbol{R})\boldsymbol{J}(\theta_i)\boldsymbol{K}_\theta^{-1}\boldsymbol{J}(\theta_i)^{\mathrm{T}}\mathrm{Sr}({}^{B}_{E}\boldsymbol{R})\mathrm{Ad}_F({}^{E}_{P_i}\boldsymbol{T})\,{}^{P_i}\boldsymbol{F}(a_d-\varphi_k))^{\mathrm{T}}\boldsymbol{D}_z\\&=(\boldsymbol{X}_F\,{}^{P_i}\boldsymbol{F}_{P_i}(a_d-\varphi_k))^{\mathrm{T}}\boldsymbol{D}_z=\boldsymbol{D}_z^{\mathrm{T}}\boldsymbol{X}_F\,{}^{P_i}\boldsymbol{F}_{P_i}(a_d-\varphi_k)\end{aligned} \tag{3-32}$$

在设计余量 a_d 处对${}^{P_i}\boldsymbol{F}(a_d-\varphi_k)$进行一阶泰勒展开后可得：

$$\varphi_k=\boldsymbol{D}_z^{\mathrm{T}}\boldsymbol{X}_F\,{}^{P_i}\boldsymbol{F}(a_d-\varphi_k)\approx\boldsymbol{D}_z^{\mathrm{T}}\boldsymbol{X}_F[{}^{P_i}\boldsymbol{F}(a_d)-\varphi_k\,{}^{P_i}\boldsymbol{F}'(a_d)] \tag{3-33}$$

式中，${}^{P_i}\boldsymbol{F}'(a_d)$ 为${}^{P_i}\boldsymbol{F}$ 在余量 a_d 处的一阶导数，通过式(3-33) 可计算得出作业误差为

$$\varphi_k=\frac{\boldsymbol{D}_z^{\mathrm{T}}\boldsymbol{X}_F\,{}^{P_i}\boldsymbol{F}(a_d)}{1+\boldsymbol{D}_z^{\mathrm{T}}\boldsymbol{X}_F\,{}^{P_i}\boldsymbol{F}'(a_d)} \tag{3-34}$$

式中，${}^{P_i}\boldsymbol{F}'(a_d)$体现了切削力旋量${}^{P_i}\boldsymbol{F}$ 对工件余量的灵敏性。当工件材料为高硬度、难切削材料时，微小余量会引起巨大的切削力，此时导数${}^{P_i}\boldsymbol{F}'(a_d)$较大，表明机器人关节刚度对作业误差有非常显著的影响。在极端情况下，当 $\boldsymbol{D}_z^{\mathrm{T}}\boldsymbol{X}_F\,{}^{P_i}\boldsymbol{F}(a_d)$足够大时，式(3-34) 分母中的 1 可以忽略不计，此时有

$$\varphi_k\approx\frac{\boldsymbol{D}_z^{\mathrm{T}}\boldsymbol{X}_F\,{}^{P_i}\boldsymbol{F}(a_d)}{\boldsymbol{D}_z^{\mathrm{T}}\boldsymbol{X}_F\,{}^{P_i}\boldsymbol{F}'(a_d)}=a_d \tag{3-35}$$

这说明，当机器人关节的刚度远不足以承受材料的硬度时，作业误差将等于设计的余量，意味着无法进行实际的切削操作。因此，关节刚度对作业误差的影响极大。

3.1.5 工件/工具误差传递模型

在机器人作业过程中，工件和工具均因为自身位姿存在误差对作业精确度产生影响，从而影响作业质量。接下来将对工件和工具的位姿误差分别进行探讨。

(1) 工件位姿误差

定义工件在自身坐标系$\{W\}$下的误差矢量为${}^{W}\boldsymbol{D}$（${}^{W}\boldsymbol{D}\in\Re^{6}$）。通过速度伴随变换可以求得其引起作业路径点$\boldsymbol{p}_i$坐标系$\{P_i\}$的误差矢量为

$$ {}^{P_i}\boldsymbol{D}=\mathrm{Ad}_V({}^{W}_{P_i}\boldsymbol{T}^{-1}){}^{W}\boldsymbol{D}=\begin{bmatrix} {}^{W}_{P_i}\boldsymbol{R}^{\mathrm{T}} & -{}^{W}_{P_i}\boldsymbol{R}^{\mathrm{T}}[{}^{W}\boldsymbol{p}_{P_{iO}}] \\ \boldsymbol{0} & {}^{W}_{P_i}\boldsymbol{R}^{\mathrm{T}} \end{bmatrix}\begin{bmatrix} {}^{W}\boldsymbol{d} \\ {}^{W}\boldsymbol{\delta} \end{bmatrix} \tag{3-36} $$

位置误差${}^{P_i}\boldsymbol{d}$可通过将式(3-36)展开进行计算，其表达式为

$$ {}^{P_i}\boldsymbol{d}={}^{W}_{P_i}\boldsymbol{R}^{\mathrm{T}}{}^{W}\boldsymbol{d}-{}^{W}_{P_i}\boldsymbol{R}^{\mathrm{T}}[{}^{W}\boldsymbol{p}_{P_{iO}}]{}^{W}\boldsymbol{\delta} \tag{3-37} $$

定义在路径点$\boldsymbol{p}_i$处的曲率半径为R_i，将R_i和${}^{P_i}\boldsymbol{d}$代入式(3-14)得到点$\boldsymbol{p}_i$的工件作业误差为

$$ \varphi_{R,W}=\sqrt{R_i^2+2R_i{}^{P_i}\boldsymbol{d}_i^{\mathrm{T}}\boldsymbol{n}_i+{}^{P_i}\boldsymbol{d}_i^{\mathrm{T}}{}^{P_i}\boldsymbol{d}_i}-R_i \tag{3-38} $$

(2) 工具位姿误差

若工具位姿存在误差，即工具相对于基坐标系位姿变换矩阵${}^{B}_{T}\boldsymbol{T}$的实际值与名义值不一致，定义工具的位姿误差矢量为${}^{T}\boldsymbol{D}$，微分算子为${}^{T}\boldsymbol{\Delta}$。在已知作业点坐标系$\{P_i\}$相对于工具坐标系$\{T\}$的齐次变换矩阵${}^{T}_{P_i}\boldsymbol{T}$与微分算子${}^{T}\Delta$的情况下，根据式(3-5)可得到$\{P_i\}$在$\{T\}$下的位姿误差：

$$ \Delta{}^{T}_{P_i}\boldsymbol{T}=({}^{T}\Delta){}^{T}_{P_i}\boldsymbol{T}={}^{T}\boldsymbol{\Delta} \tag{3-39} $$

式中，${}^{T}_{P_i}\boldsymbol{T}$的理论值为一个单位矩阵，即${}^{T}_{P_i}\boldsymbol{T}=\boldsymbol{I}_{4\times4}$。将位姿误差$\Delta{}^{T}_{P_i}\boldsymbol{T}$转换到作业点坐标系$\{P_i\}$下，即${}^{P_i}\boldsymbol{\Delta}={}^{T}_{P_i}\boldsymbol{T}^{-1}(\Delta{}^{T}_{P_i}\boldsymbol{T})={}^{T}\boldsymbol{\Delta}$，根据式(3-7)得到在该坐标系下的位姿误差矢量为

$$ {}^{P_i}\boldsymbol{D}=({}^{P_i}\boldsymbol{\Delta})^{\vee}={}^{T}\boldsymbol{D} \tag{3-40} $$

根据点到切面距离［式(3-10)］可得到法向深度作业误差为

$$ {}^{P_i}d_z={}^{P_i}\boldsymbol{D}^{T}\boldsymbol{D}_z={}^{T}d_z \tag{3-41} $$

式中，$\boldsymbol{D}_z=[0,0,1,0,0,0]^{\mathrm{T}}$为系数矩阵。式(3-40)与式(3-41)定量描述了当工具的位姿误差矢量为${}^{T}\boldsymbol{D}$时，机器人采用点接触方式作业所产生的法向作业误差为${}^{P_i}d_z$。

对比式(3-37)和式(3-41)可知，在计算由工件/工具位姿误差矢量（${}^{W}\boldsymbol{D}$和${}^{T}\boldsymbol{D}$）所引起的作业点p_i处的作业误差时，需要先将其转换为在作业点位坐标系$\{P_i\}$下的误差${}^{P_i}\boldsymbol{d}$，由于假设工具与工件表明的接触类型为点接触，因此作业误差不受姿态误差${}^{P_i}\boldsymbol{\delta}$的影响。若考虑工具轴线的接触长度，此时工具与工件表面的接触形式可被视为线接触。如表 3-1 所示，对于不同的线接触作业类型，统一$\{P_i\}$的z轴为$\boldsymbol{p}_i$的法向，y轴为$\boldsymbol{p}_i$的切向。对于

单点离散作业，由于不存在切向运动，其 y 轴可在切平面内任意进行选取。则线接触作业的作业误差可表示为

$$^{P_i}d_\gamma = (^{P_i}\boldsymbol{D})^{\mathrm{T}}\boldsymbol{D}_\gamma \tag{3-42}$$

式中，系数项 $\boldsymbol{D}_\gamma$ 可参照表 3-2 进行选取。其中，制孔深度误差、端铣型面误差以及磨削/侧铣型面误差描述了作业深度方向（法向）的作业误差；磨削/侧铣方向误差则反映了进给方向上的作业误差；制孔位置误差源于刀具中心的偏移导致的作业误差；制孔方向误差则是由刀具轴线偏转引起的作业误差[1]。

表 3-1　不同作业类型中坐标系 $\{P_i\}$ 的统一定义

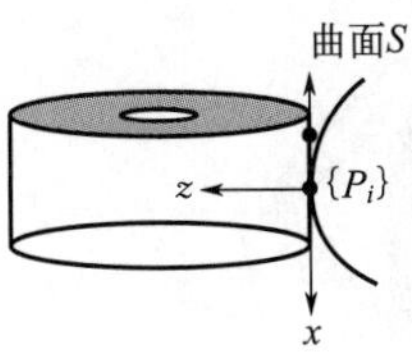	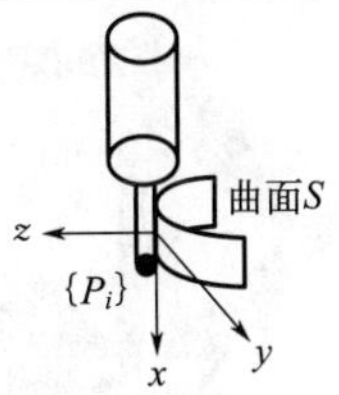	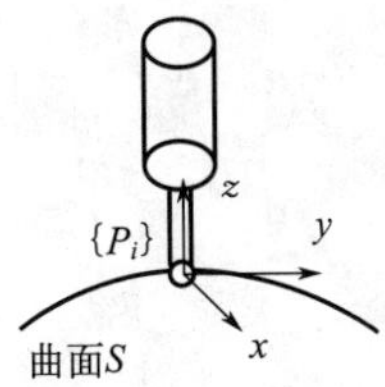	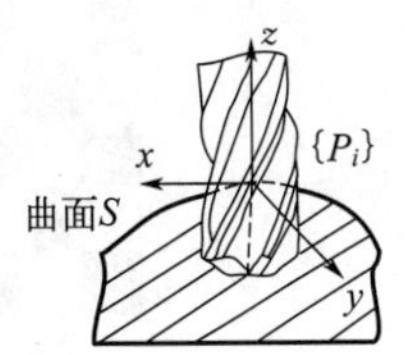
磨削	侧铣/切边	端铣	钻

表 3-2　不同作业方向上的 $\boldsymbol{D}_\gamma$ 值

磨削/侧铣		端铣
型面误差	方向误差	型面误差
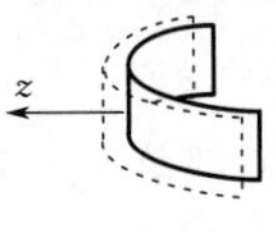	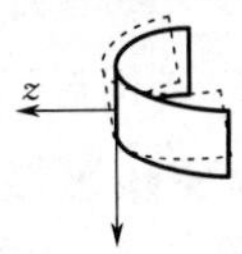	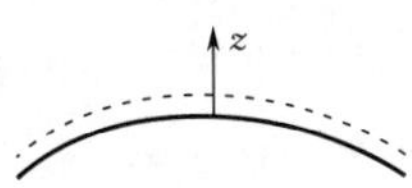
$\boldsymbol{D}_\gamma=[0,0,1,0,0,0]^{\mathrm{T}}$	$\boldsymbol{D}_\gamma=[0,0,0,0,1,0]^{\mathrm{T}}$	$\boldsymbol{D}_\gamma=[0,0,1,0,0,0]^{\mathrm{T}}$
制孔		
孔深误差	位置误差	方向误差
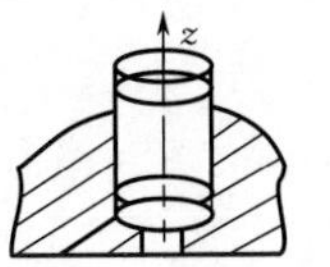	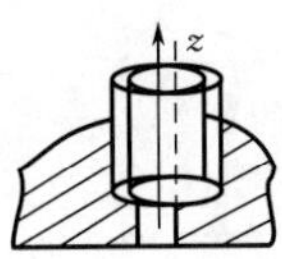	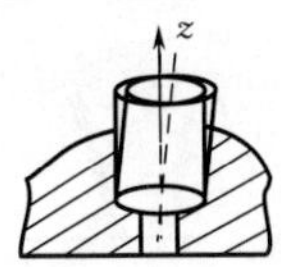
$\boldsymbol{D}_\gamma=[0,0,1,0,0,0]^{\mathrm{T}}$	$\boldsymbol{D}_\gamma=[1,1,0,0,0,0]^{\mathrm{T}}$	$\boldsymbol{D}_\gamma=[0,0,0,1,1,0]^{\mathrm{T}}$

3.2 机器人手眼标定

在机器人测量系统中，视觉传感器坐标系 $\{C\}$ 相对于机器人的相对位姿变换矩阵是未知的，因此需要采用手眼标定（hand-eye calibration）技术，通过数学模型求解出相机和机器人之间的转换关系，从而实现精确的视觉伺服或精确的 3D 测量。

机器人手眼标定的实现依赖于视觉传感器和标定物的配合使用。常见的视觉传感器包括彩色视觉传感器、深度视觉传感器和激光扫描仪。为了进行有效的标定，通常选用的标定物有棋盘格、立体靶标以及带有标记的立方体等。图 3-4 展示了常用的视觉传感器，图 3-5 则

呈现了常用的标定物。

(a) 罗技C920摄像头　(b) Kninect V2深度相机　(c) Velodyne激光雷达

图 3-4　常用的视觉传感器

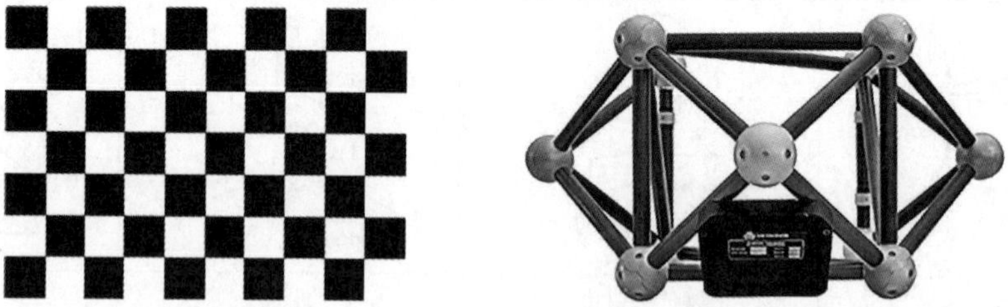

(a) 棋盘格标定板　(b) Metronor Navi Target立体靶标

图 3-5　常用标定物

常见的机器人手眼标定问题通常分为以下两种类型（图 3-6）：

① 眼在手上（eye-in-hand）：在该配置中，视觉传感器与机器人刚性连接，并随着机械臂一起运动。此时手眼标定的目标是求解视觉传感器相对于机器人末端执行器的位姿关系。

② 眼在手外（eye-to-hand）：在该配置中，视觉传感器固定在机器人外部静止不动。此时手眼标定的目标是求解机器人基坐标系相对于视觉传感器坐标系的变换关系。

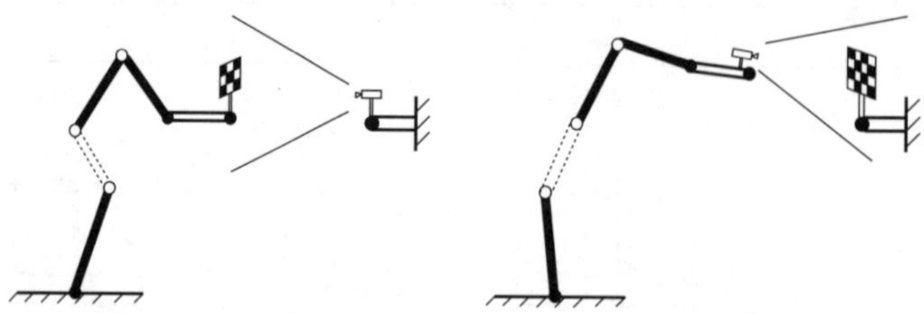

图 3-6　眼在手外（左）和眼在手上（右）型手眼标定

3.2.1　标定物坐标系建立

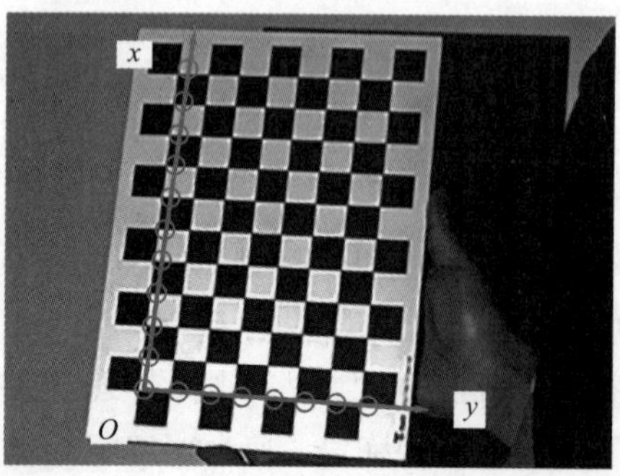

图 3-7　棋盘格坐标系建立

在手眼标定过程中，核心任务在于通过已知的几何结构推导出相机或机械手等设备的外参（外部参数），即视觉传感器相对于某一固定参考坐标系的位姿。为了实现这一目标，需要建立起标定物到视觉传感器的运动学转换关系，那么首先需要在标定物上建立一个规则的坐标系。本部分以棋盘格为例对标定物坐标系建立进行介绍（图 3-7）。

棋盘格标定板通常被用于 RGB 相机的外参标定，该标定物由一系列黑白相间的方格组成，每个方格具有相同的几何形状（边长）。方格之间的交点为标定过程中用来计算相机位姿的特征点。通过特征点建立坐标系的步骤分为以下几步：

① 选择棋盘格某一特征点作为坐标系的原点 O，通常该点为棋盘格左下角的参考点；

② 选择垂直于标定板边界的两条参考点的连线分别作为 x 轴和 y 轴，通过这种方法构建出一个 Oxy 平面；

③ 过原点 O 建立垂直于该平面的 z 轴（方向任意）构造出 x-y-z 坐标系。

3.2.2　目标函数为 AX =XB 的手眼标定

图 3-8 所示为在机器人不同姿态条件下，以标定板为标定物的手眼标定运动学传递链。此标定过程中，涉及多个坐标系：标定物坐标系$\{D\}$、视觉传感器坐标系$\{C\}$、机器人末端坐标系$\{E\}$、机器人基坐标系$\{B\}$。采用这种标定方法的手眼标定过程中，其运动学传递流程可分为以下几步：

① 从标定物坐标系到视觉传感器坐标系，转换矩阵为${}_D^C\boldsymbol{T}$；

② 从视觉传感器坐标系到机器人末端坐标系，转换矩阵为${}_C^E\boldsymbol{T}$；

③ 从机器人末端坐标系到机器人基坐标系，转换矩阵为${}_E^B\boldsymbol{T}$。

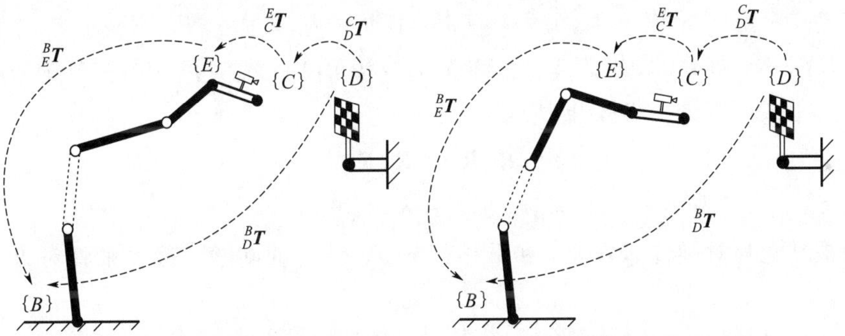

图 3-8　两种姿态下机器人手眼标定运动学传递链

在标定过程中，由于标定物和机器人基座均与周围环境相固连，坐标系$\{D\}$和$\{B\}$在空间中的位置均不发生变化，这意味着$\{D\}$和$\{B\}$之间的位置关系不发生变化，即$\{D\}$到$\{B\}$的转换矩阵${}_D^B\boldsymbol{T}$不发生变化，同时在该运动学传递链中满足${}_D^B\boldsymbol{T}={}_E^B\boldsymbol{T}\ {}_C^E\boldsymbol{T}\ {}_D^C\boldsymbol{T}$。故在理想状态下，不考虑运动学传递中的误差，对于 m 组不同的标定姿态能够得到以下方程组：

$$
\begin{cases}
{}_D^B\boldsymbol{T}_1={}_E^B\boldsymbol{T}_1\ {}_C^E\boldsymbol{T}_1\ {}_D^C\boldsymbol{T}_1\\
{}_D^B\boldsymbol{T}_2={}_E^B\boldsymbol{T}_2\ {}_C^E\boldsymbol{T}_2\ {}_D^C\boldsymbol{T}_2\\
\qquad\vdots\\
{}_D^B\boldsymbol{T}_i={}_E^B\boldsymbol{T}_i\ {}_C^E\boldsymbol{T}_i\ {}_D^C\boldsymbol{T}_i\\
\qquad\vdots\\
{}_D^B\boldsymbol{T}_m={}_E^B\boldsymbol{T}_m\ {}_C^E\boldsymbol{T}_m\ {}_D^C\boldsymbol{T}_m
\end{cases}
\tag{3-43}
$$

式中，${}_{D}^{B}\boldsymbol{T}_i$ 中的下标代表第 i 组机器人标定姿态，标定姿态的变化不会对 $\{D\}$ 和 $\{B\}$ 的转换矩阵产生影响，即 ${}_{D}^{B}\boldsymbol{T}_1={}_{D}^{B}\boldsymbol{T}_2=\cdots={}_{D}^{B}\boldsymbol{T}_i=\cdots={}_{D}^{B}\boldsymbol{T}_m$。因此第 i 组机器人标定姿态以及第 $i+1$ 组机器人标定姿态的运动学传递链满足：

$$
{}_{E}^{B}\boldsymbol{T}_i\ {}_{C}^{E}\boldsymbol{T}_i\ {}_{D}^{C}\boldsymbol{T}_i={}_{E}^{B}\boldsymbol{T}_{i+1}\ {}_{C}^{E}\boldsymbol{T}_{i+1}\ {}_{D}^{C}\boldsymbol{T}_{i+1} \tag{3-44}
$$

由于视觉传感器与机器人末端连杆之间为刚性连接，故坐标系 $\{C\}$ 和 $\{E\}$ 的相对位置关系在不同的标定姿态下不发生变化，即 ${}_{C}^{E}\boldsymbol{T}_1={}_{C}^{E}\boldsymbol{T}_2=\cdots={}_{C}^{E}\boldsymbol{T}_i=\cdots={}_{C}^{E}\boldsymbol{T}_m$，因此式(3-44) 可整理为

$$
{}_{E}^{B}\boldsymbol{T}_{i+1}^{-1}\ {}_{E}^{B}\boldsymbol{T}_i\ {}_{C}^{E}\boldsymbol{T}_i={}_{C}^{E}\boldsymbol{T}_{i+1}\ {}_{D}^{C}\boldsymbol{T}_{i+1}\ {}_{D}^{C}\boldsymbol{T}_i^{-1} \tag{3-45}
$$

为了将式(3-45) 简化，定义 ${}_{E}^{B}\boldsymbol{T}_{i+1}\ {}_{E}^{B}\boldsymbol{T}_i^{-1}=\boldsymbol{A}$、${}_{D}^{C}\boldsymbol{T}_{i+1}\ {}_{D}^{C}\boldsymbol{T}_i^{-1}=\boldsymbol{B}$、${}_{C}^{E}\boldsymbol{T}_i={}_{C}^{E}\boldsymbol{T}_{i+1}=\boldsymbol{X}$，那么式(3-45) 可改写为

$$
\boldsymbol{AX}=\boldsymbol{XB} \tag{3-46}
$$

式中，$\boldsymbol{X}$ 矩阵为视觉传感器到机器人末端连杆的转换矩阵 ${}_{C}^{E}\boldsymbol{T}$，是我们希望求解的目标矩阵。对于 $\boldsymbol{X}$ 矩阵的求解，许多学者提出了不同的方法，如 Tsai 法[2]、Kronecker 积法[3]和四元数迭代法[4] 对该问题进行求解。在本节中将使用 Tsai 法对该问题进行求解。

由于 $\boldsymbol{A}$、$\boldsymbol{B}$ 和 $\boldsymbol{X}$ 均为齐次变换矩阵，因此式(3-46) 可以展开为

$$
\begin{bmatrix}\boldsymbol{R}_A & \boldsymbol{t}_A\\ \boldsymbol{0} & 1\end{bmatrix}\begin{bmatrix}\boldsymbol{R}_X & \boldsymbol{t}_X\\ \boldsymbol{0} & 1\end{bmatrix}=\begin{bmatrix}\boldsymbol{R}_X & \boldsymbol{t}_X\\ \boldsymbol{0} & 1\end{bmatrix}\begin{bmatrix}\boldsymbol{R}_B & \boldsymbol{t}_B\\ \boldsymbol{0} & 1\end{bmatrix} \tag{3-47}
$$

式中，$\boldsymbol{R}_A$、$\boldsymbol{R}_B$ 和 $\boldsymbol{R}_x$ 分别为 $\boldsymbol{A}$、$\boldsymbol{B}$ 和 $\boldsymbol{X}$ 的旋转矩阵；$\boldsymbol{p}_A$、$\boldsymbol{p}_B$ 和 $\boldsymbol{t}_X$ 分别为 $\boldsymbol{A}$、$\boldsymbol{B}$ 和 $\boldsymbol{X}$ 的平移向量。上式可以进一步展开为

$$
\boldsymbol{R}_A\boldsymbol{R}_X=\boldsymbol{R}_X\boldsymbol{R}_B \tag{3-48}
$$

$$
\boldsymbol{R}_A\boldsymbol{t}_X+\boldsymbol{t}_A=\boldsymbol{R}_X\boldsymbol{t}_B+\boldsymbol{t}_X \tag{3-49}
$$

于是该问题被转化为对旋转部分 $\boldsymbol{R}_X$ 和平移部分 $\boldsymbol{p}_X$ 求解的问题。接下来将对 $\boldsymbol{R}_X$ 和 $\boldsymbol{p}_X$ 分步进行求解。

对于某一旋转矩阵 $\boldsymbol{R}$，可采用修正的罗德里格斯公式，将该旋转矩阵转化为旋转向量 $\boldsymbol{P}$ 表示为

$$
\boldsymbol{P}=2\sin\left(\frac{\theta}{2}\right)\boldsymbol{n} \tag{3-50}
$$

式中，θ 为旋转的角度；$\boldsymbol{n}=[n_1,n_2,n_3]^{\mathrm{T}}$ 是旋转轴的单位方向向量。定义旋转向量 $\boldsymbol{P}=[p_x,p_y,p_z]^{\mathrm{T}}$，其反对称矩阵为 skew($\boldsymbol{P}$)。为了避免遇到奇异性问题，采用双曲变换对 $\boldsymbol{P}$ 进行处理，定义：

$$
\boldsymbol{P}'=\frac{\boldsymbol{P}}{\sqrt{4-|\boldsymbol{P}|^2}} \tag{3-51}
$$

那么采用 $\boldsymbol{P}'$ 表示 $\boldsymbol{P}$ 可写为

$$
\boldsymbol{P}=\frac{2\boldsymbol{P}'}{\sqrt{1+|\boldsymbol{P}'|^2}} \tag{3-52}
$$

采用旋转向量可将式(3-48) 改写为如下形式：

$$\mathrm{skew}(\boldsymbol{P}_A+\boldsymbol{P}_B)\boldsymbol{P}_X{}'=\boldsymbol{P}_A-\boldsymbol{P}_B \tag{3-53}$$

对于 m 组机器人不同姿态下的手眼标定，总共能获得 $m-1$ 组式(3-46)，也意味着能获得 $m-1$ 组式(3-53)，其中由于 $\boldsymbol{X}$ 矩阵为定值，故 $\boldsymbol{P}_X{}'$为定值，所以能够得到以下方程组：

$$\begin{bmatrix}\mathrm{skew}(\boldsymbol{P}_{A_1}+\boldsymbol{P}_{B_1})\\ \mathrm{skew}(\boldsymbol{P}_{A_2}+\boldsymbol{P}_{B_2})\\ \vdots\\ \mathrm{skew}(\boldsymbol{P}_{A_{n-1}}+\boldsymbol{P}_{B_{n-1}})\end{bmatrix}\boldsymbol{P}_X{}'=\begin{bmatrix}\boldsymbol{P}_{A_1}-\boldsymbol{P}_{B_1}\\ \boldsymbol{P}_{A_2}-\boldsymbol{P}_{B_2}\\ \vdots\\ \boldsymbol{P}_{A_{n-1}}-\boldsymbol{P}_{B_{n-1}}\end{bmatrix} \tag{3-54}$$

令 $\boldsymbol{a}=[\mathrm{skew}(\boldsymbol{P}_{A_1}+\boldsymbol{P}_{B_1}),\ \mathrm{skew}(\boldsymbol{P}_{A_2}+\boldsymbol{P}_{B_2}),\ \cdots,\ \mathrm{skew}(\boldsymbol{P}_{A_{n-1}}+P_{B_{n-1}})]^{\mathrm{T}}$，$\boldsymbol{x}=\boldsymbol{P}_X{}'$，$\boldsymbol{b}=[\boldsymbol{P}_{A_1}-\boldsymbol{P}_{B_1},\boldsymbol{P}_{A_2}-\boldsymbol{P}_{B_2},\cdots,\boldsymbol{P}_{A_{n-1}}-\boldsymbol{P}_{B_{n-1}}]^{\mathrm{T}}$，因此式(3-54) 可被简写为

$$\boldsymbol{ax}=\boldsymbol{b} \tag{3-55}$$

由于在手眼标定过程中存在误差，$\boldsymbol{ax}=\boldsymbol{b}$ 为理论方程，无法找到一个精确的解 $\boldsymbol{x}$ 使方程式两侧严格相等，故需要采用最小二乘法找到 $\boldsymbol{x}$ 的近似解。$\boldsymbol{x}$ 的最小二乘法近似解计算规则为

$$\boldsymbol{x}=(\boldsymbol{a}^{\mathrm{T}}\boldsymbol{a})^{-1}\boldsymbol{a}^{\mathrm{T}}\boldsymbol{b} \tag{3-56}$$

式(3-56) 中求得的 $\boldsymbol{x}$ 值即为 $\boldsymbol{P}_X{}'$的值，再通过式(3-52) 可进一步求出 $\boldsymbol{P}_X$ 的值，$\boldsymbol{P}_X$ 和对应的旋转矩阵 $\boldsymbol{R}_X$ 满足如下计算关系：

$$\boldsymbol{R}_X=\left(1-\frac{|\boldsymbol{P}_X|^2}{2}\right)\boldsymbol{I}+\frac{1}{2}(\boldsymbol{P}_X\boldsymbol{P}_X^{\mathrm{T}}+\sqrt{4-|\boldsymbol{P}_X|^2}\,\mathrm{skew}(\boldsymbol{P}_X)) \tag{3-57}$$

通过上述过程可求得 $\boldsymbol{X}$ 矩阵的旋转部分 $\boldsymbol{R}_X$，接下来对平移部分 $\boldsymbol{t}_X$ 进行求解。

式(3-49) 可整理为如下形式：

$$(\boldsymbol{R}_A-\boldsymbol{I})\boldsymbol{t}_X=\boldsymbol{t}_B-\boldsymbol{R}_X\boldsymbol{t}_B \tag{3-58}$$

对于 m 组不同机器人标定姿态，能够得到以下线性方程组：

$$\begin{bmatrix}\boldsymbol{R}_{A_1}-\boldsymbol{I}\\ \boldsymbol{R}_{A_2}-\boldsymbol{I}\\ \vdots\\ \boldsymbol{R}_{A_{m-1}}-\boldsymbol{I}\end{bmatrix}\boldsymbol{t}_X=\begin{bmatrix}\boldsymbol{t}_{B_1}-\boldsymbol{R}_X\boldsymbol{t}_{B_1}\\ \boldsymbol{t}_{B_2}-\boldsymbol{R}_X\boldsymbol{t}_{B_2}\\ \vdots\\ \boldsymbol{t}_{B_{m-1}}-\boldsymbol{R}_X\boldsymbol{t}_{B_{m-1}}\end{bmatrix} \tag{3-59}$$

对于式(3-59) 也需要采用最小二乘法求取 $\boldsymbol{t}_X$ 的近似解，由于该式也属于式(3-50) 中 $\boldsymbol{ax}=\boldsymbol{b}$ 的形式，故也可采用 $\boldsymbol{x}=(\boldsymbol{a}^{\mathrm{T}}\boldsymbol{a})^{-1}\boldsymbol{a}^{\mathrm{T}}\boldsymbol{b}$ 计算平移向量 $\boldsymbol{t}_X$ 的近似解。

3.2.3　目标函数为 AX =YB 的手眼标定

如图 3-9 所示，在目标函数为 $\boldsymbol{AX}=\boldsymbol{YB}$ 的手眼标定中，机器人末端坐标系$\{E\}$到视觉传感器坐标系$\{C\}$的运动学传递有两条链条，存在以下关系：

$${}_D^C\boldsymbol{T}\,{}_E^D\boldsymbol{T}={}_B^C\boldsymbol{T}\,{}_E^B\boldsymbol{T} \tag{3-60}$$

在式(3-60) 中，令${}_D^C\boldsymbol{T}=\boldsymbol{A}$、${}_E^D\boldsymbol{T}=\boldsymbol{X}$、${}_B^C\boldsymbol{T}=\boldsymbol{Y}$ 以及${}_E^B\boldsymbol{T}=\boldsymbol{B}$，因此该式可以改写为 $\boldsymbol{AX}=\boldsymbol{YB}$ 形式。${}_D^C\boldsymbol{T}$ 可通过相机读取，${}_E^B\boldsymbol{T}$ 可通过机器人控制器读取，需要求取${}_E^D\boldsymbol{T}$ 和${}_B^C\boldsymbol{T}$，即 $\boldsymbol{X}$ 和 $\boldsymbol{Y}$。

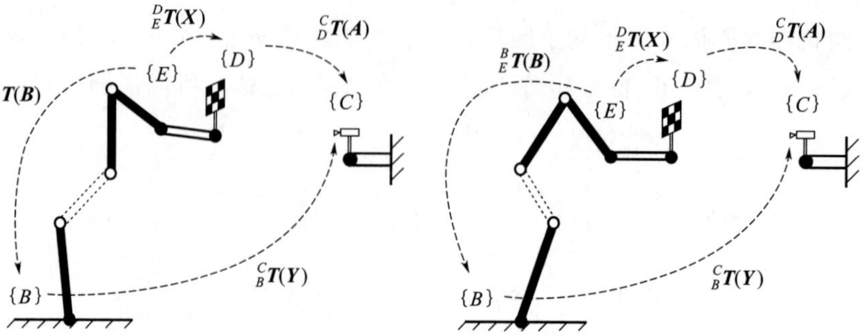

图 3-9 两种姿态下眼在手外型手眼标定运动学传递链

将 $\boldsymbol{AX}=\boldsymbol{YB}$ 中各矩阵分为旋转矩阵和平移向量，展开后可得下列等式：

$$\boldsymbol{R}_A\boldsymbol{R}_X=\boldsymbol{R}_Z\boldsymbol{R}_B \tag{3-61}$$

$$\boldsymbol{R}_A\boldsymbol{t}_X+\boldsymbol{t}_A=\boldsymbol{R}_Y\boldsymbol{t}_B+\boldsymbol{t}_Y \tag{3-62}$$

在 3.2.2 节中，介绍了采用 Tsai 方法对手眼标定进行求解，在本小节中采用四元数线性求解方法对该旋转矩阵进行求解。

定义某一四元数 $\boldsymbol{q}$，其为一个四元向量，可以表示为 $\boldsymbol{q}=[q_0,\boldsymbol{q}_1,\boldsymbol{q}_2,\boldsymbol{q}_3]^{\mathrm{T}}$，其中 q_0 是标量部分，$\boldsymbol{q}_1$、$\boldsymbol{q}_2$、$\boldsymbol{q}_3$ 是向量部分。对于四元数 $\boldsymbol{q}$，其对应的旋转变换矩阵可以表示为

$$\boldsymbol{R}(\boldsymbol{q})=\begin{bmatrix} q_0^2+\boldsymbol{q}_1^2-\boldsymbol{q}_2^2-\boldsymbol{q}_3^2 & 2\boldsymbol{q}_1\boldsymbol{q}_2-2q_0\boldsymbol{q}_3 & 2\boldsymbol{q}_1\boldsymbol{q}_3+2q_0\boldsymbol{q}_2 \\ 2\boldsymbol{q}_1\boldsymbol{q}_2-2q_0\boldsymbol{q}_3 & q_0^2-\boldsymbol{q}_1^2+\boldsymbol{q}_2^2-\boldsymbol{q}_3^2 & 2\boldsymbol{q}_2\boldsymbol{q}_3+2q_0\boldsymbol{q}_1 \\ 2\boldsymbol{q}_1\boldsymbol{q}_3+2q_0\boldsymbol{q}_2 & 2\boldsymbol{q}_2\boldsymbol{q}_3+2q_0\boldsymbol{q}_1 & q_0^2-\boldsymbol{q}_1^2-\boldsymbol{q}_2^2+\boldsymbol{q}_3^2 \end{bmatrix} \tag{3-63}$$

对于式(3-57) 中的旋转矩阵 $\boldsymbol{R}_X$ 分别采用四元数形式进行表达，定义 $\boldsymbol{q}_A^{\mathrm{T}}=[a_0,\boldsymbol{a}^{\mathrm{T}}]$，$\boldsymbol{q}_X^{\mathrm{T}}=[x_0,\boldsymbol{x}^{\mathrm{T}}]$，$\boldsymbol{q}_Y^{\mathrm{T}}=[y_0,\boldsymbol{y}^{\mathrm{T}}]$，$\boldsymbol{q}_B^{\mathrm{T}}=[b_0,\boldsymbol{b}^{\mathrm{T}}]$。在各旋转矩阵的四元数中将向量部分均采用了包含三个分量的向量进行表达，则式(3-57) 可以改写为

$$\boldsymbol{q}_A*\boldsymbol{q}_X=\boldsymbol{q}_Y*\boldsymbol{q}_B \tag{3-64}$$

式中，四元数乘法运算符为 $*$，四元数的乘法规则满足：

$$\boldsymbol{q}_A*\boldsymbol{q}_X=[a_0x_0-\boldsymbol{a}\cdot\boldsymbol{x},(a_0\boldsymbol{x}+x_0\boldsymbol{a}+\boldsymbol{a}\times\boldsymbol{x})^{\mathrm{T}}]^{\mathrm{T}} \tag{3-65}$$

根据式(3-65) 所描述的四元数乘法规则，式(3-60) 可以展开为下列等式：

$$a_0x_0-\boldsymbol{a}\cdot\boldsymbol{x}=y_0x_0-\boldsymbol{b}\cdot\boldsymbol{y} \tag{3-66}$$

$$a_0\boldsymbol{x}+x_0\boldsymbol{a}+\boldsymbol{a}\times\boldsymbol{x}=y_0\boldsymbol{b}+b_0\cdot\boldsymbol{y}-\boldsymbol{b}\times\boldsymbol{y} \tag{3-67}$$

根据式(3-66) 可得到 x_0 的计算公式为

$$x_0=\frac{\boldsymbol{a}\cdot\boldsymbol{x}}{a_0}+\frac{b_0\cdot y_0}{a_0}-\frac{\boldsymbol{b}\cdot\boldsymbol{y}}{a_0} \tag{3-68}$$

上式需要满足 $a_0\neq0$，将上式代入式(3-63) 后可得：

$$\left(a_0\boldsymbol{I}+\frac{\boldsymbol{a}\boldsymbol{a}^{\mathrm{T}}}{a_0}+\hat{\boldsymbol{a}}\right)\boldsymbol{x}+\left(-b_0\boldsymbol{I}-\frac{\boldsymbol{a}\boldsymbol{b}^{\mathrm{T}}}{a_0}+\hat{\boldsymbol{b}}\right)\boldsymbol{y}=y_0\boldsymbol{b}-\frac{y_0b_0}{a_0}\boldsymbol{a} \tag{3-69}$$

定义 $\boldsymbol{J}=\left[a_0\boldsymbol{I}+\frac{\boldsymbol{a}\boldsymbol{a}^{\mathrm{T}}}{a_0}+\hat{\boldsymbol{a}},\ -b_0\boldsymbol{I}-\frac{\boldsymbol{a}\boldsymbol{b}^{\mathrm{T}}}{a_0}+\hat{\boldsymbol{b}}\right]$，$\boldsymbol{u}=[\boldsymbol{x}^{\mathrm{T}},\ \boldsymbol{y}^{\mathrm{T}}]^{\mathrm{T}}$，$\boldsymbol{w}=y_0\left(\boldsymbol{b}-\frac{b_0}{a_0}\boldsymbol{a}\right)$，

式(3-69）可简化为

$$\boldsymbol{J}\boldsymbol{u}=\boldsymbol{w} \tag{3-70}$$

式中，$\boldsymbol{u}$ 包含了 $\boldsymbol{q}_X$ 和 $\boldsymbol{q}_Y$ 的向量部分，同样可采用最小二乘法对其进行求解，即 $\boldsymbol{u}=(\boldsymbol{J}^{\mathrm{T}}\boldsymbol{J})^{-1}\boldsymbol{J}^{\mathrm{T}}\boldsymbol{w}$，逆为广义逆。求得 $\boldsymbol{u}$ 即 x 和 y 后，为了计算 $\boldsymbol{q}_X$ 和 $\boldsymbol{q}_Y$，还需要对 x_0 和 y_0 进行求解。由于 $\boldsymbol{q}_X$ 和 $\boldsymbol{q}_Y$ 满足：

$$\|\boldsymbol{q}_X\|^2=\|\boldsymbol{q}_Y\|^2=1 \tag{3-71}$$

结合上式以及式(3-67)，可求得 x_0 和 y_0。将 x_0、y_0 和 $\boldsymbol{x}$、$\boldsymbol{y}$ 代入式(3-59）中可求得 $\boldsymbol{R}_X$ 和 $\boldsymbol{R}_Y$。

得到旋转矩阵后，将 $\boldsymbol{R}_X$ 和 $\boldsymbol{R}_Y$ 代入式(3-62）可得：

$$[\boldsymbol{R}_A \; -\boldsymbol{I}]\begin{bmatrix}\boldsymbol{t}_X\\ \boldsymbol{t}_Y\end{bmatrix}=\boldsymbol{R}_Y\boldsymbol{t}_B-\boldsymbol{t}_A \tag{3-72}$$

根据多组姿态所测得的数据，对上述线性方程组再次使用最小二乘法进行求解，即可求出平移向量 $\boldsymbol{t}_X$ 和 $\boldsymbol{t}_Y$。

3.3　单机器人系统运动学误差辨识与补偿

3.2 节中介绍了机器人手眼标定的详细过程以及方法，但该过程假设机器人处于理想状态，忽略了各单元之间的运动学误差。然而，在运动链的传递过程中，各单元的误差会沿着运动学传递链累积，最终影响机器人的作业精度。本节针对单机器人测量-作业系统，在同时考虑机器人运动学误差和手眼误差的情况下，介绍一种包含运动学误差补偿的机器人测量系统标定方法。

3.3.1　机器人运动学误差以及手眼误差建模

在 3.2 节介绍的手眼标定过程中，对于机器人运动过程中的运动学误差没有进行充分描述。为了减小运动学误差对手眼标定矩阵所造成的影响，第一步需提出机器人运动学误差的建模方法。

对于某一机器人，根据机器人 DH 模型，其第 i 关节相对于第 $i-1$ 关节的名义相对位姿为

$$\begin{aligned}{}^{i-1}_{\;\;i}\boldsymbol{T}&=\mathrm{Rot}(x,\alpha_{i-1})\mathrm{Trans}(x,a_{i-1})\mathrm{Rot}(z,\theta_i)\mathrm{Trans}(z,d_i)\\&=\begin{bmatrix}\mathrm{c}\theta_i & -\mathrm{s}\theta_i & 0 & a_{i+1}\\ \mathrm{s}\theta_i\mathrm{c}\alpha_{i-1} & \mathrm{c}\theta_i\mathrm{c}\alpha_{i-1} & -\mathrm{s}\alpha_{i-1} & -d_i\mathrm{s}\alpha_{i-1}\\ \mathrm{s}\theta_i\mathrm{s}\alpha_{i-1} & \mathrm{c}\theta_i\mathrm{s}\alpha_{i-1} & \mathrm{c}\alpha_{i-1} & d_i\mathrm{c}\alpha_{i-1}\\ 0 & 0 & 0 & 1\end{bmatrix}\end{aligned} \tag{3-73}$$

式中，α_{i-1} 为扭转角；a_{i-1} 为连杆长度；θ_i 为关节角度；d_i 为连杆偏移量。它们是关节 i 的名义运动学参数。对于整个机器人，其所有关节的运动学向量可用 $\boldsymbol{q}=$

$[\boldsymbol{a}^{\mathrm{T}},\boldsymbol{\alpha}^{\mathrm{T}},\boldsymbol{d}^{\mathrm{T}},\boldsymbol{\theta}^{\mathrm{T}}]^{\mathrm{T}}$ 表示。假设关节 i 相对于关节 $i-1$ 的运动学误差分别为 $\Delta\alpha_{i-1}$、Δa_{i-1}、$\Delta\theta_i$ 和 Δd_i，则关节 i 相对于关节 $i-1$ 的微分误差矩阵 $\Delta_i^{i-1}\boldsymbol{T}$ 为

$$\Delta_i^{i-1}\boldsymbol{T}=\frac{\partial_i^{i-1}\boldsymbol{T}}{\partial\alpha_{i-1}}\Delta\alpha_{i-1}+\frac{\partial_i^{i-1}\boldsymbol{T}}{\partial a_{i-1}}\Delta a_{i-1}+\frac{\partial_i^{i-1}\boldsymbol{T}}{\partial\theta_i}\Delta\theta_i+\frac{\partial_i^{i-1}\boldsymbol{T}}{\partial d_i}\Delta d_i \tag{3-74}$$

上式可通过变换后采用微分算子进行表示，其过程为

$$\Delta_i^{i-1}\boldsymbol{T}={}_i^{i-1}\boldsymbol{T}\begin{bmatrix} 0 & -\Delta\theta_i & -\Delta\alpha_{i-1}\mathrm{s}\theta_i & \Delta a_{i-1}\mathrm{c}\theta_i-\Delta\alpha_{i-1}d_i\mathrm{s}\theta_i \\ \Delta\theta_i & 0 & -\Delta\alpha_{i-1}\mathrm{c}\theta_i & -\Delta a_{i-1}\mathrm{s}\theta_i-\Delta\alpha_{i-1}d_i\mathrm{c}\theta_i \\ \Delta\alpha_{i-1}\mathrm{s}\theta_i & \Delta\alpha_{i-1}\mathrm{c}\theta_i & 0 & 0 \\ 0 & 0 & 0 & 0 \end{bmatrix}={}_i^{i-1}\boldsymbol{T}^i\boldsymbol{\Delta} \tag{3-75}$$

在上述方程中，${}^i\boldsymbol{\Delta}$ 为微分算子，它用于描述由关节 i 的运动学误差引起的自身位姿误差矩阵。从该方程可以推断出，${}^i\boldsymbol{\Delta}$ 可以通过对应于各个运动学误差的微分算子进行加法运算而得到。其计算过程为

$${}^i\boldsymbol{\Delta}=\boldsymbol{\Delta}_{\alpha_{i-1}}\Delta\alpha_{i-1}+\boldsymbol{\Delta}_{a_{i-1}}\Delta a_{i-1}+\boldsymbol{\Delta}_{\theta_i}\Delta\theta_i+\boldsymbol{\Delta}_{d_i}\Delta d_i \tag{3-76}$$

上式中，各运动学误差对应的微分算子分别为

$$\boldsymbol{\Delta}_{\alpha_{i-1}}=\begin{bmatrix} 0 & 0 & -\mathrm{s}\theta_i & -d_j\mathrm{s}\theta_i \\ 0 & 0 & -\mathrm{c}\theta_i & -d_j\mathrm{c}\theta_i \\ \mathrm{s}\theta_i & \mathrm{c}\theta_i & 0 & 0 \\ 0 & 0 & 0 & 0 \end{bmatrix}\quad \boldsymbol{\Delta}_{a_{i-1}}=\begin{bmatrix} 0 & 0 & 0 & \mathrm{c}\theta_i \\ 0 & 0 & 0 & -\mathrm{s}\theta_i \\ 0 & 0 & 0 & 0 \\ 0 & 0 & 0 & 0 \end{bmatrix}$$
$$\boldsymbol{\Delta}_{\theta_i}=\begin{bmatrix} 0 & -1 & 0 & 0 \\ 1 & 0 & 0 & 0 \\ 0 & 0 & 0 & 0 \\ 0 & 0 & 0 & 0 \end{bmatrix}\quad \boldsymbol{\Delta}_{d_i}=\begin{bmatrix} 0 & 0 & 0 & 0 \\ 0 & 0 & 0 & 0 \\ 0 & 0 & 0 & 0 \\ 0 & 0 & 0 & 0 \end{bmatrix} \tag{3-77}$$

结合式(3-75) 和式(3-76) 可得微分误差矩阵 $\Delta_i^{i-1}\boldsymbol{T}$ 和各运动学误差对应的微分算子的关系为

$$\Delta^{i-1}_{\ i}\boldsymbol{T}={}^{i-1}_{\ i}\boldsymbol{T}^i\boldsymbol{\Delta}={}^{i-1}_{\ i}\boldsymbol{T}(\boldsymbol{\Delta}_{\alpha_{i-1}}\Delta\alpha_{i-1}+\boldsymbol{\Delta}_{a_{i-1}}\Delta a_{i-1}+\boldsymbol{\Delta}_{\theta_i}\Delta\theta_i+\boldsymbol{\Delta}_{d_i}\Delta d_i) \tag{3-78}$$

以上过程定义了机器人相邻关节间的位姿误差矩阵，并推导了其与关节误差微分算子间的线性关系。

对于机器人测量系统的手眼误差 $\Delta_B^C\boldsymbol{T}$，根据式(3-5) 可知 $\Delta_B^C\boldsymbol{T}$ 与微分算子 ${}^B\boldsymbol{\Delta}$ 满足以下关系：

$$\Delta_B^C\boldsymbol{T}={}_B^C\boldsymbol{T}({}^B\boldsymbol{\Delta}) \tag{3-79}$$

同时考虑关节间姿态误差 $\Delta_i^{i-1}\boldsymbol{T}$ 以及手眼误差 $\Delta_B^C\boldsymbol{T}$ 时，带误差的机器人末端坐标系 $\{E\}$ 相对于视觉传感器坐标系 $\{C\}$ 的位姿矩阵表达式为

$${}_E^C\boldsymbol{T}+\Delta_E^C\boldsymbol{T}=({}_B^C\boldsymbol{T}+\Delta_B^C\boldsymbol{T})\prod_{i=1}^{n}({}_i^{i-1}\boldsymbol{T}+\Delta_i^{i-1}\boldsymbol{T}) \tag{3-80}$$

式中，n 为机器人的关节个数。该式表明，通过关节间的运动学误差 $\Delta_i^{i-1}\boldsymbol{T}$ 以及手眼误

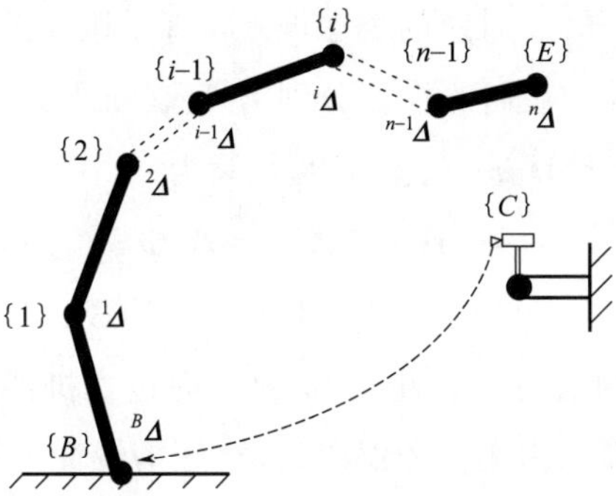

图 3-10　机器人关节误差与手眼误差微分算子

差 $\Delta_B^C\boldsymbol{T}$ 可构成 $\{E\}$ 相对于 $\{C\}$ 的位姿误差 $\Delta_E^C\boldsymbol{T}$。将式(3-74) 和式(3-75) 代入式(3-76) 中，展开并忽略二阶微分误差可得：

$$\Delta_E^C\boldsymbol{T} = {}_B^C\boldsymbol{T}\prod_{i=1}^{n}({}_i^B\boldsymbol{T}({}^i\boldsymbol{\Delta}){}_n^i\boldsymbol{T}) + {}_B^C\boldsymbol{T}({}^B\boldsymbol{\Delta}){}_n^B\boldsymbol{T} \tag{3-81}$$

将位姿误差 $\Delta_E^C\boldsymbol{T}$ 转换到相机坐标系 $\{C\}$，得到在 $\{C\}$ 下的微分算子 ${}^C\boldsymbol{\Delta}$ 为

$$\begin{aligned}
{}^C\boldsymbol{\Delta} &= (\Delta_E^C\boldsymbol{T}){}_E^C\boldsymbol{T}^{-1} \\
&= {}_B^C\boldsymbol{T}({}^B\boldsymbol{\Delta}){}_n^B\boldsymbol{T}\,{}_E^C\boldsymbol{T}^{-1} + {}_B^C\boldsymbol{T}\sum_{i=1}^{n}[{}_i^B\boldsymbol{T}({}^i\boldsymbol{\Delta}){}_n^i\boldsymbol{T}]{}_E^C\boldsymbol{T}^{-1} \\
&= \sum_{i=1}^{n}[{}_i^C\boldsymbol{T}({}^i\boldsymbol{\Delta}){}_C^i\boldsymbol{T}] + {}_B^S\boldsymbol{T}({}^B\boldsymbol{\Delta}){}_S^B\boldsymbol{T} \\
&= \sum_{i=1}^{n}[{}_i^C\boldsymbol{T}(\boldsymbol{\Delta}_{\alpha_{i-1}}\Delta\alpha_{i-1} + \boldsymbol{\Delta}_{a_{i-1}}\Delta a_{i-1} + \boldsymbol{\Delta}_{\theta_i}\Delta\theta_i + \boldsymbol{\Delta}_{d_i}\Delta d_i){}_C^i\boldsymbol{T}] + {}_B^S\boldsymbol{T}({}^B\boldsymbol{\Delta}){}_S^B\boldsymbol{T} \\
&= \sum_{i=1}^{n}[({}_i^C\boldsymbol{T}\boldsymbol{\Delta}_{\alpha_{i-1}}{}_C^i\boldsymbol{T})\Delta\alpha_{i-1} + ({}_i^C\boldsymbol{T}\boldsymbol{\Delta}_{a_{i-1}}{}_C^i\boldsymbol{T})\Delta a_{i-1} \\
&\quad + ({}_i^C\boldsymbol{T}\boldsymbol{\Delta}_{\theta_i}{}_C^i\boldsymbol{T})\Delta\theta_i + ({}_i^C\boldsymbol{T}\boldsymbol{\Delta}_{d_i}{}_C^i\boldsymbol{T})\Delta d] + {}_B^C\boldsymbol{T}({}^B\boldsymbol{\Delta}){}_C^B\boldsymbol{T}
\end{aligned} \tag{3-82}$$

对上式中 ${}^C\boldsymbol{\Delta}$ 进行逆算子操作得到 $({}^C\boldsymbol{\Delta})^\vee$ 的表达式如下：

$$\begin{aligned}
({}^C\boldsymbol{\Delta})^\vee &= \sum_{i=1}^{n}[({}_i^C\boldsymbol{T}\boldsymbol{\Delta}_{\alpha_{i-1}}{}_C^i\boldsymbol{T})^\vee\,\Delta\alpha_{i-1} + ({}_i^C\boldsymbol{T}\boldsymbol{\Delta}_{a_{i-1}}{}_C^i\boldsymbol{T})^\vee\,\Delta a_{i-1} \\
&\quad + ({}_i^C\boldsymbol{T}\boldsymbol{\Delta}_{\theta_i}{}_C^i\boldsymbol{T})^\vee\,\Delta\theta_i + ({}_i^C\boldsymbol{T}\boldsymbol{\Delta}_{d_i}{}_C^i\boldsymbol{T})^\vee\,\Delta d] + \mathrm{Ad}_V({}_B^C\boldsymbol{T}){}^B\boldsymbol{D} \\
&= \sum_{i=1}^{n}(\boldsymbol{M}_{\alpha_{i-1}}\Delta\alpha_{i-1} + \boldsymbol{M}_{a_{i-1}}\Delta a_{i-1} + \boldsymbol{M}_{\theta_i}\Delta\theta_i + \boldsymbol{M}_{d_i}\Delta d_i) + \mathrm{Ad}_V({}_B^C\boldsymbol{T}){}^B\boldsymbol{D} \\
&= [\boldsymbol{M}_{\alpha_1}\cdots\boldsymbol{M}_{\alpha_{n-1}}]\Delta\alpha + [\boldsymbol{M}_{a_1}\cdots\boldsymbol{M}_{a_{n-1}}]\Delta\boldsymbol{a} \\
&\quad + [\boldsymbol{M}_{\theta_1}\cdots\boldsymbol{M}_{\theta_n}]\Delta\theta + [\boldsymbol{M}_{d_1}\cdots\boldsymbol{M}_{d_n}]\Delta\boldsymbol{d} + \mathrm{Ad}_V({}_B^C\boldsymbol{T}){}^B\boldsymbol{D} \\
&= [\boldsymbol{M}_\alpha, \boldsymbol{M}_a, \boldsymbol{M}_\theta, \boldsymbol{M}_d][\Delta\boldsymbol{\alpha}^{\mathrm{T}}, \Delta\boldsymbol{a}^{\mathrm{T}}, \Delta\boldsymbol{\theta}^{\mathrm{T}}, \Delta\boldsymbol{d}^{\mathrm{T}}]^{\mathrm{T}} + \mathrm{Ad}_V({}_B^C\boldsymbol{T}){}^B\boldsymbol{D} \\
&= [\boldsymbol{M}_\alpha, \boldsymbol{M}_a, \boldsymbol{M}_\theta, \boldsymbol{M}_d, \mathrm{Ad}_V({}_B^C\boldsymbol{T})][\Delta\boldsymbol{\alpha}^{\mathrm{T}}, \Delta\boldsymbol{a}^{\mathrm{T}}, \Delta\boldsymbol{\theta}^{\mathrm{T}}, \Delta\boldsymbol{d}^{\mathrm{T}}, {}^B\boldsymbol{D}^{\mathrm{T}}]^{\mathrm{T}} \\
&= \boldsymbol{G}\Delta\boldsymbol{q}
\end{aligned} \tag{3-83}$$

式中，矢量${}^B\boldsymbol{D}$为微分算子${}^B\boldsymbol{\Delta}$对应的姿态误差，即手眼误差，它们满足逆算子关系${}^B\boldsymbol{D}=({}^B\boldsymbol{\Delta})^\vee$；$\boldsymbol{G}$ 和 $\Delta\boldsymbol{q}$ 为向量的集，它们的维度分别为 $6\times(4n+6)$ 和 $(4n+6)\times 1$。将式(3-83)中的 $({}^C\boldsymbol{\Delta})^\vee$ 采用姿态误差矢量${}^C\boldsymbol{D}$ 进行表示后可简写为

$$
{}^C\boldsymbol{D}=({}^C\boldsymbol{\Delta})^\vee=\boldsymbol{G}\Delta\boldsymbol{q} \tag{3-84}
$$

式中，$\Delta\boldsymbol{q}$ 由机器人关节运动学误差以及手眼误差构成；${}^C\boldsymbol{D}$ 为机器人末端位姿误差矢量在视觉传感器坐标系$\{C\}$下的表达。因此式(3-84)为包含机器人关节运动学误差和手眼误差的复合误差矢量 $\Delta\boldsymbol{q}$ 与机器人末端位姿误差矢量${}^C\boldsymbol{D}$ 的线性关系。

3.3.2 运动学误差与手眼误差辨识

对于作业路径点 p_i 在机器人末端坐标系$\{E\}$与视觉传感器坐标系$\{C\}$的坐标矢量名义转换关系${}^E\boldsymbol{p}_i={}^E_C\boldsymbol{T}{}^C\boldsymbol{p}_i$，对其进行误差补偿后得到的作业路径点坐标矢量满足以下关系：

$$
\begin{aligned}
\begin{bmatrix}{}^E\boldsymbol{p}_i+\Delta{}^E\boldsymbol{p}_i\\1\end{bmatrix}&=\left({}^C_E\boldsymbol{T}_i+\boldsymbol{\Delta}_C{}^C_E\boldsymbol{T}_i\right)^{-1}\begin{bmatrix}{}^C\boldsymbol{p}_i\\1\end{bmatrix}\\
&=\left(\begin{bmatrix}{}^C_E\boldsymbol{R}_i&{}^C\boldsymbol{p}_{Eoi}\\\boldsymbol{0}&1\end{bmatrix}+\begin{bmatrix}[{}^C\boldsymbol{\delta}]&{}^C\boldsymbol{d}\\\boldsymbol{0}&1\end{bmatrix}\begin{bmatrix}{}^C_E\boldsymbol{R}_i&{}^C\boldsymbol{p}_{Eoi}\\\boldsymbol{0}&1\end{bmatrix}\right)^{-1}\begin{bmatrix}{}^C\boldsymbol{p}_i\\1\end{bmatrix}\\
&=\begin{bmatrix}{}^C_E\boldsymbol{R}_i^{\mathrm{T}}(\boldsymbol{I}+[{}^C\boldsymbol{\delta}]^{\mathrm{T}})&-{}^C_E\boldsymbol{R}_i^{\mathrm{T}}(\boldsymbol{I}+[{}^C\boldsymbol{\delta}]^{\mathrm{T}})({}^C\boldsymbol{p}_{Eoi}+[{}^C\boldsymbol{\delta}]{}^C\boldsymbol{p}_{Eoi}+{}^C\boldsymbol{d})\\\boldsymbol{0}&1\end{bmatrix}\begin{bmatrix}{}^C\boldsymbol{p}_i\\1\end{bmatrix}\\
&\approx\begin{bmatrix}{}^C_E\boldsymbol{R}_i^{\mathrm{T}}(\boldsymbol{I}+[{}^C\boldsymbol{\delta}]^{\mathrm{T}})&-{}^C_E\boldsymbol{R}_i^{\mathrm{T}}({}^C\boldsymbol{p}_{Eoi}+{}^C\boldsymbol{d})\\\boldsymbol{0}&1\end{bmatrix}\begin{bmatrix}{}^C\boldsymbol{p}_i\\1\end{bmatrix}
\end{aligned} \tag{3-85}
$$

上式中忽略了二阶微分项 $[{}^C\boldsymbol{\delta}]^{\mathrm{T}}[{}^C\boldsymbol{\delta}]$，将上式中约等号左右两端的矩阵展开后可得：

$$
\begin{aligned}
{}^E\boldsymbol{p}_i+\Delta{}^E\boldsymbol{p}_i&={}^C_E\boldsymbol{R}_i^{\mathrm{T}}(\boldsymbol{I}+[{}^C\boldsymbol{\delta}]^{\mathrm{T}}){}^C\boldsymbol{p}_i-{}^C_E\boldsymbol{R}_i^{\mathrm{T}}({}^C\boldsymbol{p}_{Eoi}+{}^C\boldsymbol{d})\\
&={}^C_E\boldsymbol{R}_i^{\mathrm{T}}({}^C\boldsymbol{p}_i-{}^C\boldsymbol{p}_{Eoi}+[{}^C\boldsymbol{p}_i]{}^C\boldsymbol{\delta}-{}^C\boldsymbol{d})\\
&={}^C_E\boldsymbol{R}_i^{\mathrm{T}}({}^C\boldsymbol{p}_i-{}^C\boldsymbol{p}_{Eoi}+[-\boldsymbol{I},[{}^C\boldsymbol{p}_i]][{}^C\boldsymbol{d}^{\mathrm{T}},{}^C\boldsymbol{\delta}^{\mathrm{T}}]^{\mathrm{T}})\\
&={}^C_E\boldsymbol{R}_i^{\mathrm{T}}(\boldsymbol{p}_i-{}^C\boldsymbol{p}_{Eoi})+{}^C_E\boldsymbol{R}_i^{\mathrm{T}}[-\boldsymbol{I},[{}^C\boldsymbol{p}_i]]{}^S\boldsymbol{D}\\
&={}^E\boldsymbol{p}_i+{}^C_E\boldsymbol{R}_i^{\mathrm{T}}[-\boldsymbol{I},[{}^C\boldsymbol{p}_i]]\boldsymbol{G}_i\Delta\boldsymbol{q}\\
&={}^E\boldsymbol{p}_i+\boldsymbol{K}_i\Delta\boldsymbol{q}
\end{aligned} \tag{3-86}
$$

由上式可知，路径点 p_i 在末端坐标系$\{E\}$下的误差与广义运动学误差向量 $\Delta\boldsymbol{q}$ 满足如下线性关系：

$$
\Delta{}^E\boldsymbol{p}_i=\boldsymbol{K}_i\Delta\boldsymbol{q} \tag{3-87}
$$

对于两次测量的 p_i 点在坐标系$\{E\}$下的坐标向量${}^E\boldsymbol{p}_{i1}$ 和${}^E\boldsymbol{p}_{i2}$，由于运动学误差和手眼误差的影响，${}^E\boldsymbol{p}_{i1}$ 和${}^E\boldsymbol{p}_{i2}$ 向量并不一致，但经过补偿后的向量 $[{}^E\boldsymbol{p}_{i1}+\Delta{}^E\boldsymbol{p}_{i1}]$ 和 $[{}^E\boldsymbol{p}_{i2}+\Delta{}^E\boldsymbol{p}_{i2}]$应该相等，即

$$
\begin{aligned}
{}^{E}\boldsymbol{p}_{i1}+\Delta^{E}\boldsymbol{p}_{i1}&={}^{E}\boldsymbol{p}_{i2}+\Delta^{E}\boldsymbol{p}_{i2}\\
{}^{E}\boldsymbol{p}_{i1}+\boldsymbol{K}_{i1}\Delta\boldsymbol{q}&={}^{E}\boldsymbol{p}_{i2}+\boldsymbol{K}_{i2}\Delta\boldsymbol{q}
\end{aligned}
\tag{3-88}
$$

由式(3-88) 可得，$(\boldsymbol{K}_{i1}-\boldsymbol{K}_{i2})\Delta\boldsymbol{q}={}^{E}\boldsymbol{p}_{i2}-{}^{E}\boldsymbol{p}_{i1}$，对于 m 组测量点$[m\geqslant(4n+6)/3]$可整理得到线性方程组：

$$
\begin{bmatrix}\boldsymbol{K}_{11}-\boldsymbol{K}_{12}\\ \vdots \\ \boldsymbol{K}_{m1}-\boldsymbol{K}_{m2}\end{bmatrix}\Delta\boldsymbol{q}=\begin{bmatrix}{}^{E}\boldsymbol{p}_{12}-{}^{E}\boldsymbol{p}_{11}\\ \vdots \\ {}^{E}\boldsymbol{p}_{m2}-{}^{E}\boldsymbol{p}_{m1}\end{bmatrix}
\tag{3-89}
$$

在式(3-89) 中通过计算伪逆可求得 $\Delta\boldsymbol{q}$，根据式(3-84) 可知 $\Delta\boldsymbol{q}$ 的前 $4n$ 项元素为关节运动学误差，$\Delta\boldsymbol{q}$ 的后 6 项元素为手眼误差 ${}^{B}\boldsymbol{D}$。因此校正后的手眼参数为

$$
{}_{B}^{C}\boldsymbol{T}+\Delta_{B}^{C}\boldsymbol{T}={}_{B}^{C}\boldsymbol{T}+{}_{B}^{C}\boldsymbol{T}^{B}\boldsymbol{\Delta}={}_{B}^{C}\boldsymbol{T}+{}_{B}^{C}\boldsymbol{T}\,[{}^{B}\boldsymbol{D}]
\tag{3-90}
$$

在上述过程中，同时考虑了关节运动学误差（$\Delta\boldsymbol{\alpha},\Delta\boldsymbol{a},\Delta\boldsymbol{\theta},\Delta\boldsymbol{d}$）以及机器人手眼误差 ${}^{B}\boldsymbol{D}$ 的补偿和修正，从而矫正机器人位姿，因此可提升手眼标定矩阵的计算精度，最终提高该作业系统的作业精度。

3.3.3 非标准旋转矩阵最佳正交化计算

对于任意标准旋转矩阵 $\boldsymbol{R}$ 需要满足 $\boldsymbol{R}\in SO(3)$，即 $\{\boldsymbol{R}\in\Re^{3\times3}\mid\boldsymbol{R}\boldsymbol{R}^{\mathrm{T}}=\boldsymbol{I},\ \det\boldsymbol{R}=1\}$，因此 $\boldsymbol{R}$ 的三个单位列向量满足相互正交的关系。但是分别通过已经介绍的手眼标定模型得到的初始手眼旋转矩阵${}_{C}^{B}\boldsymbol{R}$ 和校正值（${}_{C}^{B}\boldsymbol{R}+\Delta_{C}^{B}\boldsymbol{R}$）均是通过最小二乘法获得的近似值，它们无法满足矩阵的正交性条件。通常采用的 Schmidt 方法的正交化结果与初始列向量的选取相关，因此不确定性误差不可避免。在本部分介绍一种迭代求解最佳正交矩阵的微分运动法[1]，该方法所得到的正交矩阵唯一且与初始值选取无关，避免了 Schmidt 方法产生的不确定性误差。该方法是一种通用方法，不局限于手眼旋转矩阵的求解，可适用于一般非标准旋转矩阵的正交化，其步骤如下：

① 定义最小二乘法得到的旋转矩阵为 $\boldsymbol{R}$，采用 Schmidt 方法求得 $\boldsymbol{R}$ 的初始正交矩阵为

$$
\boldsymbol{R}_{0}^{\perp}=\begin{bmatrix}r_{11}&r_{12}&r_{13}\\ r_{21}&r_{22}&r_{23}\\ r_{31}&r_{32}&r_{33}\end{bmatrix}。
$$

② 计算 $\boldsymbol{R}_{0}^{\perp}$ 的欧拉角向量，其计算过程为

$$
\boldsymbol{E}=\left[\operatorname{atan2}(-r_{21},r_{11}),\operatorname{atan2}\left(-r_{31},\sqrt{r_{11}^{2}+r_{21}^{2}}\right),\operatorname{atan2}(-r_{32},r_{33})\right]^{\mathrm{T}}
\tag{3-91}
$$

③ 计算原始矩阵 $\boldsymbol{R}$ 与初始正交阵 $\boldsymbol{R}_{0}^{\perp}$ 间的欧拉角误差 $\Delta\boldsymbol{E}_{0}$。若从 $\boldsymbol{R}_{0}^{\perp}$ 到 $\boldsymbol{R}$ 存在微分旋转误差，对应的微分旋转矩为 $\boldsymbol{R}_{d}=(\boldsymbol{I}_{3\times3}+[\Delta\boldsymbol{E}_{0}])$，则 $\boldsymbol{R}$、$\boldsymbol{R}_{0}^{\perp}$ 和 $\boldsymbol{R}_{d}$ 应满足：

$$
\boldsymbol{R}=\boldsymbol{R}_{d}\boldsymbol{R}_{0}^{\perp}=(\boldsymbol{I}_{3\times3}+[\Delta\boldsymbol{E}_{0}])\boldsymbol{R}_{0}^{\perp}
\tag{3-92}
$$

整理后可得：

$$
(\Delta\boldsymbol{E}_{0})\boldsymbol{R}_{0}^{\perp}=(\boldsymbol{R}-\boldsymbol{R}_{0}^{\perp})
\tag{3-93}
$$

为了求解向量 $\Delta\boldsymbol{E}_{0}$，将式(3-93) 进行向量化（vec）处理可得到线性方程：

$$\boldsymbol{A}_E(\Delta\boldsymbol{E}_0)=\boldsymbol{b}_E \tag{3-94}$$

式中，$\boldsymbol{A}_E=\begin{bmatrix}\boldsymbol{0}_{3\times1} & \boldsymbol{r}_3 & -\boldsymbol{r}_2\\ -\boldsymbol{r}_3 & \boldsymbol{0}_{3\times1} & \boldsymbol{r}_1\\ \boldsymbol{r}_2 & -\boldsymbol{r}_1 & \boldsymbol{0}_{3\times1}\end{bmatrix}=\begin{bmatrix}0 & 0 & 0 & -r_{13} & -r_{23} & -r_{33} & r_{12} & r_{22} & r_{32}\\ r_{13} & r_{23} & r_{33} & 0 & 0 & 0 & -r_{11} & -r_{21} & -r_{31}\\ -r_{12} & -r_{22} & -r_{32} & r_{11} & r_{21} & r_{31} & 0 & 0 & 0\end{bmatrix}^{\mathrm{T}}$；$\boldsymbol{R}_0^{\perp}=[\boldsymbol{r}_1,\boldsymbol{r}_2,\boldsymbol{r}_3]^{\mathrm{T}}$；$\boldsymbol{b}_E=\mathrm{vec}\left((\boldsymbol{R}_0^{1}-\boldsymbol{R})^{\mathrm{T}}\right)$。由此可计算误差 $\Delta\boldsymbol{E}_0=\boldsymbol{A}_E^{+}\boldsymbol{b}_E$。

④ 更新欧拉角 $\boldsymbol{E}_1=(\boldsymbol{E}_1+\Delta\boldsymbol{E}_0)$，计算欧拉角 $\boldsymbol{E}_1$ 对应的旋转矩阵 $\boldsymbol{R}_1^{\perp}(\boldsymbol{E}_1)$，该式仅通过基本的旋转变换求得，因此 $\boldsymbol{R}_1^{\perp}$ 满足 $\boldsymbol{R}_1^{\perp}\in SO(3)$。

⑤ 分别采用 $\boldsymbol{R}_0^{\perp}=\boldsymbol{R}_1^{\perp}$ 和 $\boldsymbol{E}_0=\boldsymbol{E}_1$ 替换旋转矩阵和欧拉角。重复步骤③和④，直到误差 $\|\Delta\boldsymbol{E}_0\|$ 小于设定的阈值。

通过式(3-94) 可知，该正交化方法相当于通过最小二乘法对 9 组估计值（$\boldsymbol{R}$ 中的元素）进行拟合，根据最小二乘法的拟合原理，能够得到正交矩阵逼近效果的评价指标：

$$\mathrm{ave}=\frac{1}{9}\|\boldsymbol{b}_E-\boldsymbol{A}_E(\Delta\boldsymbol{E}_0)\|_1=\frac{1}{9}\|\mathrm{vec}(\boldsymbol{R}^{\perp}-\boldsymbol{R})-\boldsymbol{A}_E(\Delta\boldsymbol{E}_0)\|_1 \tag{3-95}$$

式(3-95) 通过 1-范数计算平均误差 ave，随着迭代，误差 $\Delta\boldsymbol{E}_n$ 会逐渐趋向于 0，该平均误差 ave 可写为

$$\mathrm{ave}=\frac{1}{9}\|\mathrm{vec}(\boldsymbol{R}^{\perp}-\boldsymbol{R})\|_1 \tag{3-96}$$

因此平均误差 ave 表示正交矩阵 $\boldsymbol{R}^{\perp}$ 与原始矩阵 $\boldsymbol{R}$ 中各元素差的绝对平均值，由式(3-95) 可得 ave 满足最小二乘法拟合原理的评价标准。

另一种求解旋转矩阵的方法是计算已知初始值 $\boldsymbol{R}_0$ 的误差矩阵对应的微分算子 $[\boldsymbol{\delta}]$，则最终的旋转矩阵为 $\boldsymbol{R}(\boldsymbol{\delta})\boldsymbol{R}_0$。该方法需要通过 $[\boldsymbol{\delta}]$ 计算微分旋转矢量 $\boldsymbol{\delta}$，通常采用平均值法：定义微分算子 $\boldsymbol{L}=\{l_{ij}\}=[\boldsymbol{\delta}]$，采用平均值法得到旋转矢量 $\boldsymbol{\delta}=[(l_{32}-l_{23}),(l_{13}-l_{31}),(l_{21}-l_{12})]^{\mathrm{T}}/2$，通过最小二乘法得到的 $\boldsymbol{L}$ 不满足反对称矩阵的标准格式，如对角线元素（l_{11},l_{22},l_{33}）不一定为 0，因此平均值法无法充分利用 $\boldsymbol{L}$ 中的每个元素，无法避免舍入误差。求解最佳微分旋转矢量 $\boldsymbol{\delta}^*$ 的步骤如下：

① 通过平均值法选取初值 $\boldsymbol{\delta}_0$。

② 定义 $\boldsymbol{\delta}_0$ 的误差为 $\Delta\boldsymbol{\delta}_0$，根据微分旋转变换存在方程

$$(\boldsymbol{I}+[\Delta\boldsymbol{\delta}_0])([\boldsymbol{\delta}_0]+\boldsymbol{I})=(\boldsymbol{L}+\boldsymbol{I}) \tag{3-97}$$

上式可进一步化简为

$$[\Delta\boldsymbol{\delta}_0]([\boldsymbol{\delta}_0]+\boldsymbol{I})=(\boldsymbol{L}-[\Delta\boldsymbol{\delta}_0]) \tag{3-98}$$

定义式中 $[\boldsymbol{\delta}_0]+\boldsymbol{I}=[\boldsymbol{A}_{\delta1},\boldsymbol{A}_{\delta2},\boldsymbol{A}_{\delta3}]$，进而上式可向量化为

$$\boldsymbol{A}_{\delta}(\Delta\boldsymbol{\delta}_0)=\boldsymbol{b}_{\delta} \tag{3-99}$$

式中，$\boldsymbol{A}_{\delta}=[[\boldsymbol{A}_{\delta1}],[\boldsymbol{A}_{\delta2}],[\boldsymbol{A}_{\delta3}]]^{\mathrm{T}}$；$\boldsymbol{b}_{\delta}=\mathrm{vec}(\boldsymbol{L}-[\boldsymbol{\delta}_0])$。为了提高计算精度，（$[\boldsymbol{\delta}_0]+\boldsymbol{I}$）可采用旋转矩阵 $\boldsymbol{R}(\boldsymbol{\delta}_0)$代替。式中的 $\Delta\boldsymbol{\delta}_0$ 可通过伪逆求解。

③ 用 $\boldsymbol{\delta}_1=\boldsymbol{\delta}_0+\Delta\boldsymbol{\delta}_0$ 替换 $\boldsymbol{\delta}_0$ 后，重复执行步骤②。当 $\Delta\boldsymbol{\delta}_0$ 收敛到 $\boldsymbol{0}$ 时终止迭代，则最优解为 $\boldsymbol{\delta}^*=\boldsymbol{\delta}_1$，旋转矩阵为 $\boldsymbol{R}(\boldsymbol{\delta}^*)\boldsymbol{R}_0$。根据最小二乘法，误差矩阵逼近效果的评价指标

可定义为平均绝对误差：

$$\text{ave}=\frac{1}{9}\|\boldsymbol{b}_{\delta}-\boldsymbol{A}_{\delta}\Delta\boldsymbol{\delta}_{0}\|_{1}=\frac{1}{9}\|\text{vec}(\boldsymbol{L}-[\boldsymbol{\delta}_{0}])-\boldsymbol{A}_{\delta}\Delta\boldsymbol{\delta}_{0}\|_{1} \tag{3-100}$$

当 $\Delta\boldsymbol{\delta}_0$ 收敛至 0 时，有 $\text{ave}=\|\text{vec}(\boldsymbol{L}-[\boldsymbol{\delta}^*])\|_1/9$。

3.4 双机器人测量系统同步标定

机器人测量-作业系统通过多机器人和视觉传感器协作，能够完成大范围的扫描测量、数据融合与作业等任务。在开始这些任务前同样需要对各单元之间的位姿变换矩阵进行精确标定，包括立体靶标坐标系到视觉传感器坐标系（手-眼）、跟踪系统坐标系到机器人基坐标系、作业机器人末端坐标系到工具坐标系（末端-工具）等转换矩阵。对于双机器人或多机器人测量-作业系统采用传统方法形如 $\boldsymbol{AX}=\boldsymbol{XB}$ 或 $\boldsymbol{AX}=\boldsymbol{YB}$ 的标定模型对上述矩阵进行分步标定，会导致前序标定步骤中的误差累积到后序标定步骤，导致误差的积累和放大，严重影响该作业系统整体的标定和操作精度。

针对上述问题，本节将以双机器人系统为例，介绍双机器人测量-作业系统中各姿态矩阵的同步标定数学模型（$\boldsymbol{AXB}=\boldsymbol{YCZ}$），并介绍两种求解方法：

① 封闭式求解：计算速度快，但容易受到噪声干扰。

② 迭代求解：计算量大，需要较好的初始解作为迭代的起点。

可以采用封闭式求解方法求得一个解作为迭代求解方法的初始值，以提升迭代求解的收敛速度以及收敛稳定性。

3.4.1 双机器人测量-作业系统标定模型建立

机器人测量-作业系统通常由两个机器人组成，分别负责测量和作业任务。

测量系统通常包括末端安装有立体靶标和 3D 扫描仪（或其他视觉传感器）的小负载机器人，以及外部跟踪系统。在测量系统中，外部跟踪系统对立体靶标进行跟踪，并实时解算其位姿，从而将由测量机器人驱动的 3D 扫描仪采集到的工件测量点拼合到同一坐标系下。在此过程中，测量机器人仅作为扫描仪和靶标的运动载体，其关节参数不参与任何计算，避免了其关节误差对整个系统测量精度的影响。

作业系统则由末端安装有高速电主轴和刀具的作业机器人构成，可按照给定路径完成作业任务。

在双机器人测量-作业系统进行协同作业前，需要对该系统中未知的位姿关系进行标定测量，包括：

① $\boldsymbol{X}$：3D 扫描仪坐标系 $\{C\}$ 到立体靶标坐标系 $\{E_1\}$ 的变换矩阵；

② $\boldsymbol{Y}$：作业机器人基坐标系 $\{B\}$ 到双目跟踪系统坐标系 $\{O\}$ 的变换矩阵；

③ $\boldsymbol{Z}$：刀具坐标系 $\{T\}$ 到作业机器人末端坐标系 $\{E_2\}$ 的变换矩阵。

由于 3D 扫描仪与立体靶标、作业机器人基座与双目跟踪系统、刀具与机器人末端的相对几何位置在作业过程中均发生变化，因此 $\boldsymbol{X}$、$\boldsymbol{Y}$、$\boldsymbol{Z}$ 矩阵应为定值。

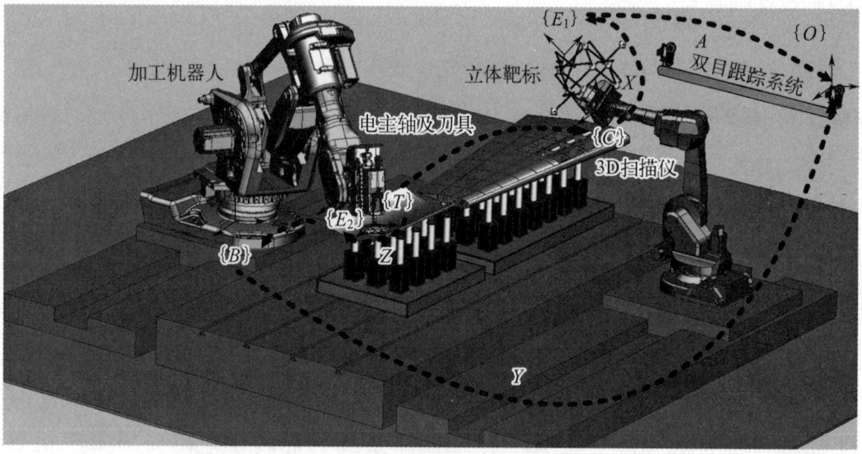

图 3-11　双机器人测量-作业系统

根据图 3-11 中双目跟踪系统到作业机器人末端刀具的两条运动学传递链，可知双机器人测量-作业系统中位姿变换矩阵满足以下关系：

$$\boldsymbol{AXB}=\boldsymbol{YCZ} \tag{3-101}$$

式中，$\boldsymbol{X}$、$\boldsymbol{Y}$、$\boldsymbol{Z}$ 均为 $SE(3)$ 变化群，分别表示 $\{C\}$ 到 $\{E_1\}$、$\{B\}$ 到 $\{O\}$ 和 $\{T\}$ 到 $\{E_2\}$ 的未知位姿转变换矩阵，在后文中为了便于理解，分别采用标准的齐次变换矩阵形式 ${}^{E_1}_{C}\boldsymbol{T}$、${}^{O}_{B}\boldsymbol{T}$ 和 ${}^{E_2}_{T}\boldsymbol{T}$ 进行表达；$\boldsymbol{A}$、$\boldsymbol{B}$、$\boldsymbol{C}$ 也为 $SE(3)$ 变化群，分别表示 $\{E_1\}$ 到 $\{O\}$、$\{T\}$ 到 $\{C\}$ 和 $\{E_2\}$ 到 $\{B\}$ 的已知位姿转换矩阵，它们可从机器人控制器以及扫描仪的数据中直接进行读取，在后文中分别采用 ${}^{O}_{E_1}\boldsymbol{T}$、${}^{C}_{T}\boldsymbol{T}$ 以及 ${}^{B}_{E_2}\boldsymbol{T}$ 进行表示。因此式(3-101) 可写为

$${}^{O}_{E_1}\boldsymbol{T}\,{}^{E_1}_{C}\boldsymbol{T}\,{}^{C}_{T}\boldsymbol{T}={}^{O}_{B}\boldsymbol{T}\,{}^{B}_{E_2}\boldsymbol{T}\,{}^{E_2}_{T}\boldsymbol{T} \tag{3-102}$$

将上式中的矩阵采用旋转矩阵和平移向量表达，展开后可得：

$${}^{O}_{E_1}\boldsymbol{R}\,{}^{E_1}_{C}\boldsymbol{R}\,{}^{C}_{T}\boldsymbol{R}={}^{O}_{B}\boldsymbol{R}\,{}^{B}_{E_2}\boldsymbol{R}\,{}^{E_2}_{T}\boldsymbol{R} \tag{3-103}$$

$${}^{O}_{E_1}\boldsymbol{R}\,{}^{E_1}_{C}\boldsymbol{R}\,{}^{C}_{T}\boldsymbol{t}+{}^{O}_{E_1}\boldsymbol{R}\,{}^{E_1}_{C}\boldsymbol{t}+{}^{O}_{E_1}\boldsymbol{t}={}^{O}_{B}\boldsymbol{R}\,{}^{B}_{E_2}\boldsymbol{R}\,{}^{E_2}_{T}\boldsymbol{t}+{}^{O}_{B}\boldsymbol{R}\,{}^{B}_{E_2}\boldsymbol{t}+{}^{O}_{B}\boldsymbol{t} \tag{3-104}$$

在标定过程中，需要通过机器人的姿态变换得到 m 组不同的位姿变换矩阵 ${}^{O}_{E_1}\boldsymbol{T}_i$、${}^{C}_{T}\boldsymbol{T}_i$ 和 ${}^{B}_{E_2}\boldsymbol{T}_i(i=1,2,\cdots,m)$，因此对于第 i 组姿态，代入式(3-103) 和式(3-104) 中可得到：

$${}^{O}_{E_1}\boldsymbol{R}_i\,{}^{E_1}_{C}\boldsymbol{R}\,{}^{C}_{T}\boldsymbol{R}_i={}^{O}_{B}\boldsymbol{R}\,{}^{B}_{E_2}\boldsymbol{R}_i\,{}^{E_2}_{T}\boldsymbol{R} \tag{3-105}$$

$${}^{O}_{E_1}\boldsymbol{R}_i\,{}^{E_1}_{C}\boldsymbol{R}\,{}^{C}_{T}\boldsymbol{t}_i+{}^{O}_{E_1}\boldsymbol{R}_i\,{}^{E_1}_{C}\boldsymbol{t}+{}^{O}_{E_1}\boldsymbol{t}_i={}^{O}_{B}\boldsymbol{R}\,{}^{B}_{E_2}\boldsymbol{R}_i\,{}^{E_2}_{T}\boldsymbol{t}+{}^{O}_{B}\boldsymbol{R}\,{}^{B}_{E_2}\boldsymbol{t}_i+{}^{O}_{B}\boldsymbol{t} \tag{3-106}$$

式中，${}^{O}_{E_1}\boldsymbol{R}_i$、${}^{C}_{T}\boldsymbol{R}_i$、${}^{B}_{E_2}\boldsymbol{R}_i$ 为标定过程中第 i 组姿态对应的旋转矩阵；${}^{O}_{E_1}\boldsymbol{t}_i$、${}^{C}_{T}\boldsymbol{t}_i$、${}^{B}_{E_2}\boldsymbol{t}_i$ 为标定过程中第 i 组姿态对应的平移向量。因此上述两个式子将求解式(3-101) 中的 $\boldsymbol{X}$、$\boldsymbol{Y}$、$\boldsymbol{Z}$ 矩阵转化为了求解旋转矩阵 ${}^{E_1}_{C}\boldsymbol{R}$、${}^{O}_{B}\boldsymbol{R}$、${}^{E_2}_{T}\boldsymbol{R}$ 以及平移向量 ${}^{E_1}_{C}\boldsymbol{t}$、${}^{O}_{B}\boldsymbol{t}$、${}^{E_2}_{T}\boldsymbol{t}$ 的过程。

3.4.2　姿态转换矩阵求解——封闭式同步求解方法

本节介绍另外一种方法，即借助向量化方法采用 Kronecker 积[3] 对手眼参数进行识别。向量化（vectorization），记作 vec(·)，算子将矩阵按列展平为向量。若存在一个

$m \times n$ 的矩阵 $\boldsymbol{H}$，向量化操作就是将其每一列按顺序堆叠为一个 mn 维的列向量。例如，若 $\boldsymbol{H}$ 为一个 3×3 的矩阵：

$$\boldsymbol{H}=\begin{bmatrix} r_{11} & r_{12} & r_{13} \\ r_{21} & r_{22} & r_{23} \\ r_{31} & r_{32} & r_{33} \end{bmatrix}$$

则对 $\boldsymbol{H}$ 取向量化算子可得：

$$\mathrm{vec}(\boldsymbol{H})=[r_{11},r_{21},r_{31},r_{12},r_{22},r_{32},r_{12},r_{23},r_{33}]^{\mathrm{T}} \tag{3-107}$$

与之前的手眼矩阵求解过程类似，仍然对待求解的转换矩阵采取旋转矩阵和平移向量分步求解的策略。

3.4.2.1　旋转矩阵求解

首先对转换矩阵的旋转部分进行求解。对于式(3-103)，将等式两边按列向量化，取向量化算子可得：

$$\mathrm{vec}({}_{E_1}^{O}\boldsymbol{R}\,{}_{C}^{E_1}\boldsymbol{R}\,{}_{T}^{C}\boldsymbol{R})=\mathrm{vec}({}_{B}^{O}\boldsymbol{R}\,{}_{E_2}^{B}\boldsymbol{R}\,{}_{T}^{E_2}\boldsymbol{R}) \tag{3-108}$$

将上式等号两侧分别展开后可得：

$$\mathrm{vec}({}_{E_1}^{O}\boldsymbol{R}\,{}_{C}^{E_1}\boldsymbol{R}\,{}_{T}^{C}\boldsymbol{R})=({}_{T}^{C}\boldsymbol{R}^{\mathrm{T}}\otimes{}_{E_1}^{O}\boldsymbol{R})\mathrm{vec}({}_{C}^{E_1}\boldsymbol{R}) \tag{3-109}$$

$$\mathrm{vec}({}_{B}^{O}\boldsymbol{R}\,{}_{E_2}^{B}\boldsymbol{R}\,{}_{T}^{E_2}\boldsymbol{R})=({}_{T}^{E_2}\boldsymbol{R}^{\mathrm{T}}\otimes{}_{B}^{O}\boldsymbol{R})\mathrm{vec}({}_{E_2}^{B}\boldsymbol{R}) \tag{3-110}$$

式中，$\otimes$表示 Kronecker 积，假定有三个矩阵分别为 $\boldsymbol{H}$（$\boldsymbol{H}$ 为 $m\times n$ 矩阵）、$\boldsymbol{M}$（$\boldsymbol{M}$ 为 $n\times p$ 矩阵）、$\boldsymbol{N}$（$\boldsymbol{N}$ 为 $p\times q$ 矩阵）。根据向量化和 Kronecker 积的性质，矩阵 $\boldsymbol{H}$、$\boldsymbol{M}$、$\boldsymbol{N}$ 满足以下关系：

$$\mathrm{vec}(\boldsymbol{HMN})=(\boldsymbol{H}^{\mathrm{T}}\otimes\boldsymbol{M})\mathrm{vec}(\boldsymbol{N}) \tag{3-111}$$

在式(3-110) 中，因为${}_{T}^{E_2}\boldsymbol{R}^{\mathrm{T}}$ 和${}_{B}^{O}\boldsymbol{R}$ 之间存在耦合关系，该矩阵方程的求解难度较大，为了降低求解难度，将式中复杂的耦合参数求解问题转化为求解难度更为简单的线性方程求解问题。定义：

$$\boldsymbol{M}_{AB}={}_{T}^{C}\boldsymbol{R}^{\mathrm{T}}\otimes{}_{E_1}^{O}\boldsymbol{R}\,|_{9\times 9},\boldsymbol{m}_X=\mathrm{vec}({}_{C}^{E_1}\boldsymbol{R})\,|_{9\times 1} \tag{3-112}$$

$$\boldsymbol{M}_S=\begin{bmatrix} \mathrm{vec}({}_{E_2}^{B}\boldsymbol{R})^{\mathrm{T}} & & \boldsymbol{0} \\ & \ddots & \\ \boldsymbol{0} & & \mathrm{vec}({}_{E_2}^{B}\boldsymbol{R})^{\mathrm{T}} \end{bmatrix}_{9\times 81},\boldsymbol{m}_{YZ}=\mathrm{vec}({}_{T}^{E_2}\boldsymbol{R}^{\mathrm{T}}\otimes{}_{B}^{O}\boldsymbol{R})\,|_{81\times 1} \tag{3-113}$$

式(3-112) 和式(3-113) 中，$\cdot\,|_{a\times b}$ 符号中的 a 和 b 分别代表该矩阵的行和列的数量，将上式代入 (3-108) 后可得：

$$[\boldsymbol{M}_{AB},-\boldsymbol{M}_C]\,[\boldsymbol{m}_X^{\mathrm{T}},\boldsymbol{m}_{YZ}^{\mathrm{T}}]^{\mathrm{T}}=\boldsymbol{0} \tag{3-114}$$

为了进一步简化上式，定义上式中等号左侧的矩阵为

$$\boldsymbol{M}_{ABC}=[\boldsymbol{M}_{AB},-\boldsymbol{M}_C]\,|_{9\times 90},\boldsymbol{m}_{XYZ}=[\boldsymbol{m}_X^{\mathrm{T}},\boldsymbol{m}_{YZ}^{\mathrm{T}}]^{\mathrm{T}}\,|_{9\times 90} \tag{3-115}$$

从而式(3-114)可简写为

$$\boldsymbol{M}_{ABC}\boldsymbol{m}_{XYZ}=\boldsymbol{0} \tag{3-116}$$

对于标定过程中，该双机器人系统通过改变标定姿态所得到的 m 组姿态矩阵${}_{E_1}^{O}\boldsymbol{T}_i$、${}_{T}^{C}\boldsymbol{T}_i$ 和${}_{E_2}^{B}\boldsymbol{T}_i(i=1,2,\cdots,m)$而言，定义：

$$\widetilde{\boldsymbol{M}}_{ABC}=[\boldsymbol{M}_{ABC,1},\cdots,\boldsymbol{M}_{ABC,i},\cdots,\boldsymbol{M}_{ABC,m}]_{9m\times 90} \tag{3-117}$$

因此对于 m 组姿态而言，式(3-116)可写为

$$\widetilde{\boldsymbol{M}}_{ABC}\boldsymbol{m}_{XYZ}=\boldsymbol{0} \tag{3-118}$$

通过以上过程，将式(3-105)中包含复杂耦合参数的求解问题转换成了式(3-118)中的线性方程求解问题，并将 m 组姿态矩阵统一到了同一矩阵中。当${}_{C}^{E_1}\boldsymbol{T}$、${}_{B}^{O}\boldsymbol{T}$ 和${}_{T}^{B}\boldsymbol{T}$ 对应的旋转矩阵${}_{C}^{E_1}\boldsymbol{R}$、${}_{B}^{O}\boldsymbol{R}$ 与${}_{T}^{B}\boldsymbol{R}$ 均为标准正交矩阵时，$\boldsymbol{m}_{XYZ}$ 应满足如下条件：

$$\boldsymbol{m}_{XYZ}^{\mathrm{T}}\boldsymbol{m}_{XYZ}=\|\boldsymbol{m}_{XYZ}\|^2=12 \tag{3-119}$$

为了排除可能存在的 $\boldsymbol{m}_{XYZ}=\boldsymbol{0}$ 的情况，将上式作为约束代入式(3-114)中可得：

$$\begin{aligned}&\widetilde{\boldsymbol{M}}_{ABC}\boldsymbol{m}_{XYZ}=\boldsymbol{0}\\&\text{s. t. }\|\boldsymbol{m}_{XYZ}\|=2\sqrt{3}\end{aligned} \tag{3-120}$$

在实际标定过程中，由于机器人定位误差以及扫描仪测量误差的存在，标定所得的数据中不可避免地会包含噪声，将 $\widetilde{\boldsymbol{M}}_{ABC}$ 分解为

$$\widetilde{\boldsymbol{M}}_{ABC}=\widetilde{\boldsymbol{M}}_{ABC}^{\text{idea}}+\Delta\widetilde{\boldsymbol{M}}_{ABC} \tag{3-121}$$

式中，$\widetilde{\boldsymbol{M}}_{ABC}^{\text{idea}}$ 表示 $\widetilde{\boldsymbol{M}}_{ABC}$ 的名义分量，即不含包含噪声的理想值；$\Delta\widetilde{\boldsymbol{M}}_{ABC}$ 表示 $\widetilde{\boldsymbol{M}}_{ABC}$ 中误差所引起的噪声分量。由于噪声在实际测量中不可避免，因此式(3-121)存在 $\Delta\widetilde{\boldsymbol{M}}_{ABC}$ 的值接近 0、$\Delta\widetilde{\boldsymbol{M}}_{ABC}$ 的值与 0 的差距显著两种情况。接下来将对这两种情况分别进行讨论。

(1) $\Delta\widetilde{\boldsymbol{M}}_{ABC}\neq\boldsymbol{0}$

此类情况为 $\Delta\widetilde{\boldsymbol{M}}_{ABC}$ 与 $\boldsymbol{0}$ 存在显著差异的情况，又分为三种不同的情况：

① 当 $m<10$ 时，噪声分量矩阵 $\Delta\widetilde{\boldsymbol{M}}_{ABC}$ 不满秩，在此时式(3-118)存在无穷个解；

② 当 $m=10$ 且 rank（$\widetilde{\boldsymbol{M}}_{ABS}$）$=90$ 时，式(3-118)存在唯一 0 解；

③ 当 $m>10$ 且 rank（$\widetilde{\boldsymbol{M}}_{ABS}$）$=90$ 时，式(3-118)是一个超定方程，除 0 解外还存在一个最小二乘解。

(2) $\Delta\widetilde{\boldsymbol{M}}_{ABC}\approx\boldsymbol{0}$ 且 $\Delta\widetilde{\boldsymbol{M}}_{ABC}\approx\widetilde{\boldsymbol{M}}_{ABC}^{\text{idea}}$

在此种情况下，$\text{rank}(\widetilde{\boldsymbol{M}}_{ABC})\leqslant 89$ 始终满足，无论 m 取何值 $\Delta\widetilde{\boldsymbol{M}}_{ABC}$ 均为不满秩矩阵，$\Delta\widetilde{\boldsymbol{M}}_{ABC}$ 的零空间由式(3-118)的解空间构成；当且仅当 $\text{rank}(\widetilde{\boldsymbol{M}}_{ABC})=89$ 时，矩阵 $\Delta\widetilde{\boldsymbol{M}}_{ABC}$ 的零空间是一维空间，此时式(3-118)的解可由带约束条件的式(3-120)唯一确定。

求解式(3-120)可等价于如下的求解最小化目标函数形式：

$$\min f(\boldsymbol{m}_{XYZ})=\boldsymbol{m}_{XYZ}^{\mathrm{T}}\widetilde{\boldsymbol{M}}_{ABC}^{\mathrm{T}}\widetilde{\boldsymbol{M}}_{ABC}\boldsymbol{m}_{XYZ}$$
$$\text{s. t. } \|\boldsymbol{m}_{XYZ}\|=2\sqrt{3} \tag{3-122}$$

式中，$\widetilde{\boldsymbol{M}}_{ABC}^{\mathrm{T}}\widetilde{\boldsymbol{M}}_{ABC}$ 为 Hermitan 矩阵，因此可建立如下瑞利熵函数：

$$R(\boldsymbol{m}_{XYZ})=\frac{\boldsymbol{m}_{XYZ}^{\mathrm{T}}\widetilde{\boldsymbol{M}}_{ABC}^{\mathrm{T}}\widetilde{\boldsymbol{M}}_{ABC}\boldsymbol{m}_{XYZ}}{\boldsymbol{m}_{XYZ}^{\mathrm{T}}\boldsymbol{m}_{XYZ}}=\frac{f(\boldsymbol{m}_{XYZ})}{\|\boldsymbol{m}_{XYZ}\|^{2}}=\frac{f(\boldsymbol{m}_{XYZ})}{12} \tag{3-123}$$

依据 min-max 定理，上式中的瑞利熵函数 $R(\boldsymbol{m}_{XYZ})$ 应满如下条件：

$$\lambda_{\min}\leqslant R(\boldsymbol{m}_{XYZ})\leqslant\lambda_{\max} \tag{3-124}$$

式中，$\lambda_{\max}$ 和 $\lambda_{\min}$ 分别表示矩阵 $\widetilde{\boldsymbol{M}}_{ABC}^{\mathrm{T}}\widetilde{\boldsymbol{M}}_{ABC}$ 的最大特征值与最小特征值。将上式代入式(3-123) 后可得：

$$\min f(\boldsymbol{m}_{XYZ})=\boldsymbol{m}_{XYZ}^{\mathrm{T}}\widetilde{\boldsymbol{M}}_{ABC}^{\mathrm{T}}\widetilde{\boldsymbol{M}}_{ABC}\boldsymbol{m}_{XYZ}=12\lambda_{\min} \tag{3-125}$$

采用奇异值分解对矩阵 $\widetilde{\boldsymbol{M}}_{ABC}^{\mathrm{T}}\widetilde{\boldsymbol{M}}_{ABC}$ 处理后代入上式可得：

$$\begin{aligned}&\frac{\boldsymbol{m}_{XYZ}^{\mathrm{T}}\boldsymbol{V}_{ABC}\boldsymbol{\Sigma}_{ABC}^{\mathrm{T}}\boldsymbol{U}_{ABC}^{\mathrm{T}}\boldsymbol{U}_{ABC}\boldsymbol{\Sigma}_{ABC}\boldsymbol{V}_{ABC}^{\mathrm{T}}\boldsymbol{m}_{XYZ}}{12}\\&=\frac{\boldsymbol{m}_{XYZ}^{\mathrm{T}}\boldsymbol{V}_{ABC}\boldsymbol{\Sigma}_{ABC}^{\mathrm{T}}\boldsymbol{\Sigma}_{ABC}\boldsymbol{V}_{ABC}^{\mathrm{T}}\boldsymbol{m}_{XYZ}}{12}=\lambda_{\min}\end{aligned} \tag{3-126}$$

式中，$\boldsymbol{\Sigma}_{ABC}$ 为 $9m\times90$ 矩阵，矩阵 $\widetilde{\boldsymbol{M}}_{ABC}^{\mathrm{T}}\widetilde{\boldsymbol{M}}_{ABC}$ 的特征值按降序排列即为矩阵 $\boldsymbol{\Sigma}_{ABC}$ 对角线上的元素，$\boldsymbol{\Sigma}_{ABC}$ 矩阵中的其他元素均为 0；矩阵 $\boldsymbol{U}_{ABC}$ 为 $9m\times9m$ 的正交矩阵，矩阵中的每一列均由矩阵 $\widetilde{\boldsymbol{M}}_{ABC}\widetilde{\boldsymbol{M}}_{ABC}^{\mathrm{T}}$ 的特征向量组成；矩阵 $\boldsymbol{V}_{ABC}$ 为 90×90 的正交矩阵，矩阵中的每一列均由矩阵 $\widetilde{\boldsymbol{M}}_{ABC}^{\mathrm{T}}\widetilde{\boldsymbol{M}}_{ABC}$ 的特征向量组成。定义 $\boldsymbol{v}_{\min}$ 为最小特征值 $\lambda_{\min}$ 所对应的特征向量，定义 $\boldsymbol{x}=\boldsymbol{V}_{ABC}^{\mathrm{T}}\boldsymbol{m}_{XYZ}$，则式(3-122) 可转化为

$$\|\boldsymbol{\Sigma}_{ABC}\boldsymbol{x}\|^{2}=\boldsymbol{x}^{\mathrm{T}}\begin{bmatrix}\lambda_{\max} & \cdots & 0\\ \vdots & & \vdots\\ 0 & \cdots & \lambda_{\min}\\ \vdots & & \vdots\\ 0 & \cdots & 0\end{bmatrix}\boldsymbol{x}=12\lambda_{\min} \tag{3-127}$$

求解上式可得 $\boldsymbol{x}=[0,0,\cdots,2\sqrt{3}]^{\mathrm{T}}$，则 $\boldsymbol{m}_{XYZ}$ 可表示为

$$\boldsymbol{m}_{XYZ}=\boldsymbol{V}_{ABC}\boldsymbol{x}=2\sqrt{3}\,\boldsymbol{v}_{\min} \tag{3-128}$$

根据式(3-128)，可以得出：$\boldsymbol{m}_{XYZ}$ 等于矩阵 $\widetilde{\boldsymbol{M}}_{ABC}^{\mathrm{T}}\widetilde{\boldsymbol{M}}_{ABC}$ 最小特征值所对应的单位特征向量 $\boldsymbol{v}_{\min}$ 的 $2\sqrt{3}$ 倍。由式(3-112) ～式(3-115) 可得，$\boldsymbol{m}_{XYZ}$ 与旋转矩阵 ${}_{B}^{O}\boldsymbol{R}$、${}_{C}^{E_1}\boldsymbol{R}$ 与 ${}_{T}^{E_2}\boldsymbol{R}$ 间的关系为

$${}_{C}^{E_1}\boldsymbol{R}=\mathrm{unvec}(\boldsymbol{m}_{XYZ}|_{1:9})$$
$$({}_{T}^{E_2}\boldsymbol{R}\otimes{}_{B}^{O}\boldsymbol{R}^{\mathrm{T}})^{\mathrm{T}}=\mathrm{unvec}(\boldsymbol{m}_{XYZ}|_{10:90}) \tag{3-129}$$

式中，unvec(·) 为向量化算子 vec(·) 的逆运算，它可将被列向量化的矩阵还原为

矩阵形式。需要注意的是，通过上式可直接计算求得旋转矩阵${}_C^{E_1}\boldsymbol{R}$，但矩阵${}_B^O\boldsymbol{R}$和${}_T^{E_2}\boldsymbol{R}$仍存在耦合关系，故通过上式无法直接求解出这两个矩阵。为简化${}_B^O\boldsymbol{R}$和${}_T^{E_2}\boldsymbol{R}$的求解难度，式(3-99)可转化为如下形式：

$$\begin{aligned}&{}_{E_1}^{O}\boldsymbol{R}^{\mathrm{T}}\,{}_B^O\boldsymbol{R}\,{}_{E_2}^{B}\boldsymbol{R}={}_C^{E_1}\boldsymbol{R}\,{}_T^C\boldsymbol{R}\,{}_T^{E_2}\boldsymbol{R}^{\mathrm{T}}\\&{}_{E_2}^{B}\boldsymbol{R}\,{}_T^{E_2}\boldsymbol{R}\,{}_T^C\boldsymbol{R}^{\mathrm{T}}={}_B^O\boldsymbol{R}^{\mathrm{T}}\,{}_{E_1}^{O}\boldsymbol{R}\,{}_C^{E_1}\boldsymbol{R}\end{aligned}\tag{3-130}$$

式中，${}_B^O\boldsymbol{R}$和${}_T^{E_2}\boldsymbol{R}$形式上与式(3-103)中的${}_C^{E_1}\boldsymbol{R}$相同。因此，我们可以重复先前的求解过程，分别求出旋转矩阵${}_B^O\boldsymbol{R}$和${}_T^{E_2}\boldsymbol{R}$，从而解出所有未知的旋转矩阵。

3.4.2.2 平移向量求解

在求出所有的旋转矩阵后，根据式(3-104)可对平移向量进行计算。令$\boldsymbol{N}=\begin{bmatrix}{}_{E_1}^{O}\boldsymbol{R} & -\boldsymbol{I} & -{}_B^O\boldsymbol{R}\,{}_{E_2}^{B}\boldsymbol{R}\end{bmatrix}$，$\boldsymbol{t}=\begin{bmatrix}{}_C^{E_1}\boldsymbol{t}^{\mathrm{T}} & {}_B^O\boldsymbol{t}^{\mathrm{T}} & {}_T^{E_2}\boldsymbol{t}^{\mathrm{T}}\end{bmatrix}^{\mathrm{T}}$，$\boldsymbol{b}={}_B^O\boldsymbol{R}\,{}_{E_2}^{B}\boldsymbol{t}-{}_{E_1}^{O}\boldsymbol{t}-{}_{E_1}^{O}\boldsymbol{R}\,{}_C^{E_1}\boldsymbol{R}\,{}_T^C\boldsymbol{t}$，则式(3-108)可改写为

$$\boldsymbol{N}\boldsymbol{t}=\boldsymbol{b}\tag{3-131}$$

对于m组不同的标定姿态，可统一表达为

$$\widetilde{\boldsymbol{N}}\boldsymbol{t}=\widetilde{\boldsymbol{b}}\tag{3-132}$$

式中，$\widetilde{\boldsymbol{N}}=[\boldsymbol{N}_1^{\mathrm{T}},\cdots,\boldsymbol{N}_i^{\mathrm{T}},\cdots,\boldsymbol{N}_m^{\mathrm{T}}]^{\mathrm{T}}$，$\widetilde{\boldsymbol{b}}=[\boldsymbol{b}_1^{\mathrm{T}},\cdots,\boldsymbol{b}_i^{\mathrm{T}},\cdots,\boldsymbol{b}_m^{\mathrm{T}}]^{\mathrm{T}}$。通过最小二乘法，平移向量$\boldsymbol{t}$可表示为

$$\boldsymbol{t}=(\widetilde{\boldsymbol{N}}^{\mathrm{T}}\widetilde{\boldsymbol{N}})^{-1}\widetilde{\boldsymbol{N}}^{\mathrm{T}}\widetilde{\boldsymbol{b}}\tag{3-133}$$

需要注意的是，在式(3-105)中，旋转矩阵${}_C^{E_1}\boldsymbol{R}$、${}_B^O\boldsymbol{R}$与${}_T^{E_2}\boldsymbol{R}$中的任意两个乘上-1后式子仍然成立，例如：

$$\begin{aligned}&{}_{E_1}^{O}\boldsymbol{R}_i\,{}_C^{E_1}\boldsymbol{R}\,{}_T^C\boldsymbol{R}_i=(-{}_B^O\boldsymbol{R})\,{}_{E_2}^{B}\boldsymbol{R}_i\,(-{}_T^{E_2}\boldsymbol{R})\\&{}_{E_1}^{O}\boldsymbol{R}_i\,(-{}_C^{E_1}\boldsymbol{R})\,{}_T^C\boldsymbol{R}_i={}_B^O\boldsymbol{R}\,{}_{E_2}^{B}\boldsymbol{R}_i\,(-{}_T^{E_2}\boldsymbol{R})\\&{}_{E_1}^{O}\boldsymbol{R}_i\,(-{}_C^{E_1}\boldsymbol{R})\,{}_T^C\boldsymbol{R}_i=(-{}_B^O\boldsymbol{R})\,{}_{E_2}^{B}\boldsymbol{R}_i\,{}_T^{E_2}\boldsymbol{R}\end{aligned}\tag{3-134}$$

若将它们代入式(3-133)会导致得到的平移向量各不相同，从而导致手眼矩阵[式(3-101)]不成立。为了选取正确的旋转矩阵与平移向量解的组合，定义残余误差为ω：

$$\omega=\left\|{}_{E_1}^{O}\boldsymbol{T}\,{}_C^{E_1}\boldsymbol{T}\,{}_T^C\boldsymbol{T}-{}_B^O\boldsymbol{T}\,{}_{E_2}^{B}\boldsymbol{T}\,{}_T^{E_2}\boldsymbol{T}\right\|_{\mathrm{F}}\tag{3-135}$$

式中，符号$\|\cdot\|_{\mathrm{F}}$表示 Frobenius 范数。为了计算未知矩阵，首先，通过改变旋转矩阵${}_C^{E_1}\boldsymbol{R}$、${}_B^O\boldsymbol{R}$与${}_T^{E_2}\boldsymbol{R}$的正、负符号，计算对应的平移向量${}_C^{E_1}\boldsymbol{t}$、${}_B^O\boldsymbol{t}$和${}_T^{E_2}\boldsymbol{t}$；接着，将每组旋转矩阵和平移向量代入式(3-135)计算残余误差ω；最终，选择使残余误差最小的旋转矩阵和平移向量进行组合，完成对双机器人测量-作业系统中未知变换矩阵的求解。

3.4.3 姿态转换矩阵求解——数值迭代求解方法

尽管封闭式求解方法由于无需反复迭代而具备快速计算的优势，但它存在两个主要

问题：

① 该方法对噪声非常敏感，计算误差会随着噪声水平的增加而迅速扩大；

② 旋转矩阵和平移向量的求解是分开进行的，这意味着旋转矩阵中的计算误差会传递到平移向量的计算中，导致误差的累积和放大。

为了解决这些问题，在本小节中介绍能够同时求解旋转矩阵和平移向量的数值迭代方法。而封闭式求解的结果可用作该迭代方法的初始值，从而提高迭代过程的收敛速度和稳定性。

(1) 目标函数建立

对于 m 组标定姿态，式(3-105) 和式(3-106) 的求解可等价于求解如下目标函数：

$$\min g\left({}_{C}^{E_1}\boldsymbol{R},{}_{B}^{O}\boldsymbol{R},{}_{T}^{E_2}\boldsymbol{R},{}_{C}^{E_1}\boldsymbol{t},{}_{B}^{O}\boldsymbol{t},{}_{T}^{E_2}\boldsymbol{t}\right)$$

$$=\frac{1}{m}\sum_{i=1}^{m}\begin{pmatrix}\|{}_{E_1}^{O}\boldsymbol{R}_i\,{}_{C}^{E_1}\boldsymbol{R}\,{}_{T}^{C}\boldsymbol{R}_i-{}_{B}^{O}\boldsymbol{R}\,{}_{E_2}^{B}\boldsymbol{R}_i\,{}_{T}^{E_2}\boldsymbol{R}\|_{\mathrm{F}}^{2}+\\ \|{}_{E_1}^{O}\boldsymbol{R}\,{}_{C}^{E_1}\boldsymbol{R}\,{}_{T}^{C}\boldsymbol{t}+{}_{E_1}^{O}\boldsymbol{R}\,{}_{C}^{E_1}\boldsymbol{t}+{}_{E_1}^{O}\boldsymbol{t}-{}_{B}^{O}\boldsymbol{R}\,{}_{E_2}^{B}\boldsymbol{R}\,{}_{T}^{E_2}\boldsymbol{t}-{}_{B}^{O}\boldsymbol{R}\,{}_{E_2}^{B}\boldsymbol{t}-{}_{B}^{O}\boldsymbol{t}\|^{2}\end{pmatrix} \tag{3-136}$$

$$\text{s. t. }{}_{C}^{E_1}\boldsymbol{R}\,{}_{C}^{E_1}\boldsymbol{R}^{\mathrm{T}}=\boldsymbol{I},{}_{B}^{O}\boldsymbol{R}\,{}_{B}^{O}\boldsymbol{R}^{\mathrm{T}}=\boldsymbol{I},{}_{T}^{E_2}\boldsymbol{R}\,{}_{T}^{E_2}\boldsymbol{R}^{\mathrm{T}}=\boldsymbol{I}$$

式中，$\|{}_{E_1}^{O}\boldsymbol{R}_i\,{}_{C}^{E_1}\boldsymbol{R}\,{}_{T}^{C}\boldsymbol{R}_i-{}_{B}^{O}\boldsymbol{R}\,{}_{E_2}^{B}\boldsymbol{R}_i\,{}_{T}^{E_2}\boldsymbol{R}\|_{\mathrm{F}}^{2}(i=1,\cdots,m)$为式(3-105) 中所对应的残余误差项；$\|{}_{E_1}^{O}\boldsymbol{R}\,{}_{C}^{E_1}\boldsymbol{R}\,{}_{T}^{C}\boldsymbol{t}+{}_{E_1}^{O}\boldsymbol{R}\,{}_{C}^{E_1}\boldsymbol{t}+{}_{E_1}^{O}\boldsymbol{t}-{}_{B}^{O}\boldsymbol{R}\,{}_{E_2}^{B}\boldsymbol{R}_{T}^{E_2}\boldsymbol{t}-{}_{B}^{O}\boldsymbol{R}\,{}_{E_2}^{B}\boldsymbol{t}-{}_{B}^{O}\boldsymbol{t}\|^{2}(i=1,\cdots,m)$则表示式(3-106) 中对应的残余误差项；而约束条件确保旋转矩阵符合标准正交矩阵的特性。目标函数[式(3-136)]属于带约束的优化问题。为了简化求解过程，可采用拉格朗日松弛法将这一问题转化为无约束优化问题，可表示为

$$\min g\left({}_{C}^{E_1}\boldsymbol{R},{}_{B}^{O}\boldsymbol{R},{}_{T}^{E_2}\boldsymbol{R},{}_{C}^{E_1}\boldsymbol{t},{}_{B}^{O}\boldsymbol{t},{}_{T}^{E_2}\boldsymbol{t}\right)$$

$$=\frac{1}{m}\sum_{i=1}^{m}\begin{pmatrix}\mu_1\|{}_{E_1}^{O}\boldsymbol{R}_i\,{}_{C}^{E_1}\boldsymbol{R}\,{}_{T}^{C}\boldsymbol{R}_i-{}_{B}^{O}\boldsymbol{R}\,{}_{E_2}^{B}\boldsymbol{R}_i\,{}_{T}^{E_2}\boldsymbol{R}\|_{\mathrm{F}}^{2}+\\ \mu_2\|{}_{E_1}^{O}\boldsymbol{R}\,{}_{C}^{E_1}\boldsymbol{R}\,{}_{T}^{C}\boldsymbol{t}+{}_{E_1}^{O}\boldsymbol{R}\,{}_{C}^{E_1}\boldsymbol{t}+{}_{E_1}^{O}\boldsymbol{t}-{}_{B}^{O}\boldsymbol{R}\,{}_{E_2}^{B}\boldsymbol{R}\,{}_{T}^{E_2}\boldsymbol{t}-{}_{B}^{O}\boldsymbol{R}\,{}_{E_2}^{B}\boldsymbol{t}-{}_{B}^{O}\boldsymbol{t}\|^{2}\\ +\mu_3\|{}_{C}^{E_1}\boldsymbol{R}\,{}_{C}^{E_1}\boldsymbol{R}^{\mathrm{T}}-\boldsymbol{I}\|_{\mathrm{F}}^{2}+\mu_4\|{}_{B}^{O}\boldsymbol{R}\,{}_{B}^{O}\boldsymbol{R}^{\mathrm{T}}-\boldsymbol{I}\|_{\mathrm{F}}^{2}+\mu_5\|{}_{T}^{E_2}\boldsymbol{R}\,{}_{T}^{E_2}\boldsymbol{R}^{\mathrm{T}}-\boldsymbol{I}\|_{\mathrm{F}}^{2}\end{pmatrix} \tag{3-137}$$

式中，$\|{}_{C}^{E_1}\boldsymbol{R}\,{}_{C}^{E_1}\boldsymbol{R}^{\mathrm{T}}-\boldsymbol{I}\|_{\mathrm{F}}^{2}$、$\|{}_{B}^{O}\boldsymbol{R}\,{}_{B}^{O}\boldsymbol{R}^{\mathrm{T}}-\boldsymbol{I}\|_{\mathrm{F}}^{2}$ 与 $\|{}_{T}^{E_2}\boldsymbol{R}\,{}_{T}^{E_2}\boldsymbol{R}^{\mathrm{T}}-\boldsymbol{I}\|_{\mathrm{F}}^{2}$ 为约束条件所对应的惩罚项，用于保证旋转矩阵能够趋于正交化；μ_1、μ_2、μ_3、μ_4 与 μ_5 为权重系数。为了简化表达，可对式(3-137) 中各个部分进行如下定义：

$$\begin{cases}\boldsymbol{E}_1={}_{E_1}^{O}\boldsymbol{R}_i\,{}_{C}^{E_1}\boldsymbol{R}\,{}_{T}^{C}\boldsymbol{R}_i-{}_{B}^{O}\boldsymbol{R}\,{}_{E_2}^{B}\boldsymbol{R}_i\,{}_{T}^{E_2}\boldsymbol{R},\\ \boldsymbol{E}_2={}_{E_1}^{O}\boldsymbol{R}\,{}_{C}^{E_1}\boldsymbol{R}\,{}_{T}^{C}\boldsymbol{t}+{}_{E_1}^{O}\boldsymbol{R}\,{}_{C}^{E_1}\boldsymbol{t}+{}_{E_1}^{O}\boldsymbol{t}-{}_{B}^{O}\boldsymbol{R}\,{}_{E_2}^{B}\boldsymbol{R}\,{}_{T}^{E_2}\boldsymbol{t}-{}_{B}^{O}\boldsymbol{R}\,{}_{E_2}^{B}\boldsymbol{t}-{}_{B}^{O}\boldsymbol{t},\\ \boldsymbol{E}_3={}_{C}^{E_1}\boldsymbol{R}\,{}_{C}^{E_1}\boldsymbol{R}^{\mathrm{T}}-\boldsymbol{I},\boldsymbol{E}_4={}_{B}^{O}\boldsymbol{R}\,{}_{B}^{O}\boldsymbol{R}^{\mathrm{T}}-\boldsymbol{I},\boldsymbol{E}_5={}_{T}^{E_2}\boldsymbol{R}\,{}_{T}^{E_2}\boldsymbol{R}^{\mathrm{T}}-\boldsymbol{I}\end{cases} \tag{3-138}$$

根据式(3-138)，目标函数[式(3-137)]可被简化为

$$\begin{aligned}&\min\quad g\left({}_{C}^{E_1}\boldsymbol{R},{}_{B}^{O}\boldsymbol{R},{}_{T}^{E_2}\boldsymbol{R},{}_{C}^{E_1}\boldsymbol{t},{}_{B}^{O}\boldsymbol{t},{}_{T}^{E_2}\boldsymbol{t}\right)\\&=\frac{1}{m}\sum_{i=1}^{m}(\mu_1\|\boldsymbol{E}_1\|_F^2+\mu_2\|\boldsymbol{E}_2\|^2+\mu_3\|\boldsymbol{E}_3\|_F^2+\mu_4\|\boldsymbol{E}_4\|_F^2+\mu_5\|\boldsymbol{E}_5\|_F^2)\\&=\frac{1}{m}\sum_{i=1}^{m}(\mu_1\mathrm{tr}(\boldsymbol{E}_1^{\mathrm{T}}\boldsymbol{E}_1)+\mu_2\boldsymbol{E}_2^{\mathrm{T}}\boldsymbol{E}_2+\mu_3\mathrm{tr}(\boldsymbol{E}_3^{\mathrm{T}}\boldsymbol{E}_3)+\mu_4\mathrm{tr}(\boldsymbol{E}_4^{\mathrm{T}}\boldsymbol{E}_4)+\mu_5\mathrm{tr}(\boldsymbol{E}_5^{\mathrm{T}}\boldsymbol{E}_5))\\&=\frac{1}{m}\sum_{i=1}^{m}f_i({}_{C}^{E_1}\boldsymbol{R},{}_{B}^{O}\boldsymbol{R},{}_{T}^{E_2}\boldsymbol{R},{}_{C}^{E_1}\boldsymbol{t},{}_{B}^{O}\boldsymbol{t},{}_{T}^{E_2}\boldsymbol{t})\end{aligned}\tag{3-139}$$

式中，tr(・)表示矩阵的迹。值得注意的是，矩阵的 Frobenius 范数和向量的 2 范数在各自的定义域内均为严格凸函数，因此它们的和也是严格凸的。通过以上过程，对于 $\boldsymbol{AXB}=\boldsymbol{YCZ}$ 的非线性求解问题被转化为一个严格凸函数的优化问题［式(3-139)］。

目标函数［式(3-139)］综合考虑了残余误差项和惩罚项。残余误差项能够同时求解旋转矩阵与平移向量，从而有效避免传统标定方法中分步求解所导致的误差累积问题；而惩罚项则确保旋转矩阵在迭代过程中逐渐趋向标准正交矩阵[5]。

(2) 目标函数求解

严格凸函数可以通过常见的凸优化算法进行求解，例如梯度下降算法（GD）、随机梯度下降算法（SGD）以及随机方差下降梯度算法（SVRG）等。由于 SVRG 在解决严格凸函数优化问题时能够实现稳定的线性收敛，因此本小节选择 SVRG 方法进行求解介绍。针对目标函数，SVRG 的基本迭代步骤可表示为

$$\boldsymbol{K}_{j+1}=\boldsymbol{K}_j-\nu_j\ \nabla_{\boldsymbol{K}_j}g(\boldsymbol{K}_j)\tag{3-140}$$

式中，$\boldsymbol{K}_j=[{}_{C}^{E_1}\boldsymbol{R}_j,{}_{B}^{O}\boldsymbol{R}_j,{}_{T}^{E_2}\boldsymbol{R}_j,{}_{C}^{E_1}\boldsymbol{t}_j,{}_{B}^{O}\boldsymbol{t}_j,{}_{T}^{E_2}\boldsymbol{t}_j]_{3\times12}$ 表示第 j 次迭代时的自变量矩阵；ν_j 表示第 j 代的迭代步长（$\nu_j>0$）；$\nabla_{\boldsymbol{K}_j}g$（$\boldsymbol{K}_j$）表示该式在 $\boldsymbol{K}_j$ 处的梯度函数。因此，该方法需要定义迭代步长 ν 和梯度函数 $\nabla_{\boldsymbol{K}}g(\boldsymbol{K})$ 的迭代规则。

在迭代方法中，迭代步长 ν 的选取对算法的收敛速度与迭代稳定性具有重要的影响。对于传统的 SVRG 算法，其步长固定影响了求解效果。在此处我们结合 2016 年 Tan 等人提出的 SVRG-BB 算法[6]，该算法通过定义迭代步长使严格凸优化问题的求解能够达到稳定线性收敛，并结合问题 $\boldsymbol{AXB}=\boldsymbol{YCZ}$ 中自变量为 3×12 的矩阵的情况，对该算法中定义的迭代步长 ν_j 进行修正，得到适用于本问题的步长 ν_j 的更新公式为

$$\nu_j=\|\boldsymbol{K}_j-\boldsymbol{K}_{j-1}\|_F^2/\|(\boldsymbol{K}_j-\boldsymbol{K}_{j-1})^{\mathrm{T}}(\nabla_{\boldsymbol{K}_j}g(\boldsymbol{K}_j)-\nabla_{\boldsymbol{K}_{j-1}}g(\boldsymbol{K}_{j-1}))\|_F\tag{3-141}$$

式中，$\|\cdot\|_F$ 表示矩阵的 Frobenius 范数。

目标函数［式(3-140)］中梯度 $\nabla_{\boldsymbol{K}}g(\boldsymbol{K})$ 可通过矩阵的一阶微分推导得出：

$$\nabla_{\boldsymbol{K}} g(\boldsymbol{K}) = \frac{\partial g(\boldsymbol{K})}{\partial \boldsymbol{K}} = \left[\frac{\partial g(\boldsymbol{K})}{\partial {}^{E_1}_{C}\boldsymbol{R}}, \frac{\partial g(\boldsymbol{K})}{\partial {}^{O}_{B}\boldsymbol{R}}, \frac{\partial g(\boldsymbol{K})}{\partial {}^{E_2}_{T}\boldsymbol{R}}, \frac{\partial g(\boldsymbol{K})}{\partial {}^{E_1}_{C}\boldsymbol{t}}, \frac{\partial g(\boldsymbol{K})}{\partial {}^{O}_{B}\boldsymbol{t}}, \frac{\partial g(\boldsymbol{K})}{\partial {}^{E_2}_{T}\boldsymbol{t}}\right] = \frac{1}{m}\sum_{i=1}^{m} \nabla_{\boldsymbol{K}} g_j(\boldsymbol{K})$$

$$= \frac{2}{m}\sum_{i=1}^{m} \left[\begin{array}{l}
\left[\begin{array}{l}
\mu_1({}^{E_1}_{C}\boldsymbol{R}{}^{C}_{T}\boldsymbol{R}_i{}^{C}_{T}\boldsymbol{R}_i^{\mathrm{T}} - {}^{O}_{E_1}\boldsymbol{R}_i^{\mathrm{T}}{}^{O}_{B}\boldsymbol{R}{}^{B}_{E_2}\boldsymbol{R}_i{}^{E_2}_{T}\boldsymbol{R}{}^{C}_{T}\boldsymbol{R}_i^{\mathrm{T}}) + 2\mu_3({}^{E_1}_{C}\boldsymbol{R}{}^{E_1}_{C}\boldsymbol{R}^{\mathrm{T}}{}^{E_1}_{C}\boldsymbol{R} - {}^{E_1}_{C}\boldsymbol{R}) \\
+\mu_2({}^{E_1}_{C}\boldsymbol{R}{}^{C}_{T}\boldsymbol{t}_i{}^{C}_{T}\boldsymbol{t}_i^{\mathrm{T}} + {}^{E_1}_{C}\boldsymbol{t}{}^{C}_{T}\boldsymbol{t}_i^{\mathrm{T}} + {}^{O}_{E_1}\boldsymbol{R}_i^{\mathrm{T}}{}^{O}_{E_1}\boldsymbol{t}_i{}^{C}_{T}\boldsymbol{t}_i^{\mathrm{T}} - {}^{O}_{E_1}\boldsymbol{R}_i^{\mathrm{T}}{}^{O}_{B}\boldsymbol{R}{}^{B}_{E_2}\boldsymbol{R}_i{}^{E_2}_{T}\boldsymbol{t}{}^{C}_{T}\boldsymbol{t}_i^{\mathrm{T}} - {}^{O}_{E_1}\boldsymbol{R}_i^{\mathrm{T}}{}^{O}_{B}\boldsymbol{R}{}^{B}_{E_2}\boldsymbol{t}_i{}^{C}_{T}\boldsymbol{t}_i^{\mathrm{T}} - {}^{O}_{E_1}\boldsymbol{R}_i^{\mathrm{T}}{}^{O}_{B}\boldsymbol{t}{}^{C}_{T}\boldsymbol{t}_i^{\mathrm{T}})
\end{array}\right], \\
\left[\begin{array}{l}
\mu_1({}^{O}_{B}\boldsymbol{R}{}^{B}_{E_2}\boldsymbol{R}_i{}^{E_2}_{T}\boldsymbol{R}{}^{E_2}_{T}\boldsymbol{R}^{\mathrm{T}}{}^{B}_{E_2}\boldsymbol{R}_i^{\mathrm{T}} - {}^{O}_{E_1}\boldsymbol{R}_i{}^{E_1}_{C}\boldsymbol{R}{}^{C}_{T}\boldsymbol{R}_i{}^{E_2}_{T}\boldsymbol{R}^{\mathrm{T}}{}^{B}_{E_2}\boldsymbol{R}_i^{\mathrm{T}}) + 2\mu_4({}^{O}_{B}\boldsymbol{R}{}^{O}_{B}\boldsymbol{R}^{\mathrm{T}}{}^{O}_{B}\boldsymbol{R} - {}^{O}_{B}\boldsymbol{R}) \\
+\mu_2\left(\begin{array}{l}
{}^{O}_{B}\boldsymbol{R}{}^{B}_{E_2}\boldsymbol{t}_i{}^{B}_{E_2}\boldsymbol{t}_i^{\mathrm{T}} + {}^{O}_{B}\boldsymbol{R}{}^{B}_{E_2}\boldsymbol{R}_i{}^{E_2}_{T}\boldsymbol{t}{}^{E_2}_{T}\boldsymbol{t}^{\mathrm{T}}{}^{B}_{E_2}\boldsymbol{R}_i^{\mathrm{T}} - {}^{O}_{E_1}\boldsymbol{R}_i{}^{E_1}_{C}\boldsymbol{R}{}^{C}_{T}\boldsymbol{t}_i{}^{E_2}_{T}\boldsymbol{t}^{\mathrm{T}}{}^{B}_{E_2}\boldsymbol{R}_i^{\mathrm{T}} - {}^{O}_{E_1}\boldsymbol{R}_i{}^{E_1}_{C}\boldsymbol{R}{}^{C}_{T}\boldsymbol{t}_i{}^{B}_{E_2}\boldsymbol{t}_i^{\mathrm{T}} \\
-{}^{O}_{E_1}\boldsymbol{R}_i{}^{E_1}_{C}\boldsymbol{t}{}^{E_2}_{T}\boldsymbol{t}^{\mathrm{T}}{}^{B}_{E_2}\boldsymbol{R}_i^{\mathrm{T}} - {}^{O}_{E_1}\boldsymbol{R}_i{}^{E_1}_{C}\boldsymbol{t}{}^{B}_{E_2}\boldsymbol{t}_i^{\mathrm{T}} - {}^{O}_{E_1}\boldsymbol{t}_i{}^{E_2}_{T}\boldsymbol{t}^{\mathrm{T}}{}^{B}_{E_2}\boldsymbol{R}_i^{\mathrm{T}} - {}^{O}_{E_1}\boldsymbol{t}_i{}^{B}_{E_2}\boldsymbol{t}_i^{\mathrm{T}} + {}^{O}_{B}\boldsymbol{R}{}^{B}_{E_2}\boldsymbol{t}_i{}^{E_2}_{T}\boldsymbol{t}^{\mathrm{T}}{}^{B}_{E_2}\boldsymbol{R}_i^{\mathrm{T}} \\
+{}^{O}_{B}\boldsymbol{R}{}^{B}_{E_2}\boldsymbol{R}_i{}^{E_2}_{T}\boldsymbol{t}{}^{B}_{E_2}\boldsymbol{t}_i^{\mathrm{T}} + {}^{O}_{B}\boldsymbol{t}{}^{E_2}_{T}\boldsymbol{t}^{\mathrm{T}}{}^{B}_{E_2}\boldsymbol{R}_i^{\mathrm{T}} + {}^{O}_{B}\boldsymbol{t}{}^{B}_{E_2}\boldsymbol{t}_i^{\mathrm{T}}
\end{array}\right)
\end{array}\right], \\
\left[\mu_1({}^{B}_{E_2}\boldsymbol{R}_i^{\mathrm{T}}{}^{O}_{B}\boldsymbol{R}^{\mathrm{T}}{}^{O}_{B}\boldsymbol{R}{}^{B}_{E_2}\boldsymbol{R}_i{}^{E_2}_{T}\boldsymbol{R} - {}^{B}_{E_2}\boldsymbol{R}_i^{\mathrm{T}}{}^{O}_{B}\boldsymbol{R}^{\mathrm{T}}{}^{O}_{E_1}\boldsymbol{R}_i{}^{E_1}_{C}\boldsymbol{R}{}^{C}_{T}\boldsymbol{R}_i) + 2\mu_5({}^{E_2}_{T}\boldsymbol{R}{}^{E_2}_{T}\boldsymbol{R}^{\mathrm{T}}{}^{E_2}_{T}\boldsymbol{R} - {}^{E_2}_{T}\boldsymbol{R})\right], \\
\mu_2({}^{E_1}_{C}\boldsymbol{t} + {}^{E_1}_{C}\boldsymbol{R}{}^{C}_{T}\boldsymbol{t}_i + {}^{O}_{E_1}\boldsymbol{R}_i^{\mathrm{T}}{}^{O}_{E_1}\boldsymbol{t}_i - {}^{O}_{E_1}\boldsymbol{R}_i^{\mathrm{T}}{}^{O}_{B}\boldsymbol{R}{}^{B}_{E_2}\boldsymbol{R}_i{}^{E_2}_{T}\boldsymbol{t} - {}^{O}_{E_1}\boldsymbol{R}_i^{\mathrm{T}}{}^{O}_{B}\boldsymbol{R}{}^{B}_{E_2}\boldsymbol{t}_i - {}^{O}_{E_1}\boldsymbol{R}_i^{\mathrm{T}}{}^{O}_{B}\boldsymbol{t}), \\
\mu_2({}^{O}_{B}\boldsymbol{t} - {}^{O}_{E_1}\boldsymbol{R}_i{}^{E_1}_{C}\boldsymbol{R}{}^{C}_{T}\boldsymbol{t}_i - {}^{O}_{E_1}\boldsymbol{R}_i{}^{E_1}_{C}\boldsymbol{t} - {}^{O}_{E_1}\boldsymbol{t}_i + {}^{O}_{B}\boldsymbol{R}{}^{B}_{E_2}\boldsymbol{R}_i{}^{E_2}_{T}\boldsymbol{t} + {}^{O}_{B}\boldsymbol{R}{}^{B}_{E_2}\boldsymbol{t}_i), \\
\mu_2\left(\begin{array}{l}
{}^{B}_{E_2}\boldsymbol{R}_i^{\mathrm{T}}{}^{O}_{B}\boldsymbol{R}^{\mathrm{T}}{}^{O}_{B}\boldsymbol{R}{}^{B}_{E_2}\boldsymbol{R}_i{}^{E_2}_{T}\boldsymbol{t} - {}^{B}_{E_2}\boldsymbol{R}_i^{\mathrm{T}}{}^{O}_{B}\boldsymbol{R}^{\mathrm{T}}{}^{O}_{E_1}\boldsymbol{R}_i{}^{E_1}_{C}\boldsymbol{R}{}^{C}_{T}\boldsymbol{t}_i - {}^{B}_{E_2}\boldsymbol{R}_i^{\mathrm{T}}{}^{O}_{B}\boldsymbol{R}^{\mathrm{T}}{}^{O}_{E_1}\boldsymbol{R}_i{}^{E_1}_{C}\boldsymbol{t} \\
-{}^{B}_{E_2}\boldsymbol{R}_i^{\mathrm{T}}{}^{O}_{B}\boldsymbol{R}^{\mathrm{T}}{}^{O}_{E_1}\boldsymbol{t}_i + {}^{B}_{E_2}\boldsymbol{R}_i^{\mathrm{T}}{}^{O}_{B}\boldsymbol{R}^{\mathrm{T}}{}^{O}_{B}\boldsymbol{R}{}^{B}_{E_2}\boldsymbol{t}_i + {}^{B}_{E_2}\boldsymbol{R}_i^{\mathrm{T}}{}^{O}_{B}\boldsymbol{R}^{\mathrm{T}}{}^{O}_{B}\boldsymbol{t}
\end{array}\right)
\end{array}\right]_{3\times 12} \tag{3-142}$$

通过以上流程可得到步长 ν_j 的更新过程与梯度 $\nabla_{\boldsymbol{K}} g(\boldsymbol{K})$ 的计算流程，将它们代入 SVRG 算法后可得到目标函数［式(3-140)］的求解流程，如表 3-3 所示。

表 3-3　基于 SVRG 算法的同步标定迭代求解算法

输入：初始解 $\widetilde{\boldsymbol{K}}_0$；权重系数 μ_1、μ_2、μ_3、μ_4、μ_5；更新频率 f；最大迭代次数 o；初始迭代步长 ν_0

for $j=0,\cdots,o$ DO

　$\nabla_{\widetilde{\boldsymbol{K}}_j} g(\widetilde{\boldsymbol{K}}_j) = \dfrac{1}{m}\sum_{i=1}^{m} \nabla_{\widetilde{\boldsymbol{K}}_j} g_i(\widetilde{\boldsymbol{K}}_j)$

　if $j>0$ then

　　$\nu_j = \dfrac{1}{f}\|\boldsymbol{K}_j - \boldsymbol{K}_{j-1}\|^2 / \|(\boldsymbol{K}_j - \boldsymbol{K}_{j-1})^{\mathrm{T}}(\nabla_{\boldsymbol{K}_j} g(\boldsymbol{K}_j) - \nabla_{\boldsymbol{K}_{j-1}} g(\boldsymbol{K}_{j-1}))\|$

　end if

　$\boldsymbol{K}_0 = \widetilde{\boldsymbol{K}}_j$

　for $k=0,\cdots,f-1$

　　Randomly pick $i_k \in [1,\cdots,m]$

　　$\boldsymbol{K}_{k+1} = \boldsymbol{K}_k - \eta_j(\nabla_{V_k} g_{i_k}(\boldsymbol{K}_k) - \nabla_{\widetilde{V}_j} g_{i_k}(\widetilde{\boldsymbol{K}}_j) + \nabla_{\widetilde{V}_j} g(\widetilde{\boldsymbol{K}}_j))$

　end for

　$\widetilde{\boldsymbol{K}}_{j+1} = \boldsymbol{K}_s$

　end for

$\boldsymbol{K}^* = \widetilde{\boldsymbol{K}}_{j+1}$

　输出：最优值 $\boldsymbol{K}^*$

上述流程中迭代初始值 $\widetilde{\boldsymbol{K}}_0$ 可采用前文中介绍的封闭式方法得到，输入参数还包括①权重系数 μ_1、μ_2、μ_3、μ_4、μ_5；②更新频率 f；③最大迭代次数 o；④初始迭代步长 ν_0。

3.5 双机器人系统误差辨识与补偿

3.4 节介绍了一种双机器人测量-作业系统位姿变换矩阵的同步标定方法，有效解决了传统分步标定过程中误差积累的问题。但该系统仍然存在机器人运动学误差以及跟踪系统误差等多种误差，影响标定精度。为了解决这一问题，与 3.3 节类似，通过补偿微分运动消除误差，优化目标为：

① 作业机器人关节的运动学误差（$\Delta\boldsymbol{a}$、$\Delta\boldsymbol{\alpha}$、$\Delta\boldsymbol{d}$、$\Delta\boldsymbol{\theta}$）；

② 多单元间位姿变换矩阵的标定误差（$\Delta_C^{E_1}\boldsymbol{T}$、$\Delta_O^B\boldsymbol{T}$、$\Delta_{E_2}^T\boldsymbol{T}$）。

针对以上优化目标，本节将介绍一种考虑关节运动学误差补偿的多单元位姿误差线性辨识与精确补偿方法，能够有效解决双机器人测量-作业系统的标定精度受限于机器人关节运动学误差的问题。

3.5.1 误差源分析建模

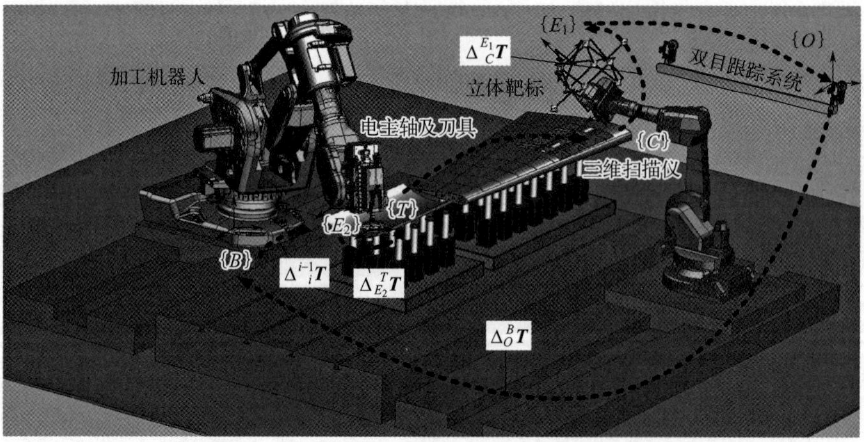

图 3-12 双机器人测量-作业系统误差分布

图 3-12 所示为双机器人测量-作业系统误差分布示意图，定义某一作业路径点 p 在三维扫描仪坐标系 $\{C\}$ 下的位姿矩阵为 ${}^C\boldsymbol{p}$。在基于点云的机器人作业过程中，${}^C\boldsymbol{p}$ 的位姿变化需要遍历整个机器人运动学传递链，最终转换到机器人末端刀具坐标系 $\{T\}$ 中，其转换过程为

$$
{}^T\boldsymbol{p} = {}_{E_2}^{T}\boldsymbol{T}\,{}_{B}^{E_2}\boldsymbol{T}\,{}_{O}^{B}\boldsymbol{T}\,{}_{E_1}^{O}\boldsymbol{T}\,{}_{C}^{E_1}\boldsymbol{T}\,{}^C\boldsymbol{p} \tag{3-143}
$$

式中，${}_C^{E_1}\boldsymbol{T}$、${}_O^B\boldsymbol{T}$ 与 ${}_{E_2}^T\boldsymbol{T}$ 可通过 3.4 节中的标定过程得到，但这些矩阵仍然存在误差，定义矩阵对应的误差分别为 $\Delta_C^{E_1}\boldsymbol{T}$、$\Delta_O^B\boldsymbol{T}$ 与 $\Delta_{E_2}^T\boldsymbol{T}$；${}_{E_1}^O\boldsymbol{T}$ 可通过双目跟踪系统实时读取，双目跟踪误差相比于其他误差较小，后续忽略不计；${}_B^{E_2}\boldsymbol{T}$ 为作业机器人基坐标系相对于作业机器人末端的转换坐标系，通常可以被认为是机器人位姿，其误差随机器人运动学传递链传递，通过

式(3-78) 可得到两相邻关节间的微分误差为 $\Delta_i^{i-1}\boldsymbol{T}(i=1,\cdots,m)$，那么包含机器人两相邻关节微分误差的机器人位姿为

$$ {}_{B}^{E_2}\boldsymbol{T}+\Delta_{B}^{E_2}\boldsymbol{T}=({}_{1}^{0}\boldsymbol{T}+\Delta_{1}^{0}\boldsymbol{T})\cdots({}^{i-1}_{\ \ i}\boldsymbol{T}+\Delta^{i-1}_{\ \ i}\boldsymbol{T})\cdots({}^{m-1}_{\ \ m}\boldsymbol{T}+\Delta^{m-1}_{\ \ m}\boldsymbol{T}) \tag{3-144}$$

综上所述，双机器人测量-作业系统中存在的运动学误差包括 $\Delta_C^{E_1}\boldsymbol{T}$、$\Delta_O^{B}\boldsymbol{T}$、$\Delta_{E_2}^{T}\boldsymbol{T}$ 与 $\Delta^{i-1}_{\ \ i}\boldsymbol{T}$。

3.5.2　误差辨识与推导

机器人相邻关节间的位姿误差在式(3-78) 中已经推导得出，其表达式为

$$\Delta^{i-1}_{\ \ i}\boldsymbol{T}={}^{i-1}_{\ \ i}\boldsymbol{T}{}^{i}\boldsymbol{\Delta}={}^{i-1}_{\ \ i}\boldsymbol{T}(\boldsymbol{\Delta}_{\alpha_{i-1}}\Delta\alpha_{i-1}+\boldsymbol{\Delta}_{a_{i-1}}\Delta a_{i-1}+\boldsymbol{\Delta}_{\theta_i}\Delta\theta_i+\boldsymbol{\Delta}_{d_i}\Delta d_i)$$

该式体现了相邻关节间位姿误差矩阵与关节误差微分算子之间的线性关系。

综合考虑 $\Delta_C^{E_1}\boldsymbol{T}$、$\Delta_O^{B}\boldsymbol{T}$、$\Delta_{E_2}^{T}\boldsymbol{T}$ 与 $\Delta^{i-1}_{\ \ i}\boldsymbol{T}$ 误差矩阵得到的作业机器人末端刀具坐标系 $\{T\}$ 相对于三维扫描仪坐标系 $\{C\}$ 之间的位姿变换矩阵为

$$ {}_{T}^{C}\boldsymbol{T}+\Delta_{T}^{C}\boldsymbol{T}=({}_{E_1}^{C}\boldsymbol{T}+\Delta_{E_1}^{C}\boldsymbol{T})({}_{O}^{E_1}\boldsymbol{T})({}_{B}^{O}\boldsymbol{T}+\Delta_{B}^{O}\boldsymbol{T})\prod_{j=1}^{m}({}^{j-1}_{\ \ j}\boldsymbol{T}+\Delta^{j-1}_{\ \ j}\boldsymbol{T})({}_{T}^{E_2}\boldsymbol{T}+\Delta_{T}^{E_2}\boldsymbol{T}) \tag{3-145}$$

上式表明，双机器人测量-作业系统中，其末端刀具的位姿误差受系统中各单元之间误差的耦合影响，最终会影响到作业过程中机器人的作业精度。根据式(3-5) 可得，上式中手眼误差矩阵 $\Delta_{E_1}^{C}\boldsymbol{T}$、$\Delta_{B}^{O}\boldsymbol{T}$ 与 $\Delta_{T}^{E_2}\boldsymbol{T}$ 转化为微分算子 ${}^{E_1}\boldsymbol{\Delta}$、${}^{B}\boldsymbol{\Delta}$ 与 ${}^{T}\boldsymbol{\Delta}$ 的线性关系可表达为

$$\Delta_{E_1}^{C}\boldsymbol{T}={}_{E_1}^{C}\boldsymbol{T}({}^{E_1}\boldsymbol{\Delta}),\Delta_{B}^{O}\boldsymbol{T}={}_{B}^{O}\boldsymbol{T}({}^{B}\boldsymbol{\Delta}),\Delta_{T}^{E_2}\boldsymbol{T}={}_{T}^{E_2}\boldsymbol{T}({}^{T}\boldsymbol{\Delta}) \tag{3-146}$$

将式(3-142) 代入式(3-141) 中，展开并忽略其中的二阶微分误差项后可得：

$$\begin{aligned}({}^{C}\boldsymbol{\Delta}){}_{T}^{C}\boldsymbol{T}=&{}_{O}^{C}\boldsymbol{T}\,{}_{B}^{O}\boldsymbol{T}\sum_{i=1}^{m}({}_{i}^{B}\boldsymbol{T}({}^{i}\boldsymbol{\Delta}){}_{m}^{i}\boldsymbol{T}){}_{T}^{E_2}\boldsymbol{T}+{}_{O}^{C}\boldsymbol{T}{}_{B}^{O}\boldsymbol{T}({}^{B}\boldsymbol{\Delta}){}_{m}^{B}\boldsymbol{T}{}_{T}^{E_2}\boldsymbol{T}\\&+{}_{E_1}^{C}\boldsymbol{T}({}^{E_1}\boldsymbol{\Delta}){}_{O}^{E_1}\boldsymbol{T}\,{}_{B}^{O}\boldsymbol{T}{}_{m}^{B}\boldsymbol{T}{}_{T}^{E_2}\boldsymbol{T}+{}_{O}^{C}\boldsymbol{T}{}_{B}^{O}\boldsymbol{T}{}_{E_2}^{B}\boldsymbol{T}{}_{T}^{E_2}\boldsymbol{T}({}^{T}\boldsymbol{\Delta})\end{aligned} \tag{3-147}$$

将刀具到扫描仪的位姿误差矩阵 $\Delta_{T}^{C}\boldsymbol{T}$ 转移到扫描仪坐标系 $\{C\}$ 得到微分算子 ${}^{C}\boldsymbol{\Delta}$ 的表达式为

$$\begin{aligned}{}^{C}\boldsymbol{\Delta}&=(\Delta_{T}^{C}\boldsymbol{T}){}_{T}^{C}\boldsymbol{T}^{-1}\\&={}_{O}^{C}\boldsymbol{T}{}_{B}^{O}\boldsymbol{T}\sum_{i=1}^{m}({}_{i}^{B}\boldsymbol{T}({}^{i}\boldsymbol{\Delta}){}_{m}^{i}\boldsymbol{T}){}_{T}^{E_2}\boldsymbol{T}{}_{T}^{C}\boldsymbol{T}^{-1}+{}_{O}^{C}\boldsymbol{T}{}_{B}^{O}\boldsymbol{T}({}^{B}\boldsymbol{\Delta}){}_{E_2}^{B}\boldsymbol{T}{}_{T}^{E_2}\boldsymbol{T}{}_{T}^{C}\boldsymbol{T}^{-1}\\&\quad+{}_{E_1}^{C}\boldsymbol{T}({}^{E_1}\boldsymbol{\Delta}){}_{O}^{E_1}\boldsymbol{T}{}_{B}^{O}\boldsymbol{T}{}_{E_2}^{B}\boldsymbol{T}{}_{T}^{E_2}\boldsymbol{T}{}_{T}^{C}\boldsymbol{T}^{-1}+{}_{O}^{C}\boldsymbol{T}{}_{B}^{O}\boldsymbol{T}{}_{E_2}^{B}\boldsymbol{T}{}_{T}^{E_2}\boldsymbol{T}({}^{T}\boldsymbol{\Delta}){}_{T}^{C}\boldsymbol{T}^{-1}\\&=\sum_{i=1}^{m}({}_{i}^{C}\boldsymbol{T}({}^{i}\boldsymbol{\Delta}){}_{C}^{i}\boldsymbol{T})+{}_{B}^{C}\boldsymbol{T}({}^{B}\boldsymbol{\Delta}){}_{C}^{B}\boldsymbol{T}+{}_{E_1}^{C}\boldsymbol{T}({}^{E_1}\boldsymbol{\Delta}){}_{C}^{E_1}\boldsymbol{T}+{}_{T}^{C}\boldsymbol{T}({}^{T}\boldsymbol{\Delta}){}_{C}^{T}\boldsymbol{T}\\&=\sum_{i=1}^{m}(({}_{i}^{C}\boldsymbol{T}\boldsymbol{\Delta}_{a_{i-1}}{}_{C}^{i}\boldsymbol{T})\Delta a_{i-1}+({}_{i}^{C}\boldsymbol{T}\boldsymbol{\Delta}_{\alpha_{i-1}}{}_{C}^{i}\boldsymbol{T})\Delta\alpha_{i-1}+({}_{i}^{C}\boldsymbol{T}\boldsymbol{\Delta}_{d_i}{}_{C}^{i}\boldsymbol{T})\Delta d_i+({}_{i}^{C}\boldsymbol{T}\boldsymbol{\Delta}_{\theta_i}{}_{C}^{i}\boldsymbol{T})\Delta\theta_i)\\&\quad+{}_{B}^{C}\boldsymbol{T}({}^{B}\boldsymbol{\Delta}){}_{C}^{B}\boldsymbol{T}+{}_{E_1}^{C}\boldsymbol{T}({}^{E_1}\boldsymbol{\Delta}){}_{C}^{E_1}\boldsymbol{T}+{}_{T}^{C}\boldsymbol{T}({}^{T}\boldsymbol{\Delta}){}_{C}^{T}\boldsymbol{T}\end{aligned} \tag{3-148}$$

通过上式可将该系统中末端刀具误差通过坐标映射转换为在相机坐标系{C}中的微分运动，该微分运动主要由两部分组成：

① 作业机器人关节运动学误差（$\Delta\boldsymbol{\alpha}$，$\Delta\boldsymbol{a}$，$\Delta\boldsymbol{\theta}$，$\Delta\boldsymbol{d}$）所引起的微分运动；

② 系统中各单元间位姿变换矩阵标定误差造成的微分运动（${}^{B}\boldsymbol{\Delta}$，${}^{E_1}\boldsymbol{\Delta}$，${}^{T}\boldsymbol{\Delta}$）。

对式(3-148) 的微分算子进行逆运算（$^{\vee}$）后可得：

$$
\begin{aligned}
({}^{C}\boldsymbol{\Delta})^{\vee} &= \sum_{i=1}^{m}\big(({}^{C}_{i}\boldsymbol{T}\boldsymbol{\Delta}_{a_{i-1}}{}^{i}_{C}\boldsymbol{T})^{\vee}\ \Delta a_{i-1} + ({}^{C}_{i}\boldsymbol{T}\boldsymbol{\Delta}_{\alpha_{i-1}}{}^{i}_{C}\boldsymbol{T})^{\vee}\ \Delta\alpha_{i-1} + ({}^{C}_{i}\boldsymbol{T}\boldsymbol{\Delta}_{d_i}{}^{i}_{C}\boldsymbol{T})^{\vee}\ \Delta d_i \\
&\quad + ({}^{C}_{i}\boldsymbol{T}\boldsymbol{\Delta}_{\theta_i}{}^{i}_{C}\boldsymbol{T})^{\vee}\ \Delta\theta_i\big) + \mathrm{Ad}_V({}^{C}_{B}\boldsymbol{T})\,{}^{B}\boldsymbol{D} + \mathrm{Ad}_V({}^{C}_{E_1}\boldsymbol{T})\,{}^{E_1}\boldsymbol{D} + \mathrm{Ad}_V({}^{C}_{T}\boldsymbol{T})\,{}^{T}\boldsymbol{D} \\
&= [\boldsymbol{M}_{\alpha},\ \boldsymbol{M}_{a},\ \boldsymbol{M}_{\theta},\ \boldsymbol{M}_{d}]\,[\Delta\alpha^{\mathrm{T}}, \Delta a^{\mathrm{T}}, \Delta\theta^{\mathrm{T}}, \Delta d^{\mathrm{T}}]^{\mathrm{T}} + \mathrm{Ad}_V({}^{C}_{B}\boldsymbol{T})\,{}^{B}\boldsymbol{D} + \\
&\quad \mathrm{Ad}_V({}^{C}_{E_1}\boldsymbol{T})\,{}^{E_1}\boldsymbol{D} + \mathrm{Ad}_V({}^{C}_{T}\boldsymbol{T})\,{}^{T}\boldsymbol{D} \\
&= [\boldsymbol{M}_{\alpha},\ \boldsymbol{M}_{a},\ \boldsymbol{M}_{\theta},\ \boldsymbol{M}_{d}, \mathrm{Ad}_V({}^{C}_{B}\boldsymbol{T}), \mathrm{Ad}_V({}^{C}_{E_1}\boldsymbol{T}), \mathrm{Ad}_V({}^{C}_{T}\boldsymbol{T})] \\
&\quad [\Delta\alpha^{\mathrm{T}}, \Delta a^{\mathrm{T}}, \Delta\theta^{\mathrm{T}}, \Delta d^{\mathrm{T}}, {}^{B}\boldsymbol{D}^{\mathrm{T}}, {}^{E_1}\boldsymbol{D}^{\mathrm{T}}, {}^{T}\boldsymbol{D}^{\mathrm{T}}]^{\mathrm{T}} \\
&= G\big|_{6\times(4m+18)}\,\Delta q\big|_{(4m+18)\times 1}
\end{aligned}
\tag{3-149}
$$

式中，微分算子${}^{B}\boldsymbol{\Delta}$、${}^{E_1}\boldsymbol{\Delta}$与${}^{T}\boldsymbol{\Delta}$所对应的位姿误差矢量分别被表示为${}^{B}\boldsymbol{D}=({}^{B}\boldsymbol{\Delta})^{\vee}$、${}^{E_1}\boldsymbol{D}=({}^{E_1}\boldsymbol{\Delta})^{\vee}$与${}^{T}\boldsymbol{D}=({}^{T}\boldsymbol{\Delta})^{\vee}$。与式(3-83) 类似，式(3-149) 中将该系统中位姿变换矩阵所对应的速度伴随矩阵合并为系数矩阵 $\boldsymbol{G}$ 进行简化描述；系统中作业机器人关节误差矢量与各单元位姿标定误差矢量合并为 $\Delta\boldsymbol{q}$ 进行简化描述。因此式(3-149) 最终可简写为

$$
{}^{C}\boldsymbol{D}=({}^{C}\boldsymbol{\Delta})^{\vee}=\boldsymbol{G}\Delta\boldsymbol{q} \tag{3-150}
$$

式中，${}^{C}\boldsymbol{D}$ 表示在三维扫描仪坐标系{C}下机器人末端刀具的位姿误差矢量。该式描述了待辨识位姿误差（$\Delta\boldsymbol{\alpha}$、$\Delta\boldsymbol{a}$、$\Delta\boldsymbol{\theta}$、$\Delta\boldsymbol{d}$、${}^{B}\boldsymbol{D}$、${}^{E_1}\boldsymbol{D}$、${}^{T}\boldsymbol{D}$）与${}^{C}\boldsymbol{D}$ 的线性关系，可用于双机器人测量-作业系统的误差辨识与补偿，并可拓展到多机器人系统中。

3.5.3 位姿误差补偿模型

在双机器人测量-作业系统中，为了实现对作业机器人位姿误差的精确辨识与补偿，通常采用的方法是在机器人末端工具上安装测量靶标。该靶标与末端工具的连接是刚性的，定义该靶标坐标系为{K}，则{K}相对于机器人末端刀具坐标系{T}的齐次变换矩阵${}^{T}_{K}\boldsymbol{T}$ 不随机器人姿态变化而变化。因此介绍一种以靶标和末端刀具位姿相对不变作为约束条件的广义运动学误差矢量 $\Delta\boldsymbol{q}$ 辨识方法。

通过扫描仪测量靶标可得到{K}到{C}的变换矩阵${}^{C}_{K}\boldsymbol{T}$，则误差补偿后的{K}到{T}的位姿变换矩阵可表示为

$$
\begin{aligned}
&{}^{T}_{K}\boldsymbol{T}+\boldsymbol{\Delta}_{T}\,{}^{T}_{K}\boldsymbol{T}=({}^{C}_{T}\boldsymbol{T}+\boldsymbol{\Delta}_{C}\,{}^{C}_{T}\boldsymbol{T})^{-1}\,{}^{C}_{K}\boldsymbol{T} \\
&=\left(\begin{bmatrix} {}^{C}_{T}\boldsymbol{R} & {}^{C}\boldsymbol{p}_{To} \\ \boldsymbol{0} & 1 \end{bmatrix}+\begin{bmatrix} [{}^{C}\boldsymbol{\delta}] & {}^{C}\boldsymbol{d} \\ \boldsymbol{0} & 0 \end{bmatrix}\begin{bmatrix} {}^{C}_{T}\boldsymbol{R} & {}^{C}\boldsymbol{p}_{To} \\ \boldsymbol{0} & 1 \end{bmatrix}\right)^{-1}\begin{bmatrix} {}^{C}_{K}\boldsymbol{R} & {}^{C}\boldsymbol{p}_{Ko} \\ \boldsymbol{0} & 1 \end{bmatrix}
\end{aligned}
$$

$$=\begin{bmatrix} {}_T^C\boldsymbol{R}^{\mathrm{T}}(\boldsymbol{I}+[{}^C\boldsymbol{\delta}]^{\mathrm{T}}) & -{}_T^C\boldsymbol{R}^{\mathrm{T}}(\boldsymbol{I}+[{}^C\boldsymbol{\delta}]^{\mathrm{T}})({}^C\boldsymbol{p}_{To}+[{}^C\boldsymbol{\delta}]\,{}^C\boldsymbol{p}_{To}+{}^C\boldsymbol{d}) \\ \boldsymbol{0} & 1 \end{bmatrix}\begin{bmatrix} {}_K^C\boldsymbol{R} & {}^C\boldsymbol{p}_{Ko} \\ \boldsymbol{0} & 1 \end{bmatrix}$$

$$\approx\begin{bmatrix} {}_T^C\boldsymbol{R}^{\mathrm{T}}(\boldsymbol{I}+[{}^C\boldsymbol{\delta}]^{\mathrm{T}}) & -{}_T^C\boldsymbol{R}^{\mathrm{T}}({}^C\boldsymbol{p}_{To}+{}^C\boldsymbol{d}) \\ \boldsymbol{0} & 1 \end{bmatrix}\begin{bmatrix} {}_K^C\boldsymbol{R} & {}^C\boldsymbol{p}_{Ko} \\ \boldsymbol{0} & 1 \end{bmatrix} \tag{3-151}$$

该误差补偿公式中忽略了二阶微分项 $[{}^C\boldsymbol{\delta}]^{\mathrm{T}}[{}^C\boldsymbol{\delta}]$，将式(3-151) 左右两端分别展开，其中左侧展开为

$$\begin{aligned} &{}_K^T\boldsymbol{T}+\boldsymbol{\Delta}_T\,{}_K^T\boldsymbol{T} \\ &={}_K^T\boldsymbol{T}+\begin{bmatrix} [{}^T\boldsymbol{\delta}] & {}^T\boldsymbol{d} \\ \boldsymbol{0} & 0 \end{bmatrix}\begin{bmatrix} {}_K^T\boldsymbol{R} & {}^T\boldsymbol{p}_{Ko} \\ \boldsymbol{0} & 1 \end{bmatrix} \\ &={}_K^T\boldsymbol{T}+\begin{bmatrix} [{}^T\boldsymbol{\delta}]\,{}_K^T\boldsymbol{R} & [{}^T\boldsymbol{\delta}]\,{}^T\boldsymbol{p}_{Ko}+{}^T\boldsymbol{d} \\ \boldsymbol{0} & 0 \end{bmatrix} \\ &={}_C^T\boldsymbol{T}+\begin{bmatrix} {}_C^T\boldsymbol{R}\,[{}^T\boldsymbol{\delta}] & \Delta{}^T\boldsymbol{p} \\ \boldsymbol{0} & 0 \end{bmatrix} \end{aligned} \tag{3-152}$$

将式(3-151) 右端展开后可得

$$\begin{aligned} &({}_T^C\boldsymbol{T}+\boldsymbol{\Delta}_C\,{}_T^C\boldsymbol{T})^{-1}\,{}_K^C\boldsymbol{T} \\ &=\begin{bmatrix} {}_K^T\boldsymbol{R}+{}_T^C\boldsymbol{R}^{\mathrm{T}}[{}^C\boldsymbol{\delta}]^{\mathrm{T}}\,{}_K^C\boldsymbol{R} & {}^T\boldsymbol{p}_{Ko}+{}_T^C\boldsymbol{R}^{\mathrm{T}}([{}^C\boldsymbol{\delta}]^{\mathrm{T}}\,{}^C\boldsymbol{p}_{Ko}-{}^C\boldsymbol{d}) \\ \boldsymbol{0} & 1 \end{bmatrix} \\ &={}_C^T\boldsymbol{T}+\begin{bmatrix} -{}_C^T\boldsymbol{R}\,[{}_K^C\boldsymbol{R}^{\mathrm{T}}\,{}^C\boldsymbol{\delta}] & {}_T^C\boldsymbol{R}^{\mathrm{T}}[-\boldsymbol{I},[{}^C\boldsymbol{p}_{Ko}]]({}^C\boldsymbol{D}) \\ \boldsymbol{0} & 0 \end{bmatrix} \\ &={}_K^T\boldsymbol{T}+\begin{bmatrix} -{}_K^T\boldsymbol{R}\,[{}_K^C\boldsymbol{R}^{\mathrm{T}}\,{}^C\boldsymbol{\delta}] & {}_T^C\boldsymbol{R}^{\mathrm{T}}[-\boldsymbol{I},[{}^C\boldsymbol{p}_{Ko}]]\boldsymbol{G}\Delta\boldsymbol{q} \\ \boldsymbol{0} & 0 \end{bmatrix} \\ &={}_K^T\boldsymbol{T}+\begin{bmatrix} -{}_K^T\boldsymbol{R}\,[{}_K^C\boldsymbol{R}^{\mathrm{T}}\,{}^C\boldsymbol{\delta}] & \boldsymbol{K}\Delta\boldsymbol{q} \\ \boldsymbol{0} & 0 \end{bmatrix} \end{aligned} \tag{3-153}$$

对于第 j 组机器人姿态，根据式(3-152) 与式(3-153) 可分别建立该组姿态下作业机器人刀具位姿旋转矩阵与平移向量的等式关系为

$$\begin{cases} {}_K^T\boldsymbol{R}_j+{}_K^T\boldsymbol{R}_j\,[{}^T\boldsymbol{\delta}_j]={}_K^T\boldsymbol{R}_j-{}_K^T\boldsymbol{R}_j\,[{}_K^C\boldsymbol{R}_j^{\mathrm{T}}\,{}^C\boldsymbol{\delta}_j] \\ {}^T\boldsymbol{p}_j+\Delta{}^T\boldsymbol{p}_j={}^T\boldsymbol{p}_j+\boldsymbol{K}_j\Delta\boldsymbol{q} \end{cases} \tag{3-154}$$

机器人在两组不同的姿态下，测量得到的靶标旋转矩阵 ${}_K^T\boldsymbol{R}_j$ 与平移向量 ${}^T\boldsymbol{p}_j$ 会受到位姿误差 $\Delta_{E_1}^C\boldsymbol{T}$、$\Delta_B^O\boldsymbol{T}$、$\Delta_T^{E_2}\boldsymbol{T}$ 与 $\Delta^{i-1}_{\ i}\boldsymbol{T}$（$i=1$，…，$m$）的影响，从而导致不同测量姿态下的 ${}_K^T\boldsymbol{R}_j$ 与 ${}^T\boldsymbol{p}_j$ 均不一致。但误差补偿后在不同机器人标定姿态下的靶标旋转矩阵 $\{{}_K^T\boldsymbol{R}_j+{}_K^T\boldsymbol{R}_j[{}^T\boldsymbol{\delta}_j]\}$ 和平移向量 $\{{}^T\boldsymbol{p}_j+\Delta{}^T\boldsymbol{p}_j\}$ 应该相等。因此对于任意两组机器人姿态 l_1 和 l_2，靶标姿态应满足等式关系，即

$$ {}_B^T\boldsymbol{R}_{i1}-{}_B^T\boldsymbol{R}_{i1}[{}_B^C\boldsymbol{R}_{i1}^{\mathrm{T}}\ {}^C\boldsymbol{\delta}_{i1}]={}_B^T\boldsymbol{R}_{i2}-{}_B^T\boldsymbol{R}_{i2}[{}_B^C\boldsymbol{R}_{i2}^{\mathrm{T}}\ {}^C\boldsymbol{\delta}_{i2}] \tag{3-155}$$

对于上式中的旋转矩阵，需要在靶标坐标系$\{K\}$对旋转矩阵分别进行相对于x、y、z轴单位矢量的旋转变换。首先对于x轴的旋转变换为

$$ ({}_K^T\boldsymbol{R}_{l_1}-{}_K^T\boldsymbol{R}_{l_1}[{}_K^C\boldsymbol{R}_{l_1}^{\mathrm{T}}\ {}^C\boldsymbol{\delta}_{l_1}])[1,0,0]^{\mathrm{T}}=({}_K^T\boldsymbol{R}_{l_2}-{}_K^T\boldsymbol{R}_{l_2}[{}_K^C\boldsymbol{R}_{l_2}^{\mathrm{T}}\ {}^C\boldsymbol{\delta}_{l_2}])[1,0,0]^{\mathrm{T}} \tag{3-156}$$

对上式进行整理后可得

$$\begin{aligned} &{}_K^T\boldsymbol{R}_{l_1}[1,0,0]^{\mathrm{T}}-{}_K^T\boldsymbol{R}_{l_2}[1,0,0]^{\mathrm{T}}\\ &={}_K^T\boldsymbol{R}_{l_2}[[1,0,0]^{\mathrm{T}}]{}_K^C\boldsymbol{R}_{l_2}^{\mathrm{T}}\,{}^C\boldsymbol{\delta}_{l_2}-{}_K^T\boldsymbol{R}_{l_1}[[1,0,0]^{\mathrm{T}}]{}_K^C\boldsymbol{R}_{l_1}^{\mathrm{T}}\,{}^K\boldsymbol{\delta}_{l_1}\\ &=({}_K^T\boldsymbol{R}_{l_2}[[1,0,0]^{\mathrm{T}}]{}_K^C\boldsymbol{R}_{l_2}^{\mathrm{T}}\widetilde{\boldsymbol{G}}_{l_2}-{}_K^T\boldsymbol{R}_{l_1}[[1,0,0]^{\mathrm{T}}]{}_K^C\boldsymbol{R}_{l_1}^{\mathrm{T}}\widetilde{\boldsymbol{G}}_{l_1})\Delta\boldsymbol{q}\\ &=(\boldsymbol{K}_{R_x,l_2}-\boldsymbol{K}_{R_x,i1})\Delta\boldsymbol{q} \end{aligned} \tag{3-157}$$

式中，$\widetilde{\boldsymbol{G}}_{l_1}$和$\widetilde{\boldsymbol{G}}_{l_2}$分别为矩阵$\boldsymbol{G}_{l_1}$和$\boldsymbol{G}_{l_2}$中后三行元素所构成的矩阵，因此可以得到$\widetilde{\boldsymbol{G}}_{l_1}\Delta\boldsymbol{q}={}^C\boldsymbol{\delta}_{l_1}$，$\widetilde{\boldsymbol{G}}_{l_2}\Delta\boldsymbol{q}={}^C\boldsymbol{\delta}_{l_2}$。同理，对于$y$轴和$z$轴的旋转变换按照如上流程计算分别为

$$ {}_K^T\boldsymbol{R}_{l_1}[0,1,0]^{\mathrm{T}}-{}_K^T\boldsymbol{R}_{l_2}[0,1,0]^{\mathrm{T}}=(\boldsymbol{K}_{R_x,l_2}-\boldsymbol{K}_{R_x,i1})\Delta\boldsymbol{q} \tag{3-158}$$

$$ {}_K^T\boldsymbol{R}_{l_1}[0,0,1]^{\mathrm{T}}-{}_K^T\boldsymbol{R}_{l_2}[0,0,1]^{\mathrm{T}}=(\boldsymbol{K}_{R_x,l_2}-\boldsymbol{K}_{R_x,i1})\Delta\boldsymbol{q} \tag{3-159}$$

依据靶标与末端刀具相对位姿不变的约束，第l_1与l_2组作业机器人姿态所对应的作业点坐标向量应满足如下关系：

$$ {}^T\boldsymbol{p}_{l_2}-{}^T\boldsymbol{p}_{l_1}=(\boldsymbol{K}_{t,l_1}-\boldsymbol{K}_{t,l_2})\Delta\boldsymbol{q} \tag{3-160}$$

联立式(3-157)～式(3-160)可得到线性方程组：

$$\begin{bmatrix} {}_K^T\boldsymbol{R}_{l_1}[1,0,0]^{\mathrm{T}}-{}_K^T\boldsymbol{R}_{l_2}[1,0,0]^{\mathrm{T}}\\ {}_K^T\boldsymbol{R}_{l_1}[0,1,0]^{\mathrm{T}}-{}_K^T\boldsymbol{R}_{l_2}[0,1,0]^{\mathrm{T}}\\ {}_K^T\boldsymbol{R}_{l_1}[0,0,1]^{\mathrm{T}}-{}_K^T\boldsymbol{R}_{l_2}[0,0,1]^{\mathrm{T}}\\ {}^T\boldsymbol{p}_{l_2}-{}^T\boldsymbol{p}_{l_1} \end{bmatrix}=\begin{bmatrix} \boldsymbol{K}_{R_x,l_1}-\boldsymbol{K}_{R_x,l_2}\\ \boldsymbol{K}_{R_y,l_1}-\boldsymbol{K}_{R_y,l_2}\\ \boldsymbol{K}_{R_z,l_1}-\boldsymbol{K}_{R_z,l_2}\\ \boldsymbol{K}_{t,l_1}-\boldsymbol{K}_{t,l_2} \end{bmatrix}\Delta\boldsymbol{q} \tag{3-161}$$

分别用矩阵$\boldsymbol{M}_l$与矩阵$\boldsymbol{N}_l$表示上式等号左右两侧的矩阵，可将上式简写为

$$ \boldsymbol{M}_l=\boldsymbol{N}_l\Delta\boldsymbol{q} \tag{3-162}$$

对于$2m[m\geqslant(4n+18)/12]$组姿态，可构建线性方程组：

$$\begin{bmatrix}\boldsymbol{N}_1\\ \vdots\\ \boldsymbol{N}_m\end{bmatrix}\Delta\boldsymbol{q}=\begin{bmatrix}\boldsymbol{M}_1\\ \vdots\\ \boldsymbol{M}_m\end{bmatrix} \tag{3-163}$$

通过矩阵的伪逆可求解作业机器人的广义运动学误差$\Delta\boldsymbol{q}$。根据式(3-149)可求得作业机器人关节运动学误差$\Delta\boldsymbol{\alpha}$、$\Delta\boldsymbol{a}$、$\Delta\boldsymbol{\theta}$、$\Delta\boldsymbol{d}$，它们组成了$\Delta\boldsymbol{q}$的前$4n$项元素；$\Delta\boldsymbol{q}$的第$4n+1$～$4n+6$项元素为作业机器人基坐标系位姿误差矢量${}^B\boldsymbol{D}$；$\Delta\boldsymbol{q}$的第$4n+7$～$4n+12$项元素为手眼位姿误差矢量${}^{E_1}\boldsymbol{D}$；$\Delta\boldsymbol{q}$的第$4n+13$～$4n+18$项元素为作业机器人末端与刀具间的误矢量${}^T\boldsymbol{D}$。

通过辨识得到的位姿误差矢量${}^{E_1}\boldsymbol{D}$、${}^B\boldsymbol{D}$与${}^T\boldsymbol{D}$可对双机器人测量-作业系统中存在的误差进行补偿，定义补偿后的位姿变换矩阵分别为${}_{E_1}^C\boldsymbol{T}^*$、${}_B^O\boldsymbol{T}^*$与${}_T^{E_2}\boldsymbol{T}^*$，它们的表达式为

$$
\begin{aligned}
{}_{E_1}^{C}\boldsymbol{T}^{*} &= {}_{E_1}^{C}\boldsymbol{T} + \Delta_{E_1}^{C}\boldsymbol{T} = {}_{E_1}^{C}\boldsymbol{T} + {}_{E_1}^{C}\boldsymbol{T}^{E_1}\boldsymbol{\Delta} = {}_{E_1}^{C}\boldsymbol{T} + {}_{E_1}^{C}\boldsymbol{T}\left[{}^{E_1}\boldsymbol{D}\right] \\
{}_{B}^{O}\boldsymbol{T}^{*} &= {}_{B}^{O}\boldsymbol{T} + \Delta_{B}^{O}\boldsymbol{T} = {}_{B}^{O}\boldsymbol{T} + {}_{B}^{O}\boldsymbol{T}^{B}\boldsymbol{\Delta} = {}_{B}^{O}\boldsymbol{T} + {}_{B}^{O}\boldsymbol{T}\left[{}^{B}\boldsymbol{D}\right] \\
{}_{T}^{E_2}\boldsymbol{T}^{*} &= {}_{T}^{E_2}\boldsymbol{T} + \Delta_{T}^{E_2}\boldsymbol{T} = {}_{T}^{E_2}\boldsymbol{T} + {}_{T}^{E_2}\boldsymbol{T}^{\mathrm{T}}\boldsymbol{\Delta} = {}_{T}^{E_2}\boldsymbol{T} + {}_{T}^{E_2}\boldsymbol{T}\left[{}^{T}\boldsymbol{D}\right]
\end{aligned}
\tag{3-164}
$$

3.6　本章小结

3.1 节对单机器人在测量和作业过程中误差的产生、传递和累积进行了详细的数学建模，分析各种误差来源，包括传感器噪声、机械臂关节间隙和作业工具的装配误差等。3.2 节系统地介绍手眼标定的基本原理、常用算法和实现方法。3.3 节针对单机器人系统中存在的运动学误差和手眼标定误差，探讨如何通过实验数据进行误差辨识，并提出有效的误差补偿策略，以提高系统的整体精度。3.4 节介绍双机器人系统的同步标定方法，解决多机器人之间的空间关系和协作问题。3.5 节深入探讨双机器人系统中的误差来源和传递机制，提出针对性的误差辨识和补偿方法，以解决因分步标定导致的误差累积问题，确保双机器人协同工作的精度和稳定性。

参考文献

[1] 谢核. 机器人作业几何误差建模及工程应用 [D]. 武汉：华中科技大学，2019.

[2] Tsai R Y，Lenz R K. A new technique for fully autonomous and efficient 3D robotics hand/eye calibration [J]. IEEE Transactions on Robotics and Automation，1989，5 (3)：345-358.

[3] Shah M. Solving the robot-world/hand-eye calibration problem using the kronecker product [J]. Journal of Mechanisms and Robotics，2013，5 (3)：031007.

[4] Hirsh R L，DeSouza G N，Kak A C. An iterative approach to the hand-eye and base-world calibration problem [C] //Proceedings of Proceedings 2001 ICRA. IEEE International Conference on Robotics and Automation (Cat. No. 01CH37164). Seoul，South Korea. IEEE，2001：2171-2176.

[5] 王刚. 航空蒙皮机器人铣削加工位姿参数标定与光顺路径规划 [D]. 武汉：华中科技大学，2021.

[6] Tan C H，Ma S Q，Dai Y H，et al. Barzilai-borwein step size for stochastic gradient descent [EB/OL]. 2016：1605.04131. https：//arxiv. org/abs/1605. 04131v2.

第 4 章

机器人测量路径规划

随着制造业、航空航天、环境监测及智能电网等领域的快速发展，对高精度、高效率测量的需求日益增长。机器人凭借其高精度、高稳定性及可编程性等特点，成为执行复杂测量任务的首选工具。机器人测量任务不仅能够大幅提升测量效率，减少人力成本，还能在恶劣或危险环境中代替人类进行作业，保障人员安全。视点规划与测量路径规划是机器人测量任务中的核心环节，两者相辅相成，共同构成了机器人测量任务的技术支撑体系。视点规划专注于为机器人确定最佳的观测位置或视点，以确保测量数据的全面性和准确性。而测量路径规划则是在此基础上，结合环境信息、机器人动力学特性及任务需求，进一步考虑机器人的移动策略，规划出一条或多条能够高效遍历目标区域、同时满足视点规划要求的路径。

本章对视点规划和测量路径规划技术进行介绍。首先介绍基于先验模型的视点规划、无模型视点规划、机器学习视点规划技术，然后介绍测量路径规划技术。通过本章节的学习，读者将全面理解机器人测量路径规划的基本原理、关键技术等。

4.1 测量扫描仪可视锥模型

在测量规划的过程中，通常需要将某次测量所能获取到的被测对象的信息作为主要依据来对测量动作进行评估。扫描仪的可视锥模型描述了扫描仪能捕获到的被测对象信息的视野范围，可用于准确地计算可见度矩阵等评估测量动作的重要信息。因此，了解可视锥模型对于理解测量视点规划等的原理至关重要。以下列举了两类常用扫描仪的可视锥模型。

4.1.1 球笼型三维扫描仪可视锥模型

三维扫描仪的可视锥模型可用来计算可见度矩阵。如图 4-1 所示，3D 扫描仪（$D_{\min}$、$D_{\max}$）的工作距离范围通常提供了满足聚焦、图像质量和分辨率约束的良好范围。给定扫描仪校准结果（${}^{L}\boldsymbol{T}_{R}$、$\boldsymbol{K}_{L}$、$\boldsymbol{K}_{R}$）、手眼校准结果（${}^{E}\boldsymbol{T}_{L}$）和跟踪器-扫描仪校准结果（${}^{L}\boldsymbol{T}_{V}$），从视点到左相机和右相机的变换 ${}^{V}\boldsymbol{T}_{L}$ 和 ${}^{V}\boldsymbol{T}_{R}$ 可以由下式确定：

$$ {}^{V}\boldsymbol{T}_{L} = {}^{L}\boldsymbol{T}_{V}^{-1} \tag{4-1} $$

$$ {}^{V}\boldsymbol{T}_{R} = {}^{V}\boldsymbol{T}_{L}\,{}^{L}\boldsymbol{T}_{R} \tag{4-2} $$

每个相机和投影仪相对于目标物体的坐标框架的位置可以通过下式计算：

$$\begin{bmatrix} p_i^C \\ 1 \end{bmatrix} = {}^oT_{V_i}\,{}^VT_C \begin{bmatrix} 0 \\ 1 \end{bmatrix} \tag{4-3}$$

式中，$C=L,R,V$。可见性约束包含视场角、视场、跟踪器光线范围三个约束。

① 视场角（viewing angle，VA）：由于表面对光线的反射，当其视场角接近 90°时，每个相机沿一条光线的观察点会不可靠。给定最大视场角 $\theta_{\max}$，该约束条件可表示为

$$(x_j - p_i^C)y_j < \| x_j - p_i^C \| \cos(\pi - \theta_{\max}) \tag{4-4}$$

式中，$C=L$，R。

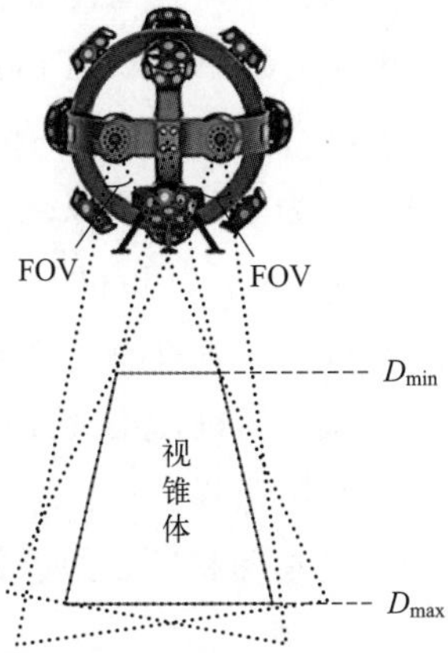

图 4-1　扫描仪视场

② 视场（field of view，FOV）：每个相机的 FOV 可以由参数 $u_{\min}$、$u_{\max}$、$v_{\min}$、$v_{\max}$、$w_{\min}$ 和 $w_{\max}$ 定义，其中 u 和 v 是像素坐标，w 是相机的工作距离。扫描仪的成像过程可以表述为

$$[x_j^C, y_j^C, z_j^C, 1]^{\mathrm{T}} = ({}^OT_{V_i}\quad {}^VT_C)^{-1}[O_j^{\mathrm{T}}, 1]^{\mathrm{T}} \tag{4-5}$$

$$[u_j^C, v_j^C, 1]^{\mathrm{T}} = K_C \left[\frac{x_j^C}{z_j^C}, \frac{y_j^C}{z_j^C}, 1\right] \tag{4-6}$$

式中，$[x_j^C,\ y_j^C,\ z_j^C]^{\mathrm{T}}$ 分别表示左右相机视野下物体在 x、y、z 轴上的位置；${}^BT_A$ 为 A 到 B 的变换矩阵；O_j 为被测物体在世界坐标系下的坐标；K_C 为左右相机的内参矩阵。因此，该约束可以写成：

$$u_j^C \in [u_{\min}^C, u_{\max}^C] \tag{4-7}$$

$$v_j^C \in [v_{\min}^C, v_{\max}^C] \tag{4-8}$$

$$z_j^C \in [w_{\min}^C, w_{\max}^C] \tag{4-9}$$

③ 跟踪器光线范围（tracker light range，TLR）：表面应充分暴露在跟踪器视野下。它被认为是距离范围为 $x_{\min}$、$x_{\max}$、$y_{\min}$、$y_{\max}$ 的 FOV 约束的特殊情况，如图 4-2 所示，可以用公式表示

$$\frac{x_j^V}{z_j^V} \in \left[\frac{x_{\min}}{D_{\min}}, \frac{x_{\max}}{D_{\max}}\right] \tag{4-10}$$

$$\frac{y_j^V}{z_j^V} \in \left[\frac{y_{\min}}{D_{\min}}, \frac{y_{\max}}{D_{\max}}\right] \tag{4-11}$$

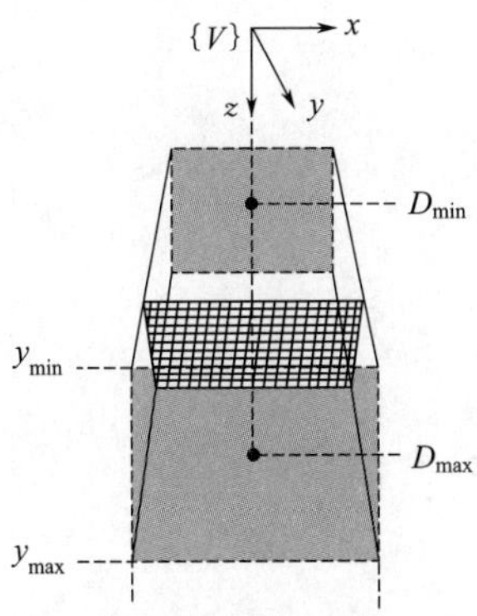

图 4-2　跟踪相机视锥体三维模型

4.1.2　三维面结构光扫描仪可视锥模型

三维面结构光扫描系统如图 4-3 所示，由投影仪投射正弦条纹到待测物表面，双目相机采集待测物表面带有编码信息的光栅图像，通过对光栅图像进行解码，计算视区内像素的相位值，进一步通过极线约束完成左右相机匹配，

再采用双目立体视觉技术求解物体表面点的三维坐标信息，实现待测物的三维重建。

图 4-4 为单、双目相机有效测量范围示意图，其中图 4-4(a) 为单相机有效测量范围示意图，D_1 为单相机近景深，D 为单相机景深范围，H 为单相机最佳测量距离；图 4-4(b) 为双目相机有效测量范围正视点，其中区域 1 表示双目相机有效测量范围，两相机之间的距离为 L，相机 1 为基准相机，正视点中视场角为 θ，l_1、l_2 为相机 1 的上下视场边界，l_3、l_4 为相机 2 的上下视场边界，l_5、l_6 为相机 1 和相机 2 的近景深边界。

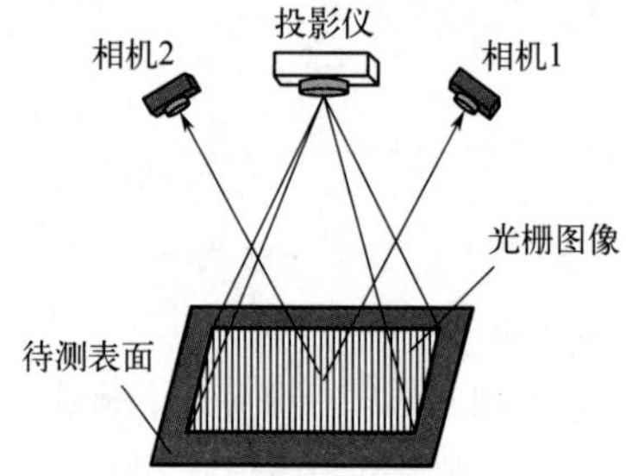

图 4-3　面结构光三维扫描系统

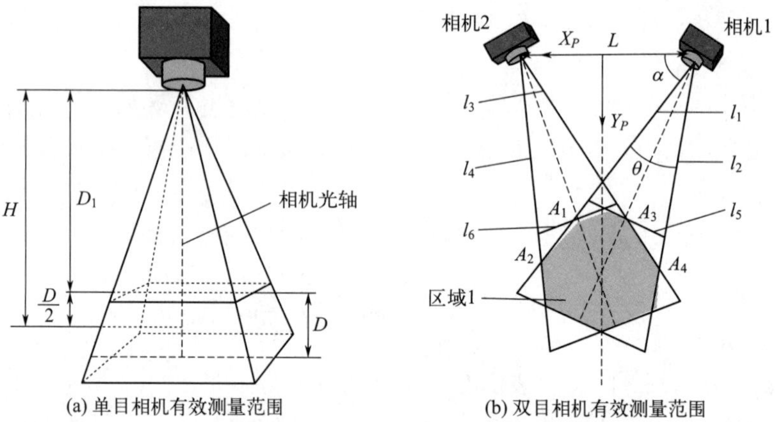

图 4-4　单目/双目相机有效测量范围示意图

在图 4-4(b) 中建立平面坐标系，以两相机中心为坐标原点，将相机 1 指向相机 2 的方向定义为 X 轴，沿着原点指向待测物方向建立 Y 轴，相机 1 上边界与 X 轴的夹角为 α，则两相机视场及景深边界直线方程可表示为

$$l_1=\left(x+\frac{L}{2}\right)\tan\alpha \tag{4-12}$$

$$l_2=\tan(\alpha+\theta)\left(x+\frac{L}{2}\right) \tag{4-13}$$

$$l_3=-\left(x-\frac{L}{2}\right)\tan\alpha \tag{4-14}$$

$$l_4=-\tan(\alpha+\theta)\left(x-\frac{L}{2}\right) \tag{4-15}$$

$$l_5=-\left(x+\frac{L}{2}-D_1\cos\varepsilon_2\right)\tan\varepsilon_1+D_1\sin\varepsilon_2 \tag{4-16}$$

$$l_6=\left(x-\frac{L}{2}+D_1\cos\varepsilon_2\right)\tan\varepsilon_1+D_1\sin\varepsilon_2 \tag{4-17}$$

式中，$\varepsilon_1=90-\alpha-\dfrac{\theta}{2}$，$\varepsilon_2=\alpha+\dfrac{\theta}{2}$。

根据图 4-4 可以求出 l_1 与 l_6 的交点 $A_1(x_1,y_1)$，l_1 与 l_4 的交点 $A_2(x_2,y_2)$，l_3 与 l_5

的交点 $A_3(x_3, y_3)$，l_3 与 l_2 的交点 $A_4(x_4, y_4)$。

由于投影仪投射比大，景深范围较小，因此双目扫描仪的有效测量范围小于双目相机的有效测量范围。图 4-5 为双目扫描仪有效测量范围示意图，区域 2 为双目扫描仪的有效测量范围。

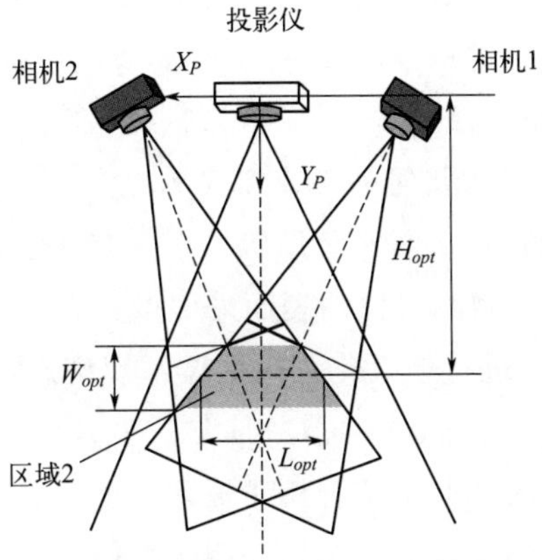

图 4-5　双目扫描仪有效测量范围示意图

4.2　基于先验模型的视点规划

物体的三维（3D）模型在机器人技术中有几个典型应用，例如碰撞检测、物体识别、姿态估计等，因此，移动机器人必须能够构建其环境中物体的 3D 模型，以便进一步与它们交互。构建对象 3D 模型的任务被称为自动 3D 对象重建[1,2]。鉴于物体未知，重建是一个在当前位姿扫描和决定下一步在哪个姿态的循环过程。首先，机器人将扫描仪定位到当前位姿进行扫描。然后，将在当前位姿扫描获取的数据通过点云配准等方式转换到全局参考系中进行数据融合。之后，机器人必须计算下一个传感器姿态并执行扫描。循环这个过程以增加重建的表面，当满足终止标准时，重建完成。这种计算下一个传感器姿态的过程被称为下一个最佳视点。

基于先验模型的视点规划是一种在已知或假设的目标模型基础上进行视点选择和规划的方法。例如，在某些工业产品的检测过程中，通常其设计模型是已知的，而工业成品与设计模型之间的区别较小，那么可以利用该设计模型提供的先验知识，设计出有利于检测的视点。该方法首先需要对先验模型进行三维点云采样，从而根据采样的结果进行视点计算。

4.2.1　基于先验模型表面采样与候选视点集的生成

CAD 几何图形通常被表述为 NURBS 面的边界表示（B-Rep）。NURBS（non-uniform rational B-splines）即非均匀有理 B 样条，是一种用于表示曲线和曲面的数学方法。它能够精确描述初等和自由曲线/曲面，且在变换下保持不变。NURBS 方法采用的分子分母分别是分段参数多项式函数与分段多项式的分式表示，因此被称为有理方法。边界表示法（B-Rep）是一种形体外表细节的描述方法，它详细记录了构成几何形体的所有几何、拓扑信息。在 B-Rep 中，形体被定义为封闭的边界表面围成的有限空间。每一个面通过边定义，边通过点定义，点通过三个坐标值来定义。在 CAD 中，NURBS 面通常被用作表示复杂曲面的几何形状。通过 B-Rep，可以清晰地描述 NURBS 面的边界，包括其顶点、边和面等几何元素。这种表示方法使得 CAD 系统能够更准确地处理和编辑 NURBS 面，如进行切割、缝合、布尔运算等操作。NURBS 曲面是一种常用的表示复杂曲面的方法，然而，直接对 NURBS 曲面进行细分可能会导致形状失真或计算复杂度增加。因此，引入表面格雷维尔（Greville）点作为细分过程中的辅助点，可以更有效地控制细分后的曲面形状。表面 Greville 点通常位于原始曲面控制点的几何中心或加权平均位置。这种位置选择使得 Greville 点在细分过程中能够更均匀地分布，从而避免形状失真。在基于先验模型表面采样视点规划方法中，选择上述 Greville 点作为被测对象的表面采样点。

另一种方式是将 CAD 模型进行体素化，根据体素模型进行采样。体素模型是一种将三维空间离散化为规则的体素（volume pixels，即 Voxels）格子的表示方法。每个体素可以存储颜色、密度等属性数据，因此非常适合用于表示具有内部结构的物体。在视点规划中，体素模型可以作为三维空间中的基础数据结构，用于存储和表示物体的形状和内部结构。体素化的过程如下：

① 定义一个包含 CAD 模型的 3D 立方体（工作空间立方体）。

② 将工作空间细分为一系列体素，并将它们初始化为空。

③ 将 CAD 模型的每个三角面与对应的体素（或多个体素）关联起来。

④ 定义表面体素（与三角面关联的体素）。

⑤ 定义未知内部体素。

⑥ 计算与每个表面体素相关的表面法线 N_i。

随后利用被测对象的先验体素模型进行表面点采样。由于先验模型是确定的，因此能够简单直观地从体素模型中区分出表面体素。对于每个表面体素，可定义一个表面点，例如取表面体素的中心作为该体素对应的表面点。那么，可以从体素模型中得到一个表面点的集合 S。然后将问题简化为找到一组合适的视点，能够测量 S 中定义的所有表面点。

在进行候选视点集计算时需要先对采样点进行聚类，聚类的出发点是：从单一视点能获取到的表面三维数据的集合。例如，可使用 K-均值聚类算法对采样到的 Greville 点或者表面体素点进行聚类，聚类的条件是：相同点簇中两点之间的最大距离必须小于扫描仪的视场（两个点必须能同时包含在扫描仪的可视锥中），并且其法线之间的最大角度不得高于 90°。至此，便可以通过聚类结果计算候选视点。视点计算在每个采样点簇中进行，并从点数最多的点簇开始。一种最简单的形式是，用点簇的平均点和点簇的平均法线定义视点：

$$P_m=\sum_{i=1}^{H}P_i/H\,;N_m=\sum_{i=1}^{H}N_i/H \tag{4-18}$$

式中，P_i 是第 i 个采样点；N_i 是 P_i 处的表面法线；H 是点簇中聚类点的数量。则候选视点的位置为从 P_m 处，沿 N_m 方向，距离为扫描仪焦距的位置。一个候选视点应包含扫描仪的位置和姿态，上述内容针对每一个点簇确定了对应的扫描仪位置，另外还需要确定视点的姿态。确定候选视点姿态的一种常用方法是，以视点所处位置作为中心形成一个单位球，并在球体表面进行均匀采样，从中心出发并朝向单位球采样点的方向即可作为该视点的候选姿态。之后从所有候选姿态中选择一个符合预定义标准的作为该视点的姿态，例如，能获取到最多该簇中采样点的姿态。综上所述，可以根据被测对象的先验模型生成一个候选视点的集合 V。

4.2.2　候选视点评估

有了候选的视点集合后，测量规划问题简化为找到一组合适的视点，能够测量上一节中定义的所有表面采样点。那么需要按照某种预定义的标准评估该集合中的视点，以寻找最优的视点作为下一个最优视点，这是一种非常常见的视点规划方法。上述标准通常包括：表面覆盖率、获取数据的质量以及执行扫描所需花费的成本。下面详细介绍视点评估所用到几项标准的定义。从某个视点 j 测量一个表面点 i，必须同时满足两个不同的标准：可视性和可达性。如果表面点 i 处在扫描仪的可视锥中，且与视点之间没有遮挡，那么从视点 j 进行观察，表面点 i 是可见的，这种情况可以描述为 $view(i,j)=1$。如果扫描仪可以无碰撞地通过特定的视点来测量，那么该视点是可达的，这种情况描述为 $access(i,j)=1$。同时，对于每个可测量的表面点，它都关联一个特定的置信度值，该置信度值表示所获得点的质量。该置信度是 s 扫描方向 $\boldsymbol{I}_j$ 与表面点 i 的表面法线 $\boldsymbol{n}_i$ 之间夹角的函数，定义如下：

$$c(i,j)=\boldsymbol{n}_i\cdot\boldsymbol{I}_j\quad\text{with}\quad 0\leqslant c\leqslant 1\tag{4-19}$$

为了获得高质量的三维数据，被选择的视点必须能够获取至少具有最小预定义置信度值 $c_{\min}$ 的三维数据。

选择最佳视点需要评估每个视点测量每个表面点的能力，可测量性矩阵 $\boldsymbol{M}$ 是用来存储这些信息的数据结构。在这个矩阵中，行表示采样的表面点，列表示候选视点，每个矩阵元素则表示表面点相对于视点的可测量性。由于置信度度量约束，可测性矩阵的每个元素都关联一个二元值，定义为：

$$\boldsymbol{M}(i,j)=\begin{cases}1 & c(i,j)\geqslant c_{min}\wedge view(i,j)=1\wedge access(i,j)=1\\ 0 & \text{其他}\end{cases}\tag{4-20}$$

在这个矩阵中，第 i 行中所有元素之和等于可以在满足测量质量的前提下测量到表面点 i 的视点数量。如果该行元素之和为零，则意味着是在当前的扫描系统设置下无法满足期望的置信度度量需求的情况下来测量该表面点 i。

此外，扫描轨迹的长度在扫描总成本中占据相当的比例。那么，可以将每个候选视点的扫描成本作为一项重要的评价标准。综合以上标准，可以将选择最优视点的目标函数定义为

$$G(j)=\omega_s G_s(j)+\omega_{sc}G_{sc}(j)\tag{4-21}$$

式中，$G(j)$ 为视点 $j\in V$ 在本次扫描的评价值；ω_s 和 ω_{sc} 分别对应两项子评价函数的权重系数，有 $\omega_s+\omega_{sc}=1$；$G_s(j)$ 代表对视点 j 表面覆盖的度量；$G_{sc}(j)$ 与表面扫描成本的反比相关。两个偏函数都是归一化的。对于每个视点 j，覆盖面积的大小由矩阵 $\boldsymbol{M}$ 的第 j 列的和给出，因此，$G_s(j)$ 定义如下：

$$G_s(j)=\frac{\sum_i \boldsymbol{M}(i,j)}{\boldsymbol{m}_s}\tag{4-22}$$

其中

$$\boldsymbol{m}_s = \max(\sum_i \boldsymbol{M}(i,j)), \forall j \in V \tag{4-23}$$

关于扫描成本，在获取相同数量的表面采样点的情况下，所需的扫描路径长度 spl 越大，则扫描成本越大。因此，$G_{sc}(j)$可以做如下定义：

$$G_{sc}(j) = \frac{\left(\dfrac{\sum_i \boldsymbol{M}(i,j)}{spl(j)}\right)}{\boldsymbol{m}_{sc}} \tag{4-24}$$

其中，

$$\boldsymbol{m}_{sc} = \max\left(\frac{\sum_i \boldsymbol{M}(i,j)}{spl(j)}\right), \forall j \in V \tag{4-25}$$

扫描路径长度 $spl(j)$ 为从上一视点抵达视点 j 所经过的路径长度，这通常涉及机器人末端的路径规划过程，该知识点将在后续内容中进行介绍。这种计算可能很耗时，但是它是离线执行的。在候选视点集中，选择使目标函数 $G(j)$ 最大化的视点 j 作为最佳视点。在执行完所选视点的扫描后，后续的视点规划过程中须将该次测量得到的表面采样点掩码。重复上述过程，直到没有更多的表面采样点可供测量，也就是说，直到可测量性矩阵 $\boldsymbol{M}$ 仅由零元素组成。这个视点规划方法不一定能产生视点数量最少，但能够保证所有表面采样点被视点集覆盖。

4.3 无模型视点规划

无模型视点规划，是指在缺乏或不完全依赖环境精确几何模型的情况下，通过算法自动计算并优化传感器（或观察者）的位置、姿态。在现实世界中，许多场景难以用精确的几何模型完全描述，如动态变化的自然环境、复杂多变的室内布局等。无模型视点规划能够灵活应对这些不确定性，实现高效、鲁棒的视觉测量。同时，相比于构建和维护复杂环境模型所需的计算资源，无模型方法通常更为轻量，能够更快地响应环境变化，满足实时性要求较高的应用场景。本节将介绍基于体素模型效益函数、体素信息熵、曲面边界、机器学习等不同的无模型视点规划方法。

4.3.1 基于体素模型效益函数的视点规划

无模型视点规划方法无法根据被测目标的先验知识来计算视点，因此只能使用当前部分重建的反馈来选择计算下一个最佳视点（next best view，NBV）。如果要从一组候选视点中选择最优 NBV，那么该如何来定量地评价每一个候选视点？效益函数是用于评估不同视点规划方案优劣的数学函数。在基于体素模型的视点规划中，效益函数可以根据具体的视觉任务和目标来定义。例如，视点规划的目标之一是在尽可能短的时间内获取目标完整的模型，为了更快速地重建出目标物体，可以将具有更多信息的视点定义为能够使更多以前未观察到的表面变得可见的视点。通过计算不同视点规划方案的效益函数值，可以比较它们的优劣，从而选出最优的视点规划方案。下面介绍利用体素模型三维空间时，如何定义效益函数来对候选视点进行评估。

机器人必须区分已经观察到的、未观察到的以及可能被遮挡的区域，而使用体素模型有助于使用可见性分析来进行上述操作。为了考虑传感器的不确定性，体素模型通常是一个概率模型。选择基于八叉树结构的概率占用图表示目标所在空间的体素模型。在这种表示中，每个体素都与一个被占用的概率相关联。根据被占用的概率，将每个体素分为三个类别：

① 占用（occupied）体素，表示传感器观测到的物体表面点；

② 空置（free）体素，表示未被占用的空间；

③ 未知（unknown）体素，表示传感器尚未观察到的空间。

每个类别的体素均有一个占用概率区间，例如，未知体素的区间为 [0.45,0.55]，空置体素的占用概率小于 0.45，占用体素的概率大于 0.55，每个体素的占用概率将在每一次扫描实施后被更新（具体的概率更新过程可参考八叉树概率模型）。图 4-6 所示为机器人三维重建平台，可见性计算是在八叉树内部模拟扫描的过程，这种模拟能够确定给定传感器姿态下观察到的每个体素的类型。通常，可见性计算是通过均匀的射线追踪[3] 来实现的，它在地图内部发射一定数量的射线来模拟扫描仪传感器，如图 4-7 所示。

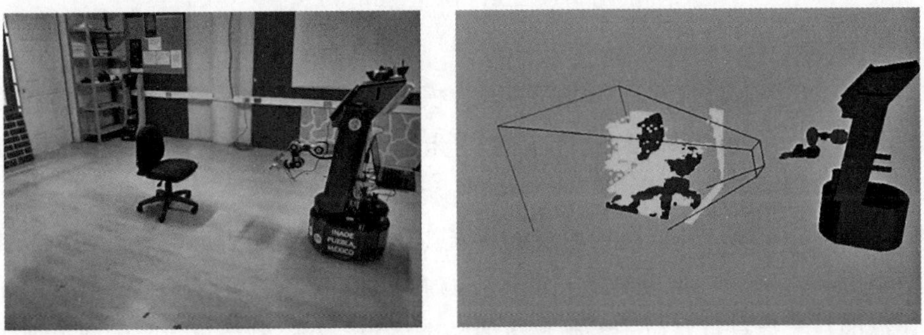

图 4-6　机器人三维测量示例

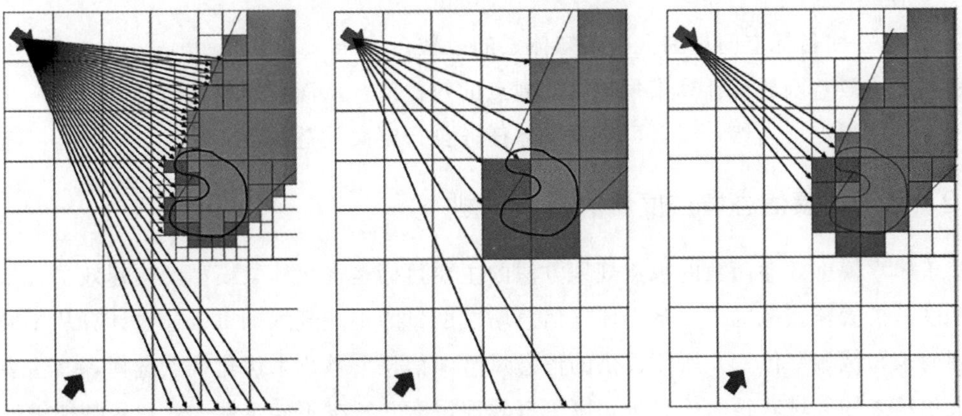

图 4-7　射线追踪技术示意图

在选择下一最佳视点之前，需要生成候选视点集。在被测对象先验模型未知的情况下，可以对机器人的动作空间进行采样，并根据采样的机器人姿态和手眼标定结果计算出候选视点集合。另一种做法是在工作空间中直接生成候选视点集，如球形视点集，但这种预设的视点集合需要逆运动学来实现这些候选对象，且机器人可能无法在物理上达到计划好的视点。之后使用效益函数对候选视点进行评估，以便从中选择最优的视点作为 NBV[4]。效益函数一般为多个因素的乘积：

$$g(x)=\text{pos}(x)\cdot\text{reg}(x)\cdot\text{sur}(x) \tag{4-26}$$

式中，x 为候选视点。

其中每个因素评估一个约束条件，效用函数采用乘法是因为如果其中任何一个因素为零，那么该状态就无效，计算其他因素也就毫无意义了。下面具体解释了每个约束条件的含义：

① 定位约束 pos(x)：如果机器人的状态没有碰撞，且从当前视点到候选视点存在无碰撞路径，则 pos(x) 为 1；否则为 0。

② 局部拼接约束 reg(x)：为了将新的扫描结果融合到整体模型中，新扫描的数据与当前模型的最小重叠量是保证拼接成功的必要条件。如果重叠量达到最小百分比，则 reg(x) 为 1，否则为 0：

$$\text{reg}(x)=\begin{cases}1 & \dfrac{\text{oc}_\text{o}(x)}{\text{oc}_\text{o}(x)+\text{un}_\text{o}(x)}>h \\ 0 & \text{其他}\end{cases} \tag{4-27}$$

式中，$\text{oc}_\text{o}(x)$ 为在可视性计算过程中，被模拟射线触及并位于目标空间包围盒内的已占用体素的数量；$\text{un}_\text{o}(x)$为目标空间包围盒内未知体素的数量；h 为判定是否满足局部拼接重叠度的阈值。

③ 新信息约束 sur(x)：该项约束根据从未知体素中看到的表面数量（即可见未知体素的数量）来评估一个视点。此函数返回的值在 0 和 1 之间。如果没有获得新的信息，则函数返回 0；获得的最大信息量对应于看到物体的整个体积，在这种情况下，函数返回 1。

$$\text{sur}(x)=\frac{\text{un}_\text{o}(x)}{\text{un}_\text{total}} \tag{4-28}$$

式中　un_total——目标空间包围盒内未知体素的总数。

根据上述效益函数可计算出每个候选视点的效益值，从而根据效益值选择其中一个视点作为下一最优视点。当然，读者可根据具体任务自行定义效益函数。

4.3.2　基于体素信息增益度量的视点规划

基于体素模型效益函数的视点规划方法的主要目标是优化体素模型的构建效果，如提高重建精度、扩大覆盖范围等。基于体素信息增益度量的视点规划侧重于通过计算从不同视点观察到的未知区域（体素）所能提供的信息量（即信息增益）来优化视点选择，其主要目标是最大化从未知区域获得的信息量，以更有效地探索并减少不确定性。效益函数能够明确优化目标，从而更容易实现特定的重建需求。而体素信息增益度量充分考虑到测量信息不确定性，相较之下能更容易得到全局最优的结果。两种方法各有优势，本节重点介绍如何通过定义信息增益来评估候选视点[5,6]。

信息增益是通过体素信息（volume information，VI）来进行计算。体素信息（VI）定义为包含在体素中的信息的表达式，而信息增益（information gain，IG）是指每个候选视点预计为三维重建提供的信息量总和。IG 将作为一种度量标准，用于从一组候选视点中找出下一个最佳视点（NBV）。对于三维重建而言，NBV 应该是能最大程度降低模型不确定性的视点。

基于体素信息增益度量的视点规划同样是在概率体素模型上进行的，也同样采用光线跟踪技术来模拟扫描的过程。设 V 为预设的候选视点集合，视点 $v\in V$ 向 3D 物体进行光线投射，令 $\mathcal{R}_v$ 为从物体上向视点 v 投射的射线集合，每个射线在接触物体表面之前会穿过一系列体素 $\mathcal{X}$。我们将视点 $v\in V$ 的预测 IG 表示为$\mathcal{G}_v$。对于每个视点，其信息增益度量为沿着所有射线收集的体素信息 VI 的总和：

$$\mathcal{G}_v=\sum_{\forall r\in\mathcal{R}_v}\sum_{\forall x\in\mathcal{X}}\mathcal{J}_v(x) \tag{4-29}$$

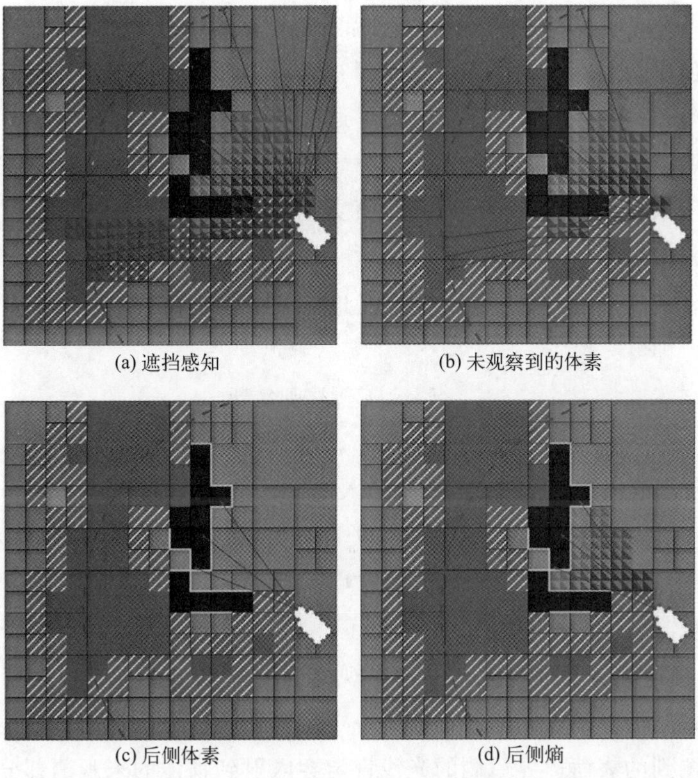
(a) 遮挡感知　(b) 未观察到的体素　(c) 后侧体素　(d) 后侧熵

图 4-8　不同种类的体素信息示意图

［图中不同元素所代表的含义：占用体素（黑色）、未知体素（灰色）、空置体素（绿色）区域、一个候选视点（白色相机）、边界体素（白色条纹）、未知体素边界（黄色）、模拟射线（红色）、最大射线长度（蓝色虚线圈）和 VI 权重（蓝色三角形的不透明度）］

图 4-8 在典型的 2D 场景中展示了四种不同的 VI 形式。在重建过程中体素模型会出现不同的状态以及 IG 的估计情况：每个体素都根据配准后点的测量值分配了占用可能性估计值。根据占用概率，体素的状态可分为被占用的、未被占用的或未知的。使用模型状态作为

输入，可以量化体素信息，然后将其融合以计算 IG 的度量。接下来将介绍基于指示函数、概率函数或两者组合的体素信息形式。

(1) 遮挡感知

体素信息可以定义为其熵：

$$\mathcal{H}(x)=-P_o(x)\ln P_o(x)-\overline{P}_o(x)\ln\overline{P}_o(x) \tag{4-30}$$

式中，$P_o(x_i)$ 为体素 x 被占用的概率；$\overline{P}_o(x_i)$ 为 $P_o(x_i)$ 的互补概率。进一步考虑体素的可见性似然 P_v：

$$\mathcal{J}_v(x)=P_v(x)\mathcal{H}(x) \tag{4-31}$$

对于一个体素 x_n，有

$$P_v(x_n)=\prod_{i=1}^{n-1}\overline{P}_o(x_i) \tag{4-32}$$

式中，$x_i(i=0,\cdots,n-1)$表示在射线到达体素之前，射线所遍历的所有体素。

将式(4-7) 代入式(4-5)，则可以通过从特定视点 $v\in V$ 给出的 IG 估计出地图中可见体素的信息熵。若使用上述定义的体素信息选择视点，下一个最优视点是具有最高可见不确定性的视点。由式(4-8) 可知，离传感器位置越远的体素对 IG 的贡献越小，这是因为它被未观察到的障碍物遮挡的可能性越高。这种信息定义的一个缺陷是：体素的占用和不占用被同等加权，忽略了未被占用体素对重建任务没有贡献的事实。

(2) 未观察到的体素

体素状态通常被定义为二值变量[7,8]，因此可以根据体素的观测状态（已知或未知）设置一个指示函数，即

$$\mathcal{J}_u(x)=\begin{cases}1 & \text{未观察到 } x\\ 0 & \text{观察到 } x\end{cases} \tag{4-33}$$

将如式(4-7) 中所示的占用似然度 $\mathcal{J}_v(x)$ 纳入定义体素状态的式(4-9) 中，有

$$\mathcal{J}_k(x)=\mathcal{J}_u(x)\mathcal{J}_v(x) \tag{4-34}$$

$\mathcal{J}_k(x)$ 即可衡量未观察到的体素中的隐藏信息。

(3) 后侧体素

式(4-34) 中描述的体素信息没有考虑未观察到的体素是否可能被占用。假设感兴趣对象大于单个体素，则沿着被占用体素正后方一定距离处的射线追踪的体素很可能也是被占用的。入射到已观测到的表面边界后侧的光线肯定会入射到物体的未观测部分。综上所述，将后侧体素定义为在射线上与被占用体素相邻的被遮挡的未知体素。设 S_o 为后侧体素集合，因此将后侧体素信息定义为

$$\mathcal{J}_b(x)=\begin{cases}1 & x\in S_o\\ 0 & x\notin S_o\end{cases} \tag{4-35}$$

(4) 后侧熵

与式(4-35) 中的后侧体素计数不同，后侧熵体素信息考虑被占用体素后面所有未知体素的占用可能性。因此，后侧熵信息将后侧体素信息中的后侧体素集 S_o 替换为被占用体素

后面的所有未知体素的集合，即

$$\mathcal{J}_n(x)=\mathcal{J}_b(x)\mathcal{J}_v(x) \tag{4-36}$$

式(4-35) 和式(4-36) 在计算上是高效的，因为它们可以在无需额外评估的情况下，搜索可能指向物体未观察到的部分的视点。

(5) 接近程度

为了定义一个考虑遮挡体素与表面接近程度的体素信息，可以对体素模型进行增强：当新的测量值被整合到模型中时，继续跟踪相交表面体素后的光线直到距离达到 $d_{\max}$，并用它们与表面体素的距离 $d(x)$ 来标记每个遮挡体素。因此，可以使用此距离信息来定义体素信息，如下所示：

$$\mathcal{J}_p(x)=\begin{cases} d_{\max}-d(x) & 未观察到\ x \\ 0 & 观察到\ x \end{cases} \tag{4-37}$$

从式(4-37) 可知，观察到越多靠近已观察表面的体素，则接近程度体素信息就会越高。

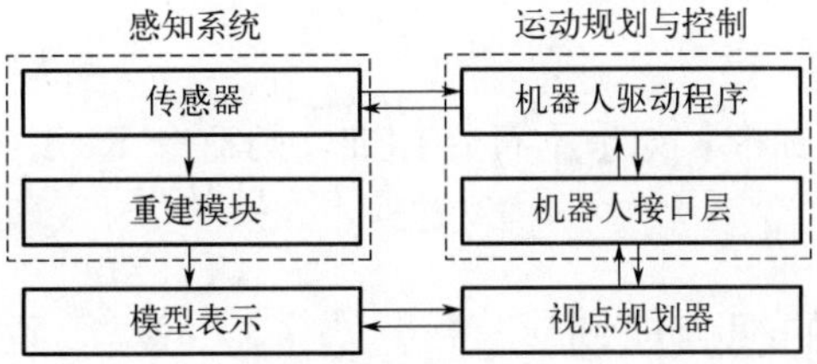

图 4-9　机器人三维扫描框架概述：可视化了主要模块及其通信接口

通过一个实例，介绍如何将上述信息增益应用于一个自主重建的机器人系统中。如图 4-9 所示，假设一个机器人自主重建的系统包含以下几个主要模块：

① 传感器模块：负责数据采集。

② 重建模块：用于 3D 重建的视觉算法，例如立体匹配或单眼深度估计。

③ 模型表示：包括 3D 数据融合和 IG 计算。

④ 视点规划器：充当控制模块，收集有关重建过程的数据并做出 NBV 决策。

⑤ 机器人接口：定义了视点规划器和机器人特定代码之间的接口，提供视点可行性和成本计算。

⑥ 机器人驱动程序：实现了机器人接口，并包含了硬件平台特有的所有代码。

视点规划器控制迭代重建过程，规划过程主要包括以下步骤的循环：数据检索、数据处理、数据融合、视点生成和评估（NBV 规划）。它只与机器人界面和模型表示进行通信。交换的数据包括生成候选视点集合和评估视点，即计算视点的 IG 值 $\mathcal{G}_v$ 和机器人移动成本 $\mathcal{C}_v$。对于 NBV 评估，可以将它们组合在效益函数 U_v 中：

$$U_v=(1-\gamma)\frac{\mathcal{G}_v}{\sum\limits_V \mathcal{G}}-\gamma\frac{\mathcal{C}_v}{\sum\limits_V \mathcal{C}} \tag{4-38}$$

式中，$\sum\limits_V \mathcal{G}$ 和 $\sum\limits_V \mathcal{C}$ 分别为在当前重建步骤中所有候选视点上 IG 的总和以及机器人运动总的成本。通过在所有视点 V 上最大化 U 来找到 NBVv^*：

$$v^{*}=\operatorname{argmax}_{v}\mathcal{U}_{v} \tag{4-39}$$

当视点的最高预期信息增益低于用户定义的阈值 g_{thresh} 时，重建结束，即

$$\mathcal{G}_{v}<g_{\text{thresh}},\forall v\in V \tag{4-40}$$

候选视点可以由机器人接口（RI）或模型表示（MR）提供。这两种技术都有优势：机器人接口可以使用机器人的运动学来构建一组可行的传感器位置，避免了在模型的模块生成候选视点时所需的开销很大的逆运动学计算。模型表示可以构建一组面向目标的传感器位置。总之，视点规划器通过迭代以下步骤完成视点规划：

① 从传感器收集数据。

② 从 RI 层或 MR 请求视点候选集。

③ 可选地对视点候选集进行预过滤，以仅在子集上评估 IG 和成本。

④ 从 RI 层请求每个视点候选的成本。

⑤ 向 MR 请求每个视点候选的 IG。

⑥ 结合 IG 和成本计算效用函数。

⑦ 确定 NBV。

⑧ 检查是否满足终止标准，如果不符合标准，则命令 RI 层将传感器移动到 NBV，然后重复该程序。

4.3.3 基于曲面边界的视点规划

在 4.2.2 节中，用户需要单独手动输入每个对象的大小和距离，并通过离散化包围目标的球体或者圆柱体来定义视点搜索空间。本节介绍一种实时生成候选视点集的方法，该方法有利于解决自主重建对物体尺寸未知的视点规划问题。在该方法中，根据测量数据生成了两个模型，一个三角网格模型和一个概率体素模型。这两种模型都用于计算和选择扫描路径的每个规划步骤。在之前的小节中已经介绍过体素模型的更新过程，本小节则对三维网格模型再做一个简单补充介绍。如图 4-10 所示，三角网格模型由一组具有相应曲面法线 $\boldsymbol{n}_i$ 的顶点 $\boldsymbol{v}$ 和一组有向边 $\boldsymbol{e}_j$ 定义，有向边表示沿曲面连接两个相邻顶点 $\boldsymbol{v}_a$ 和 $\boldsymbol{v}_b$ 的线段。每个边 $\boldsymbol{e}_j$ 具有如下方向：

$$\operatorname{dir}(\boldsymbol{v}_b,\boldsymbol{v}_a)=\frac{\boldsymbol{v}_b-\boldsymbol{v}_a}{\boldsymbol{v}_b-\boldsymbol{v}_a} \tag{4-41}$$

基于三角网格的视点规划首先进行边界搜索。边界被定义为一组满足以下两个要求的有向边：边的方向都相似，且每条边在某一单侧没有三角面片。边界搜索仅考虑新获取的三角形网格数据。图 4-11 中描绘了一些不同的边缘类型。对于每个新获取的边 $\boldsymbol{e}$，可以通过在网格边界上局部延续来找到一个连续的边界。图 4-12 描述了如何找到一条连续的边。在检测到边界后，需要找到边界区域，以便能够估计表面趋势。边界区域由边界邻域的几个顶点组成。表面趋势描述了表面的一般形状，通常用拟合和插值来回归曲面的数学模型，以平滑表示区域数据。基于这样的假设，即表面的空间排列可以用定义的几何函数来表示，表面趋势可用于预测

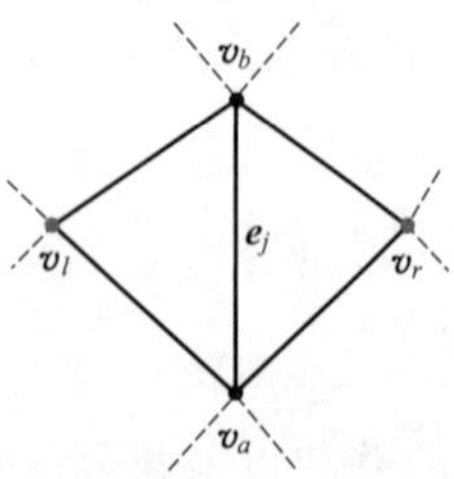

图 4-10 三角网格模型中三角面片示意图

物体或环境的未知表面。

图 4-11　边界检测示意图

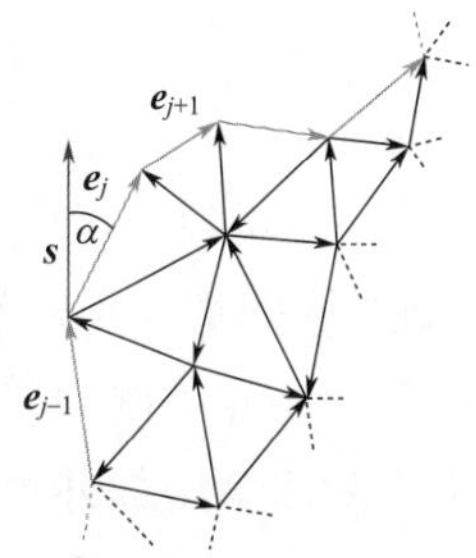

图 4-12　三角网络连续边界检测示意图

每个边界的表面趋势都是单独估计的，因为复杂的物体覆盖了几种不同的几何形状，不能用一个表面趋势来近似。图 4-13 展示了根据两个边界生成的两个不同的边界区域。边界区域不宜选择得太大，否则表面趋势不能很好地估计曲率。在得到边界区域后，使用边界区域趋势可估计边界旁未知区域的表面趋势。选择一种简单的方法将边界区域的所有顶点 $\boldsymbol{v}_i=[x_{\boldsymbol{v}_i}, y_{\boldsymbol{v}_i}, z_{\boldsymbol{v}_i}]^{\mathrm{T}}$ 拟合到二次曲面中：

$$
\begin{aligned}
z &= f(x_{\boldsymbol{v}_i}, y_{\boldsymbol{v}_i}) \\
&= a_1 x_{\boldsymbol{v}_i}^2 + a_2 x_{\boldsymbol{v}_i} y_{\boldsymbol{v}_i} + a_3 y_{\boldsymbol{v}_i}^2 + a_4 x_{\boldsymbol{v}_i} + a_5 y_{\boldsymbol{v}_i} + a_6
\end{aligned}
\tag{4-42}
$$

选择二次曲面是因为它是低阶的，可以快速估计未知区域中的近似二次曲面，从而根据表面的趋势确定视点。

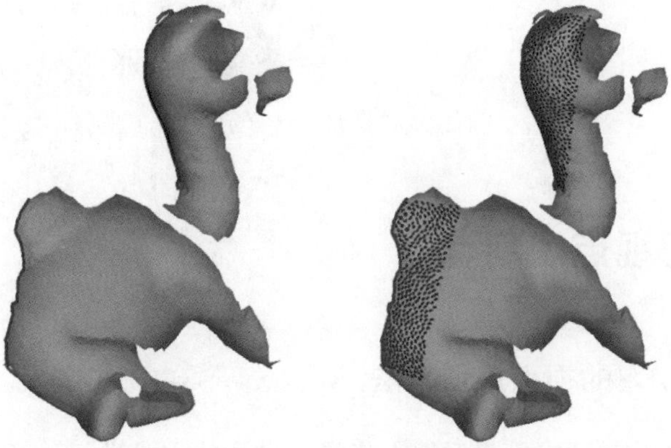

图 4-13　从部分驼峰网格中获得的两个左边界的例子

表面趋势估计能够计算一系列间隔较小的候选视点。这一系列视点由开始位置、结束位置以及扫描方向定义。从检测到的边界开始，通过计算沿估计的二次曲面的点和法线来确定候选视点。为了简化该过程，从边界上第一个和最后一个顶点的中点开始，通过在式(4-42)

中插入 x_{s_i} 和 y_{s_i}，在未知区域的方向上计算出可能的表面点 $\boldsymbol{s}_i=[x_{s_i},y_{s_i},z_{s_i}]^{\mathrm{T}}$。然后，根据式(4-42) 的导数计算表面法线：

$$\boldsymbol{n}_i=\begin{pmatrix}\dfrac{\partial f}{\partial x_{s_i}}\\[2mm]\dfrac{\partial f}{\partial y_{s_i}}\\[2mm]-1\end{pmatrix}=\begin{pmatrix}2a_1x_{s_i}+a_2y_{s_i}+a_4\\a_2x_{s_i}+2a_3y_{s_i}+a_5\\-1\end{pmatrix} \tag{4-43}$$

$z_{\boldsymbol{n}_i}$ 被设置为−1，因为扫描仪的观察方向由正 z 轴描述，且表面点在相反的方向上。对于该表面点，在距曲线的最佳传感器距离 d_s 处和法线方向上计算候选视点。候选视点需要与前一个网格具有重叠 o，约束条件是两个连续视点之间的角度不超过预设限制。通过增加点 x_{s_i} 和 y_{s_i} 的步长来逐渐增加并计算新的曲面点，从而增加新的候选视点。最后，将三维网格模型和扫描候选点转换回世界坐标系。图 4-14 展示了从顶部以垂直角度观察估计表面的视点，该视点与先前扫描数据的重叠 o 和距离 d_s 是可调的。根据传感器的场深来进行选择以获得最优测量效果。至此，针对新增的边界计算出了候选视点集，则可以利用之前介绍的基于概率体素模型的方法评估候选视点，从而计算出下一个最优视点。

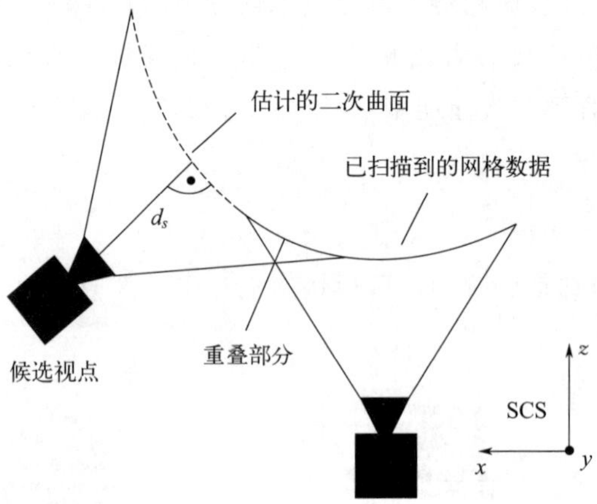

图 4-14　扫描路径计算示意图

4.4　机器学习视点规划

4.4.1　基于深度学习的视点规划方法

传统算法解决 NBV 问题时，常采用人工特征设计的方式进行计算，并且比较依赖部分特定的先验知识。但在实际情况中，需要测量的对象复杂多变，存在大量如图像、点云类的高维信息，使得计算复杂度高，难以保持在决策时的有效性和准确性。近年来，深度学习得益于它的总结归纳能力，在机器视觉领域取得了长足的发展，通过从样本数据标签中自动学习提取特征，在一定程度上克服了传统算法的难点。

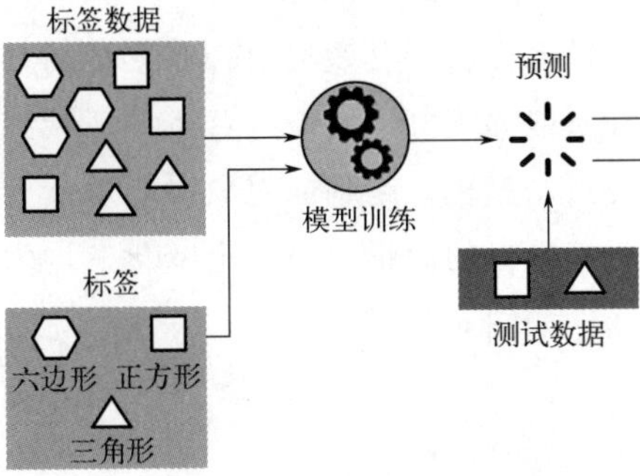

图 4-15　常见深度学习框架

由于神经网络强大的非线性建模能力，其可以准确地模拟环境状态与视点选择间的状态关系。它自动从数据中学习并提取特征的能力，极大地简化了 NBV 问题的处理流程，提高了在复杂情况下的处理效率。根据对 NBV 问题的定义，要求在给定的某一特定的环境中选出最优视点以实现特定的任务目标，如图 4-16 所示，传感器被放置在感兴趣对象周围不同的位置上，通过这些位置获取到的信息还原其 3D 形状。每一个视点，即传感器的位姿，一般通过 6 个参数定义其位置和方向 $\boldsymbol{v}=(x,y,z,\alpha,\beta,\gamma)^{\mathrm{T}}$。其中，$(x,y,z)$表示传感器在世界坐标系中的位置，而 α、β、γ 分别表示围绕 X、Y、Z 轴的旋转。每个视点在扫描后都将获得一部分点云，将这些点云一一进行配准拼接，将得到完整的 3D 模型。

图 4-16　视点示例

不难看出，每个视点的选择过程可以被认为是从多个候选视点中选择最优解的过程，这与分类问题中的从多个样本中选择最相似的样本特征有相似之处。因此，可以考虑将其建模成一个分类问题，即给定一部分点云，输出一个传感器位姿。为了减少计算量，将测量空间转换为体素网格 M，每个体素都存在一个相关概率，表示感兴趣对象的部分或全部表面存在于体素体积内的概率，因此，可将 NBV 定义为学习函数：

$$f(M):\mathfrak{R}^n \rightarrow \mathfrak{R}^3 \times SO(3) \tag{4-44}$$

式中，$\boldsymbol{v}=f(M)$；$\mathfrak{R}^n$ 表示输入 f 的体素网格，n 表示网格中的体素数量，而输出则为传感器的姿态信息。至此，可以将 NBV 问题转换为一个离线的学习过程，通过在重建中的大量视点与点云对进行离线训练，获得 NBV 的预测模型。

在前面的叙述中，我们已经将 NBV 问题转换为了一个分类问题，采用学习的方法解决。由于深度学习需要大量的例子才能够得到令人满意的效果，因此需要搭建一个由概率体素网格 M 作为输入，视点 $\boldsymbol{v}$ 作为输出的示例数据集。尽管在已知的对象中，获得完整的点云并不困难，但是该如何定义不同初始点位下的 NBV 却是一个难题。因为不同模型下不同的约束，难以采用人类的专业知识进行标注和估计，尤其是在进行配准时所需要的特征约束。为了获取更合适的真值，需要通过一些基础设定和条件进行筛选。由于已经将 NBV 问题转化为一个分类问题，那么需要创建一个搜索空间 V_d 包含所有的可用视点，并且有

$$V_d \subset V = \Re^3 \times SO(3) \tag{4-45}$$

对于多线激光扫描仪等视点扫描设备而言，其观测目标是多样的，可能包括平面、曲面以及不同形状和尺寸的物体。球坐标系能够很好地适应这些不同形状的观测目标，只需要将观测对象放在全局参考坐标系的中心点，相机始终朝向对象中心，然后通过旋转极坐标点就能够创建一组传感器位姿，并且由于极坐标的向量大小不会变化，均匀地改变角度就能修改传感器的位姿，获得视点的搜索空间，如图 4-17 所示。

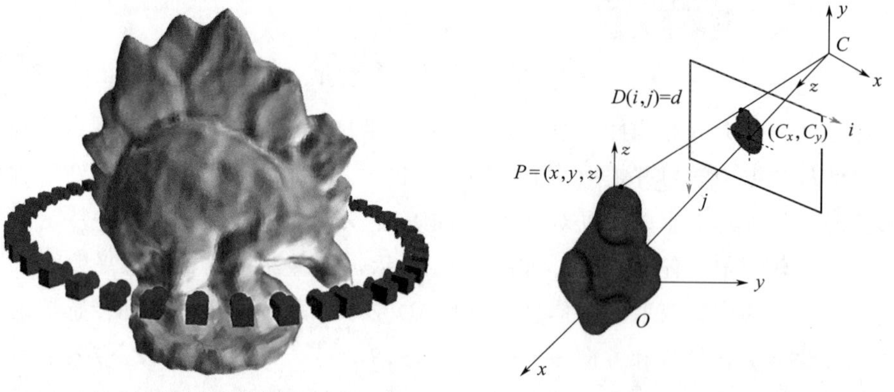

(a) 球坐标离散视点　　(b) 坐标系与相机朝向

图 4-17　球坐标系下视点及坐标关系

在生成搜索空间后，需要从中提取出点云和最佳视点对作为样例进行学习。尽管 *NBV* 问题被定义为增加观测对象最多信息量的视点，但在实际情况中，通常间接地通过效用函数去衡量信息的增量，但由于很多时候物体形貌是未知的，这种方式难以提供真正的 *NBV*。为了实现最大化的表面扫描，需要重新设计一种从视点群中确定 *NBV* 的方法。首先，需要定义一些概念对目前已有的条件进行描述。

当前每个视点都有对应的点云，假设当前视点为 $\boldsymbol{v}$，那么对应的点云定义为 $z(\boldsymbol{v})$，一组视点的集合则定义为 z_d。假设当前有一个观测对象为 W_{obj}，此时在搜索空间已经有 n 个视点 $S=\{\boldsymbol{s}_0,\cdots,\boldsymbol{s}_n\}$，$S\subseteq V_d$。由于在扫描过程中，每一步的点云都会累积起来，将累积的点云定义为 P_{acu}，又由于整个扫描过程是持续对观测对象进行覆盖，那么到第 i 个视点时 $P_{acu}=\bigcup_{i=0,n} z(\boldsymbol{s}_i)$。根据当前点云拍摄新增的覆盖比例可计算 $Coverage(z(\boldsymbol{v}_i),W_{obj})$，对不同视点的覆盖率进行计算后，可得到所需的真值 NBV($\boldsymbol{v}^*$)：

$$\boldsymbol{v}^* = \underset{\boldsymbol{v}}{\operatorname{argmax}} Coverage(z(\boldsymbol{v}) \cup P_{acu}, W_{obj}) \tag{4-46}$$

除此覆盖率最大外，还需要满足一些实际情况中的条件：

① $\boldsymbol{v}^*$ 与其他部分不存在干涉，处于能够到达的范围；

② $z(\boldsymbol{v}^*)$ 与 P_{acu} 存在重叠部分，并且大于设定阈值，即 $overlap(z(\boldsymbol{v}^*), P_{acu}) > thresh_1$；

③ 已有点云与新增点云必须存在足够配准的特征点（≥3），保证能够成功拼接。

最后为了简便计算，在搜索空间中采用 KdTree 进行视点的搜索，配准采用 *NARF* 作为特征。至此，便能够在搜索空间中获取到最佳视点。算法伪代码如下：

算法 1：NBV 视点数据集生成

参数：W_{obj}，gap，S_{cov}，$\max_{iter}$，$thresh_1$，$thresh_2$，V_d，Z_d

```
for i←1：n do
    v* ←v_i
    iter←0
    P_acu←∅
    初始化体素网格（M）
    while Coverage（P_acu，W_obj）<S_cov 且 iter<max_iter do
    P_acu←P_acu ∪z（v*）
    对 P_acu 滤波
    依据 z（v*）的点云更新 M
     Δ_max←0
      for j←1：n do
        计算当前视点 v_j 的点云 z′
        if overlap（z′，P_acu，gap）>thresh_1 then
          if ｜NARF（z′∩P_acu）｜>thresh_2 then
            Δ←Coverage（z′∪P_acu，W_obj）−Coverage（P_acu，W_obj）
            if Δ>Δ_max then
              v* ←v_j
              Δ_max←Δ
            end if
          end if
        end if
      end for
      iter++
      保存一组训练数据（P_acu，M，v*）
    end while
end for
```

在数据集建立过程中，当前体素概率网格 M、累积点云 P_{acu} 与计算的 NBV($\boldsymbol{v}^*$) 为一组数据。由于每次的初始视点是随机的，因此哪怕采用相同的对象，也会得到不同的点云和视点顺序。

3D-CNN 是一种通过三维卷积核在三维数据上进行卷积操作的神经网络模型，能够很好地捕捉到空间信息，因此采用该种网络架构，设计一份 NBV-Net 对 NBV 问题进行预测。设计的整体网络架构如图 4-18 所示，输入为 $32\times32\times32$ 的体素，采用三层卷积层提取特征，通过四层全连接层最后输出类别。由于在实际情况中，被测物在地面，地下的视点不起作用，在实际分析中，只取最后的地面上的视点进行输出，一般最后一层 FC(x) 中 $x=$

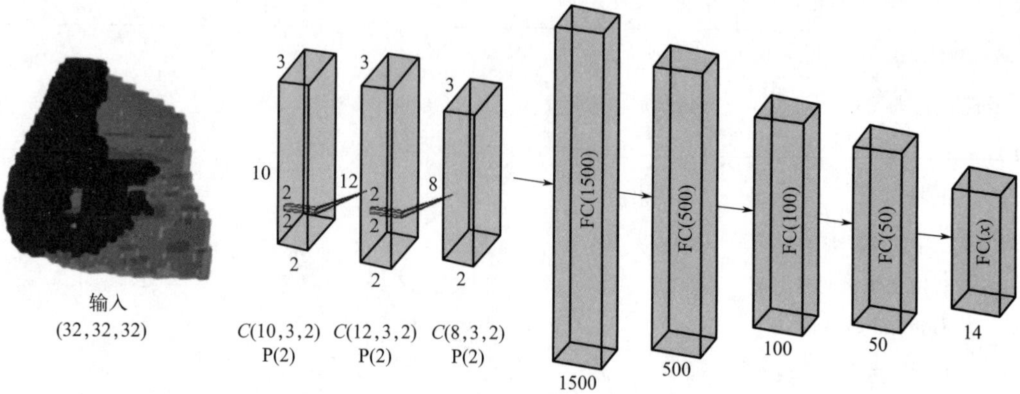

图 4-18　NBV-Net 网络结构

14。为了验证 NBV-Net 的性能，使用一个不在训练集的水瓶进行重建实验，训练结果如图 4-19 所示。图中黑色表示获取到的体素，灰色表示未知部分体素，明显能够看出，在初始视点后，只需要 4 个视点就能将水瓶几乎全覆盖，说明 NBV 问题能够用深度学习的方式解决。

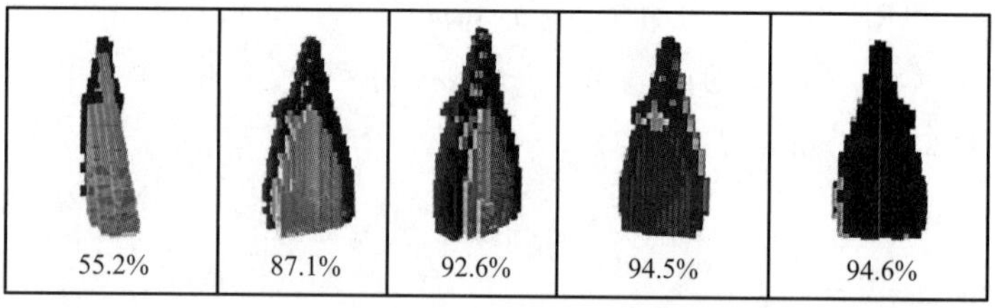

图 4-19　NBV-Net 水瓶重建效果

4.4.2　基于深度强化学习的视点规划方法

在介绍基于强化学习的视点规划之前，首先对强化学习的基本原理做简单的解释。强化学习是用于解决可以表示为马尔可夫决策过程（Markov decision process，MDP）的问题的框架。强化学习的目的是求解未知 MDP 的最优策略，即学习如何将状态映射为动作，以便最大化获取的累积数值奖励。

一般情况下，MDP 中的学习者或决策者通常称为智能体，其学习过程涉及智能体与系统环境之间的动态交互，旨在为环境状态选择合理的动作，使其从环境获取的长期累积奖励最大化。智能体与环境之间的交互如图 4-20 所示。

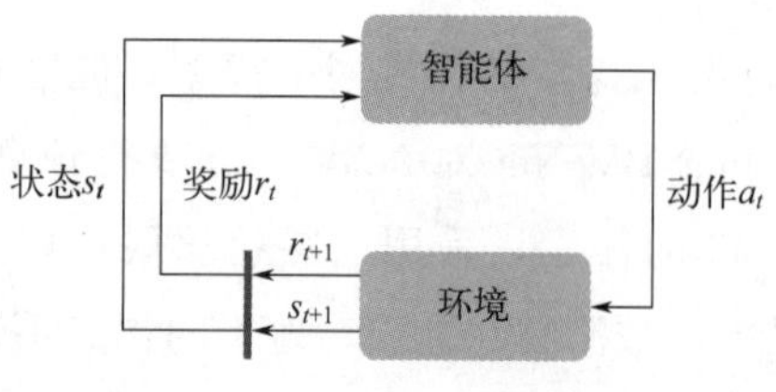

图 4-20　智能体与环境交互示意图

在某时刻 t 下，智能体处于环境的某状态 $s_t \in S$，根据当前状态选择执行动作 $a_t \in A$，经过转移函数以概率 $P(s_{t+1}|s_t, a_t)$迁移到下一状态 $s_{t+1} \in S$，与环境交互获得即时奖励 $r_{t+1} = R(s_t, a_t)$。不断重复整个交互过程，智能体产生一系列经验($s_0, a_0, r_0, s_1, a_1, r_1, s_2, a_2, r_2, \cdots$)，我们将这些经验称为序列

(sequence) 或者回合 (episode) 或者轨迹 (trajectory)，将智能体的长期累积奖励，称为回报 (return) G_t，在与环境交互的过程中，我们的目标是最大化其期望回报 (γ 表示奖励折扣因子)：

$$G_t \approx r_{t+1} + \gamma r_{t+2} + \gamma^2 r_{t+3} + \cdots = \sum_{k=0}^{\infty} \gamma^k r_{t+k+1} \tag{4-47}$$

MDP 的状态值函数 (state-value function) 和动作值函数 (action-value function) 是与策略 (policy) 相关联的两个重要值函数。针对某策略 π，其状态值函数 $V^{\pi}(s)$指示从状态 s 开始并遵循策略 π 能够获取的期望回报；其动作值函数 $Q^{\pi}(s,a)$是指在状态 s 采取动作 a 并遵循策略 π 能够获取的期望回报：

$$V^{\pi}(s) \approx \mathrm{E}^{\pi}[G_t \mid s_t = s] = \mathrm{E}^{\pi}\left[\sum_{k=0}^{\infty} \gamma^k r_{t+k+1} \mid s_t = s\right] \tag{4-48}$$

$$Q^{\pi}(s,a) \approx \mathrm{E}^{\pi}[G_t \mid s_t = s, a_t = a] = \mathrm{E}^{\pi}\left[\sum_{k=0}^{\infty} \gamma^k r_{t+k+1} \mid s_t = s, a_t = a\right] \tag{4-49}$$

策略 π 下的状态值函数和动作值函数满足贝尔曼方程 (Bellman equation)：

$$V^{\pi}(s) = \sum_{a \in A} \pi(a \mid s)\left[R(s,a) + \gamma \sum_{s' \in S} P(s' \mid s,a) V^{\pi}(s')\right], \tag{4-50}$$

$$Q^{\pi}(s,a) = R(s,a) + \gamma \sum_{s' \in S} P(s' \mid s,a) \sum_{a' \in A} \pi(a' \mid s') Q^{\pi}(s',a') \tag{4-51}$$

在上述两个方程中，s'为智能体在状态 s 下采取动作 a 后产生的下一状态，a'为在下一状态 s'下所采取的动作，$\pi(a|s)$表示在状态 s 下采取动作 a 的概率。

如果策略 π 在所有状态下的期望回报都大于或等于 π'的期望回报，则该策略 π 被定义为优于或等于策略 π'。换句话说，对于所有状态 $s \in S$，当且仅当 $V^{\pi}(s) \geqslant V^{\pi'}(s)$时 $\pi \geqslant \pi'$。MDP 总存在至少一种策略优于或等于所有其他策略，这被称为最优策略 (optimal policy)。尽管最优策略可能不止一个，但通常用 π^* 表示所有最优策略。它们共享相同的值函数，称为最优状态值函数和最优动作值函数，分别表示为 $V^*(s) \approx \max_{\pi} V^{\pi}(s)$ 和 $Q^*(s,a) \approx \max_{\pi} Q^{\pi}(s,a)$。最优策略 π^* 下的最优状态值函数和最优动作值函数满足贝尔曼最优方程 (Bellman optimality equation)：

$$V^*(s) = \max_{a \in A} \sum_{s' \in S} P(s' \mid s,a)[R(s,a) + \gamma V^*(s')] \tag{4-52}$$

$$Q^*(s,a) = \sum_{s' \in S} P(s' \mid s,a)[R(s,a) + \gamma \max_{a' \in A} Q^*(s',a')] \tag{4-53}$$

最优状态值函数 V^* 和最优动作值函数 Q^* 分别是以上非线性方程组的唯一解，它们是与所有其他值函数相比能够产生最大值的函数，并指示可以获得的最大期望回报。最优策略 π^* 指示智能体在每个状态下应该采取的最优动作，并可以根据最优状态值函数和最优动作值函数而导出。由于任何对 V^* 贪婪 (greedy) 的策略都是最优策略。因此，给定 V^*，通过超前一步搜索 (one-step-ahead) 会产生长期最优动作。给定 Q^*，使得 Q 值最大的动作即是最优动作。根据最优状态值函数和最优动作值函数，每个状态下的最优动作的选取方式为

$$\pi^*(s) = \underset{a \in A}{\operatorname{argmax}} \sum_{s' \in S} P(s' \mid s,a)[R(s,a) + \gamma V^*(s')], \forall s \in S \tag{4-54}$$

$$\pi^*(s)=\underset{a\in A}{\operatorname{argmax}}Q^*(s,a),\forall s\in S \tag{4-55}$$

如果 MDP 的环境模型已知，比如奖励函数和转移函数，那么可以通过动态规划（dynamic programming）来求解最优策略及其最优值函数（最优状态值函数和最优动作值函数）。

综上所述，强化学习方法可以分为基于价值函数的方法、基于策略的方法、基于价值策略结合的方法。基于价值估计的算法旨在估计所有状态-动作对的最优奖励值[Q 值,$Q^*(s,a)$]，最终目标是确定使任何状态下的最优 Q 值最大化的动作，从而找到最佳动作。基于策略优化的算法旨在直接估计最优策略，这些策略分为两种类型：随机性策略和确定性策略。随机性策略估计状态到最佳动作的概率分布，然后通过从该分布中采样得到输出动作，表示为 $a\sim\pi^*(a|s)$。确定性策略直接估计状态到最佳动作的映射，表示为 $a^*\sim\mu^*(s)$。策略优化的目标是最大化性能函数，通常以一定策略下的平均回报来定义性能函数。

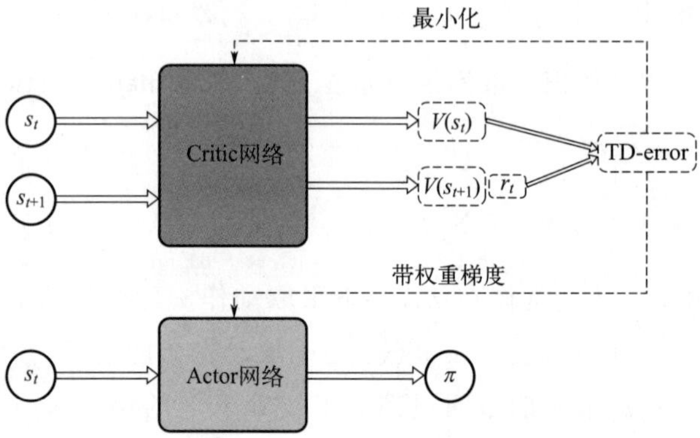

图 4-21　一般 AC 网络结构

如图 4-21 所示，基于价值策略结合的方法被称为演员-评论家（Actor-Critic，AC）算法，它结合了价值估计方法与策略优化方法的特点，同时对最优 Q 值以及最优策略进行学习，包括 Actor 和 Critic 两部分。其中 Actor 基于策略函数，负责与环境交互进而选择动作；Critic 基于价值函数，负责评估 Action 并指导其下一状态动作，最终策略网络的输出即为最优动作。AC 算法框架被广泛应用于实际强化学习算法中，是解决实际问题时最常考虑的框架。

深度学习强大的特征提取能力使得其能够更准确地理解当前状况，在 NBV 问题上做出合理的视点选择，但想要取得更好的效果，需要海量的数据。视点与点云数据获取难度高，并且随着模型越来越复杂，泛化能力进一步受限。尽管在深度学习中将其转换为一个分类问题以适用于深度网络，但实际上它是一个决策问题，其根据当前的环境状态来选择下一个最佳视点，以便获得更多有用的信息或更好地完成后续的任务。强化学习是机器学习领域中的一个重要研究方向，通过参考生物在环境中不停试错最后得到最优解的思想，对环境中的问题进行决策。强化学习中广为人知的代表有下围棋的 AlphaGo、玩星际争霸的 AlphaStar 等，它们的成功体现出强化学习在解决各种复杂的决策问题中的巨大潜力。

在上一节所述的监督学习中，为了能够让网络输出正确的值，有两个设定好的前提条件：

① 所有标注数据之间都是独立同分布的，即互相之间没有关联；

② 需要先告诉网络什么是正确的，网络再通过正确的数据修正自己。

强化学习则与之完全不同，它的核心部分是智能体和环境，智能体在环境中进行各种尝试（决策）。从中可以看出，强化学习与监督学习有着本质的区别，强化学习没有数据集，需要自己在环境中探索来寻找哪些动作是正确的，在学习过程中也没有一个强监督者，调整动作的奖励也不是即时的，只能通过奖励去“暗示”智能体这个动作是否合适。也正是因为强化学习的试错和交互机制，它十分适用于决策问题。回到本节开头的问题，由于深度学习获取数据和泛化性受限，所以考虑加入强化学习的思想，又由于传统强化学习面对复杂环境和需要大量数据的情况时表现不佳，这方面恰好又是深度学习的优势，因此将它们结合起来能够获得更好的效果。那该如何将两者相互结合呢？

从对强化学习的定义中可以看出来，智能体是主要决策的对象，它接收环境状态作为输入，自身的决策作为输出，智能体就是一个拟合输入输出的函数，这部分与深度网络的功能异曲同工，因此，可以考虑从这部分进行结合。回到 NBV 问题上，放在强化学习中，智能体必然就是传感器，而环境则是我们需要测量的对象，传感器拍摄到的点云或图像就是当前的状态了。智能体的动作（决策）对应的就是传感器的位姿，那么只有最后一部分奖励需要考虑一下如何设计了。NBV 要求获得最大的信息增量，换而言之就是增加的点云数量最多，但在实际中，3D 点云是一组无序的点，由于其不像监督学习中那样具有标注，若将其直接输入网络则难以提供比较有效的信息，需要先对点云特征进行初步提取。为了减少计算量，采用拓扑特征对其进行特征提取最为合适，通过不同空间分辨率的点云距离构建复合的拓扑结构，针对这些拓扑结构进行过滤可以得到单一的特征用于后面的计算。简单来说，在拓扑结构中将点云结构视为连线（β_0）和孔洞（β_1），当使 β_0 最小时，可以最大程度地减少与之前观测结果重复的可能性。相反地，若 β_1 增加，那么点云对应的细节部分如拐角、凹凸部分将会增加，并且由于不规则的点云密度，单个的（β_0，β_1）对难以反映最大信息增量，因此需要对范围 r 内视点 V 的拓扑属性进行定义：

$$V=\alpha\sum_{r\in D}\beta_1(r)-(1-\alpha)\sum_{r\in D}\beta_0(r) \tag{4-56}$$

式中，D 表示在范围 r 内所有相邻孔洞的半径集合；α 表示连线与孔洞的重要性权重，根据实际情况进行调整。假设在某一时刻 t 获取到的点云为 P_t，根据之前对拓扑属性的定义，那么奖励函数（r_t）可以写为

$$r_t=V(P_{t-1}\cup P_t)-V(P_{t-1}) \tag{4-57}$$

由于测量的最终目的是获得一份完全覆盖的点云，因此除了对视点进行评估外，还需要考虑整体重建的效果，在训练过程中添加一个重建模块对整体覆盖率进行评判，也添加到奖励函数中。覆盖率 C_s 可以直接采用当前累积点云 P_{obs} 和模型总点云 P_{gt} 的比值进行计算：

$$C_s=\frac{P_{obs}}{P_{gt}} \tag{4-58}$$

如此一来，将两部分奖励对应相加即可：

$$r_t=\begin{cases}V(P_{t-1}\cup P_t)-V(P_{t-1})+k_c\times\Delta C_s-k_x\times\Delta X-\tau & C_s\leqslant\Delta C_{s,\text{terminal}}\\ V(P_{t-1}\cup P_t)-V(P_{t-1})+c & C_s>\Delta C_{s,\text{terminal}}\end{cases}\tag{4-59}$$

单看对于表面覆盖率的奖励部分，在测量表面数据的过程中，若覆盖率变化大于之前的步骤，将进行表面覆盖率 $k_c\times\Delta C_s$ 的奖励与移动距离 $k_x\times\Delta X$ 减去 τ 的惩罚。表面覆盖率 $k_c\times\Delta C_s$ 按比例使覆盖面积最大化，而 $k_x\times\Delta X-\tau$ 惩罚使步骤最小化，当 C_s 不再增加时扫描任务完成，奖励为 c。

这样一来，强化学习框架中每一部分都清晰对应，但对于如何让智能体在环境中进行决策和学习还有部分工作需要做。首先是智能体在空间中的动作，为了确定 NBV，传感器必须从初始位置观察物体，然后根据计算出的信息增益值决定下一个视点。一般情况下，传感器动作采用 6 维姿态进行表示，即（x,y,z）的平移和（R,P,Y）的旋转，但考虑到现实世界中传感器各种转换约束的复杂性，同样采用和上一节相同的球坐标系。不同的是，为了保证模型的泛化性，将球半径也加入动作参数中，传感器的姿态参数变为（θ,ϕ,φ），分别表示传感器的方位角、俯仰角和球半径（传感器到对象中心的距离）。

最后，也是最重要的，需要确定智能体采用什么样的网络结构。目前的强化学习方法主要分为三大类：①基于价值函数的方法；②基于策略的方法；③基于价值与策略结合的方法。基于价值函数的算法的核心思想在于寻找一个价值函数，主要基于环境给出的奖励信号进行调整，根据价值函数指导动作。而基于策略的方法将直接对策略函数进行优化，一般采用梯度上升或下降获取最优策略。而基于价值与策略结合的方法结合了价值估计方法与策略优化方法的特点，一般被称为演员-评论家（Actor-Critic，AC）算法，同时对最优值以及最优策略进行学习。AC 框架一般包括 Actor 和 Critic 两部分，其中 A（Actor）采用的是策略函数，将通过与环境交互来选择动作；C（Critic）采用的是价值函数，负责评估当前动作并指导其下一状态下的动作，最终策略网络的输出即为最优动作。AC 架构目前是在实际使

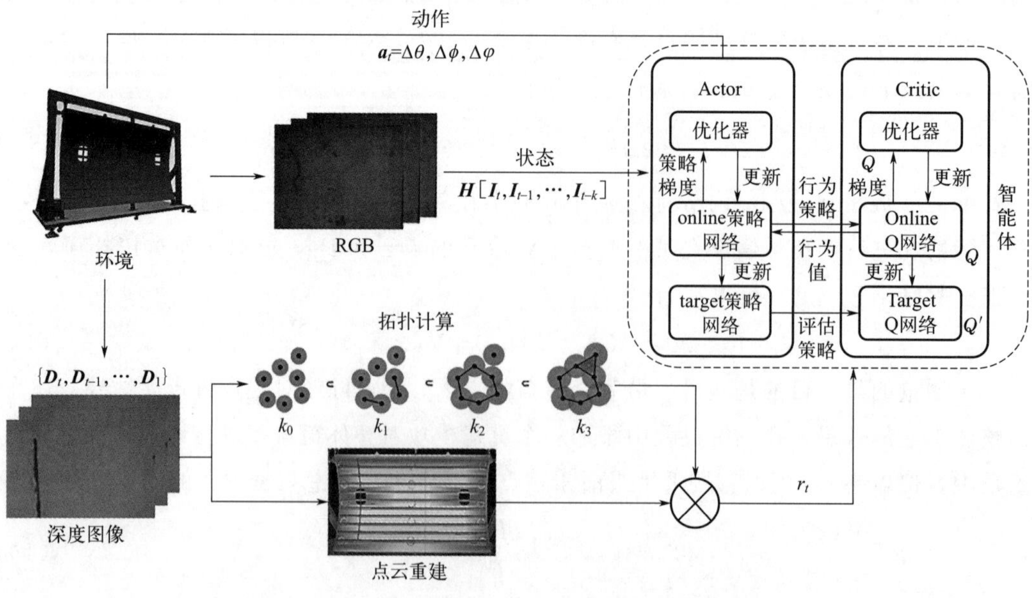

图 4-22　基于深度强化学习的 NBV-RLNet 网络架构

用中表现最好也最常用的结构，因此采用 AC 架构设计智能体，如图 4-22 所示。为了减少算法的复杂度并增强通用性，仅使用相机拍摄的图像 $\boldsymbol{I}_t$ 作为状态，通过预处理函数 $\boldsymbol{H}$ 对 k 帧进行灰度化与统一分辨率，最后串联形成状态向量 $\boldsymbol{s}_t$：

$$\boldsymbol{s}_t=\boldsymbol{H}[\boldsymbol{I}_t,\boldsymbol{I}_{t-1},\cdots,\boldsymbol{I}_{t-k}] \tag{4-60}$$

至此，基于深度强化学习的 NBV-RLNet 网络搭建完成。

4.5 测量路径规划模型

覆盖路径规划这一问题可重新描述为找到一条最短路径遍历一个带有权重的全连接图。这是离散或组合优化中的经典问题 TSP（travelling salesman problem），即在一个全连接无向图中找到最小哈密尔顿回路。TSP 问题指从一个指定的起点出发，途中每个节点只经过一次再回到起点，求解这一循环的最短路径。尽管开口销探伤并不需要回到起点，但并不影响计算，只需要在最后的结果中去除最后一点回到起点的路径即可。目前针对 TSP 问题也产生了大量的经典算法，这些方法在计算速度与准确性上各有优劣。以下介绍基于捕食者-猎物的覆盖路径规划方法[9-13]。

4.5.1 基于捕食者-猎物的面阵扫描仪覆盖路径规划方法

该方法基于捕食者-猎物关系中觅食和被捕食风险的概念。猎物代表机器人末端执行器工具的覆盖点，例如地板清洁机器人的清洁单元的覆盖点。捕食者是一个虚拟的静止点，当猎物在目标区域吃草（覆盖）和躲避障碍物时，它不断地最大化它与捕食者的距离。捕食者不是障碍，它是一个虚拟的点，在猎物的运动中强制执行一个空间顺序（或整个遍历的方向）。使用几个案例研究表明，这种空间排序导致路径更短，因为它避免了猎物从一个区域到另一个区域的来回运动。这个概念用图 4-23 中的一个简单例子来表示。捕食者的使用是本方法的一个独特之处，这使它有别于其他 CPP 方法。此外，该方法通过奖励猎物继续沿直线方向运动并尽可能覆盖边界来改善路径长度和平滑度。该方法能够从先前的环境信息中学习，并应用学习到的参数来实时执行自适应局部规划，以处理环境中的障碍和变化。

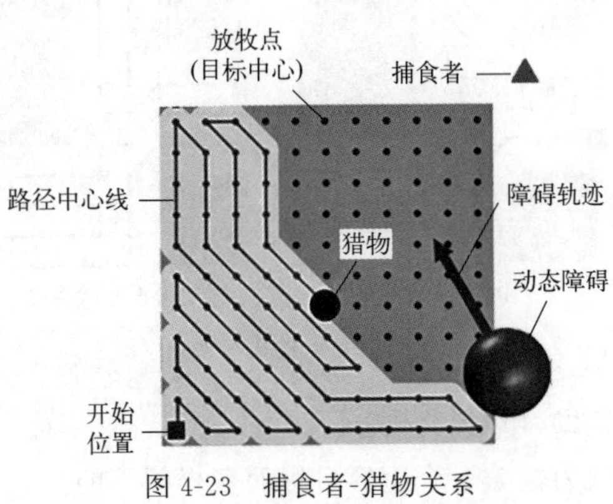

图 4-23　捕食者-猎物关系

基于捕食者-猎物的路径规划方法设计了一个包含三个奖励的总奖励函数，其中第一个奖励受捕食者-猎物关系的启发，第二个奖励与直线方向的持续运动有关，第三个奖励与覆盖边界有关。总奖励函数充当启发式方法，引导机器人完成每一步。对于给定的目标物体，首先离线调整模型参数以最小化路径长度，同时假设没有障碍物，具体奖励如下所示。

(1) 远离捕食者的奖励 (捕食回避奖励)

猎物离捕食者越远，被捕食的风险越低。因此，在每一步，猎物通过向一个未被覆盖(尚未被覆盖)且与捕食者距离最远的邻域移动来获得最大的回报。用于计算移动到第 j 个邻域 o_j 的猎物的捕食回避奖励的函数如下所示：

$$R^d(o_j)=\frac{D(o_j)-D_{\min}(o_k)}{D_{\max}(o_k)-D_{\min}(o_k)} \tag{4-61}$$

式中，$D_{\max}(o_k)=\max_j\|o_j-\Psi\|$，$o_k$ 为步骤 k 的猎物位置，Ψ 为捕食者的位置。这种奖励为猎物提供了一种空间秩序，即由于这种奖励，猎物的觅食行为首先会将猎物引向离捕食者最远的区域，但最终猎物将别无选择，只能逐渐靠近捕食者寻找新的食物。由此，该方法搜索整个环境，导致完全覆盖。

(2) 在直线方向上持续运动的奖励 (平滑奖励)

对于许多应用，希望让猎物以比图 4-23 所示的模式更规则的模式移动，即在直线方向上移动，较少转弯，并试图覆盖边界。因此，为猎物考虑了两个额外的奖励，其中一个与猎物继续沿其运动方向运动并仅在遇到边界或死胡同时转向有关。具有更多直线 (更少转弯) 的路径对于某些机器人的应用可能是有益的，例如，由于频繁转弯而消耗更多能量或时间的移动机器人，这个奖励函数也可以帮助获得更短的路径，如图 4-24 所示。第二奖励函数公式如下所示：

$$R^s(o_j)=\frac{\angle o_{k-1}o_k o_j}{180^\circ} \tag{4-62}$$

式中，$\angle o_{k-1}o_k o_j$ 为三个相邻点之间形成的角度，分别为前一步猎物覆盖的位置、当前位置和未被覆盖和占领的相邻点的位置。

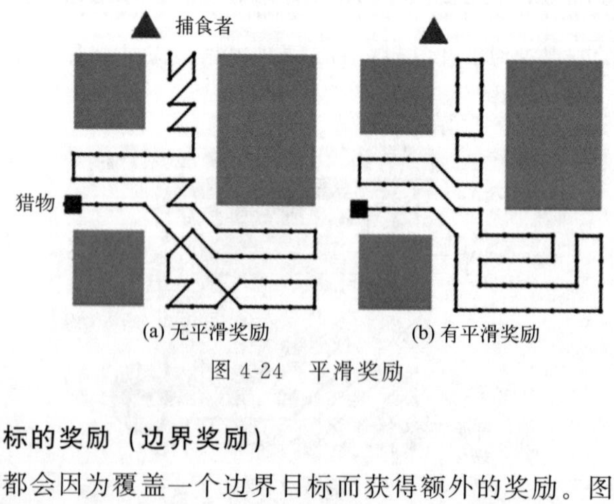

图 4-24 平滑奖励

(3) 覆盖边界目标的奖励 (边界奖励)

每走一步，猎物都会因为覆盖一个边界目标而获得额外的奖励。图 4-24(a) 示出了一个例子，其中猎物在不利用边界奖励的情况下穿过表面。在图 4-24(b) 中，猎物穿过相同的表面，但是利用边界奖励，导致其具有较少转弯和交错的较短路径长度。第三个奖励函数的公式如下：

$$R^b(o_j)=\frac{n^{N_{\max}}-n^N(o_j)}{n^{N_{\max}}} \tag{4-63}$$

式中，$n^{N_{\max}}$ 为目标的最大可能邻域数；n^N（o_j）为 j 个猎物邻域的邻域数。对于该奖励函数，目标 o_j 的未覆盖邻域的数量越少，奖励越高。

最后可得总的目标函数为

$$R(o_j)=R^d(o_j)+w^sR^s(o_j)+w^bR^b(o_j) \tag{4-64}$$

式中，w^s 和 w^b 分别为边界奖励和平滑奖励的奖励权重。物体的几何形状、捕食者的位置、表面的分解（目标的排列）等因素都会影响每一个奖励对新环境的意义。因此，对于给定的环境，权重因子首先被优化，但是在机器人的实时部署之前仅被优化一次。

4.5.2　基于蚁群算法的面阵扫描仪覆盖路径规划方法

蚁群算法是由 Marco Dorigo 于 1992 年提出的一种启发式全局优化算法，灵感来源于自然界中的蚂蚁觅食行为。在出巢觅食的过程中，蚂蚁会在经过的路上释放外激素，每只蚂蚁会根据外激素的强度调整自己的路径，最后最优路径上的外激素必然最强烈，其他路径上的外激素将会随时间衰减，最终所有蚂蚁都会选择巢穴到食物之间的最优路径。

为了便于分析计算，在求解 TSP 问题时，一般将问题抽象为 m 只蚂蚁在 n 个节点之间运动，并在各个节点之间的路径上留下外激素，假设 $\tau_{i,j}(t)$ 表示点 i 到点 j 这条路径上的外激素，$\eta_{i,j}(t)$ 表示蚂蚁在选择路径时的启发函数（一般设定为当前路径长度 $d_{i,j}$ 的倒数），在初始时刻每条路径上的外激素相等，那么蚂蚁从点 i 运动到点 j 的概率为

$$P_{i,j}^k(t)=\begin{cases}\dfrac{[\tau_{i,j}(t)]^\alpha[\eta_{i,j}(t)]^\beta}{\sum\limits_{s\in tabu_k}[\tau_{i,j}(t)]^\alpha[\eta_{i,j}(t)]^\beta} & j\notin tabu_k\\ 0 & \text{其他}\end{cases} \tag{4-65}$$

式中，α 与 β 分别表示对外激素与启发函数的权重，反映蚂蚁在选择路径时受外激素或启发函数的影响程度；$tabu_k$ 中记录了蚂蚁遍历过的所有节点，限制蚂蚁不能选择到达过的节点。为了防止外激素累积过量，在所有蚂蚁遍历过后需要对每条路径上的外激素 $\tau_{i,j}(t)$ 进行更新：

$$\begin{aligned}\tau_{i,j}(t+n)&=(1-\rho)\times\tau_{i,j}(t)+\Delta\tau_{i,j}(t)\\ \Delta\tau_{i,j}(t)&=\sum_{k=1}^{m}\Delta\tau_{i,j}^k(t)\end{aligned} \tag{4-66}$$

式中，ρ 表示外激素的挥发速度；$\Delta\tau_{i,j}(t)$ 表示每只蚂蚁在 $i\rightarrow j$ 这条路径上留下的外激素累积和；$\Delta\tau_{i,j}^k(t)$ 表示第 k 只蚂蚁在遍历时留在这条路径上的外激素，根据不同情况有三种计算模型：

- 蚁周模型（ant-cycle system，ACS）：

$$\Delta\tau_{i,j}^k(t)=\frac{Q}{L_k} \tag{4-67}$$

- 蚁密模型（ant-quantity system，AQS）：

$$\Delta\tau_{i,j}^{k}(t)=\frac{Q}{d_{i,j}} \tag{4-68}$$

- 蚁量模型（ant-density system，ADS）：

$$\Delta\tau_{i,j}^{k}(t)=Q \tag{4-69}$$

三种模型中，Q 表示一只蚂蚁遍历后遗留的外激素，一般设定为常量，蚁周模型中的 L_k 表示该蚂蚁走过的总路径长度。ADS 与 AQS 只会针对路径局部更新。针对 TSP 问题，ACS 的全局更新显然具备更好的启发搜索性能，因此一般在计算时采用 ACS 模型更新外激素。

4.6 本章小结

本章介绍了机器人测量路径规划技术的基本概念和基本工作流程。其中，视点规划技术是机器人测量路径规划的一项核心技术。本章着重介绍视点规划算法的设计原理，并以物体三维重建为案例，详细阐述了无模型视点规划、基于先验模型的视点规划以及基于深度学习和强化学习的算法理论。此外，还介绍了测量路径规划与视点规划之间的关系，并以线性扫描仪为例，介绍了其在自主测量时的路径规划方法。

参考文献

[1] Scott W R，Roth G，Rivest J F. View planning for automated three-dimensional object reconstruction and inspection [J]. ACM Computing Surveys，2003，35 (1)：64-96.

[2] Stoessel D，Hanheide M，Sagerer G，et al. Feature and viewpoint selection for industrial car assembly [C] //Pattern recognition：26th DAGM Symposium，Tubingen，Germany，August 30-1 September 2004：proceedings. 2004.

[3] Delmerico J，Isler S，Sabzevari R，et al. A comparison of volumetric information gain metrics for active 3D object reconstruction [J]. Autonomous Robots，2018，42 (2)：197-208.

[4] Vasquez-Gomez J I，Sucar L E，Murrieta-Cid R. View/state planning for three-dimensional object reconstruction under uncertainty [J]. Autonomous Robots，2017，41 (1)：89-109.

[5] Pito R. A solution to the next best view problem for automated surface acquisition [J]. IEEE Transactions on Pattern Analysis and Machine Intelligence，1999，21 (10)：1016-1030.

[6] Trummer M，Munkelt C，Denzler J. Online next-best-view planning for accuracy optimization using an extended ecriterion [C] //Proceedings of the 2010 20th International Conference on Pattern Recognition. New York：ACM，2010：1642-1645.

[7] Vásquez-Gómez J I，Löpez-Damian E，Sucar L E. View planning for 3D object reconstruction [C] //Proceedings of IEEE/RSJ International Conference on Intelligent Robots and Systems. October 10-15，2009，St. Louis，MO. Piscataway，NJ：IEEE，2009：4015-4020.

[8] Blaer，Paul S.，and Peter K. Allen. Data acquisition and view planning for 3-D modeling tasks [C] //2007 IEEE/RSJ International Conference on Intelligent Robots and Systems. IEEE，2007.

[9] Proceedings 1999 IEEE international symposium on computational intelligence in robotics and automation. CIRA′99 (cat. No. 99EX375) [C] //Proceedings 1999 IEEE International Symposium on Computational Intelligence in Robotics and Automation. CIRA′99. November 8-9，1999，Monterey，CA，USA. Piscataway，NJ：IEEE，1999：i.

[10] Prieto F，Lepage R，Boulanger P，et al. A CAD-based 3D data acquisition strategy for inspection [J]. Machine Vision and Applications，2003，15 (2)：76-91.

[11] Kriegel S，Rink C，Bodenmüller T，et al. Next-best-scan planning for autonomous 3D modeling [C] //Proceedings of IEEE/RSJ International Conference on Intelligent Robots and Systems. October 7-12，2012，Vilamoura-Algarve，Portugal. Piscataway，NJ：IEEE，2012：2850-2856.

[12] Levy B，Petitjean S，Ray N，et al. Least squares conformal maps for automatic texture atlas generation [M] //Seminal Graphics Papers：Pushing the Boundaries，Volume 2. New York，NY，USA：ACM，2023：193-202.

[13] Mehdi-Souzani C，Quinsat Y，Lartigue C，et al. A knowledge database of qualified digitizing systems for the selection of the best system according to the application [J]. CIRP Journal of Manufacturing Science and Technology，2016，13：15-23.

第 5 章 多视角点云配准

在三维视觉领域，点云配准作为一项核心技术，扮演着至关重要的角色。本章将深入探讨点云配准的基本原理、方法及其在实际应用中的挑战与解决方案。点云作为三维空间中一组离散点的集合，是三维扫描、激光测距等传感器获取数据的主要形式。然而，由于视角、遮挡、噪声等因素，单次扫描往往难以获取物体的完整三维信息。因此，需要通过点云配准技术，将来自不同视角或不同时间点的点云数据进行精确对齐，以重建出物体的完整三维模型。

点云配准的核心在于寻找两组点云之间的空间变换关系，使它们能够最大限度地重叠。这一过程涉及特征提取、匹配、变换估计与优化等多个步骤。随着计算机视觉与机器学习技术的不断发展，点云配准的方法也从传统的迭代最近点（ICP）算法，逐渐扩展到基于深度学习、优化算法等更为高效与鲁棒的方案。

本章将深入探讨点云配准的关键概念和技术，系统地介绍成对点云配准技术和多视角点云配准技术。其中涵盖了多种配准方法及相关算法，包括经典的 ICP 精配准算法，RANSAC 算法，基于图优化、概率模型的多视角配准方法，以及基于深度学习的点云配准算法等。

5.1 点云及配准的基本概念

5.1.1 点云数据采集

点云数据是一种通过采样三维空间中物体表面点来表示几何形状的形式，通常由激光雷达（LiDAR）、结构光扫描仪、飞行时间（time-of-flight，ToF）相机或立体视觉系统等设备获取，如图 5-1 所示。激光雷达通过发射激光脉冲并测量其反射回来的时间来确定物体的距离，具有高精度和远距离测量能力，广泛应用于无人驾驶和地形测绘。结构光扫描仪使用已知图案的光投射到物体表面，通过相机捕捉变形后的光图案，计算出三维坐标，适用于高精度近距离扫描，如工业检测和文物保护。TOF 相机利用光脉冲飞行时间差来测量距离，具有快速采集和实时成像的优势，常用于机器人和手势识别。立体视觉系统通过两台或多台相机捕捉物体的不同视角图像，利用视差原理重建三维信息，适用于成本较低的场景，如无人机测绘和虚拟现实。每种技术在点云数据的密度、精度和适用场景上有所不同，需要根据具体应用需求选择合适的采集方法，以确保数据质量和系统性能。

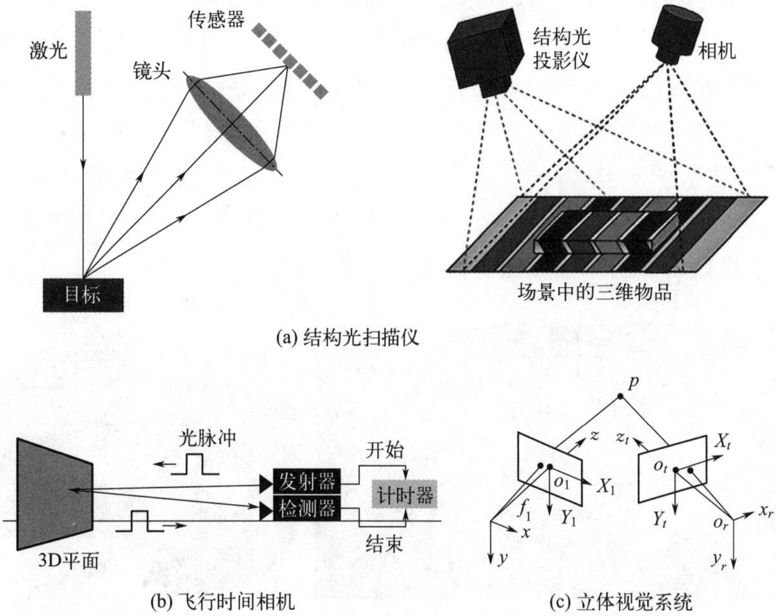

图 5-1　不同的点云数据采集方式

点云中的每个点都包含了其在三维空间中的坐标，有时还包括颜色、强度等附加信息。点云数据在计算机视觉、机器人导航、三维重建、无人驾驶等领域具有广泛的应用。点云数据具有以下特点：

① 离散性：点云是三维空间的离散表示形式，每个点都由其三维坐标（x, y, z）表示，有时还包含颜色、强度等附加信息。

② 无序性：点云通常是无序的，即点的排列没有特定顺序，使传统的图像处理方法难以直接应用。

③ 密度不均匀：在采集过程中受到传感器分辨率和距离的影响，点云密度和分辨率可能不均匀。

④ 数据量大：点云体量大，尤其是高精度扫描会生成大量数据点，需要有效的存储和处理方法。

⑤ 不规则性：因受环境因素影响，点云数据可能包含误差和缺失点，需进行预处理，如去噪和补全。

总的来说，点云数据为三维空间信息提供了丰富且详细的表示，但也带来了处理和分析上的挑战。

5.1.2　点云配准概述

点云配准是指将不同视角或不同时间获取的多组点云数据对齐的过程，旨在找到一个或多个变换矩阵，使点云之间的对应点尽可能重合。点云配准问题的核心在于确定最佳的刚体变换参数，以最小化配准误差。这一过程在机器人导航、无人驾驶、三维重建、医学影像处理等应用中至关重要。

在机器人导航中，点云配准帮助机器人准确地构建和更新环境地图，实现自主导航与避障[图 5-2(a)]。在无人驾驶领域，配准技术用于整合来自不同传感器的数据，精确定位车辆位置，提升行驶安全性[图 5-2(b)]。在三维重建中，配准技术使多视角的扫描数据可以准确对齐，生成完整的三维模型[图 5-2(c)]。在医学影像处理[1]中，配准技术用于将不同时间点或不同模态的医学扫描数据对齐，以便医生更好地观察病变区域和制定治疗方案[图 5-2(d)]。此外，点云配准还应用于文化遗产保护、建筑施工监控、虚拟现实等多个领域，为各行各业提供精确的三维数据支持和分析手段。

(a) 机器人导航SLAM

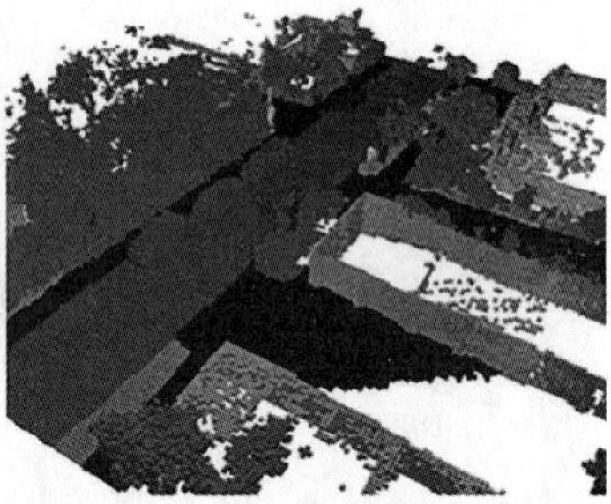

(b) 无人驾驶

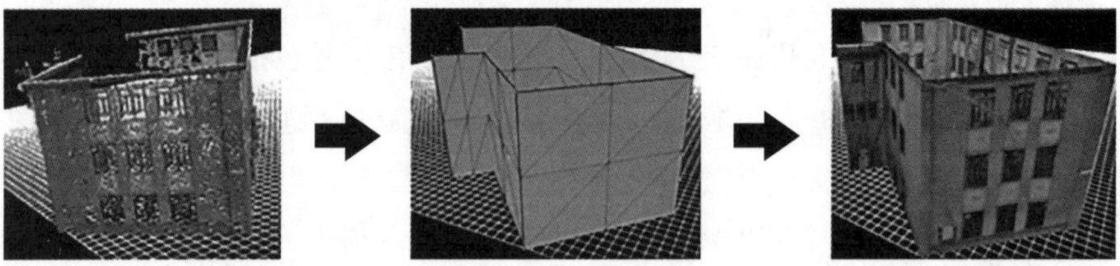

(c) 三维重建

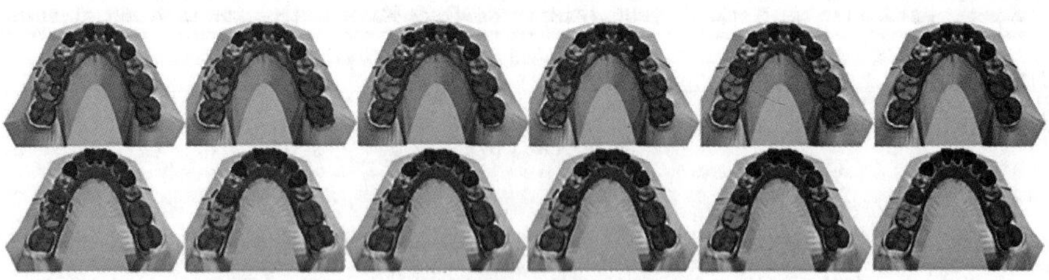

(d) 医学影像

图 5-2　点云在各个领域的应用

根据待配准点云的数量可以将点云配准问题分为成对点云配准和多视角点云配准，前者将两个不同坐标系下的点云变换到一个坐标系下，后者则将多个不同坐标系下的点云变换到一个坐标系下。多视角点云配准可以通过多次运用成对点云配准来完成，因此成对点云配准是多视角点云配准的基础，但也有一些不通过成对点云配准而直接将多个点云直接变换到一个坐标系下的方法。

通常点云配准有两个阶段，即点云粗配准和点云精配准。点云粗配准指的是采用点云中的特征点、特征描述子或者 RANSAC（随机采样一致）方法计算两帧位姿相差很大的点云数据之间的粗略的变换矩阵，为后续精配准提供一个较好的初值。点云粗配准的结果对点云精配准影响很大，较好的粗配准结果可以使精配准收敛到全局最小值，较差的粗配准结果可能使精配准收敛到局部最小值或者不收敛。以下分别介绍全局粗配准算法、精配准算法和多视角配准算法等。

5.2 全局粗配准

全局（粗）配准算法旨在提供一个初始的变换矩阵，特别是在没有先验位姿信息的情况下，全局配准算法能够处理较大初始错位和噪声。常见的全局配准算法一般为基于特征匹配的方法，利用特征描述子提取点云的显著特征，并通过匹配这些特征来估计初始变换。随后，利用 RANSAC（随机采样一致性）算法在噪声数据中寻找最佳匹配。全局配准算法为后续的精确配准提供了良好的起点，在复杂环境和多视角三维重建中发挥着重要作用。

5.2.1 点云特征提取

点云特征描述子是一种用于描述点云中特征点局部几何和拓扑结构的向量表示，旨在捕捉点云中每个特征点的独特属性，以便进行匹配和识别。常见的点云描述子包括自旋图像(spin-image)[2]、三维形状上下文（3D shape context）[3]、点特征直方图（point feature histogram，PFH）[4]、快速点特征直方图（fast point feature histogram，FPFH）[5]、方向直方图签名 SHOT（signature of histograms of orientations）[6] 等，其原理如图 5-3 所示。它们通过分析特征点周围邻域的几何关系，如点的法向量、曲率以及相对位置等，生成具有旋转不变性和尺度不变性的描述子。这些描述子在点云配准、物体识别、分类和语义分割等任务中起到关键作用，通过提供可靠的特征匹配信息，增强了算法的鲁棒性和精度。

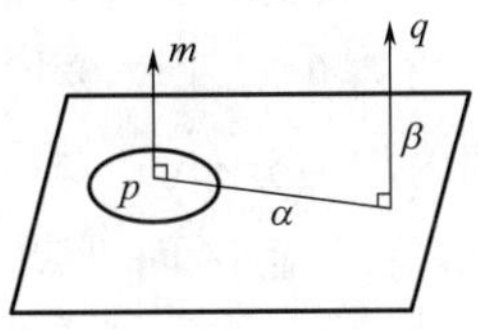

(a) spin-image

(b) 3D shape context

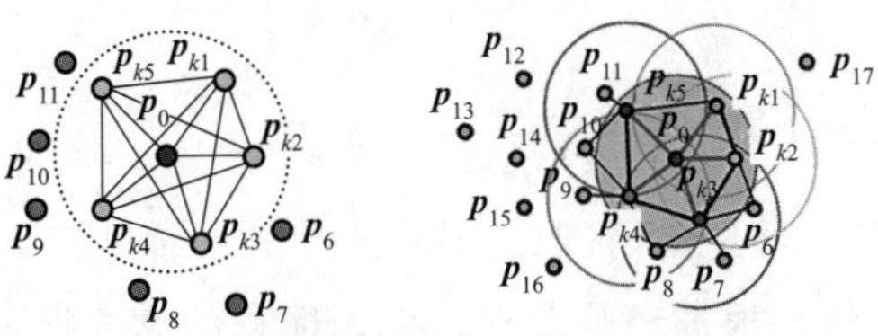

(c) PFH+FPFH

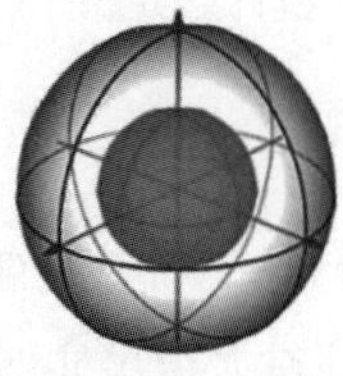

(d) SHOT

图 5-3　几种点云特征描述子原理图

(1) 旋转图像 (spin-image)

spin-image 描述子建立在表面网格上，但也可以看作是一种点云特征描述子。在表面网格顶点处定义一个由其三维位置和表面法线构成的方向点 p，然后相对于此方向点定义两个柱坐标：径向坐标 α，定义为到通过表面的法线的垂直距离；高程坐标 β，定义为由顶点法线和平面位置定义的切平面的带符号垂直距离。由于在平面上无法稳健且明确地定义柱坐标角度，因此省略了柱坐标角度。

在表面网格的顶点上为方向点创建旋转图像的过程如下：创建一个由 α 和 β 索引的二维累加器。接下来，计算在旋转图像支持范围内的表面网格顶点的坐标（α,β）。然后将累加器中由（α,β）索引的箱子递增，并使用双线性插值来平滑顶点的贡献。对于旋转图像支持范围内的所有顶点重复此过程。生成的累加器可以被视为一个图像，图像中的黑暗区域对应包含许多投影点的箱子。

对于点云配准，为表面网格中的每个顶点构建旋转图像。代表相同物体的两个不同表面生成的旋转图像将是相似的，因为它们基于物体的形状，但由于表面采样和噪声的变化，它们不会完全相同。然而，如果表面是均匀采样的，那么来自不同表面上对应点的旋转图像将线性相关。为了高效地识别物体，旋转图像之间的相似性度量使用图像之间的 L_2 距离。

(2）三维形状上下文（3D shape context）

三维形状上下文是二维形状上下文的直接扩展，应用于三维空间。三维形状上下文的支撑区域是以基点 p 为中心、以点 p 的表面估计法线 N 为正北方向的球形区域［图 5-3(b)］。支撑区域在方位角和仰角维度上被等距边界分割，在径向维度上被对数分割。将 $J+1$ 个径向分区表示为 $R=\{R_0,\cdots,R_J\}$，将 $K+1$ 个仰角分区表示为 $\Theta=\{\Theta_0,\cdots,\Theta_K\}$，并将 $L+1$ 个方位角分区表示为 $\Phi=\{\Phi_0,\cdots,\Phi_L\}$。每个箱对应 $J\times K\times L$ 特征向量中的一个元素。第一个径向分区 R_0 是最小半径 $r_{\min}$，而 R_J 是最大半径 $r_{\max}$。径向边界计算如下：

$$R_j=\exp\{\ln(r_{\min})+\frac{j}{J}\ln\left(\frac{r_{\max}}{r_{\min}}\right)\} \tag{5-1}$$

以对数方式采样使描述符对于基点距离的形状失真更具鲁棒性。靠近中心的箱在三个球面维度上都较小，因此使用最小半径（$r_{\min}>0$）来避免对非常接近中心的小形状差异过于敏感。Θ 和 Φ 分区在 180°仰角和 360°方位角范围内均匀分布。

对于每个点 p_i，其相对于 p 的球面坐标落在半径区间［R_j，R_{j+1}）、方位角区间［Φ_k，Φ_{k+1}）和仰角区间［Θ_l，Θ_{l+1}）内时，Bin（j，k，l）会累积一个加权计数 w（p_i）。点 p_i 对箱计数的贡献如下：

$$w(p_i)=\frac{1}{\rho_i\sqrt[3]{V(j,k,l)}} \tag{5-2}$$

式中，V（j，k，l）是箱的体积；ρ_i 是箱周围的局部点密度。通过箱体积的归一化可以补偿径向和仰角上箱尺寸的巨大变化。根据经验发现，使用体积的立方根可以保持显著的辨别能力，同时使描述符对于由噪声导致点跨越箱边界的情况具有鲁棒性。局部点密度 ρ_i 估计为半径为 δ 的球体内点的数量。此归一化考虑了由表面角度或扫描仪距离导致的采样密度变化。

在方位角方向上有 1 个自由度，在不同坐标系下比较形状上下文时必须去除这一自由度。为此，选择某个方向作为初始形状上下文中的 Φ_0，然后将形状上下文绕其北极旋转成 L 个位置，使得每个 Φ_l 分区在一次旋转中位于原始 0°位置。对于从参考扫描获取的描述符数据集，每个基点包含 L 次旋转，而在查询数据集中，每个基点仅包含一个位置。

(3) PFH/FPFH

点特征直方图（PFH）是信息丰富的姿态不变局部特征，代表点 $\boldsymbol{p}$ 处的基础表面模型属性。其计算基于 $\boldsymbol{p}$ 的 k 近邻之间某些几何关系的组合。PFH 包含了〈x，y，z〉三维点坐标和估计的表面法线〈n_x，n_y，n_z〉，但也可以扩展使用其他属性，如曲率、二阶矩不变量等。

在其最基本的形式中，PFH 在点 $\boldsymbol{p}$ 处的计算依赖于 3D 坐标和估计的表面法线，并按如下方式计算：

① 对于每个点 $\boldsymbol{p}$，选取包含在半径为 r 的球内的所有 $\boldsymbol{p}$ 的邻域（k-邻域）。

② 对于 $\boldsymbol{p}$ 的 k-邻域内的每对点 $\boldsymbol{p}_i$ 和 $\boldsymbol{p}_j$（$i \neq j$）及其估计的法矢 $\boldsymbol{n}_i$ 和 $\boldsymbol{n}_j$（$\boldsymbol{p}_i$ 为其关联法线与连接点的直线之间角度较小的点），定义一个达布克斯 uvw 坐标系（$\boldsymbol{u}=\boldsymbol{n}_i$，$\boldsymbol{v}=(\boldsymbol{p}_j-\boldsymbol{p}_i)\times\boldsymbol{u}$，$\boldsymbol{w}=\boldsymbol{u}\times\boldsymbol{v}$），并按如下方式计算 n_i 和 n_j 的角度变化：

$$\alpha=\boldsymbol{v}\cdot\boldsymbol{n}_j,\phi=\frac{\boldsymbol{u}\cdot(\boldsymbol{p}_j-\boldsymbol{p}_i)}{\|\boldsymbol{p}_j-\boldsymbol{p}_i\|},\theta=\arctan\frac{\boldsymbol{u}\cdot\boldsymbol{n}_j}{\boldsymbol{w}\cdot\boldsymbol{n}_j} \tag{5-3}$$

图 5-3(c) 展示了 PFH 计算的影响区域，对于查询点 $\boldsymbol{p}_q$，将其放置在半径为 r 的圆（3D 中为球）的中央，所有距离小于半径 r 的 k 近邻点完全互连成一个网格。给定点云 P 和 n 个点的 PFH 的理论计算复杂度为 $O(n\cdot k^2)$，其中 k 是每个点 $\boldsymbol{p}$ 在 P 中的邻域数量。

快速点特征直方图（FPFH）是 PFH 的简化版本，将算法的计算复杂度降低到 $O(n\cdot k)$，同时保留了 PFH 的大部分判别能力。

为了简化直方图特征的计算，按如下步骤进行：

① 对于每个查询点 $\boldsymbol{p}$，仅计算它自身与邻域之间的关系，称之为简化点特征直方图（SPFH）。

② 对于每个点，重新确定其 k 近邻并使用 k 近邻的 SPFH 值来加权 $\boldsymbol{p}$ 的最终直方图（称为 FPFH）：

$$\text{FPFH}(\boldsymbol{p})=\text{SPF}(\boldsymbol{p})+\frac{1}{k}\sum_{i=1}^{k}\frac{1}{\omega_i}\times\text{SPF}(\boldsymbol{p}_i) \tag{5-4}$$

式中，权重 ω_i 表示查询点 $\boldsymbol{p}$ 和邻域点 $\boldsymbol{p}_k$ 在给定度量空间中的距离。

图 5-3(d) 展示了 FPFH 计算的影响区域。对于给定的查询点 $\boldsymbol{p}_q$，首先通过创建其自身与邻域之间的值对来估计其 SPFH 值。对数据集中的所有点重复此过程，然后使用邻域的 SPFH 值重新加权 $\boldsymbol{p}_k$ 的 SPFH 值，从而为 $\boldsymbol{p}_q$ 创建 FPFH。

PFH 和 FPFH 的区别在于：

① FPFH 不会完全互连 $\boldsymbol{p}_q$ 的所有邻域，因此缺少一些可能有助于捕捉 $\boldsymbol{p}_q$ 周围几何形状的值对；

② PFH 在 $\boldsymbol{p}_q$ 周围建模一个精确确定的表面，而 FPFH 包括半径为 r 的球之外的附加点对（最多 $2r$ 远）；

③ 由于重新加权方案，FPFH 结合了 SPFH 值并重新捕获了一些点邻域值对。

(4) SHOT

SHOT 描述子是一种高效、描述性强、对噪声和杂乱具有鲁棒性以及对点密度变化具有鲁棒性的局部表示。它编码了支持范围内的法线直方图（即一阶微分实体），通过引入关于支持范围内点位置的几何信息，增强了描述子的判别力，从而模仿签名。

对于每个局部直方图，根据点的法线 n_q 和特征点的局部 z 轴 z_k 之间的夹角 h_q 的余弦值，将点累积到相应的箱中。使用余弦值有两个原因：它可以快速计算，因为 $\cos h_q = \boldsymbol{z}_k \cdot \boldsymbol{n}_q$；在 $\cos h_q$ 上均匀分箱等价于在 h_q 上空间变化分箱，从而为接近参考法线方向的方向创建更粗的分箱，而为正交方向创建更细的分箱。通过这种方式，法线正交方向的小差异（即可能是信息最丰富的方向）会导致点累积到不同的箱中，生成不同的直方图。此外，在存在准平面区域（即描述性不强的区域）时，这种选择通过将计数集中到较少数量的箱中来限制由噪声导致的直方图差异。

5.2.2 点云特征匹配及位姿解算

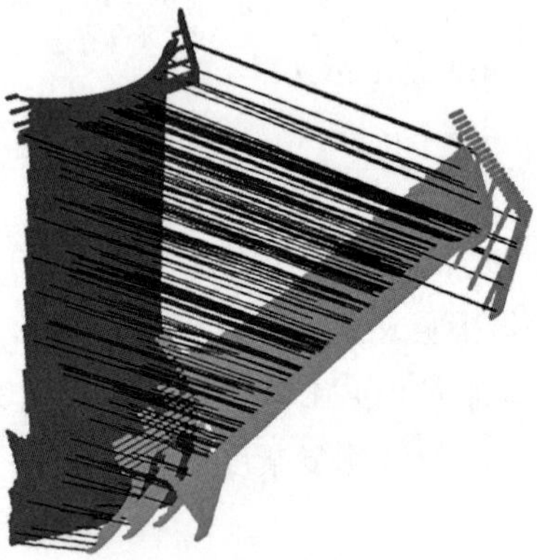

图 5-4 特征匹配示意图

点云特征匹配是指在两组或多组点云数据中找到对应特征点对的过程，如图 5-4 所示。通过比较特征描述子，使用距离度量如欧几里得距离、余弦相似度等，找到相似度最高的特征点对。然后，通过筛选和验证匹配点对，去除误匹配，以确保匹配的准确性。由匹配点对求解变换矩阵的过程如下：给定两个点云，即源点云 $P=\{\boldsymbol{p}_1,\cdots,\boldsymbol{p}_i,\cdots,\boldsymbol{p}_N\}\subset\Re^3$ 和目标点云 $Q=\{\boldsymbol{q}_1,\cdots,\boldsymbol{q}_j,\cdots,\boldsymbol{q}_M\}\subset\Re^3$，刚性配准旨在确定目标点云相对源点云的刚性坐标变换。假设 $\boldsymbol{p}_{i(k)}$ 和 $\boldsymbol{q}_{j(k)}$ 是成对的匹配点，并且有 K 对点是正确匹配的，$1\leqslant K\leqslant\min\{N,M\}$。刚性变换 $[\boldsymbol{R},\boldsymbol{t}]$ 中，$\boldsymbol{R}\in SO(3)$ 并且 $\boldsymbol{t}\in\Re^3$，应使距离均方最小，即

$$D(\boldsymbol{R},\boldsymbol{t})=\frac{1}{K}\sum_{k}^{K}\|\boldsymbol{R}\boldsymbol{p}_{i(k)}+\boldsymbol{t}-\boldsymbol{q}_{j(k)}\|^2 \tag{5-5}$$

定义源点云和目标点云的质心分别为 $\overline{\boldsymbol{p}}$ 和 $\overline{\boldsymbol{q}}$：

$$\overline{\boldsymbol{p}}=\frac{1}{K}\sum_{k}^{K}\boldsymbol{p}_{i(k)},\overline{\boldsymbol{q}}=\frac{1}{K}\sum_{k}^{K}\boldsymbol{q}_{j(k)} \tag{5-6}$$

则优化问题［式(5-5)］的解为

$$\boldsymbol{R}=VU^*,\boldsymbol{t}=\overline{\boldsymbol{q}}-\boldsymbol{R}\overline{\boldsymbol{p}} \tag{5-7}$$

式中，U 和 V 是奇异值分解 $USV^*=SVD$（$\boldsymbol{H}$）的结果；$\boldsymbol{H}$ 为交叉协方差矩阵。

$$\boldsymbol{H}=\sum_{k}^{K}(\boldsymbol{p}_{i(k)}-\overline{\boldsymbol{p}})(\boldsymbol{q}_{j(k)}-\overline{\boldsymbol{q}})^* \tag{5-8}$$

然而，特征匹配得到的对应关系在三维点云中并不一定完全对应，这些不完全的对应关系称为错误匹配。它们会对上述求解过程带来误差，从而降低得到的变换矩阵的精度。因

此，需要采用随机采样一致性（RANSAC）算法来降低误匹配的影响。RANSAC 算法是一种用于模型拟合的鲁棒估计算法，特别适用于含有大量噪声和离群值的数据集。其核心思想是通过随机抽样来寻找最佳模型参数：首先，从数据集中随机选取一个最小样本子集，并用该子集拟合模型；然后，评估整个数据集中有多少数据点与该模型一致，即计算内点的数量；重复上述过程多次，最终选择内点数量最多的模型作为最终结果。RANSAC 算法通过有效处理噪声和离群点，提高了模型拟合的准确性和稳定性，其流程如图 5-5 所示。

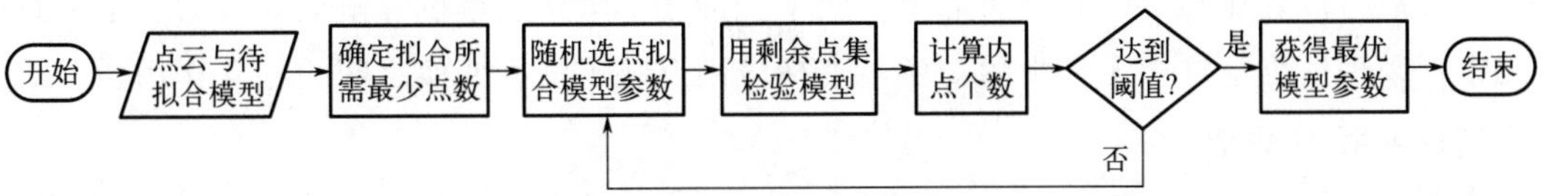

图 5-5　RANSAC 算法流程图

5.3　基于迭代最近点（ICP）的点云配准

精确配准算法，如 ICP（iterative closest point），通过迭代优化进一步微调变换参数，以最小化两组点云之间的误差。成对点云配准是实现多视角数据融合的基础，其准确性和效率对后续数据处理和应用有着重要影响。

5.3.1　点云配准数学基础

(1) 李群与李代数

李群是一种同时具备光滑结构和群结构的数学对象。群是一种集合 G 和一个二元运算（通常表示为 $*$），并且满足封闭性、结合性、单位元和逆元。具体表述如下：

① 封闭性：对于任意的 a、$b \in G$，那么 $a * b \in G$。

② 结合性：对于任意的 a、b、$c \in G$，那么 $(a \cdot b) \cdot c = a \cdot (b \cdot c)$。

③ 单位元：存在特殊的元素 $e \in G$，称为单位元，对于任意的 $a \in G$，有 $a \cdot e = e \cdot a = a$。

④ 逆元：对于任意的 $a \in G$，都存在一个逆元 a^{-1}，使得 $a^{-1}a = aa^{-1} = e$。

显然欧几里得空间中的旋转矩阵和矩阵乘法构成了群，称为旋转群或者特殊正交群，通常用 $SO(3)$ 表示。

流形是一种拓扑空间，其局部性质类似于欧几里得空间，可以在其上定义光滑函数。李群是一个集合，它既是群，也是一种流形，并且群的运算在流形上是可微的。

李代数是与李群密切相关的一种代数结构，通常用于描述李群在无穷小邻域的性质。其定义如下：

李代数是一个向量空间 $\mathbf{g}$，并且具有一个特殊的双线性运算 $[\cdot, \cdot]$，通常称 $[\cdot, \cdot]$ 为李括号。

李代数具有以下性质：

① 双线性：对于任意的 $\boldsymbol{X}$、$\boldsymbol{Y}$、$\boldsymbol{Z}\in\boldsymbol{g}$ 和标量 a、b，有

$$[a\boldsymbol{X}+b\boldsymbol{Y},\boldsymbol{Z}]=a[\boldsymbol{X},\boldsymbol{Z}]+b[\boldsymbol{Y},\boldsymbol{Z}] \tag{5-9}$$

$$[\boldsymbol{Z},a\boldsymbol{X}+b\boldsymbol{Y}]=a[\boldsymbol{Z},\boldsymbol{X}]+b[\boldsymbol{Z},\boldsymbol{Y}] \tag{5-10}$$

② 反对称性：对于任意的 $\boldsymbol{X}$、$\boldsymbol{Y}\in\boldsymbol{g}$，有

$$[\boldsymbol{X},\boldsymbol{Y}]=-[\boldsymbol{Y},\boldsymbol{X}] \tag{5-11}$$

③ 雅可比恒等式：对于任意的 $\boldsymbol{X}$、$\boldsymbol{Y}$、$\boldsymbol{Z}\in\boldsymbol{g}$，有

$$[\boldsymbol{X},[\boldsymbol{Y},\boldsymbol{Z}]]+[\boldsymbol{Y},[\boldsymbol{Z},\boldsymbol{X}]]+[\boldsymbol{Z},[\boldsymbol{X},\boldsymbol{Y}]]=\boldsymbol{0} \tag{5-12}$$

李代数可以看作是李群的“无穷小”版本，描述了李群在单位元附近的行为。李代数中的元素可以理解为李群中无穷小的变换，李括号则反映了这些变换之间的相互作用。

(2) 高斯-牛顿法

高斯-牛顿法（Gauss-Newton methon）是一种用于非线性最小二乘的迭代优化算法。当然常用迭代优化算法还有牛顿法、拟牛顿法、Levenberg-Marquardt，但后续涉及优化的部分都将使用高斯-牛顿法，因此只介绍高斯-牛顿法。

高斯-牛顿法不直接对目标函数进行优化，而是优化目标函数的平方和。由于目标函数的平方和非负，因此高斯-牛顿法相当于优化目标函数使其目标函数的平方和为 0。因此，高斯-牛顿法的待优化问题为

$$F(\boldsymbol{\beta})=\frac{1}{2}\sum f(x,\boldsymbol{\beta})^{\mathrm{T}}f(x,\boldsymbol{\beta}) \tag{5-13}$$

式中，$f(\boldsymbol{x},\boldsymbol{\beta})$ 为目标函数，一般为非线性函数；$\boldsymbol{\beta}$ 为待优化参数，通常为多维向量；$\boldsymbol{x}$ 为自变量，通常为多维向量。高斯-牛顿法的主要目的就是寻找最佳的 $\boldsymbol{\beta}$，使 $F(\boldsymbol{\beta})$ 最小。在 $\boldsymbol{\beta}=\boldsymbol{\beta}_0$ 处使用一阶泰勒展开将 $f(\boldsymbol{x},\boldsymbol{\beta})$ 展开：

$$f(\boldsymbol{x},\boldsymbol{\beta})=f(\boldsymbol{x},\boldsymbol{\beta}_0)+\left(\frac{\partial f(\boldsymbol{x},\boldsymbol{\beta})}{\partial\boldsymbol{\beta}}\right)^{\mathrm{T}}(\boldsymbol{\beta}-\boldsymbol{\beta}_0)+\mathrm{o}(\boldsymbol{\beta}-\boldsymbol{\beta}_0) \tag{5-14}$$

式中，$\mathrm{o}(\boldsymbol{\beta}-\boldsymbol{\beta}_0)$ 为 $\boldsymbol{\beta}-\boldsymbol{\beta}_0$ 的二阶无穷小。因此 $F(\boldsymbol{\beta})$ 对 $\boldsymbol{\beta}$ 的导数为

$$\frac{\partial F(\boldsymbol{\beta})}{\partial\boldsymbol{\beta}}=\sum\frac{\partial f(\boldsymbol{x},\boldsymbol{\beta})}{\partial\boldsymbol{\beta}}\left(f(\boldsymbol{x},\boldsymbol{\beta}_0)+\left(\frac{\partial f(\boldsymbol{x},\boldsymbol{\beta})}{\partial\boldsymbol{\beta}}\right)^{\mathrm{T}}(\boldsymbol{\beta}-\boldsymbol{\beta}_0)\right) \tag{5-15}$$

当 $\dfrac{\partial F(\boldsymbol{\beta})}{\partial\boldsymbol{\beta}}=0$ 时，$F(\boldsymbol{\beta})$ 取到极小值点，此时待优化参数 $\boldsymbol{\beta}$ 的变化量 $\Delta\boldsymbol{\beta}$ 为

$$\Delta\boldsymbol{\beta}=-\left(\sum\frac{\partial f(\boldsymbol{x},\boldsymbol{\beta})}{\partial\boldsymbol{\beta}}\left(\frac{\partial f(\boldsymbol{x},\boldsymbol{\beta})}{\partial\boldsymbol{\beta}}\right)^{\mathrm{T}}\right)^{-1}\sum\frac{\partial f(\boldsymbol{x},\boldsymbol{\beta})}{\partial\boldsymbol{\beta}}f(\boldsymbol{x},\boldsymbol{\beta}_0) \tag{5-16}$$

$$\boldsymbol{\beta}=\boldsymbol{\beta}_0+\Delta\boldsymbol{\beta}$$

由于初值 $\boldsymbol{\beta}_0$ 不准确，需经多次迭代 $\boldsymbol{\beta}$ 才能收敛到最优值。在下一次迭代中，用 $\boldsymbol{\beta}$ 更新 $\boldsymbol{\beta}_0$，然后在新的 $\boldsymbol{\beta}_0$ 对 $f(\boldsymbol{x},\boldsymbol{\beta})$ 展开，再次求解 $\boldsymbol{\beta}$，直到 $\|\boldsymbol{\beta}-\boldsymbol{\beta}_0\|$ 足够小时停止迭代，此时的 $\boldsymbol{\beta}$ 即为高斯-牛顿法的求解结果。

在实际使用时，只需求出 $\dfrac{\partial f(\boldsymbol{x},\boldsymbol{\beta})}{\partial\boldsymbol{\beta}}$，即可根据公式迭代更新 $\boldsymbol{\beta}$。

高斯-牛顿法计算高效，收敛较快，但 $\boldsymbol{\beta}_0$ 离最优解很远时，高斯-牛顿法可能不收敛。

5.3.2 ICP

迭代最近点（iterative closest point，ICP）是 P. J. Besl 等在 1992 年提出的点云精配准方法。ICP 作为点云配准中最经典的方法，旨在以源点云中的点到目标点云中的对应点的欧几里得距离为约束计算源点云与目标点云之间的变换矩阵，这是一个迭代的过程，当相邻两次迭代计算的变换矩阵变化值小于某一阈值时，迭代停止。

给定源点云 $P\{\boldsymbol{p}_1,\cdots,\boldsymbol{p}_N\}$ 和目标点云 $Q\{\boldsymbol{q}_1,\cdots,\boldsymbol{q}_M\}$，其中 P 内任意点 $\boldsymbol{p}_i$ 可表示为 $\boldsymbol{p}_i=[x_i,y_i,z_i]^{\mathrm{T}}$，$Q$ 内任意点 $\boldsymbol{q}_j$ 可表示为 $\boldsymbol{q}_j=[x_j,y_j,z_j]^{\mathrm{T}}$。ICP 的原理如下：

首先利用粗配准算法提供初始旋转矩阵 $\boldsymbol{R}$ 和平移向量 $\boldsymbol{t}$，否则用单位矩阵进行初始化 $\boldsymbol{R}$，用零向量初始化 $\boldsymbol{t}$。对于点云 P 中任意一点 $\boldsymbol{p}_i$，转换后的点 $\tilde{\boldsymbol{p}}_i$ 在 Q 中的最近点为 $\boldsymbol{q}_j$。其中 $\tilde{\boldsymbol{p}}_i$ 为

$$\tilde{\boldsymbol{p}}_i=\boldsymbol{R}\boldsymbol{p}_i+\boldsymbol{t} \tag{5-17}$$

对于 ICP，其目标函数可列为

$$f(\boldsymbol{p}_i,\boldsymbol{q}_j,\boldsymbol{R},\boldsymbol{t})=\boldsymbol{R}\boldsymbol{p}_i+\boldsymbol{t}-\boldsymbol{q}_j \tag{5-18}$$

因此高斯-牛顿法的待优化问题为

$$F(\boldsymbol{R},\boldsymbol{t})=\frac{1}{2}\sum(\boldsymbol{R}\boldsymbol{p}_i+\boldsymbol{t}-\boldsymbol{q}_j)^{\mathrm{T}}(\boldsymbol{R}\boldsymbol{p}_i+\boldsymbol{t}-\boldsymbol{q}_j) \tag{5-19}$$

前文介绍过，高斯-牛顿法实际使用时只需求出目标函数对待优化参数的导数即可。因此需要求出 $f(\boldsymbol{p}_i,\boldsymbol{q}_j,\boldsymbol{R},\boldsymbol{t})$ 对旋转矩阵 $\boldsymbol{R}$ 和平移向量 $\boldsymbol{t}$ 的导数。但 $f(\boldsymbol{p}_i,\boldsymbol{q}_j,\boldsymbol{R},\boldsymbol{t})$ 无法直接对 $\boldsymbol{R}$ 求导，需要将 $\boldsymbol{R}$ 转为李代数 $\boldsymbol{\xi}$，因此目标函数变为

$$f(\boldsymbol{p}_i,\boldsymbol{q}_j,\boldsymbol{\xi},\boldsymbol{t})=\exp(\boldsymbol{\xi}^{\wedge})\boldsymbol{p}_i+\boldsymbol{t}-\boldsymbol{q}_j \tag{5-20}$$

可使用左扰动模型以求出目标函数对 $\boldsymbol{\xi}$ 的导数，即使用 $\Delta\boldsymbol{R}$ 对 $\boldsymbol{R}$ 进行小幅度的旋转，从而与原来的 $\boldsymbol{R}$ 产生差异，以便用李代数求导。假设 $\Delta\boldsymbol{R}$ 对应的李代数为 $\boldsymbol{\zeta}$，可得

$$\begin{aligned}\frac{\partial f(\boldsymbol{p}_i,\boldsymbol{q}_j,\boldsymbol{\xi},\boldsymbol{t})}{\partial\boldsymbol{\xi}}&=\frac{\partial\exp(\boldsymbol{\xi}^{\wedge})\boldsymbol{p}_i}{\partial\boldsymbol{\xi}}\\&=\lim_{\boldsymbol{\zeta}\to 0}\frac{\exp(\boldsymbol{\zeta}^{\wedge})\exp(\boldsymbol{\xi}^{\wedge})\boldsymbol{p}_i-\exp(\boldsymbol{\xi}^{\wedge})\boldsymbol{p}_i}{\boldsymbol{\zeta}}\\&=\lim_{\boldsymbol{\zeta}\to 0}\frac{(I+\boldsymbol{\zeta}^{\wedge})\exp(\boldsymbol{\xi}^{\wedge})\boldsymbol{p}_i-\exp(\boldsymbol{\xi}^{\wedge})\boldsymbol{p}_i}{\boldsymbol{\zeta}}\\&=\lim_{\boldsymbol{\zeta}\to 0}\frac{\boldsymbol{\zeta}^{\wedge}\boldsymbol{R}\boldsymbol{p}_i}{\boldsymbol{\zeta}}\\&=\lim_{\boldsymbol{\zeta}\to 0}-\frac{(\boldsymbol{R}\boldsymbol{p}_i)^{\wedge}\boldsymbol{\zeta}}{\boldsymbol{\zeta}}\\&=-(\boldsymbol{R}\boldsymbol{p}_i)^{\wedge}\end{aligned} \tag{5-21}$$

$\boldsymbol{\zeta}^{\wedge}\boldsymbol{R}\boldsymbol{p}_i$ 等价于 $\boldsymbol{\zeta}\times\boldsymbol{R}\boldsymbol{p}_i$，所以 $\boldsymbol{\zeta}\times\boldsymbol{R}\boldsymbol{p}_i=-\boldsymbol{R}\boldsymbol{p}_i\times\boldsymbol{\zeta}$，因此得到 $\boldsymbol{\zeta}^{\wedge}\boldsymbol{R}\boldsymbol{p}_i=-(\boldsymbol{R}\boldsymbol{p}_i)^{\wedge}\boldsymbol{\zeta}$。并且 $f(\boldsymbol{p}_i,\boldsymbol{q}_j,\boldsymbol{\xi},\boldsymbol{t})$ 对 $\boldsymbol{t}$ 的导数很容易求出，即

$$\frac{\partial f(\boldsymbol{p}_i,\boldsymbol{q}_j,\boldsymbol{\xi},\boldsymbol{t})}{\partial \boldsymbol{t}}=I \tag{5-22}$$

设 ICP 待求解参数为 $\boldsymbol{\beta}=[\boldsymbol{t}^{\mathrm{T}}\quad \boldsymbol{\xi}^{\mathrm{T}}]^{\mathrm{T}}$，$\boldsymbol{\beta}$ 为 6 维列向量，则 $f(\boldsymbol{p}_i,\boldsymbol{q}_j,\boldsymbol{\xi},\boldsymbol{t})$对 $\boldsymbol{\beta}$ 的导数为

$$\frac{\partial f(\boldsymbol{p}_i,\boldsymbol{q}_j,\boldsymbol{\xi},\boldsymbol{t})}{\partial \boldsymbol{\beta}}=\left[\frac{\partial f(\boldsymbol{p}_i,\boldsymbol{q}_j,\boldsymbol{\xi},\boldsymbol{t})}{\partial \boldsymbol{t}}\quad \frac{\partial f(\boldsymbol{p}_i,\boldsymbol{q}_j,\boldsymbol{\xi},\boldsymbol{t})}{\partial \boldsymbol{\xi}}\right]=[I\quad -(\boldsymbol{R}\boldsymbol{p}_i)^{\wedge}] \tag{5-23}$$

式中，$\frac{\partial f(\boldsymbol{p}_i,\boldsymbol{q}_j,\boldsymbol{\xi},\boldsymbol{t})}{\partial \boldsymbol{\beta}}$为 3×6 的矩阵。$\frac{\partial f(\boldsymbol{p}_i,\boldsymbol{q}_j,\boldsymbol{\xi},\boldsymbol{t})}{\partial \boldsymbol{\beta}}$已知，从而可使用高斯-牛顿法求解出待求解参数的变化量 $\Delta\boldsymbol{\beta}$，再根据 $\Delta\boldsymbol{\beta}$ 更新 $\boldsymbol{\beta}$。需要注意的是，并不直接更新旋转矩阵 $\boldsymbol{R}$，而是更新 $\boldsymbol{R}$ 对应的李代数$\boldsymbol{\xi}$，只有在涉及对点进行变换和输出 ICP 结果时，才将$\boldsymbol{\xi}$转为 $\boldsymbol{R}$。

因此 ICP 的流程可描述为

① 预设停止迭代阈值ϵ，使用 Q 构建 KD 树。

② 利用粗配准算法提供初始旋转矩阵 $\boldsymbol{R}$ 和平移向量 $\boldsymbol{t}$。

③ 对于点云 P 中任意一点 $\boldsymbol{p}_i$，使用 KD 树搜索转换后的点$\tilde{\boldsymbol{p}}_i$ 在 Q 中的最近点 $\boldsymbol{q}_j$。

④ 更新源点云与目标点云之间的旋转矩阵和平移向量。

⑤ 循环步骤③与④，直到 $\Delta\boldsymbol{\beta}$ 各个分量的绝对值小于ϵ，停止迭代。

ICP 存在两个明显的缺点。其一，它假设源点云与目标点云直接存在一一对应的点，但这种假设过于理想，源点云与目标点云的重叠部分可能比较小，只有重叠部分的匹配点对才是可靠的，因此可设置距离阈值过滤那些距离过大的匹配点对。其二，当直接用单位矩阵初始化 $\boldsymbol{R}$，用零向量初始化 $\boldsymbol{t}$，或者粗配准的结果离真实结果相差很大时，ICP 很可能陷入局部最小值。除此之外，ICP 依赖于点云中的每个点，如果输入数据中包含大量的噪声或离群点，它可能会导致错误的配准结果。噪声和离群点会极大地影响最近邻匹配，从而导致对齐不准确。

5.3.3 点面 ICP

点面 ICP（point-to-plane ICP）是由 Yang Chen 等于 1992 年提出的点云精配准方法。点面 ICP 整体流程与传统 ICP 相同，但点面 ICP 不是最小化源点云与目标点云对应点之间的欧几里得距离以求解变换矩阵，而是最小化源点云中的点到目标点云中对应点的切平面的欧几里得距离以求解变换矩阵。

点面 ICP 的原理如下：

对于点云 P 中任意一点 $\boldsymbol{p}_i$，转换后的点$\tilde{\boldsymbol{p}}_i$ 在 Q 中的最近点为 $\boldsymbol{q}_j$，$\boldsymbol{q}_j$ 的法线为$\boldsymbol{n}_j$。因此点面 ICP 的目标函数为

$$f(\boldsymbol{p}_i,\boldsymbol{q}_j,\boldsymbol{R},\boldsymbol{t})=\boldsymbol{n}_j^{\mathrm{T}}(\boldsymbol{R}\boldsymbol{p}_i+\boldsymbol{t}-\boldsymbol{q}_j) \tag{5-24}$$

显然，$f(\boldsymbol{p}_i,\boldsymbol{q}_j,\boldsymbol{R},\boldsymbol{t})$是一个标量。因此高斯-牛顿法的待优化问题为

$$F(\boldsymbol{R},\boldsymbol{t})=\frac{1}{2}\sum[\boldsymbol{n}_j^{\mathrm{T}}(\boldsymbol{R}\boldsymbol{p}_i+\boldsymbol{t}-\boldsymbol{q}_j)]^2 \tag{5-25}$$

与 ICP 求解旋转矩阵的过程类似，也需要将 $\boldsymbol{R}$ 转为对应的李代数$\boldsymbol{\xi}$，因此有

$$f(\boldsymbol{p}_i,\boldsymbol{q}_j,\boldsymbol{\xi},\boldsymbol{t})=\boldsymbol{n}_j^{\mathrm{T}}[\exp(\boldsymbol{\xi}^{\wedge})\boldsymbol{p}_i+\boldsymbol{t}-\boldsymbol{q}_j] \tag{5-26}$$

使用左扰动模型求 $f(\boldsymbol{p}_i,\boldsymbol{q}_j,\boldsymbol{\xi},\boldsymbol{t})$对$\boldsymbol{\xi}$的导数，即

$$\frac{\partial f(\boldsymbol{p}_i,\boldsymbol{q}_j,\boldsymbol{\xi},\boldsymbol{t})}{\partial \boldsymbol{\xi}}=\frac{\partial \boldsymbol{n}_j^{\mathrm{T}}\exp(\boldsymbol{\xi}^{\wedge})\boldsymbol{p}_i}{\partial \boldsymbol{\xi}}=-(\boldsymbol{R}\boldsymbol{p}_i)^{\wedge}\boldsymbol{n}_j \tag{5-27}$$

而 f（$\boldsymbol{p}_i$，$\boldsymbol{q}_j$，$\boldsymbol{\xi}$，$\boldsymbol{t}$）对 $\boldsymbol{t}$ 的导数也容易求出，即

$$\frac{\partial f(\boldsymbol{p}_i,\boldsymbol{q}_j,\boldsymbol{\xi},\boldsymbol{t})}{\partial \boldsymbol{t}}=\boldsymbol{n}_j \tag{5-28}$$

得到 f（$\boldsymbol{p}_i$，$\boldsymbol{q}_j$，$\boldsymbol{\xi}$，$\boldsymbol{t}$）对$\boldsymbol{\xi}$和 $\boldsymbol{t}$ 的导数，从而可以使用高斯-牛顿法迭代求解$\boldsymbol{\xi}$和 $\boldsymbol{t}$，并且更新$\boldsymbol{\xi}$和 $\boldsymbol{t}$ 的过程与传统 ICP 方法类似。

相比于传统 ICP，点面 ICP 有以下优势：

① 一般而言，点面 ICP 比传统 ICP 更精确，收敛更快，特别是对于有噪声和明显重叠的情况。

② 通过使用目标点云的法线，点面 ICP 可以更好地处理点云密度和局部形状差异的变化。

但点面 ICP 仍存在以下问题：

① 重叠率过小时，匹配点对不可靠。

② 容易陷入局部最小值。

与传统 ICP 相比，点面 ICP 需要计算目标点云的法线，也增加了一定的耗时和计算量。

5.3.4 GICP

Generalized-ICP（简称 GICP）是由斯坦福大学 Aleksandr V. Segal 等于 2009 年提出的。GICP 是 ICP 的变体，也是对 ICP、点面 ICP 的扩展和泛化。GICP 沿用了 ICP 的计算流程以保持高效和简单的性质。不过与 ICP 不同的是，GICP 计算变换矩阵的方式及其原理与 ICP 截然不同，但 GICP 又可以推导出 ICP 与点面 ICP，因此 GICP 被称为泛化的 ICP。

GICP 基于概率模型求解变换矩阵，但寻找源点云与目标点云的对应关系还是基于欧几里得距离，即使用 KD 树搜索匹配点对，从而保持 ICP 相对于其他完全概率方式的优越性——简单和高效。

为了简单起见，假设源点云 $P\{\boldsymbol{p}_1,\cdots,\boldsymbol{p}_N\}$ 和目标点云 $Q\{\boldsymbol{q}_1,\cdots,\boldsymbol{q}_N\}$ 已经一一对应（可使用 KD 树实现对应点对的查找），其中 $\boldsymbol{p}_i$ 和 $\boldsymbol{q}_i$ 为齐次坐标，并且任意匹配点对之间的距离都小于一定值，即 $\|\boldsymbol{p}_i-\boldsymbol{q}_i\|<d_{\max}$。假设存在点云 $\widetilde{P}\{\widetilde{\boldsymbol{p}}_1,\cdots,\widetilde{\boldsymbol{p}}_N\}$ 和 $\widetilde{Q}\{\widetilde{\boldsymbol{q}}_1,\cdots,\widetilde{\boldsymbol{q}}_N\}$，并且根据高斯分布 $\boldsymbol{p}_i\sim N(\widetilde{\boldsymbol{p}}_i,\boldsymbol{C}_i^P)$ 和 $\boldsymbol{q}_i\sim N(\widetilde{\boldsymbol{q}}_i,\boldsymbol{C}_i^Q)$ 生成点云 P 与 Q。如果点云 $\widetilde{P}$ 与 $\widetilde{Q}$ 一一对应关系准确，那么必然存在绝对精确的欧几里得变换矩阵 $\boldsymbol{T}^*$，使

$$\widetilde{\boldsymbol{q}}_i=\boldsymbol{T}^*\widetilde{\boldsymbol{p}}_i \tag{5-29}$$

对于任意的欧几里得变换矩阵 $\boldsymbol{T}$，定义其误差项 $\boldsymbol{d}_i^{(\boldsymbol{T})}=\boldsymbol{q}_i-\boldsymbol{T}\boldsymbol{p}_i$。其中 $\boldsymbol{p}_i$ 与 $\boldsymbol{q}_i$ 符合高斯分布，且 $\boldsymbol{p}_i$ 与 $\boldsymbol{q}_i$ 相互独立，那么 $\boldsymbol{d}_i^{(\boldsymbol{T})}$ 也符合高斯分布，即

$$\boldsymbol{d}_i^{(\boldsymbol{T})}\sim N(\widetilde{\boldsymbol{q}}_i,\boldsymbol{C}_i^Q)-\boldsymbol{T}N(\widetilde{\boldsymbol{p}}_i,\boldsymbol{C}_i^P)=N(\widetilde{\boldsymbol{q}}_i-\boldsymbol{T}\widetilde{\boldsymbol{p}}_i,\boldsymbol{C}_i^Q+\boldsymbol{T}\boldsymbol{C}_i^P\boldsymbol{T}^{\mathrm{T}}) \tag{5-30}$$

故而 $\boldsymbol{d}_i^{(\boldsymbol{T}^*)}$ 的高斯分布为

$$\boldsymbol{d}_i^{(\boldsymbol{T}^*)} \sim N(\widetilde{\boldsymbol{q}}_i, \boldsymbol{C}_i^Q) - \boldsymbol{T}^* N(\widetilde{\boldsymbol{p}}_i, \boldsymbol{C}_i^P) = N(0, \boldsymbol{C}_i^Q + \boldsymbol{T}^* \boldsymbol{C}_i^P (\boldsymbol{T}^*)^{\mathrm{T}}) \tag{5-31}$$

因此借助最大似然估计（maximum likelihood estimation，MLE）的思想，可求解出变换矩阵 $\boldsymbol{T}$，即

$$\boldsymbol{T} = \underset{\boldsymbol{T}}{\operatorname{argmax}} \prod_i \boldsymbol{p}(\boldsymbol{d}_i^{(\boldsymbol{T})}) = \underset{\boldsymbol{T}}{\operatorname{argmax}} \sum_i \lg(\boldsymbol{p}(\boldsymbol{d}_i^{(\boldsymbol{T})})) \tag{5-32}$$

简化可得

$$\boldsymbol{T} = \underset{\boldsymbol{T}}{\operatorname{argmin}} \sum_i (\boldsymbol{d}_i^{(\boldsymbol{T})})^{\mathrm{T}} (\boldsymbol{C}_i^Q + \boldsymbol{T}\boldsymbol{C}_i^P \boldsymbol{T}^{\mathrm{T}})^{-1} \boldsymbol{d}_i^{(\boldsymbol{T})} \tag{5-33}$$

通过优化上式可求出欧几里得变换矩阵 $\boldsymbol{T}$。而 $\boldsymbol{C}_i^P$ 与 $\boldsymbol{C}_i^Q$ 通常是由 $\boldsymbol{p}_i$ 点和 $\boldsymbol{q}_i$ 点搜索其多个邻近点计算得到的。

若 $\boldsymbol{C}_i^P = \boldsymbol{0}$，$\boldsymbol{C}_i^Q = \boldsymbol{I}$，则可推导出 ICP 的优化问题，即

$$\boldsymbol{T} = \underset{\boldsymbol{T}}{\operatorname{argmin}} \sum_i (\boldsymbol{d}_i^{(\boldsymbol{T})})^{\mathrm{T}} \boldsymbol{d}_i^{(\boldsymbol{T})} = \underset{\boldsymbol{T}}{\operatorname{argmin}} \sum_i \| \boldsymbol{d}_i^{(\boldsymbol{T})} \|^2 \tag{5-34}$$

一般点面 ICP 的优化问题可表述为

$$\boldsymbol{T} = \underset{\boldsymbol{T}}{\operatorname{argmin}} \sum_i \| \boldsymbol{n}_i^{\mathrm{T}} \boldsymbol{d}_i^{(\boldsymbol{T})} \|^2 \tag{5-35}$$

式中，$\boldsymbol{n}_i$ 为点 $\boldsymbol{q}_i$ 的表面法线，因此有

$$\boldsymbol{T} = \underset{\boldsymbol{T}}{\operatorname{argmin}} \sum_i \| \boldsymbol{n}_i^{\mathrm{T}} \boldsymbol{d}_i^{(\boldsymbol{T})} \|^2 = \underset{\boldsymbol{T}}{\operatorname{argmin}} \sum_i (\boldsymbol{d}_i^{(\boldsymbol{T})})^{\mathrm{T}} \boldsymbol{n}_i \boldsymbol{n}_i^{\mathrm{T}} \boldsymbol{d}_i^{(\boldsymbol{T})} = \underset{\boldsymbol{T}}{\operatorname{argmin}} \sum_i (\boldsymbol{d}_i^{(\boldsymbol{T})})^{\mathrm{T}} \boldsymbol{M}_i \boldsymbol{d}_i^{(\boldsymbol{T})} \tag{5-36}$$

因为 $\boldsymbol{M}_i$ 不可逆（$\boldsymbol{M}_i$ 的秩为 1），因此令 $\boldsymbol{C}_i^Q = 0$，$\boldsymbol{C}_i^P$ 为接近 $\boldsymbol{M}_i$ 的可逆矩阵，即可将 GICP 问题转化为点面 ICP 问题。

点面 ICP 的精髓在于点云不仅仅是各点的集合，也是各个局部平面的集合，但点面 ICP 只使用目标点云的表面信息。为了提高点面 ICP 的性能并增加模型的对称性，GICP 使用了目标点云和源点云的表面信息，从而实现了面到面的 ICP。在现实世界，曲面是可以分段可微的，即曲面可以由无数个微小的局部平面构成。此外，源点云和目标点云的一一对应关系不可能完全正确。本质上讲，每个点只提供了沿其表面法线的约束。为了模拟这种结构，GICP 认为每个采样点的局部平面方向上的协方差很大，而沿表面法线方向上的协方差很小。对于表面法线方向向量 $\boldsymbol{e}$ 与 X 轴同向的某一点，其协方差矩阵可表示为

$$\begin{bmatrix} \varepsilon & 0 & 0 \\ 0 & 1 & 0 \\ 0 & 0 & 1 \end{bmatrix}$$

该矩阵中，ε 表示沿法线方向的协方差，通常是一个较小的常数。这表明在局部平面方向上的不确定性很大（该方向方差大），而在表面法线方向上不确定性很小（该方向方差小）。

点云法线不一定沿着 X 轴方向，对于法线为 $\boldsymbol{v}$ 的某一点，定义 $\boldsymbol{R}_v$ 是向量 $\boldsymbol{e}$ 与向量 $\boldsymbol{v}$ 之间的旋转矩阵，则该点的协方差矩阵为

$$\boldsymbol{R}_v \begin{bmatrix} \varepsilon & 0 & 0 \\ 0 & 1 & 0 \\ 0 & 0 & 1 \end{bmatrix} \boldsymbol{R}_v^{\mathrm{T}}$$

GICP 通常需要计算每个点的法线，以通过上式计算每个点正则化后的协方差矩阵，使 GICP 实现面到面的 ICP 的配准效果。通常是使用 KD 树搜索多个邻近点，计算其协方差矩阵，然后使用 PCA 分解，其最小特征值对应的特征向量即为该点的法线。

图 5-6 展示了 GICP 面到面匹配可能存在的情况。在图 5-6 右侧两组匹配点对（蓝色虚线连接的两组点对）中，源点云与目标点云中的点分布很相似（都是左右分布），这两组点对对 GICP 配准影响程度较高。而源点云中左侧的三个点都与目标点云中的同一个点对应，并且源点云中的点是上下分布，而目标点云中的点是左右分布，因此可通过计算 $(\boldsymbol{C}_i^Q+\boldsymbol{T}\boldsymbol{C}_i^P\boldsymbol{T}^{\mathrm{T}})^{-1}$，对分布不一致的点对的匹配代价进行加权，弱化分布不一致的点对对 GICP 配准的影响。

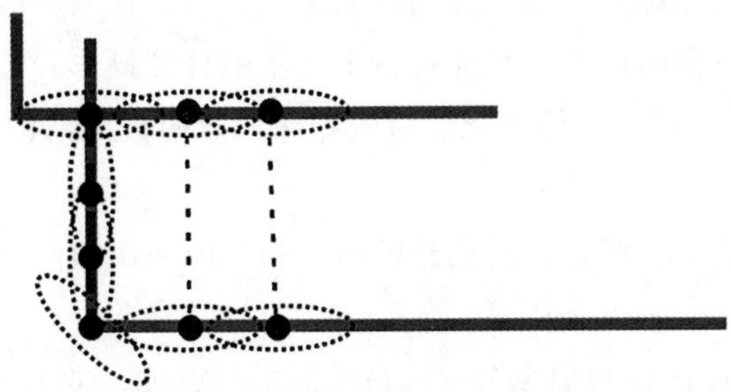

图 5-6　GICP 面到面匹配

红线—目标点云；绿线—源点云；黑色圆点—待匹配点对；

黑色椭圆形虚线—每个点的分布；蓝色虚线—匹配关系

与 ICP 相比，GICP 有着明显的优势，主要表现在：

① ICP 采用的是基于点到点的最小化误差策略，即最小化点云中每个点与其最近邻点之间的欧几里得距离。这种方法虽然简单，但容易受到噪声和离群点的影响，特别是在不规则或嘈杂的场景中。GICP 将点云中的点扩展为局部平面，采用基于点到平面或平面到平面关系的配准策略。每个点不再是孤立的，而是与其局部邻域的几何结构相关联，通过局部协方差矩阵来描述点的分布。这种方法能够更好地适应不同形状和几何特征的表面，尤其在非刚性场景或不规则形状的配准中更鲁棒。

② ICP 假设点云之间的初始位姿估计较好，即初始位姿估计较为接近最终结果。若初始对齐误差较大或有较大旋转，ICP 往往会陷入局部最优，导致配准失败。GICP 通过引入局部协方差矩阵，使其在面对初始位姿误差较大的情况下能够进行更鲁棒的配准。协方差矩阵能够捕捉到局部结构的方向性，使 GICP 在存在噪声、稀疏点云或离群点时表现更好，能够更好地应对非对称场景。

③ GICP 每次迭代的计算量可能稍高，但通常需要的迭代次数较少，整体效率在复杂场景下往往优于 ICP。

总体而言，GICP 相对于 ICP 的主要优势在于其对点云局部几何结构的建模更为精细，能够处理更复杂的场景，包括非刚性物体和嘈杂环境，并且在初始对齐较差的情况下表现更加鲁棒。因此，GICP 在实际点云配准任务中更适用于处理具有复杂几何结构和噪声的场景。但也要考虑到 GICP 计算协方差矩阵所增加的计算量，在实际使用时，GICP 更适合用于小规模点云的配准。

5.3.5 VGICP

Voxelized GICP（简称VGICP）是由Kenji Koide等于2021年在ICRA会议上提出的。VGICP在确保精度不降低的情况下通过体素化扩展了GICP，以避免近邻点搜索。对于点数为15000的点云，VGICP可在CPU上以30Hz的速度运行，在GPU上甚至可达到120Hz。

与GICP不同，VGICP在配准的过程中不需要使用KD树搜索源点云中每一个点在目标点云中的对应点，而是使用体素化的方法替代KD树搜索。首先对目标点云进行体素化，即计算每个点的体素索引，并使用哈希表进行存储。其次查询源点云中每一点对应的目标点云所构建的体素，即先计算源点云每个点的体素索引，然后在哈希表中查询该索引，若查询成功，则可找到该点所对应的体素，从而进行下一步的计算操作。搜索对应点（体素）的改变使VGICP变得高效，甚至由于体素化后搜索操作涉及的数据结构较为简单，VGICP可在GPU上运行。

为了使源点云尽量落在目标点云所构建的体素中，应利用粗配准算法或者将源点云与目标点云的质心重合。

与GICP相同，VGICP也要计算每个点的协方差矩阵，并且计算方式相同。不过与NDT不同的是，VGICP每个体素协方差矩阵是由体素内的点的协方差矩阵相加得到，而NDT是直接使用体素内的点计算协方差矩阵。当体素内的点少于4个时，NDT计算的协方差矩阵不可信，而VGICP不受其影响。

对于源点云 $P\{\boldsymbol{p}_1,\cdots,\boldsymbol{p}_N\}$ 和目标点云 $Q\{\boldsymbol{q}_1,\cdots,\boldsymbol{q}_M\}$，假设存在点云 $\widetilde{P}\{\widetilde{\boldsymbol{p}}_1,\cdots,\widetilde{\boldsymbol{p}}_N\}$ 和 $\widetilde{Q}\{\widetilde{\boldsymbol{q}}_1,\cdots,\widetilde{\boldsymbol{q}}_M\}$，并且根据高斯分布 $\boldsymbol{p}_i\sim N(\widetilde{\boldsymbol{p}}_i,\ \boldsymbol{C}_i^P)$ 和 $\boldsymbol{q}_i\sim N(\widetilde{\boldsymbol{q}}_i,\ \boldsymbol{C}_i^Q)$ 生成点云 P 与 Q。对于 P 中的某一点 $\boldsymbol{p}_i$，当 P 到 Q 的变换矩阵为 $\boldsymbol{T}^*$ 时（$\boldsymbol{T}^*$ 为绝对准确的变换矩阵），其在 Q 中的多个邻近点为 $\{\cdots,\boldsymbol{q}_j,\cdots\}$，则有

$$\boldsymbol{d}_i^{(\boldsymbol{T}^*)}=\sum_j(\widetilde{\boldsymbol{q}}_i-\boldsymbol{T}^*\widetilde{\boldsymbol{p}}_i) \tag{5-37}$$

因此可使用下式近似 $\boldsymbol{d}_i^{(\boldsymbol{T}^*)}$ 的分布，即

$$\begin{gathered}\boldsymbol{d}_i^{(\boldsymbol{T}^*)}\sim(\mu,\boldsymbol{C})\\ \mu=\sum_j(\widetilde{\boldsymbol{q}}_i-\boldsymbol{T}^*\widetilde{\boldsymbol{p}}_i)=0\\ \boldsymbol{C}=\sum_j[\boldsymbol{C}_j^Q+\boldsymbol{T}^*\boldsymbol{C}_i^P(\boldsymbol{T}^*)^{\mathrm{T}}]\end{gathered} \tag{5-38}$$

与GICP相同，通过最大似然估计推导，即可优化出变换矩阵 $\boldsymbol{T}$：

$$\begin{gathered}\boldsymbol{T}=\underset{\boldsymbol{T}}{\operatorname{argmin}}\sum_i(\boldsymbol{d}_i^{(\boldsymbol{T})})^{\mathrm{T}}(\boldsymbol{C}_i)^{-1}\boldsymbol{d}_i^{(\boldsymbol{T})}\\ \boldsymbol{d}_i^{(\boldsymbol{T})}=\sum_j(\boldsymbol{q}_j-\boldsymbol{T}\boldsymbol{p}_i)\\ \boldsymbol{C}_i=\sum_j(\boldsymbol{C}_j^Q+\boldsymbol{T}\boldsymbol{C}_i^P\boldsymbol{T}^{\mathrm{T}})\end{gathered} \tag{5-39}$$

式(5-40）可进一步简化为

$$\boldsymbol{T}=\underset{\boldsymbol{T}}{\arg\min}\sum_i N_i\left(\frac{\sum_j \boldsymbol{q}_j}{N_i}-\boldsymbol{T}\boldsymbol{p}_i\right)^{\mathrm{T}}\left(\frac{\sum_j \boldsymbol{C}_j^Q}{N_i}+\boldsymbol{T}\boldsymbol{C}_i^P\boldsymbol{T}^{\mathrm{T}}\right)^{-1}\left(\frac{\sum_j \boldsymbol{q}_j}{N_i}-\boldsymbol{T}\boldsymbol{p}_i\right) \tag{5-40}$$

式中，N_i 是点 $\boldsymbol{p}_i$ 的邻近点数。通常在目标点云构建的体素中，不直接保存点，而是保存 $\frac{\sum_j \boldsymbol{q}_j}{N_i}$ 与 $\frac{\sum_j \boldsymbol{C}_j^Q}{N_i}$，以降低内存的消耗。

综合以上描述，VGICP 算法的流程如下：

① 输入源点云 $P\{\boldsymbol{p}_1,\cdots,\boldsymbol{p}_N\}$ 和目标点云 $Q\{\boldsymbol{q}_1,\cdots,\boldsymbol{q}_M\}$，以及对应的协方差矩阵 $\{\boldsymbol{C}_1^P,\cdots,\boldsymbol{C}_N^P\}$ 和 $\{\boldsymbol{C}_1^Q,\cdots,\boldsymbol{C}_M^Q\}$。

② 输入体素尺寸大小 ϕ，输入初始化变换矩阵 $\boldsymbol{T}_0$。

③ 对目标点云 Q 进行体素化。体素化的过程如下：

a. 初始化存储体素信息的哈希表 V，哈希表中的每个索引都对应一个体素，其中每个体素内存有三个信息，即 $\boldsymbol{\mu}$、$\boldsymbol{C}$、N。

b. 对于目标点云 Q 中的任意一点 $\boldsymbol{q}_j$，$\boldsymbol{q}_j$ 为 $[x_j,y_j,z_j]^{\mathrm{T}}$，通过下式计算其哈希索引 ρ_j：

$$\rho_j=f(\boldsymbol{q}_j,\phi) \tag{5-41}$$

式中，f 为计算索引的函数，涉及的计算过程包括 $\boldsymbol{q}_j$ 除以 ϕ 后向下取整，再通过计算机中的移位、异或等操作将三维向量映射为一维标量，以得到哈希索引，并且通过该计算方式可降低哈希冲突。

c. 在 V 中根据 ρ_j 查询其对应的体素 v，若查询失败，则创建体素 v，将 v 中的 $\boldsymbol{\mu}$、$\boldsymbol{C}$、N 分别设为 $\boldsymbol{q}_j$、$\boldsymbol{C}_j^Q$、1。若查询成功，则将 v 中的 $\boldsymbol{\mu}$ 加 $\boldsymbol{q}_j$，$\boldsymbol{C}$ 加 $\boldsymbol{C}_j^Q$，N 加 1。

d. 重复 b、c 两步，直到遍历完 Q 中的所有点。

④ 用高斯-牛顿法迭代更新变换矩阵：

a. 使用输入的变换矩阵 $\boldsymbol{T}_0$ 初始化当前变换矩阵 $\boldsymbol{T}$。

b. 初始化代价矩阵（$\boldsymbol{e}=0$）和雅可比矩阵（$\boldsymbol{J}=0$）。

c. 对于源点云 P 中的任意一点 $\boldsymbol{p}_i$，计算其哈希索引 ρ_i。

d. 在 V 中根据 ρ_i 查询其对应的体素 v，若查询失败，将不进行任何操作，否则使用该点更新 $\boldsymbol{e}$ 和 $\boldsymbol{J}$。

e. 根据式(5-42) 计算变换矩阵 $\boldsymbol{T}$ 的增量 $\Delta\boldsymbol{T}$，并更新变换矩阵。

$$\Delta\boldsymbol{T}=-(\boldsymbol{J}^{\mathrm{T}}\boldsymbol{J})^{-1}\boldsymbol{J}^{\mathrm{T}}\boldsymbol{e} \tag{5-42}$$

f. 当变换矩阵 $\boldsymbol{T}$ 收敛，即增量 $\Delta\boldsymbol{T}$ 小到一定程度时，结束迭代。

图 5-7 展示了 GICP、NDT 和 VGICP 中使用的对应模型。GICP 采用了最近分布到分布的对应模型，这种模型是合理的，但依赖于近邻搜索。为了快速配准，NDT 采用了点到体素分布对应模型。然而，NDT 需要至少四个点来计算三维协方差矩阵。如果体素中的点数较少，协方差矩阵就不可信。VGICP 利用体素对应中的单个点的分布到体素分布来处理一个体素中只有几个点的情况。由于它是从单个点分布中计算体素分布的，因此即使体素只包含一个点，它也能得到适当的协方差矩阵。

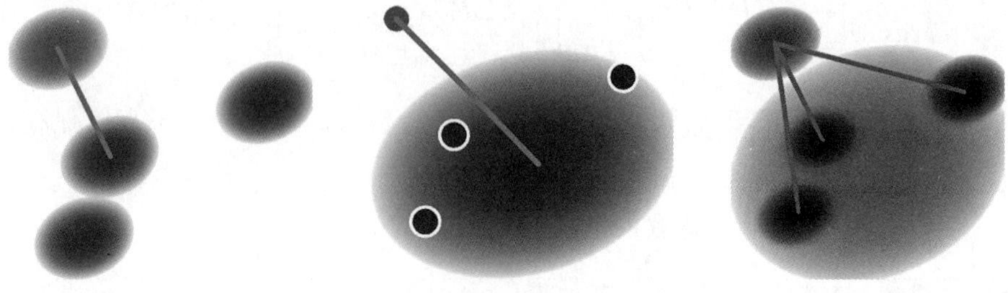

图 5-7　不同方法的对应模型

相比于 GICP，VGICP 有着明显的优势：

① 能够高效地处理大规模点云数据。VGICP 通过将点云划分为体素，显著减少了处理的点数，尤其是在处理大规模点云数据时，能够提升计算效率。相比于 GICP 需要处理每一个点，VGICP 能更有效地减少计算负担。

② 配准结果更稳定。VGICP 利用体素级别的稀疏性来降低噪声的影响，体素内的点会被统计聚合起来，避免个别异常点对配准过程产生过大的影响，从而提高配准的稳定性，尤其是当点云质量较差时。

③ 内存消耗较小。由于 VGICP 处理的是体素而不是单独的点，因此在内存消耗上通常比 GICP 要更低，这对于资源受限的应用场景来说具有优势。

但 VGICP 本身也有一些不足：

① 配准精度可能降低。由于 VGICP 通过体素化降低了点的精度，因此它在某些高精度配准任务中可能不如 GICP 精确。特别是在需要非常细致地对齐时，VGICP 的体素化可能会丢失一些重要的细节信息。

② 依赖体素化的网格分辨率。VGICP 的效果对体素大小非常敏感，如果体素尺寸选择不当，可能导致丢失重要的几何细节，或者过度平均化，影响配准效果。而 GICP 直接基于点处理，不存在体素化参数的调优问题。

VGICP 的主要优势在于对大规模和有噪声的点云数据处理的效率高，鲁棒性强，同时内存消耗较低。但其不足之处在于因为体素化，可能会在高精度场景中丢失细节，且对体素化参数依赖较大。相对而言，GICP 在精度和适应性上表现更好，但在处理大规模数据时效率较低，内存消耗较大。

5.4　基于神经网络的点云配准

基于神经网络的点云配准方法旨在自动学习和提取点云数据的特征，以实现精确的点云配准。与传统的手工设计特征和优化方法不同，点云配准网络通过端到端训练，直接从大量点云数据中学习有效的特征表示和变换估计。典型的点云配准网络架构包括特征提取模块、特征匹配模块和变换估计模块。特征提取模块使用卷积神经网络（如 PointNet、DGCNN）从点云中提取局部和全局特征；特征匹配模块利用这些特征找到对应点对；变换估计模块则通过学习优化来预测最佳的刚体变换参数。

5.4.1 点云特征提取网络

由于点云数据具有无序性和稀疏性，依赖于规则网格结构的卷积神经网络无法直接用于处理点云数据[7]。PointNet[8] 是首个尝试直接对点云进行特征提取的网络，它通过一个对称函数（如最大值池化）处理点云，从而获得输入点顺序不变的全局特征表示。具体来说，PointNet 将每个点独立通过一系列共享权重的多层感知机（MLP）进行编码，然后使用最大池化层将这些局部特征聚合为全局特征。这种方法简单而有效，但在捕捉局部几何结构方面存在一定的局限性。

为了改进 PointNet 的局限性，PointNet++[9] 引入了层次化的特征学习机制。PointNet++通过递归地划分点云并在每个子区域应用 PointNet，从而逐层提取局部到全局的特征。这种层次化的方法使 PointNet++能够更好地捕捉点云中的局部几何细节，并在处理复杂场景时表现出更高的鲁棒性。

5.4.1.1 PointNet

典型的卷积架构需要高度规则的输入数据格式，例如图像网格或 3D 体素，以执行权重共享和其他核优化。由于点云或网格不是规则格式，通常将这些数据转换为规则的 3D 体素网格或图像集合（例如视图），然后将其输入深度网络架构。然而，这种数据表示转换使结果数据过于庞大，同时引入量化部分，可能会掩盖数据的自然不变性。因此，PointNet 专注于使用简单的点云作为 3D 几何的输入表示方法。

PointNet 网络架构（图 5-8）有三个关键模块：最大值池化层作为对称函数，用于聚合所有点的信息；局部和全局信息组合结构；两个联合对齐网络，用于对齐输入点和点特征。

(1) 无序输入的对称函数

通过在集合中的变换元素上应用对称函数来近似定义在点云上的一般函数：$f(\{x_1,\cdots,x_n\})\approx g(h(x_1),\cdots,h(x_n))$，其中 f：$2^{\Re^N}\rightarrow\Re$，h：$\Re^N\rightarrow\Re^K$ 和 g:$\Re^K\times\cdots\times\Re^K\rightarrow\Re$ 是对称函数。为了使模型对输入排列的置换具有不变性，PointNet 通过多层感知器网络近似 h，并通过单变量函数和最大池化函数的组合来近似 g。通过一系列的 h，可以学习一些 f，以捕获集合的不同属性。

(2) 局部和全局信息聚合

上述部分的输出形成一个向量 $[f_1,\cdots,f_K]$，这是输入集的全局签名。在计算全局点云特征向量之后，通过将全局特征与每个点特征连接来将其反馈到每个点特征。然后基于组合的点特征提取新的每个点特征，这次每个点特征都能够同时考虑到局部和全局信息。通过这种修改，网络能够预测同时依赖局部几何和全局语义的逐点属性。例如，可以准确预测每个点的法线，验证网络能够总结点的局部邻域的信息。

(3) 联合对齐网络

如果点云经历了某些几何变换，例如刚性变换，则点云的语义标注必须是不变的。因此，期望点云学习到的表示对于这些变换是不变的。通过一个小网络预测一个仿射变换矩阵，然后直接将这个变换应用到输入点的坐标上。小网络本身类似于大网络，由点云独立特征提取、最大值池化和全连接层的基本模块组成。可以在点特征上插入另一个对齐网络，并预测一个特征变换矩阵，以对齐来自不同输入点云的特征。然而，特征空间中的变换矩阵比空间变换矩阵具有更高的维度，这极大地增加了优化的难度。因此，在 softmax 训练损失中添加了一个正则化项，将特征变换矩阵限制为接近正交矩阵：

$$L_{reg}=\|\boldsymbol{I}-\boldsymbol{A}\boldsymbol{A}^{\mathrm{T}}\|_{\mathrm{F}}^{2} \tag{5-43}$$

式中，$\boldsymbol{A}$ 是一个由小型网络预测的特征对齐矩阵。正交变换不会丢失输入的信息。通过添加正则化项，优化变得更加稳定，模型表现更好。

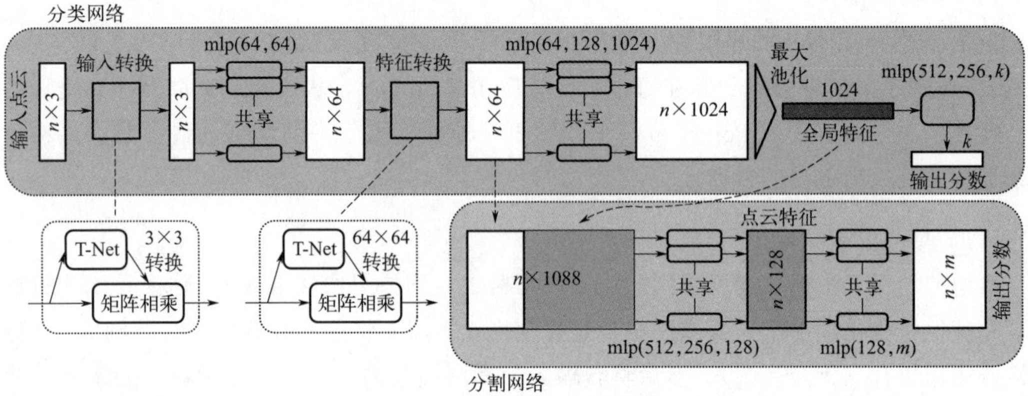

图 5-8 PointNet 网络结构图

5.4.1.2 PointNet++

PointNet++可以看作是 PointNet 的扩展，增加了分层结构，如图 5-9 所示。

(1) 分层点云特征学习

虽然 PointNet 使用单一的最大池化操作来聚合整个点云，但 PointNet++架构构建了一个点的分层分组，并沿着层次结构逐渐抽象更大的局部区域。分层结构由多个集合抽象级别组成。在每个级别上，一组点被处理并抽象以产生一个具有更少元素的新集合。集合抽象级别由三个关键层组成：采样层、分组层和 PointNet 层。采样层从输入点中选择一组点，定义了局部区域的中心点。分组层然后通过在中心点周围找到“邻近”点来构造局部区域集合。PointNet 层使用迷你 PointNet 将局部区域模式编码为特征向量。集合抽象级别以 $N\times(d+C)$矩阵作为输入，其中 N 个点具有 d 维坐标和 C 维点特征。它输出一个 $N'\times(d+C')$ 的矩阵，其中 N'个点被子采样，具有 d 维坐标和新的 C'维特征向量，总结了局部上下文。

(2) 采样层

给定输入点 $\{x_1,x_2,\cdots,x_n\}$，使用迭代最远点采样（FPS）来选择一组点 $\{x_1,x_2,\cdots,x_{i_m}\}$，使 x_{i_j} 是 $\{x_{i_1},x_{i_2},\cdots,x_{i_{j-1}}\}$ 与其余点相比（按度量距离）最远的点。与随机采样相比，它在给定相同数量的中心点的情况下更好地覆盖整个点云。与在数据分布不相关的向量空间中扫描 CNN 不同，采样策略以数据相关的方式生成感受野。

(3) 分组层

该层的输入是大小为 $N \times (d+C)$ 的点云和大小为 $N' \times d$ 的一组中心点的坐标。输出是大小为 $N' \times (d+C')$ 的点云组，其中每个组对应于一个局部区域，K 是中心点周围点的数量。注意，K 在组中变化，但随后的 PointNet 层能够将灵活数量的点转换为固定长度的局部区域特征向量。在卷积神经网络中，像素的局部区域由其像素数组索引在某个曼哈顿距离（核大小）内的像素组成。在从度量空间中采样的点云中，点的邻域由度量距离定义。球查询找到在查询点（在实现中设置了 K 的上限）的半径内的所有点。另一种范围查询是 k 最近邻（kNN）搜索，它找到了固定数量的邻近点。与 kNN 相比，球查询的局部邻域保证了固定的区域尺度，从而使局部区域特征在空间上更具可推广性，这对于需要局部模式识别的任务（例如语义点标记）是首选的。

(4) PointNet 层

在此层中，输入是 N'个带有数据大小 $N' \times K \times (d+C)$ 的局部点区域。每个局部区域的输出由其质心和编码质心邻域的局部特征的数据组成。输出数据大小为 $N' \times (d+C')$。局部区域中点的坐标首先被转换为相对于质心点的局部坐标系：$x_i^{(j)} = x_i^{(j)} - \hat{x}^{(j)}$，其中 $i=1,2,\cdots,d$，$j=1,2,\cdots,d$，$\hat{x}$ 是质心的坐标。使用 PointNet 作为本地模式学习的基本构建模块。通过使用相对坐标以及点特征，可以捕获局部区域中点与点之间的关系。

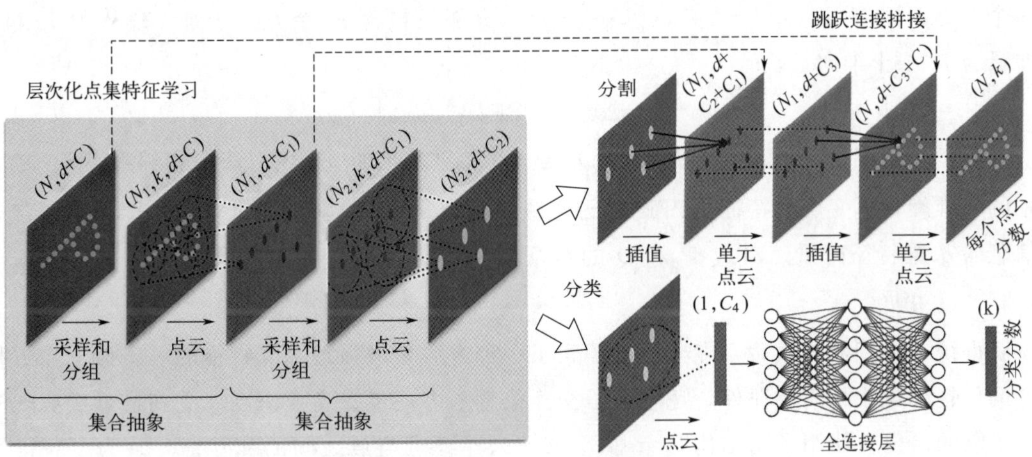

图 5-9　PointNet++网络结构图

5.4.2 点云配准网络

在实际应用中，由于物体形状复杂、遮挡、传感器视角限制等因素，从单个视角或单次扫描中获取的点云数据往往是不完整的。点云配准算法需对两个存在部分重叠的点云进行对齐，因此，接下来对部分重叠的点云配准问题进行描述并介绍相关的深度网络配准方法。

式(5-5) 描述了点云匹配的范式，在匹配点已知的情况下描述点云配准求解过程较为简单，更具挑战性的是确定式(5-5) 中所有正确的匹配点对 $\boldsymbol{p}_{i(k)}$ 和 $\boldsymbol{q}_{j(k)}$。一种可以避免显式确定匹配点对的配准范式如下：

$$D(\boldsymbol{W},\boldsymbol{R},\boldsymbol{t})=\frac{1}{2}\sum_{i}^{N}\sum_{j}^{M}w_{ij}\left\|\boldsymbol{R}\boldsymbol{p}_i+\boldsymbol{t}-\boldsymbol{q}_j\right\|^2 \tag{5-44}$$

$$\text{s. t. } \boldsymbol{W}\boldsymbol{I}_M=\boldsymbol{I}_N,\boldsymbol{W}^{\mathrm{T}}\boldsymbol{I}_N=\boldsymbol{I}_M$$

$$w_{ij}\in\{0,1\},\forall ij$$

式中，$\boldsymbol{I}_N$ 和 $\boldsymbol{I}_M$ 都是列向量；$\boldsymbol{W}=\{w_{ij}\}^{N\times M}$ 是一个权重矩阵，其中 w_{ij} 评估 $\boldsymbol{p}_i$ 和 $\boldsymbol{q}_j$ 是一对正确匹配点对的可能性。上述两个约束强制 $\boldsymbol{W}$ 成为双随机矩阵。通过对权重 w_{ij} 的学习，实现了剔除由离群点引起的错误匹配点对。此外，还需要导出与式(5-7) 相似的封闭解。

(1) 深度对应点部分点云配准

深度对应点部分点云配准方法计算权矩阵 $\boldsymbol{W}$ 并输出刚性变换 $[\boldsymbol{R},\boldsymbol{t}]$。主要包括三个部分：学习匹配注意力特征、对所有候选匹配点对进行加权去除离群点，以及通过闭式解计算刚性变换，如图 5-10 所示。下面描述了各个部分的设计细节。

(2) 匹配注意力特征学习

匹配点对 $\boldsymbol{p}_{i(k)}$ 和 $\boldsymbol{q}_{j(k)}$ 实际上应该是物理空间中同一点。因此，理论上存在一个描述 $\boldsymbol{p}_{i(k)}$ 和 $\boldsymbol{q}_{j(k)}$ 的共同特征，可以将它们与其他点区分开来。为了提取点特征，在实验过程中考虑了将 PointNet 作为特征提取器。具体地，对于一个点云中的任意一点 $\boldsymbol{x}_c$，首先定义了一个局部邻域 $N(\boldsymbol{x}_c)=\{\boldsymbol{x}_1,\cdots,\boldsymbol{x}_k,\cdots,\boldsymbol{x}_K\}$，该邻域包含 K 个点。于是，输入 PointNet 的向量为 K 个十维向量：

$$[\boldsymbol{x}_c,\Delta\boldsymbol{x}_{c,k},\mathrm{PPF}(\boldsymbol{x}_c,\boldsymbol{x}_k)] \tag{5-45}$$

式中，$\Delta\boldsymbol{x}_{c,k}=\boldsymbol{x}_k-\boldsymbol{x}_c$，$\mathrm{PPF}(\boldsymbol{x}_c,\boldsymbol{x}_k)$ 是一个描述质心点 $\boldsymbol{x}_c$ 表面法线和邻近点 $\boldsymbol{x}_k$ 之间关系的四维旋转不变点对特征（PPF）。源点或目标点从 $\Re^3$ 映射到高维空间，即一个包含丰富信息的 d 维特征向量。对应 P 和 Q 的特征输出表示为 $\boldsymbol{F}_P=\{\boldsymbol{F}_{pi}\}_{i=1}^{N}\subset\Re^{N\times d}$ 和 $\boldsymbol{F}_Q=\{\boldsymbol{F}_{qj}\}_{j=1}^{M}\subset\Re^{M\times d}$。

获得统一的特征向量后，点云配准探索了一种方法来增强每个点特征的可辨性。除了利用点的位置参数化几何特征外，还融入了交互信息来进一步提高辨识度。受到最近成功的注意力机制的启发，使用了图结构 $G=\{V,E\}$ 来建模点与点之间的交互信息。为了获得足够的表征能力，同时考虑了自注意力机制和交叉注意力机制。自注意力机制是为自然语言处理（NLP）任务而设计的 Transformer 的基础层，本书用于增强源点集或目标点集的上下文信息。关系模型被引入二维检测中来描述两个对象之间的关系。因此，通过交叉注意力机制学习这种关系有助于衡量不同集合中的点之间的相似性。

对于一个源点 $\boldsymbol{p}_i$，连接另一个源点 $\boldsymbol{p}'_i$ 的边记为 E'_i，连接目标点 $\boldsymbol{q}_j$ 的边记为 E_j。自注意力机制将 $\{E'_i\}_1^N$ 聚合为上下文特征 $\boldsymbol{F}_{sa}$，即

$$\boldsymbol{F}_{sa}=\sum_{i'=1}^{N}\boldsymbol{\alpha}_{ii'}\boldsymbol{v}_{i'} \tag{5-46}$$

式中，$\boldsymbol{\alpha}_{ii'}=\mathrm{softmax}(\boldsymbol{r}_{i'}^{\mathrm{T}}\boldsymbol{k}_{i'}/\sqrt{d})$ 为自注意力权重。$\boldsymbol{r}_i$、$\boldsymbol{k}_{i'}$ 和 $\boldsymbol{v}_{i'}$ 是注意力机制中的 query、key 和 value，按如下方式进行计算：

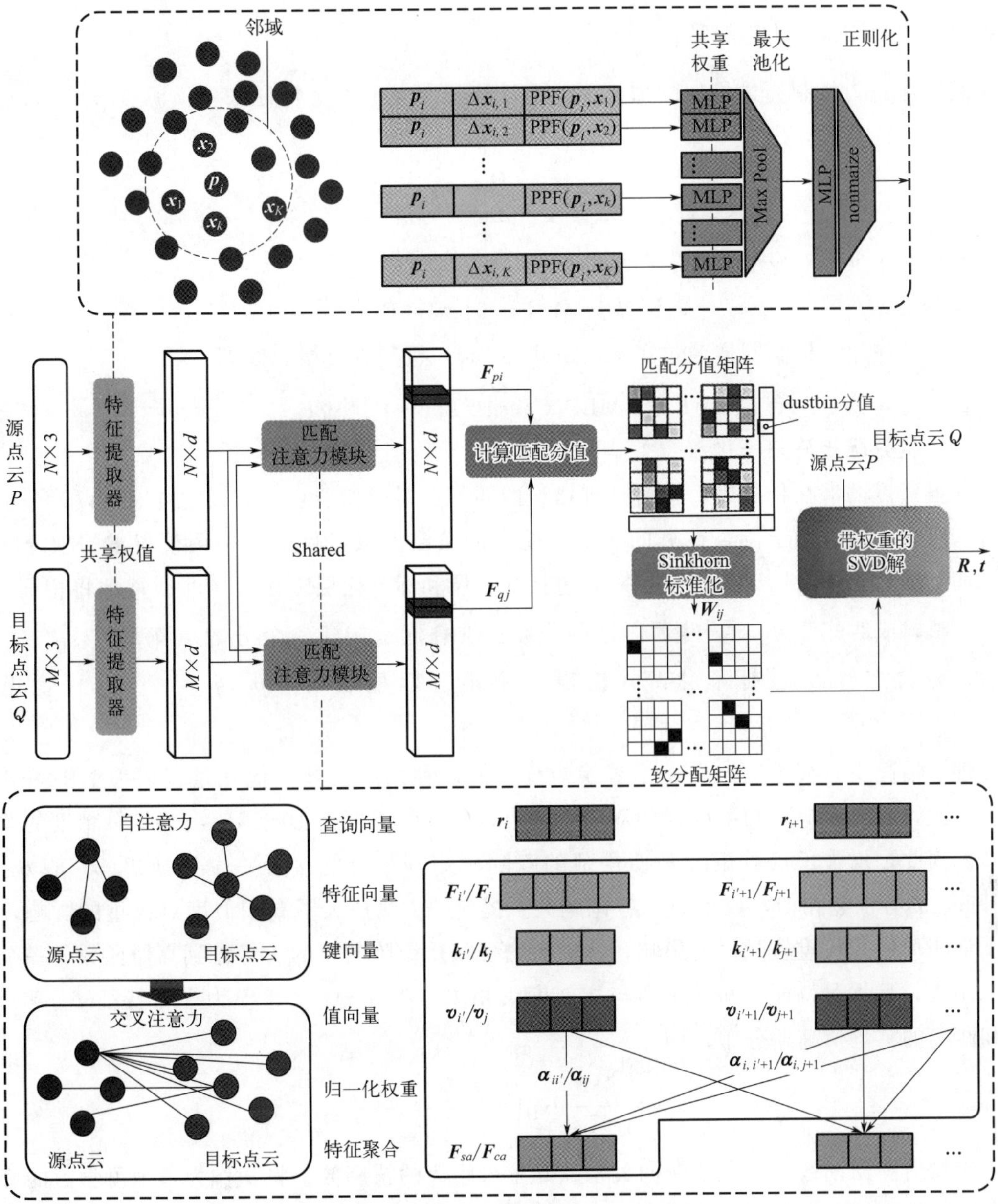

图 5-10　深度对应匹配点云配准网络结构

$$\boldsymbol{r}_i=\boldsymbol{W}^s\boldsymbol{F}_i,\boldsymbol{k}_{i'}=\boldsymbol{W}^k\boldsymbol{F}_{i'},\boldsymbol{v}_{i'}=\boldsymbol{W}^v\boldsymbol{F}_{i'} \tag{5-47}$$

式中，$\boldsymbol{W}^s$、$\boldsymbol{W}^k$ 和 $\boldsymbol{W}^v$ 是使用多层感知机（MLP）实现的可学习矩阵。一个单一的自注意力特征只能从某一特定的潜在空间描述点的相似性。通过联合 N_{sa} 个自注意力模块可以从多个潜在空间来描述点的特征。每个自注意力特征都是通过式(5-47) 计算，计算时 $\boldsymbol{W}^r$、$\boldsymbol{W}^k$ 和 $\boldsymbol{W}^v$ 对应的多层感知机（MLP）权重不共享。N_r 个自注意力特征的聚合过程表示为

$$\boldsymbol{F}_{pi}=\boldsymbol{F}_{pi}+\mathrm{MLP}(Concat\{\boldsymbol{F}_{sa}^{1}\cdots\boldsymbol{F}_{sa}^{n_{sa}}\cdots\boldsymbol{F}_{sa}^{N_{sa}}\}) \tag{5-48}$$

式中，$Concat(\cdot)$ 是多个关系特征的聚合运算。为了使“+”操作可实现，每个 $\boldsymbol{W}_{n_{sa}}^{V}$ 的输出通道必须等于 $\boldsymbol{F}_{pi}^{S}$ 维数的 $\frac{1}{N_{sa}}$。

交叉注意力机制通过相似的加权平均值计算了交互上下文特征来建模源点 $\boldsymbol{p}_i$ 与目标点集中所有点的关系，即

$$\boldsymbol{F}_{ca}=\sum_{j=1}^{M}\boldsymbol{\alpha}_{ij}\boldsymbol{v}_j \tag{5-49}$$

主要区别在于 key 和 value 的计算方式不同：

$$\boldsymbol{k}_j=\boldsymbol{W}^k\boldsymbol{F}_j,\boldsymbol{v}_j=\boldsymbol{W}^v\boldsymbol{F}_j \tag{5-50}$$

N_{ca} 个交叉注意力机制同样通过多头（multi-head）机制进行聚合，即

$$\boldsymbol{F}_{pi}=\boldsymbol{F}_{pi}+\mathrm{MLP}(Concat\{\boldsymbol{F}_{ca}^{1}\cdots\boldsymbol{F}_{ca}^{n_{ca}}\cdots\boldsymbol{F}_{ca}^{N_{ca}}\}) \tag{5-51}$$

(3）软分配矩阵归一化

获得每点的潜在特征后，接着处理错误的匹配点对或离群点。点云配准网络设计了一种通过权重来近似作用于位姿计算的正确匹配点的策略。该策略是一种调整权重的软分配机制，而不是直接消除错误的匹配点对，包括评分层和标准化层。评分层非线性地将特征 $\boldsymbol{F}_{pi}$ 和 $\boldsymbol{F}_{qj}$ 映射成匹配评分 s_{ij}。然后，这些分数被堆叠起来构建一个分数矩阵 $\boldsymbol{S}=\{s_{ij}\}^{N\times M}$。随后，分数矩阵 $\boldsymbol{S}$ 被标准化，并输出一个候选匹配点对 $\{\boldsymbol{p}_i,\boldsymbol{q}_j\}^{N\times M}$ 的权重矩阵 $\boldsymbol{W}=\{\omega_{ij}\}^{N\times M}$。

理想情况下，权重应该是一个置换矩阵，但这种约束会导致优化过程成为 NP-hard 问题。为此，将置换矩阵约束放宽为双随机约束，松弛的程度是影响最终姿势结算精度的关键因素。因此，增强了权重矩阵来使松弛的双随机矩阵尽可能接近一个置换矩阵。直观上，$\boldsymbol{p}_i$ 和 $\boldsymbol{q}_j$ 的特征越相似，权重 w_{ij} 应该越大。提出的方法放大了高相似度对权重的影响，抑制了低相似度对权重软赋值的影响，达到了增强权重矩阵的目的。考虑到高斯函数是一个径向基函数，且学习特征之间的距离与相似度负相关，将评分 s_{ij} 建模为学习特征 f_{pi} 和 f_{qj} 之间距离的零均值高斯分布，即

$$s_{ij}=\frac{1}{\sqrt{2\pi}\sigma}\exp\left(-\frac{\|f_{pi}-f_{qj}\|^2}{2\sigma^2}\right) \tag{5-52}$$

零均值高斯函数是一个单调的关于欧几里得距离的核函数。将 σ 作为一个可学习的确定的温度参数来控制软分配。若距离函数为 Dirac 函数 $\delta(f_{pi}-f_{qj})$，那么只有当两个特征完全相等时，才能通过归一化得到置换权重矩阵，分数才能不等于 0。

接下来，将评分矩阵 $\boldsymbol{S}$ 归一化为权重矩阵 $\boldsymbol{W}$。带有离群点的候选匹配点对的权重应足够小，才能不影响最终的位姿解，即

$$\boldsymbol{W}_i^{out}\boldsymbol{I}_M\ll\boldsymbol{I},\boldsymbol{W}_j^{out\mathrm{T}}\boldsymbol{I}_N\ll\boldsymbol{I} \tag{5-53}$$

因此，使用了垃圾箱列和行增广权重矩阵的方法，以便显式地将非常小的权重赋给带有离群点的候选匹配点对。因此，将式(5-53）中的约束重新表述为

$$\boldsymbol{W}\boldsymbol{I}_{M+1}=\boldsymbol{I}_{N+1},\boldsymbol{W}^{\mathrm{T}}\boldsymbol{I}_{N+1}=\boldsymbol{I}_{M+1} \tag{5-54}$$

垃圾箱里的元素需要与上述高斯分布的均值有适当的差距，这样得分低的元素可以分配

小的权重，得分高的元素归一化后仍然可以得到显著的权重，所以给垃圾箱填充了一个单独的跟随参数 2σ。最后，利用 Sinkhorn 归一化算法对上述优化［式(5-28)］进行了处理，得到了一个近似置换矩阵的双随机权矩阵 $\boldsymbol{W}$。

(4) 刚性变换的闭式解

通过学习得到式(5-44) 中所有候选匹配点对的权重后，按如下过程推导了变换的封闭解。定义加权平均质心：

$$\boldsymbol{p}=\frac{\sum_{i}^{N}\sum_{j}^{M}\omega_{ij}\boldsymbol{p}_{i}}{\sum_{i}^{N}\sum_{j}^{M}\omega_{ij}} \text{和} \boldsymbol{q}=\frac{\sum_{i}^{N}\sum_{j}^{M}\omega_{ij}\boldsymbol{q}_{j}}{\sum_{i}^{N}\sum_{j}^{M}\omega_{ij}} \tag{5-55}$$

将式(5-44) 重写为

$$\begin{aligned}\mathrm{D}(\boldsymbol{R},\boldsymbol{t})&=\frac{1}{2}\sum_{i}^{N}\sum_{j}^{M}\omega_{ij}\|\boldsymbol{R}\boldsymbol{p}_{i}-\boldsymbol{q}_{j}+\boldsymbol{t}+\boldsymbol{R}\boldsymbol{p}-\boldsymbol{q}-\boldsymbol{R}\boldsymbol{p}+\boldsymbol{q}\|^{2}\\&=\frac{1}{2}\sum_{i}^{N}\sum_{j}^{M}\omega_{ij}\|(\boldsymbol{q}-\boldsymbol{q}_{j}-\boldsymbol{R}(\boldsymbol{p}-\boldsymbol{p}_{i}))+(\boldsymbol{R}\boldsymbol{p}+\boldsymbol{t}-\boldsymbol{q})\|^{2}\end{aligned} \tag{5-56}$$

展开上述的二次项，得到

$$\begin{aligned}\mathrm{D}(\boldsymbol{R},\boldsymbol{t})=&\frac{1}{2}\sum_{i}^{N}\sum_{j}^{M}\omega_{ij}\{\|\boldsymbol{q}-\boldsymbol{q}_{j}-\boldsymbol{R}(\boldsymbol{p}-\boldsymbol{p}_{i})\|^{2}+\|\boldsymbol{R}\boldsymbol{p}+t-\boldsymbol{q}\|^{2}\\&+2(\boldsymbol{q}-\boldsymbol{q}_{j}-\boldsymbol{R}(\boldsymbol{p}-\boldsymbol{p}_{i}))(\boldsymbol{R}\boldsymbol{p}+\boldsymbol{t}-\boldsymbol{q})\}\end{aligned} \tag{5-57}$$

考虑式(5-55),得到

$$\sum_{i}^{N}\sum_{j}^{M}\omega_{ij}(\boldsymbol{q}-\boldsymbol{q}_{j}-\boldsymbol{R}(\boldsymbol{p}-\boldsymbol{p}_{i}))(\boldsymbol{R}\boldsymbol{p}+\boldsymbol{t}-\boldsymbol{q})=\boldsymbol{0} \tag{5-58}$$

将式(5-56) 重新表述为

$$\mathrm{D}(\boldsymbol{R},\boldsymbol{t})=\frac{1}{2}\sum_{i}^{N}\sum_{j}^{M}\omega_{ij}\{\|\boldsymbol{q}-\boldsymbol{q}_{j}-\boldsymbol{R}(\boldsymbol{p}-\boldsymbol{p}_{i})\|^{2}+\|\boldsymbol{R}\boldsymbol{p}+\boldsymbol{t}-\boldsymbol{q}\|^{2}\} \tag{5-59}$$

以上两个子项均是二次的，因此，通过求解以下子问题得到了最优 $\boldsymbol{R}^{*}$：

$$\begin{aligned}\boldsymbol{R}^{*}&=argmin\left[\frac{1}{2}\sum_{i}^{N}\sum_{j}^{M}\omega_{ij}\|\boldsymbol{q}-\boldsymbol{q}_{j}-\boldsymbol{R}(\boldsymbol{p}-\boldsymbol{p}_{i})\|^{2}\right]\\&=argmin\left[-\sum_{i}^{N}\sum_{j}^{M}\omega_{ij}(\boldsymbol{q}-\boldsymbol{q}_{j})^{\mathrm{T}}\boldsymbol{R}(\boldsymbol{p}-\boldsymbol{p}_{i})\right]\\&=argmin\left\{-\operatorname{tr}\left[\boldsymbol{R}\sum_{i}^{N}\sum_{j}^{M}\omega_{ij}(\boldsymbol{p}-\boldsymbol{p}_{i})(\boldsymbol{q}-\boldsymbol{q}_{j})^{\mathrm{T}}\right]\right\}\end{aligned} \tag{5-60}$$

式中，tr() 表示矩阵的迹。式(5-60) 的解为

$$\boldsymbol{R}^{*}=VU^{\mathrm{T}} \tag{5-61}$$

式中，V 和 U 是如下 SVD 的结果。

$$USV^{\mathrm{T}}=SVD\left(\sum_{i}^{N}\sum_{j}^{M}\omega_{ij}(\boldsymbol{p}-\boldsymbol{p}_{i})(\boldsymbol{q}-\boldsymbol{q}_{j})^{\mathrm{T}}\right) \tag{5-62}$$

将关于 $\boldsymbol{t}$ 的优化子问题重新定义为

$$\boldsymbol{t}^{*}=argmin\left(\sum_{i}^{N}\sum_{j}^{M}\omega_{ij}\left\|\boldsymbol{R}^{*}\boldsymbol{p}+\boldsymbol{t}-\boldsymbol{q}\right\|^{2}\right) \tag{5-63}$$

有了最优 $\boldsymbol{R}^{*}$，则上述公式的极小值应等于 **0**，最优 $\boldsymbol{t}$ 为

$$\boldsymbol{t}^{*}=\boldsymbol{q}-\boldsymbol{R}^{*}\boldsymbol{p} \tag{5-64}$$

权重 ω_{ij} 导致的解的主要区别是如式(5-55) 所描述的质心的定义和式(5-61) 描述的 SVD 的输入。位姿解仍然是可微分的，因此通过网络反向传播梯度。

(5) Loss 函数

整个网络由上述模块组合而成，以两个无序点云为输入，输出刚体变换 $[\boldsymbol{R},\boldsymbol{t}]$。对于相同的输入，输出依赖由一组神经网络权重参数化的特征提取模块和关系模块。以端到端方式训练了整个网络，训练的 Loss 函数测量预测出的 $[\boldsymbol{R},\boldsymbol{t}]$ 和合成点云的位姿真值之间的偏差，即

$$\text{Loss}_{pri}=\left\|\boldsymbol{R}-\boldsymbol{R}_{gt}\right\|_{F}^{2}+\left\|\boldsymbol{t}-\boldsymbol{t}_{gt}\right\|^{2}+\lambda\left\|\boldsymbol{\theta}\right\|^{2} \tag{5-65}$$

式中，gt 表示真值；最后一项表示特征提取模块和关系模块参数的 Tikhonov 正则化。为了进一步促使网络计算出准确的权重矩阵，明确标注了匹配点对的真值，并基于交叉熵在权重矩阵 $\boldsymbol{W}$ 上添加了次级 Loss：

$$\text{Loss}_{sec}=\sum_{ij}-\overline{m}_{ij}\lg(m_{ij})-(1-\overline{m}_{ij})\lg(1-m_{ij}) \tag{5-66}$$

真值标签 $\overline{m}_{ij}$ 由变换真值按如下方式估计：

$$\overline{m}_{ij}=\begin{cases}1 & \left\|\boldsymbol{R}\boldsymbol{p}_{i}+\boldsymbol{t}-\boldsymbol{q}_{j}\right\|_{2}\leqslant r_{m}\\0 & \text{其他}\end{cases} \tag{5-67}$$

式中，r_{m} 是人为设定的距离阈值。整体的 Loss 函数是主要 Loss 函数和次级 Loss 函数的加权和：

$$L=\text{Loss}_{pri}+\lambda\text{Loss}_{sec} \tag{5-68}$$

(6) 配准网络的反向传播

配准网络预测的结果取决于各个模块的网络权重 θ_{hl}（h 和 l 分别表示网络层和权重的索引）与可调超参数 σ_{ij}。因此配准网络的学习算法为 $\frac{\partial L}{\partial\theta_{hl}}$ 和 $\frac{\partial L}{\partial\sigma_{ij}}$。根据链式法则和网络结构，将网络权重 θ_{hl} 和可调超参数 σ_{ij} 反向传播过程表示为

$$\begin{aligned}\frac{\partial L}{\partial\theta_{hl}}&=\frac{\partial L}{\partial[\boldsymbol{R},\boldsymbol{t}]}\times\frac{\partial[\boldsymbol{R},\boldsymbol{t}]}{\partial\omega_{ij}}\times\frac{\partial\omega_{ij}}{\partial s_{ij}}\times\frac{\partial s_{ij}}{\partial(f_{pi},f_{qj})}\times\frac{\partial(f_{pi},f_{qj})}{\theta_{hl}}\times\frac{\partial L}{\partial\sigma_{ij}}\\&=\frac{\partial L}{\partial[\boldsymbol{R},\boldsymbol{t}]}\times\frac{\partial[\boldsymbol{R},\boldsymbol{t}]}{\partial\omega_{ij}}\times\frac{\partial\omega_{ij}}{\partial s_{ij}}\times\frac{\partial s_{ij}}{\partial\sigma_{ij}}\end{aligned} \tag{5-69}$$

在反向传播的过程中，$\frac{\partial L}{\partial[\boldsymbol{R},\boldsymbol{t}]}$ 为标量对矩阵求导，$\frac{\partial[\boldsymbol{R},\boldsymbol{t}]}{\partial\omega_{ij}}$ 中计算 SVD 导数的标准方法由 PyTorch 或者 TensorFlow 提供，$\frac{\partial\omega_{ij}}{\partial s_{ij}}$ 涉及的 Sinkhorn 由有限迭代次数的可导 softmax 函数构成，$\frac{\partial s_{ij}}{\partial(f_{pi},f_{qj})}$ 和 $\frac{\partial s_{ij}}{\partial\sigma_{ij}}$ 涉及的高斯函数是可导的，$\frac{\partial(f_{pi},f_{qj})}{\theta_{hl}}$ 为特征提取层的多层感知

机，因此整体的网络可反向传播。

5.5 多视角点云配准

成对点云配准算法一次只能配准两个点云，然而，构建完整的 3D 模型通常需要对扫描对象或场景的多个视角下的一组 3D 扫描点云进行配准。解决这一问题的直接方法是对齐两个扫描点云并合并它们，然后将新扫描点云配准到合并后的扫描点云中，并重复这个配准和合并的过程，直到所有扫描点云都被拼接在一起。但由于成对点云配准中的误差不断积累，随着扫描点云数量的增多，最终的配准结果会越来越差。因此，多视角点云配准算法同时考虑所有扫描点云，以生成一个全局一致的三维模型。

5.5.1 问题定义

给定多个点云 $\{\boldsymbol{P}_1,\boldsymbol{P}_2,\cdots,\boldsymbol{P}_n\}$，其中每个点云 $\boldsymbol{P}_i$ 是由一组三维点 $\{\boldsymbol{p}_{i1},\boldsymbol{p}_{i2},\cdots,\boldsymbol{p}_{im_i}\}$ 组成的集合，对于每个点云 P_i，希望找到一个旋转矩阵 $\boldsymbol{R}_i \in SO(3)$ 和一个平移向量 $\boldsymbol{t}_i \in \Re^3$，使得变换后的点云 $\boldsymbol{Q}_i$ 与其他点云对齐：$\boldsymbol{Q}_i=\boldsymbol{R}_i\boldsymbol{P}_i+\boldsymbol{t}_i$，其中，$\boldsymbol{Q}_i$ 表示点云 $\boldsymbol{P}_i$ 经过变换后的点云，$\boldsymbol{R}_i$ 是 3×3 的正交矩阵，$\boldsymbol{t}_i$ 是三维平移向量。

配准的目标是最小化所有变换后的点云之间的距离度量。常见的距离度量包括欧几里得距离、ICP 算法中的最近点距离等。常见的优化目标可以表示为

$$\min_{\{\boldsymbol{R}_i,\boldsymbol{t}_i\}_{i=1}^{n}} \sum_{i=1}^{n-1}\sum_{j=i+1}^{n}\sum_{\boldsymbol{p}\in \boldsymbol{P}_i}\sum_{\boldsymbol{q}\in \boldsymbol{P}_j} \|(\boldsymbol{R}_i\boldsymbol{p}+\boldsymbol{t}_i)-(\boldsymbol{R}_j\boldsymbol{q}+\boldsymbol{t}_j)\|^2 \tag{5-70}$$

式中，旋转矩阵 $\boldsymbol{R}_i$ 必须满足正交性约束：

$$\boldsymbol{R}_i^{\mathrm{T}}\boldsymbol{R}_i=\boldsymbol{I},det(\boldsymbol{R}_i)=1 \tag{5-71}$$

5.5.2 基于成对点云配准的多视角点云配准

基于成对点云配准的多视角点云配准是一种逐步对齐多组点云数据的方法。该类算法通常包括以下步骤：首先，利用全局配准算法对每对相邻点云进行初步对齐，以提供一个粗略的变换估计；然后，应用精配准算法如 ICP（iterative closest point）对这些初步对齐的点云进行细致优化，减小误差；最后，为了确保最终模型的一致性和精确性，解决单独成对配准可能导致的累积误差问题，需要进行全局一致性优化来最小化所有视角点云之间的配准误差。全局一致性优化通常通过构建和优化一个全局误差函数来实现，该函数量化了所有视角点云之间的配准误差。

图优化方法通过构建一个图结构来表示不同视角的扫描之间的关系，将每组点云视为图中的节点，配准变换视为边。图优化方法的核心思想是通过最小化图中边的误差来优化整个图的结构，使所有扫描在一个全局坐标系下对齐。具体步骤如下：

① 构建图结构：将每个点云扫描视为图中的一个顶点，定义图中的边以表示两次扫描之间的相对变换。边的权重通常基于扫描之间的重叠程度或相对变换的置信度。

② 定义误差函数：对于每条边，定义一个误差函数来度量两次扫描的相对变换与当前估计变换之间的差异。常见的误差度量包括欧几里得距离、四元数距离等。

③ 初始化全局变换：通常选择一个扫描作为参考坐标系，其他扫描的初始变换可以通过逐对配准得到。

④ 全局优化：使用图优化算法最小化图中所有边的总误差，从而优化所有扫描的全局变换。图优化算法会迭代更新顶点的位姿（即扫描的全局变换），直到收敛到一个最优解。

⑤ 求解配准结果：经过优化后，每个顶点对应的位姿即为该扫描在全局坐标系中的位置。将这些位姿应用到原始点云上，即可得到对齐后的多视角点云。

图 5-11(a) 显示了一个典型的线性视图网络，对应一个在固定测距仪前旋转的物体。图 5-11(b) 中呈现了一个星形网络，四个距离视角与一个共同的距离视角相连，构成了一个中心参考框架。图 5-11(c) 表示更一般的情况，其中几条路径可能连接两个距离视角。图 5-11(b) 的网络拓扑结构中，任何一对视图最多可以通过两个矩阵相乘来连接。此外，由于所有视图都是单向连接的，因此只需要对 $N-1$ 个帧间变换矩阵进行细化。

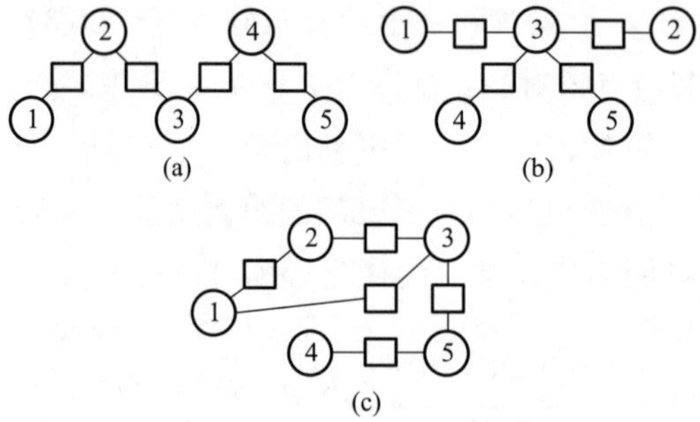

图 5-11　多视角点云连接图

5.5.3　基于概率模型的多视角点云配准

基于概率模型的多视角点云配准通过引入概率统计方法来处理和对齐多组点云数据，以实现高精度的三维重建，如图 5-12 所示。该方法将点云配准视为一个概率优化问题，利用概率模型来描述点云之间的对应关系和匹配不确定性。

设 $\boldsymbol{V}_j=[\boldsymbol{v}_{j1},\cdots,\boldsymbol{v}_{ji},\cdots,\boldsymbol{v}_{jN_j}]\in\Re^{3\times N_j}$ 表示点云中的 N_j 个数据点，设 M 为点云的数量。用 $V=\{\boldsymbol{V}_j\}_{j=1}^{M}$ 表示所有这些点云的集合。刚性变换 ϕ_j：$\Re^3\rightarrow\Re^3$，即一个旋转矩阵和一个平移向量，将 $\boldsymbol{v}_{ji}$ 从一个点云中心的坐标系映射到一个模型中心的坐标系中，从而使所有点云中的点都在同一个坐标系中表示。目标是在假设观察到的点是由同一个混合模型生成的情况下，估计从 M 个数据集到模型集的变换：

$$P(\boldsymbol{v}_{ji})=\sum_{k=1}^{K}p_k N(\boldsymbol{R}_j\boldsymbol{v}_{ji}+\boldsymbol{t}_j;\boldsymbol{\mu}_k,\boldsymbol{\Sigma}_k)+p_{K+1}U(h) \tag{5-72}$$

式中，$\boldsymbol{R}_j\in\Re^{3\times3}$ 是旋转矩阵；$\boldsymbol{t}\in\Re^3$ 是平移向量，使得 $\phi_j(\boldsymbol{v}_{ji})=\boldsymbol{R}_j\boldsymbol{v}_{ji}+\boldsymbol{t}_j$；$p_k$ 是混合系数，满足 $\sum_{k=1}^{K+1}p_k=1$；$\boldsymbol{\mu}_k\in\Re^3$ 和 $\boldsymbol{\Sigma}_k\in\Re^{3\times3}$ 分别是混合模型中第 k 个子群体的均值向量和协方差矩阵。定义 γ 为离群点和内群点的比例：

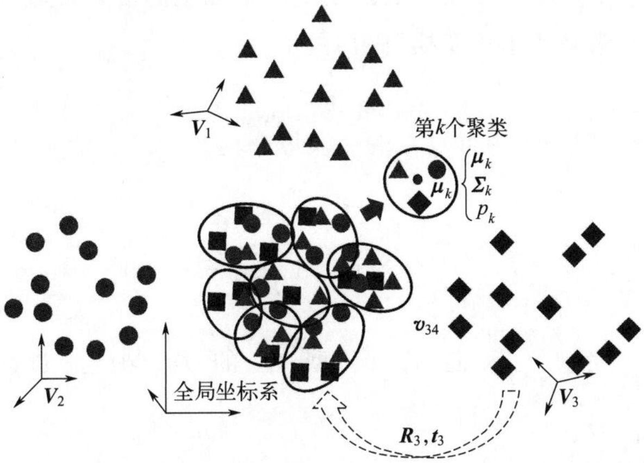

图 5-12　基于概率模型的多视角点云配准

$$\gamma = \frac{p_{K+1}}{\sum_{k=1}^{K} p_k} \tag{5-73}$$

这允许通过谨慎选择 γ 来平衡离群点和内群点的比例。总结来说，模型参数为

$$\boldsymbol{\Theta} = \{p_k, \boldsymbol{\mu}_k, \boldsymbol{\Sigma}_k\}_{k=1}^{K}, \{\boldsymbol{R}_j, \boldsymbol{t}_j\}_{j=1}^{M} \tag{5-74}$$

这问题可以用 EM 算法来解决。定义隐变量 $Z = \{Z_{ji} \mid j \in [1, \cdots, M], i \in [1, \cdots, N_j]\}$，其中 $Z_{ji} = k$ 表示观测点 $\boldsymbol{v}_{ji}$ 被分配给混合模型的第 k 个成分，并通过在给定观测数据条件下最大化完整数据的期望对数似然来估计参数 $\boldsymbol{\Theta}$：

$$\mathrm{E}(\boldsymbol{\Theta} \mid \mathbf{V}, Z) = \mathrm{E}_Z[\lg P(\mathbf{V}, Z \mid \mathbf{V}; \boldsymbol{\Theta})] = \sum_Z P(Z \mid \mathbf{V}; \boldsymbol{\Theta}) \lg(P(\mathbf{V}, Z; \boldsymbol{\Theta})) \tag{5-75}$$

假设观测数据是独立同分布的，可以直接写成：

$$\mathrm{E}(\boldsymbol{\Theta} \mid \mathbf{V}, Z) = \sum_{j,i,k} \alpha_{jik} (\lg p_k + \lg P(\boldsymbol{v}_{ji} \mid Z_{ji} = k; \boldsymbol{\Theta})) \tag{5-76}$$

式中，$\alpha_{jik} = P(Z_{ji} = k \mid \boldsymbol{v}_{ji}, \boldsymbol{\Theta})$ 是后验概率。通过替换似然的标准表达式并忽略常数项，可以写成目标函数形式：

$$f(\boldsymbol{\Theta}) = -\frac{1}{2} \sum_{j,i,k} \alpha_{jik} (\| f_j(\boldsymbol{v}_{ji}) - \boldsymbol{m}_k \|_{\boldsymbol{\Sigma}_k}^2 + \lg |\boldsymbol{\Sigma}_k| - 2\lg p_k) + \lg p_{K+1} \sum_{j,i} \alpha_{ji(K+1)} \tag{5-77}$$

式中，$|\cdot|$ 表示行列式，$\|\boldsymbol{y}\|_A^2 = \boldsymbol{y}^{\mathrm{T}} \boldsymbol{A}^{-1} \boldsymbol{y}$。模型进一步限制为各向同性协方差，即 $\boldsymbol{\Sigma}_k = \sigma_k \boldsymbol{I}_3$，因为这样可以得到所有模型参数的最大化闭式解，而非各向同性协方差将导致更复杂的凸优化问题且精度没有显著提高。特别注意的是旋转矩阵的估计，这是一个约束优化问题：

$$\begin{cases} \max\limits_{\boldsymbol{\Theta}} f(\boldsymbol{\Theta}) \\ \text{s. t. } \boldsymbol{R}_j^{\mathrm{T}} \boldsymbol{R}_j = \boldsymbol{I}_3 \text{ 且 } |\boldsymbol{R}_j| = 1, \forall j \in [1, \cdots, M] \end{cases} \tag{5-78}$$

该问题可以通过 EM 算法解决。高斯混合模型的标准 M 步增加了一个步骤来估计刚性变换参数。将此算法称为多点云联合配准。每个 M 步首先根据当前的职责和高斯混合参数估计变换参数，然后在给定新的变换参数的情况下估计新的混合参数。当然，也可以采用相反的顺序，特别是当有粗略的刚性变换可用时。

(1) E步

点 v_{ji} 属于聚类 k（即一个内群点）的后验概率为

$$\alpha_{jik}=\frac{\beta_{jik}}{\sum_{s=1}^{K}\beta_{jis}+\frac{\gamma}{h(\gamma+1)}} \tag{5-79}$$

式中，$\frac{\gamma}{h(\gamma+1)}$ 考虑了混合模型中的均匀分布成分；$\beta_{jik}=\frac{p_k}{\sigma_k^{3/2}}\exp\left(-\frac{\|\boldsymbol{R}_j\boldsymbol{v}_{ji}+\boldsymbol{t}_j-\boldsymbol{\mu}_k\|^2}{2\sigma_k}\right)$。

因此，作为离群点的后验概率简单地表示为 $\boldsymbol{\alpha}_{ji(K+1)}=1-\sum_{k=1}^{K}\boldsymbol{\alpha}_{jik}$。

(2) M-刚性步

这个步骤估计旋转矩阵 $\boldsymbol{R}_j$ 和平移向量 $\boldsymbol{t}_j$ 使 $f(\boldsymbol{\Theta})$ 最大化，给定当前的 α_{jik}、$\boldsymbol{\mu}_k$、$\boldsymbol{\Sigma}_k$ 和 p_k。这个估计可以独立于每个点云 $\boldsymbol{V}_j$ 进行。通过设定GMM参数为当前值，可以重新表述估计旋转和平移的问题。最大化 $f(\boldsymbol{\Theta})$ 的刚性变换参数可以通过以下约束最小化来估计：

$$\begin{cases}\min\limits_{\boldsymbol{R}_j,\boldsymbol{t}_j}\|(\boldsymbol{R}_j\boldsymbol{W}_j+\boldsymbol{t}_j\boldsymbol{e}^{\mathrm{T}}-\boldsymbol{M})\boldsymbol{\Lambda}_j\|_{\mathrm{F}}^2\\ \text{s. t. } \boldsymbol{R}_j^{\mathrm{T}}\boldsymbol{R}_j=\boldsymbol{I}_3,|\boldsymbol{R}_j|=1\end{cases} \tag{5-80}$$

式中，$\boldsymbol{\Lambda}_j\in\Re^{K\times K}$ 是一个对角矩阵，对角线元素为 $\lambda_{jkk}=\left(\sum_{i=1}^{N_j}\frac{\alpha_{jik}}{\sigma_k}\right)^{1/2}$；$\boldsymbol{M}=[\boldsymbol{\mu}_1,\cdots,\boldsymbol{\mu}_K]\in\Re^{3\times K}$；$\boldsymbol{e}\in\Re^K$ 是一个全为1的向量；$\|\cdot\|_{\mathrm{F}}$ 表示 F 范数；$\boldsymbol{W}_j=[\boldsymbol{w}_{j1},\cdots,\boldsymbol{w}_{jK}]\in\Re^{3\times K}$，其中 $\boldsymbol{w}_{jk}$ 是第 k 个混合成分的 j 点云的加权平均值：

$$\boldsymbol{w}_{jk}=\frac{\sum_{i=1}^{N_j}\alpha_{jik}\boldsymbol{v}_{ji}}{\sum_{i=1}^{N_j}\alpha_{jik}} \tag{5-81}$$

这个最小化问题有一个闭式解，并且是加权版本的解。最优的旋转矩阵为

$$\boldsymbol{R}_j=\boldsymbol{U}_j^l\boldsymbol{S}_j\boldsymbol{U}_j^{r\mathrm{T}},\forall j\in[1,\cdots,M] \tag{5-82}$$

式中，$\boldsymbol{U}_j^l$ 和 $\boldsymbol{U}_j^r$ 分别是矩阵 $\boldsymbol{M}\boldsymbol{\Lambda}_j\boldsymbol{P}_j\boldsymbol{\Lambda}_j\boldsymbol{W}_j^{\mathrm{T}}$ 的奇异值分解的左右矩阵；$\boldsymbol{P}_j=\boldsymbol{I}_3-\boldsymbol{\Lambda}_j\boldsymbol{e}\boldsymbol{e}^{\mathrm{T}}\boldsymbol{\Lambda}_j/\boldsymbol{e}^{\mathrm{T}}\boldsymbol{\Lambda}_j^2\boldsymbol{e}$ 是一个投影矩阵；$\boldsymbol{S}_j=\mathrm{diag}(1,1,det(\boldsymbol{U}_j^l)det(\boldsymbol{U}_j^r))$。一旦估计了最优的旋转矩阵，最优的平移向量可以通过以下公式计算

$$\boldsymbol{t}_j=\frac{1}{\mathrm{tr}(\boldsymbol{\Lambda}_j^2)}(\boldsymbol{M}-\boldsymbol{R}_j\boldsymbol{W}_j)\boldsymbol{\Lambda}_j^2\boldsymbol{e},\forall j\in[1,\cdots,M] \tag{5-83}$$

每个刚性变换 f_j 将GMM的均值与 K 个虚拟点 $\{\boldsymbol{w}_{jk}\}_{k=1}^K$ 对齐（每个成分一个虚拟点）。因此，所提出的方法可以处理不同基数的点云，并且混合成分的数量 K 可以独立于这

些基数进行选择。这是相对于假设两点云基数必须相似的成对配准方法的一个重要优势。

(3) M-GMM 步

给定刚性变换估计和后验概率，可以使用标准优化技术计算最优均值和协方差：

$$\boldsymbol{\mu}_k=\frac{\sum_{j=1}^{M}\sum_{i=1}^{N_j}\alpha_{jik}(\boldsymbol{R}_j\boldsymbol{v}_{ji}+\boldsymbol{t}_j)}{\sum_{j=1}^{M}\sum_{i=1}^{N_j}\alpha_{jik}} \tag{5-84}$$

$$\sigma_k=\frac{\sum_{j=1}^{M}\sum_{i=1}^{N_j}\alpha_{jik}\|\boldsymbol{R}_j\boldsymbol{v}_{ji}+\boldsymbol{t}_j-\boldsymbol{\mu}_k\|^2}{3\sum_{j=1}^{M}\sum_{i=1}^{N_j}\alpha_{jik}}+\epsilon^2 \tag{5-85}$$

其中ϵ是一个值很小的量，用以避免奇异性。对于先验 p_k，引入一个拉格朗日乘数以考虑约束 $\sum_{k=1}^{K+1}p_k=1$。这导致以下对偶函数：

$$g(p_1,\cdots,p_K,\eta)=\sum_{k=1}^{K}(\lg p_k\sum_{j=1}^{M}\sum_{i=1}^{N_j}\alpha_{jik})+\eta\left(\sum_{k=1}^{K}p_k-\frac{1}{1+\gamma}\right) \tag{5-86}$$

优化得到

$$p_k=\frac{1}{\eta}\sum_{j=1}^{M}\sum_{i=1}^{N_j}\alpha_{jik},\forall k\in\{1,\cdots,K\} \tag{5-87}$$

$$p_{K+1}=1-\sum_{k=1}^{K}p_k \tag{5-88}$$

式中，$\eta=(\gamma+1)(N-\sum_{j=1}^{M}\sum_{i=1}^{N_j}\alpha_{ji(K+1)})$，$N=\sum_{j=1}^{M}N_j$ 。注意，当 $\gamma\to 0$，即没有均匀成分在混合模型中时，$\eta\to N$。

5.5.4　基于深度学习的多视角点云配准

多个视角点云的配准通常遵循两个阶段的流程：初始成对对齐和全局一致的细化。由于相邻点云的低重叠、对称性和重复的场景部分，前者初始成对对齐通常是具有较大模糊的。因此，后者全局一致的细化旨在建立多个视角点云之间的循环一致性，并有助于解决模糊情况。本小节介绍一种端到端可学习的多视角 3D 点云配准算法，采用一组潜在重叠的点云作为输入，并在每次输入扫描时输出全局/绝对变换矩阵（如图 5-13 所示）。该方法摒弃了传统的两阶段方法，即各个阶段相互分离，直接学习以全局一致的方式来配准场景中的所有视角点云。

5.5.4.1　端到端多视角 3D 点云配准

在正式介绍端到端多视角 3D 点云配准之前，先了解一种成对点云配准学习算法，该算法使用两个点云作为输入，并输出估计的变换参数。通过使用易于反向传播的变换同步层，该方法扩展到多个点云。该同步层的输入图与相对变换参数一起编码了这些成对映射的置信度。最后，通过 IRLS 方案更新边缘权重和成对姿态来改进所有点云的全局配准。

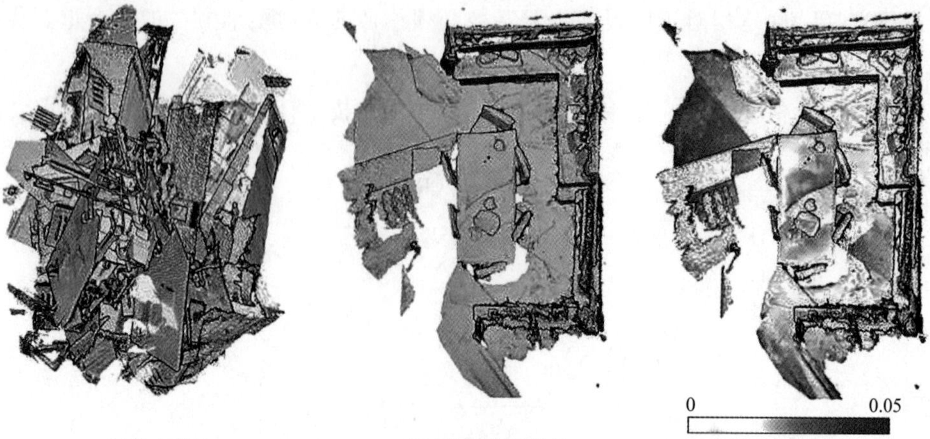

(a) 输入点云　(b) 同时配准的结果　(c) 与真值之间的误差

图 5-13　对 3D Match 数据集中厨房场景的 60 次扫描进行端到端重建示意图

考虑一组可能重叠的点云 $S=\{\boldsymbol{S}_i \in \Re^{N\times 3}, 1\leqslant i\leqslant N_S\}$，其是从不同视点（即姿态）捕捉的 3D 场景。多视图配准的任务是恢复刚性/绝对的姿态 $\{\boldsymbol{M}_i^* \in SE(3)\}_i$，其中

$$SE(3)=\left\{\boldsymbol{M}\in\Re^{4\times 4}:\boldsymbol{M}=\begin{bmatrix}\boldsymbol{R} & \boldsymbol{t}\\ \boldsymbol{0} & 1\end{bmatrix}\right\} \tag{5-89}$$

式中，$\boldsymbol{R}_i \in SO(3)$；$\boldsymbol{t}_i \in \Re^3$。$S$ 可以通过视角之间的连接信息来增强，从而得到有限图 $\boldsymbol{G}=(S,E)$，其中每个顶点表示单个点集，边 $(i,j)\in E$ 对顶点之间的相对旋转信息 $\boldsymbol{R}_{ij}$ 和平移量 $\boldsymbol{t}_{ij}$ 进行编码。这些相对变换参数满足 $\boldsymbol{R}_{ij}=\boldsymbol{R}_{ji}^{\mathrm{T}}$ 和 $\boldsymbol{t}_{ij}=-\boldsymbol{R}_{ij}^{\mathrm{T}}\boldsymbol{t}_{ji}$，以及兼容性约束：

$$\boldsymbol{R}_{ij}\approx\boldsymbol{R}_i\boldsymbol{R}_j^{\mathrm{T}}\cdot\boldsymbol{t}_{ij}\approx-\boldsymbol{R}_i\boldsymbol{R}_j^{\mathrm{T}}\boldsymbol{t}_j+\boldsymbol{t}_i \tag{5-90}$$

接下来介绍可微分的成对配准算法。该算法可以很容易地被整合到端到端的多视图 3D 配准算法中。让 $\{\boldsymbol{P},\boldsymbol{Q}\}:=\{\boldsymbol{S}_i,\boldsymbol{S}_j\mid i\neq j\}\subset S$ 表示一对点云，其中 $(\boldsymbol{P})_l=:\boldsymbol{p}_l\in\Re^3$ 以及 $(\boldsymbol{Q})_l=:\boldsymbol{q}_l\in\Re^3$ 分别表示点云中单个点的坐标矢量，$\boldsymbol{P}\in\Re^{N_P\times 3}$，$\boldsymbol{Q}\in\Re^{N_Q\times 3}$。成对点云配准的目标是检索最优 $\widehat{\boldsymbol{R}}_{ij}$ 以及 $\hat{\boldsymbol{t}}_{ij}$，其满足：

$$\widehat{\boldsymbol{R}}_{ij},\hat{\boldsymbol{t}}_{ij}=\underset{\boldsymbol{R}_{ij},\boldsymbol{t}_{ij}}{\operatorname{argmin}}\sum_{l=1}^{N_P}\|\boldsymbol{R}_{ij}\boldsymbol{p}_l+\boldsymbol{t}_{ij}-\phi(\boldsymbol{p}_l,\boldsymbol{Q})\|^2 \tag{5-91}$$

式中，$\phi(\boldsymbol{p},\boldsymbol{Q})$ 是将点 $\boldsymbol{p}$ 映射到点云 $\boldsymbol{Q}$ 中对应点的对应函数。式(5-91) 有助于得到一个可微的闭式解，然而该式的最小二乘解并不稳健，因此在外点率较高的情况下将产生错误的变换参数。在实践中，映射 $\phi(\boldsymbol{p},\boldsymbol{Q})$ 中错误的对应关系通常占主导地位。为了避免这种情况，可以引入异方差加权矩阵来对异常值进行鲁棒化：

$$\widehat{\boldsymbol{R}}_{ij},\hat{\boldsymbol{t}}_{ij}=\underset{\boldsymbol{R}_{ij},\boldsymbol{t}_{ij}}{\operatorname{argmin}}\sum_{l=1}^{N_P}w_l\|\boldsymbol{R}_{ij}\boldsymbol{p}_l+\boldsymbol{t}_{ij}-\phi(\boldsymbol{p}_l,\boldsymbol{Q})\|^2 \tag{5-92}$$

式中，$w_l:=(w)_l$ 是假定对应关系的权重 $\boldsymbol{\gamma}_l\in\Re^6=\{\boldsymbol{p}_1,\phi(\boldsymbol{p}_1,\boldsymbol{Q})\}$，其是由某个加权函数 $w=\psi_{\mathrm{init}}(\Gamma)$ 计算得到的。$\Gamma:=\{\gamma_l\}:=\{\boldsymbol{P},\{\phi(\boldsymbol{p}_l,\boldsymbol{Q})\}_l\}$，$\psi_{\mathrm{init}}:\Re^{N_P\times 6}\rightarrow\Re^{N_P}$。假设当假定的对应关系是内点时，$w_l$ 接近 1，否则接近 0，那么将产生正确的变换参数，同时保留可微的闭式解。在下文中，将这种闭式解表示为加权最小二乘变换（WLS 变换）。

回到多视图配准的任务，再次考虑初始点云集 S。如果没有给出先验的连接信息 G，则可以形成$\frac{N_S}{2}$点云对，并估计其相对变换参数。全局变换参数可以联合估计（变换同步），也可以通过将问题划分为旋转同步以及平移同步来估计。在这里，选择后一种方法，在谱关系下，它允许一个可微的闭式解。旋转同步的目标是通过求解以下最小化问题$\widehat{\boldsymbol{R}}_{ij}$来检索全局旋转矩阵$\boldsymbol{R}_i^*$：

$$\boldsymbol{R}_i^* = \underset{\boldsymbol{R}_i \in SO(3)}{\operatorname{argmin}} \sum_{(i,j)\in E} c_{ij} \|\widehat{\boldsymbol{R}}_{ij} - \boldsymbol{R}_i \boldsymbol{R}_j^{\mathrm{T}}\|_{\mathrm{F}}^2 \tag{5-93}$$

式中，权重 $c_{ij}:=\zeta_{\text{init}}(\Gamma)$表示在相对变换参数 $\widehat{M}_{ij}$ 中的置信度。平移同步的目标是检索全局平移向量$\boldsymbol{t}_i^*$，使以下最小二乘问题最小化：

$$\boldsymbol{t}_i^* = \underset{\boldsymbol{t}_i}{\operatorname{argmin}} \sum_{(i,j)\in E} c_{ij} \|\widehat{\boldsymbol{R}}_{ij}\boldsymbol{t}_i + \hat{\boldsymbol{t}}_{ij} - \boldsymbol{t}_j\|^2 \tag{5-94}$$

上述公式有助于在迭代方案中实现，而迭代方案又可以被视为 IRLS 算法。后续迭代（$k+1$）通过使用迭代（k）同步估计的相对变换参数 $M_{ij}^{*(k)}=M_i^{*(k)}M_j^{*(k)^{-1}}$ 对成对点云进行预对齐，因此有 $Q^{(k+1)}:=M_{ij}^{*(k)}\otimes Q$，其中$\otimes$表示对点云 Q 应用转换 $M_{ij}^{*(k)}$。此外，权重 $w^{(k)}$ 以及残差 $r^{(k)}$ 可以将先前迭代的辅助信息用作对应加权函数中的辅助信息。因此，$\psi_{\text{init}}(\cdot)$ 可以扩展为

$$w^{(k+1)}:=\psi_{\text{iter}}(\Gamma^{(k+1)},w^{(k)},r^{(k)}) \tag{5-95}$$

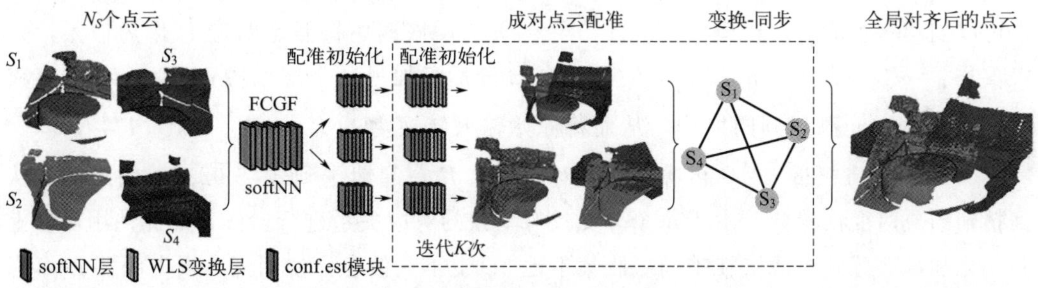

图 5-14　端到端多视图 3D 点云注册过程

5.5.4.2　网络架构

基于深度神经网络的多视图配准算法的实现过程如图 5-10 所示。首先描述用于近似函数 $\phi(\cdot)$、$\psi_{\text{init}}(\cdot)$、$\psi_{\text{iter}}(\cdot)$、$\zeta_{\text{init}}(\cdot)$ 以及 $\zeta_{\text{iter}}(\cdot)$ 的架构，然后将它们集成到一个完全可微分、端到端可训练的算法中。

(1) 学习对应函数

我们通过软分配层扩展了最近提出的全卷积 3D 特征描述符 FCGF，从而近似对应函数 $\phi(\cdot)$。FCGF 对稀疏张量进行操作，并在单次遍历中为稀疏点云的每个点计算 32 维描述符。读者也可以用其他任何学习特征描述符来近似该函数 $\phi(\cdot)$，但选择 FCGF 是因为它具有高精度和低计算复杂度。

让 $\boldsymbol{F}_P$ 以及 $\boldsymbol{F}_Q$ 分别表示点云 $\boldsymbol{P}$ 和 $\boldsymbol{Q}$ 使用相同的网络权重学习的 FCGF 特征。然后可以通过在该高维特征空间中的最近邻（NN）搜索来建立逐点对应 $\{\phi(\cdot)\}$。然而，这种硬分

配的选择规则是不可微分的。因此，通过计算概率向量以概率方式形成种类分布的NN选择规则 $\boldsymbol{s}$，然后将点 $\boldsymbol{p}$ 在点云$\boldsymbol{Q}$ 中的随机对应关系定义为

$$\phi(\boldsymbol{p},\boldsymbol{Q}):=\boldsymbol{s}^{\mathrm{T}}\boldsymbol{Q},(\boldsymbol{s})_l:=\frac{\exp(-d_l/t)}{\sum_{l=1}^{N_Q}\exp(-d_l/t)} \tag{5-96}$$

式中，$d_l:=\|\boldsymbol{f}_p-(\boldsymbol{F}_Q)_l\|_2$，$\boldsymbol{f}_p$ 是点 $\boldsymbol{p}$ 的 FCGF 嵌入；t 表示温度参数。在极限 $t\to 0$ 时，对应函数 $\phi(\boldsymbol{p},\boldsymbol{Q})$ 收敛到确定性神经网络搜索。通过监督学习的方式训练 $\phi(\cdot)$，损失函数为

$$\begin{aligned}L_c=\frac{1}{N_{\mathrm{FCGF}}}\sum_{(i,j)\in P}\{&[d(\boldsymbol{f}_i,\boldsymbol{f}_j)-m_p]_+^2/|P|\\&+0.5[m_n-\min_{k\in N}d(\boldsymbol{f}_i,\boldsymbol{f}_k)]_+^2/|N_i|\\&+0.5[m_n-\min_{k\in N}d(\boldsymbol{f}_j,\boldsymbol{f}_k)]_+^2/|N_j|\}\end{aligned} \tag{5-97}$$

式中，P 是 FCGF 小批量 N_{FCGF} 中所有正对的集合；N 是用于负挖掘的所有特征的随机子集；$m_p=0.1$，$m_n=1.4$，分别是正对和负对的边距。

(2) 深度成对配准

尽管 FCGF 描述符性能良好，但仍然存在错误的假定的对应关系 $\Gamma'\subset\Gamma$。此外，内点和外点的分布与噪声不同，而是显示出规律性。因此，我们的目标是使用深度神经网络从数据中学习这种规律。使用文献［10］中提出的顺序感知块来扩展 3D 离群值过滤网络。具体来说，可以创建一个成对注册模块 $f_\theta:\Re^{N_P\times 6}\mapsto\Re^{N_P}$，该模块将假定对应 Γ 作为输入，并输出权重 $w:=\psi_{\mathrm{init}}(\Gamma):=\tanh(\mathrm{ReLU}(f_\theta(\Gamma)))$。随后添加另一个配准块 $\psi_{\mathrm{iter}}(\cdot)$，并将权重 w 以及逐点残差 r 添加到网络中，从而将原始输入转换为 $w^{(k)}:=\psi_{\mathrm{iter}}(\mathrm{cat}([\Gamma^{(k)},w^{(k-1)},r^{(k-1)}]))$。然后将权重 $w^{(k)}$ 再次与初始对应关系 Γ 一起馈送到式(5-92）的闭式解，从而得到精确的成对变换参数。由于每个分支仅对单独的对应关系进行操作，因此使用对称上下文归一化和顺序感知过滤层在中间层收集本地 3D 上下文信息。使用配准损失函数 L_{reg} 来监督配准网络的训练，为样本量 N_{reg} 定义如下损失：

$$L_{\mathrm{reg}}=\alpha_{\mathrm{reg}}L_{\mathrm{class}}+\beta_{\mathrm{reg}}L_{\mathrm{trans}} \tag{5-98}$$

式中，L_{class} 表示二值交叉熵损失；α_{reg} 以及 β_{reg} 用于控制单个损失函数的贡献。

$$L_{\mathrm{trans}}=\frac{1}{N_{\mathrm{reg}}}\sum_{(i,j)}\frac{1}{N_P}\sum_{l=1}^{N_P}\|\hat{\boldsymbol{M}}_{ij}\otimes\boldsymbol{p}_l-\boldsymbol{M}_{ij}^{\mathrm{GT}}\otimes\boldsymbol{p}_l\|_2 \tag{5-99}$$

L_{trans} 用于惩罚与真值变换参数的偏差 $\boldsymbol{M}_{ij}^{\mathrm{GT}}$。

(3) 置信度估计模块

有了估计的相对变换参数$\hat{\boldsymbol{M}}_{ij}$，图的边 G 对这些估计中的置信度 c_{ij} 进行编码。图每条边编码的置信度由两部分组成：成对变换估计的局部置信度 c_{ij}^{local} 和从转换同步中推导出的全局置信度 c_{ij}^{global}。将局部置信度 c_{ij}^{local} 估计表示为一个分类问题，并将一些所需的信息包含在配准模块的倒数第二层的特征中。让 $\boldsymbol{X}_{ij}^{\mathrm{conf}}=f_\theta^{(-2)}(\cdot)$ 表示配准模块倒数第二层的输出，并使用一个重叠池层 f_{overlap} 提取全局特征 $\boldsymbol{x}_{ij}^{\mathrm{conf}}$，其如下执行加权平均池化：

$$\boldsymbol{x}_{ij}^{\text{conf}}=\boldsymbol{w}_{ij}^{\text{T}}\boldsymbol{X}_{ij}^{\text{conf}} \tag{5-100}$$

将获得的全局特征与内点比率 δ_{ij} 拼接起来，并馈送到具有三个全连接层的置信度估计网络。因此，局部置信度可以表示为

$$c_{ij}^{\text{local}}:=\zeta_{\text{init}}(\Gamma):=\text{MLP}(\text{cat}([\boldsymbol{x}_{ij}^{\text{conf}},\boldsymbol{\delta}_{ij}])) \tag{5-101}$$

置信度估计块的训练由置信度损失函数 $L_{\text{conf}}=\frac{1}{N}\sum_{(i,j)}\text{BCE}(c_{ij}^{\text{local}},c_{ij}^{\text{GT}})$ 监督（N 表示点云对的数量），其中 BCE 是指二值化交叉熵和置信度真值 c_{ij}^{GT}，并通过阈值化角度误差来动态计算标签：

$$\tau_a=\arccos\left(\frac{\text{tr}(\widehat{\boldsymbol{R}}_{ij}^{\text{T}}\boldsymbol{R}_{ij}^{\text{GT}})-1}{2}\right) \tag{5-102}$$

$\zeta_{\text{init}}(\cdot)$ 将局部置信度纳入相对变换参数中。另一方面，变换同步层的输出提供了输入相对变换如何与其他边全局一致的信息。事实上，传统的同步算法[10]仅使用此全局信息来执行迭代解中边缘的重新加权，因为它们无法访问局部置信度信息。相对转换参数的全局置信度 c_{ij}^{global} 可以用柯西加权函数表示：

$$c_{ij}^{\text{global}}=1/(1+r_{ij}^{*}/b) \tag{5-103}$$

式中，$r_{ij}^{*}=\|\widehat{\boldsymbol{M}}_{ij}-\boldsymbol{M}_i^{*}\boldsymbol{M}_j^{*}\|_{\text{F}}$；$b=1.482\gamma\,\text{med}(|\boldsymbol{r}^{*}-\text{med}(\boldsymbol{r}^{*})|)$，$\text{med}(\cdot)$ 表示中值运算符，$\boldsymbol{r}^{*}$ 为残差 r_{ij}^{*} 的矢量化。由于局部置信度和全局置信度提供了有关相对转换参数的互补信息，可将它们组合成一个联合置信度 c_{ij}，并使用它们的调和平均值：

$$c_{ij}:=\zeta_{\text{iter}}(c_{ij}^{\text{local}},c_{ij}^{\text{global}}):=\frac{(1+\beta^2)c_{ij}^{\text{global}}\cdot c_{ij}^{\text{local}}}{\beta^2c_{ij}^{\text{global}}+c_{ij}^{\text{local}}} \tag{5-104}$$

式中，β 平衡了局部置信度和全局置信度估计的贡献，并在训练过程中学习。

最终，将网络的各个部分连接到一个端到端多视角点云三维配准算法中，如图 5-10 所示。使用联合多视图配准损失来监督：

$$L=L_{\text{c}}+L_{\text{reg}}+L_{\text{conf}}+L_{\text{sync}} \tag{5-105}$$

其中转换同步损失 L_{sync} 为

$$L_{\text{sync}}=\frac{1}{N}\sum_{(i,j)}(\|\boldsymbol{R}_{ij}^{*}-\boldsymbol{R}_{ij}^{\text{GT}}\|_F+\|\boldsymbol{t}_{ij}^{*}-\boldsymbol{t}_{ij}^{\text{GT}}\|_2) \tag{5-106}$$

5.6　本章小结

点云配准是将多个视角或时间点采集的点云数据进行对齐和融合的关键技术，广泛应用于三维重建、SLAM、物体识别等领域。本章主要介绍了点云数据的采集方法及其特点、成对点云配准技术及多视角点云配准技术，对经典的 ICP 算法、RANSAC 算法做了详细介绍，并对点云特征提取网络 PointNet、PointNet＋＋，以及成对点云配准网络做了详细介绍。

参考文献

[1] Liu Y F, Li W Y, Liu J, et al. GRAB-net: Graph-based boundary-aware network for medical point cloud segmenta-

tion [J]. IEEE Transactions on Medical Imaging, 2023, 42 (9): 2776-2786.

[2] Johnson A E, Hebert M. Using spin images for efficient object recognition in cluttered 3D scenes [J]. IEEE Transactions on Pattern Analysis and Machine Intelligence, 1999, 21 (5): 433-449.

[3] Frome A, Huber D, Kolluri R, et al. Recognizing objects in range data using regional point descriptors [M]//Pajdla T, Matas J, eds. Computer Vision-ECCV 2004. Berlin, Heidelberg: Springer Berlin Heidelberg, 2004: 224-237.

[4] Rusu R B, Blodow N, Marton Z C, et al. Aligning point cloud views using persistent feature histograms [C]//Proceedings of IEEE/RSJ International Conference on Intelligent Robots and Systems. September 22-26, 2008, Nice, France. Piscataway, NJ: IEEE, 2008: 3384-3391.

[5] Rusu R B, Blodow N, Beetz M. Fast point feature histograms (FPFH) for 3D registration [C]//Proceedings of IEEE International Conference on Robotics and Automation. May 12-17, 2009, Kobe, Japan. Piscataway, NJ: IEEE, 2009: 3212-3217.

[6] Salti S, Tombari F, Di Stefano L. SHOT: Unique signatures of histograms for surface and texture description [J]. Computer Vision and Image Understanding, 2014, 125: 251-264.

[7] Besl P J , Mckay H D . A method for registration of 3-D shapes [J]. IEEE Transactions on Pattern Analysis & Machine Intelligence, 1992, 14 (2): 239-256.

[8] Charles R Q, Hao S, Mo K C, et al. PointNet: Deep learning on point sets for 3D classification and segmentation [C]//Proceedings of IEEE Conference on Computer Vision and Pattern Recognition (CVPR). July 21-26, 2017, Honolulu, HI, USA. Piscataway, NJ: IEEE, 2017: 77-85.

[9] Zhang J H, Sun D W, Luo Z X, et al. Learning two-view correspondences and geometry using order-aware network [C]//Proceedings of IEEE/CVF International Conference on Computer Vision (ICCV). October 27-November 2, 2019. Seoul, Korea. IEEE, 2019: 5844-5853.

[10] Chatterjee A, Govindu V M. Efficient and robust large-scale rotation averaging [C]//Proceedings of IEEE International Conference on Computer Vision. December 1-8, 2013, Sydney, NSW, Australia. Piscataway, NJ: IEEE, 2013: 521-528.

第 6 章 三维点云数据处理

6.1 点云精简与点云下采样

6.1.1 概述

点云下采样（point cloud downsampling）是一种减少三维点云的数据量的点云处理技术，旨在减少后续点云处理任务中的计算量以及存储需求。常见的点云下采样方法包括随机下采样、体素下采样、均匀下采样、曲率下采样等。经过点云下采样处理后的点云与原始点云在整体结构上并无太大差异，但在特征区域可能丢失某些细节。点云下采样常用于计算机图形学、自动驾驶等领域。例如，在自动驾驶领域中，高效的点云下采样技术对于基于激光雷达的自动驾驶系统的实时性有着重要的作用[1-4]。

点云精简（point cloud simplification）是一种既减少三维点云的数据量又注重点云特征保留的点云处理技术。常见的点云精简方法有包围盒法、聚类法等。点云精简通常基于一定的准则，如基于邻域信息、法线信息、曲率信息等，保留点云在特征区域的信息，并且减少点云的数据量，以提高后续处理和分析的效率和准确性。点云精简广泛应用于逆向工程、三维打印等领域。例如，在逆向工程中，需要对目标进行高精度的三维重建，并对三维重建的结果进行精度评价，以确定目标是否符合既定的标准，优秀的点云精简技术可以提高精度评价的可靠性和准确性[1,5]。

点云下采样与点云精简虽然相似，但侧重不同、方法不同。

点云下采样与点云精简的区别：

① 点云下采样的主要目的是减少点云数据量，而点云精简更关注点云数据中特征区域的保留。

② 点云下采样方法较为简单并且容易实现，而点云精简方法较为复杂，涉及点云特征区域的识别技术以及特征区域保留策略。

点云下采样与点云精简的联系：

① 点云下采样与点云精简的最终目标都是减少点云数据量，提高后续点云处理任务的

效率以及减少内存需求。

② 点云下采样与点云精简可以相互补充，如先使用点云下采样减少点云数据量，再使用点云精简优化点云质量。

总体而言，点云下采样与点云精简都是点云预处理中的重要步骤，需根据不同的应用领域进行选择。

6.1.2 随机下采样

随机下采样是一种常见的点云下采样方法，它可以通过随机选择点云中一部分的点降低点云数据量，易于实现且高效。

随机下采样首先预设采样点数，然后在原始点云中随机采样，直到采样结果数量等于采样点数。对于一个点云 $P\{\boldsymbol{p}_1,\cdots,\boldsymbol{p}_N\}$，随机下采样的流程如下：

① 输入采样点数 $K\{1\leqslant K\leqslant N\}$。

② 随机从 $[1,N]$ 中选取 K 个不相同的整数 $\{i_1,\cdots,i_K\}$。

③ 输出采样后的点云 $Q\{\boldsymbol{p}_{i_1},\cdots,\boldsymbol{p}_{i_K}\}$。

点云 $Q\{\boldsymbol{p}_{i_1},\cdots,\boldsymbol{p}_{i_K}\}$ 为随机下采样的结果，随机下采样的时间复杂度为 $O(N)$，因此随机下采样效率很高。

图 6-1 展示了不同采样点数下的随机下采样结果，采样点数设为原始数据的 5%和 30%。

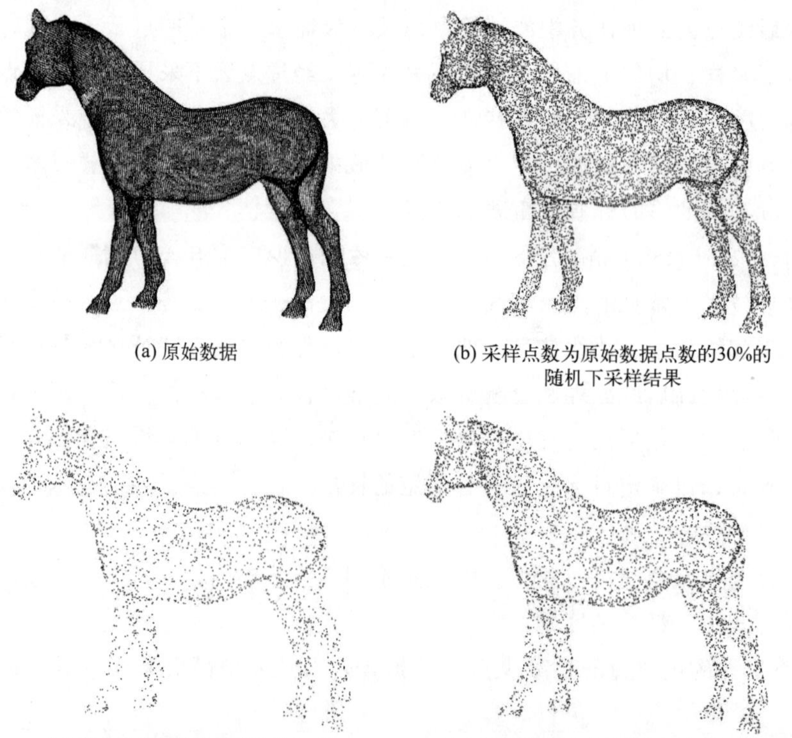

图 6-1 不同参数的随机下采样结果

黑色点云—原始数据、采样数据；蓝色点云—第一次随机下采样结果；

红色点云—第二次随机下采样结果

对比图 6-1(b) 与 (c)，采样点数少时马脚、马耳等区域的特征基本没保留。在图 6-1(d) 中，蓝色点云与红色点云分别是两次采样点数相同的随机下采样结果，可以看出随机下采样每次结果基本不相同。

随机下采样是一种简单、高效的方法，但其缺点也很多：

① 随机下采样结果的不确定性会影响后续点云处理任务的稳定性。

② 随机下采样的结果还可能存在点云过于稀疏、点云过于密集、点云特征缺失等情况。对于点云过于密集的情况，可以通过删除部分距离较近的点以保证均匀性，但这样的后处理会使随机下采样的效率大大降低。

总体而言，随机下采样在很多场景下并不适用。

6.1.3　体素下采样

体素下采样 (voxel grid downsampling) 是一种应用广泛的点云下采样算法，具有易于实现、高效的特点，常被应用于激光 SLAM 等领域。

体素下采样根据预设的体素尺寸对点云进行体素划分，然后从每个体素中采样一个点近似该体素内的其他点，每个体素的采样结果就是最终体素下采样的结果。因此体素下采样的流程如下：

① 点云体素化。

② 从每个体素中采样出一个点。

对于一个点云 $P\{\boldsymbol{p}_1,\cdots,\boldsymbol{p}_N\}$，$P$ 内任意点 $\boldsymbol{p}_i$ 可表示为 $\boldsymbol{p}_i=[x_i,y_i,z_i]^{\mathrm{T}}$，体素化的具体流程如下：

① 设置体素尺寸 r。

② 遍历点云，寻找点云的包围盒 $\{x_{\min},y_{\min},z_{\min},x_{\max},y_{\max},z_{\max}\}$，并且计算该点云在各个维度的最大体素个数 N_x、N_y、N_z 为

$$\begin{cases} N_x=\lceil (x_{\max}-x_{\min})/r \rceil \\ N_y=\lceil (y_{\max}-y_{\min})/r \rceil \\ N_z=\lceil (z_{\max}-z_{\min})/r \rceil \end{cases} \tag{6-1}$$

③ 遍历点云，对于任意的一个点 $\boldsymbol{p}_i$，计算该点对应的体素索引 I [式(6-2)]，将点 $\boldsymbol{p}_i$ 加入到体素索引 I 对应的体素内（一般使用字典存储，字典中的键对应体素索引 I，字典中的值对应体素内点云的集合，使用字典存储的一个优势是不必为没有点的体素开辟额外的空间）。

$$\begin{cases} I_x=\lfloor (x_i-x_{\min})/r \rfloor \\ I_y=\lfloor (y_i-y_{\min})/r \rfloor \\ I_z=\lfloor (z_i-z_{\min})/r \rfloor \\ I=I_x+N_xI_y+N_xN_yI_z \end{cases} \tag{6-2}$$

任意体素中采样点的方式有三种：

① 随机选择体素内的一点，该方法效率最高，但精度较低、稳定性差。

② 选择离体素中心最近的点，该方法不改变点的位置，并且算法稳定。当体素内噪声点较少时，该方法效果比方法③更好，如图 6-2(b) 与 (c) 所示，理想情况下点云都位于同一表面，最近点采样会选择表面上的点，而重心采样的结果会与表面有一定的偏差；当体素内噪声较多时，很有可能采样到噪声点，如图 6-2(e) 所示。

③ 选择体素内点云的重心，一般来说该方法采样到的点与体素内的任意点不在同一位置，即采样点并非原始数据上的点，因此在高曲率区域的采样点会与原始数据存在一定的几何偏差，即特征区域的细节可能丢失，如图 6-2(c) 所示；当体素内噪声较多时，选择重心的方法将优于方法②，如图 6-2(e) 与 (f) 所示，重心采样的结果更接近真实表面。

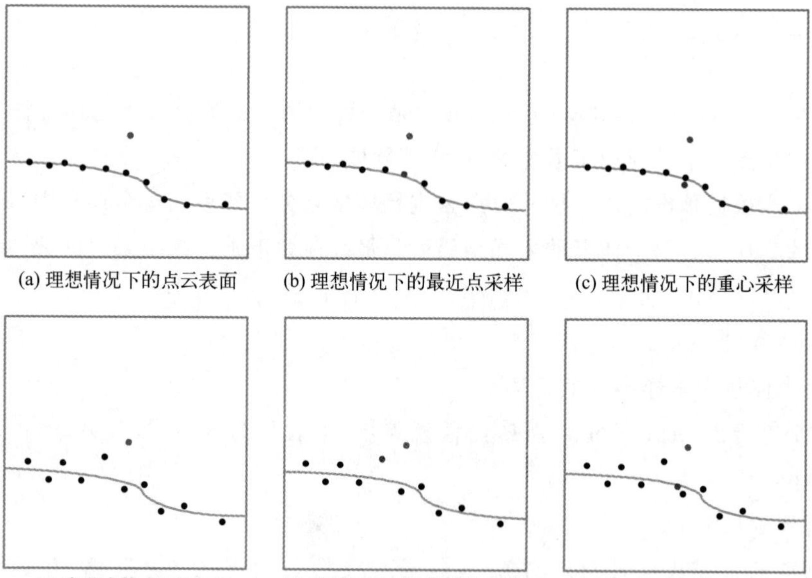

(a) 理想情况下的点云表面　(b) 理想情况下的最近点采样　(c) 理想情况下的重心采样

(d) 含噪声的点云表面　(e) 噪声情况下的最近点采样　(f) 噪声情况下的重心采样

图 6-2　体素内不同采样方式的结果

黄色正方形—体素；灰色曲线—真实表面；黑色圆点—原始点云；

蓝色圆点—体素中心；红色圆点—采样点

显然，体素下采样的时间复杂度为 $O(N)$，所以体素下采样也是一种高效的点云下采样方法。

体素尺寸 r 对体素下采样的影响很大，r 过大，点云特征区域的特征将丢失；r 过小，起不到减少数据量的效果。因此合适的体素尺寸 r 对体素下采样很重要。一般而言，需要根据实际情况选择合适的体素尺寸 r，如在激光 SLAM 中 r 可设在米级，而在结构光中 r 一般设在毫米级。

图 6-3 展示了不同体素尺寸下的体素下采样结果，使用马点云数据进行实验，体素尺寸 r 分别设为 0.003 和 0.005。对比图 6-3(b) 与 (c)，r 越小保留的点数越多，r 越大保留的点数越少。

体素下采样作为一种常用的点云下采样方法，在降低点云数据量的同时，其采样结果的均匀性也很好，并且采样间隔可以通过体素尺寸 r 控制。虽然体素下采样的均匀性比均匀下

(a) 原始数据　　(b) r为0.003的体素下采样结果　　(c) r为0.005的体素下采样结果

图 6-3　不同参数的体素下采样结果

黑色点云—原始数据、不同采样结果

采样较差，但均匀下采样实现复杂、效率较低，因此体素下采样被广泛运用于各个领域。体素下采样的一个明显缺点是采样结果的点数无法精确控制，但并不妨碍体素下采样在各领域的应用。

6.1.4　均匀下采样

均匀下采样是一种减少点云数据量并且兼顾点云均匀性的点云下采样算法。相比于随机下采样，均匀下采样的采样结果均匀性更好，但均匀下采样也更为复杂、低效。

均匀下采样有很多种实现方式，最远点采样（farthest point sampling）是其中之一。

最远点采样首先预设采样点数以及初始化内点集合，在初始化内点集合时会从点云中选择一个种子点加入到内点集合中，其次从剩下的点云中选择距离（该距离的计算方式为剩余点云中的任意点到内点集合的最短距离）内点集合最远的点加入到内点集合中，循环该过程直到内点集合的大小等于预设采样点数。因此给定一个点云 $P\{\boldsymbol{p}_1,\cdots,\boldsymbol{p}_N\}$，最远点采样流程如下：

① 输入采样点数 $K\{1\leqslant K\leqslant N\}$，初始化内点集合 $Q\{\boldsymbol{q}_j\}$，从点云 P 中选择种子点 $\boldsymbol{q}_j$，并将点 $\boldsymbol{q}_j$ 从 P 中删除；点 $\boldsymbol{q}_j$ 可以随机选择，也可以根据一定的策略选择固定点。

② 计算点云 P 中每个点 $\boldsymbol{p}_i$ 到点云 Q 的最小距离 $\{\cdots,d_{ij},\cdots\}$，求 $\{\cdots,d_{ij},\cdots\}$ 中的最大值 d_{ab}，将 $\boldsymbol{p}_a$ 加入到点云 Q 中，并将点 $\boldsymbol{p}_a$ 从 P 中删除。如图 6-4 所示，首先计算原始点云 B、D、E 到内点集合 A、C 的最短距离 BC、DC、EA，其中 BC、DC、EA 的最大值为 DC，因此将点云 D 加入到内点集合中。

③ 循环执行步骤②，当 Q 的大小等于 K 时，退出循环，并且输出 $Q\{\boldsymbol{q}_1,\cdots,\boldsymbol{q}_K\}$。

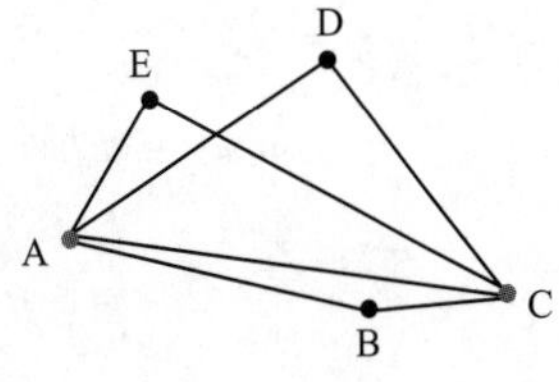

图 6-4　最远点采样的采样过程示例

圆点 B、D、E—原始点云；点云 A、C—内点集合；

直线—原始点云任意点到内点集合的距离

显然，每次寻找最远点都需要计算点云 P 与 Q 之间的距离，从时间复杂度来看，最远点采样的时间复杂度为 $O(NK^2)$，当采样点数 K 较小时，最远点采样比较高效，其时间复杂度接近 $O(N)$，但采样点数 K 接近 N 时，其时间复杂度达到了

$O(N^3)$。因此，最远点采样有多种效率优化方式，一种简单的优化方法如下：

① 初始化内点集合 $Q\{\boldsymbol{q}_j\}$，初始化数组 $A\{d_1,\cdots,d_N\}$。d_i 为点云 P 中任意一点 $\boldsymbol{p}_i$ 到当前内点集合 Q 的最短距离。当 Q 仅有 $\boldsymbol{q}_j$ 时，d_i 为 $\boldsymbol{p}_i$ 与 $\boldsymbol{q}_j$ 的距离。

② 求 $A\{d_1,\cdots,d_N\}$ 中的最大值 d_c，将 $\boldsymbol{p}_c$ 加入到内点集合 Q 中，并将 $\boldsymbol{p}_c$ 从 P 中删除，d_c 设为 0。

③ 计算 P 中任意一点 $\boldsymbol{p}_i$ 到 $\boldsymbol{p}_c$ 的距离 d_{ic}，当 d_{ic} 小于 d_i 时，用 d_{ic} 更新 d_i。

④ 循环执行步骤②与③，当 Q 等于 K 时，退出循环，并且输出 $Q\{\boldsymbol{q}_1,\cdots,\boldsymbol{q}_K\}$。

优化后的最远点采样在每次选择点时，只需要计算点云 P 中每一点到新采样点的距离，效率大大提升，优化后的时间复杂度为 $O(KN)$，当采样点数 K 较小时，最远点采样比较高效，其时间复杂度接近 $O(N)$，当采样点数 K 接近 N 时，其时间复杂度达到了 $O(N^2)$。当 $\boldsymbol{q}_j$ 随机选择时，最远点采样算法每次得到的 Q 有很大概率不相同，这会产生与随机下采样一样的问题，即影响后续点云处理任务的稳定性；当 $\boldsymbol{q}_j$ 选择固定点时，最远点采样算法得到的 Q 将会是固定的。

图 6-5 展示了最远点采样选用不同采样点数的结果，采样点数分别为 0、10、40、100。显然，不管采样点数是多少，内点集合在原始数据上的分布都很均匀，并且最远点采样并不改变点的位置。

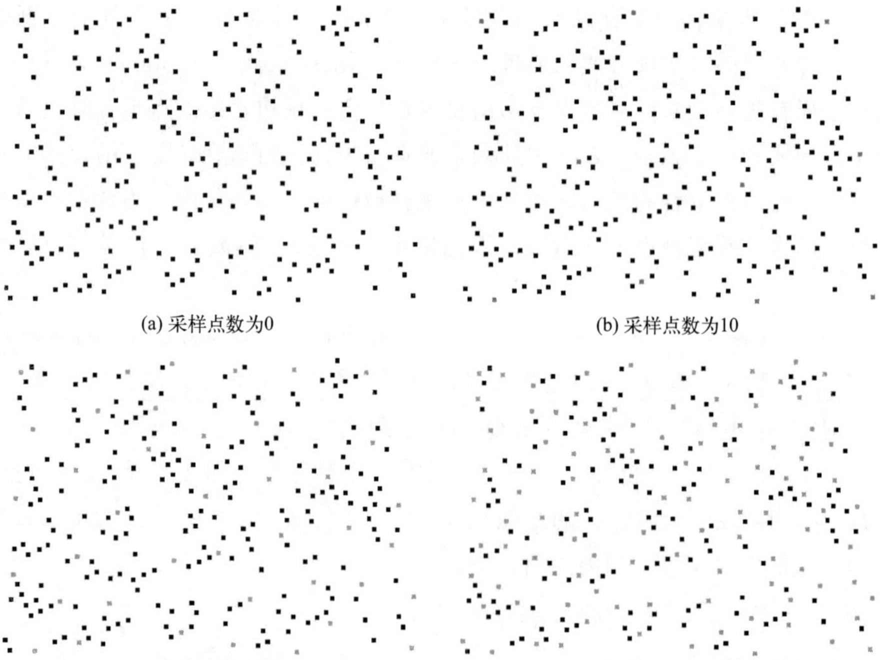

(a) 采样点数为0　(b) 采样点数为10　(c) 采样点数为40　(d) 采样点数为100

图 6-5　最远点采样

黑色方块点—原始点云；灰色方块点—内点集合

图 6-6 使用了马点云进行最远点采样与体素下采样对比实验，最远点采样点数设为原始数据点数的 20%，体素下采样的体素尺寸设为 0.003。对比图 6-6(b) 与 (c)，最远点采样

均匀性比体素下采样较好，在马腿处体素下采样的结果呈现出一条条水平直线，而最远点采样的结果分布均匀。

(a) 原始数据　　(b) 体素下采样结果　　(c) 最远点采样结果

图 6-6　最远点采样与体素下采样对比

点云—原始数据、不同采样结果

最远点采样算法使采样结果尽可能覆盖全原始点云，以保留原始点云的主要几何特征。最远点采样的采样结果均匀性比体素下采样更好，在处理小规模点云数据时更有优势，但其时间复杂度决定了其很难被应用于大规模点云数据上。总体而言，最远点采样也是较为常用的一种点云下采样算法。

最后，均匀下采样的其他实现方法还有间隔固定点数采样、球采样等。

间隔固定点数采样始终选择从原始点云数据的第一个点开始采样，间隔固定点数再次采样，直到遍历到原始点云的最后一个点，这种采样方式一般用于有序点云上，并且该采样方式效率很高。当该采样方式用于乱序点云或者有序且分布不均的点云时，很容易出现局部点云缺失的情况。

球采样的思想与体素采样的思想类似，只不过这种方法使用球对点云进行划分，然后从每个球中选择距离球中心最近的点作为采样点。

6.1.5　曲率下采样

曲率下采样是一种既减少点云数量又可以保留特征的点云下采样方法，它与前面三种方法的侧重点不同。曲率下采样也注重特征区域的保留，因而也算是一种简单的点云精简方法。

曲率是衡量曲线或曲面弯曲程度的数学概念。通常使用表面曲率衡量点云表面的弯曲程度，表面曲率主要由邻近点协方差矩阵的特征值来计算，下文将会介绍表面曲率的计算方式。邻域法线夹角可由当前点的法线与邻近点的法线之间的角度 θ 来表示，因此邻域法线夹角具有很好的几何意义，在点云中表面曲率大的区域邻域法线夹角也很大，而表面曲率小的区域邻域法线夹角也很小，因此邻域法线夹角可替代曲率实现曲率下采样。如图 6-7(a) 中，点云表面较为平坦，因此该表面邻域法线夹角 θ 较小；而在图 6-7(b) 中，点云表面较为弯曲，因此该表面邻域法线夹角 θ 较大。

曲率下采样首先预设特征区域采样率、非特征区域采样率、邻域法线夹角阈值、邻近点数量；然后搜索原始点云每个点的一组邻近点，根据邻近点计算该点的法线以及该点与邻近

(a) 较平坦表面的法线夹角　　(b) 弯曲曲面的法线夹角

图 6-7　不同表面法线夹角

实线箭头—法线方向；表面—点云表面；圆点—表面上的点；

虚线—法线反方向的延长线；θ—法线夹角

点的法线夹角，根据每个点与邻近点的法线夹角以及预设的邻域法线夹角阈值将原始点云分为特征区域点集与非特征区域点集；最后使用不同的采样率对特征区域点集与非特征区域点集进行均匀采样。因此，给定点云 $P\{\boldsymbol{p}_1,\cdots,\boldsymbol{p}_N\}$，其中 P 内任意点 $\boldsymbol{p}_i$ 可表示为 $\boldsymbol{p}_i=[x_i,y_i,z_i]^{\mathrm{T}}$，曲率下采样的过程如下：

① 输入特征区域采样率 α、非特征区域采样率 β、邻域法线夹角阈值 θ_{thr}、邻近点数量 K。通常 $\alpha+\beta=1$，且 $1\geqslant\alpha>\beta\geqslant 0$。

② 根据点云 P 构建 KD 树（K-dimensional tree）。

③ 使用 KD 树搜索每个点 $\boldsymbol{p}_i$ 的 K 个邻近点 $Q_i\{\boldsymbol{p}_{i1},\cdots,\boldsymbol{p}_{iK}\}$。

④ 根据邻近点集 Q_i 计算每个点 $\boldsymbol{p}_i$ 的法线 $\boldsymbol{n}_i$。通常 $\boldsymbol{p}_i$ 的法线 $\boldsymbol{n}_i$ 可由邻近点的协方差矩阵的最小特征值对应的特征向量表示。具体计算过程如下：

a. 计算邻近点重心 $\overline{\boldsymbol{p}}_i$：

$$\overline{\boldsymbol{p}}_i=\frac{1}{K}\sum_{j=1}^{K}\boldsymbol{p}_{ij} \tag{6-3}$$

b. 计算协方差矩阵 $\boldsymbol{M}_i$：

$$\boldsymbol{M}_i=\frac{1}{K}\sum_{j=1}^{K}(\boldsymbol{p}_{ij}-\overline{\boldsymbol{p}}_i)(\boldsymbol{p}_{ij}-\overline{\boldsymbol{p}}_i)^{\mathrm{T}} \tag{6-4}$$

c. 使用 PCA（principle component analysis）分解 $\boldsymbol{M}_i$，得到特征向量 $\boldsymbol{v}_1$、$\boldsymbol{v}_2$、$\boldsymbol{v}_3$ 以及对应的特征值 λ_1、λ_2、λ_3（$\lambda_1>\lambda_2>\lambda_3$），点 $\boldsymbol{p}_i$ 的法线 $\boldsymbol{n}_i$ 即为 $\boldsymbol{v}_3$。点 $\boldsymbol{p}_i$ 的表面曲率 τ_i 可由特征值 λ_1、λ_2、λ_3 计算得到：

$$\tau_i=\frac{\lambda_3}{\lambda_1+\lambda_2+\lambda_3} \tag{6-5}$$

⑤ 根据邻近点法线计算每个点的邻域法线夹角 θ_i：

$$\theta_i=\frac{1}{K}\sum_{j=1}^{K}\arccos(|\boldsymbol{n}_i\cdot\boldsymbol{n}_{ij}|) \tag{6-6}$$

⑥ 根据邻域法线夹角阈值 θ_{thr} 以及每个点的法线夹角 θ_i 将点云 P 分为特征区域点集

P_1 与非特征区域点集 P_2：

$$\begin{cases}\theta_i > \theta_{thr}, \boldsymbol{p}_i \in P_1 \\ \theta_i \leqslant \theta_{thr}, \boldsymbol{p}_i \in P_2\end{cases} \tag{6-7}$$

⑦ 特征区域点集 P_1 与非特征区域点集 P_2 分别进行均匀下采样，假设 P_1 与 P_2 的点数分别为 N_1、N_2，则 P_1 与 P_2 的采样点数分别为 αN_1 与 βN_2。

可见，曲率下采样远比之前的点云下采样方法复杂，曲率不仅涉及点云特征识别方法，也涵盖了点云下采样方法。

图 6-8 展示了最远点采样与曲率下采样的结果对比图，使用的实验数据是斯坦福开源的兔子数据，最远点采样的采样点数设为原始数据点数的 30%，曲率下采样特征区域采样率 α 为 0.7，非特征区域采样率 β 为 0.3，邻域法线夹角阈值 θ_{thr} 设为 6°，搜索邻近点数 K 设为 10。对比图 6-8(b) 与 (c)，最远点采样的结果整体都很均匀，曲率下采样结果在非特征区域的均匀性与最远点采样结果的均匀性相差不大，但曲率下采样在特征区域的点密度比非特征区域的点密度更大，因此曲率下采样在下采样的同时也保留了几何特征。

(a) 原始数据　　(b) 最远点采样　　(c) 曲率下采样

图 6-8　最远点采样与曲率下采样对比

点云—原始数据、采样后的原始数据

相比于前面三种下采样方法，曲率下采样在减少点云数据量的同时，也注重于保留点云的几何特征信息。除此之外，曲率下采样还有局部均匀、几何特征采样点密集、抗噪能力强等特点。曲率下采样实现较为复杂且效率低于前三种下采样方法，但注重特征保护的特点使得曲率下采样常被用于逆向工程领域。

6.2　点云光顺与点云去噪

6.2.1　概述

点云光顺（point cloud smoothing）是一种改善点云数据质量的点云处理技术，旨在通过移除离群点、移除噪声点和平滑点云表面来改善点云质量。实现点云光顺的方法主要包括拉普拉斯平滑、高斯滤波、中值滤波、双边滤波、加权局部最优投影等。点云光顺是逆向工程、三维打印等领域的常用技术[6-14]。

对于不同的测量系统，测量系统的测量原理不一样，其系统误差也有独特的误差模型，但测量系统存在的随机误差可通过统计学原理与信号理论进行平滑。对于真实表面上的一点 $F(x,y,z)$，该点可由测量值 $R(x,y,z)$、系统误差 $E_1(x,y,z)$ 和随机误差 $E_2(x,y,z)$ 表示，即

$$F(x,y,z)=R(x,y,z)+E_1(x,y,z)+E_2(x,y,z) \tag{6-8}$$

在式(6-8) 中，$E_2(x,y,z)$ 通常是测量过程中的随机因素导致的，可以通过多次观测取均值使其 $E_2(x,y,z)$ 项相互抵消，以达到减小随机误差的效果。在点云处理中，可使用点云中每一点的邻近点对该点进行处理，以实现多次观测减小随机误差的目标。

与原始点云相比，经过点云光顺处理的点云主要的改变是光顺后的点云表面变得平滑，原始点云中存在的毛刺点被平滑，并且当系统误差较小时整体点云会向真实表面移动。图 6-9(b) 与 (c) 展示了无系统误差的点云光顺前后的点云差异，经点云光顺后的蓝色毛刺点离真实曲面更近，并且图 6-9(c) 的其他点也更贴近真实曲面。

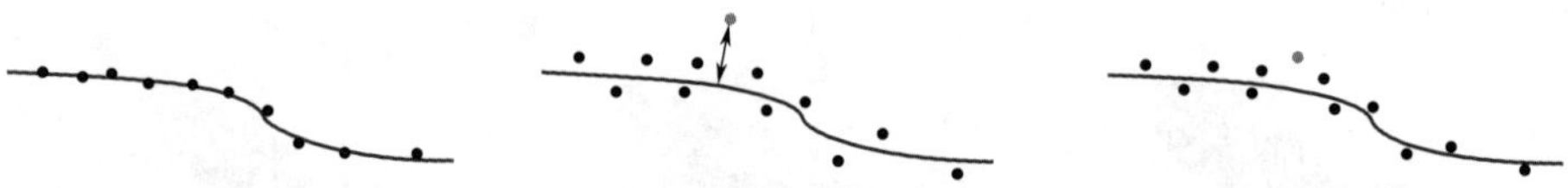

(a) 理想表面点云　(b) 含噪声的表面点云　(c) 光顺后的表面点云

图 6-9　无系统误差的点云光顺示例

曲线—真实曲面；黑色圆点—点云数据；灰色圆点—点云数据中的毛刺点；双向箭头—随机误差

点云去噪（point cloud denoising）是一种通过移除点云数据中的噪声点与离群点以提高点云数据质量的点云处理技术。在点云配准、点云网格化等点云处理任务中，噪声点与离群点的影响不可忽视，因此可靠、鲁棒的点云去噪技术对后续点云处理任务的稳定性、精确性至关重要。点云去噪的常见方法包括半径滤波、统计滤波、聚类法等。点云去噪在自动驾驶、逆向工程等领域有着广泛的应用。

点云去噪主要针对点云中的离群点与噪声点进行处理。噪声点通常是离表面点云较远的点，噪声点经点云光顺处理后可用于表示真实表面。与噪声点不同，离群点无法用于表示真实表面，通常离群点可分为两类（有时也把噪声点称为不分离型的离群点），即稀疏型离群点和稠密型离群点。如图 6-10 所示，蓝色噪声点通常分布在真实曲面附近，相比于正常数

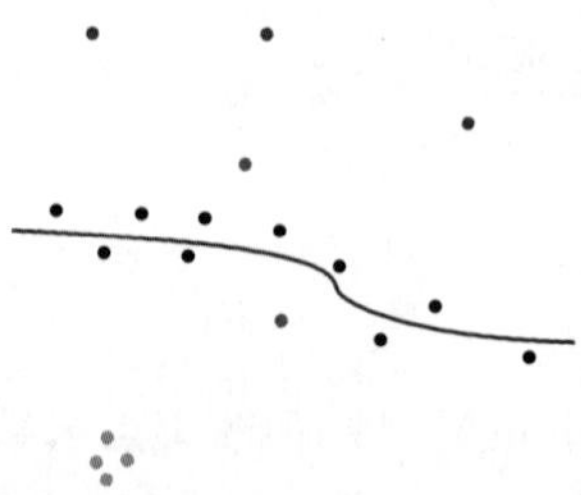

图 6-10　噪声点与离群点区别

灰色曲线—真实表面；黑色圆点—点云数据；蓝色圆点—噪声点；

红色圆点—稀疏型离群点；绿色圆点—稠密型离群点

据，噪声点离真实表面较远一些；离群点通常无规则地分布，并且相对于点云表面数据与噪声点，离群点远离真实表面；红色稀疏型离群点周围无其他点，绿色稠密型离群点周围除其他稠密型离群点外也没有其他点。

从点云光顺与点云去噪的任务来看，很显然点云去噪是点云光顺的一部分，但点云光顺与点云去噪的侧重点不同，点云光顺更关注于点云表面的平滑，而点云去噪更重视离群点与噪声点的去除，因此在点云处理中通常将点云表面平滑称为点云光顺，将离群点、噪声点去除称为点云去噪。

点云滤波（point cloud filtering）也是一种改善点云质量的点云处理技术，旨在通过移除离群点、移除噪声点和平滑表面以提高数据质量和后续处理的准确性。在开源库 PCL 中，半径滤波、统计滤波、双边滤波、直通滤波、条件滤波、高斯滤波、体素滤波（体素下采样）、均匀滤波（均匀下采样）等都被列入点云滤波的范畴。因此，点云光顺与点云去噪也可被称为点云滤波。

总体而言，点云光顺、点云去噪都是点云处理中的重要技术，需根据实际应用进行组合与选择。

6.2.2　点云半径滤波

点云半径滤波（后续简称为半径滤波）是一种简单、常用的点云去噪方法。半径滤波通过计算每个点的密度决定是否将该点视为离群点并将其删除。

具体而言，半径滤波首先预设每个点的搜索半径、邻近点数量阈值，然后搜索指定半径内每个点的邻近点，最后判断邻近点数量是否小于预设的邻近点数量，把邻近点数量小于阈值的点视为离群点，并将其去除。给定点云 $P\{\boldsymbol{p}_1,\cdots,\boldsymbol{p}_N\}$，半径滤波的流程如下：

① 输入搜索半径 r、邻近点数量阈值 N_{thr}。

② 使用点云 P 构建 KD 树。

③ 使用 KD 树搜索每个点 $\boldsymbol{p}_i$ 在半径 r 内的所有点 $\{\boldsymbol{p}_{i1},\cdots,\boldsymbol{p}_{im}\}$。

④ 判断 m 是否小于 N_{thr}，若该判断为真，则将 $\boldsymbol{p}_i$ 视为离群点，将其从点云 P 中删除，否则 $\boldsymbol{p}_i$ 将被保留。

显然，半径滤波将每个点在给定半径内的邻近点数量视为每个点的密度，然后将密度小的点视为离群点。因此，半径滤波很容易将密度分布不均的点云中的稀疏区域内的点误判为离群点，使得半径滤波后的点云出现空洞区域，并且半径滤波对稠密型离群点的去除效果不佳。从两个部分的时间复杂度来看统计滤波的效率：搜索邻近点的时间复杂度为 $O(N\lg N)$，判断任意一个点的时间复杂度为 $O(N)$。

在图 6-11(a) 中，红色圆点为稀疏型离群点，在搜索半径内只有一个点，将 N_{thr} 设置为 2 即可将红色圆点去除，同时可以看到绿色稠密型圆点与蓝色正常点云数据的邻近点数都为 4，因此无法将其区分。图 6-11(b) 展示了点云密度分布不均时使用半径滤波的情形，绿色点是点云表面稀疏区域内的点，不属于噪声点与离群点，但使用半径滤波后很可能将其删除。

图 6-12(a)～(d) 使用了斯坦福的兔子数据集进行半径滤波实验。首先在原始数据的基

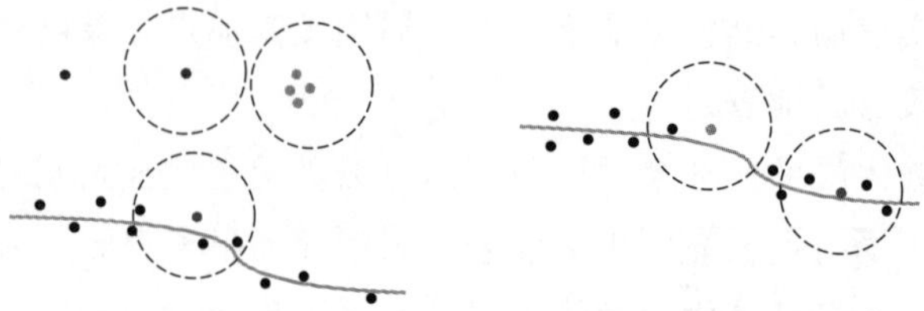

(a) 正常情况　　(b) 点云密度不均匀的情况

图 6-11　半径滤波在不同情况下的处理

灰色曲线—真实曲面；黑色圆点—正常点云数据；红色圆点—稀疏型离群点；
蓝色圆点—正常点云数据；绿色圆点—在（a）中为稠密型离群点，
在（b）中为点云稀疏区域的点；灰色圆形虚线—搜索范围

础上随机增加1%的离群点，如图 6-12(b) 所示。然后将搜索半径 r 设为 0.005，邻近点数量阈值 N_{thr} 分别设为 5 和 8 进行两组实验，其结果如图 6-12(c) 与（d）所示。从图 6-12(c) 与（d）来看，半径滤波对稀疏型离群点的去除效果较好。

(a) 原始点云数据　　(b) 增加噪声后的点云数据

(c) N_{thr}为5、r为0.005的半径滤波结果　　(d) N_{thr}为8、r为0.005的半径滤波结果

图 6-12　不同参数的半径滤波结果

黑色点云—原始数据；红色点云—随机产生的离群点

半径滤波简单易于实现，在点云处理中常被用于去除离群点。但半径滤波对稠密型离群点的去除效果一般，且半径滤波对密度分布不均的点云易产生误判，造成正常数据的误删。半径滤波的参数设置严重依赖于经验值，当预设半径、邻近点数量阈值不合适时，半径滤波可能起不到理想的效果，因此半径滤波很难得到广泛应用。

总的来说，半径滤波适用于交互式场景，用户可根据处理效果调整参数。

6.2.3　点云统计滤波

点云统计滤波（后续简称为统计滤波）是一种基于统计学的点云去噪技术。统计滤波认为点云中每个点到邻域内的一组点的平均距离符合正态分布，进而根据该正态分布的数学期望与标准差去除离群点。

统计滤波首先预设搜索的邻近点个数、去除离群点的阈值；其次使用原始点云构建 KD 树，基于 KD 树搜索每个点的邻近点；然后计算点云所有点到邻近点的距离的数学期望以及标准差；最后基于数学期望、标准差、预设的去除离群点阈值识别并删除离群点。给定点云 $P\{\boldsymbol{p}_1,\cdots,\boldsymbol{p}_N\}$，统计滤波的流程如下：

① 输入搜索邻近点数 K、去除离群点阈值 c。

② 使用原始点云构建 KD 树。

③ 使用 KD 树搜索每个点 $\boldsymbol{p}_i$ 的 K 个邻近点 $\{\boldsymbol{p}_{i1},\cdots,\boldsymbol{p}_{iK}\}$，计算 $\boldsymbol{p}_i$ 到邻近点的距离 $\{d_{i1},\cdots,d_{iK}\}$。

④ 计算所有点到邻近点的距离的数学期望 u 以及标准差 σ。

$$u=\frac{1}{NK}\sum_{i=1}^{N}\sum_{j=1}^{K}d_{ij} \tag{6-9}$$

$$\sigma=\sqrt{\frac{1}{NK}\sum_{i=1}^{N}\sum_{j=1}^{K}(d_{ij}-u)^2} \tag{6-10}$$

⑤ 当点 $\boldsymbol{p}_i$ 到邻近点的平均距离在式(6-10) 所示范围内时，$\boldsymbol{p}_i$ 将被视为离群点，并将其从 P 中移除。

$$\frac{1}{K}\sum_{j=1}^{K}d_{ij}\subset(-\infty,u-c\sigma)\cup(u+c\sigma,+\infty) \tag{6-11}$$

去除离群点的阈值 c 对离群点的去除效果较为重要，c 过小可能导致正常点被删除，c 过大可能导致离群点去除效果不佳。从两个部分的时间复杂度来看统计滤波的效率：搜索邻近点的时间复杂度为 $O(N\log N)$，同时计算数学期望 u 和标准差 σ 的时间复杂度为 $O(KN)$，因此统计滤波效率低于半径滤波。

图 6-13 也使用了斯坦福的兔子数据集进行统计滤波实验。从图 6-13(b) 和 (c) 来看，当搜索邻近点数相同时，去除离群点阈值 c 越大保留的离群点越多。从图 6-13(b) 和 (d) 来看，当去除离群点阈值相同时，搜索邻近点数 K 越大保留的离群点越多，并且耗时也相对增加。从整体来看，图 6-13(b)～(d) 的效果相差不大，对参数要求不高，但整体离群点去除效果也一般。

显然，统计滤波也存在与半径滤波类似的问题，即对稠密型离群点的去除效果较差、容易删除点云稀疏区域中的点。相比于半径滤波，统计滤波的参数设置不依赖于经验值，一般在一定的范围内选择（K 取 10～100，c 取 2～4）即可达到较好的离群点去除效果，因此统计滤波是点云处理中较为常用的点云去噪方法。

通常，统计滤波可与聚类法等点云去噪方法相结合，使其离群点去除效果更好、更稳定。

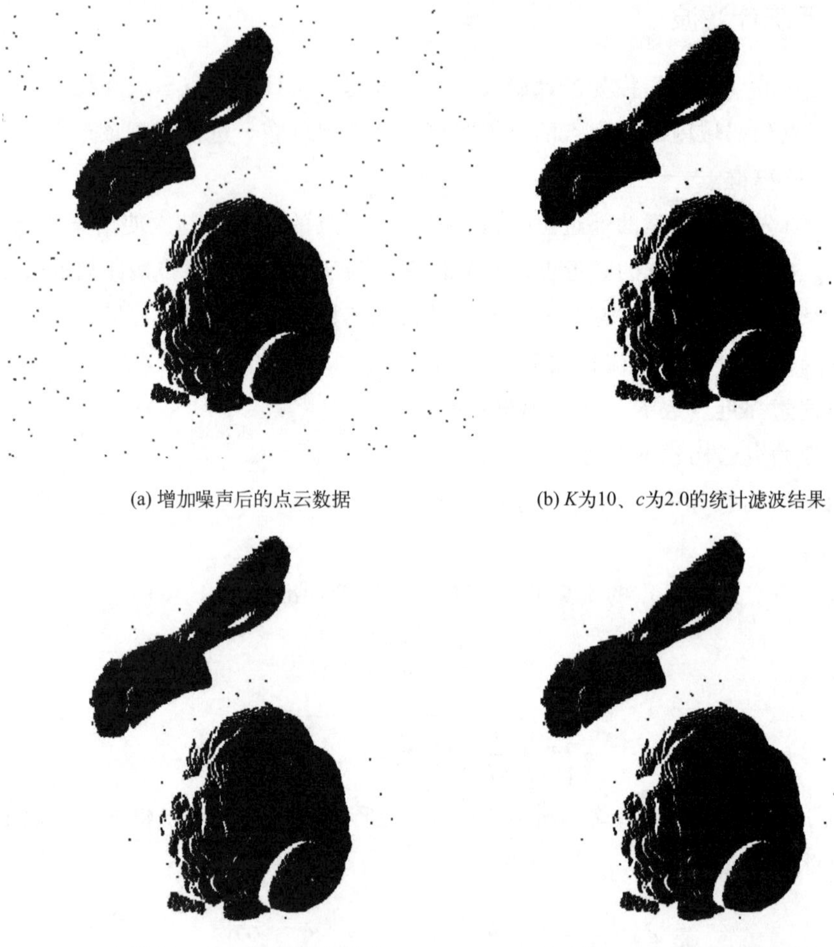

(a) 增加噪声后的点云数据 (b) K为10、c为2.0的统计滤波结果

(c) K为10、c为2.5的统计滤波结果 (d) K为30、c为2.0的统计滤波结果

图 6-13 不同参数的统计滤波结果

黑色点云—原始数据；红色点云—随机产生的离群点

在具体应用中，统计滤波去噪效果稳定，且无需设置与点云尺度有关的参数（如体素下采样中设置体素大小，在自动驾驶领域设为米级，在逆向工程领域设为毫米级），因此统计滤波被广泛应用于各个领域。

6.2.4 局部异常因子 LOF

局部异常因子（LOF）是 S. Sotoodeh 等在 2006 年提出的用于检测点云中离群点的方法，后来也被用于数据挖掘等领域。局部异常因子是一种基于密度的离群点检测、去除方法，因而也是一种点云去噪技术。基于密度的离群点去除方法通常隐含一种假设，即离群点与邻近点的密度相差较大，而非离群点与邻近点的密度相差较小。

基于局部异常因子的离群点去除算法需要计算点云中每个点的 LOF。若 LOF 大于 1，该点为离群点，否则该点为正常数据点。给定点云 $P\{\boldsymbol{p}_1,\cdots,\boldsymbol{p}_N\}$，基于局部异常因子的离群点去除算法的流程如下：

① 预设搜索邻近点数 K。

② 使用点云 P 构建 KD 树，使用 KD 树搜索每个点 $\boldsymbol{p}_i$ 的 $K-1$ 个邻近点 $N_k(\boldsymbol{p}_i)=\{\boldsymbol{p}_{i2},\cdots,\boldsymbol{p}_{iK}\}$。其中 $\boldsymbol{p}_{ij}\neq\boldsymbol{p}_i$，将 $N_k(\boldsymbol{p}_i)$ 称为点 $\boldsymbol{p}_i$ 的 K 距离邻域。

③ 计算 $\boldsymbol{p}_i$ 到邻近点的距离 $\{d_{i2},\cdots,d_{iK}\}$，求邻近点到 $\boldsymbol{p}_i$ 的最大距离 $kd(\boldsymbol{p}_i)$，$kd(\boldsymbol{p}_i)$ 称为点 $\boldsymbol{p}_i$ 的 K 距离。

④ 计算 $\boldsymbol{p}_i$ 到邻近点 $\boldsymbol{p}_{ij}$ 的可达距离 $rd_k(\boldsymbol{p}_i, \boldsymbol{p}_{ij})$：

$$rd_k(\boldsymbol{p}_i,\boldsymbol{p}_{ij})=\max\{kd(\boldsymbol{p}_{ij}),d_{ij}\} \tag{6-12}$$

⑤ 计算 $\boldsymbol{p}_i$ 的局部可达密度 $lrd_k(\boldsymbol{p}_i)$：

$$lrd_k(\boldsymbol{p}_i)=\frac{|N_k(\boldsymbol{p}_i)|}{\sum_{j=2}^{K}rd_k(\boldsymbol{p}_i,\boldsymbol{p}_{ij})} \tag{6-13}$$

⑥ 计算 $\boldsymbol{p}_i$ 的局部异常因子 $lof_k(\boldsymbol{p}_i)$，当 $lof_k(\boldsymbol{p}_i)>1$ 时，将 $\boldsymbol{p}_i$ 从点云 P 中删除。

$$lof_k(\boldsymbol{p}_i)=\frac{\sum_{j=2}^{K}\frac{lrd_k(\boldsymbol{p}_{ij})}{lrd_k(\boldsymbol{p}_i)}}{|N_k(\boldsymbol{p}_i)|} \tag{6-14}$$

当一个点 $\boldsymbol{p}_i$ 为离群点、邻近点 $N_k(\boldsymbol{p}_i)$ 为正常点时，$\boldsymbol{p}_i$ 点将不在邻近点 $N_k(\boldsymbol{p}_i)$ 的 K 距离内 $[d_{ij}>kd(\boldsymbol{p}_{ij})]$，即 $\boldsymbol{p}_i$ 到邻近点 $\boldsymbol{p}_{ij}$ 的可达距离 $rd_k(\boldsymbol{p}_i,\boldsymbol{p}_{ij})=d_{ij}$；当 $\boldsymbol{p}_i$ 为正常点时，通常邻近点也为正常点，$\boldsymbol{p}_i$ 点将在邻近点 $N_k(\boldsymbol{p}_i)$ 的 K 距离内 $[d_{ij}<kd(\boldsymbol{p}_{ij})]$，即 $\boldsymbol{p}_i$ 到邻近点 $\boldsymbol{p}_{ij}$ 的可达距离 $rd_k(\boldsymbol{p}_i,\boldsymbol{p}_{ij})=kd(\boldsymbol{p}_{ij})$。因此当 $\boldsymbol{p}_i$ 为离群点、邻近点 $N_k(\boldsymbol{p}_i)$ 为正常点时，$rd_k(\boldsymbol{p}_i,\boldsymbol{p}_{ij})=d_{ij}>kd(\boldsymbol{p}_{ij})$，$lrd_k(\boldsymbol{p}_i)$ 将比 $lrd_k(\boldsymbol{p}_{ij})$ 小，故 $\frac{lrd_k(\boldsymbol{p}_{ij})}{lrd_k(\boldsymbol{p}_i)}>1$，$lof_k(\boldsymbol{p}_i)>1$。

但显然点 $\boldsymbol{p}_i$ 为离群点、邻近点 $N_k(\boldsymbol{p}_i)$ 也为离群点时，$lof_k(\boldsymbol{p}_i)>1$ 将不成立。当点云密度不均匀时，基于密度的离群点去除方法隐含的假设将不成立，使稀疏区域的 $lof_k(\boldsymbol{p}_i)$ 也将大于 1，引起误删除。

从两个部分的时间复杂度来看 LOF 的效率：搜索邻近点的时间复杂度为 $O(N\lg N)$，同时计算 $lof_k(\boldsymbol{p}_i)$ 的时间复杂度为 $O(KN)$，因此 LOF 与统计滤波效率类似。

图 6-14 所示为不同参数下的 LOF 离群点去除效果对比。对比图 6-14(b) 与 (c)，K 为 10 时，仅有离目标较近的离群点被剔除；当 K 为 20 时，离目标较远的离群点也得到剔除。其他较远的离群点的 K 邻近都为离群点，因此远处的离群点无法得到去除。

(a) 带离群点的原始数据　(b) K为10的LOF离群点去除效果　(c) K为20的LOF离群点去除效果

图 6-14　不同参数下的 LOF 离群点去除效果

局部异常因子（LOF）作为常用的离群点检测方法，其原理简单、参数很少（只有搜索邻近点数 K），并且易于实现，可根据 LOF 量化每个点的异常程度，因而常被用于点云处理、数据挖掘等领域。但局部异常因子（LOF）也有很多缺点：

① 实际采集的点云数据很难遵循 LOF 的隐含假设。

② 离群点较多时，LOF 效果一般。

③ 对稠密型的离群点的处理效果一般。

6.2.5 聚类法点云去噪

基于聚类的点云去噪方法旨在根据距离将点云分成多个类别，然后再使用一定的规则（如每个类别的点数）判断每一类别是否为离群点。基于聚类的点云去噪方法通常存在多个前提：

① 离群点只占原始数据的很小一部分。

② 离群点离正常数据足够远。

在前面提到的半径滤波、统计滤波、局部异常因子等点云去噪方法都存在一个问题，即无法有效去除稠密型离群点。图 6-15 使用了不同的点云去噪方法进行稠密型离群点去除实验，使用的实验数据为某工业零件的扫描点云，半径滤波使用的半径和邻近点阈值分别为 1.5 和 5，统计滤波使用的邻近点数和离群点去除阈值分别为 20 和 2.0，LOF 设置的邻近点数为 20。图 6-15(a) 展示了原始的离群点数据（红色）与正常数据（蓝色），离群点数据多

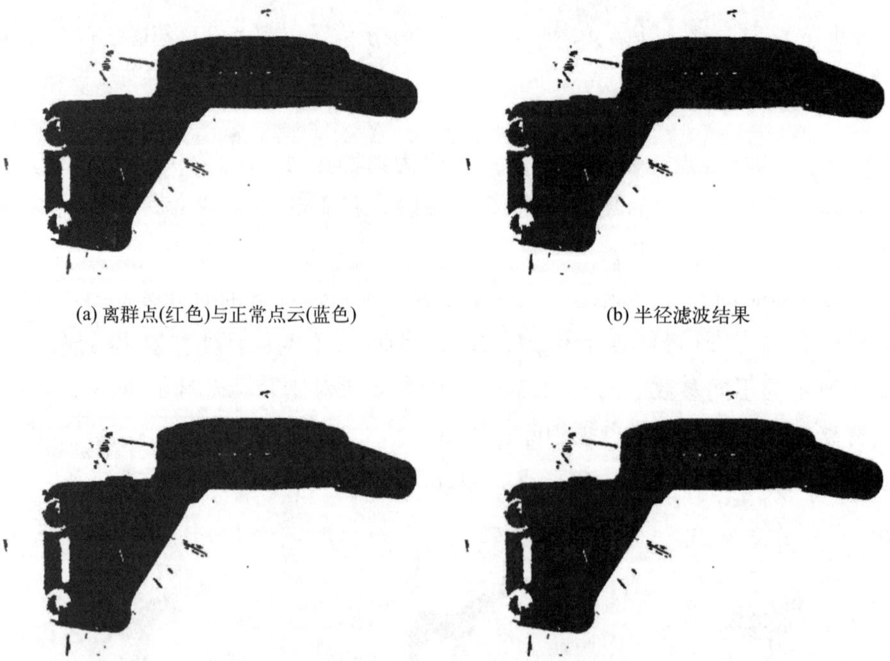

(a) 离群点(红色)与正常点云(蓝色)　　(b) 半径滤波结果

(c) 统计滤波结果　　(d) LOF结果

图 6-15　不同点云去噪方法的稠密型离群点去除效果对比

红色点云—原始离群点（a）、检测到的离群点（b）～（d）；

蓝色点云—原始正常数据（a）、检测到的正常数据（b）～（d）

为稠密型的离群点。从图 6-15(b)～(d) 可看出半径滤波、统计滤波、LOF 方法等对稠密型离群点的去除效果都不好，都只检测到了密度较低的稀疏型离群点。

基于聚类的点云去噪方法首先使用点云聚类方法将点云分成多个类别，然后基于一定的准则区分离群点类和正常数据类。因此，基于聚类的点云去噪方法大体分为两部分：

① 点云聚类。

② 离群点类识别与去除。

点云聚类方法有多种，如 DBSCAN、OPTICS、层次聚类等。对于点云 $P\{\boldsymbol{p}_1,\cdots,\boldsymbol{p}_N\}$，一种简单的基于距离的聚类方法如下：

① 预设搜索半径 r，初始化与点云 P 等长的数组 $A\{a_1,\cdots,a_N\}$。初始化时将数组 A 全设为 0，表示该数组中任意元素 a_i 对应的点 $\boldsymbol{p}_i$ 未被访问过。

② 使用点云 P 构建 KD 树，使用 KD 树搜索每个 $\boldsymbol{p}_i$ 在半径 r 内的所有点 $\{\cdots,\boldsymbol{p}_{ij},\cdots\}$。

③ 遍历数组 A，当 a_i 等于 0 时，以 $\boldsymbol{p}_i$ 为种子点进行聚类。a_i 不等于 0 时，跳过当前点。以 $\boldsymbol{p}_i$ 为种子点的聚类过程如下：

a. 首先初始化队列 $B\{\boldsymbol{p}_i\}$，数组 C_i。

b. 从队头取出元素 $\boldsymbol{p}_i$，将 a_i 设为 1，表示点 $\boldsymbol{p}_i$ 已经被访问过，并将 $\boldsymbol{p}_i$ 加入到数组 C_i 中。

c. 若 $\boldsymbol{p}_i$ 的邻近点 $\boldsymbol{p}_{ij}$ 未被访问过，则将 $\boldsymbol{p}_{ij}$ 从队尾加入到队列 B 中，并将 a_{ij} 设为 1，否则 $\boldsymbol{p}_{ij}$ 将不加入到队列 B 中。

d. 重复 b～c 步骤，直到 B 中没有任何元素。

④ 数组 C_i 即为聚类结果。

离群点类别通常可基于每个类别的点数进行识别，也可以人工识别。通常情况下，离群点数量占原始点云数量的 5%（该占比在实际使用时可由用户给出）以内，因此可根据每一个类别的点数对类别进行排序，将后 5%的类别视为离群点，并将其删除。

由此可见，基于聚类的点云去噪方法比前三种方法更为复杂。从时间复杂度来看，搜索邻近点的时间复杂度为 $O(N\lg N)$；假设搜索半径为 r 时，点云 P 的平均邻近点数为 M，则聚类时间复杂度为 $O(MN)$。因此基于聚类的点云去噪方法效率低于半径滤波，与统计滤波、LOF 相差不大。但为了保证聚类结果，搜索半径 r 通常设置得比较大，因此实际使用时，基于聚类的点云去噪方法耗时比统计滤波、LOF 更久。

图 6-16(a)～(d) 展示了聚类结果以及不同参数下的聚类法离群点去除效果。图 6-16(b) 中不同颜色对应了不同类别，显然点云聚类将点云数据分为了正常数据（蓝色）与稠密型离群点（其他颜色)。图 6-16(c) 与 (d) 展示了不同离群点占比下的聚类法点云去噪效果，聚类法点云去噪对稠密型离群点和稀疏型离群点的去除效果都很好，但左下角内凹区域的正常数据被误删，离群点占比较小时，被删的正常数据变少。

聚类法点云去噪方法解决了半径滤波、统计滤波、LOF 方法所存在的稠密型离群点去除效果不佳的问题，但自身也存在某些问题：

① 容易误删正常数据。当某一区域正常数据点数较少且远离主要区域的正常数据时，聚类法点云去噪容易将该区域判断为离群点。

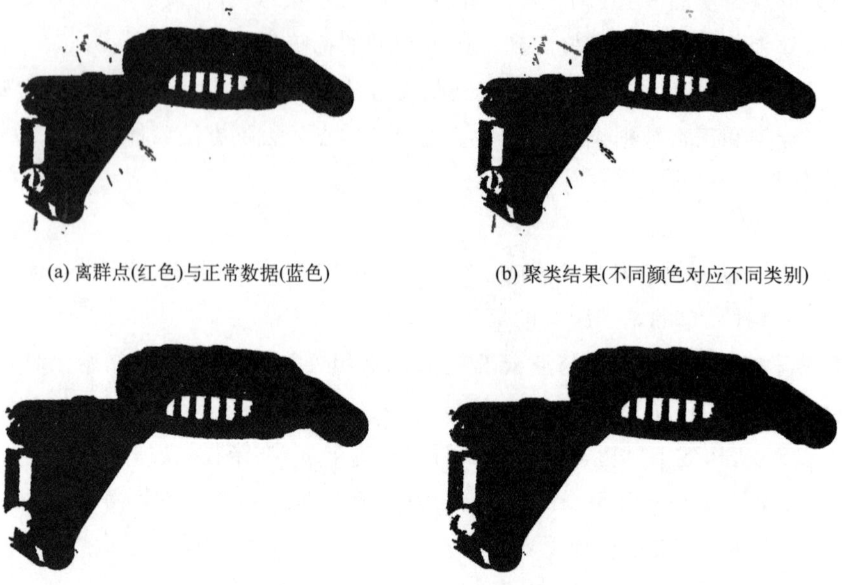

(a) 离群点(红色)与正常数据(蓝色)　(b) 聚类结果(不同颜色对应不同类别)

(c) 聚类法去噪结果，离群点占比2%　(d) 聚类法去噪结果，离群点占比0.5%

图 6-16　聚类结果与不同参数下的聚类法去噪效果

② 效率较低。通常需要设置较大的搜索半径才可保证稀疏区域的点不被判断为离群点，因此聚类法点云去噪比其他方法的搜索点数更多，效率更低。

总体而言，聚类法点云去噪的应用要考虑实际的数据规模以及数据的分布。

6.2.6　点云平滑滤波

点云平滑滤波是一种点云光顺方法，旨在通过邻域信息更新当前点的位置，以达到点云表面平滑的目的。点云平滑滤波的实现方式包括中值滤波、均值滤波、高斯滤波，由于其原理简单，易于实现，因此被广泛应用于点云光顺任务中。

对于一组待平滑的点云 $P\{\boldsymbol{p}_1,\cdots,\boldsymbol{p}_N\}$，不同平滑方法的点更新方法不同，均值滤波直接使用邻近点的均值更新当前点，而高斯滤波使用高斯权重对邻近点进行加权平均，并将加权平均结果作为当前点的更新位置。不同平滑方法的流程基本一致：

① 预设搜索点数 K。

② 使用点云 P 构建 KD 树，搜索点云 P 中每一点 $\boldsymbol{p}_i$ 的 K 个最近点 $\{\boldsymbol{q}_1,\cdots,\boldsymbol{q}_K\}$。

③ 根据邻近点信息计算更新后的坐标 $\widetilde{\boldsymbol{p}}_i$：

a. 均值滤波的点更新方式：

$$\widetilde{\boldsymbol{p}}_i=\frac{1}{K}\sum_{j=1}^{K}\boldsymbol{q}_j \tag{6-15}$$

b. 高斯滤波的点更新方式：

$$\widetilde{\boldsymbol{p}}_i=\frac{\sum_{j=1}^{K}w_j\boldsymbol{q}_j}{\sum_{j=1}^{K}w_j} \tag{6-16}$$

式中，$w_j=\exp\left(-\dfrac{\|\boldsymbol{q}_j-\overline{\boldsymbol{q}}\|^2}{2\sigma^2}\right)$为欧几里得距离的高斯权重；$\overline{\boldsymbol{q}}=\dfrac{1}{K}\sum_{j=1}^{K}\boldsymbol{q}_j$ 为邻域中心；σ 为窗口宽度，通常 $\sigma=\dfrac{\max\{\|\boldsymbol{q}_j-\overline{\boldsymbol{q}}\|\}}{3}$。

中值滤波是均值滤波的特例，中值滤波的搜索点数 K 恒定为 3。中值滤波与均值滤波都是使用邻近点的均值来代表当前点，因此中值滤波与均值滤波对点云表面存在的毛刺点具有很好的平滑效果。图 6-17(a)～(b) 展示了中值滤波与均值滤波的点更新过程与去毛刺点效果。

在图 6-17(a) 中，红色圆点为待更新点，经中值滤波、均值滤波处理后移动到蓝色圆点的位置。在图 6-17(b) 中，红色圆点为待更新点，也是毛刺点，经中值滤波、均值滤波处理后，该点移动到离邻近点更近的蓝色圆点位置，毛刺点被平滑。但显然这也导致了另外的问题，当图 6-17(b) 中的红色圆点为稀疏区域的点或者为点云边界上的点时，会导致稀疏区域点向密集区域移动和边界收缩的问题。

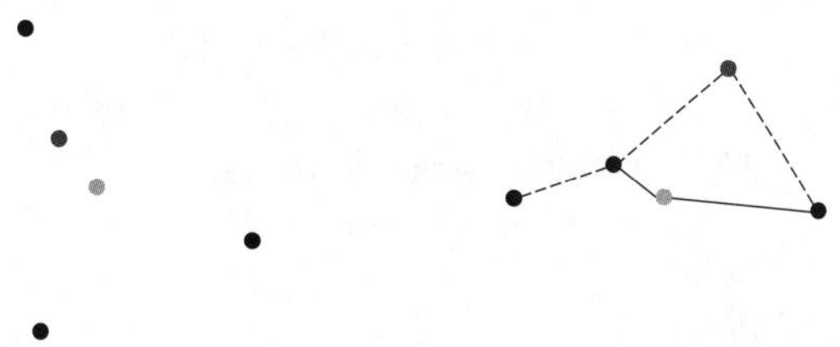

(a) 点更新　　(b) 去毛刺点

图 6-17　中值滤波与均值滤波示例

深灰色圆点—待更新点；黑色圆点—邻近点；浅灰色圆点—中值滤波、均值滤波的更新点；虚线—原始点云表面；实线—中值滤波、均值滤波后的点云表面

对于高斯滤波中的高斯权重 w_j，当邻近点 $\boldsymbol{q}_j$ 离 $\boldsymbol{p}_i$ 越远时权重越小，越靠近 $\boldsymbol{p}_i$ 的点权重越大，以此保证更新后的点 $\widetilde{\boldsymbol{p}}_i$ 离 $\boldsymbol{p}_i$ 不会太远。因为高斯滤波使用邻近点的加权平均值作为更新后的位置，但邻近点的加权平均值与邻近点的均值相差不大，所以高斯滤波也存在均值滤波类似的问题，即边界收缩和稀疏区域点向密集区域移动的问题。

图 6-18(b)～(d) 为中值滤波、均值滤波、高斯滤波的处理结果，均值滤波与高斯滤波的邻近点数为 80。图中蓝色点云数据为真实表面，黑色点云数据为对真实表面的测量点数据。在图 6-18(b) 中，由于点云噪声过多，只有离真实表面点云较远的噪声点才被光顺，整体光顺效果不佳。对比图 6-18(c) 与图 6-18(d)，均值滤波与高斯滤波整体光顺效果较好，并且光顺效果差异不大，但在特征区域高斯滤波结果明显更接近真实表面。

中值滤波、均值滤波和高斯滤波对点云中的毛刺点和噪声点有着较好的平滑效果，但并没有考虑点云边界、点云密度不均、点云特征等因素。

总体而言，要结合实际情况使用中值滤波、均值滤波和高斯滤波等点云光顺方法，也应考虑该点云光顺方法对有序点云处理任务的影响。

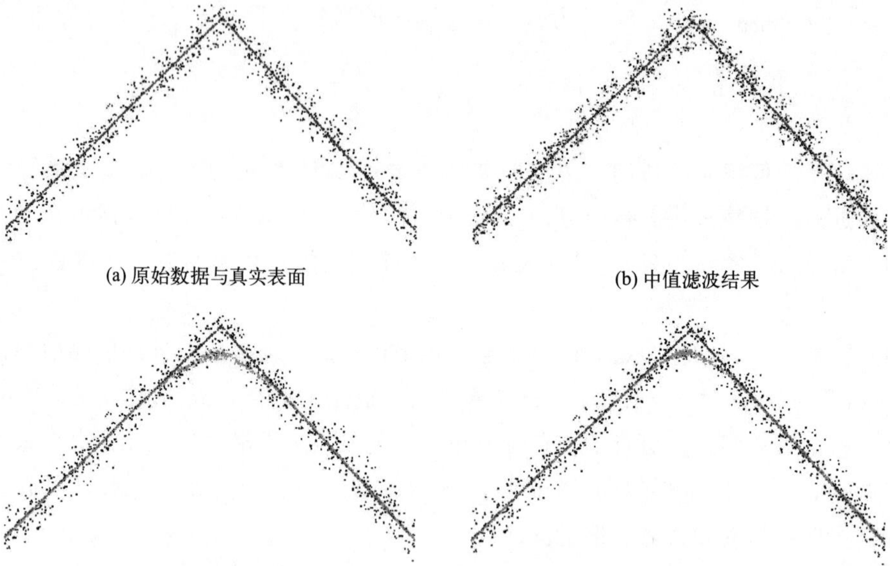

(a) 原始数据与真实表面　(b) 中值滤波结果　(c) 均值滤波结果　(d) 高斯滤波结果

图 6-18　不同点云光顺方法对比

黑色点云—含噪声的原始点云数据；蓝色点云—真实表面点云；
红色点云—双边滤波结果点云

6.2.7　点云拉普拉斯滤波

点云拉普拉斯滤波是一种基于拉普拉斯算子的点云光顺方法。由于点云拉普拉斯滤波在平滑点云的同时，也一定程度上保留了特征，因此点云拉普拉斯滤波常被用于点云光顺任务中。

点云拉普拉斯滤波通过拉普拉斯算子计算当前点与邻近点中心的偏移量，根据该偏移量更新当前点的位置，经多次迭代后可达到点云平滑和去除噪声的目的。给定点云 $P\{\boldsymbol{p}_1,\cdots,\boldsymbol{p}_N\}$，点云拉普拉斯滤波的过程如下：

① 预设步长 λ、最大迭代次数 M、搜索邻近点数 K。

② 使用点云 P 构建 KD 树，搜索点云 P 中每一点 $\boldsymbol{p}_i$ 的 K 个最近点 $\{\boldsymbol{q}_1,\cdots,\boldsymbol{q}_K\}$。

③ 更新点云 P 中的每一点 $\boldsymbol{p}_i$：

a. 计算 $\boldsymbol{p}_i$ 与邻近点中心的偏移量 $\Delta\boldsymbol{p}$。w_j 为欧几里得距离的高斯权重，计算方式与高斯滤波相同。

$$\Delta\boldsymbol{p}=\frac{\sum_{j=1}^{K}w_j\boldsymbol{q}_j}{\sum_{j=1}^{K}w_j}-\boldsymbol{p}_i \tag{6-17}$$

b. 使用步长 λ 与 $\Delta\boldsymbol{p}$ 更新 $\boldsymbol{p}_i$。其中 $\widetilde{\boldsymbol{p}}_i$ 为更新后的点。

$$\widetilde{\boldsymbol{p}}_i=\boldsymbol{p}_i+\lambda\Delta\boldsymbol{p} \tag{6-18}$$

④ 循环执行步骤③，直到迭代次数大于 M。

点云拉普拉斯滤波的平滑度可由步长 λ、最大迭代次数 M、搜索邻近点数 K 等参数控制。适当的参数可以保证平滑点云的同时保留特征。拉普拉斯滤波通过设置步长 λ，控制了每次更新时的移动距离，避免了高斯滤波与均值滤波更新点位置时的剧烈波动问题。需要注意的是，每次迭代时使用的邻近点信息都不会改变，这不仅避免了重复搜索邻近点，提高了效率，也增加了方法的稳定性。

图 6-19 展示了某点云噪声表面的拉普拉斯滤波结果，其中步长 λ 为 0.5、最大迭代次数 M 为 2、搜索邻近点数 K 为 80。在图 6-19(b) 中，拉普拉斯滤波的光顺效果较好，但特征区域（直角处）明显被平滑。

(a) 原始数据与真实表面　　(b) 拉普拉斯滤波结果

图 6-19　某点云噪声表面的拉普拉斯滤波结果

黑色点云—含噪声的原始点云数据；蓝色点云—真实表面点云；

红色点云—双边滤波结果点云

点云拉普拉斯滤波的计算效率高，光顺效果好，可处理大规模且分布密集的噪声点云。但应用于非均匀分布的点云时，会使点云分布更不均匀，并且也产生体积收缩的问题。

6.2.8 点云双边滤波

点云双边滤波是一种非线性的点云光顺方法，在平滑点云的同时也保留了特征。双边滤波的概念是由 Tomasi 等人为图像处理引入的，它不是通过考虑其欧几里得邻域的颜色值来去噪一个像素，而是考虑在位置和颜色值上都接近的邻域的颜色值。鉴于双边滤波的优点，Fleishman 等将其运用于光顺三角网格，在光顺时可有效保持模型形状特征。

点云双边滤波通常需先计算邻近点的权重，进而计算出当前点需要移动的距离，然后在当前点的法线上进行移动，但其邻近点权重与点云高斯滤波、点云拉普拉斯滤波的权重不同，点云双边滤波不仅考虑了当前点与邻近点间的距离的高斯权重，也考虑了邻近点到当前点切平面的距离的高斯权重。对于点云 $P\{\boldsymbol{p}_1,\cdots,\boldsymbol{p}_N\}$，点云双边滤波可分为以下步骤：

① 预设搜索半径 r、当前点与邻近点间的距离的高斯权重 σ_d、邻近点到当前点切平面的距离的高斯权重 σ_n、最大迭代次数 M。

② 构建 KD 树，使用 KD 树搜索点云 P 中每一点 $\boldsymbol{p}_i$ 在半径 r 内的所有点 $\{\boldsymbol{q}_1,\cdots,\boldsymbol{q}_m\}$。计算点 $\boldsymbol{p}_i$ 的法向量 $\boldsymbol{n}_i$，计算方法与 6.1.5 节曲率下采样中计算法线的方法相同。

③ 计算 $\boldsymbol{p}_i$ 邻近点集 $\{\boldsymbol{q}_1,\cdots,\boldsymbol{q}_m\}$ 中任意一个点 $\boldsymbol{q}_j$ 到当前点 $\boldsymbol{p}_i$ 的距离 d_{dj} 和到 $\boldsymbol{p}_i$ 切平面的距离 d_{nj}，进而计算点 $\boldsymbol{q}_j$ 的权重 w_j。

$$d_{nj}=(\boldsymbol{q}_j-\boldsymbol{p}_i)\cdot\boldsymbol{n}_i \tag{6-19}$$

$$w_j = \exp\left(-\frac{{d_{dj}}^2}{2{\sigma_d}^2}\right)\exp\left(-\frac{{d_{nj}}^2}{2{\sigma_n}^2}\right) \tag{6-20}$$

④ 更新 $\boldsymbol{p}_i$。其中 $\widetilde{\boldsymbol{p}}_i$ 为更新后的点。

$$\widetilde{\boldsymbol{p}}_i = \boldsymbol{p}_i + \frac{\sum_{j=1}^{m} w_j d_{nj}}{\sum_{j=1}^{m} w_j}\boldsymbol{n}_i \tag{6-21}$$

⑤ 迭代执行步骤③与④，直到达到最大迭代次数。

点云双边滤波需要在每个点的法线方向更新点，因此点云双边滤波较为依赖法线，当法线方向不准确时，点很难更新到正确的位置上。σ_n 控制了离切平面不同距离的点对当前点移动距离的影响程度，σ_n 越大，表示离切平面较远的点也可以对当前点的移动距离产生影响，因此容易导致特征过于平滑，反之 σ_n 越小，对特征的保护能力越强，但光顺效果可能不理想。当点云表面噪声较多时，往往一次双边滤波很难达到理想的光顺效果，因此点云双边滤波也是一个迭代的过程。在实际使用时，σ_n 与最大迭代次数 M 的设置需要考虑非特征区域的光顺效果与特征区域保留之间的平衡。

图 6-20(a)～(c) 展示了不同迭代次数下的某点云噪声表面的双边滤波结果，其中使用的参数 r 为 0.1，σ_d 为 0.0333，σ_n 为 0.02。在图 6-20(a) 中，黑色点云为带噪声的原始点云数据，蓝色点云为真实表面点云，噪声点分布在真实表面两侧。对比图 6-20(b) 和图 6-20(c)，在非特征区域，迭代一次后的双边滤波结果中的噪声点向真实表面点云收拢，迭代两次后的双边滤波结果中的噪声点基本与真实表面贴近，光顺效果较好；在特征区域（直角处），明显看到直角区域的点云双边滤波结果过于平滑，并没有贴近真实表面，一种可能的原因是特征区域的点的法线并没有与真实表面垂直，因此该区域的点很难收敛到真实表面所在位置。

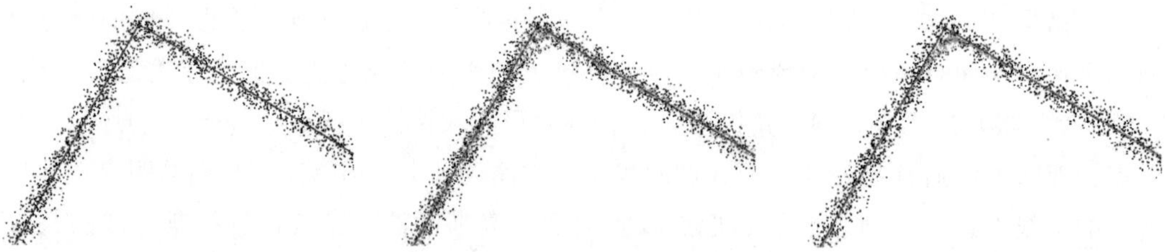

(a) 原始数据与真实表面　　(b) 迭代一次的双边滤波结果　　(c) 迭代两次的双边滤波结果

图 6-20　双边滤波结果

黑色点云—含噪声的原始点云数据；蓝色点云—真实表面点云；

红色点云—双边滤波结果点云

图 6-21(a)～(b) 展示了不同 σ_n 下的某点云噪声表面的双边滤波结果，其中使用的参数 r 为 0.1，σ_d 为 0.0333，σ_n 分别为 0.007 和 0.016，迭代次数为 2。从图 6-21(a) 和 (b) 可看出，σ_n 较大时，非特征区域光顺效果理想，但特征区域（直角处）过于平滑；而 σ_n 较小时光顺效果不理想。因此通常 σ_n 的设置需要权衡光顺效果与特征保护。

图 6-22(a)～(c) 为无噪声点云、含噪声点云、经双边滤波后的点云的泊松重建结果，

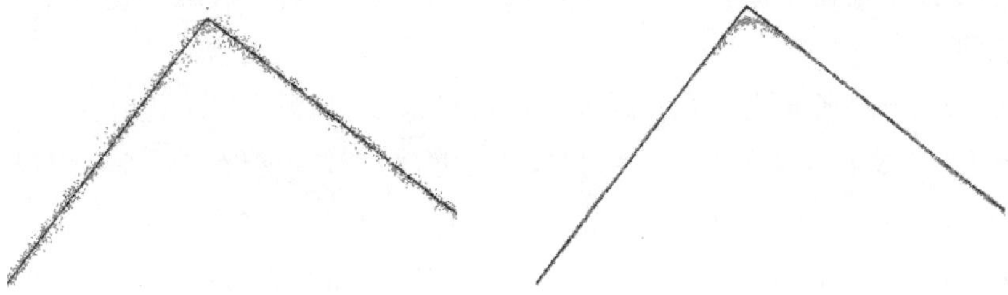

(a) σ_n为0.007的双边滤波结果　　(b) σ_n为0.016的双边滤波结果

图 6-21　不同参数下的双边滤波结果

蓝色点云—真实表面点云；红色点云—双边滤波结果点云

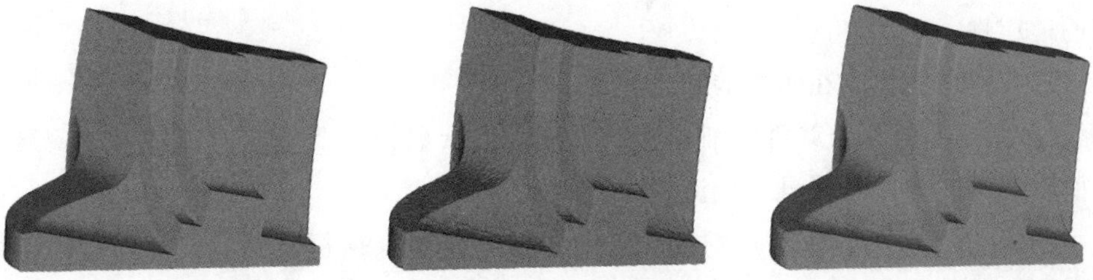

(a) 无噪声点云的泊松重建结果　　(b) 含噪声点云的泊松重建结果　　(c) 双边滤波点云的泊松重建结果

图 6-22　不同点云的泊松重建结果

显然经双边滤波后的重建结果表面平滑，无明显噪声，反观含噪声点云的泊松重建结果表面凹坑与凸包很多。

图 6-23(a)～(d) 为不同光顺方法与双边滤波的光顺效果对比，均值滤波与高斯滤波的搜索邻近点数设为 80；拉普拉斯滤波步长设为 0.5，搜索邻近点数设为 80，迭代次数为 2；双边滤波搜索半径设为 0.1，σ_d 设为 0.0333，σ_n 设为 0.016，迭代次数为 2。相比于其他光

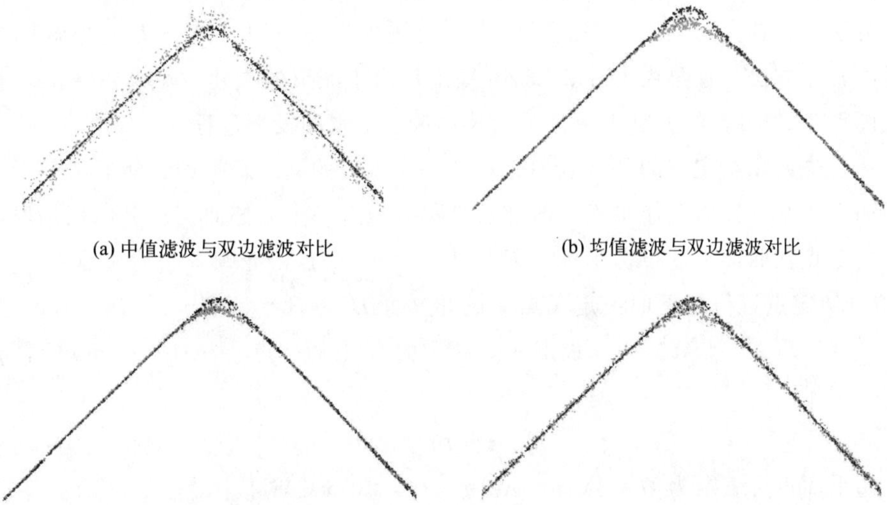

(a) 中值滤波与双边滤波对比　　(b) 均值滤波与双边滤波对比

(c) 高斯滤波与双边滤波对比　　(d) 拉普拉斯滤波与双边滤波对比

图 6-23　不同光顺方法与双边滤波的光顺效果对比

蓝色点云—双边滤波结果；红色点云—其他光顺方法结果

顺方法，双边滤波不仅在非特征区域光顺效果更好，而且在特征区域（直角处）特征保留更好，不被过度平滑。

相比于点云拉普拉斯滤波、点云高斯滤波，点云双边滤波有以下优势：

① 点云双边滤波通过结合空间距离和法线信息来滤波，能够有效地平滑噪声而不模糊边缘，这对于保留点云中物体的几何细节（如锐利边缘）非常重要。

② 双边滤波是一种相对简单且高效的算法，只需要合理设计核函数就能实现。它不需要复杂的优化过程，可以直接应用于各种点云数据。

③ 由于双边滤波可以有效去除局部噪声，它特别适用于含有高频噪声的点云数据，能够较好地保留整体结构。

④ 双边滤波已经在多个点云处理任务中得到应用，包括点云重建、降噪、平滑等，具有较强的适应性。

但点云双边滤波也存在明显的缺陷：

① 双边滤波中的参数需要仔细调整，不同的点云数据需要不同的参数设置。这增加了使用上的复杂性，尤其是在自动化流程中。

② 由于双边滤波涉及每个点的邻域计算，并且需要根据每个邻域内点的特征差异来调整权重，计算成本较高。在大规模点云数据中，计算效率会成为一个瓶颈。

③ 对于特别大的点云数据，双边滤波的内存和时间消耗都会显著增加，可能需要结合下采样或其他技术进行预处理。

因此，衍生出了多种双边滤波变体，如法线双边滤波以确保法线的准确性，进而使用双边滤波；自适应双边滤波解决参数设置过多且依赖于经验值的问题。

6.2.9 基于移动最小二乘的点云光顺

基于移动最小二乘（moving least squares，MLS）的点云光顺是一种与网格无关的平滑曲面插值方法，旨在用于散乱无序点云的点云光顺处理任务中。MLS 是对不规则数据进行函数逼近的常用方法，最早由 David Levin 提出，用于流形的重建。后续由 Alexa 等将其引入计算机图形学。MLS 的关键思想是采用移动最小二乘的投影过程。

该方法首先使用给定点的邻近点集合拟合一个近似的局部超平面；然后将邻近点集合投影到该平面上，基于投影到超平面后的邻近点集合拟合一个局部曲面；最后根据局部曲面方程插值出给定点在曲面上的投影坐标。因此基于 MLS 的点云光顺方法的流程为：

① 拟合给定点近似超平面：定义点 $\boldsymbol{r}$ 的超平面 $\boldsymbol{H}$ 为 $\boldsymbol{H}=\{\boldsymbol{x}\,|\,\boldsymbol{n}^{\mathrm{T}}\boldsymbol{x}-\boldsymbol{D}=0,\boldsymbol{x}\in\Re^3\}$，其中 $\boldsymbol{n}\in\Re^3$，$\boldsymbol{D}\in\Re$，并且 $\|\boldsymbol{n}\|=1$。设点 $\boldsymbol{q}$ 为超平面 $\boldsymbol{H}$ 上的一点，并且 $(\boldsymbol{r}-\boldsymbol{q})\|\boldsymbol{n}$，$\boldsymbol{q}^{\mathrm{T}}\boldsymbol{r}=\boldsymbol{D}$，因此有

$$\boldsymbol{q}=\boldsymbol{r}+t\boldsymbol{n},t\in\Re \tag{6-22}$$

因此超平面也可表示为 $\boldsymbol{H}=\{\boldsymbol{x}\,|\,\boldsymbol{n}^{\mathrm{T}}(\boldsymbol{x}-\boldsymbol{r}-t\boldsymbol{n})=0,\boldsymbol{x}\in\Re^3\}$。

设点 $\boldsymbol{r}$ 的邻近点集合为 $\{\boldsymbol{p}_1,\cdots,\boldsymbol{p}_k\}$，即可通过最小化以下目标函数求出 t 和 $\boldsymbol{n}$：

$$\sum_{i=1}^{k}\|\boldsymbol{n}^{\mathrm{T}}(\boldsymbol{p}_i-\boldsymbol{r}-t\boldsymbol{n})\|^2\theta(\|\boldsymbol{p}_i-\boldsymbol{r}-t\boldsymbol{n}\|) \tag{6-23}$$

式中，$\theta(\|\boldsymbol{p}_i-\boldsymbol{r}-t\boldsymbol{n}\|)$ 为权重函数，当点 $\boldsymbol{p}_i$ 离超平面 $\boldsymbol{H}$ 越远时，权重越小，$\theta(\|\boldsymbol{p}_i-\boldsymbol{r}-t\boldsymbol{n}\|)$ 可采用高斯权重函数。通过最小化上式目标函数求解 $\boldsymbol{t}$ 和 $\boldsymbol{n}$ 时，通常要加入 $\|\boldsymbol{n}\|=1$ 的约束，并且可能有多组 $\boldsymbol{t}$ 和 $\boldsymbol{n}$ 的解，选择 $|t|$ 最小的那一组。

② 拟合局部曲面：设 $\{\boldsymbol{q}_1,\cdots,\boldsymbol{q}_k\}$ 为点 $\boldsymbol{r}$ 的邻近点集合 $\{\boldsymbol{p}_1,\cdots,\boldsymbol{p}_k\}$ 在超平面 $\boldsymbol{H}$ 上的垂直投影点，并且设 $f_i=\boldsymbol{n}^{\mathrm{T}}(\boldsymbol{p}_i-\boldsymbol{r}-t\boldsymbol{n})$ 为点 $\boldsymbol{p}_i$ 的高度，$f_i\in\Re$。设二阶多项式 $g(\boldsymbol{q}_i)-f_i=0$ 为点 $\boldsymbol{r}$ 的局部曲面方程，则 $\boldsymbol{r}$ 邻近点集合到局部曲面方程上的加权平方和误差为

$$\sum_{i=1}^{k}(g(\boldsymbol{q}_i)-f_i)^2\theta(\|\boldsymbol{p}_i-\boldsymbol{r}-t\boldsymbol{n}\|) \tag{6-24}$$

通过最小化式(6-24) 误差即可求出二阶多项式函数 $g(\boldsymbol{q}_i)$ 的系数。

③ 投影：给定点 $\boldsymbol{r}$ 在局部曲面上的投影点 $\hat{\boldsymbol{r}}$ 为

$$\hat{\boldsymbol{r}}=\boldsymbol{q}+g(0)\boldsymbol{n} \tag{6-25}$$

如图 6-24 所示，使用待投影点 $\boldsymbol{r}$（紫色点）的领域点 $\boldsymbol{p}_i$ 拟合一个超平面 $\boldsymbol{H}$。然后将 $\boldsymbol{p}_i$ 点投影到超平面 $\boldsymbol{H}$ 上，根据投影结果与 $\boldsymbol{p}_i$ 到 $\boldsymbol{H}$ 上的距离 f_i 拟合出点 $\boldsymbol{r}$ 的局部曲面方程 g。将待投影点 $\boldsymbol{r}$ 投影到曲面 g 上，得到其投影结果（蓝色点）。

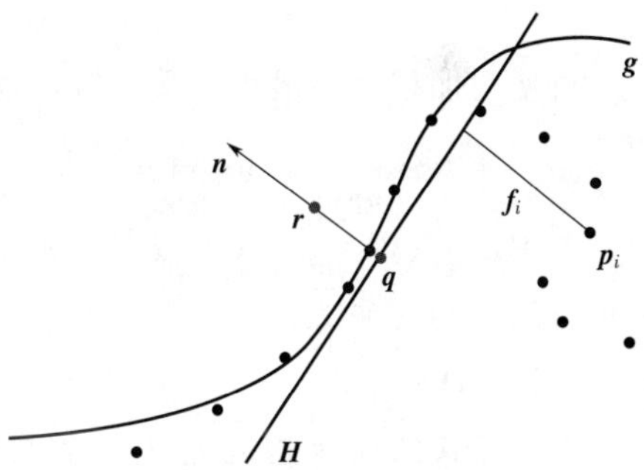

图 6-24　MLS 示意图

紫色点—待投影点；蓝色点—投影结果

基于 MLS 的点云光顺方法对数据没有过多要求，不依赖于网格、有序点云数据，可直接处理无序散乱点云，并且不对噪声敏感。但该方法也存在明显的缺点：

① 每个点都需要拟合超平面和曲面使该方法的计算量很大，其算法效率较低。

② 由于使用二次多项式拟合局部曲面，因此产生了一个光滑的曲面，点云的特征部分可能会过于平滑。

6.2.10　RIMLS

稳健隐式最小移动二乘（robust implicit MLS，RIMLS）是由 Öztireli A. C. 等提出的点云光顺方法。它是在传统移动最小二乘法（MLS）的基础上发展而来的，旨在增强处理含噪声数据的鲁棒性。相比于 MLS 与点云双边滤波等点云光顺方法，RIMLS 在去噪的同时对点云特征区域的保护效果更好。

移动最小二乘法是一种常用于通过一组离散数据点创建平滑曲面或函数近似的方法。在传统形式下，MLS 通过最小化加权最小二乘误差来拟合局部多项式，从而在数据的局部区域内找到最佳拟合。由于这类方法基于最小二乘近似，因此其能自然地处理均匀噪声并生成平滑表面。另一方面，统计学认为这类方法对异常值非常敏感。同样，这种低通滤波过程假定数据是从光滑流形中采样的，因此会在尖锐特征附近产生过度的平滑。

隐式最小移动二乘（implicit MLS，IMLS）是对经典 MLS 的扩展，通过隐式定义曲面，通常将其表示为有符号距离函数的水平集。IMLS 不显示构造曲面，而是将其近似为距

离函数的零水平集。由于该方法能处理数据中的孔洞和复杂拓扑结构，因此在重建复杂、细节丰富的表面时非常有效。不过由于没有全局优化步骤，这种方法存在膨胀和收缩效应。

RIMLS 使用稳健核回归对 IMLS 进行扩展，从而更好地保留精细细节，并能自然地处理任何类型的锐利特征，且锐利度可控。

在介绍 RIMLS 前，首先介绍局部核回归（local kernel regression，LKR）以及其和 IMLS 之间的关系。

(1) LKR

与 MLS 类似，LKR 是一种监督回归方法，给定采样点 $\boldsymbol{x}_i \in \Re^d$ 与其对应的值 $\boldsymbol{y}_i \in \Re$，可使用 LKR 逼近函数 $y_i = f(\boldsymbol{x}_i) + \varepsilon$。其中 ε 是均值为零的随机变量。

该方法的本质在于可用泰勒展开法来近似估计点 $\boldsymbol{x}$ 周围的未知函数 $f(\boldsymbol{x}_i)$，即

$$f(\boldsymbol{x}_i) \approx f(\boldsymbol{x}) + (\boldsymbol{x}_i - \boldsymbol{x})^{\mathrm{T}} \nabla f(\boldsymbol{x}) + \frac{1}{2}(\boldsymbol{x}_i - \boldsymbol{x})^{\mathrm{T}} \boldsymbol{H} (\boldsymbol{x}_i - \boldsymbol{x}) \tag{6-26}$$

令 $\boldsymbol{a}_i = \boldsymbol{x}_i - \boldsymbol{x}$，$\boldsymbol{b}_i = [\cdots \quad (\boldsymbol{a}_i)_j (\boldsymbol{a}_i)_k \quad \cdots]$，且 $j \leqslant k$，上式可简化为

$$f(\boldsymbol{x}_i) \approx s_0 + \boldsymbol{a}_i^{\mathrm{T}} s_1 + \boldsymbol{b}_i^{\mathrm{T}} s_2 \tag{6-27}$$

可使用加权移动最小二乘求解最优参数 $\boldsymbol{s} = [s_0 \quad s_1 \quad s_2]$，即

$$\underset{s}{\operatorname{argmin}} \sum [y_i - (s_0 + \boldsymbol{a}_i^{\mathrm{T}} s_1 + \boldsymbol{b}_i^{\mathrm{T}} s_2)]^2 \phi_i(\boldsymbol{x}) \tag{6-28}$$

式中，$\phi_i(\boldsymbol{x}) = \phi(\|\boldsymbol{x}_i - \boldsymbol{x}\|)$，$\phi(\|\boldsymbol{x}_i - \boldsymbol{x}\|)$ 是对称且递减的权重函数，在最小化过程中越靠近 $\boldsymbol{x}$ 权重越大。

(2) IMLS

点云隐式曲面重构问题包括从曲面上采样的点逼近曲面的符号距离函数。为了使用 LKR 近似有符号距离函数，假设采样点靠近曲面，因此 $f(\boldsymbol{x}_i) \approx 0$，即 $\boldsymbol{y}_i = \boldsymbol{0}$。但如果没有加入任何约束，加权移动最小二乘求解的参数 $\boldsymbol{s}$ 通常趋于 $\boldsymbol{0}$。

为了避免 $\boldsymbol{s} = \boldsymbol{0}$，需要加入正则化项。正则化通常有两种方法，其一是使 $\|\nabla f(\boldsymbol{x})\| = 1$。其二是在点云有法线的情况下，使曲面梯度逼近法线。

而 IMLS 基于一种完全不同的方法，它近似于规定函数而非标量，但也可以从法线约束中推导得到。LKR 梯度一阶泰勒展开如下

$$\nabla f(\boldsymbol{x}_i) \approx \nabla f(\boldsymbol{x}) + H(\boldsymbol{x}_i - \boldsymbol{x}) \tag{6-29}$$

若对其 0 阶泰勒展开可得到 $\nabla f(\boldsymbol{x}_i) \approx \nabla f(\boldsymbol{x})$。

由于假设函数 f 近似于有符号的距离场，因此可以设置法线约束条件 $\nabla f(\boldsymbol{x}_i) = \boldsymbol{n}_i$。其中 $\boldsymbol{n}_i$ 是采样点 $\boldsymbol{x}_i$ 的法线。由此使一阶 LRK 最小化退化为零阶 LKR，即

$$\underset{s_0, s_1}{\operatorname{argmin}} \sum \phi_i(\boldsymbol{x}) [\boldsymbol{y}_i - (s_0 + a_i^{\mathrm{T}} s_1)]^2 = \underset{s_0}{\operatorname{argmin}} \sum [s_0 + (\boldsymbol{x}_i - \boldsymbol{x})^{\mathrm{T}} \boldsymbol{n}_i]^2 \phi_i(\boldsymbol{x}) \tag{6-30}$$

求解上式从而得到 IMLS 的定义，即

$$f(\boldsymbol{x}) = s_0 = \frac{\sum \boldsymbol{n}_i^{\mathrm{T}} (\boldsymbol{x} - \boldsymbol{x}_i) \phi_i(\boldsymbol{x})}{\sum \phi_i(\boldsymbol{x})} \tag{6-31}$$

(3) RIMLS

LKR 与 MLS 类似，当输入的数据中存在离群点，即使只有少量的离群点也会对结果产

生重大影响。稳健统计不依赖于额外的离群值去除算法，而是基于不受离群值影响的统计量。通过使用稳健目标函数将 LKR 扩展为稳健局部核回归（robust local kernel regression，RLKR），从而将 IMLS 扩展为 RIMLS。

RIMLS 使用 ψ 型 M-估计器将 LKR 扩展到 RLKR。与最小二乘不同的是，ψ 型 M-估计器最小化的是一个不同但仍可微分的目标函数，从而降低了离群值的权重。而点云光顺过程中通常存在离群点和法线不准确的情况，因此 ψ 型 M-估计器很适合点云光顺任务。应用 ψ 型 M-估计器后，LKR 问题变为

$$\underset{s}{\operatorname{argmin}}\sum\rho(\boldsymbol{y}_i-(s_0+\boldsymbol{a}_i^{\mathrm{T}}s_1+\boldsymbol{b}_i^{\mathrm{T}}s_2))\phi_i(\boldsymbol{x}) \tag{6-32}$$

式中，ρ 是可微的任意函数。假设 $w(\boldsymbol{x})=\frac{\mathrm{d}p}{\mathrm{d}\boldsymbol{x}}/\boldsymbol{x}$，可使用迭代加权移动最小二乘求解，即

$$s^k=\underset{s}{\operatorname{argmin}}\sum\phi_i(\boldsymbol{x})w(r_i^{k-1})[\boldsymbol{y}_i-(s_0^k+\boldsymbol{a}_i^{\mathrm{T}}s_1^k+\boldsymbol{b}_i^{\mathrm{T}}s_2^k)]^2 \tag{6-33}$$

式中，$r_i^{k-1}=\boldsymbol{y}_i-(s_0^{k-1}+\boldsymbol{a}_i^{\mathrm{T}}s_1^{k-1}+\boldsymbol{b}_i^{\mathrm{T}}s_2^{k-1})$ 是 $\boldsymbol{x}_i$ 点在第 $k-1$ 次迭代的残差。本质上就是对变化较大的点赋予较小的权重。

RIMLS 采用的 ρ 为 $\rho(\boldsymbol{x})=\frac{\sigma_r^2}{2}\left[1-\mathrm{e}^{-\left(\frac{x}{\sigma_r^2}\right)^2}\right]$，因此 $w(\boldsymbol{x})=\mathrm{e}^{-\left(\frac{x}{\sigma_r^2}\right)^2}$。同时 s 的初值至关重要，RIMLS 采用 $\operatorname{argmin}\sum[\boldsymbol{y}_i-(s_0+\boldsymbol{a}_i^{\mathrm{T}}s_1+\boldsymbol{b}_i^{\mathrm{T}}s_2)]^2\phi_i(\boldsymbol{x})$ 的解作为 $\boldsymbol{s}$ 的初值，相当于 $w(r_i^0)=1$。

与 IMLS 类似，上式可简化为

$$f^k(\boldsymbol{x})=s_0^k=\underset{s_0}{\operatorname{argmin}}\sum\phi_i(\boldsymbol{x})w(r_i^{k-1})(s_0^k+(\boldsymbol{x}_i-\boldsymbol{x})^{\mathrm{T}}\boldsymbol{n}_i))^2 \tag{6-34}$$

式中，$r_i^{k-1}=f^{k-1}(\boldsymbol{x})-(\boldsymbol{x}-\boldsymbol{x}_i)^{\mathrm{T}}\boldsymbol{n}_i$。相比于 IMLS，上式已经极大减轻离群点的影响。但在点云特征区域，其法线通常也不准确，因此需要加入关于梯度更新的约束，即

$$w_{\boldsymbol{n}}(\Delta\boldsymbol{n}_i^k)=\mathrm{e}^{-\frac{(\Delta\boldsymbol{n}_i^k)^2}{\sigma_n^2}} \tag{6-35}$$

式中，$\Delta\boldsymbol{n}_i^k=\|\nabla f^k(\boldsymbol{x})-\boldsymbol{n}_i\|$。最后 RIMLS 的定义为

$$f^k(\boldsymbol{x})=s_0^k=\frac{\sum\boldsymbol{n}_i^{\mathrm{T}}(\boldsymbol{x}-\boldsymbol{x}_i)\phi_i(\boldsymbol{x})w(r_i^{k-1})w_n(\Delta\boldsymbol{n}_i^k)}{\sum\phi_i(\boldsymbol{x})w(r_i^{k-1})w_n(\Delta\boldsymbol{n}_i^k)} \tag{6-36}$$

因此可将上式视为三通滤波。

同时，$\nabla f^k(\boldsymbol{x})$ 可通过将 $w(r_i^{k-1})w_n(\Delta\boldsymbol{n}_i^k)$ 固定近似计算，即 $w_i=w(r_i^{k-1})w_n(\Delta\boldsymbol{n}_i^k)$。$\nabla f^k(\boldsymbol{x})$ 的计算方式如下

$$\nabla f^k(\boldsymbol{x})=\frac{\sum\phi_i(\boldsymbol{x})w_i\boldsymbol{n}_i+\sum w_i\nabla\phi_i(\boldsymbol{x})(\boldsymbol{n}_i^{\mathrm{T}}(\boldsymbol{x}-\boldsymbol{x}_i)-f^k(\boldsymbol{x}))}{\sum\phi_i(\boldsymbol{x})w_i} \tag{6-37}$$

（4）法线滤波

通常输入点云的法线不够精确，为了保证特征保护效果，因此可在预处理步骤对法线进行法线滤波。给定点 $\boldsymbol{p}_j$，其法线假设为 $\boldsymbol{n}_j$，法线滤波过程如下：

$$\boldsymbol{n}_j^k=\frac{\sum\phi_i(\boldsymbol{p}_j)w_n(\|\boldsymbol{n}_j^{k-1}-\boldsymbol{n}_i\|)\boldsymbol{n}_i}{\sum\phi_i(\boldsymbol{p}_j)w_n(\|\boldsymbol{n}_j^{k-1}-\boldsymbol{n}_i\|)} \tag{6-38}$$

与 RIMLS 的参数初值选择类似，法线初值 $\boldsymbol{n}_j^0$ 的选择与最终结果相差太大，可能导致 $\boldsymbol{n}_j^0$ 不会更新，因此 RIMLS 选择邻近点的法线均值作为其初值 $\boldsymbol{n}_j^0$。

相比于 MLS，RIMLS 优势明显，主要表现在：

① RIMLS 引入了 RLKR，通过使用更适合处理噪声的加权函数，可以有效减小离群点或噪声对结果的影响。这使 RIMLS 能够在含噪点云数据中提供更稳定、可靠的估计。

② RIMLS 利用残差进行下一次的加权来限制异常值对拟合的影响。例如，较大的残差会被压缩，避免过度放大离群点的影响。这样，RIMLS 在面对异常值时，能够更加稳定地恢复数据的真实趋势。

③ RIMLS 使用有符号距离函数表示曲面。隐式曲面具有较强的拓扑适应性，可以有效处理孔洞、边缘、交界面等复杂结构。通过隐式表示，鲁棒隐式 MLS 能够更好地处理不规则形状的数据，并且能够自然地处理数据中的空洞或断层。

RIMLS 相较于传统的 MLS，通过引入 RLKR 和隐式表面表示，在处理含噪点云、异常值、复杂拓扑结构以及数据不完整等问题时表现出明显的优势。它能够提供更加稳健、精确的表面重建，尤其是在实际应用中，点云数据往往含有噪声、离群点或拓扑不规则的情况下。因此，RIMLS 在点云重建、三维模型生成和计算机图形学等领域具有广泛的应用前景。

6.3 本章小结

本章系统阐述了三维点云数据处理的核心技术，重点围绕点云精简/下采样、光顺/去噪两大方向展开。在数据精简方面，详细解析了随机下采样、体素下采样、最远点采样和曲率下采样四类典型方法。其中，随机下采样和体素下采样侧重快速降低数据量；曲率下采样通过特征识别实现特征保留与精简的平衡；最远点采样则追求最优均匀性，但计算效率受限。在数据优化层面，系统论述了半径滤波、统计滤波、LOF 异常检测和聚类法四类去噪方法，以及高斯滤波、双边滤波、MLS/RIMLS 等多尺度光顺技术，特别指出双边滤波通过融合空间-法向双权重实现特征保持平滑的突破性优势，而 RIMLS 通过稳健核回归显著提升了噪声鲁棒性和特征保护能力。全章贯穿方法对比分析，强调参数调优与场景适配的重要性，为点云预处理提供了从理论到实践的系统指导。

参考文献

[1] Liu S, Zhang M, Kadam P, et al. 3D point cloud analysis: Traditional [J]. Deep Learning, and Explainable Machine Learning Methods, 2021.

[2] Eldar Y, Lindenbaum M, Porat M, et al. The farthest point strategy for progressive image sampling [J]. IEEE Transactions on Image Processing, 1997, 6 (9): 1305-1315.

[3] Sotoodeh S. Outlier detection in laser scanner point clouds [J]. International Archives of the Photogrammetry, Remote Sensing and Spatial Information Sciences, 2006, 36 (5): 297-302.

[4] Tomasi C, Manduchi R. Bilateral filtering for gray and color images [C]//Proceedings of Sixth International Confer-

ence on Computer Vision (IEEE Cat. No. 98CH36271). Bombay, India. Narosa Publishing House, 1998: 839-846.

[5] Fleishman S, Drori I, Cohen-Or D. Bilateral mesh denoising [C]//Proceedings of ACM SIGGRAPH 2003 Papers. San Diego California. New York: ACM, 2003: 950-953.

[6] Levin D. Mesh-independent surface interpolation [M]//Geometric Modeling for Scientific Visualization. Berlin, Heidelberg: Springer Berlin Heidelberg, 2004: 37-49.

[7] Alexa M, Behr J, Cohen-Or D, et al. Computing and rendering point set surfaces [J]. IEEE Transactions on Visualization and Computer Graphics, 2003, 9 (1): 3-15.

[8] Öztireli A C, Guennebaud G, Gross M. Feature preserving point set surfaces based on non-linear kernel regression [J]. Computer Graphics Forum, 2009, 28 (2): 493-501.

[9] Dinesh C, Cheung G, Bajic I V. Point cloud denoising via feature graph Laplacian regularization [J]. IEEE Transactions on Image Processing, 2020.

[10] Besl P J, McKay N D. Method for registration of 3-D shapes [C]//Sensor fusion Ⅳ: control paradigms and data structures. Spie, 1992, 1611: 586-606.

[11] Chen Y, Medioni G. Object modelling by registration of multiple range images [J]. Image and Vision Computing, 1992, 10 (3): 145-155.

[12] Koide K, Yokozuka M, Oishi S, et al. Voxelized GICP for fast and accurate 3D point cloud registration [C]//Proceedings of IEEE International Conference on Robotics and Automation (ICRA). May 30-June 5, 2021, Xi'an, China. Piscataway, NJ: IEEE, 2021: 11054-11059.

[13] Segal A, Haehnel D, Thrun S. Generalized-ICP [C]//Proceedings of Robotics: Science and Systems V. Robotics: Science and Systems Foundation, 2009.

[14] 高翔，张涛，刘毅，等．视觉 SLAM 十四讲：从理论到实践 [M]. 北京：电子工业出版社，2017.

第 7 章 三维目标检测

三维目标检测（3D object detection）是计算机视觉领域中的一项基础性任务，旨在识别和定位图像或点云中的三维目标物体。与传统的二维目标检测任务不同，三维目标检测需要处理更为复杂的空间信息，输出的结果不仅包括目标的类别（如汽车、行人、交通标志等），还需要精确地预测目标在三维空间中的位置、尺寸和方向。这项任务在自动驾驶、机器人、增强现实（AR）等领域具有广泛的应用，推动了相关技术的发展。

三维目标检测任务通常包括目标分类和三维边界框预测两个方面。目标分类的任务是识别输入数据中物体的类别。例如，在自动驾驶场景中，系统需要区分出“汽车”“行人”以及“交通标志”等目标。目标分类是三维目标检测的第一步，为后续的目标定位和姿态估计提供基础。接下来的三维边界框预测任务则关注物体在三维空间中的准确定位。三维边界框（3D bounding box）通常用一个中心点（x，y，z）来表示物体的位置，此外还包括物体的尺寸（长、宽、高）以及物体的方向角（通常是绕 z 轴的旋转角度）。边界框的尺寸预测用于估计目标物体的三维尺寸，而方向预测则用于估计物体的旋转角度，通常是绕 z 轴的角度。三维边界框的精确预测不仅能帮助识别目标，还能为后续的轨迹规划和决策提供必要的信息。

目前，三维目标检测方法根据传感器类型和模态的不同，可以分为三大类：基于点云的三维目标检测方法、基于图像的三维目标检测方法以及基于多模态融合的三维目标检测方法[1-4]。基于点云的三维目标检测方法直接处理三维数据，主要依赖激光雷达（LiDAR）等传感器采集的点云信息。这种方法能够提供丰富的空间信息，因此在需要高精度和高鲁棒性的应用中具有显著优势。点云数据通过捕捉物体表面和空间结构，使该方法特别适用于复杂环境中的目标检测。例如，在自动驾驶中，点云数据可以帮助识别周围的道路障碍物、行人和其他交通参与者，从而提高驾驶安全性。然而，点云数据通常存在噪声，并且计算开销较大，因此在处理这些数据时需要更为复杂的算法。例如，基于点云的三维目标检测方法通常采用体素化（voxelization）技术，将点云数据划分成一小块一小块的体素，进而通过卷积神经网络（CNN）对其进行处理。代表性的方法包括 VoxelNet 和 SECOND 等，这些方法通过高效的空间表示和深度学习算法，成功地提升了三维目标检测的精度和速度。另外，也有一些点云直接处理的方法，如 PointNet 和 PointRCNN，它们能够直接处理原始点云数据，无需进行体素化，从而避免了点云数据在转换过程中丢失信息。

除了基于点云的方法，还有一种较为常见的三维目标检测方法是基于图像的三维目标检测方法。这种方法通过提取图像中的深度信息来实现目标的三维定位。相比点云数据，图像数据获取成本较低，因此在许多低成本应用场景中，基于图像的三维目标检测方法被广泛采用。基于图像的三维目标检测方法通常使用深度学习技术，从单目图像或立体视觉系统中获取物体的深度信息，再通过算法推测物体的三维位置和尺寸。尽管这种方法在某些应用中表现出了较好的性能，但由于图像数据本身只包含二维信息，图像中的深度信息并不完全，因此基于图像的方法相对于基于点云的技术精度较低。

为了弥补图像数据的不足，近年来，基于多模态融合的三维目标检测方法得到了广泛的研究和应用。多模态融合方法通过结合多种传感器的数据来提高目标检测的精度和鲁棒性。常见的多模态融合方式包括将图像和点云数据结合使用，以充分利用两者的优势。点云数据能够提供精确的空间信息，而图像数据则能够提供丰富的纹理和颜色信息。通过融合这两种数据源，系统能够在复杂的环境中做出更为精确和稳定的目标检测。例如，基于图像和LiDAR点云的融合方法，能够克服单独使用图像或点云时的局限性，提升检测的准确性和鲁棒性。

选择不同的三维目标检测方法通常取决于应用场景和传感器配置。在自动驾驶中，点云数据由于其高精度和高鲁棒性，通常是最常用的传感器数据源，尤其是在复杂环境中，激光雷达的点云数据能够提供非常细致的空间结构信息。而在一些低成本的应用场景中，基于图像的检测方法则具有更高的性价比，尤其是在成本敏感的任务中。例如，在智能监控或无人机巡检等领域，基于图像的三维目标检测方法由于其较低的设备成本和较简便的实现方式，得到了广泛的应用。

综合来看，三维目标检测的研究和应用正朝着更加精准和高效的方向发展。随着传感器技术的进步和深度学习算法的不断优化，基于点云、图像以及多模态融合的三维目标检测方法都在不断取得突破，推动着自动驾驶、机器人、增强现实等领域的技术进步和应用普及。不同的三维目标检测方法各有其优劣，具体选择应根据实际应用场景的需求以及传感器配置来决定。

7.1　基于点云的三维目标检测方法

基于点云的三维目标检测方法主要处理来自激光雷达（LiDAR）的三维点云数据。点云数据是物体在三维空间中的稀疏采样点集，通常包含每个点的空间坐标（x,y,z）以及其他附加特征（如反射强度、时间戳或颜色信息）。与图像数据相比，点云数据能够直接提供深度信息和空间几何结构，因此被广泛应用于自动驾驶、机器人导航、地图构建和工业检测等领域。在自动驾驶场景中，激光雷达生成的点云数据可以用来识别行人、车辆、道路标志等物体，并精确地测量它们的三维目位置和大小，这对环境感知和路径规划至关重要。基于点云的三维目标检测方法通过直接处理点云数据，从中提取和分析三维信息，能够高效地检测和定位目标物体。由于点云数据的无序性、稀疏性和不规则性，其处理需要特殊的算法和网络设计。目前，基于点云的三维目标检测方法主要分为三类：基于点的三维目标检测方法、基于网格的三维目标检测方法和基于点-体素融合的三维目标检测方法[5]。

基于点的三维目标检测方法直接对原始点云数据进行操作，通过深度学习网络学习点的几何和语义特征。这类方法的典型代表包括 PointNet 和 PointRCNN。PointNet 是一种直接处理点云数据的开创性方法，它通过对称性函数（如最大池化）解决了点云的无序性问题，并能够捕捉点云的全局特征。PointRCNN 在此基础上进一步发展，结合了点云的局部特征和区域提议网络（RPN）机制，实现了更加精准的三维目标检测。这类方法无需对点云进行复杂的预处理，特别适合处理稀疏和不规则的点云数据，能够保留点云中的细粒度几何信息。然而，由于直接处理大量点云数据，其计算复杂度较高，对硬件资源的需求较大。

基于网格的三维目标检测方法通过将点云数据转换为规则网格（体素）表示，然后应用卷积神经网络（CNN）进行处理。这种方法的典型代表包括 VoxelNet 和 SECOND。VoxelNet 将点云划分为三维体素网格，并在每个体素中聚合点云特征，随后通过三维卷积网络提取全局特征。相比直接处理点云数据的基于点的方法，基于网格的方法在大规模点云处理时具有更高的效率，因为网格化的点云数据可以利用现有的 CNN 架构进行高效计算。然而，网格化过程会引入量化误差，特别是在网格分辨率较低时，这可能导致细节信息的丢失。此外，网格化方法在点云数据非常稀疏的情况下可能表现欠佳。

基于点-体素融合的三维目标检测方法结合了基于点的方法和基于网格的方法的优点，通过融合两种表示方式进一步提高了检测精度和速度。这类方法利用体素化的高效特性处理点云的全局信息，同时结合点云的细粒度局部特征，实现了多尺度特征学习的良好平衡。例如，Point-Voxel CNN（PVCNN）等方法在全局体素表示中嵌入了局部点特征，使得模型能够同时捕捉点云的全局结构和局部几何细节。这类方法通常在性能和效率之间取得较好的平衡，适用于需要高精度且对实时性有要求的场景。

这三类方法各有优劣，适用于不同的应用场景。基于点的方法适合有高精度需求的应用，例如小目标检测和复杂几何结构分析；基于网格的方法在处理大规模点云时更高效，适合资源受限的场景；基于点-体素融合的方法兼具两者优势，适合对精度和速度都有较高要求的任务。随着深度学习和计算硬件的发展，基于点云的三维目标检测方法在自动驾驶和机器人等领域展现出越来越重要的应用价值，并将继续推动相关技术的进步。

7.1.1 基于点的三维目标检测方法

基于点的三维目标检测方法直接处理原始点云数据，是近年来三维目标检测领域的研究热点。这类方法以点云为直接输入，利用深度学习网络提取点云特征并实现目标检测，不需要将点云转换为体素或进行图像投影，因此能够最大程度地保留点云的原始几何和空间信息，避免传统转换方法中因量化或信息丢失导致的检测精度下降。

经典方法如 PointNet 和 PointNet++开创性地提出了直接从点云提取特征的方法。PointNet 利用对称函数（如最大池化）对点云进行无序性处理，从单个点的特征中聚合全局特征，具有简单高效的特点。然而，PointNet 的局限性在于无法充分捕捉点云中局部区域的几何信息。PointNet++在此基础上引入了多尺度分组和分层特征学习机制，能够提取局部特征并逐层汇聚全局信息，显著提高了处理复杂几何结构点云的能力。在 PointNet 系列方法的基础上，进一步发展的 PointRCNN 等方法结合了区域候选网络（region proposal network，RPN），实现了从点云直接生成目标的三维边界框。PointRCNN 首先对点云进行逐点特征提取，生成点的类别和几何特征，然后利用 RPN 筛选出潜在目标区域，并在后续阶段精细回归边界框参数。这种方法不仅可以处理稀疏、不规则的点云数据，还能充分利用点云的三维空间信息，从而在自动驾驶等需要高精度检测的场景中表现出色[6]。

尽管基于点的方法在精度上具有显著优势，但也面临计算成本较高的问题。点云数据通常由大量点组成，直接处理全部点可能带来巨大的计算负担。为了解决这一问题，许多方法结合了采样策略和分层特征提取机制。例如，通过 FPS（farthest point sampling）或随机采样减少点的数量，同时通过特征聚合的方式保留重要的几何信息。此外，分层特征提取能够逐步聚合局部和全局特征，从而在减少计算开销的同时保持检测精度。这些方法的优势在于其能够充分适应点云数据的稀疏性和不规则性，并利用点云固有的三维空间特性，捕捉物体的细节和全局结构。这使得基于点的三维目标检测方法在多个领域中表现出色，尤其是在自动驾驶、机器人导航、无人机监控等需要精确三维感知的场景中得到了广泛应用。

7.1.1.1　特征提取

基于点的特征提取在三维点云处理和三维目标检测中至关重要。特征提取是从原始点云数据中获取有用的信息，以便进行后续的任务，如分类、分割和目标检测。目前基于点的特征提取方法主要有 PointNet、PointNet＋＋、DGCNN、PointSIFT 等。

基于点的特征提取主要有以下优点：

① 捕捉局部和全局几何信息。点云数据包含丰富的几何信息，直接从点云中提取特征能够更好地捕捉物体的形状、大小和结构。特征提取的目的是在保留几何信息的同时，减少数据维度，使其更易于处理和分析。点云的局部特征反映点云中局部区域的几何结构，如边缘、角点和表面细节，全局特征用于描述整个点云或大范围区域的总体形状和结构。

② 保留原始信息。基于点的特征提取直接处理原始点云数据，而不是将其转换为其他表示（如体素或图像投影），从而避免信息丢失和量化误差。这对于精细的三维目标检测和分析尤为重要。

③ 提高检测和分类的精度。高质量的特征提取能够显著提高三维目标检测和分类的性能。提取的特征应具有区分性，能够区分不同类别的物体，并且具有鲁棒性，能够应对噪声和部分缺失的点云数据。

（1）PointNet

PointNet 是一种直接处理三维点云数据的深度学习方法，由 Charles R. Qi 等人在 2017 年提出。它是一种开创性的网络架构，能够直接对不规则的点云数据进行特征提取和分类、分割等任务。PointNet 的核心思想是通过一个统一的网络架构直接处理点云数据，而不需要将点云转换为其他形式(如体素或图像投影)。它通过多层感知机（MLP）对每个点进行独立处理，并使用全局最大池化操作聚合点的特征，从而生成全局特征向量。其网络结构如图 5-8 所示。

PointNet 的输入是一个 $n\times3$ 的点云矩阵，其中 n 是点的数量，每个点有三个坐标（x，

y, z)。每个点通过共享的 MLP 进行特征提取，MLP 的参数在所有点上共享，从而保证了处理每个点的操作是相同的。提取的特征逐层增加维度，例如通过一系列的 MLP 层从 64 维增加到 1024 维。提取的特征经过全局最大池化操作，将所有点的特征聚合为一个全局特征向量。这一步通过对所有点的特征取最大值来实现，确保了特征聚合的顺序不变性。PointNet 主要分为两个下游网络，分别是分类和分割。分类网络将聚合后的全局特征向量通过全连接层和 softmax 层进行分类，输出每个类别的概率分布。在语义分割任务中，全局特征向量与每个点的局部特征结合，形成每个点的特征描述，然后通过 MLP 进行每个点的分类，输出每个点的类别标签。

PointNet 具有三个特点，分别是：

① 顺序不变性：通过共享 MLP 和全局最大池化操作，PointNet 保证了对点云输入的顺序不敏感，这对于处理无序点云数据非常重要。

② 强鲁棒性：PointNet 能够处理具有噪声和部分缺失的点云数据，具有较强的鲁棒性。

③ 简单高效：PointNet 的架构简单高效，直接处理原始点云数据，避免了复杂的预处理步骤。

PointNet 是一种创新的直接处理点云数据的深度学习方法，通过简单高效的网络架构实现了高效的特征提取和分类、分割任务。它的提出为三维点云处理开辟了新的方向，对计算机视觉和机器人领域具有重要意义。

（2）PointNet＋＋

PointNet＋＋是 PointNet 的改进版本，由 Charles R. Qi 等人在 2017 年提出。PointNet＋＋针对 PointNet 在捕捉局部几何结构信息上的不足，通过引入层次化的特征提取机制，使其在处理复杂的三维点云数据时性能更强。PointNet＋＋的基本思想是通过分层的方式逐步提取点云的局部特征，并结合这些局部特征生成全局特征。它将点云分成不同的局部区域，分别进行特征提取，然后将这些特征逐层汇总，最终得到全局特征。这种层次化的特征提取方式使 PointNet＋＋能够更好地捕捉点云的局部几何信息。其网络结构如图 5-9 所示。

PointNet＋＋的流程主要包括三个阶段：采样（sampling）、分组（grouping）和特征提取（feature extraction）。这些阶段逐层进行，从输入的原始点云数据逐步提取更高层次的特征。采样层（sampling layer）从输入点云中选择一部分点作为中心点进行采样，形成局部区域，算子为最远点采样算法（farthest point sampling，FPS）。分组层（grouping layer）以采样点为中心，根据一定的邻域半径或固定数量的邻近点，将周围的点分组成局部区域，算子为球形查询（ball query）或 K 近邻（K-nearest neighbors，KNN）。特征提取层（feature extraction layer）对每个局部区域内的点应用 PointNet（或改进的 PointNet）进行特征提取，从每个局部区域中提取特征，并将局部特征逐层汇总。

PointNet＋＋的算法步骤如下：

① 输入原始点云数据 P：初始输入为 N 个三维点，每个点的特征为其坐标（x, y, z）；

② 第一层采样和特征提取：使用 FPS 采样 N_1 个点作为中心点，对每个中心点，使用球形查询或 KNN 查找其邻近点，对每个邻近点集应用 PointNet 提取特征，得到每个中心

点的特征表示；

③ 第二层采样和特征提取：使用 FPS 进一步采样 N_2 个点作为新的中心点，对每个新中心点，使用球形查询或 KNN 查找其邻近点，对每个新的邻近点集应用 PointNet 提取更高层次的特征；

④ 重复以上步骤，根据需要添加更多层次，每层逐步减少采样点数量并提取更高层次的特征；

⑤ 全局特征聚合和任务处理：最后，将所有层的特征结合起来，生成全局特征，对全局特征应用全连接层和 softmax 层进行分类，或进行其他任务（如语义分割）。

PointNet＋＋通过层次化的特征提取机制，从点云数据中逐步提取局部和全局特征。其算法流程包括采样、分组和特征提取，逐层处理点云数据，使其能够更好地捕捉复杂的几何结构信息。这种方法在三维物体分类、语义分割和实例分割等任务中表现出色，广泛应用于计算机视觉和机器人等领域。

(3) DGCNN

DGCNN（dynamic graph convolutional neural network）是一种用于三维点云数据处理的深度学习方法，由 Yue Wang 等在 2018 年提出。DGCNN 的核心思想是通过动态构建点云的邻接图，并在图上进行卷积操作，从而提取点云的特征。DGCNN 引入了动态构图和图卷积的概念。它通过在点云上构建局部邻接图，并在图上进行卷积操作，来捕捉点云的局部和全局几何结构。与传统的点云处理方法不同，DGCNN 的邻接图在每个卷积层都是动态更新的，从而更好地捕捉点云数据的特征。其网络结构如图 7-1 所示。

DGCNN 的网络架构主要包括以下几个部分：邻接图构建（graph construction）、EdgeConv（边卷积）操作、特征聚合（feature aggregation）和全连接层（fully connected layer）。邻接图构建的目的是构建点云的局部邻接图，以捕捉每个点的局部结构。对于每个点 $\boldsymbol{p}_i$，在特征空间中找到其 k 个最近邻点 $\{\boldsymbol{p}_{j_1},\boldsymbol{p}_{j_2},\cdots,\boldsymbol{p}_{j_k}\}$，根据最近邻关系构建邻接图，其中每个点与其 k 个最近邻点相连。EdgeConv 操作在构建的邻接图上进行卷积操作，以提取局部特征，对于每个点 $\boldsymbol{p}_i$ 及其邻近点 $\{\boldsymbol{p}_{j_1},\boldsymbol{p}_{j_2},\cdots,\boldsymbol{p}_{j_k}\}$，计算边的特征，如式(7-1) 所示。

$$h_\theta(\boldsymbol{p}_i,\boldsymbol{p}_j)=h_\theta(\boldsymbol{p}_i,\boldsymbol{p}_j-\boldsymbol{p}_i) \tag{7-1}$$

式中，h_θ 是一个参数化函数（如多层感知机，MLP），用于计算边的特征。对于每个点 $\boldsymbol{p}_i$，通过聚合其所有边的特征来更新点的特征，如式(7-2) 所示。

$$\boldsymbol{p}_i'=\max_j h_\theta(\boldsymbol{p}_i,\boldsymbol{p}_j-\boldsymbol{p}_i) \tag{7-2}$$

这里使用最大池化操作（max pooling）聚合边的特征。特征聚合（feature aggregation）逐层聚合点的特征，以捕捉更高层次的几何信息，通过多层的 EdgeConv 操作，每一层都重新构建邻接图，并在图上进行卷积操作，每一层输出的特征作为下一层的输入，不断提取更高层次的特征。全连接层（fully connected layer）对提取的全局特征进行分类或其他操作，将所有层提取的特征进行拼接（concat）和全局最大池化，得到全局特征向量，对全局特征向量应用全连接层和 softmax 层进行分类，或应用其他任务特定的网络层。

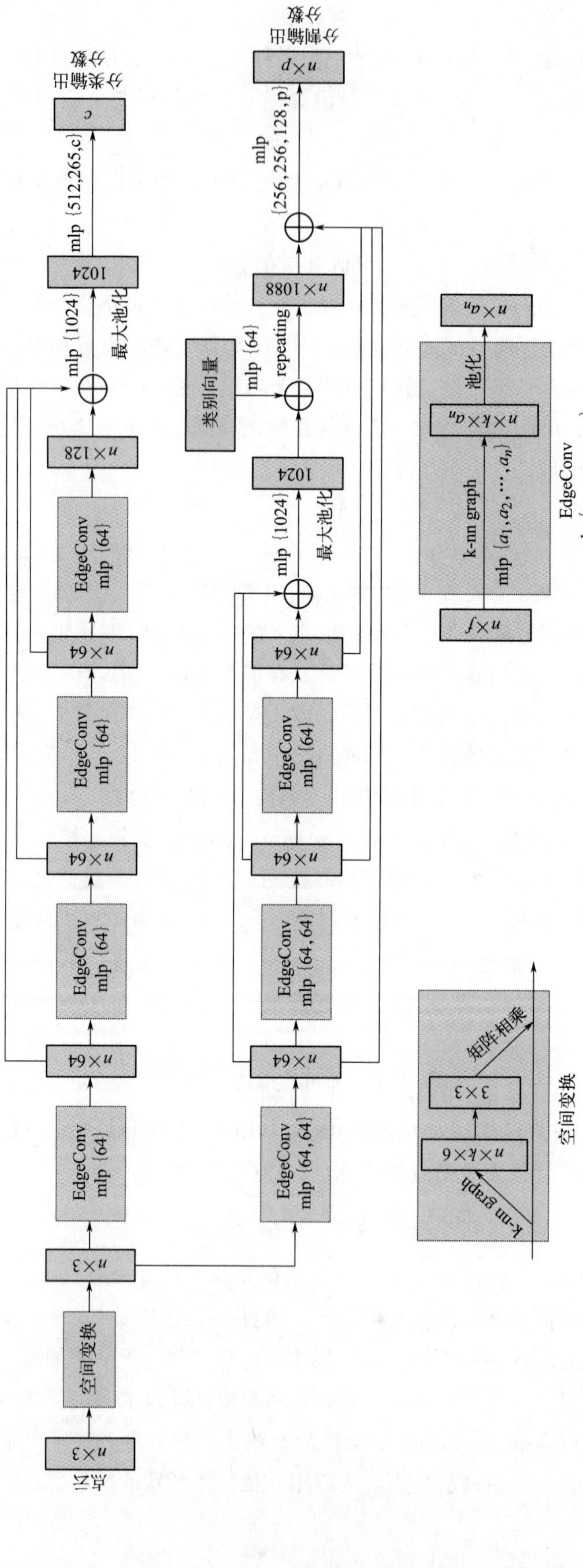

图 7-1 DGCNN 网络结构

DGCNN 的关键特点：

① 动态构图：在每个卷积层动态更新邻接图，使网络能够自适应地捕捉点云数据的局部和全局结构；

② EdgeConv 操作：引入边卷积（EdgeConv）操作，通过计算点与其邻近点之间的边特征，提取局部几何信息；

③ 高效特征提取：通过多层边卷积操作和特征聚合，DGCNN 能够高效地提取点云的高层次特征。

DGCNN 通过动态构建点云的邻接图，并在图上进行卷积操作，实现了高效的点云特征提取。其核心的边卷积操作能够捕捉点云的局部和全局几何结构，使其在三维物体分类、语义分割和实例分割等任务中表现出色。DGCNN 的提出进一步推动了三维点云处理技术的发展，广泛应用于计算机视觉、自动驾驶、机器人等领域。

(4) PointSIFT

PointSIFT 是一种用于三维点云数据处理的深度学习方法，旨在增强点云数据的特征表达能力。PointSIFT 通过模拟传统 SIFT（scale-invariant feature transform）的思想，设计了一种方向敏感的卷积操作，从而更好地捕捉点云数据中的局部几何结构。PointSIFT 的核心思想是引入一种方向敏感的卷积操作，以捕捉点云的方向性和局部几何信息。通过多尺度特征提取，PointSIFT 能够提取更具鲁棒性的特征，从而提高点云处理任务的性能。其网络结构如图 7-2 所示。

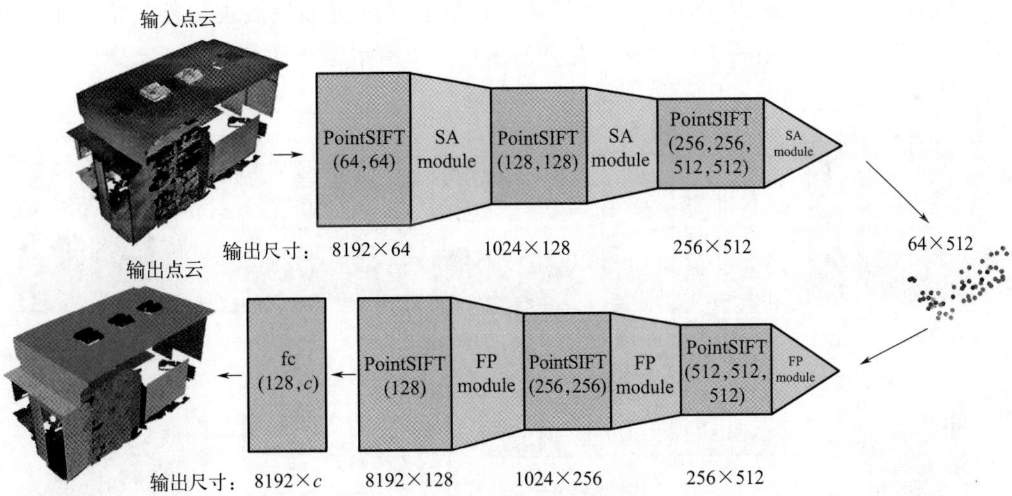

图 7-2　PointSIFT 网络结构

PointSIFT 的网络架构主要包括以下几个部分：方向敏感卷积（directional convolution）、多尺度特征提取（multi-scale feature extraction）和特征聚合（feature aggregation）。方向敏感卷积（directional convolution）的目的在于捕捉点云数据的方向性和局部几何结构，PointSIFT 从八个不同的方向（上、下、左、右、前、后、左上、右下）对点进行卷积，通过这些方向卷积，PointSIFT 能够从不同方向上捕捉点云的局部特征，使模型可以更全面地理解三维结构。PointSIFT 通过多尺度的方法来提取特征，这类似于二维图像中的

SIFT 算法。在不同尺度下提取特征，能够增强模型对不同大小物体的鲁棒性，确保其在处理多样化的点云数据时保持良好的性能。PointSIFT 通过聚合局部特征来构建全局特征表示。通过多个局部特征的组合，模型能够生成一个包含全局信息的特征向量，这对于复杂场景中的语义分割和分类任务至关重要。

PointSIFT 在点云数据处理领域提供了一种有效的特征提取方法，借鉴了 SIFT 在图像处理中的成功经验，并对其进行了适应性调整以处理三维数据。它结合了深度学习技术，通过提取具有旋转、缩放不变性的特征，增强了点云数据在实际应用中的表现。

7.1.1.2 定位与检测

在完成直接对点的特征提取后，将点特征用于生成区域提议（region proposal）。区域提议是指在点云中生成可能包含目标物体的候选区域。基于点的方法直接从点云中生成这些区域，而不是从投影后的图像或体素中提取。这些候选区域随后用于进一步的分类和边界框回归。对于每个区域提议，基于点的三维目标检测方法会进一步进行分类，确定目标物体的类别，并进行边界框回归，精确定位物体在三维空间中的位置。基于点的检测方法通常是端到端的，即从输入点云到输出检测结果的整个过程都由深度学习模型自动学习和优化。这种方式消除了手工设计特征的需求，提高了检测的准确性。

（1）PointRCNN

PointRCNN 是一种用于 3D 目标检测的深度学习框架，特别适用于点云数据。它的核心思想是直接在原始点云数据上进行端到端的目标检测，而不是依赖于投影到 2D 图像平面或体素化后的数据。PointRCNN 在自动驾驶、机器人导航等领域表现出色，尤其在检测三维物体的边界框（bounding box）方面有显著优势。其网络结构如图 7-3 所示。

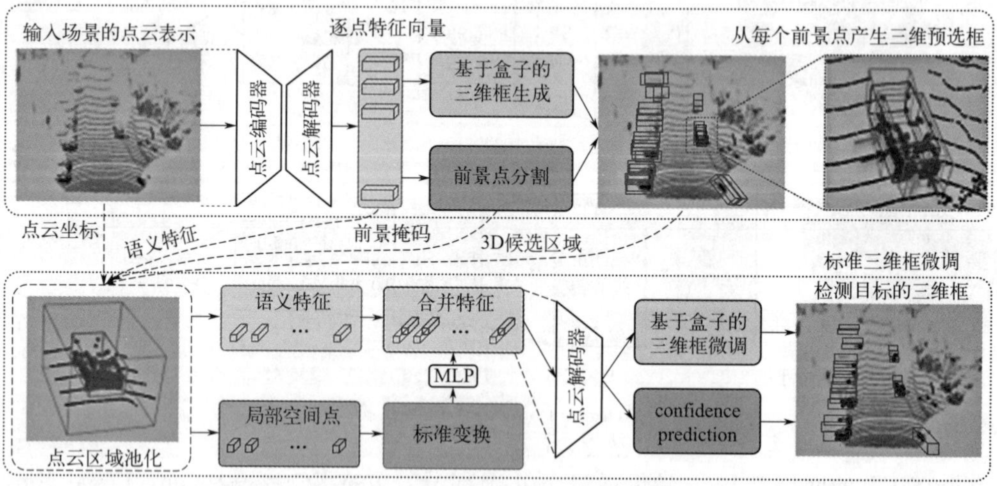

图 7-3 PointRCNN 网络结构

PointRCNN 的整体工作流程分为两个主要阶段，第一阶段的核心是区域提议网络（RPN）。与传统 RPN 不同，PointRCNN 的 RPN 直接在 3D 点云中生成高质量的候选区域提议。这些提议由点云数据中的特征生成，能够更好地捕捉三维空间中的物体。在生成候选区域之后，第二阶段对这些候选区域进行进一步的细化。对于每个候选区域，模型会对其中的点进行特征提取，然后执行分类（确定物体类别）和回归（调整边界框）。这种基于点的处理方式使得 PointRCNN 能够充分利用三维空间信息，达到更高的检测精度。

第一阶段区域提议网络（RPN）的输入是原始的 3D 点云数据，利用 PointNet++提取点云的局部特征，在提取的特征上应用 RPN，生成可能包含目标物体的候选区域。这些候选区域包含了目标物体的初步边界框和相应的置信度得分。第二阶段细化网络的输入是第一阶段中生成的候选区域，该阶段对每个候选区域内的点云进行特征提取，对每个候选区域进行进一步的分类（物体类别）和回归（精确调整边界框）。这一阶段输出精确的 3D 边界框以及相应的分类标签。

PointRCNN 的性能与优势主要有：

① 高精度检测：通过直接在点云中提取特征，PointRCNN 能够更好地捕捉三维物体的细节，特别是在复杂的场景中表现出色；

② 鲁棒性：不依赖于点云的体素化或 2D 投影，PointRCNN 保留了点云的原始稠密信息，使得其对稀疏或部分遮挡的物体也能保持较高的检测准确率；

③ 端到端学习：PointRCNN 能够从输入点云到输出目标检测结果进行端到端的学习，不需要额外的手工设计特征或中间处理步骤。

PointRCNN 是一种创新的 3D 目标检测框架，能够直接在原始点云数据上执行端到端的目标检测。通过引入基于点的区域提议网络和精细化分类回归步骤，PointRCNN 在自动驾驶和其他三维场景中表现出色。其端到端的设计和对三维空间信息的有效利用，使其成为 3D 目标检测领域的重要进展。

（2）3DSSD

3DSSD 是一种用于三维目标检测的单阶段检测器。它通过创新的网络设计和高效的推理流程，解决了三维目标检测中速度与精度之间的权衡问题。3DSSD 的核心思想是通过简化检测流程来提高三维目标检测的速度，同时通过创新的特征提取和距离感知损失函数来保证检测的准确性。传统的三维目标检测器多采用双阶段的检测方式，第一阶段生成候选区域，第二阶段精细化检测和分类。而 3DSSD 采用单阶段的检测方式，直接从点云数据中提取特征并输出检测结果。这种方式在显著提高检测速度的同时，也能够通过有效的特征融合和损失函数设计，保持较高的检测精度。其网络结构如图 7-4 所示。

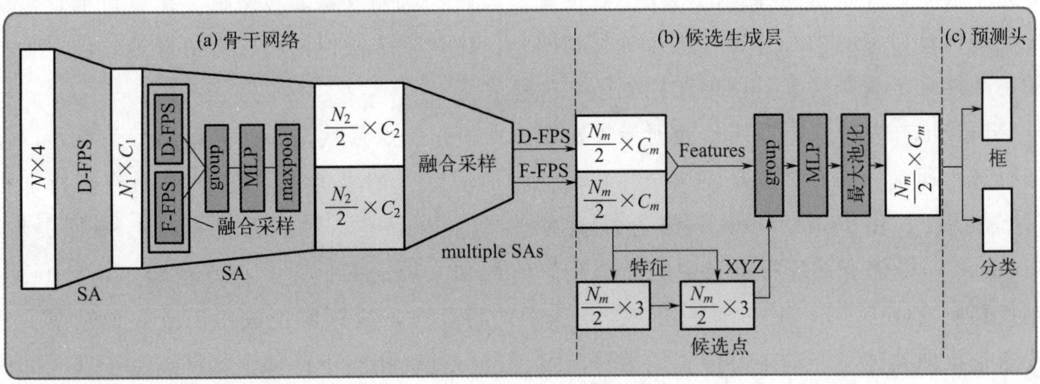

图 7-4　3DSSD 网络结构

3DSSD的算法流程主要包括以下几个步骤：

① 输入点云处理：将输入的原始点云数据进行预处理，通常包括去噪、归一化等步骤，以便后续处理。

② 全局和局部特征提取：

FP（feature propagation）模块：该模块用于全局特征提取，通过逐层将点云数据的特征向上传递并融合，实现对整个点云的全局信息建模。

F-FPS（feature-fusion farthest point sampling）模块：用于局部特征提取。它结合了远点采样（farthest point sampling）和特征融合技术，确保在提取局部特征时保留更多的几何信息和语义信息。

③ 候选点生成：通过特征提取模块生成一系列候选点，这些候选点作为潜在的目标位置。

④ 分类与回归：分类是对每个候选点进行目标类别的预测。回归是对每个候选点的三维包围框（bounding box）进行位置、尺寸、方向的回归，确定目标的精确位置。

⑤ 距离感知的损失函数：3DSSD提出了基于目标距离的加权损失函数（distance-aware point sample loss），该损失函数能够对远距离的目标给予更高的关注，从而提升检测精度。

⑥ 最终输出：经过分类和回归后，直接输出检测结果，包括目标的类别和精确的三维位置。

3DSSD是一个单阶段检测器，与传统的双阶段检测器相比，3DSSD省去了候选区域生成和精细化调整的步骤，大大提高了检测速度。通过FP和F-FPS模块，3DSSD在特征提取时充分考虑了全局信息和局部信息的融合，提升了特征的表达能力和检测的准确性。针对远距离目标检测困难的问题，3DSSD提出了基于距离的加权损失函数，有效提升了远距离目标的检测性能。3DSSD的整个检测过程无需烦琐的后处理步骤（如非极大值抑制），推理速度非常快，适合实时应用场景。

(3) VoteNet

VoteNet是一种基于深度学习的三维目标检测网络，专为从点云数据中检测物体设计。它利用投票机制和集群算法来提高三维空间中目标检测的准确性和鲁棒性。VoteNet的核心思想是通过一个投票机制来增强点云中目标位置的估计。传统的三维目标检测方法通常依赖于直接从点云中提取特征，并进行目标分类和回归。然而，点云数据稀疏且存在噪声，直接定位物体中心往往不准确。VoteNet提出了一种新颖的“投票”策略：每个点云特征点可以生成一个投票，投票指向物体的潜在中心位置。然后，这些投票通过集群算法进行聚合，从而准确地估计目标的中心位置并进行分类和回归。这种方法使得网络能够更好地处理点云数据的稀疏性和不规则性。其网络结构如图7-5所示。

VoteNet首先通过一系列预处理步骤处理输入的原始点云数据，如去噪和归一化，以便后续处理。通常，输入数据是三维坐标和其他附加信息（如颜色或强度）。然后进行特征提取。VoteNet使用PointNet＋＋作为骨干网络（backbone），对点云数据进行特征提取。PointNet＋＋能够有效捕捉点云中的局部几何信息和全局语义信息。在此基础上，VoteNet使用投票层（voting layer），对于每一个点云中的特征点，投票层生成一个或多个投票。这些投票是指向物体可能的中心位置的偏移向量。这一过程相当于让每个特征点基于其局部信息，对物体可能的中心位置进行投票，再进行投票集群（vote clustering）。所有投票点通过

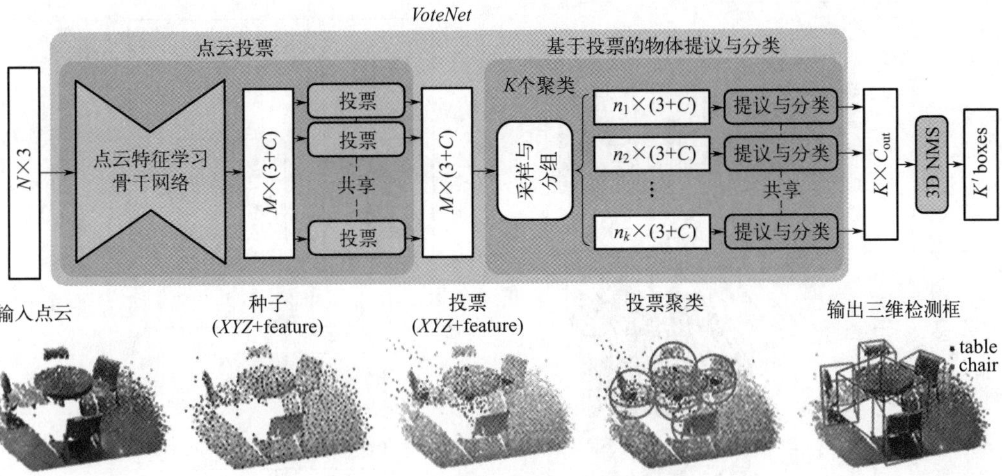

图 7-5　VoteNet 网络结构

聚类算法（如 K-means）聚合在一起，形成投票集群。每个集群的中心被认为是一个候选的物体中心。对于每个投票集群，VoteNet 会预测一个三维包围框（bounding box），包括物体的中心位置、尺寸和朝向。在生成包围框后，对每个候选框进行目标分类，并回归框的精确参数。经过上述步骤后，VoteNet 输出目标的类别以及精确的三维位置和姿态。

VoteNet 的主要特点有：

① 投票机制：VoteNet 引入了投票机制，通过让点云中的每个点对物体中心进行投票，增强了对稀疏和噪声数据的鲁棒性；

② 聚类与优化：通过投票聚合和集群，VoteNet 能够在大量冗余的投票中找到可靠的物体中心，从而提高检测的准确性；

③ 无需人工标注候选区域：与传统方法不同，VoteNet 不需要事先生成候选区域，而是通过投票机制直接估计目标位置，大大简化了检测流程。

VoteNet 通过创新的投票机制解决了三维目标检测中的许多挑战，特别是在处理点云数据的稀疏性和不规则性方面表现出色。它在自动驾驶、机器人导航和三维场景理解等领域具有广泛的应用前景。VoteNet 的出现展示了投票机制在三维目标检测中的潜力，为进一步提升三维目标检测的鲁棒性和准确性提供了重要的思路。

（4）PointGNN

PointGNN 是一种基于图神经网络（graph neural network，GNN）的三维目标检测方法，专门用于处理点云数据[7,8]。它将点云视为图结构，通过图神经网络进行特征提取和目标检测。这种方法在处理稀疏、无序的点云数据时展现了出色的表现。PointGNN 的核心思想是将点云数据表示为图结构，其中每个点视为图中的节点，节点之间的连接（边）表示相邻点的关系。通过图神经网络来学习这些节点及其相邻节点之间的关系，从而提取点云的几何和语义特征。传统的三维目标检测方法通常依赖于卷积神经网络（CNN）或基于点的神经网络（如 PointNet），这些方法在处理点云时往往无法充分捕捉点与点之间的复杂关系。PointGNN 通过直接在图结构上操作，能够更好地建模点云中的局部信息和全局信息，从而提高三维目标检测的精度。其网络结构如图 7-6 所示。

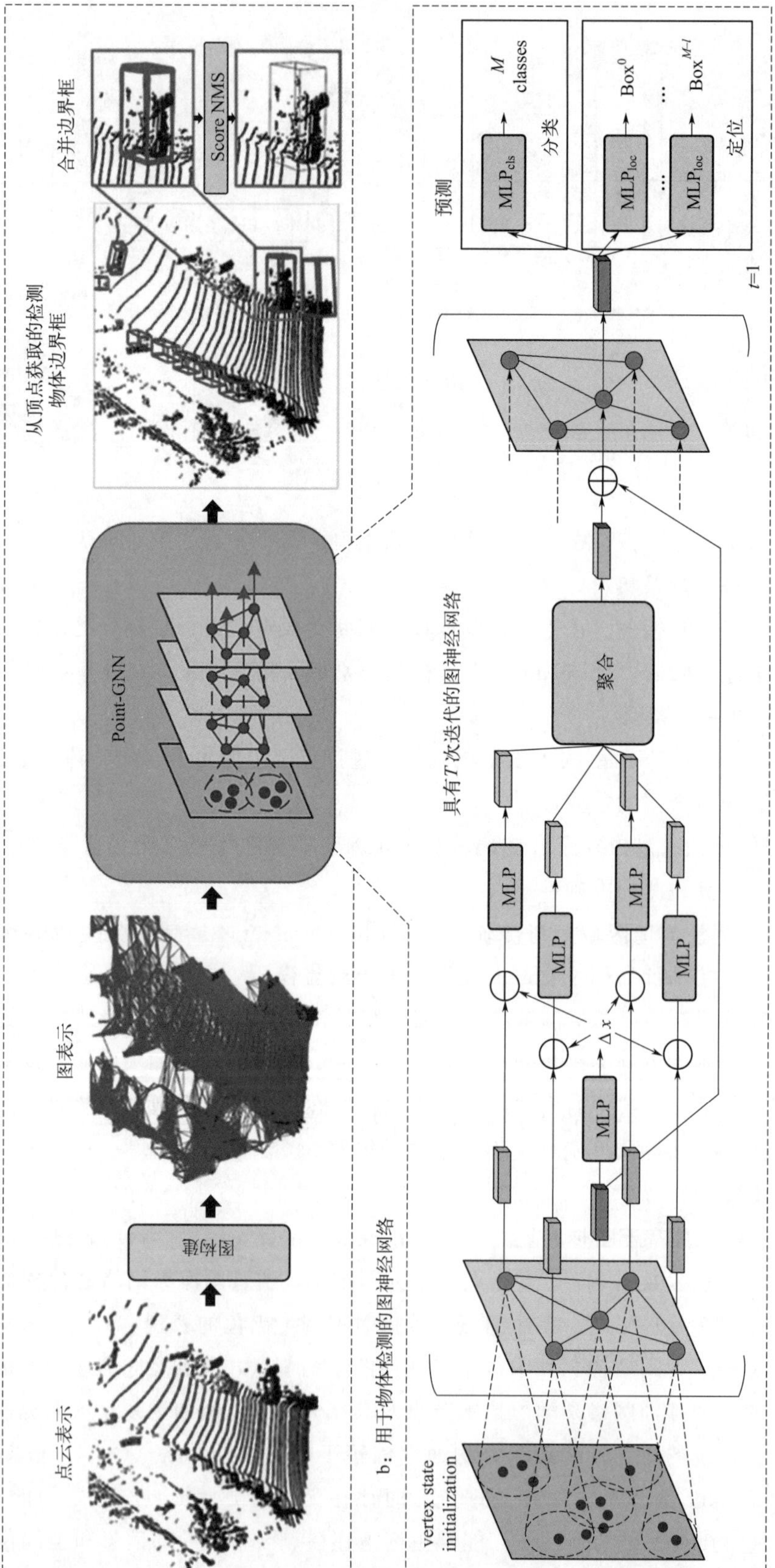

图 7-6 PointGNN 网络结构

PointGNN 的算法流程主要包括以下几个步骤：

① 图构建：将输入的点云数据表示为一个图结构，其中每个点作为一个节点，节点之间的边表示邻近点之间的关系。边的建立通常基于欧几里得距离或 K 近邻算法。

② 节点特征初始化：为每个点（即图的节点）初始化特征向量，特征向量可以包括点的坐标、颜色、强度等信息。

③ 图神经网络传播：在图结构上应用图神经网络，逐层更新每个节点的特征向量。每一层中，节点的特征通过与邻域节点特征的聚合进行更新。此过程能够有效捕捉点与点之间的复杂几何关系。

④ 候选框生成：在更新后的节点特征上，通过一个回归网络预测每个节点的三维包围框（bounding box），即物体的中心、尺寸和朝向。

⑤ 分类与回归：对于每个候选框，网络同时输出类别预测和位置回归信息，进行目标的分类和精确定位。

⑥ 迭代优化：PointGNN 允许多次迭代更新图结构与节点特征，每次迭代可以进一步提高检测的精度。通常通过 non-maximum suppression（NMS）去除冗余检测框，优化最终结果。

PointGNN 通过将点云数据表示为图结构，使网络能够直接在图上操作，捕捉点云中更复杂的几何关系和拓扑结构，利用图神经网络进行特征提取。PointGNN 可以有效整合点与其邻域之间的信息，生成更具表现力的特征表示，从而提高三维目标检测的准确性。与一些传统方法不同，PointGNN 不需要手工设计点云的特征或先验知识，通过图神经网络直接学习适合检测任务的特征。

PointGNN 是一种创新的三维目标检测方法，通过引入图神经网络，将点云数据表示为图结构，从而能够更好地建模点云中的几何和拓扑信息。与传统方法相比，PointGNN 在处理点云的稀疏性和不规则性方面表现优异，并在三维目标检测任务中展现了出色的性能。PointGNN 的提出为三维目标检测领域提供了一种全新的思路，特别是在需要捕捉复杂几何关系的场景中，具有广泛的应用前景。

7.1.2　基于网格的三维目标检测方法

基于网格的三维目标检测方法是一种广泛应用于三维目标检测和场景理解的技术，其核心思想是将点云数据转换为规则化的网格表示，以便使用卷积神经网络（CNN）等高效的深度学习方法进行处理。这种方法通过将点云数据从稀疏、不规则的形式转化为结构化的网格形式，能够有效地利用现有的二维或三维卷积操作，从而在保持三维空间几何信息的基础上提高计算效率和模型的适用性。在三维空间中，网格（grid）是一个基本的表示单位，类似于二维图像中的像素，通过将三维空间划分为多个规则的网格单元，可以对点云数据进行结构化表示。每个网格单元的点云数据可以通过统计、加权或特征聚合的方式生成特征向量，这些特征随后被输入深度学习模型进行处理。网格化方法不仅能够捕捉点云的局部信息和全局信息，还能显著提高计算效率，特别适合处理大规模的点云数据，如自动驾驶中生成的大范围环境点云[9]。

目前，基于网格的三维目标检测方法主要分为两大类：基于体素（voxel）的方法和基于柱状（pillar）的方法。这两类方法在处理点云数据的规则化过程中采用不同的策略，各有特点和适用场景。基于体素的方法将三维空间划分为规则的三维体素单元（voxel）。每个体素内的点云信息被聚合为一个特征向量，通常通过统计点的数量、反射强度等信息或通过特征提取网络生成体素特征向量。这些体素化后的特征被输入三维卷积神经网络，从而实现对点云的特征提取和目标检测。VoxelNet 是这一类方法的代表，它提出了体素特征编码器（voxel feature encoding，VFE）模块，用于在体素单元中提取局部特征。通过三维卷积网络，VoxelNet 实现了对物体的三维边界框预测。随后，SECOND（sparse encoder for object detection）对 VoxelNet 进行了改进，采用稀疏卷积操作加速体素特征处理，显著提升了计算效率。基于体素的方法能够捕捉点云的三维几何结构，特别适合应用于大范围环境感知的场景，例如自动驾驶和无人机导航。

另一类基于网格的方法则将点云划分为二维柱状单元（pillar），每个柱状单元对应三维空间中的一个竖直柱体。这种方式可以将三维空间中的点云数据投影到二维平面上，从而简化了计算复杂度。每个柱状单元内的点云信息被投影到二维平面，并通过二维卷积网络进行处理。这类方法代表性的方法如 Point Pillars，它通过将点云数据转换为柱状单元的形式，大大简化了三维数据的表示。由于柱状方法仅需对投影后的二维数据进行处理，因此它在计算上比基于体素的三维方法更加高效，同时能够保留空间信息，特别适用于实时性要求较高的场景。

基于网格的三维目标检测方法的优势在于其规则化的表示方式，这种方式不仅便于深度学习模型的处理，还非常适合并行计算，从而大大提高了计算效率。对于大规模的点云数据，网格化表示可以显著减少计算复杂度，并且能够利用现有的二维卷积网络进行高效处理。然而，这种方法的缺点是，在网格化过程中可能会引入量化误差，尤其是在低分辨率网格化时，可能丢失部分细节信息。因此，为了在精度和效率之间取得平衡，通常需要根据具体应用场景选择适合的网格化策略[10-12]。

7.1.2.1 体素化三维目标检测

体素化三维目标检测是一种基于网格的三维目标检测方法，其核心思想是将稀疏的三维点云数据转化为规则的体素网格表示，以便深度学习模型能够高效处理三维空间信息。这种方法通常包括以下几个关键步骤：体素化预处理、特征提取、三维特征图构建、3D CNN 处理和目标检测与分类。

首先，将输入的三维点云数据转换为体素网格。具体来说，体素化是指将三维空间划分成大小相同的体素单元，每个体素单元是一个固定大小的立方体或矩形体。点云中的每个点都会根据其三维坐标被分配到相应的体素单元中。这一步骤的关键参数包括体素的分辨率和网格的大小，它们直接影响数据表示的精细程度和后续计算的复杂性。分辨率越高，体素越小，越能够捕获更细致的空间信息，但计算复杂度会显著增加；分辨率越低，则计算效率越高，但可能丢失部分细节信息，因此需要在精度和效率之间找到平衡。

接下来，对每个体素中的点进行特征提取。这一步骤的目标是将原始点云数据转化为更易被深度学习模型处理的特征表示。例如，可以计算每个体素中点的数量、点的分布密度、点的平均高度，以及点云的其他几何和统计特征。这些特征能够帮助模型更好地理解三维空间中的结构信息，尤其是在物体的形状和分布模式方面。这些特征不仅能有效表示三维空间的局部结构，还能够显著压缩点云数据量，为后续处理提供高效的特征表示。

随后，使用提取的特征构建一个三维体素特征图。体素特征图是一种规则化的三维张量表示，类似于二维图像中的特征图，但它扩展到了三维空间。每个体素单元都会通过特征提取生成一个特征向量，这些特征向量被排列成三维网格，形成体素特征图。这种特征图的规则化表示能够有效支持基于卷积神经网络的后续处理。将三维体素特征图输入三维卷积神经网络（3D CNN）中进行处理。3D CNN 能够在三维空间中提取多尺度的空间特征，捕捉目标物体在三维空间中的形状、位置和方向等信息。相比二维卷积神经网络，3D CNN 能够更自然地处理三维空间数据，因为它直接在三维张量上操作，能够同时在高度、宽度和深度三个维度上提取特征。在这个过程中，通过多层卷积和池化操作，模型逐步学习到更加丰富的空间特征。为了进一步提升效率和鲁棒性，部分方法还会在模型中引入注意力机制或跳跃连接（skip connections）等技术，以加强特征提取的效果。

最后，在三维特征图上执行目标检测与分类任务。通过网络的输出，可以识别出体素空间中的目标物体，并给出物体的类别和位置信息。在检测阶段，模型通常会生成候选的三维边界框，并通过回归方法优化边界框的位置和尺寸。同时，分类分支对每个候选框中的物体进行类别预测。最终的输出结果包括每个目标物体的类别、三维坐标、大小以及旋转角度等关键信息。这些信息能够为自动驾驶、机器人导航等应用场景中的决策提供可靠的输入。

（1）VoxelNet

VoxelNet 是一种用于三维目标检测的深度学习模型，其核心思想是通过体素化处理，将稀疏的三维点云数据转换为稠密的三维体素网格，并利用三维卷积神经网络（3D CNN）直接从这些体素网格中提取特征，进行目标检测和分类。与传统的三维目标检测方法不同，VoxelNet 避免了将点云数据投影到二维空间的过程（例如生成鸟瞰图或前视图），因此能够更完整地保留三维信息。其网络结构如图 7-7 所示。

VoxelNet 的算法流程可以细分为以下几个步骤：

① 输入数据预处理：接收原始的三维点云数据（如激光雷达点云），并根据预设的体素大小将点云数据划分为固定大小的三维体素网格。对于每一个体素，收集该体素内的所有点并提取点的基本特征（如坐标、反射强度等）。

② 体素特征编码层（voxel feature encoding，VFE）：对每个体素内的点，使用全连接层（fully connected layer）来提取每个点的局部特征，并通过最大池化操作将这些特征聚合成一个单一的体素特征。将所有点的特征聚合，得到体素的描述符，该描述符包含了该体素内点的几何信息和语义信息。

③ 三维卷积特征提取（3D convolutional feature extraction）：将 VFE 层生成的体素特征映射到稠密的三维体素网格上。使用多个三维卷积层（3D CNN）在整个体素网格上进行卷积操作，提取更高层次的空间特征。这些卷积层可以捕捉到物体的全局结构信息。

④ 目标检测与分类（detection and classification）：通过卷积后的特征图，使用检测头（detection head）进行目标检测和分类。检测头通常由多层卷积和全连接层组成，用于预测

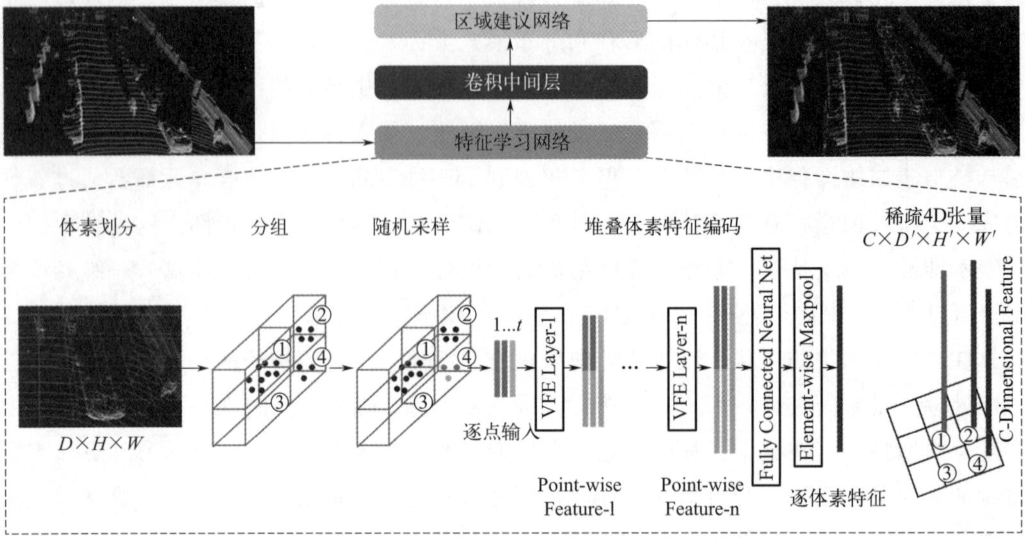

图 7-7　VoxelNet 网络结构

三维边界框的位置和大小，以及每个边界框的类别。

VoxelNet 直接在三维空间中进行特征提取，而不是将点云投影到二维平面，这样可以完整保留三维点云的几何信息，提升检测的精度。通过体素特征编码和三维卷积网络，VoxelNet 能够捕捉到丰富的几何和空间特征，适用于多种复杂场景下的三维目标检测任务。然而 VoxelNet 的缺点也比较明显，三维卷积的计算复杂度较高，对硬件资源要求较高，特别是对于高分辨率体素化和深层网络结构，训练和推理的时间较长。由于三维体素化后产生的网格数据量较大，VoxelNet 需要较大的内存进行计算和存储，尤其是在处理高密度点云数据时。尽管 VoxelNet 对稀疏点云有较好的处理能力，但对于稠密点云数据（如室内扫描），体素化后生成的稠密网格会导致计算量和存储的迅速增加。

（2）SECOND

SECOND（sparsely embedded convolutional detection）是一种基于体素的三维目标检测方法，旨在改进 VoxelNet 的性能和效率。SECOND 的核心思想是通过稀疏卷积技术来处理稀疏的三维点云数据，显著减少计算开销和内存使用，同时保持较高的检测精度。它被广泛用于自动驾驶、机器人导航等领域的三维目标检测任务。其网络结构如图 7-8 所示。

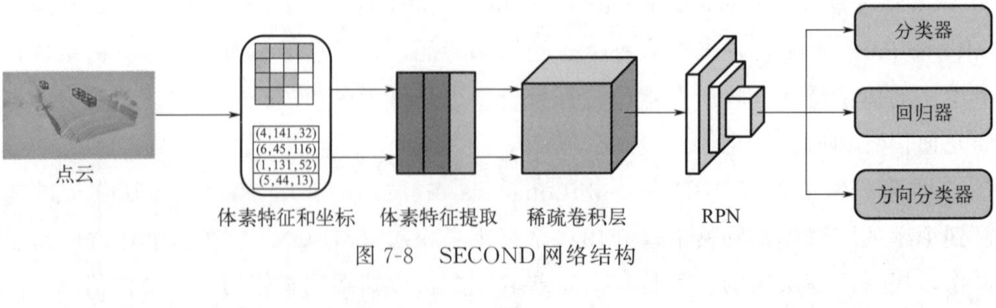

图 7-8　SECOND 网络结构

SECOND 的算法流程可以分为以下几个步骤：

① 点云数据体素化（voxelization）：接收三维点云数据（如激光雷达点云），将其划分

为固定大小的体素网格。每个体素代表三维空间中的一个小立方体单元。对于每个体素，记录该体素内的所有点的坐标和其他特征（如反射强度）。

② 体素特征编码（voxel feature encoding，VFE）：使用一个小型的神经网络（如全连接层）对每个体素内的点进行特征提取，生成体素特征。这些特征包括点的几何信息和语义信息。聚合体素内点的特征，得到一个固定长度的特征向量，作为该体素的特征表示。

③ 稀疏卷积特征提取（sparse convolutional feature extraction）：将体素特征映射到稀疏的三维体素网格上。体素网格中只有非空体素单元会被记录和处理。使用稀疏卷积神经网络（sparse convolutional neural network）在稀疏体素网格上进行卷积操作，提取多尺度的空间特征。稀疏卷积只在非空体素单元进行计算，跳过空体素，显著减少计算量。

④ 目标检测与分类（detection and classification）：将卷积后的稀疏特征图展开为密集的二维特征图，通过转换操作（如投影到鸟瞰图，BEV，bird's eye view）简化特征表示。使用二维卷积神经网络（2D CNN）和检测头（detection head）对二维特征图进行目标检测和分类，生成三维边界框（bounding box）和相应的类别预测。

⑤ 后处理（post-processing）：使用非极大值抑制（non-maximum suppression，NMS）等技术去除冗余的检测结果，得到最终的检测输出。

SECOND 通过引入稀疏卷积，有效提升了基于体素的三维目标检测方法的计算效率和内存利用率，同时保持了较高的检测精度。它适合用于需要高效处理稀疏点云数据的应用场景，如自动驾驶和机器人导航。然而，面对稠密数据或资源受限的环境时，SECOND 的优势可能会减弱。总体来说，SECOND 是一种高效且灵活的三维目标检测方法，在实际应用中有广泛的潜力和发展空间。

（3）Voxel-RCNN

Voxel-RCNN 是一种基于体素的三维目标检测方法，旨在结合体素网格的稠密特征提取与区域卷积神经网络（region-based convolutional neural network，R-CNN）的精细定位能力，从而实现高精度的三维目标检测。Voxel-RCNN 通过在初步检测的候选区域上进行精细特征提取，有效地提升了检测精度，并降低了计算成本。其网络结构如图 7-9 所示。

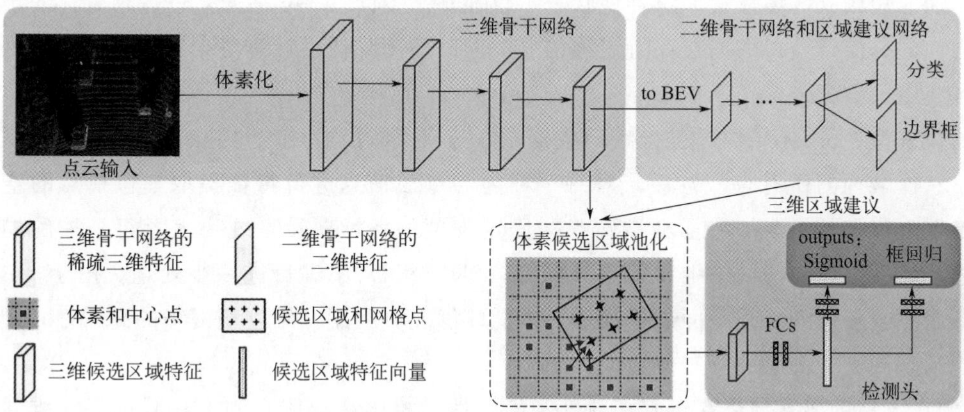

图 7-9　Voxel-RCNN 网络结构

Voxel-RCNN 的算法流程可以分为以下几个主要步骤：

① 输入数据预处理：接收原始的三维点云数据（例如，来自激光雷达的点云数据），根据预设的体素大小和范围将点云数据划分为三维体素网格。对每个体素中包含的点进行统计，提取基本特征（如点的数量、平均坐标等）。

② 体素特征提取：使用三维卷积神经网络（3D CNN）对体素化后的点云数据进行卷积操作，提取稠密的三维特征图。这一步类似于 VoxelNet 的特征提取过程，生成包含空间和几何信息的三维特征。

③ 候选区域生成（region proposal generation）：根据三维特征图，通过基于 anchor 的方法（或 anchor-free 方法）生成候选区域。这些候选区域通常是潜在目标的位置，包含初步的三维边界框信息。

④ Voxel RoI Pooling：对每个候选区域，使用 Voxel RoI Pooling 从三维特征图中提取与该区域相关的特征。Voxel RoI Pooling 通过将三维候选区域划分为固定数量的三维体素池，并将每个体素池中的特征进行聚合，得到固定大小的候选区域特征表示。

⑤ 精细检测与分类（fine detection and classification）：将 Voxel RoI Pooling 提取的候选区域特征通过全连接层进一步处理，进行精细的三维边界框回归和类别预测。模型根据这些特征来精确地定位目标并分类。

⑥ 后处理（post-processing）：对检测结果应用非极大值抑制（non-maximum suppression，NMS）等技术，以去除冗余的边界框，获得最终的检测输出。

Voxel-RCNN 是一种结合稠密体素特征提取与精细区域特征聚合的三维目标检测方法，通过在稠密特征图上进行精细的候选区域检测，实现了高精度的三维目标检测。它有效地利用了稀疏点云数据的特性，适用于自动驾驶、机器人导航等场景。然而，其实现复杂度和对硬件资源的要求较高，在处理非常高分辨率的点云数据时可能存在效率问题。总体来说，Voxel-RCNN 具有广泛的应用潜力，是一种性能优越的三维目标检测方法。

7.1.2.2 柱状化三维目标检测

基于柱状（pillar）的三维目标检测方法是一种旨在提高点云处理效率和精度的创新技术[13,14]。与传统基于体素（voxel）的方法不同，pillar 方法将三维空间划分为柱状（pillar）区域，而非规则立方体体素。这种柱状表示仅在水平方向（x-y 平面）进行划分，而不考虑高度方向的分层，使得数据在保持三维信息的同时显著降低了计算复杂度，尤其适合处理大规模稀疏点云数据。

具体来说，pillar 结构通过将点云数据按 x-y 平面划分为多个柱状网格，每个 pillar 包含了柱状区域内的所有点。然后，对每个柱内的点云信息进行特征提取，包括点的空间坐标、反射强度等，提取的特征会被转换为固定维度的特征向量，统一表示每个柱的局部特性。这些特征随后被输入二维卷积神经网络（2D CNN）中进行进一步处理。由于 pillar 方法将三维点云投影到二维平面进行操作，因此能够充分利用二维卷积网络的高效性，同时保留了点云在高度方向上的分布信息。

pillar 方法的显著优势在于其高效性和简化性，相比基于体素的方法减少了三维卷积的计算开销。此外，由于采用稀疏点云表示，pillar 方法能够在稀疏场景中更稳定地运行。典型的基于 pillar 方法的检测框架如 Point Pillars，在自动驾驶、机器人等对实时性要求较高的场景中表现出色，兼顾了精度与效率。

（1）Point Pillars

Point Pillars 是一种基于柱状结构的三维目标检测方法，主要用于从激光雷达（LiDAR）点云中检测物体。它的设计目标是通过简化三维点云数据的处理，将复杂的三维问题转化为二维问题，从而显著提高计算效率，同时保持较高的检测精度。其网络结构如图 7-10 所示。

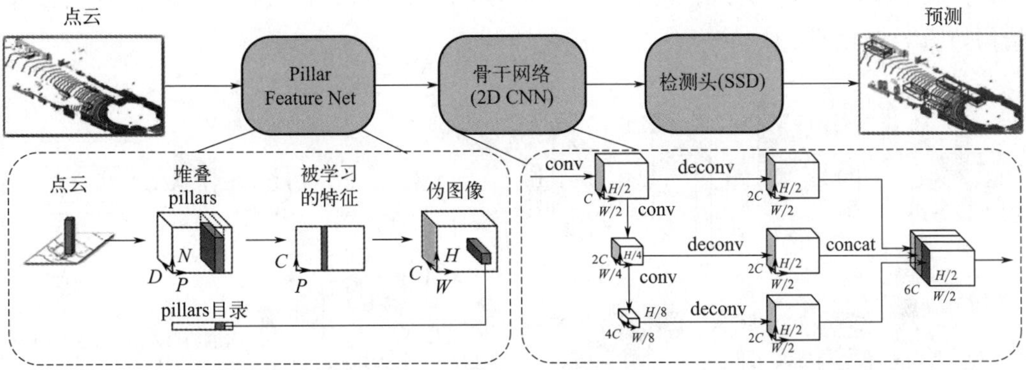

图 7-10　Point Pillars 网络结构

Point Pillars 的算法流程可以分为以下几个主要步骤：

① 点云数据柱状化（pillarization）：输入的三维点云数据根据设定的柱子（pillar）的大小和范围划分为多个柱状区域。每个柱子在水平方向（x-y 平面）上有固定的尺寸，但在垂直方向（z 轴）上则没有限制，可以包含任意高度的点。对于每个柱子，计算其中点的特征，如点的坐标（相对于柱的中心）、反射强度（intensity）以及与柱中心的相对距离。这些特征作为输入，送入一个简单的特征编码网络。

② 特征编码（feature encoding）：使用一个多层感知机（MLP）对每个柱子中的点进行特征提取。这一步通过学习不同点之间的关系，将原始点云数据的稀疏特征编码作为柱子的固定长度的特征表示。对每个柱中的所有点的特征进行聚合（例如，通过 max pooling），得到每个柱子的特征向量。这样，每个柱子就有了一个固定大小的特征表示。

③ 伪图像生成（pseudo-image generation）：将所有柱子的特征向量按照其在 x-y 平面中的位置排列，生成一个稀疏的二维特征图。这个特征图可以看作一个伪图像，包含了三维点云在水平方向上的分布信息。

④ 目标检测（detection head）：使用二维卷积神经网络（2D CNN）对生成的伪图像进行卷积操作，提取多尺度的特征图。这些特征图包含了物体的空间信息和几何信息。利用检测头（detection head）对提取的特征图进行目标检测和分类，预测出三维边界框（bounding boxes）及相应的类别。

⑤ 后处理（post-processing）：对检测结果应用非极大值抑制技术，以去除重叠的候选框和冗余的检测结果，最终得到精确的目标检测输出。

Point Pillars 通过将三维点云数据处理简化为二维卷积操作，实现了高效的三维目标检测。它在保持较高检测精度的同时，显著提高了计算效率和内存利用率，非常适用于自动驾驶、机器人导航等实时性要求高的场景。然而，在处理非常稠密的点云数据或需要高精度的细节特征时，Point Pillars 可能需要进一步的优化。总体而言，Point Pillars 是一种在三维目标检测领域中非常具有竞争力的方案，平衡了效率和性能。

（2）Pillar Net

Pillar Net 是一种基于柱状结构的三维目标检测方法，它是对 Point Pillars 的改进和扩展，旨在进一步提高三维点云检测的精度和效率。Pillar Net 主要引入了更加复杂的网络结构和特征融合策略，以更好地捕捉点云数据中的几何信息和细节，从而提升检测性能。其网络结构如图 7-11 所示。

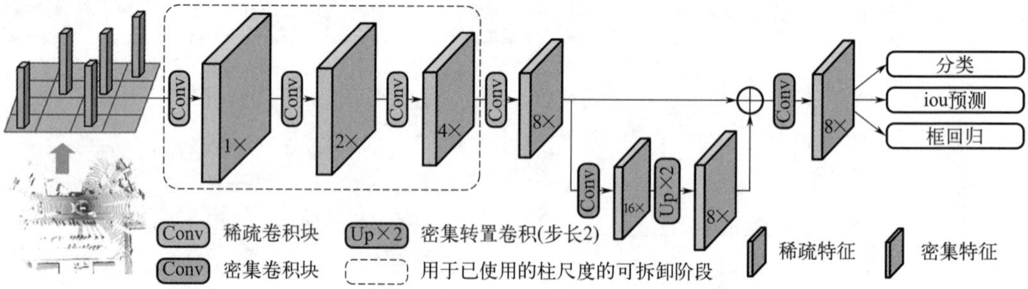

图 7-11　Pillar Net 网络结构

Pillar Net 的算法流程可以分为以下几个主要步骤：

① 柱状划分（pillarization）：将输入的三维点云数据根据设定的柱状大小和范围划分为多个柱状区域。每个柱子在水平平面（x-y 平面）上有固定的尺寸，并且包含在其范围内的所有点云数据。

② 多尺度特征提取（multi-scale pillar feature extraction）：首先进行柱状特征编码（pillar feature encoding，PFE），使用多层感知机（MLP）对每个柱中的点进行特征提取。与 Point Pillars 类似，这一步通过学习点之间的关系，将原始点云数据的稀疏特征编码为柱的固定长度的特征表示。然后通过多尺度卷积模块（multi-scale convolution modules）在柱状特征图上应用多个卷积模块，每个模块使用不同的感受野来捕捉不同尺度的几何特征。通过多尺度特征提取，Pillar Net 能够更好地适应不同大小的物体和不同距离的目标。

③ 特征融合（feature fusion）：将多尺度卷积模块提取到的特征进行融合，以构建一个更丰富、更具表达能力的特征表示。特征融合策略通常采用特征拼接或加权求和的方式，整合来自不同尺度的特征。

④ 细粒度特征增强（fine-grained feature enhancement）：引入细粒度特征增强模块，对特征图进行进一步的卷积操作，提取更加细致的局部特征。这一步对于提高小物体和复杂物体的检测精度尤其重要。

⑤ 目标检测（detection head）：使用二维卷积神经网络（2D CNN）对融合后的特征图进行卷积操作，生成多尺度的特征图。利用检测头（detection head）对特征图进行目标检测和分类，预测出三维边界框（bounding boxes）及相应的类别。

⑥ 后处理（post-processing）：对检测结果应用非极大值抑制技术，以去除重叠的候选框和冗余的检测结果，最终得到精确的目标检测输出。

Pillar Net 是对 Point Pillars 的改进和扩展，旨在通过增强特征提取网络和特征融合策略，提升三维目标检测的精度和效率。它通过多尺度特征提取、细粒度特征增强和稀疏卷积等技术，有效地提高了对复杂几何特征的表达能力和对小物体的检测性能。尽管在实现复杂度和硬件资源要求上有所提高，Pillar Net 依然具有广泛的应用潜力，是三维点云检测领域中一个重要的发展方向。

7.1.3　基于点-体素融合的三维目标检测方法

基于点-体素融合的三维目标检测方法是一种在点云数据处理领域具有重要意义的技术，结合了点云数据的精细度和体素数据的结构化优势，旨在提升三维目标检测的精度和效率。点云数据以其稀疏性和高分辨率著称，能够捕捉到物体的精细结构特征，而体素数据则通过规则化的网格表示提供了稳定的空间结构信息，便于使用深度学习模型进行特征提取。点-体素融合方法通过将这两种表示方式结合起来，有效弥补了各自的不足，在精度和效率之间达成良好的平衡。该方法的核心思想是同时使用点云和体素两种表示方式，充分利用点云的稀疏性与高精度几何信息，以及体素的固定网格结构便于卷积操作和特征聚合的特性。在点-体素融合框架中，点云通常作为输入数据被预处理后生成体素表示，通过体素化操作将三维点云数据划分为固定大小的体素单元。这些体素单元的特征会通过三维卷积神经网络（3D CNN）进行提取，同时保留点云的原始信息用于细节补充。随后，通过特定的融合模块，将点云和体素两种特征进行交互，最终形成更为丰富的三维特征表示[15,16]。

以 PV-RCNN 为代表的点-体素融合方法，在实际检测流程中使用了点特征和体素特征的双重提取策略。具体来说，PV-RCNN 首先对点云进行体素化，生成一个稀疏的体素特征图，并通过 3D CNN 提取体素特征，同时保留原始点云中的点特征。随后，通过一个点特征融合模块，将体素特征传播回点云特征中，使每个点能够结合局部的网格化特征，得到增强的点特征表示。这些融合后的点特征用于生成候选区域，并进一步进行目标检测和分类任务。相比单纯的点或体素方法，这种特征融合的方式显著提高了检测的精度。PV-RCNN＋＋是 PV-RCNN 的改进版本，引入了更加高效的特征聚合机制和特征更新模块，使得点特征与体素特征之间的交互更加深入，进一步提高了检测性能。此外，PDV（point and dynamic voxelization）方法在传统体素化的基础上加入了动态调整策略，通过动态体素化捕捉更精确的空间信息，同时结合点特征进一步优化目标检测结果。

基于点-体素融合的三维目标检测方法的优势在于，它能够同时兼顾点云的细节信息和体素的结构化信息，通过特征交互提升对目标物体的几何和语义理解能力。此外，这种方法在稀疏点云数据上表现尤为出色，能够有效应对数据缺失或不规则分布的情况。尽管点-体素融合方法在检测精度上具有显著优势，但其计算复杂度相对较高，对硬件资源和算法优化提出了更高的要求。

7.1.3.1　PV-RCNN

PV-RCNN（point-voxel region-based convolutional neural network）是一种先进的三维

目标检测方法，特别是针对自动驾驶场景中的点云数据。它通过融合点云的精细特征和体素的结构化表示，有效提升了三维目标检测的精度和效率。PV-RCNN 的核心思想是结合点云数据的精细特征提取能力和体素数据的结构化优势，构建了一个高效的三维目标检测网络。其主要贡献在于引入了点-体素特征融合机制，以充分利用两者的优势。其网络结构如图 7-12 所示。

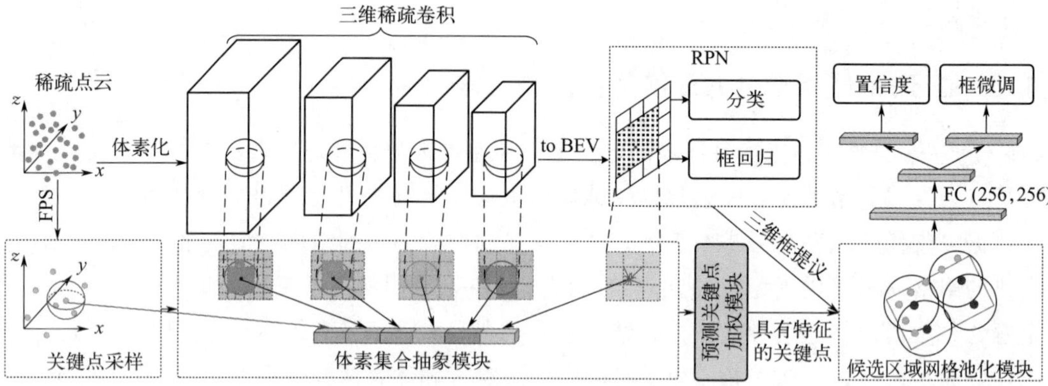

图 7-12　PV-RCNN 网络结构

PV-RCNN 的算法流程可以分为以下几个主要步骤：

① 体素化（voxelization）：将输入的三维点云数据划分为固定大小的体素网格。体素化的过程保留了三维空间的结构化信息，但会在一定程度上丢失点云的精细细节。

② 体素特征提取（voxel feature extraction）：对体素化后的点云数据应用稀疏卷积网络，提取三维体素特征。稀疏卷积网络能够高效地处理稀疏的三维点云数据，提取出初步的空间特征。

③ 点特征提取（point feature extraction）：使用 PointNet＋＋网络对点云数据进行特征提取。PointNet＋＋可以在保留点云数据细节的同时，提取高分辨率的点特征，特别是复杂几何结构的局部特征。

④ 点-体素特征融合（point-voxel feature fusion）：将体素特征和点特征融合在一起，形成一个统一的特征表示。PV-RCNN 采用了多级特征融合策略，通过在不同的特征层上进行融合，生成更加丰富的特征表示。

⑤ 区域建议网络（region proposal network，RPN）：使用区域建议网络（RPN）从融合后的特征图中生成初步的候选框。RPN 是一种经典的目标检测方法，用于从特征图中提取潜在的目标区域。

⑥ 目标检测和回归（detection and regression）：在生成的候选框上应用检测头（detection head），进行目标分类和边界框回归，最终输出三维目标检测结果。

⑦ 非极大值抑制（non-maximum suppression，NMS）：对检测结果应用非极大值抑制技术，以去除重叠的候选框和冗余的检测结果，最终得到精确的目标检测输出。

PV-RCNN 通过创新的点-体素特征融合策略，显著提升了三维目标检测的精度和效率，特别适用于自动驾驶等需要高精度三维目标检测的应用场景。尽管在计算资源需求和实现复杂度上存在一定的挑战，但其出色的性能使得 PV-RCNN 成为三维目标检测领域的一个重要基准方法，并推动了点云数据处理技术的发展。

7.1.3.2　PV-RCNN＋＋

PV-RCNN＋＋是一种用于 3D 点云目标检测的深度学习方法，是 PV-RCNN 方法的改进版。PV-RCNN＋＋通过结合点云和体素的特征，旨在更高效和精确地在三维空间中检测物体，其核心思想是通过整合点云特征和体素特征来增强 3D 检测性能。PV-RCNN 已经在体素网格上进行初步特征提取，然后将这些特征与点云的细粒度特征相结合，用于生成更精确的候选框。在 PV-RCNN＋＋中，研究者进一步改进了这一特征融合过程，通过引入更加高效的特征提取和融合策略，使模型能够更好地捕捉到 3D 空间中的复杂几何结构。其网络结构如图 7-13 所示。

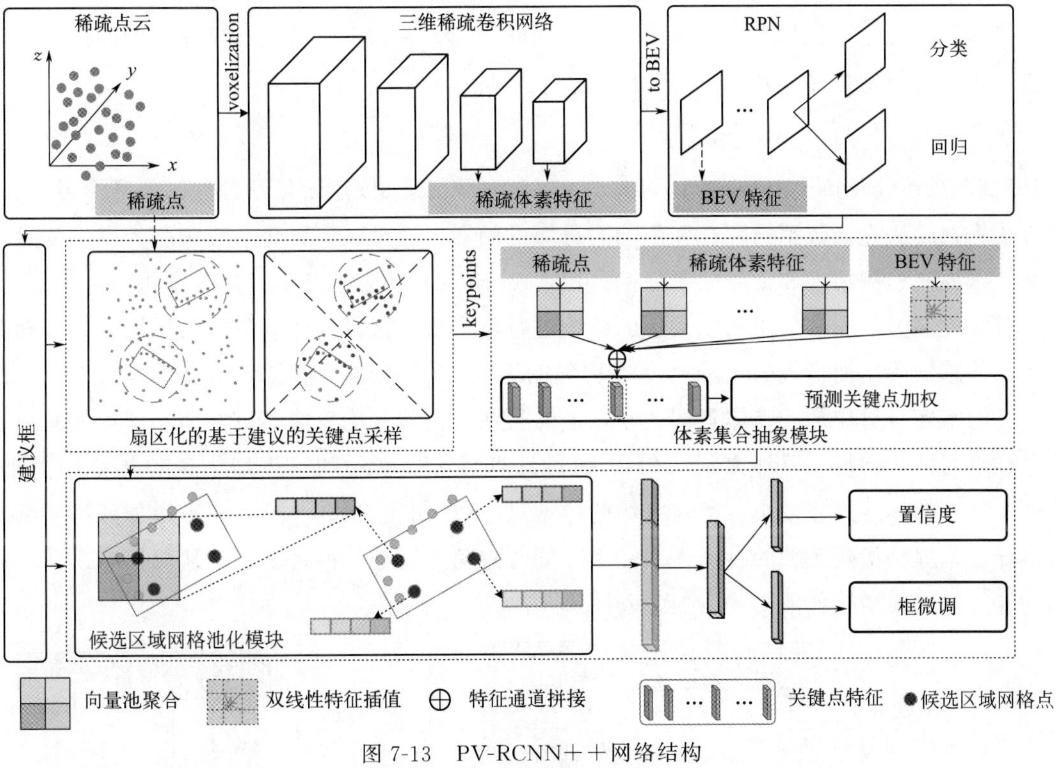

图 7-13　PV-RCNN＋＋网络结构

PV-RCNN＋＋的算法流程可以分为以下几个主要步骤：

① 体素化与特征提取：将 3D 点云数据体素化（voxelization），即将连续的 3D 点云空间离散化为一系列三维网格。对于每一个体素网格，使用一个 3D 卷积神经网络（CNN）来提取其内部的特征。这一步主要是捕捉点云的局部几何特征。

② 点特征提取与融合：在点特征提取阶段，直接从原始的点云数据中提取特征。这些特征可以捕捉到点云中更细粒度的几何信息。接着，使用特征融合模块，将从体素网格中提取的特征和点云中提取的点特征进行融合，形成更丰富的特征表示。

③ 区域建议生成：使用基于体素特征和点特征的融合特征，通过一个区域建议网络（region proposal network，RPN）生成候选区域。这些候选区域是潜在的物体位置。

④ 候选区域特征增强：在生成的候选区域内，通过进一步的特征增强模块，对候选区域内的特征进行细化和增强。这一步通常涉及更多的卷积和特征融合操作，以进一步提高检测的精度。

⑤ 最终检测与回归：基于增强后的候选区域特征，进行物体类别分类和边界框回归，输出最终的检测结果。

PV-RCNN＋＋通过同时利用体素特征和点特征，结合了体素化方法的高效率和点云方法的细节捕捉能力，能够有效地捕捉到三维空间中的复杂几何结构。由于在点特征提取与融合阶段的改进，PV-RCNN＋＋在目标检测任务中能够提供更高的检测精度，尤其是在检测边界模糊或复杂环境中的物体时表现更佳。相比于之前的 PV-RCNN 方法，PV-RCNN＋＋通过优化特征提取和融合过程，降低了计算复杂度，提高了推理速度。尽管 PV-RCNN＋＋在一定程度上优化了计算效率，但由于仍需同时处理体素和点云特征，整体模型的计算复杂度依然较高，特别是在处理非常密集的点云数据时。

7.1.3.3 PDV

PDV（point density aware voxelization）是一种用于 3D 点云目标检测的深度学习方法。该方法旨在解决点云数据稀疏性和不均匀分布的问题，通过在体素化过程中引入点密度感知策略，以提高检测精度和模型的鲁棒性。PDV 的核心思想是点密度感知体素化。传统的 3D 点云目标检测方法通常采用固定大小的体素进行体素化，这样的体素化方法无法有效处理由距离和传感器限制而造成的点云密度不均匀问题。PDV 提出了点密度感知体素化方法，根据点云的密度自适应地调整体素的大小，使点云在经过体素化后能够更好地保留点云的细节信息和空间结构特征。具体来说，PDV 通过计算每个体素中的点密度来调整体素的大小，使稠密区域的体素尺寸较小，稀疏区域的体素尺寸较大。这种方法可以在不增加计算复杂度的情况下，提高稀疏区域的特征提取能力，同时避免过度细分稠密区域，从而提高模型的整体性能。其网络结构如图 7-14 所示。

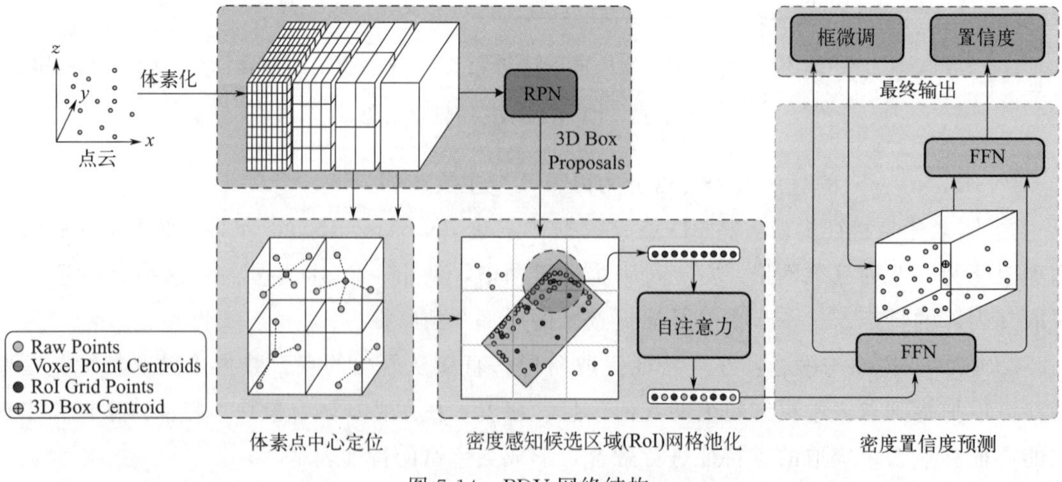

图 7-14　PDV 网络结构

PDV 的算法流程主要包括以下几个步骤：

① 点云输入与预处理：从激光雷达或其他 3D 传感器获取原始点云数据，并对其进行初步预处理，包括归一化和噪声去除等操作。

② 点密度计算：对预处理后的点云数据进行密度计算，统计每个局部区域（例如体素或固定半径内）的点数。点密度可以反映点云在该区域的稠密程度。

③ 点密度感知体素化：据计算得到的点密度信息，进行点密度感知体素化。在密度高的区域，使用较小的体素尺寸；在密度低的区域，使用较大的体素尺寸。这一步通过自适应调整体素的大小，来更好地保留点云的细节信息。

④ 特征提取：对经过点密度感知体素化后的点云进行特征提取，使用卷积神经网络（CNN）等深度学习模型提取特征。特征提取过程中，通常会结合多层次、多尺度的卷积操作，来捕捉不同空间尺度的特征信息。

⑤ 区域建议生成：使用区域建议网络（RPN）生成候选区域。这些候选区域是可能存在目标的区域，可以进一步细化检测和回归。

⑥ 目标检测与边界框回归：对候选区域进行进一步的目标分类和边界框回归，生成最终的检测结果，包括目标的类别和三维边界框位置。

总结来说，PDV 是一种在 3D 点云目标检测中非常有效的改进方法，通过点密度感知体素化策略，能够更好地处理稀疏性和不均匀分布的问题，提高检测精度和模型效率。但在实际应用中，还需考虑数据质量和模型复杂性等问题[17]。

7.2　基于图像的三维目标检测方法

基于图像的三维目标检测（3D object detection from images）是一项计算机视觉技术，其目标是在二维图像数据中识别和定位三维空间中的物体。与传统的二维目标检测不同，三维目标检测不仅需要确定物体的类别及其在图像中的位置，还需要准确估计物体在三维空间中的位置、尺寸和朝向。这种方法广泛应用于自动驾驶、机器人导航、增强现实（AR）等领域，在帮助机器理解和交互真实世界的过程中扮演了重要角色。

基于图像的三维目标检测方法以一张或多张二维图像作为输入。这些图像通常由单目相机（单一视角的相机）或立体相机（具有两个或多个视角的相机）采集。单目相机方案成本低、部署方便，但由于缺乏深度信息，三维估计的难度较高；立体相机则通过视差获取深度信息，但需要更复杂的硬件和计算。与二维目标检测的输出结果为二维边界框（bounding box）不同，三维目标检测的输出是三维边界框。这种边界框以一组参数表示，包括中心点的三维坐标（x，y，z）、物体的尺寸（长度、宽度、高度）以及旋转角度（通常为绕 z 轴的角度，表示物体的朝向）。

目前，基于图像的三维目标检测方法主要分为基于单目图像的检测方法和基于多视图的检测方法。基于单目图像的三维目标检测方法仅使用单张二维图像作为输入。由于单目图像本质上缺乏深度信息，这类方法通常依赖于一些先验知识或深度学习模型来推测三维信息。典型的基于单目图像的检测方法包括通过神经网络直接回归三维边界框参数，或者借助语义分割和关键点检测作为中间步骤，从而逐步推导物体的三维信息。例如，Mono3D先生成候选的三维区域，然后结合图像上下文和几何特征进行优化；而Deep3DBox利用物体的二维投影与三维边界框的一致性来估计其三维姿态。这类方法的优点是硬件要求低、计算资源消耗小，但由于缺乏真实的深度信息，其检测精度容易受到视角变化和遮挡的影响。

基于多视图的三维目标检测方法通过从多个视角捕捉的图像获取三维信息。立体相机是多视图检测的典型硬件配置，通过视差（stereo disparity）计算出深度信息，构建场景的稠密深度图（dense depth map），从而实现三维目标检测。与单目方法相比，多视图方法能显著提高检测精度。例如，Pseudo-LiDAR方法通过将立体相机生成的深度图转换为伪点云（pseudo point cloud），再结合基于点云的检测算法进行处理，从而实现了类似LiDAR的三维目标检测效果。此外，一些方法会融合多帧图像信息，例如通过时间序列图像构建稀疏点云，以获取更可靠的三维信息。

基于图像的三维目标检测方法的优点在于成本较低且硬件配置简单，尤其是单目方法，因其易于部署而在自动驾驶的早期发展阶段被广泛采用。然而，这类方法的主要挑战是深度信息的缺失或不准确，即便使用立体相机或多视图，深度图的分辨率和精度仍然会受到环境光照、遮挡和视角限制的影响。此外，基于图像的三维目标检测对场景理解能力要求较高，需要模型能够充分利用视觉特征，如纹理、阴影、透视关系等，以弥补深度信息的不足[18-20]。

7.2.1 基于单目图像的三维目标检测方法

基于单目图像的三维目标检测任务需要从二维图像中推断物体的深度信息，这一过程充满挑战。单张二维图像缺乏直接的深度数据，它只能提供物体的投影信息，无法直接反映物体在三维空间中的位置和尺寸。如何从这些有限的视觉线索中估计物体的三维位置、尺寸和朝向，是基于单目图像进行三维目标检测的关键问题。尤其在自动驾驶、机器人导航等应用中，基于单目图像的三维目标检测能够降低系统成本，提高系统的普适性，因此这一问题吸引了广泛关注。由于二维图像中缺少深度信息，基于单目图像的三维目标检测方法通常依赖图像中的其他视觉线索，如物体的纹理、阴影、物体的形状、透视变化等，来推测深度和三维结构。物体在图像中的形态变化通常与其在三维空间中的尺寸、位置和朝向密切相关，神经网络通过学习这些视觉特征，能够推断出物体的三维信息。尽管如此，这一任务依然面临着许多挑战，比如如何处理图像中的遮挡、光照变化、纹理不明显等情况，以及如何减少从二维信息到三维信息推测过程中可能带来的误差。

基于单目图像的三维目标检测方法可以大致分为两类：基于直接回归的三维目标检测方法和基于深度估计的三维目标检测方法。基于直接回归的三维目标检测方法通过神经网络直接从输入的单目图像中回归出物体的三维参数，如物体的三维边界框、位置、尺寸和旋转角度等。这类方法的优势在于其结构简洁，通常不需要经过烦琐的中间步骤或假设，网络通过直接学习二维投影与三维结构之间的映射关系，能够高效地输出三维信息。代表性的例子如Mono3D，该方法通过生成候选的三维边界框，并结合图像特征进行回归，来估计物体在三维空间中的位置和朝向。Mono3D的创新之处在于其构建目标物体的三维候选框，并将该框的特征与图像中的视觉特征进行对比，从而通过回归方法精确估计物体的位置、尺寸和旋转角度。该方法减少了传统多步骤过程中的信息损失和计算复杂度，并取得了较好的性能。

然而，直接回归方法依赖于对图像特征和三维结构之间的复杂关系的学习，因此对训练数据的要求较高，尤其是需要大量标注的三维数据来指导训练。此外，由于三维物体的几何变换（如旋转、缩放等）可能与物体的二维投影呈现出复杂的非线性关系，因此如何更好地设计网络结构来处理这些变换仍然是一个挑战。基于深度估计的三维目标检测方法则首先估计场景的深度图（例如使用深度学习模型进行深度预测），然后结合深度信息来恢复物体的三维位置信息。这类方法通常分为两个步骤：首先使用单目图像估计出场景的深度图，然后利用该深度图与图像特征结合，推测物体的三维位置和姿态。通过深度图生成步骤，基于深度估计的方法能够为三维目标检测提供更高的几何信息准确度，因为深度图直接反映了物体的空间距离，弥补了传统直接回归方法中缺乏几何信息的问题。

例如，Deep3DBox 就是基于深度估计的三维目标检测方法的一个典型代表。该方法首先通过深度估计模型预测图像中每个像素的深度信息，接着结合深度图与图像的特征信息，进一步回归出物体的三维边界框。在此过程中，深度估计为三维目标检测提供了更为准确的几何结构，使物体的三维位置和姿态能够得到更加精确的恢复。基于深度估计的三维目标检测方法能够较好地解决一些与物体距离相关的问题，并能有效缓解因视角变化和物体尺寸差异导致的挑战。尽管基于深度估计的三维目标检测方法在处理几何信息时表现出较强的优势，但它也有其局限性。首先，深度估计依赖于图像中的纹理、光照条件以及场景的复杂度等因素，因此在光照条件复杂或纹理较为单一的场景中，深度估计的准确性可能会降低。其次，深度图的生成往往需要复杂的网络架构，这会增加计算成本，并使训练过程变得更为复杂。

基于单目图像的三维目标检测任务需要从二维图像中推断物体的深度信息。这个过程充满挑战，因为单张图像缺乏直接的深度数据。二维图像只能提供物体的投影信息，如何从这些有限的视觉线索中估计物体在三维空间中的位置、尺寸和朝向，是基于单目图像的三维目标检测的关键问题。为了解决这一问题，模型通常依赖图像中的多种视觉线索，如物体的纹理、阴影、物体的形状、透视变化等，来推测深度和三维结构[21]。

7.2.1.1　基于直接回归的三维目标检测方法

基于直接回归的三维目标检测方法是一种通过深度神经网络从单目图像中直接预测三维边界框参数的技术。这类方法的优势在于它们简洁而高效，不需要中间步骤，如深度估计、点云生成或关键点检测。相反，基于直接回归的方法通过学习从二维图像到三维空间的映射关系，直接回归出物体在三维空间中的位置、尺寸和朝向等参数。这些方法通常使用卷积神经网络（CNN）等深度学习技术来自动从图像中提取特征，并利用这些特征来预测三维边界框。

在这些方法中，网络模型通过输入的单目图像学习到物体的几何结构、纹理、阴影、透视变化等视觉线索，从而推测出物体在三维空间中的位置和姿态。例如，Mono3D 是一种典型的基于直接回归的三维目标检测方法，它通过先生成候选的三维区域，然后利用卷积神经网络从图像中提取上下文特征，并回归出每个候选区域的三维边界框。相比其他方法，基于直接回归的三维目标检测方法计算效率高，且避免了多个中间步骤，减少了处理过程中的信息损失。

(1) Deep3DBox

Deep3DBox 是一种基于单目图像的三维物体检测方法，通过直接回归的方式，从二维图像中推断出三维物体的边界框。该方法的核心思想是利用物体的二维检测框和一些几何先验知识（如地平面假设），通过深度神经网络回归出物体的三维姿态和位置。

Deep3DBox 的算法流程可以分为以下几个主要步骤：

① 二维检测：对输入的单目图像进行二维物体检测，得到每个物体的二维边界框。这一步可以使用现有的成熟的二维目标检测模型，如 YOLO(you only look once) 或 Faster R-CNN 等。二维检测框定义了物体在图像中的位置，并为后续的三维目标检测提供了初始区域。

② 特征提取与初始三维参数估计：对于每个检测到的二维边界框，从原始图像中提取特征。然后，使用深度神经网络（通常是卷积神经网络，CNN）对这些特征进行处理，以初步估计三维边界框的参数。在这个过程中，网络通过回归任务学习如何从图像特征中预测三维信息。

③ 地平面约束应用：利用地平面假设，假设车辆等目标物体底部接触地面，这一假设简化了物体在三维空间中位置的预测，特别是 z 轴上的坐标（高度）。这个假设有助于估计物体的中心位置与地面的垂直距离，从而优化三维位置估计。通过将检测到的二维边界框与地平面对齐，优化物体在三维空间中的位置估计。

④ 三维边界框的预测与优化：经过训练后的模型能够输出每个物体的三维边界框参数。最终预测的三维边界框参数经过多个回归步骤的优化和调整，得到在图像平面和三维空间中都具有高置信度的预测结果。

Deep3DBox 是一种简单而有效的单目三维目标检测方法，通过结合二维检测和几何约束，能够在没有深度传感器的情况下实现三维目标检测。其在自动驾驶等领域具有重要的应用潜力，但在复杂场景下的表现仍有提升空间，未来可能会结合更多的数据和先验知识来增强模型的泛化能力和准确性。

(2) KM3D-Net

KM3D-Net 是一种针对单目图像的三维目标检测方法，旨在从单目图像中估计三维物体的边界框。KM3D-Net 通过引入关键点检测和多任务学习的概念，直接从图像中回归目标物体的三维边界框（3D bounding box)。这种方法利用物体的几何信息和上下文特征来提高检测精度。KM3D-Net 的核心思想是利用关键点作为辅助信息，通过一个单一网络同时学习多个任务，包括二维边界框的检测、关键点的定位、三维尺寸的回归和姿态估计等。它的关键点检测模块可以更好地捕捉物体的几何信息，从而提升三维目标检测的性能。其网络结构如图 7-15 所示。

KM3D-Net 的算法流程包括以下几个步骤：

① 输入预处理与特征提取：对输入的单目图像进行预处理和特征提取，使用卷积神经网络（例如 ResNet 或 Hourglass 网络）提取输入图像的特征图。这些特征图包含了丰富的图像信息，能够用于后续的检测和回归任务。

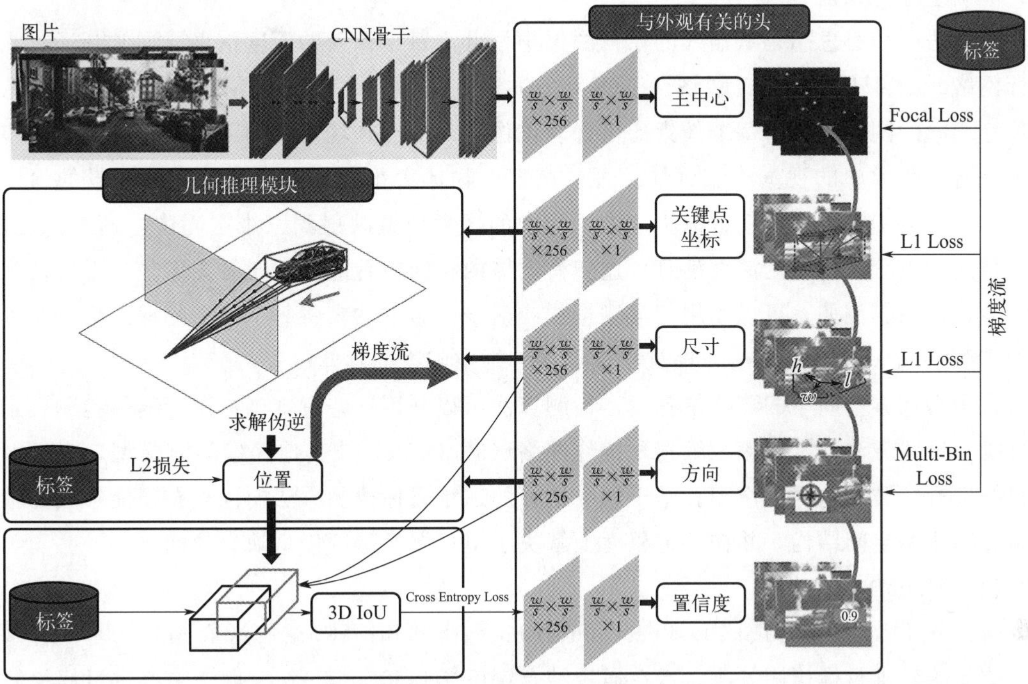

图 7-15　KM3D-Net 网络结构

② 关键点检测：KM3D-Net 通过一个关键点检测模块，检测物体在图像中的特征关键点。关键点检测模块通过一个卷积层输出关键点热力图（heatmap），每个热力图表示特定类型的关键点（例如车顶四角、底盘四角等）的置信度分布；通过回归的方式输出关键点的精确坐标位置，从热力图中解码出关键点的位置。这些关键点为后续三维目标检测提供了重要的几何约束。

③ 二维边界框检测：除了关键点检测，KM3D-Net 还检测每个目标物体的二维边界框。这个模块通常通过回归的方式，直接从特征图中预测二维边界框的坐标。

④ 三维尺寸回归与姿态估计：在获取到二维边界框和关键点信息之后，KM3D-Net 进一步回归物体的三维尺寸和姿态。这一步通过使用关键点信息和二维边界框信息，预测物体的三维边界框的具体参数。

KM3D-Net 是一种创新的单目三维目标检测方法，通过关键点检测和多任务学习，显著提高了三维边界框预测的精度。其核心优势在于利用关键点提供的几何信息，增强了检测的鲁棒性和精度。尽管其计算复杂度较高且对特征点依赖性较强，但 KM3D-Net 在自动驾驶等需要高精度三维目标检测的领域中具有重要的应用前景。

7.2.1.2　基于深度估计的三维目标检测方法

基于深度估计的三维目标检测方法是一类通过估计场景的深度信息，再利用这些深度信息进行三维物体检测的方法。这种方法主要应用于单目图像的三维目标检测任务，因为单目图像缺乏直接的深度数据，仅能提供二维平面上的信息。因此，基于深度估计的三维目标检测方法通过推测图像中的深度信息，帮助重建场景的三维结构，从而实现对物体在三维空间中的准确定位与识别。

该方法的核心思想是从输入的单目图像中估计出每个像素的深度信息，通常是通过深度估计网络［如基于卷积神经网络（CNN）的方法］来预测深度图。深度图是一个与输入图像尺寸相同的图像，其中每个像素的值代表该像素对应点在场景中的距离或深度。这一步的目标是通过图像中的视觉线索（如纹理、遮挡、物体大小等）来推测出三维场景的深度分布。一旦深度图被生成，就可以将二维图像中的像素位置映射到三维空间中。通过深度图，每个像素可以获得对应的深度信息，这使得物体的空间位置能够从二维图像坐标系转换为三维世界坐标系。例如，可以使用三角测量法或射线投影方法来将每个像素的深度信息与其相应的二维坐标（x，y）结合，推算出该点在三维空间中的具体位置。

在得到三维空间中的物体位置后，检测算法可以利用这些三维坐标进行物体检测、定位和分类。这些方法常常依赖三维卷积神经网络（3D CNN）或其他深度学习模型，来进一步对目标进行分类和边界框回归。基于深度估计的三维目标检测方法的优点在于能够较为精确地重建物体的空间结构，并在一定程度上解决了单目图像深度信息缺失的问题。

（1）MonoDTR

MonoDTR（monocular 3D object detection with depth-aware transformer）是一种基于单目图像的三维目标检测方法，旨在通过结合深度感知 Transformer 网络来改进目标检测的精度。MonoDTR 主要通过深度感知（Depth-Aware）机制来提升三维目标检测的表现，从而更好地从单目图像中恢复物体的三维信息。其网络结构如图 7-16 所示。

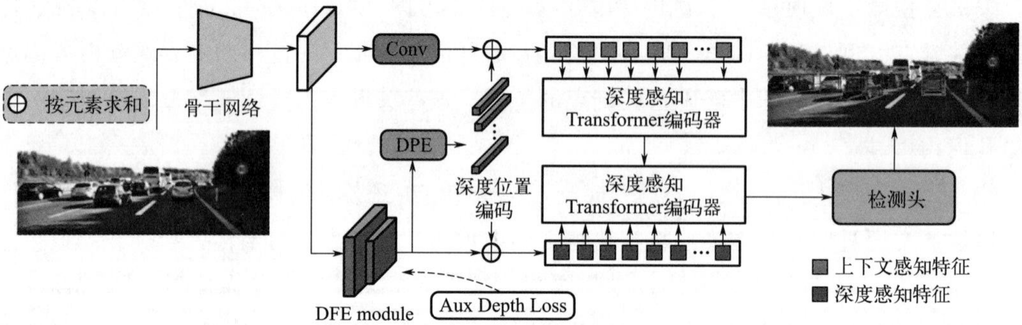

图 7-16　MonoDTR 网络结构

MonoDTR 的算法流程包括以下几个主要步骤：

① 输入图像预处理：对输入的单目图像进行预处理，确保图像的一致性。预处理可能包括图像的缩放、归一化等操作，以准备输入网络中的数据。

② 深度估计：使用深度估计网络从输入图像中生成深度图。这个步骤生成的深度图为每个像素提供深度信息，这些信息可以用来辅助三维目标检测。

③ 图像特征提取：在获得深度图之后，使用卷积神经网络（CNN）从原始图像中提取特征图。这些特征图捕捉了图像的局部信息，包括边缘、纹理和颜色等。

④ 深度感知 Transformer 模块：将深度图和特征图输入深度感知 Transformer 模块。Transformer 模块通过自注意力机制对特征进行增强，同时考虑深度信息来改进特征表示。

⑤ 三维目标检测：在深度感知 Transformer 模块生成的增强特征图上进行三维目标检

测。检测网络同时预测二维边界框和三维边界框参数。

⑥ 三维边界框解码：将三维目标检测头的输出参数解码成实际的三维边界框。这一步涉及将相机坐标系下的三维参数转换为世界坐标系下的实际坐标，并结合相机内参进行尺度恢复。

MonoDTR 通过结合深度感知机制和 Transformer 模型，有效提升了单目图像中的三维目标检测性能。其深度感知机制利用深度信息增强特征表示，深度感知 Transformer 模块捕捉全局上下文信息，提升了三维目标检测的精度。尽管该方法具有较高的计算复杂度和对深度估计的依赖性，但其在提升三维目标检测精度方面具有显著优势。

（2）DEMM

DEMM（depth estimation matters most）是针对单目三维目标检测的研究，重点在于利用深度估计来提升三维目标检测的性能。该方法的核心思想是深度信息对于三维目标检测的影响是关键的，通过高质量的深度估计来增强目标检测的准确性。其网络结构如图 7-17 所示。

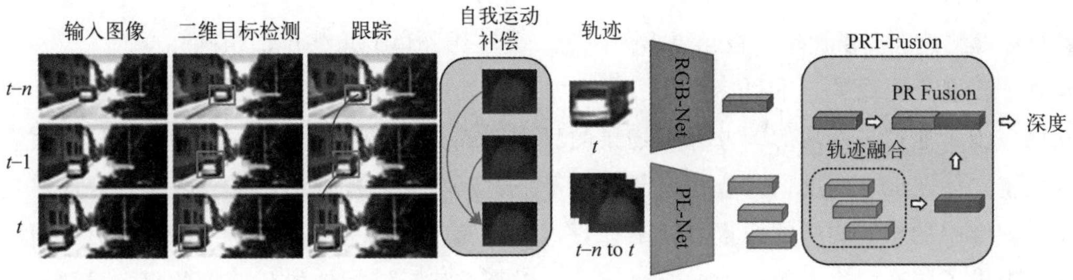

图 7-17　DEMM 网络结构

DEMM 的算法流程通常包括以下几个步骤：

① 输入图像预处理：对输入的单目图像进行预处理，以确保图像的一致性和质量。预处理可能包括图像的缩放、归一化等操作，为后续的深度估计和目标检测步骤做好准备。

② 深度估计：使用深度估计网络从输入图像中生成深度图。这个步骤生成的深度图为每个像素提供深度信息，这些信息对于三维目标检测至关重要。

③ 特征提取：在生成深度图后，使用特征提取网络从原始图像中提取特征图。这些特征图捕捉了图像的局部信息，包括边缘、纹理和颜色等，用于后续的目标检测任务。

④ 深度增强特征学习：将深度图与特征图结合，通过深度增强模块对特征进行处理和增强。这个模块使用深度信息来调整和优化特征表示，从而提高三维目标检测的精度。

⑤ 三维目标检测和解码：在增强后的特征图上进行三维目标检测。检测网络基于深度增强的特征图预测物体的三维边界框参数，包括位置、尺寸和姿态，将三维检测头输出的参数解码为实际的三维边界框。这一步将相机坐标系下的三维参数转换为世界坐标系下的实际坐标，并结合相机内参进行尺度恢复。

DEMM 通过结合深度估计和目标检测，显著提升了单目图像中的三维目标检测性能。通过深度增强特征学习，模型能够更好地利用深度信息来改善目标检测的准确性。尽管该方法在计算复杂度和深度估计依赖性方面存在挑战，但其在提升三维目标检测精度方面具有显著优势。

7.2.2 基于多视图的三维目标检测方法

基于多视角图像的三维目标检测方法是一种通过结合来自不同视角的二维图像数据来推断三维物体信息的技术。这种方法的核心思想在于，利用多张从不同角度拍摄的图像，能够获得更全面的深度和结构信息，从而对三维物体进行更精确的重建。相比于基于单目图像的三维目标检测，基于多视角图像的三维目标检测方法能够在物体定位、尺寸估计、姿态估计等方面提供更强的鲁棒性和更高的精度，尤其在处理复杂场景、遮挡问题以及纹理不清晰的物体时表现出显著优势。

多视角图像通常是指从多个相机位置或角度拍摄的同一场景的图像集合，这些图像包含了物体在不同视角下的投影信息。利用这些不同的视角，计算机视觉算法可以通过几何学原理（如立体视觉和三角测量）来估算图像中每个物体的深度信息。例如，在立体视觉方法中，两个相机拍摄的图像通过计算像素的视差（即同一物体在两个视角中的位置差异），可以推算出物体的深度，从而恢复场景的三维结构。通过不同角度的图像组合，基于多视角图像的三维目标检测能够提供比单一视角更多的信息，使三维物体的重建更加精确和全面[22-24]。

基于多视角图像的三维目标检测方法通常分为两个步骤：

第一步，通过多视角的图像计算场景的深度图或三维点云。生成深度图或点云的过程通常依赖于立体匹配、深度估计或视差图生成等技术。在立体视觉中，计算机通过匹配来自不同视角图像中的相同物体的像素点，来计算这些像素点的视差，从而推算物体的深度信息。深度图提供了图像中每个像素点的距离值，这对于重建三维物体的几何形状至关重要。在深度估计方法中，使用深度学习模型从多视角图像中直接预测每个像素的深度信息，这些方法通常需要大量的训练数据和计算资源，但能在一定程度上解决遮挡、光照变化等问题。

第二步，利用获得的深度信息和图像特征，进行物体检测与识别。通过结合深度信息，计算机能够准确地推断物体在三维空间中的位置、朝向和尺度，从而实现物体的检测和定位。与单视角图像不同，基于多视角图像的三维目标检测方法能够更有效地解决物体定位不准确的问题，因为多视角图像提供了更丰富的几何信息，可以在物体遮挡、纹理缺失等复杂情况中补充不足的信息。通过不同视角之间的互补，物体的三维形状也能够得到更准确的重建。这些特点使基于多视角图像的三维目标检测方法在许多实际应用中表现出了重要的优势。

目前，基于多视角图像的三维目标检测方法已广泛应用于多个领域，尤其是在自动驾驶、机器人视觉和增强现实（AR）等领域。在自动驾驶中，多个摄像头可以从不同的角度捕捉到车辆周围环境的信息，通过多视角图像的深度信息，可以准确地检测和定位周围的障碍物，为自动驾驶系统提供重要的感知支持。在机器人视觉中，多视角图像的结合可以帮助机器人更好地理解复杂环境，进行三维场景重建和路径规划。此外，在增强现实（AR）中，基于多视角图像的三维目标检测能够提供更加精确的虚拟与现实场景的融合，提升用户体验。

然而，尽管基于多视角图像的三维目标检测方法具有显著的优势，但也面临一些挑战。

首先，多个视角图像的同步和标定要求较高。在进行多视角图像融合时，确保各个视角的图像在时间和空间上是同步的，且摄像机的内外参标定准确，是高精度三维目标检测的前提。标定不准确可能导致深度信息的不一致，从而影响三维重建的准确性。其次，图像之间的视差计算需要较高的计算资源，尤其是在处理高分辨率图像和大规模数据集时，计算量会急剧增加。为了解决这一问题，近年来许多研究提出了优化算法，如基于深度学习的视差估计方法，它们通过学习图像之间的特征匹配关系，可以更高效地计算视差，减少计算成本。

此外，如何有效地融合来自不同视角的信息以获得高精度的三维估计，仍然是该领域的研究重点之一。传统的多视角融合方法大多基于几何学原理（如立体匹配和三角测量），但这些方法在存在遮挡和视角变化较大的情况下容易出现错误。近年来，基于深度学习的多视角图像处理方法逐渐兴起，这些方法通过学习多视角之间的映射关系，能够更好地融合不同视角的信息，并提高三维重建的精度。深度学习模型通过端到端的训练，不仅能够自动学习如何提取有效的视觉特征，还能学习如何在不同视角之间进行信息融合，从而提升三维目标检测的精度和鲁棒性。

总的来说，基于多视角图像的三维目标检测方法，在精度和鲁棒性上都具有较大的优势，尤其是在复杂和动态场景中的表现更加出色。随着深度学习技术的不断发展和多视角图像处理方法的优化，未来这一技术将在三维目标检测、场景理解、自动驾驶、机器人视觉等领域展现更大的潜力。

7.2.2.1　ImVoxelNet

ImVoxelNet 是一种直接处理多视图 RGB 图像的深度学习方法，由 Danila Rukhovich 等人在 2021 年提出。它是一种开创性的网络架构，能够有效地进行 3D 物体检测，同时适用于室内和室外场景。其主要思想是仅通过输入的多视角图像和相机位姿信息，转换提取特征，再聚合到三维特征空间。其网络结构如图 7-18 所示。

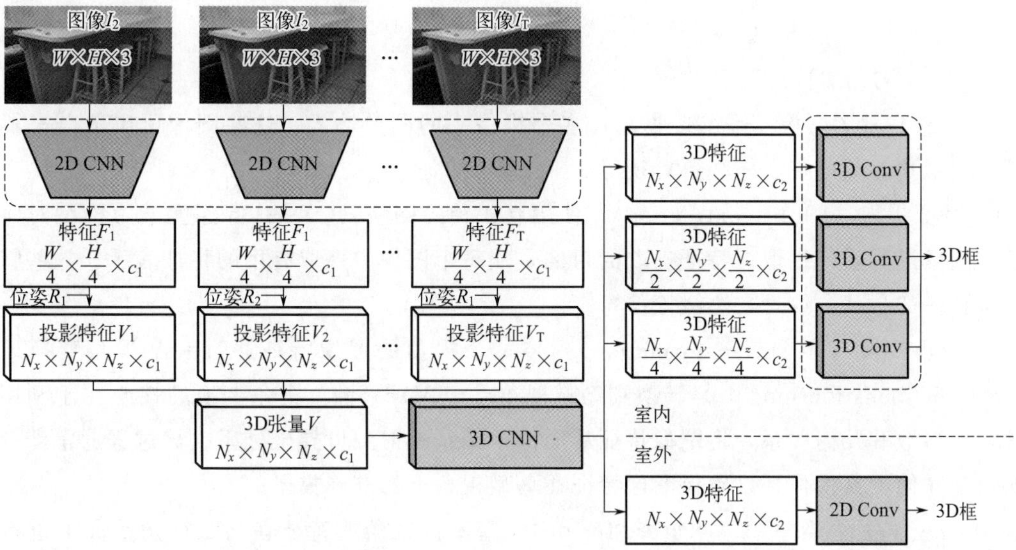

图 7-18　ImVoxelNet 网络结构

ImVoxelNet 的输入是一个 $N \times W \times H \times 3$ 的 RGB 图像的集合，其中 N 是输入的视角数量，可以为任意数。结合相应的相机位姿信息，包括相机的内外参数，通过 2D 卷积神经网络（CNN）对每个输入图像进行特征提取，提取的特征随后被投影到一个 3D 体素空间中。多个图像的特征通过简单的元素级平均操作聚合到每个体素中，从而生成包含丰富信息的 3D 特征表示。对于室内和室外的场景 ImVoxelNet 分为两个下游网络。它们都是通过对聚合后的 3D 特征进行处理，生成物体的边界框和类别标签。其检测头结构借鉴了 FCOS 检测网络，两种网络的差别在于在室内检测时用 3D 卷积层络代替了原本的 2D 卷积层，使其更加适应室内更为复杂的三维目标检测的需求。

ImVoxelNet 具有以下三个主要特点：

① 灵活性：该方法能够处理任意数量的视图输入，适应不同的场景需求，同时也支持单目输入作为多视图输入的特例。

② 简洁高效性：ImVoxelNet 有着较为简洁的网络结构。其通过 3D 卷积网络进行特征处理，尽管计算上较为复杂，但其设计使得特征提取过程相对高效，能够在多个数据集上实现快速推理。

③ 优异性能：在多个基准测试中，ImVoxelNet 在 3D 物体检测任务中表现出色，尤其在汽车检测任务上取得了领先的结果。

ImVoxelNet 是一种创新的直接处理多视图 RGB 图像的深度学习方法，通过简单高效的网络架构实现了高效的特征提取和 3D 物体检测任务。它的提出为 3D 物体检测领域开辟了新的方向，对计算机视觉和自动驾驶等领域具有重要意义。

7.2.2.2 BEVDet

BEVDet（bird's-eye-view detection）是一种基于多视图图像的三维目标检测方法，主要用于自动驾驶和智能交通领域。它的核心思想是将来自不同视角的二维图像数据转换为鸟瞰视角（bird's-eye-view，BEV）特征图，从而在 BEV 平面上进行三维目标检测。这种方法能够更好地利用多视图信息，提升三维目标检测的精度和鲁棒性。其网络结构如图 7-19 所示。

BEVDet 的详细算法流程：

① 输入多视图图像：系统接收来自多个摄像头的图像输入。这些图像可以覆盖车辆周围的不同视角，如前视、侧视、后视等。

② 特征提取（feature extraction）：使用卷积神经网络（CNN）等深度学习模型对每个视角的图像进行特征提取。特征提取的目的是从每个图像中提取有用的特征表示，这些特征包含了物体的形状、纹理、边缘等信息。

③ 视角变换（view transformation）：将每个视角的图像特征通过一个视角变换模块（view transformation module）转换到鸟瞰视角（BEV）平面。视角变换的核心在于利用相机的内外参数和几何关系，将图像特征从图像坐标系映射到世界坐标系。该过程通常涉及特征映射和几何变换操作，以确保图像特征在鸟瞰视角上的准确投影。

④ BEV 特征融合（BEV feature fusion）：将不同视角的特征在鸟瞰视角平面上进行融合。特征融合的目的是结合来自多个视角的特征，以增强检测的效果。这种融合可以通过简

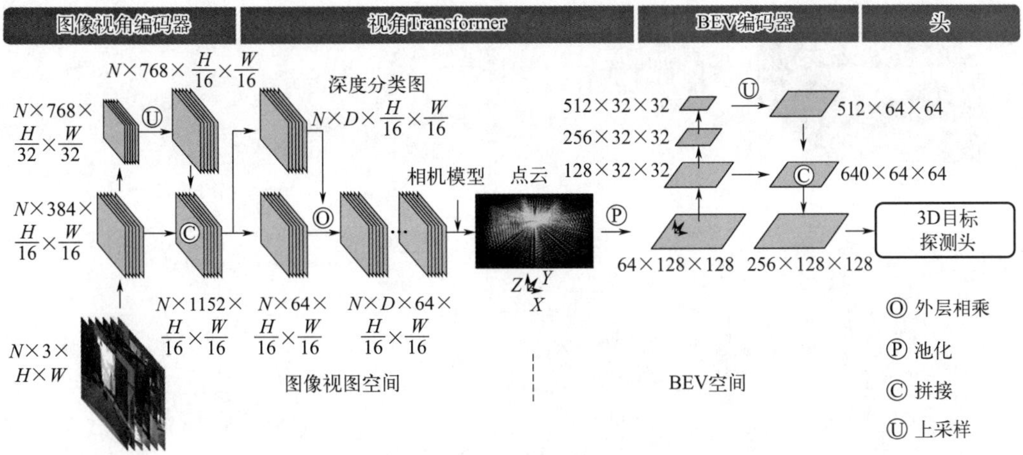

图 7-19　BEVDet 网络结构

单的拼接操作或者更复杂的融合机制（如注意力机制）来实现。

⑤ 三维目标检测（3D object detection）：在鸟瞰视角平面上进行目标检测。该检测通常由一个目标检测头（detection head）完成，负责输出检测框的位置信息（如 3D 边界框的坐标、尺寸、方向等）和类别标签。在 BEV 平面上进行检测的优势在于其直观性和易于解释性，同时可以在一个统一的平面上对所有目标进行定位。

BEVDet 通过将多视角图像的特征映射到鸟瞰视角，结合不同视角的信息，最终在鸟瞰视角平面上进行目标检测。这种方法充分利用了多视角的冗余信息和几何关系，提高了三维目标检测的精度和鲁棒性，尤其适用于自动驾驶等需要高精度三维感知的领域。

7.2.2.3　PETR

PETR 是一种用于多视角三维目标检测的深度学习方法，其核心在于使用位置嵌入（position embedding）将来自多个摄像头的二维图像特征转换到三维空间，从而实现高精度的三维目标检测。PETR 方法特别适用于自动驾驶等需要多摄像头融合的场景，能够有效地处理不同视角的图像输入，提升三维目标检测的精度。其网络结构如图 7-20 所示。

PETR 的详细算法流程：

① 输入多视角图像：PETR 接收来自多个摄像头的图像输入，通常覆盖车辆周围的多个视角（如前视、后视、侧视等）。这些图像提供了场景的多视角信息，能够用于推断物体的三维位置和形状。

② 图像特征提取（image feature extraction）：对每个视角的图像，使用卷积神经网络（CNN）提取二维图像特征。这些特征包含了图像中的各种信息，如物体的边缘、纹理和局部形状等。

③ 位置嵌入（position embedding）：位置嵌入的作用是将二维图像特征映射到三维空间。在 petr 中，位置嵌入由一组位置编码（position encoding）表示，这些编码描述了摄像头的视角位置以及视角之间的几何关系。通过使用自注意力机制（self-attention mechanism），位置嵌入能够有效地将二维图像特征转换为三维特征表示。

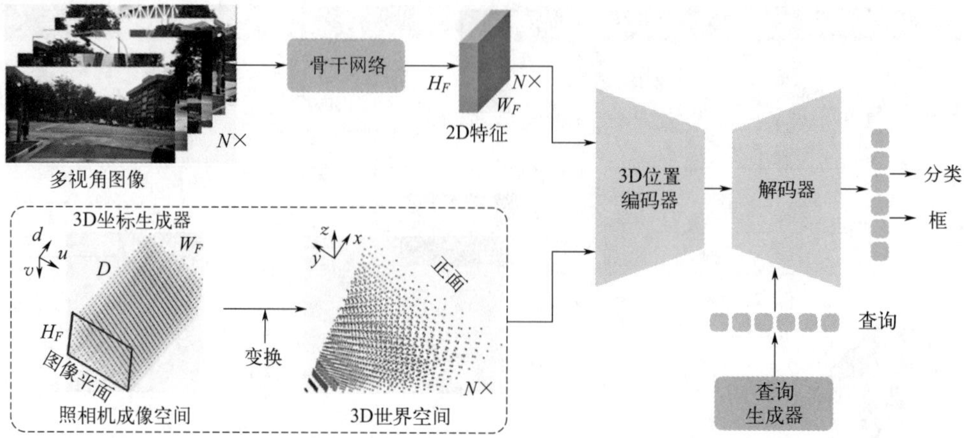

图 7-20 PETR 网络结构

④ 三维特征融合（3D feature fusion）：将通过位置嵌入转换得到的三维特征进行融合，目的是整合来自不同视角的信息，生成一个全局的三维场景表示。

⑤ 三维目标检测（3D object detection）：在融合后的三维特征图上进行目标检测。检测模块负责预测每个物体的三维边界框（包括位置、大小、朝向）和类别标签。PETR 使用一个端到端的检测框架，直接将融合后的特征输入检测模块中，输出三维目标检测结果。

PETR 通过使用位置嵌入将二维图像特征转换为三维空间特征，并结合自注意力机制和特征融合策略，实现了多视角三维目标检测的高精度和高鲁棒性。其端到端的设计简化了检测流程，能够直接从图像输入到三维目标检测输出，适用于自动驾驶等多摄像头融合的应用场景。

7.2.2.4 CN-RMA

CN-RMA 是一种用于室内多视图图像三维目标检测的深度学习方法，专注于从多个视角的二维图像中推断三维物体的位置和形状。其核心思想是结合深度神经网络和光线行进（ray marching）技术，通过聚合多视角信息，实现对室内物体的高精度三维目标检测。其网络结构如图 7-21 所示。

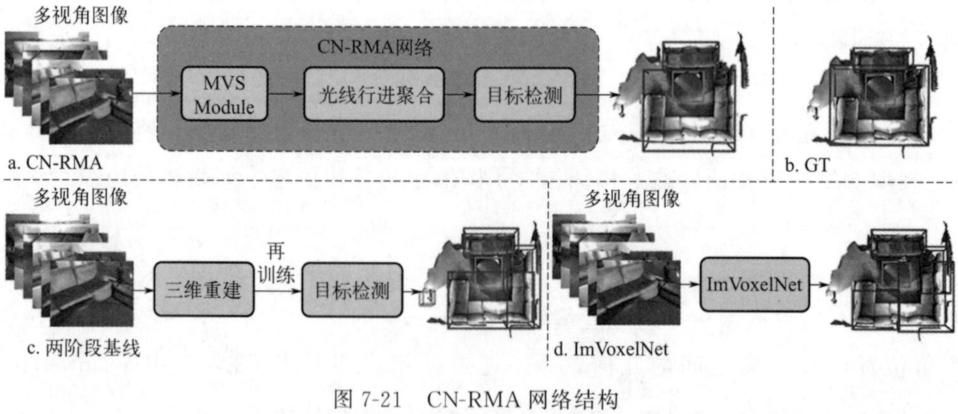

图 7-21 CN-RMA 网络结构

CN-RMA 的详细算法流程：

① 输入多视角图像：系统接收来自多个摄像头或视角的图像输入。这些图像可以覆盖室内场景的不同视角，提供丰富的几何和视觉信息。输入图像可以来自固定相机阵列或移动相机拍摄的多视角照片，覆盖同一室内空间的多个角度。

② 图像特征提取：使用卷积神经网络（CNN）等深度学习模型对每个视角的图像进行特征提取。这个过程的目的是从图像中提取有用的特征表示，包括边缘、纹理和深度信息等。每个图像特征可以被视为在图像平面上对场景进行编码的二维表示，这些特征随后会被映射到三维空间。

③ 光线行进聚合（ray marching aggregation）：在三维空间中进行光线行进（ray marching），从相机的投影中心向每个像素发射光线。每条光线沿着其方向穿过三维空间，经过多个采样点。在光线行进过程中，使用先前提取的二维特征在每个采样点上进行插值和聚合。具体而言，通过将多个视角的特征沿光线行进累积和融合，可以获取每个点的三维特征。

④ 多层次特征融合（multi-level feature fusion）：在聚合后的三维特征上，进行多层次的特征融合。特征融合的目的是结合不同尺度和层次的信息，捕捉复杂场景中的全局和局部特征。通过在多个层次上融合特征，CN-RMA 能够捕捉到室内场景中从细节到整体的多样化信息，有助于提升目标检测的效果。

⑤ 三维目标检测（3D object detection）：使用检测模块（detection head）在融合后的三维特征图上进行三维目标检测。检测模块负责预测物体的三维边界框（包括位置、大小、朝向）和类别标签。通过端到端的检测框架，CN-RMA 能够直接从多视角图像输入到三维目标检测输出，减少了复杂的预处理和后处理步骤。

CN-RMA 通过结合深度神经网络和光线行进聚合技术，能够从多视角图像中有效地提取和融合三维信息，实现高精度的室内三维目标检测。其创新之处在于光线行进聚合和多层次特征融合，能够充分利用多视角的冗余信息，适用于需要高精度三维感知的室内场景应用。

7.3　基于点云-图像多模态融合的三维目标检测方法

基于点云-图像多模态融合的三维目标检测方法是一种结合激光雷达（LiDAR）点云数据和普通摄像头图像数据的技术，旨在通过融合这两种不同模态的数据来提升三维目标检测的精度和鲁棒性。点云数据和图像数据各有优势，前者提供了丰富的三维空间信息，而后者则具有较强的物体表面特征表现力。通过合理地融合这两种数据源，可以实现更加准确和稳定的三维目标检测，广泛应用于自动驾驶、机器人导航、智能监控等领域。

点云数据通常来源于激光雷达（LiDAR）或深度摄像头，其特点是能够精确捕捉物体的三维结构，提供高精度的空间定位信息，特别是在存在遮挡或复杂光照条件下具有较好的鲁棒性。然而，点云数据往往缺乏丰富的纹理信息，难以提供物体的外观特征。而图像数据则能够提供丰富的视觉信息，尤其是在物体表面的纹理、颜色和形状特征方面具有明显优势，但图像数据本身不含深度信息，且容易受到光照、视角和遮挡等因素的影响。因此，将点云数据和图像数据融合使用，能够互补各自的不足，提高三维目标检测系统的整体性能。

多模态融合是指将来自不同传感器（点云和图像）的数据进行整合，以充分发挥它们的优势。根据融合的时机和方式，基于点云-图像多模态融合的三维目标检测方法通常可以分为前期融合、特征融合、后期融合和不对称融合。前期融合方法通常通过将图像数据投影到点云数据上，或者将点云数据映射到图像平面，来对齐两种数据。这种方式使图像信息可以补充点云的细节，而点云则为图像提供了深度信息。通过这种对齐，图像中的每个像素与对应的三维点云进行匹配，从而实现更精准的物体定位。

特征融合方法则是在点云和图像的特征提取阶段进行融合。在这一方法中，分别使用卷积神经网络（CNN）从图像和点云中提取特征，然后将这两种特征进行融合，最后输入后续的检测网络中。这种方法能够有效结合两种模态的信息，提高物体检测的准确性和鲁棒性。通过特征融合，系统能够从图像中提取物体的外观特征，同时从点云中获得空间结构信息，最终在三维空间中进行目标检测和识别。

后期融合方法则是在分别对点云和图像进行物体检测之后，结合检测结果进行融合。首先，点云和图像数据会分别通过独立的检测网络进行处理，提取出物体的位置、尺寸和朝向等信息。然后，这些信息会被融合在一起，得到更为精确的物体检测结果。这种方法的优点在于，可以对每种数据模态分别进行独立优化，从而使每种数据的处理流程能够充分发挥其优势。然而，后期融合的方法可能面临着不同模态数据之间的时间或空间差异，确保有效地融合两者的信息，仍然是一个重要的挑战。

不对称融合方法是一种针对点云和图像数据融合方式的创新，它通过对两种模态进行不同程度的融合，从而根据每种模态的特性，动态地决定融合的方式。通常，点云数据作为高精度的三维信息源，提供了物体在空间中的精确定位，而图像数据则通过纹理、外观和颜色等特征，提供了物体的细节和识别能力。通过不对称融合，可以在不同的任务或场景下，灵活地调整点云与图像数据的融合程度，以获得最佳的检测效果[25-29]。

7.3.1 前期融合

前期融合，通常也被称为数据级融合或特征级融合，是多模态融合的三维目标检测方法中的一种重要策略。其核心思想是在数据处理的初期，尤其是在特征提取之前或刚提取特征后，将来自不同模态（如图像、点云、传感器数据等）的原始数据或初步特征进行直接融合。前期融合旨在通过在数据处理的初始阶段将来自多个模态的信息整合起来，使得后续处理能够充分利用多源信息的互补性，最终提高模型的检测精度和鲁棒性。

在多模态三维目标检测中，点云和图像通常是最常见的两种数据模态。点云数据由激光雷达或其他传感器获取，能够提供精确的三维空间坐标信息，而图像数据则通过相机捕捉到物体的外观特征，包括纹理、颜色和光照变化等。虽然这两种数据源可以提供关于同一场景不同层次的信息，但它们各自也存在局限性。点云数据通常较为稀疏，且可能受到噪声和遮挡的影响，难以准确地描述物体的细节和表面特征；而图像数据则缺乏深度信息，在物体尺度和位置估计方面可能会有误差。通过前期融合，能够将图像的外观信息与点云的几何信息结合，从而弥补单一模态的不足。

前期融合的最常见方式之一是将图像数据与点云数据进行直接对齐。这一过程通常需要在两者之间建立一种映射关系，以便将它们在同一坐标系下进行融合。具体而言，图像是二维的，而点云数据通常是三维的，因此，需要采用几何变换或空间对齐的方法来使图像与点云数据的坐标系对齐。常见的对齐方法包括通过深度图或三维重建技术将图像中的每个像素点映射到点云数据中的相应位置，或者反过来，将点云数据中的每个三维点投影到图像平面。一种常见的前期融合方法是通过使用深度图来进行图像与点云的对齐。在这种方法中，深度图提供了每个像素的深度信息，通常由立体相机或深度传感器获取。通过将图像中的每个像素点根据深度图映射到三维空间中的点，能够为图像数据提供深度信息，同时将点云中的每个点通过投影映射到图像平面，从而为图像提供空间结构信息。这种方式能够有效地将图像的纹理信息和点云的空间信息结合起来，从而为后续的三维目标检测任务提供更加全面的特征。前期融合的另一个常见方法是利用相机和激光雷达的协同工作，进行数据同步和对齐。在自动驾驶场景中，车辆常配备多个相机和激光雷达传感器。通过精确的传感器标定和时间同步，可以将来自不同模态的传感器数据融合。例如，点云中的每个点可以根据相机的内外参投影到图像平面，形成具有三维信息的深度图，从而为图像数据提供空间信息。同样，图像中的每个像素也可以通过与点云的数据匹配，提供对物体位置、形态和结构的深度理解。

前期融合具有多个显著的优势。首先，它能够尽早地将多模态信息融合，避免了后续阶段可能出现的信息丢失或冗余。在传统的三维目标检测方法中，往往是分别对点云和图像数据进行处理，然后将结果进行融合。然而，这种后期融合方式往往会因为各模态间的信息不完全匹配而降低精度。而前期融合可以在数据的初始阶段就将多模态信息结合起来，确保信息的充分利用。其次，前期融合通过直接融合原始数据或初步特征，模型可以在处理的早期就获得关于物体的全面信息，从而更有效地进行目标检测、分类和定位。例如，在低纹理区域或物体遮挡的情况下，图像数据的外观信息和点云的几何信息互相补充，能够提高检测的鲁棒性。此外，前期融合的另一个重要优势是能够提升检测精度，特别是在复杂环境下。多模态数据具有互补性，图像提供的纹理、颜色和光照变化信息可以帮助识别物体的类别和外观特征，而点云提供的几何和空间信息则有助于准确地估计物体的深度、形状和相对位置。在一些具有挑战性的场景中，如物体被部分遮挡或光照变化较大时，前期融合能够帮助弥补单一模态的缺陷，从而提高检测精度和鲁棒性。

尽管前期融合具有显著的优点，但它也面临一些挑战。首先，数据对齐的准确性是前期融合的一个关键问题。在进行多模态数据融合时，能否精确地将图像数据和点云数据对齐，避免误差传播，会直接影响最终的检测结果。由于图像和点云数据的分辨率差异，如何处理尺度问题和遮挡问题也是一个需要解决的难点。此外，前期融合的计算复杂度较高，尤其是在处理大规模数据时，如何高效地进行数据处理和特征提取成为一个问题。

总的来说，前期融合作为多模态三维目标检测中的一种重要方法，能够通过整合来自不同模态的互补性信息，在初期阶段就为后续的目标检测任务提供更多的支持。尽管存在一些挑战，如数据对齐的精度和计算复杂度，但随着算法的优化和硬件的提升，前期融合的应用前景依然广阔。

Point Painting 是一种用于增强激光雷达点云检测精度的深度学习方法，它通过结合摄像头图像的语义信息和激光雷达点云数据，提高 3D 目标检测的性能。该方法的核心思想是将来自摄像头图像的语义分割信息“绘制”到激光雷达点云上，以提供更丰富的特征表示。其算法框架如图 7-22 所示。

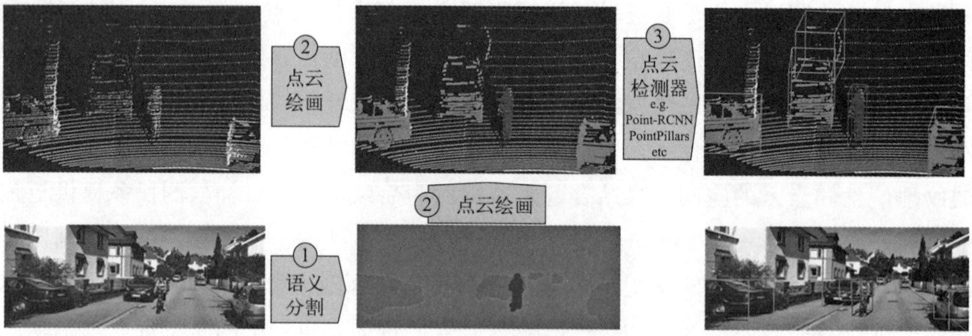

图 7-22　Point Painting 算法框架

Point Painting 的详细算法流程：

① 数据预处理：对输入图像应用预训练的图像语义分割网络，得到每个像素的语义类别概率（如车、人、道路等）。这个步骤产生了图像的语义分割特征图，读取激光雷达点云数据，通常包含每个点的 3D 坐标信息（x,y,z）。

② 投影和“绘制”：通过已知的相机和激光雷达的外参和内参，将激光雷达点云投影到图像平面上。对于每个激光雷达点，可以找到它在图像平面上的对应像素，利用上一步的投影结果，将对应像素的语义特征从图像特征图中“绘制”到每个点云的点上。这个过程称为“Point Painting”，因为它像是用图像的语义信息为点云数据“上色”。

③ 增强的点云处理：在每个点云点的原始特征基础上，附加图像提供的语义特征，形成一个增强的点云特征集。这些增强的特征包含了更多关于场景和物体类别的信息，将增强后的点云输入一个 3D 目标检测网络中。这个网络可以是 Point Pillars、VoxelNet 或其他基于点云的检测模型。通过学习这些增强特征，该网络能够更准确地检测 3D 目标。

Point Painting 利用了激光雷达和相机的数据优势，能够更好地理解和检测复杂场景。该方法不需要重新设计目标检测网络，只需在已有检测框架基础上增强输入特征即可。Point Painting 的方法相对简单易懂，可以很容易地集成到现有的自动驾驶或机器人感知系统中。

7.3.2　特征融合

特征融合是多模态融合中的一种核心方法，通常发生在特征提取之后。在这一阶段，各种模态的数据（如图像的视觉特征、点云的空间特征等）已经通过各自的特征提取网络（如卷积神经网络 CNN）提取出了一定的特征。接下来，这些特征将通过某种融合方式（如拼接、加权平均或神经网络）进行组合，以形成一个更加全面和综合的特征表示。

特征融合的关键优势在于能够保留各个模态的独特信息，同时结合它们的互补性，从而提高目标检测的准确性和鲁棒性。例如，在三维目标检测中，图像数据提供了物体的外观和纹理信息，而点云数据则提供了物体的精确空间定位和形状信息。通过特征融合，模型可以同时利用物体的视觉特征和几何特征，在处理复杂环境时能够做出更准确的判断。

（1）Focals Conv

Focals Conv 是一种先进的多模态三维目标检测方法，旨在通过融合不同模态的数据（例如 RGB 图像和点云数据），来提高三维目标检测的精度和效率。该方法结合了 Focal Loss 和卷积操作，特别针对三维点云数据中的稀疏性和类别不平衡问题进行了优化。其算法框架如图 7-23 所示。

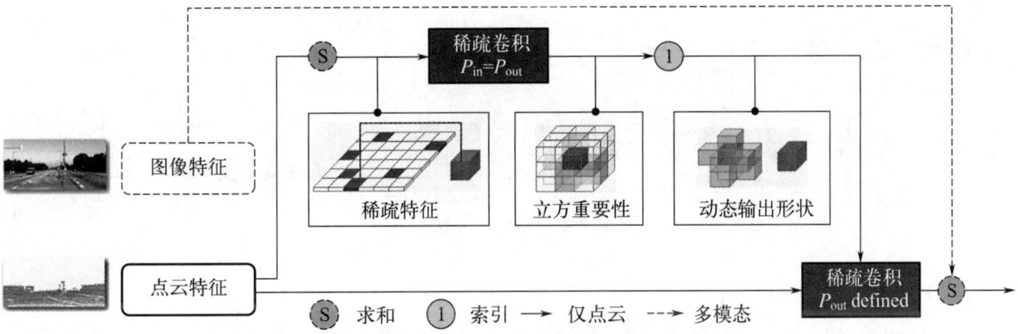

图 7-23　Focals Conv 算法框架

Focals Conv 的算法流程主要包括以下几个步骤：

① 数据预处理：对 RGB 图像和点云数据进行标准化处理，包括去噪、归一化和尺度调整，以确保数据的质量和一致性；对不同模态的数据进行空间对齐，确保它们在同一坐标系下进行融合。

② 特征提取：使用卷积神经网络（CNN）从 RGB 图像中提取特征，常见的网络包括 ResNet、EfficientNet。应用稀疏卷积网络从点云数据中提取特征，捕捉点云中的空间和结构信息。

③ 特征融合：将 RGB 图像特征和点云特征映射到同质化的特征空间。这可以通过特征投影或共享网络层实现，以确保不同模态的特征能够在统一的空间中进行融合，使用特征拼接、加权求和等策略将同质化的特征进行融合。此步骤旨在综合不同模态的特征信息，提升目标检测的性能。

④ Focal Loss 应用：在目标检测任务中，利用 Focal Loss 计算损失函数。Focal Loss 通过动态调整样本的权重，帮助模型更加关注难检测的目标。通过 Focal Loss 优化网络训练过程，可以提升模型对难检测目标的识别能力。

Focals Conv 方法主要应用于自动驾驶、机器人感知、智能监控等领域。在这些应用中，高效且精确的 3D 目标检测对于系统的安全性和性能至关重要。例如，在自动驾驶中，Focals Conv 能够融合来自摄像头和激光雷达的数据，提升对道路上车辆、行人和障碍物的检测精度，从而支持安全的驾驶决策。

（2）HMFI

HMFI 是一种多模态三维目标检测方法，旨在通过层次化的多特征交互来充分挖掘来自不同模态的数据（如 RGB 图像和点云数据）的信息，从而提升三维目标检测的精度和鲁棒性。HMFI 特别适用于处理复杂场景中的三维目标检测问题，具有较强的实用性和优越的性能。其算法框架如图 7-24 所示。

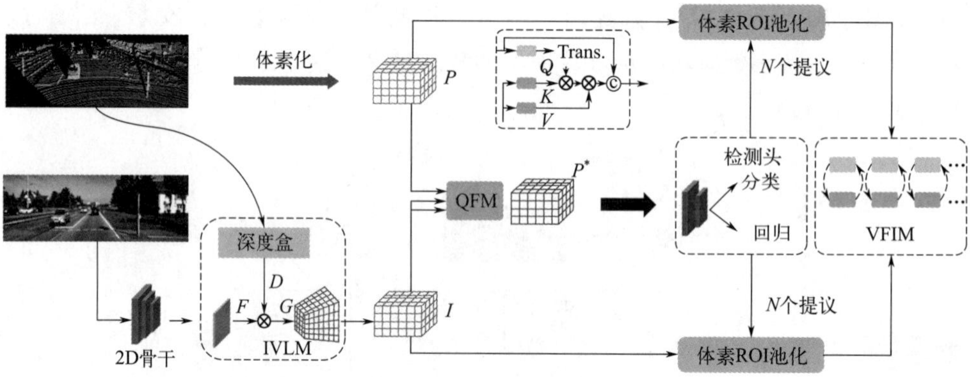

图 7-24　HMFI 算法框架

HMFI 的详细算法流程：

① 数据预处理：获取多种模态的数据，例如 RGB 图像和激光雷达点云；对每种模态的数据进行标准化处理，包括去噪、归一化和尺度调整，确保数据的一致性；将不同模态的数据对齐到同一坐标系，以便进行后续的融合和交互处理。

② 特征提取：使用卷积神经网络（CNN）从 RGB 图像中提取特征，使用稀疏卷积网络从点云数据中提取特征。稀疏卷积网络能够有效处理点云的稀疏性，并捕捉空间和结构信息。

③ 层次化特征融合：构建一个多层次特征提取网络，通过不同的网络层次提取不同尺度的特征，将不同层次的特征进行融合，结合低层次的细节信息和高层次的语义信息。融合策略可以包括特征拼接、加权求和等方法。

④ 特征交互：设计特征交互模块，例如自注意力机制、图卷积网络等，允许不同模态的特征在融合后的特征空间中进行交互，通过特征交互机制，将来自不同模态的特征信息整合为更丰富的特征表示，提高对目标的综合识别能力。

⑤ 目标检测：基于融合和交互后的特征生成潜在的目标建议区域。这些建议区域表示可能存在目标的区域的位置和尺寸。对每个候选区域进行目标分类和边界框回归，分类过程用于确定目标类别，而边界框回归则用于精确调整目标的位置、尺寸和方向。

HMFI（hierarchical multi-feature interaction）作为一种多模态三维目标检测方法，通过层次化特征提取和多特征交互机制，有效地融合了来自不同模态的数据，如 RGB 图像和激光雷达点云，提升了三维目标检测的精度和鲁棒性。其核心优势包括：

① 多层次特征融合：通过层次化的特征提取网络，捕捉从局部到全局的不同尺度信息，提高对目标的检测能力。

② 增强特征表达：特征交互机制强化了不同模态特征之间的联系，使得模型能够更好地理解复杂场景中的目标。

③ 处理复杂场景：在处理稀疏和复杂场景时，能够有效地提升目标检测的精度，适用于自动驾驶、机器人感知、智能监控等实际应用场景。

总的来说，HMFI 在多模态三维目标检测任务中，通过有效的特征融合和交互机制，展示了较强的性能和应用潜力。

（3）LoGoNet

LoGoNet 是一种多模态三维目标检测方法，专注于通过长程全局特征建模来提升对三维目标的检测精度。LoGoNet 的设计核心在于如何有效地融合和利用来自不同模态的数据（如 RGB 图像和点云数据），并通过全局上下文信息增强目标检测的能力。其算法框架如图 7-25 所示。

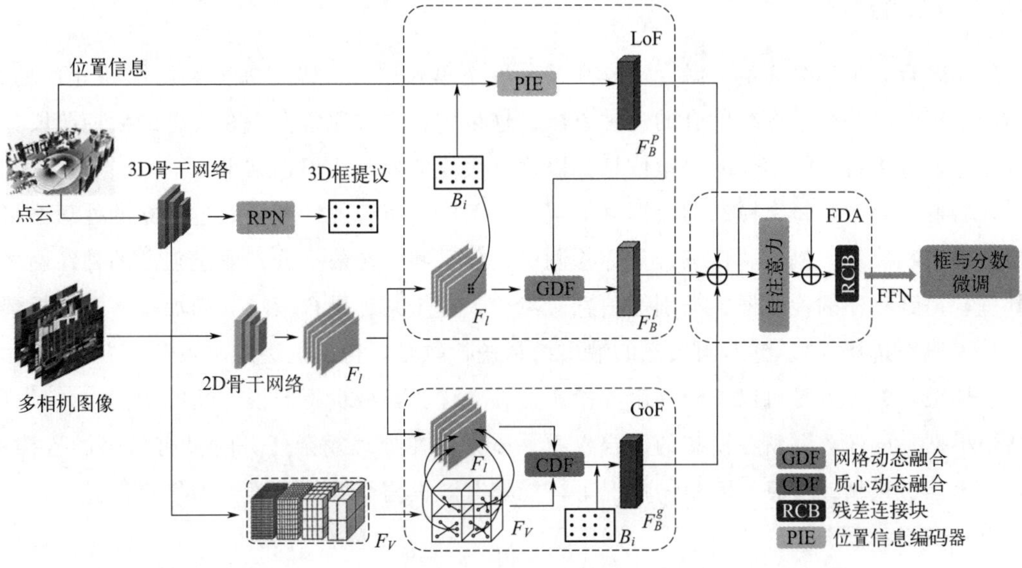

图 7-25　LoGoNet 算法框架

LoGoNet 的算法流程：

① 数据预处理：收集来自不同模态的数据，例如 RGB 图像和激光雷达点云；对各模态的数据进行标准化处理，包括去噪、归一化和尺度调整，确保数据的质量和一致性；将不同模态的数据对齐到同一坐标系，以便于后续的融合和处理。

② 局部特征提取：RGB 图像特征提取和点云特征提取。

③ 跨模态局部特征融合：设计局部特征对齐机制，将 RGB 图像和点云数据中的局部特征对齐，确保它们能在同一特征空间中进行融合。将对齐后的局部特征进行融合，包括特征拼接、加权求和等方法，增强局部特征的表达能力。

④ 全局特征建模：通过全局特征建模模块，捕捉目标的整体上下文信息。这个模块能够处理全局范围的长程依赖，提升对目标的全局感知能力。将局部特征和全局特征进行整合，生成最终的目标特征表示。

⑤ 目标检测：基于融合后的特征生成潜在的目标建议区域。这些建议区域表示可能存在目标的区域的位置和尺寸。对每个候选区域进行目标分类和边界框回归，分类过程用于确定目标类别，而边界框回归则用于精确调整目标的位置、尺寸和方向。

LoGoNet是一种创新的多模态三维目标检测方法，通过局部到全局的跨模态融合实现了高精度的目标检测。其核心优势包括：

① 局部到全局特征建模：通过从局部特征到全局特征的建模，LoGoNet能够更全面地捕捉目标的细节和上下文信息，提升检测精度。

② 高效的跨模态融合：设计了高效的跨模态特征融合机制，将RGB图像和点云数据的特征进行有效整合，增强了目标的整体表示能力。

③ 精确和鲁棒的检测：结合局部和全局特征，提高了目标检测的精度，并提升了模型对于噪声和遮挡的鲁棒性。

7.3.3 后期融合

后期融合，也称为决策级融合，是在每种模态单独进行决策（如分类、回归等）之后，将不同模态的决策结果进行融合的一种方法。这种融合方式通常发生在模型的后期阶段，目的是通过整合来自不同模态的决策信息，以优化最终的检测或识别结果。

在后期融合中，每个模态的数据（如点云、图像、声音等）都会通过独立的处理网络进行特征提取和决策。例如，在三维目标检测中，点云和图像数据分别通过独立的神经网络进行处理，得到物体的检测框、类别等信息。然后，基于某种融合策略（如加权平均、投票机制、最大概率选择等），将不同模态的输出结果进行融合，得出最终的决策。

后期融合的优点是可以充分利用各模态的独立优势，减少不同模态间的干扰，并且可以灵活地根据不同任务调整各模态的融合权重。该方法在处理复杂任务时具有较强的鲁棒性，尤其在遮挡、模糊或信息不完整的情况下，能够有效提高系统的准确性和稳定性。

（1）CLOCs概述

CLOCs（camera-LiDAR object candidates fusion for 3D object detection）是一种用于三维目标检测的多模态融合方法，专注于结合相机和激光雷达（LiDAR）数据的目标候选框。该方法旨在通过高效地融合相机图像和LiDAR点云中的目标候选信息，提高三维目标检测的准确性和鲁棒性。其算法框架如图7-26所示。

（2）CLOCs的算法流程

① 目标候选融合：通过独立的相机和LiDAR模块生成目标候选框，并对这些候选框进行融合。每种模态（相机和LiDAR）提供不同的信息，融合它们可以综合利用图像和点云的优势。相机图像提供了详细的纹理和颜色信息，而LiDAR点云提供了准确的空间位置和形状信息。通过融合这两者的信息，可以提高目标检测的准确性。

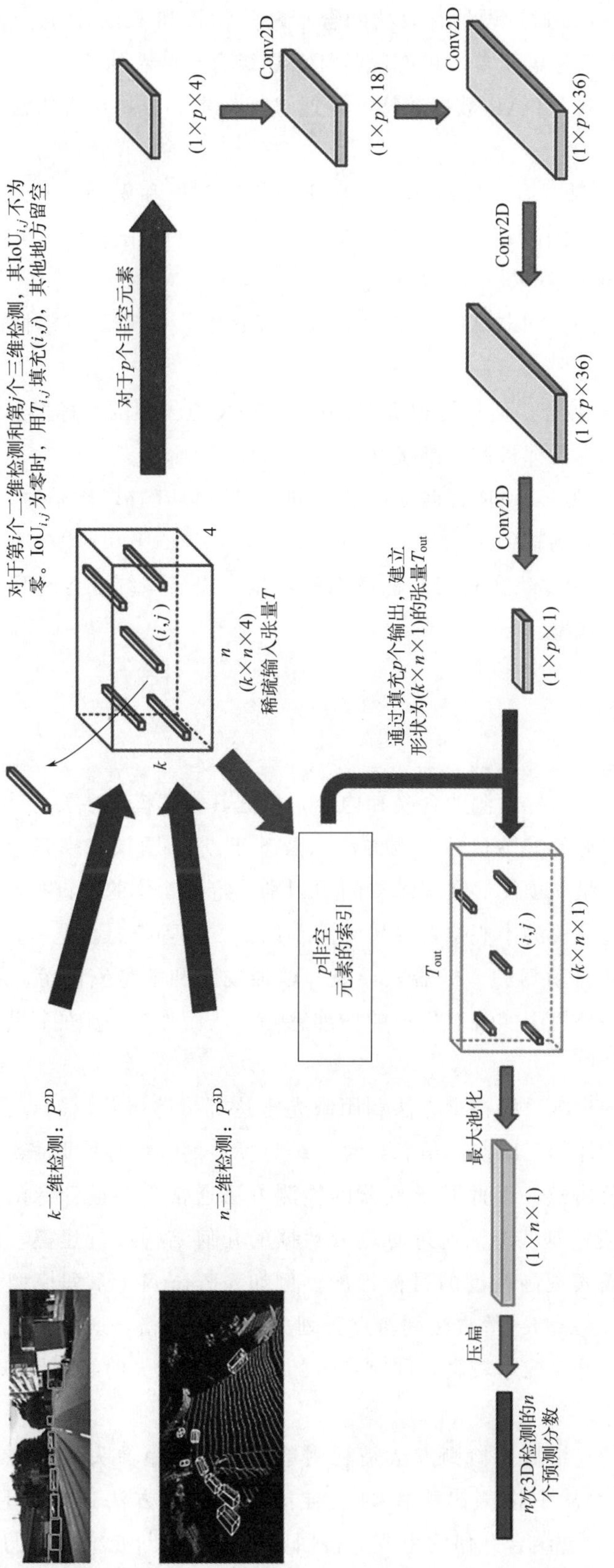

图 7-26　CLOCs 算法框架

② 融合策略：CLOCs通过设计有效的融合策略将相机和LiDAR数据中的目标候选框进行结合。这种融合不仅考虑了单一模态的特征，还综合了两者的信息，以生成更加准确的目标候选框。结合相机和LiDAR数据的特征，通过加权求和、拼接等方法增强目标候选框的表达能力。

③ 目标检测优化：融合后的目标候选框用于目标的定位和识别。通过综合两种模态的信息，可以提高目标的检测精度。利用LiDAR点云中的空间信息和相机图像中的视觉信息，提高系统在复杂和遮挡场景中的鲁棒性。

CLOCs通过融合相机和LiDAR数据中的目标候选框，提升了目标检测的精度和鲁棒性。其核心优势包括：

① 有效的目标候选融合：通过将相机图像和LiDAR点云中的目标候选框进行融合，充分利用两者的信息，提升目标检测的准确性。

② 信息互补：相机和LiDAR数据提供的不同信息可以互补，增强对目标的检测能力，特别是在复杂和有遮挡的场景中。

③ 增强的鲁棒性：通过综合利用两种模态的数据，提高系统在各种环境条件下的鲁棒性，减少误检和漏检的概率。

7.4 本章小结

本章主要介绍了三维目标检测的含义和内容，根据其数据模态主要分为基于点云的三维目标检测方法、基于图像的三维目标检测方法以及基于点云-图像多模态融合的三维目标检测方法。三维目标检测是一项能够在三维空间中识别并定位物体的关键技术，其输出通常包括物体的类别、三维边界框的中心位置、尺寸大小以及方向等信息。这一任务在多个领域中有着广泛的应用，例如自动驾驶、机器人导航、增强现实和智慧安防等。通过三维目标检测，系统能够在复杂的环境中实现对物体的精准感知，从而为进一步的行为决策和交互提供基础。

首先，基于点云的三维目标检测方法利用激光雷达等传感器获取的点云数据作为输入。这类数据直接提供了物体的三维空间信息，是三维目标检测的核心数据来源。点云数据的稀疏性和无序性是其显著特点，因此基于点云的检测方法通常需要设计专门的网络结构，如PointNet、VoxelNet等。这些方法通过对点云数据的几何结构进行建模，能够精确地捕捉物体的三维特征，从而实现高精度的目标检测。例如，PointNet系列模型直接对点云的原始形式进行处理，而VoxelNet等方法则将点云划分为规则网格，通过三维卷积网络提取特征。然而，这类方法的计算成本较高，同时点云的稀疏性和缺失的纹理信息也可能限制检测效果。

其次，基于图像的三维目标检测方法是利用单目或多目摄像头采集的二维图像作为输入，通过深度学习技术从中推测出物体的三维信息。这类方法通常使用卷积神经网络（CNN）提取图像特征，并结合几何约束或直接回归的方法推断三维目标的空间位置、尺寸和朝向。由于图像数据获取方便、成本低且具有丰富的纹理信息，基于图像的检测方法在许多场景中受到关注。然而，由于二维图像本身缺乏直接的深度信息，模型需要通过学习从特征中恢复深度信息或依赖外部几何假设，这使得检测精度容易受到图像分辨率、视角变化和遮挡问题的影响。此外，单目方法通常难以解决目标距离远近的模糊性问题，而双目方法通过视差计算能够提供更准确的深度信息，但对摄像头的标定要求较高。

最后，基于点云-图像多模态融合的三维目标检测方法结合了点云和图像数据的优势，利用多源信息互补性提高检测精度和鲁棒性。这类方法通常包括数据层级的融合、特征层级的融合和决策层级的融合策略。例如，数据层级的融合直接将点云和图像数据对齐并联合输入模型；特征层级的融合则分别提取点云和图像的特征，在特定阶段进行特征融合；而决策层级的融合则将独立模型的输出结果进行综合。这种多模态的融合策略在自动驾驶等有高精度要求的应用中表现尤为突出，可以显著提升小目标和远距离目标的检测性能。然而，多模态方法的实现对传感器同步、数据对齐以及模型复杂性提出了更高的要求，同时计算成本和存储需求也较高。

综上所述，三维目标检测的各类方法都有其独特的优势和适用场景。点云数据提供了精确的空间信息，适用于有高精度检测需求的场景；图像数据获取便捷且具备丰富的纹理信息，在低成本场景中更具吸引力；多模态方法通过融合多源数据，能够在性能和鲁棒性上取得平衡。这些方法共同推动了三维目标检测技术的发展，并在不同的实际应用中发挥着重要作用。

参考文献

[1] Charles R Q，Hao S，Mo K C，et al. PointNet：Deep learning on point sets for 3D classification and segmentation [C]//Proceedings of IEEE Conference on Computer Vision and Pattern Recognition（CVPR）. July 21-26，2017. Honolulu，HI. IEEE，2017：77-85.

[2] Qi C R，Yi L，Su H，et al. PointNet＋＋：Deep hierarchical feature learning on point sets in a metric space [EB/OL]. 2017：1706. 02413.

[3] Wang Y，Sun Y B，Liu Z W，et al. Dynamic graph CNN for learning on point clouds [J]. ACM Transactions on Graphics，2019，38（5）：1-12.

[4] Jiang M Y，Wu Y R，Zhao T Q，et al. PointSIFT：A SIFT-like network module for 3D point cloud semantic segmentation [EB/OL]. 2018：1807. 00652.

[5] Shi S S，Wang X G，Li H S. PointRCNN：3D object proposal generation and detection from point cloud [C]//Proceedings of IEEE/CVF Conference on Computer Vision and Pattern Recognition（CVPR）. June 15-20，2019. Long Beach，CA，USA. IEEE，2019：770-779.

[6] Yang Z T，Sun Y N，Liu S，et al. 3DSSD：Point-based 3D single stage object detector [C]//Proceedings of IEEE/CVF Conference on Computer Vision and Pattern Recognition（CVPR）. June 13-19，2020. Seattle，WA，USA. IEEE，2020：11037-11045.

[7] Qi C R，Litany O，He K M，et al. Deep Hough voting for 3D object detection in point clouds [C]//Proceedings of IEEE/CVF International Conference on Computer Vision（ICCV）. October 27-November 2，2019. Seoul，Korea. IEEE，2019：9276-9285.

[8] Shi W J，Rajkumar R. Point-GNN：Graph neural network for 3D object detection in a point cloud [C]//Proceedings of IEEE/CVF Conference on Computer Vision and Pattern Recognition（CVPR）. June 13-19，2020. Seattle，WA，USA. IEEE，2020：1708-1716.

[9] Zhou Y, Tuzel O. VoxelNet: End-to-end learning for point cloud based 3D object detection [C]//Proceedings of IEEE/CVF Conference on Computer Vision and Pattern Recognition. June 18-23, 2018, Salt Lake City, UT, USA. Piscataway, NJ: IEEE, 2018: 4490-4499.

[10] Yan Y, Mao Y X, Li B. SECOND: Sparsely embedded convolutional detection [J]. Sensors, 2018, 18 (10): 3337.

[11] Deng J J, Shi S S, Li P W, et al. Voxel R-CNN: Towards high performance voxel-based 3D object detection [J]. Proceedings of the AAAI Conference on Artificial Intelligence, 2021, 35 (2): 1201-1209.

[12] Lang A H, Vora S, Caesar H, et al. PointPillars: Fast encoders for object detection from point clouds [C]//Proceedings of IEEE/CVF Conference on Computer Vision and Pattern Recognition (CVPR). June 15-20, 2019, Long Beach, CA, USA. Piscataway, NJ: IEEE, 2019: 12689-12697.

[13] Shi G S, Li R F, Ma C. PillarNet: Real-time and high-performance pillar-based 3D object detection [M]//Computer Vision-ECCV 2022. Cham: Springer Nature Switzerland, 2022: 35-52.

[14] Shi S S, Guo C X, Jiang L, et al. PV-RCNN: Point-voxel feature set abstraction for 3D object detection [C]//Proceedings of IEEE/CVF Conference on Computer Vision and Pattern Recognition (CVPR). June 13-19, 2020. Seattle, WA, USA. IEEE, 2020: 10526-10535.

[15] Shi S S, Jiang L, Deng J J, et al. PV-RCNN++: Point-voxel feature set abstraction with local vector representation for 3D object detection [J]. International Journal of Computer Vision, 2023, 131 (2): 531-551.

[16] K Hu J S, Kuai T S, Waslander S L. Point density-aware voxels for LiDAR 3D object detection [C]//Proceedings of IEEE/CVF Conference on Computer Vision and Pattern Recognition (CVPR). June 18-24, 2022, New Orleans, LA, USA. Piscataway, NJ: IEEE, 2022: 8459-8468.

[17] Mousavian A, Anguelov D, Flynn J, et al. 3D bounding box estimation using deep learning and geometry [C]//Proceedings of IEEE Conference on Computer Vision and Pattern Recognition (CVPR). July 21-26, 2017, Honolulu, HI, USA. Piscataway, NJ: IEEE, 2017: 5632-5640.

[18] Li P X, Zhao H C. Monocular 3D detection with geometric constraint embedding and semi-supervised training [J]. IEEE Robotics and Automation Letters, 2021, 6 (3): 5565-5572.

[19] Huang K, Wu T, Su H, et al. MonoDTR: Monocular 3D object detection with depth-aware transformer [C]//Proceedings of IEEE/CVF Conference on Computer Vision and Pattern Recognition (CVPR). June 18-24, 2022, New Orleans, LA, USA. Piscataway, NJ: IEEE, 2022: 4002-4011.

[20] Jing L L, Yu R C, Kretzschmar H, et al. Depth estimation matters most: Improving per-object depth estimation for monocular 3D detection and tracking [C]//Proceedings of International Conference on Robotics and Automation (ICRA). May 23-27, 2022, Philadelphia, PA, USA. Piscataway, NJ: IEEE, 2022: 366-373.

[21] Rukhovich D, Vorontsova A, Konushin A. ImVoxelNet: Image to voxels projection for monocular and multi-view general-purpose 3D object detection [C]//Proceedings of IEEE/CVF Winter Conference on Applications of Computer Vision (WACV). January 3-8, 2022, Waikoloa, HI, USA. Piscataway, NJ: IEEE, 2022: 1265-1274.

[22] Huang J , Huang G , Zhu Z , et al. BEVDet: High-performance multi-camera 3D object detection in bird-eye-view [J]. 2021. DOI: 10. 48550/arXiv. 2112. 11790.

[23] Liu Y F, Wang T C, Zhang X Y, et al. PETR: Position embedding transformation for multi-view 3D object detection [M]//Computer Vision-ECCV 2022. Cham: Springer Nature Switzerland, 2022: 531-548.

[24] Shen G L, Huang J W, Hu Z H, et al. CN-RMA: Combined network with ray marching aggregation for 3D indoor object detection from multi-view images [C]//Proceedings of IEEE/CVF Conference on Computer Vision and Pattern Recognition (CVPR). June 16-22, 2024, Seattle, WA, USA. Piscataway, NJ: IEEE, 2024: 21326-21335.

[25] Vora S, Lang A H, Helou B, et al. PointPainting: Sequential fusion for 3D object detection [C]//Proceedings of IEEE/CVF Conference on Computer Vision and Pattern Recognition (CVPR). June 13-19, 2020. Seattle, WA,

USA. IEEE，2020：4603-4611.

[26] Chen Y K，Li Y W，Zhang X Y，et al. Focal sparse convolutional networks for 3D object detection [C]//Proceedings of IEEE/CVF Conference on Computer Vision and Pattern Recognition (CVPR). June 18-24，2022，New Orleans，LA，USA. Piscataway，NJ：IEEE，2022：5418-5427.

[27] Li X，Shi B T，Hou Y N，et al. Homogeneous multi-modal feature fusion and interaction for 3D object detection [M]//Computer Vision-ECCV 2022. Cham：Springer Nature Switzerland，2022：691-707.

[28] Li X，Ma T，Hou Y N，et al. LoGoNet：Towards accurate 3D object detection with local-to-global cross-modal fusion [C]//Proceedings of IEEE/CVF Conference on Computer Vision and Pattern Recognition (CVPR). June 17-24，2023，Vancouver，BC，Canada. Piscataway，NJ：IEEE，2023：17524-17534.

[29] Pang S，Morris D，Radha H. CLOCs：Camera-LiDAR object candidates fusion for 3D object detection [C]//Proceedings of IEEE/RSJ International Conference on Intelligent Robots and Systems (IROS). October 24 2020-January 24，2021，Las Vegas，NV，USA. IEEE，2020：10386-10393.

第 8 章 应用实例介绍

8.1 视觉引导的机器人上下料

物体抓取是工业自动化领域的一项核心技术，是机器人通过视觉定位从无序堆放的物料框中抓取目标物体的过程。这一技术广泛应用于仓储物流、电子制造、汽车零部件生产等场景。框内物体抓取的主要挑战在于物料的随机分布、复杂的形状和姿态，以及多种不确定因素，如遮挡和环境光的变化。为了解决这些问题，框内物体抓取系统通常结合先进三维视觉传感器与视觉算法，赋予机器人精确的识别、定位和操作能力。与传统的预定义路径抓取不同，框内物体抓取系统能够灵活应对复杂多变的环境，具有适应性强、效率高、精度高、成本低的优势。本节介绍一种基于三维视觉的机器人抓取案例，主要涉及硬件组成及系统标定、视觉定位、抓取路径规划三个方面。

8.1.1 硬件组成及系统标定

框内物体抓取系统主要由六轴工业机械臂、彩色相机传感器、三维视觉传感器、光源系统、平行夹爪和料框内的被抓取工件组成，如图 8-1 所示。

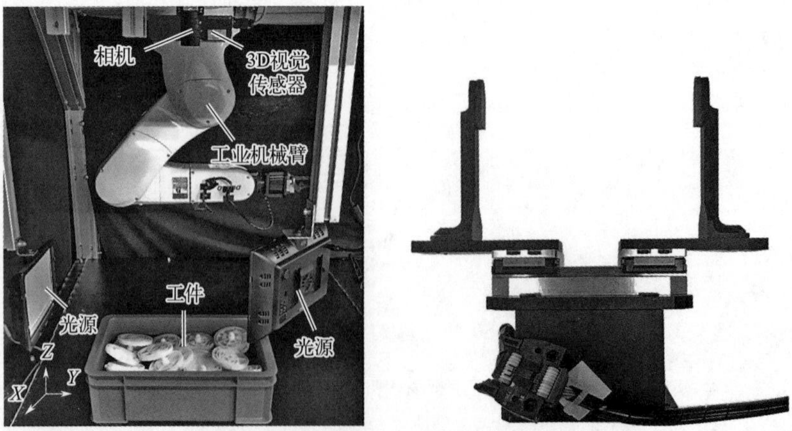

图 8-1 框内物体抓取系统及所使用的平行夹爪

(1) 工具标定

工具标定的目的是确定工具坐标系与机械臂末端坐标系之间的位姿变换关系，使工具的位姿可以转换到机器人关节坐标系下。在本系统中，平行夹爪的位姿与机器人末端位姿相同，仅需要进行工具中心点（tool center point，TCP）标定。TCP 标定的具体步骤如下：

① 将夹爪闭合，以闭合的位置作为工具坐标系的原点。

② 选择一个目标尖端作为外部控制点，操作机械臂以不同的姿态将夹爪的原点移动到控制点位置，如图 8-2 所示。机械臂控制器可以自动根据记录的点位计算出工具中心点的位置。

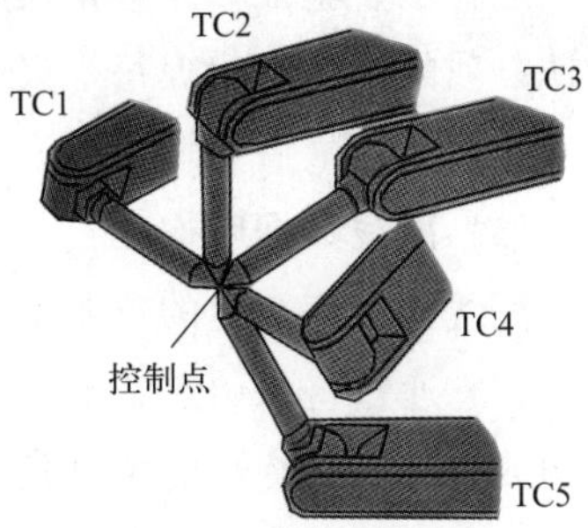

图 8-2　TCP 标定示意图

③ 让机械臂执行多次重复抓取动作，测量偏差是否在容许范围内。

(2) 相机标定

相机标定包括内参标定和外参标定。内参标定的目的是确定相机成像的几何模型，从而建立空间三维点与图像像素之间的变换关系；外参标定的目的是建立相机坐标系和机器人坐标系之间的变换关系，从而将图像中的对象坐标转换到机器人坐标系下进行抓取操作。在所使用的抓取系统中，彩色相机和三维视觉传感器均安装在料框正上方，通过眼在手外的方式进行标定。相机标定的具体流程如下：

① 内参标定：固定相机位置，拍摄不同位姿和距离下的标定板图像，通过标定工具计算相机的内参，包括焦距、主点位置和畸变系数。

② 外参标定：将标定板安装在机械臂末端，控制机械臂末端携带标定板移动到相机视野内的多个位置和姿态，采集 6～10 个位置和姿态下的标定板图像和对应的机械臂位姿，建立相机坐标系与机械臂基坐标之间的变换关系，通过最小二乘法求解相机坐标系到机器人基坐标系的变换。

③ 验证标定结果：将已知尺寸的物体放置于场景中，通过视觉检测测量结果误差，确保标定精度达到毫米级别。

8.1.2　视觉定位

视觉定位是框内物体抓取系统的核心模块，它通过获取物料框内物体的三维信息，精确计算目标的位置和姿态，为机器人抓取提供可靠依据。本案例中使用基于工件边缘的点对特征进行工件位姿估计，可以分为两个阶段：离线数据库生成和在线姿态估计。

离线数据库的生成：将目标零件的 CAD 模型离散化为点云模型，设置 N 个视点以尽可能覆盖整个模型；对于每个视角下的点云数据，使用 PCL 点云库提取边界点，得到多视角表面边缘模型；然后，计算每个表面边缘模型中所有点对的特征描述符——基于切线的边界到边界（boundary to boundary using tangent-line boundary，B2B-TL）特征，并将其存储在一个哈希表中。

在线姿态估计：使用彩色相机和 3D 视觉传感器采集场景点云，对灰度图像（从彩色图像转换而来）执行 Canny 边缘检测算法，将 2D 边缘像素映射到 3D 点云，实现 3D 边缘检测并定位边界点；然后，计算场景边缘点的 B2B-TL，并通过投票方法得到多个粗略候选位姿；进行位姿验证，删除错误的候选位姿；对这些候选位姿进行聚类，并选择具有最高位姿验证分数的位姿来代表每个聚类；使用迭代最近点（iterative closest point，ICP）算法来细化候选位姿；最后，输出位姿结果并发送到抓取路径规划模块以生成最终的抓取位姿。

(1) 离线数据库构建

离线数据库构建的首要步骤是生成特征描述符 B2B-TL。特征描述符是三维物体定位的核心，它通过将原始点云数据压缩为具有辨识度的低维特征表示，提取出能够捕捉局部几何结构或全局形状特性的关键信息，从而显著提高匹配和定位的效率。点对特征（point pair feature，PPF）是一种广泛应用于物体识别与定位任务的局部特征描述符，它通过定义点对之间的几何关系来捕捉点云的局部形状特性，可以在噪声、遮挡或稀疏的场景下确定目标物体的位置和姿态。然而，它使用模型上的所有点构建点对，而场景中的点云是模型的某个视角下的部分点云，使用完整点云建模大大增加了后续算法的计算量。B2B-TL 特征通过对 PPF 进行优化，仅使用对象边界上的 3D 点来构建点对特征，并使用点的切线替代法线，从而实现高速高精度的姿态估计。

B2B-TL 特征构建方法如图 8-3 所示。$\boldsymbol{m}_r$ 和 $\boldsymbol{m}_i$ 是对象边界上的两个点，$\overline{\boldsymbol{n}}_r$ 和 $-\overline{\boldsymbol{n}}_r$ 是点 $\boldsymbol{m}_r$ 的方向向量，而 $\overline{\boldsymbol{n}}_i$ 和 $-\overline{\boldsymbol{n}}_i$ 是点 $\boldsymbol{m}_i$ 的方向向量。FB2B-TL 特征由下式给出：

$$F_{\mathrm{B2B\text{-}TL}}=(f_1,f_2,f_3,f_4)^{\mathrm{T}}=(\|\boldsymbol{d}\|_2,\angle(\overline{\boldsymbol{n}}_r,\boldsymbol{d}),\angle(\overline{\boldsymbol{n}}_i,\boldsymbol{d}),\angle(\overline{\boldsymbol{n}}_r,\overline{\boldsymbol{n}}_i))^{\mathrm{T}}$$

式中，$\boldsymbol{d}$ 是两点间的向量；$\angle(\overline{\boldsymbol{n}}_r,\boldsymbol{d})\in\left[0,\ \dfrac{\pi}{2}\right]$ 表示两个向量之间的角度。该特征的第一个部分 $f_1=\|\boldsymbol{m}_i-\boldsymbol{m}_r\|_2$ 是两点之间的欧几里得距离，第二和第三部分 f_2 和 f_3 分别是矢量 $\boldsymbol{d}$ 与穿过点 $\boldsymbol{m}_r$ 和 $\boldsymbol{m}_i$ 的切线之间的锐角。第四分量 f_4 是这两条切线之间的锐角。距离和角度以 $\boldsymbol{d}_{\mathrm{dist}}$ 和 $\boldsymbol{d}_{\mathrm{angle}}$ 为步长进行离散化以提高索引效率。

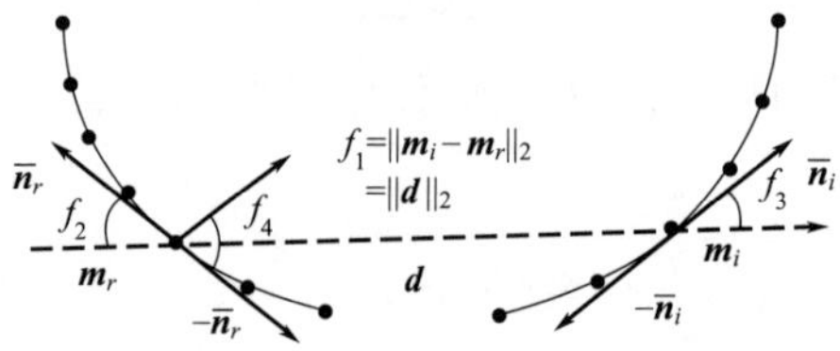

图 8-3　FB2B-TL 特征

离线数据库可包含多个目标对象，其中，每个目标对象使用一组多视角点云计算的 B2B-TL 特征来描述。给定一个对象的 CAD 模型，首先使用随机采样方法得到其对应的点云模型；然后在点云模型的周围选择 6 个视点以基本覆盖模型中的所有点，使用隐藏点移除算法提取每个视角下的可见点，并使用 PCL 库中的边缘提取算法得到该视角下的边缘点，得到对象的多视角点云模型，如图 8-4 所示；最后将边界点划分为多个感兴趣区域（region of interest，ROI)，并计算每个点的切线。

ROI 划分方法为将三维点云通过正交投影投影到二维 X-Y 平面；定义一个矩形掩模，并滑动矩形掩模遍历整个二维 X-Y 平面，生成一组更小的子图像；提取每个子图像中的每个像素对应的点云，形成一个 ROI 所对应的点集；遍历所有子图像，完成整个场景的处理。

切线计算方法为对于任意一个点集中的一个点 $\boldsymbol{P}_j$，将其与点集中的其他点 $\boldsymbol{P}_k$ 进行配对（$j \neq k$），并生成一条通过这两点的直线；统计该点集中与这一直线距离小于阈值 D_t 的点的数量 N_k；如果所有 $\boldsymbol{P}_k$ 对应的 N_k 数量大于阈值 S_t，选取得分最大的点 $\boldsymbol{P}_k^*$；$\boldsymbol{P}_j$ 对应的切线方向为 $\boldsymbol{n}(\boldsymbol{P}_j)=\dfrac{\boldsymbol{P}_k^*-\boldsymbol{P}_j}{\|\boldsymbol{P}_k^*-\boldsymbol{P}_j\|}$。

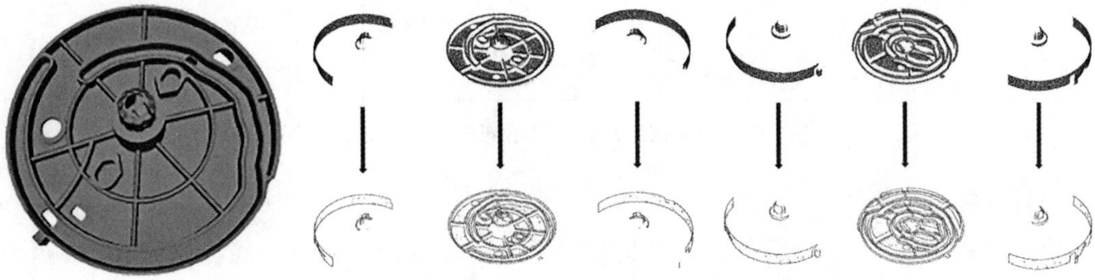

图 8-4　使用多视角点云进行模型的边界提取

对于每个视角下的边缘点，计算每两个点的 B2B-TL 特征，对特征进行离散化用作哈希表的键（key），并将这两个点的索引作为哈希表（Hash table）的值（value），构成键值对后保存到哈希表中。哈希表的结构如图 8-5 所示，其中，$(\boldsymbol{m}_1,\boldsymbol{m}_2)$，$(\boldsymbol{m}_3,\boldsymbol{m}_4)$，$(\boldsymbol{m}_5,\boldsymbol{m}_6)$ 为三组特征相同的点对，使用特征 F 作为键在哈希表中进行搜索即可得到这三组点的索引，从而得到它们的三维坐标。

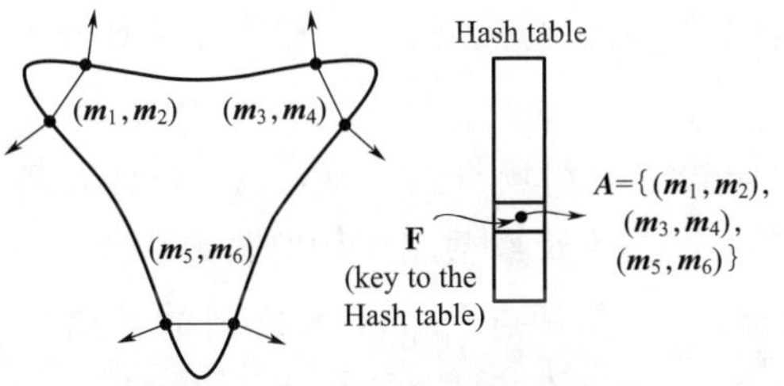

图 8-5　哈希表存储点对信息

为了同时获取点对信息及其所属视角，6 个视角点云中的每个点都被分配了一个唯一的索引。然而，由于不同视角之间存在重叠，在保存到哈希表中时，不同视角下的点云会共享一些相同的点对，这将增加后续投票过程的计算时间。如图 8-6 所示，绿色视角下的点对 $(\boldsymbol{m}_1,\boldsymbol{m}_2)$ 和蓝色视角下的点对 $(\boldsymbol{m}_3,\boldsymbol{m}_4)$ 属于模型上的同一对点对。因此，需要对 6 个视角点云中的每个点对进行编码来去除重复的点对。为了识别点对，首先对点云进行体素化，并使用每个点的体素索引作为其编码值。给定一个点 $\boldsymbol{p}_i$，其 X、Y、Z 坐标值分别为 x_i、y_i 和 z_i，它在体素空间中的索引可以通过下式计算：

$$x_{\text{ind}}=\text{INT}\left(\frac{x_i-X_{\min}}{L_{\text{voxel}}}\right),y_{\text{ind}}=\text{INT}\left(\frac{y_i-Y_{\min}}{L_{\text{voxel}}}\right),z_{\text{ind}}=\text{INT}\left(\frac{z_i-Z_{\min}}{L_{\text{voxel}}}\right)$$

式中，$X_{\min}$、$Y_{\min}$ 和 $Z_{\min}$ 是模型点云的最小坐标分量；x_{ind}、y_{ind} 和 z_{ind} 是每个坐标轴的索引；L_{voxel} 是体素的大小。例如，用向量 $\boldsymbol{m}_1=(1,2,3)$ 和向量 $\boldsymbol{m}_2=(4,5,6)$ 来表示

体素空间中的这两个点，则点对（$\boldsymbol{m}_1$，$\boldsymbol{m}_2$）的编码为 $c=(1,2,3,4,5,6)$。因为（$\boldsymbol{m}_3,\boldsymbol{m}_4$）位于同一位置，所以其编码也为 $c=(1,2,3,4,5,6)$。通过这种编码方法，哈希表中的重复点对被删除。

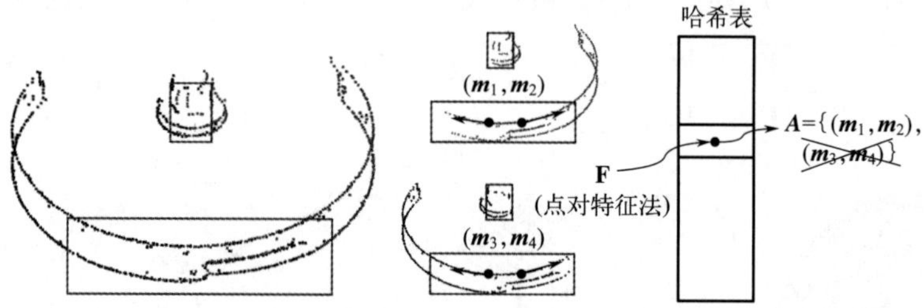

图 8-6　删除哈希表中来自不同视角下的相同点对

(2) 在线位姿估计

使用彩色相机和3D视觉传感器采集场景的图像和点云。通过边缘检测得到2D图像中的边缘像素，并将边缘像素映射到3D点，获得场景点云中的边界点。使用前述ROI划分方法和切线计算方法计算每个点的方向，并计算点对的B2B-TL特征。然后执行投票方案，使用构建的离线数据库来获得粗略的候选位姿。通过位姿验证删除错误的候选位姿，剩余的候选位姿按照位姿验证的得分进行排序，并通过聚类去除一些相似的候选位姿。最后，通过ICP算法实现进一步的位姿细化。

① 边界点的提取：首先使用3D视觉传感器和彩色相机采集场景点云，将彩色图像转换为灰度图像，并使用Canny边缘检测算法检测图像中的边缘；然后，将检测到的边缘像素映射到3D点云，提取对应点作为边界点；最后，将边界点划分为多个感兴趣区域，并计算每个点的切线。

② 点对特征投票方案：给定一组场景点对（$\boldsymbol{s}_r,\boldsymbol{s}_i$），计算其B2B-TL特征，并作为键在离线数据库的哈希表中查找对应的点对（$\boldsymbol{m}_r,\boldsymbol{m}_i$），如果两点（$\boldsymbol{s}_r,\boldsymbol{s}_i$）之间的距离长于模型中最长距离 $d_{\max}$，则在后续步骤中将不考虑该点对。然后，将 $\boldsymbol{s}_r$ 和 $\boldsymbol{m}_r$ 对齐在全局坐标系的原点，它们的切线 $\boldsymbol{n}_s^r$ 和 $\boldsymbol{n}_m^r$ 与 x 轴对齐，如图8-7所示。点 $\boldsymbol{s}_i$ 和 $\boldsymbol{m}_i$ 通过绕 x 轴旋转来对齐，旋转角度 α 和模型点 $\boldsymbol{m}_r$ 组成局部坐标（$\boldsymbol{m}_r$，α）。从（$\boldsymbol{m}_r$，$\boldsymbol{m}_i$）到（$\boldsymbol{s}_r$，$\boldsymbol{s}_i$）的变换用以下等式计算：

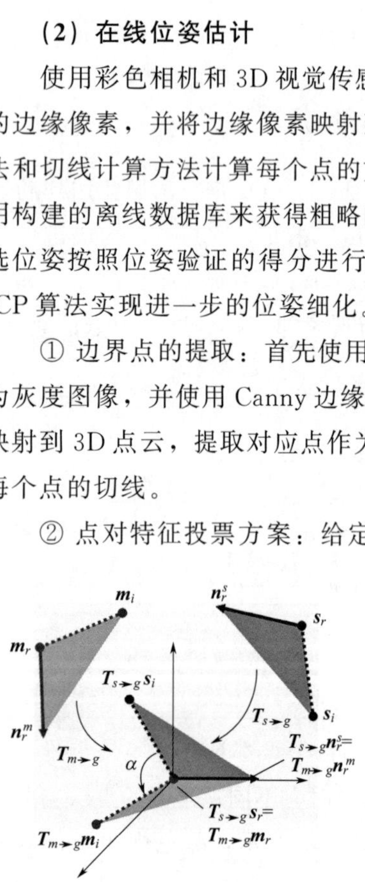

图 8-7　特征匹配

$$\boldsymbol{s}_i=\boldsymbol{T}_{s\to g}^{-1}\boldsymbol{R}_x(\alpha)\boldsymbol{T}_{m\to g}\boldsymbol{m}_i$$

式中，$\boldsymbol{T}_{s\to g}^{-1}$ 和 $\boldsymbol{T}_{m\to g}$ 分别是从场景坐标系和模型坐标系到全局坐标系的变换；$\boldsymbol{R}_x(\alpha)$ 是绕 x 轴旋转角度 α 的矩阵。

给定一个场景点 $\boldsymbol{s}_r$，按照定义的比例与其他每个点 $\boldsymbol{s}_i$ 配对。从哈希表中提取与场景对（$\boldsymbol{s}_r$，$\boldsymbol{s}_i$）具有相同B2B-TL特征的模型点对（$\boldsymbol{m}_r,\boldsymbol{m}_i$）。对于（$\boldsymbol{m}_r,\boldsymbol{m}_i$）和（$\boldsymbol{s}_r,\boldsymbol{s}_i$）之间的每个对应关系，都会计算出一个角度 α。然后，在（$\boldsymbol{m}_r,\alpha$）的二维空间中进行投票。对于得票最高的局部坐标，计算模型和场景坐标系之间的变换。对其他场景点重复相同的过

程，每个场景点可求得一个候选位姿，同时记录对应的投票分数。

③ 位姿验证与聚类：位姿验证的目的是删除错误的候选位姿，其通过将模型点云转换到场景中来验证位姿的准确性。投票完成后，每个候选位姿对应一个模型参考点。因此，可以跟踪该点对应的视角，并将相应视角下的模型转换到场景中。对于变换后模型上的每个点，在场景中搜索其最近邻点，并计算这两点之间的距离。如果该距离小于给定阈值，则将变换后的模型点视为拟合点。如果拟合点的数量大于给定阈值，则认为该位姿是正确的。所有位姿均根据其对应的投票分数进行排序，对于每个视角下的模型，选择前 N_{pv} 个投票分数最高的候选者。

然后对这些候选位姿进行聚类。对于每个簇，只保留投票分数最高的位姿，并删除其余位姿。候选位姿的输出最终按其投票分数进行排序。没有任何遮挡的部分往往具有较高的投票分数，因为它比有遮挡的部分具有更多的点。由于这一优点，所选的位姿顺序对应该对象被遮挡的程度。当执行拾取任务并实现定义的放置时，此信息非常重要，因为最好在没有遮挡的情况下抓取零件。因此，这一信息为抓取规划过程保留了候选位姿的特定顺序。

经过位姿验证之后，使用 ICP 算法细化剩余的候选姿态。与位姿验证步骤中的过程类似，使用相应视角下的模型点云对每个候选位姿执行 ICP 算法。识别结果如图 8-8 所示，其中图(a)～(d) 为实际场景图，图(e)～(h) 为识别的边缘点，图(i)～(l) 为估计的工件位姿结果。

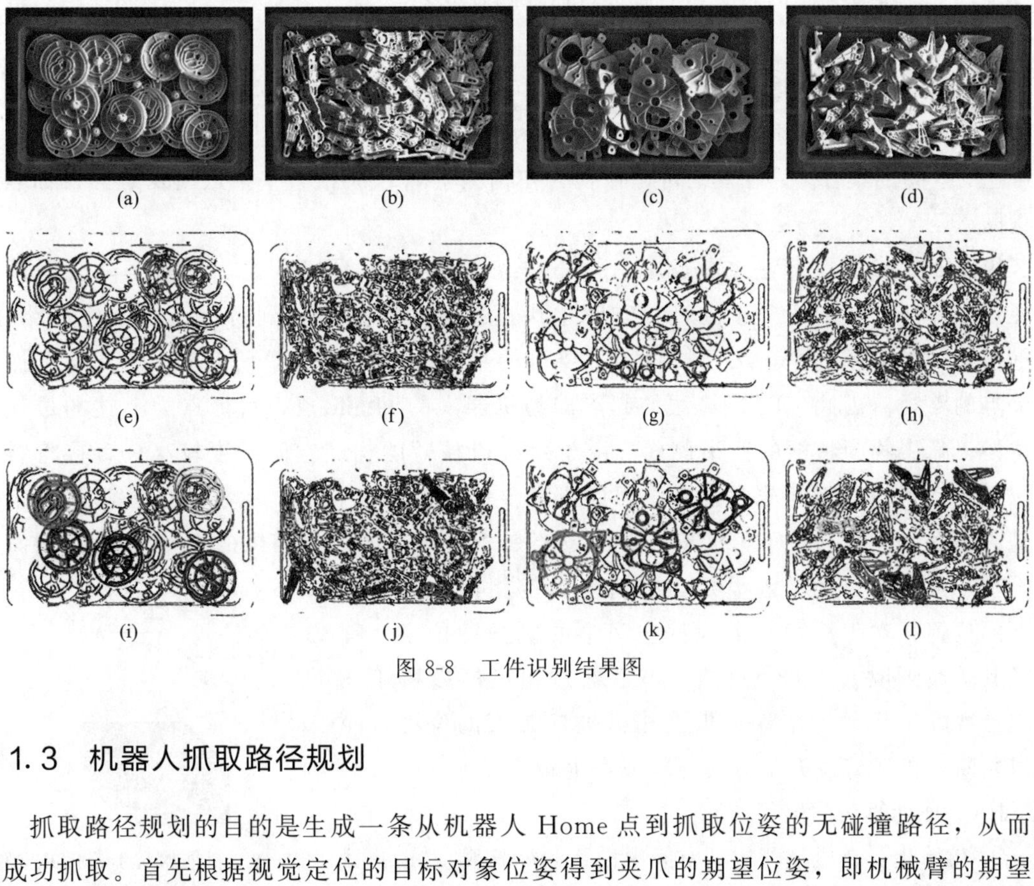

图 8-8　工件识别结果图

8.1.3　机器人抓取路径规划

抓取路径规划的目的是生成一条从机器人 Home 点到抓取位姿的无碰撞路径，从而实现成功抓取。首先根据视觉定位的目标对象位姿得到夹爪的期望位姿，即机械臂的期望位姿，作为路径规划的终点；然后通过路径规划算法生成一条从 Home 点到该位姿的无碰撞路径。

(1) 抓取位姿生成

使用视觉定位方法定位到场景中的多个候选对象位姿后，选择投票分数最高的对象作为待抓取对象，因为它具有更多未被遮挡的部分，可以使抓取路径规划更为简单。根据已知对象的 CAD 模型和夹爪的 CAD 模型，可以在对象 CAD 模型上预定义多个抓取位姿。例如，对于上述的圆形物体，使用平行夹爪可以在其直径上任意位置进行抓取，可在其圆周上定义 8～10 个抓取位姿。如图 8-9 所示，颜色深浅不同的方块表示不同的夹爪与对象接触位置，设置多个可抓取位姿可以提高抓取的成功率。由于待抓取对象在相机坐标系下的位姿已经通过视觉定位得到，将预定义的夹爪位姿转换到该对象上，即可得到可抓取该对象的多个夹爪位姿。

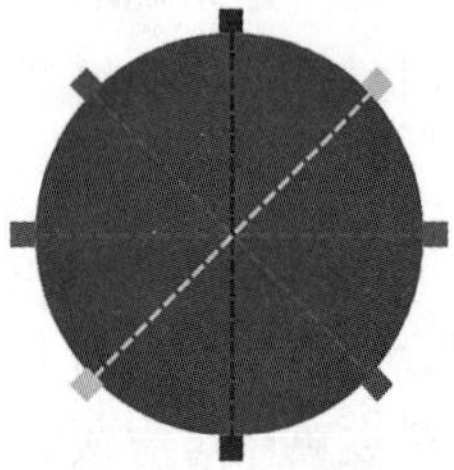

图 8-9　圆形对象的预定义抓取位姿示意图

对于每个夹爪位姿，将夹爪 CAD 模型离散化后的点云变换到场景中，分析夹爪点云与待抓取对象以外的场景点（包括其他对象与料框边缘）的最近邻距离，评估抓取过程是否会与场景中的其他对象产生碰撞。若该距离小于设定阈值则认为会发生碰撞，反之则不会。删除会发生碰撞的抓取位姿后，在剩余位姿中，选择夹爪点云与场景点云间距离最大的抓取位姿，作为最佳抓取位姿，以尽可能避免抓取过程对工件堆叠状态的影响，然后进行抓取路径规划。

(2) 抓取路径生成

机械臂的路径规划通常在构型空间（configuration space，C-Space）中进行，构型即为机械臂的一个位姿，可以用 6 个关节角表示为 $[\theta_1,\theta_2,\theta_3,\theta_4,\theta_5,\theta_6]^T$。构型空间即为机械臂可达的空间的集合。路径规划可以被视为在构型空间 C 中搜索一条从出发点到目标点的无碰撞路径。

快速随机扩展树算法（rapidly-exploring random tree，RRT）是一种基于随机采样的路径规划算法，特别适用于在高维空间中快速找到一条从起点到目标点的无碰撞路径。在框内物体抓取系统中，路径规划的主要目的是生成一条从机器人 Home 点到夹爪抓取位姿点的路径。因此，RRT 算法的起点即为机器人的 Home 点，目标点为上述的最佳抓取位姿，障碍物为料框的四个侧面。由于六维机械臂的构型空间维度较高，直接将料框的位置转换到构型空间非常复杂，因此，对于每个规划的构型，通过碰撞检测算法来确定是否会发生碰撞。由于相机和料框的位姿是相对固定的，且相机的 Z 轴与料框侧面保持平行，可以通过简单地设定坐标值来确定相机坐标系下料框的位置。对于任意一个构型空间中的机械臂位姿，首先将其转换到欧几里得空间中，然后通过相机外参和 TCP 标定参数确定机械臂末端夹爪在相机坐标系下的位姿，便可以判断该机械臂位姿是否会与料框发生碰撞。

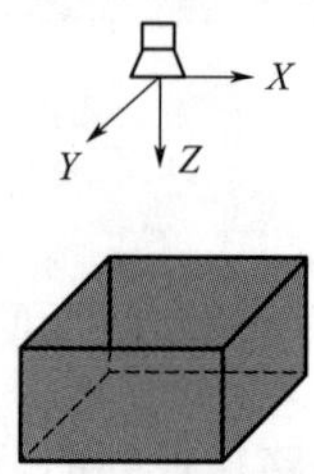

图 8-10　料框相对于相机的位置

RRT 规划算法的流程如下：

① 初始化：在机械臂构型空间中设置起始构型 q_{start}、目

标构型 q_{goal}，创建一个空树 $T=\{q_{start}\}$，树的根节点为起始节点。

② 迭代过程：

a. 从构型空间中随机选择一个点 q_{rand}；

b. 在树 T 中选择离 q_{rand} 最近的节点 $q_{nearest}$；

c. 扩展树：从 $q_{nearest}$ 向 q_{rand} 延伸，生成一个新的构型 q_{new}，使用一个小的步长 d 更新树结构，q_{new} 是在方向上接近 q_{rand} 的位置，且在步长 d 范围内；

d. 碰撞检测：检查从 $q_{nearest}$ 到 q_{new} 的路径是否与障碍物相交，如果路径没有碰撞，则将 q_{new} 加入树中；如果发生碰撞，忽略该扩展步骤，重新选择随机点。

③ 目标检查：如果 q_{new} 与目标节点 q_{goal} 的距离小于预设阈值，则从树中连接目标节点 q_{goal}，并完成路径规划，否则，继续进行随机扩展。

④ 路径回溯：从目标节点 q_{goal} 回溯到起始节点 q_{start}，通过树中的父节点（由扩展过程中的连接确定），构建出完整路径。

⑤ 结束条件：达到目标节点，成功找到路径；达到设定的最大迭代次数，且没有找到路径，路径规划失败。

(3) 总体流程

框内物体抓取的总体流程如图 8-11 所示：首先，机器人运动到 Home 点；使用彩色相机和三维视觉传感器对物料框进行拍摄；判断料框中是否存在工件，如果存在则执行抓取程序，如果不存在则结束；若物料框中存在工件，则使用采集到的图像和点云对料框中的工件进行视觉定位；选择最容易抓取的工件，并计算出对应的机器人目标位姿；根据机器人初始位姿、目标位姿和预定义的料框障碍，通过路径规划算法获得机器人运动路径；抓取完成并放置到流水线后，机器人回到 Home 点。

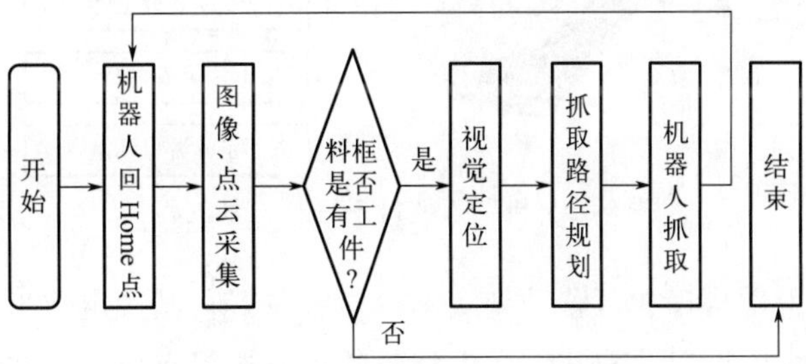

图 8-11　机器人抓取总体流程图

8.2　视觉引导的机器人等离子坡口切割

坡口切割是将待焊部位切割成一定几何形状的沟槽，可以保证焊料深入焊缝根部，从而焊透工件，是工程机械等大型装备厚型工件装配的关键工艺过程。在众多焊接工艺中，坡口加工扮演着不可或缺的角色。传统的手工坡口作业普遍存在工作效率低下且易受人为误差影响的问题。即使引入了机器人进行坡口作业，由于工程机械工件存在异形（自由曲线）、种类多（>1000 种）、尺寸大（2～10m）等几何特征，因此在处理大型复杂几何形状的工件时，依然会面临一系列挑战，如熔融区域缺陷、坡面不平整、钝边超差以及覆盖率过低等问题。为此，本文从系统设计、几何参数优化、轨迹误差补偿与寻位软件开发等四方面介绍机器人等离子坡口切割质量提升方法。

8.2.1 视觉引导的机器人坡口系统设计

面向工程机械、海洋船舶等大件物料的机器人坡口系统及切割流程如图 8-12 所示。工件的切割方式分为“边扫边切”和“先扫后切”两种。边扫边切适用于切割轨迹变化不大的工件，首先建立关于工件的机器人用户坐标系，按照预先导入的 CAD 图纸获取机器人的运动轨迹，通过在切割过程中，位于切割方向前方的线激光相机连续不断地捕获工件边缘特征，实时反馈至控制系统，以此动态引导线激光切割头按照当前工件轮廓进行连续切割。边扫边切的技术路线如图 8-13 所示。而对于在切割过程中存在线激光丢失边缘特征的复杂工件，则需要采用“先扫后切”的方式。先扫后切需要获取工件的点云信息，然后对工件进行点云配准得到工件的真实位姿，再输出机器人的切割路径实现坡口切割。

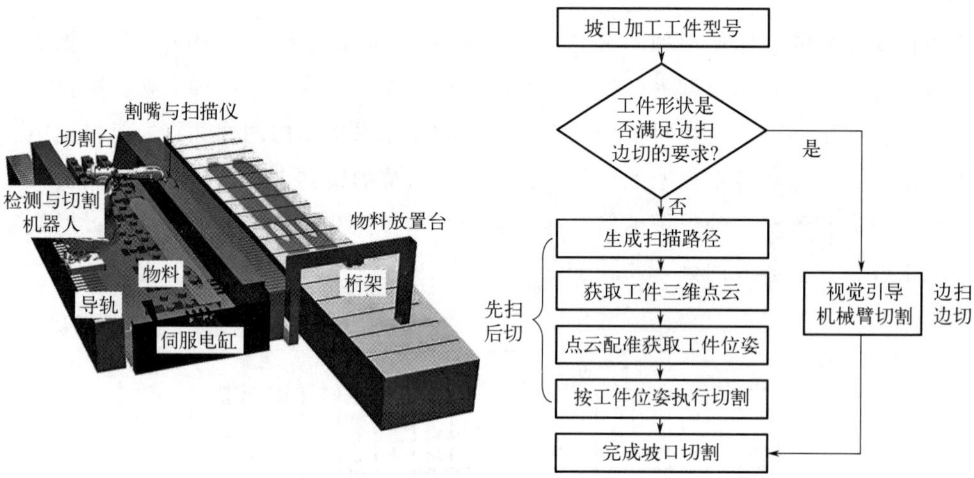

图 8-12 机器人坡口系统及切割流程

首先通过桁架将工件从存放区移动到切割台指定位置；其次定位工件位置，利用垂直分布的电缸触碰工件边缘，可以获取切割台上物料的若干边界点位置。在 X、Y 方向，根据工件的边缘轮廓，分别拟合对应的曲线，进一步确定一个约定好的坐标原点，以该点的坐标值建立机器人的用户坐标系，从而实现工件定位。具体而言，横向拟合所形成的直线被赋予 X 轴正方向的属性，随后，将 X 轴正方向逆时针旋转 90°，得到的线条被定义为 Y 轴的正方向。如图 8-14(a) 所示，使用最小二乘法拟合 X、Y 轴上的直线，得到两直线的交点；如图 8-14(b) 所示，拟合 X 轴上的直线和 Y 轴曲线上的圆，以圆心到 X 轴上的直线的投影作为坐标系原点。建立好用户坐标系后，根据预设的方式进行坡口作业；切割工作完成后，桁架负责将工件从切割台移回到工件存放区，为下一轮生产做好准备。这种高度自动化和精确的生产流程有助于提高生产效率，减少人力成本，并确保产品质量的稳定性。

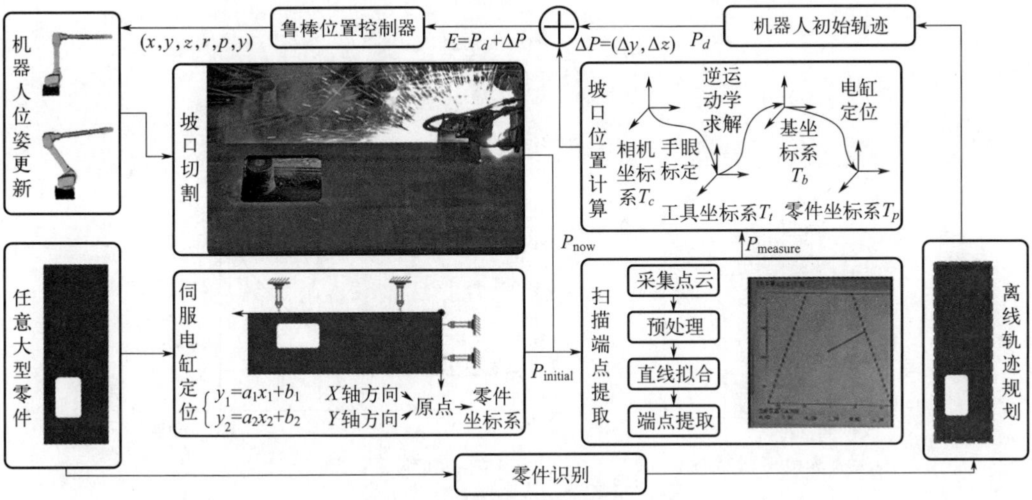

图 8-13　机器人边扫边切技术路线

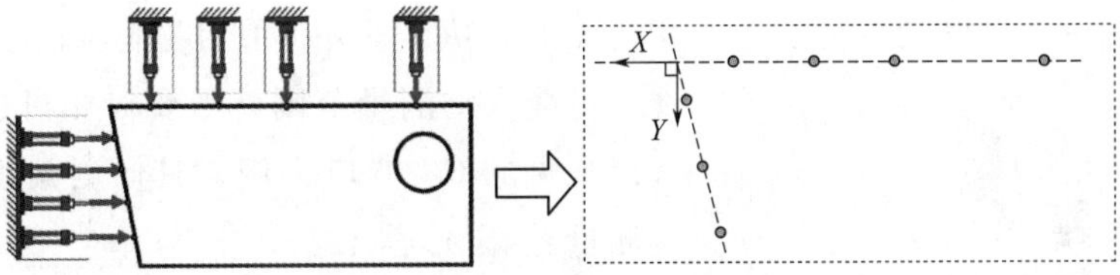

(a) 通过两直线边界定位工件

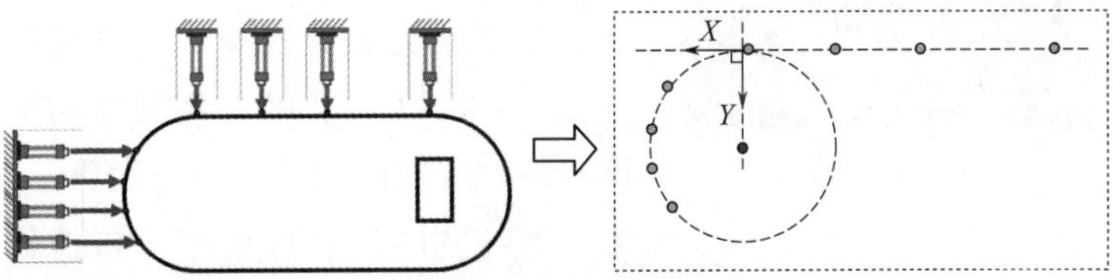

(b) 通过直线与圆弧边界定位工件

图 8-14　电缸定位工件位置

8.2.2　机器人坡口系统关键几何参数整体优化

工件坡口作业可根据坡口边缘的类型主要分为两类：直线边和异形边。在坡口作业过程中，线激光相机在切割机移动方向上进行特征数据扫描，以获取边缘特征。在进行连续边扫描边切割不规则工件的过程中中，常常会面临一种挑战：位于运动方向后方的切割工具在切割工件时，位于前方的线激光相机可能因视角变化等原因无法有效捕捉到正确的工件边缘特征，因此需要进行可测性分析。具体而言，针对异形边是简单圆弧或任意曲线的情况，需要分别进行可测性分析。

本例中使用的线激光相机的激光投射参数如下：最佳视距为 180mm，近端 Z_1 为 90mm，远端 Z_2 为 270mm，近端 Y_1 为 40mm，远端 Y_2 为 120mm，如图 8-15(a) 所示。图 8-15(b) 中黄色线条为最佳视距，其对应的最佳测量范围约为 138mm；蓝色线条即表示线激光对应的最大测量范围约为 197mm，其对应水平夹角约 66°；角度 θ 与测量范围 L 之间

的关系为

$$L=\frac{1080\tan\theta}{(9+2\tan\theta)\sin\theta}$$

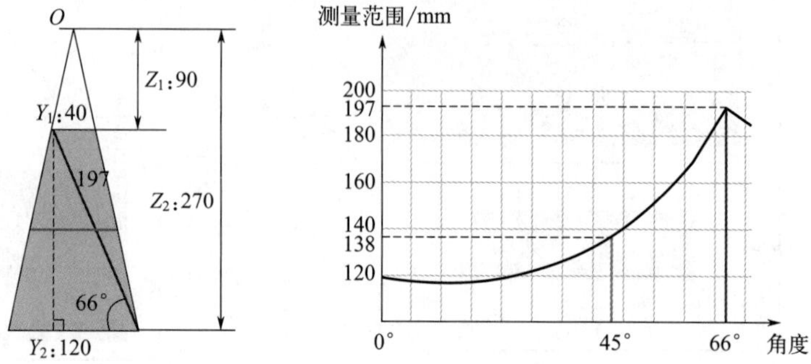

(a) 线激光相机视野及安装角度　　(b) 安装角度与测量范围之间关系

图 8-15　线激光相机的激光投射

在坡口切割实际应用中，如果按照最佳测量范围进行安装，对异形件的跟踪效果并不理想，在切割过程中，常常会发生线激光相机无法成功识别并提取目标特征的现象。为了获取尽可能大的测量范围，需要对相机进行倾斜安装。以常见的 C8 坡口为例，其倾斜角度为 45°。此时测量范围可达 138mm，与垂直安装相比增加了 18mm，有效拓宽了相机的视场范围，并将坡口特征更靠近最优测量区域。综合考虑测量范围与测量精度后，决定采用与切割器相同的倾斜角度进行安装，实现两者的平衡与优化。

图 8-16　激光引导的坡口跟踪

工件坡口作业可根据坡口边缘的类型主要分为两类：直线边和异形边。在坡口作业过程中，线激光相机在切割机移动方向上进行特征数据扫描，以获取边缘特征，因此需要进行可测性分析。具体而言，针对异形边是简单圆弧或任意曲线的情况，需要分别进行可测性分析。首先，本系统建立了工件的边界轮廓与坡口特征点变化速度之间的定量映射模型。对于坡口系统而言，由于工件是固定在切割台的电缸中的，因此工件的高度是一致的，从提取的坡口特征点来看，Z 方向上的误差可以近似忽略，如此一来，就可以把三维问题转化为二维问题，方便之后的分析。坐标系的建立以切割起始点为原点，起始点到终点连线为 X 轴，与 X 轴垂直建立 Y 轴，X-Y 平面为水平面，Z 轴垂直地面向上。假设线激光传感器测量位置即为钢板在用户坐标系下的位置，则切割过程中位姿保持不变，位置 (x,y) 变化，其中 x 为移动方向，y 为微调方向，由线激光测量获得。而在弧线切割中，位姿 (z,R_x,R_y) 保持不变，位姿 (x,y,R_z) 变化，位置 (x,y) 可由线激光传感器测量，R_z 可由线激光测量的圆弧数据推算，或者人为指定，如图 8-17 所示。

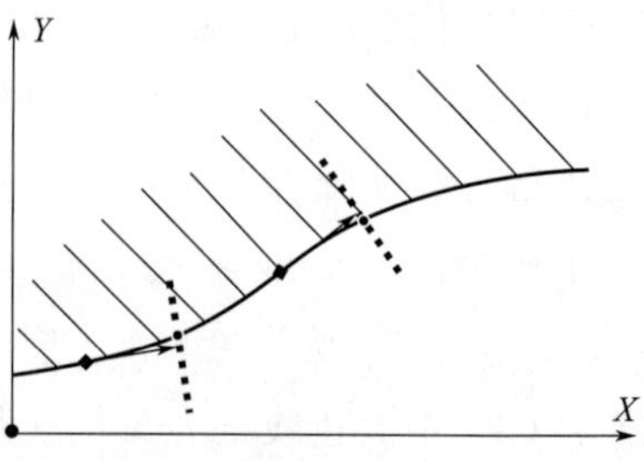

图 8-17　切割点与特征点映射关系

建立了工件边界轮廓与特征点变化速度的定量映射模型后，分析先激光测量范围的限制。弧线可以视为椭圆的一部分，将钢板弧线分为凹弧线和凸弧线，以下仅分析凹弧线，凸弧线分析方法类似。设切割点与测量点之间的距离为 d，圆弧弦长为 $2l$，圆半径为 r，椭圆长轴为 $2a$，短轴为 $2b$，所需测量最大距离范围为 x，激光测量距离范围为 L，如图 8-18 所示。

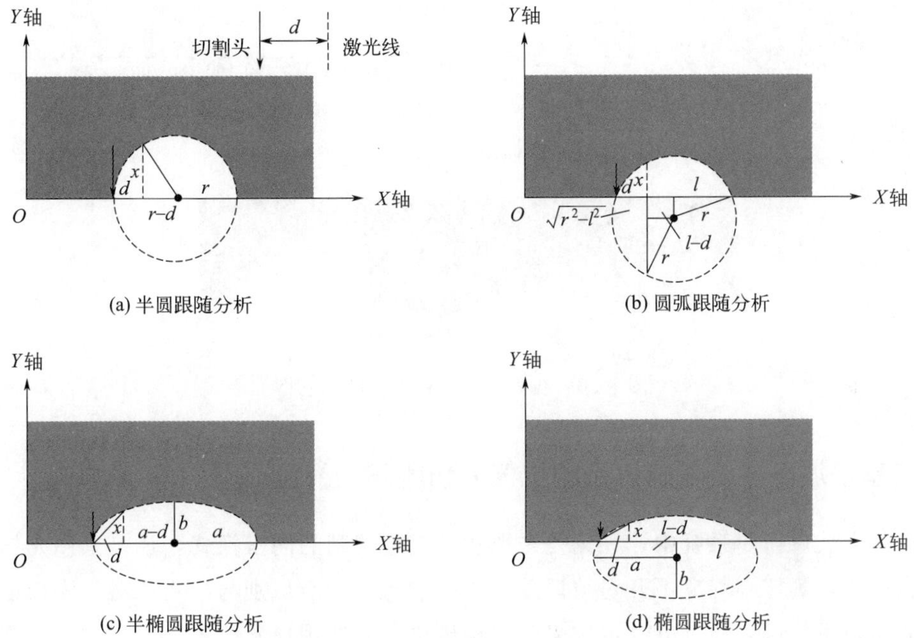

(a) 半圆跟随分析　(b) 圆弧跟随分析　(c) 半椭圆跟随分析　(d) 椭圆跟随分析

图 8-18　不同情况下跟随分析

当凹弧线为半圆时，d 为切割头与激光线的距离，x 应在激光线测量范围内，则激光的测量范围 $L>x=\sqrt{d(2r-d)}$。

当凹弧线为圆弧时，激光的测量范围 $L>x=\sqrt{r^2-(l-d)^2}-\sqrt{r^2-l^2}$。

当凹弧线为半椭圆时，激光的测量范围 $L>x=\dfrac{b}{a}\sqrt{d(2a^2-d)}$。

当凹弧线为椭圆弧时，激光的测量范围 $L>x=\dfrac{b}{a}\sqrt{a^2-(l-d)^2}-\sqrt{a^2-l^2}$。

在圆弧切割过程中，与直线切割不同，线激光的跟随过程受切割枪位姿的影响较大。切割枪位姿的变化会直接影响激光传感器采样到的数据。如图 8-19 所示，在跟随过程中，所跟随圆弧的对应拟合圆半径要求为 $r>l/4+d^2/l$。

若圆弧半径较小，则会导致跟随失败，如图 8-20 所示，圆圈为跟随失败的位置。当圆弧半径满足要求时，可以保证跟随过程中圆弧在线激光测量范围内，基于上述分析，可以判断切割路径是否适用于边扫描边切割的坡口作业模式。如若该模式不可行，则应选择更为稳妥的先扫描确定路径，后进行切割的生产流程。

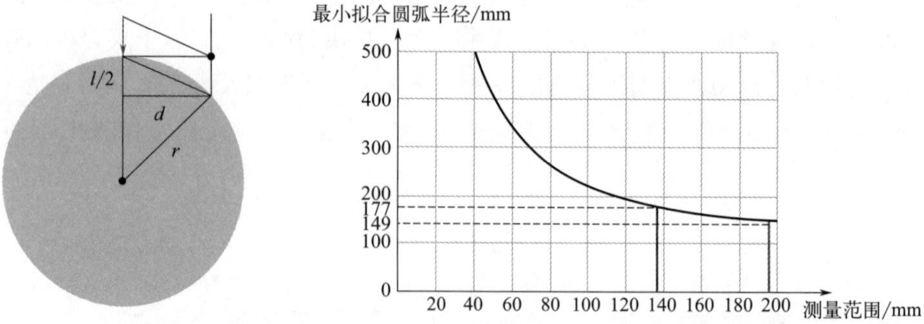

图 8-19　跟随圆弧半径要求（左）、测量范围与最小拟合圆弧半径的关系（右）

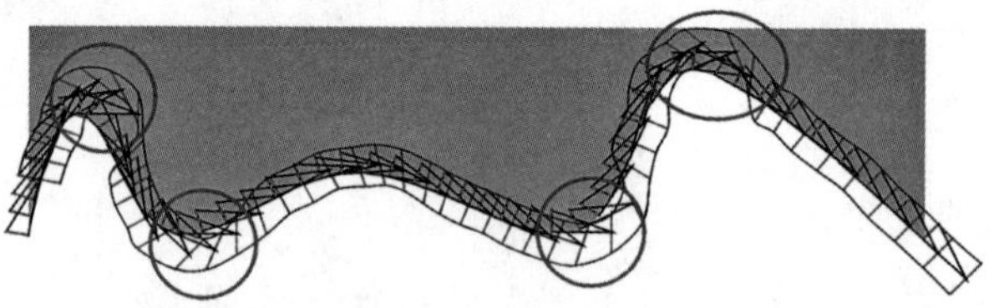

图 8-20　线激光相机跟随失败示意图

8.2.3　基于坡口特征精确识别的机器人切割路径补偿

在机器人坡口作业系统中，无论是采取边扫描边切割的同步模式，还是采用先扫描后切割的分步模式，其核心都离不开对坡口工件边缘信息的精准识别与应用。对于先扫描后切割的方式而言，虽然可以通过电缸定位来初步构建机器人的用户坐标系，但这种方式难以满足切割时所需的精度要求。为解决这一问题，需要对工件的关键特征信息进行点云数据采集，克服强光照射和粉尘干扰，精确获得坡口边界在用户坐标系下的实际位姿。为了进一步降低机器人系统的潜在切割误差，本系统对切削深度实施偏移量设定与动态补偿，以此确保整个坡口作业过程的高精度和一致性。

（1）坡口特征识别

线激光相机在坡口特征识别中的应用为物料切割定位提供了可靠的数据支持。利用其快速获取三维点云数据的能力，对线激光相机采集到的点云信息进行处理，获取坡口边缘特征，从而有效地指导机械臂实现精准坡口作业。但是由于采集设备的限制以及环境条件等因素，三维点云数据经常受到噪声、离群点和异常值的干扰。这些不完美的数据可能对后续的坡口特征识别造成负面影响。因此，在进行坡口特征识别之前，点云数据的滤波成为一个至关重要的预处理步骤。本节介绍采用统计滤波器和聚类滤波器进行预处理，以提高数据的准确性和可用性。

统计滤波器作为点云数据处理中的一种常用方法，其核心思想是通过分析邻近点的统计特性来识别并移除噪声点及离群点。该方法旨在通过去除数据中的噪声和异常值，进而增强点云数据的质量和可靠性。具体操作中，首先对点云数据进行统计建模，通过分析每个点的邻域信息来估计其局部特征。随后，依据统计学原理，设计并应用了专门针对点云数据的统计滤波器。该滤波器通过对局部特征进行加权平均处理，实现了对点云数据的高效滤波。具体地，基于上述定义，有一组坡口三维点云数据集表示为 $P=\{\boldsymbol{p}_1,\cdots,\boldsymbol{p}_i,\cdots,\boldsymbol{p}_n\}$。针对三维点云数据集 P 中每个点 $\boldsymbol{p}_i$，定义距离 d_i 为距离点 $\boldsymbol{p}_i$ 最近的 n_d 个点的平均距离，并据此建立三维点云数据集 P 所对应的距离集合 $D(P)$，并计算距离集合 $D(P)$ 的均值 D_{mean} 和标准差 D_{std}。紧接着设置参数 r_1 以确定阈值 T_d 对坡口三维点云数据进行滤波处理，其中阈值 $T_d=D_{\text{mean}}+r_1 x D_{\text{std}}$。根据阈值对点云集合 P 进行滤波处理，其中小于等于阈值 T_d 的点 $\boldsymbol{p}$ 将被保留，其余点将被视为离群点并被删除，即得到新的三维点云数据 $P_1=\{\boldsymbol{p}\in P \mid D(\boldsymbol{p})<T_d\}$。

在切割坡口过程中存在强光和灰尘的干扰，如图 8-21(a) 所示。因此，本案例在线激光相机上安装了防尘罩以防止光线的干扰。虽然防尘罩在硬件级别上对大部分灰尘进行了过滤，但是防尘罩本身也会引入一些噪声到三维点云数据中。如图 8-21(b) 所示，线激光相机扫描到了一些防尘罩。由于防尘罩噪声的连续性，通常的滤波器难以有效过滤这部分噪声。

(a) 坡口作业中使用防尘罩防止干扰　　(b) 防尘罩噪声

图 8-21　引入防尘罩的影响

本节采用了聚类滤波器处理防尘罩引入的噪声。聚类滤波器是一种基于点云数据的空间连通性进行分割和过滤的方法，通过将点云数据分成不同的簇或群集，并根据簇的密度和几何形状进行过滤。首先，通过聚类算法对点云数据进行分组，将点云分成不同的簇。常见的聚类算法包括基于欧几里得距离的领域聚类和基于连通性的聚类。这些算法可以将密集的点云簇分离出来，从而与防尘罩引入的噪声区分开。接下来，根据每个簇的点数以及后续的特征检测算法，对聚类结果进行进一步的滤波。由于防尘罩引入的噪声簇点数较多且连续，可以根据点云数据中每个簇的点数来判断是否为噪声簇。通常，噪声簇点数较大，与真实坡口特征点的数量差异较大。同时，可以利用特征检测算法对经过滤波后的点云数据进行特征提取和分析，以进一步确认噪声簇的位置。通过提取坡口特征点，可以根据特征点的分布和几何关系来判断是否存在噪声簇，并将其剔除或修正。聚类滤波器基于以下思想：

在防尘罩噪声区域，由于噪声的连续性，点云数据中的点会聚集成密集的簇。因此，本案例可以通过对点云数据进行聚类分析，检测出这些密集的噪声簇，并根据聚类结果来进行滤波操作。具体地，为满足以上要求，构造聚类滤波器，确定滤波器邻域半径ϵ。从三维点云数据中任意一个核心点 $\boldsymbol{p}_i$ 开始，通过不断地在其邻域半径ϵ内寻找其他点来构建点云簇 c_i，通过递归执行这个过程，可以得到类 c_i，遍历三维点云数据 P_1 所有点得到点云簇集合。

在焊接坡口特征提取的过程中，预处理输出结果 $C=\{c_1, c_2, c_m\}$ 的理想情况是得到单个点云簇，即 $m=1$，这直接对应坡口作业工件的点云数据。然而，在大多数情况下，因为加入了防尘罩以及强干扰环境，可能会得到多个点云簇，即 $m>1$，这要求在特征提取过程中引入额外的约束条件以确保特征提取的准确性。首先开展坐标集合 X 的初始化，该集合存储 x 方向上的坐标值。随后构建与之对应的 y 坐标集合 Y 和 z 坐标集合 Z，其计算方法如下：在给定的 x_0 坐标点属于集合 X 的前提下，从集合 X 中选取与 x_0 的距离在范围内的数据点。对于这些选定的数据点，计算它们的平均 y 和 z 值，并将这些平均值分别保存至坐标集合 Y 和 Z 中，以此作为 x_0 对应的 y_0 和 z_0 坐标。接下来，定义一个关键函数 $func(r)$，其输入参数 r 为一组坐标集合 X、Y、Z。$func(r)$ 函数的主要任务是基于输入的坐标集合 r，计算分段拟合曲线的每一段端点坐标。这些端点坐标随后将被用于误差函数 $err(r)$ 的计算。误差函数 $err(r)$ 的设计旨在评估拟合曲线的准确性。它通过分析由 $func(r)$ 计算得到的端点坐标，并结合实际的点云数据，来量化拟合曲线与实际数据之间的误差。通过这种方式，$err(r)$ 函数为模型提供了一个反馈机制，以指导模型调整和优化拟合段数，确保最终的特征提取结果既精确又高效。其中：

$$err(r)=\sum_{i=1}^{j}((y_{\text{input}}-y_{\text{interp}})^2+(z_{\text{input}}-z_{\text{interp}})^2)$$

式中，j 表示该聚类簇中的点数；interp 函数将拟合后的函数映射到 x_{input} 上，得到在 x 坐标上对应的拟合后的一维线性插值的 y_{interp} 坐标和 z_{interp} 坐标。误差函数 $err(r)$ 首先通过 $func(r)$ 得到当前参数 r 的端点坐标值，然后计算分段拟合曲线与原始数据之间的均方误差。使用 Nelder-Mead 算法来最小化误差函数 $err(r)$ 以搜索最优参数 r。Nelder-Mead 算法又被称为单纯形法，是一种高效的迭代式数值优化技术，主要用于在缺乏导数信息的情况下寻找目标函数的极值点。该算法的核心机制是在一个多维参数空间内操作一个称为单纯形的结构，通过系统地扩展和收缩单纯形的顶点，逐步探索并逼近目标函数的最小值或最大值。该算法的显著优势在于其对目标函数的导数信息没有依赖，使其能够应用于那些导数难以获得或不存在的复杂函数优化问题。此外，Nelder-Mead 算法对于非光滑、非凸以及高维优化问题表现出了良好的适应性。对于 $err(r)$ 而言，如果误差函数的结果 $err(r)>t_1$，则判断该点云簇为噪声，其中 t_1 为基于 $err(r)$ 的阈值。

同时，对于输出的最优参数 r 所对应的空间直线有如下约束：对于其俯仰角 θ，规定 $\theta<t_2$，否则作为噪声处理；切割坡口时工件水平放置，θ 应近似为 $0°$；就坡口特征识别任务而言，应满足 $t_2\leqslant 10°$。

在执行坡口特征提取任务时，关键步骤是对点云数据进行有效的分段拟合，以识别并构建出各个线性段。鉴于拟合段数并非一成不变，为此采纳了一种自适应方法来精准地界定最佳的拟合段数，即采用 AIC（Akaike 信息准则）和 BIC（贝叶斯信息准则）作为核心的模型选择机制，增强算法的实用性和适用性，扩展算法在坡口检测中的应用。AIC 和 BIC 是广泛使用的模型选择准则，通过权衡模型适应度和模型参数数量之间的关系，对不同模型进行相对优劣的比较。该方法不仅确保了对数据的精确拟合，还有效地规避了过度拟合的风

险，确保了在坡口特征提取过程中能够获得最优化的结果。AIC 的计算公式为

$$\mathrm{AIC}=-2\ln L+2k$$

式中，$\ln L$ 是模型的对数似然函数值；k 是模型的参数数量（自由度）。AIC 的目标是在保持对数据的良好拟合的前提下，选择具有较少参数的模型。BIC 的计算公式为

$$\mathrm{BIC}=-2\ln L+k\ln n$$

式中，$\ln L$ 是模型的对数似然函数值；k 是模型的参数数量；n 是样本大小。BIC 在 AIC 的基础上引入了对样本大小的惩罚项，以鼓励选择更简单的模型。在模型选择过程中，AIC 和 BIC 的数值越小，表示模型的选择越好。为了实现模型自动适应拟合段数，可以引入适当的模型评估方法。这种方法的目标是在考虑拟合优度和模型复杂性之间的权衡下，找到最佳的分段线性模型。最终工件坡口边缘特征提取结果如图 8-22 所示。

图 8-22　工件坡口边缘特征提取

在生产过程中，确保工件精度至关重要，为此，可对机器人设置一个细微值。这个值是切割方向上的偏移。不同批次的同型号工件可能由于生产条件的变化而产生误差，而同批次工件之间的误差则相对较小。为了提高坡口加工的质量，对工件进行偏移量补偿是必不可少的。每一新批次的工件都需要重新调整偏移量，以适应生产过程中可能出现的变化。

在切割工序完成后，对工件进行精度评估是下一步的关键。精度误差通常由机器人操作和生产材料的差异引起。如果工件的精度达到本案例设定的标准，那么生产将继续进行，进入下一个坡口加工环节。如果工件精度不达标，可通过误差分析来调整机械臂的作业姿态，以优化加工过程。基于钝边测量的偏移量补偿方法流程图如图 8-23 所示。偏移量补偿方法主要分为钝边测量和偏移量补偿两步。这一步骤确保了绝大部分工件都能满足精度要求，从而在最大程度上提升产品质量。通过这种方式，本案例可以确保生产流程的连续性和效率，同时保持产品质量的高标准。

(2) 钝边测量

利用视觉算法对焊件的钝边尺寸进行了精确的测量。钝边是指在焊接过程中，焊件切割坡口时沿厚度方向未进行切割坡口处理的端面部分。这一区域在焊接过程中具有重要意义，因为它直接关系到焊缝的形成质量和焊接结构的稳定性。坡口作业中，机械臂能够精确地保持坡口面的角度，这一特性为测量工作提供了便利。通过捕捉坡口前后平面的特征点，可以迅速而准确地计算出钝边的高度。这种方法的优势在于，它避免了直接对坡口面进行复杂的特征提取工作，从而减少了对测量结果的影响。具体的实施步骤如下：首先，若需进行钝边检测，本案例会在坡口加工过程中，记录机器人在多个不同的姿态下，通过相机捕获的特征点信息 $P=\{\boldsymbol{p}_1,\cdots,\boldsymbol{p}_i,\cdots,\boldsymbol{p}_n\}$。随后，在坡口加工完成后，机器人将复现先前记录的姿态，并利用线激光相机捕获特征点 $\{\boldsymbol{p}'_1,\cdots,\boldsymbol{p}'_n\}$。通过对比这两组特征点数据，可以计算出钝边

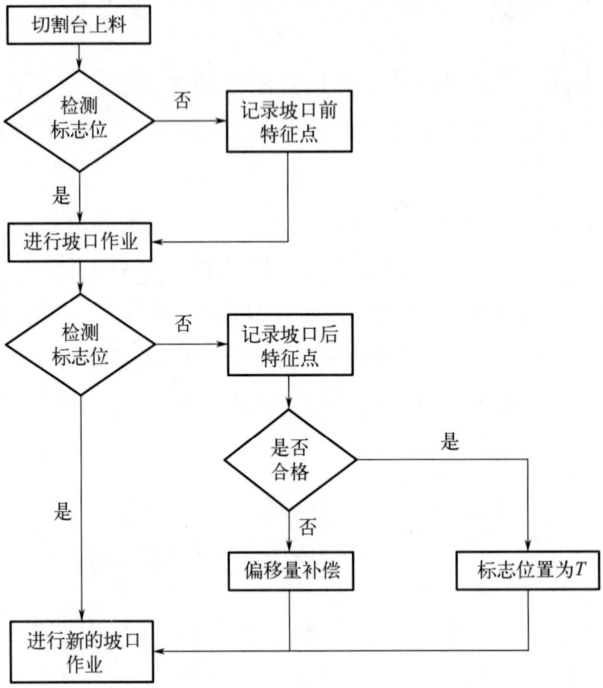

图 8-23　基于钝边测量的偏移量补偿方法流程图

的平均长度 $d=\sum\|\boldsymbol{p}_i'-\boldsymbol{p}_i\|/n$，钝边的尺寸即为 $d_{\mathrm{rootface}}=h-d/\tan\theta$，其中 h 为工件的厚度。评估钝边的厚度是否满足既定的生产标准。一旦发现测量结果与生产要求不符，机器人将自动执行偏移量的补偿调整，以确保加工质量满足规定的精度要求。

此方法的应用，不仅提高了坡口加工的准确性和效率，同时也为自动化生产提供了可靠的技术支持。

(3) 偏移量补偿

机械臂首先根据测量结果计算出所需的新的偏移量。随后，这些偏移量被转换为机械臂的姿态调整量，即通过调整机械臂的关节角度和运动轨迹，来实现精确的位移补偿。新的偏移量为

$$B_{\mathrm{new}}=B_{\mathrm{old}}+(target_{\mathrm{rootface}}-d_{\mathrm{rootface}})\tan\theta$$

式中，B_{old} 为旧偏移量；$target_{\mathrm{rootface}}$ 为目标钝边厚度。这一闭环控制系统的优势在于其能够实时监测和调整机械臂的运动，确保每一次加工都能达到预定的精度要求。通过这种方式，机械臂不仅能够提高生产效率，还能够显著提升产品的一致性和可靠性。

8.2.4 机器人高精度坡口寻位软件开发与应用

机器人坡口寻位软件实现的功能主要包括基于工件图纸的扫描路径生成和基于点云配准的切割路径生成。在实现这些功能的过程中面临以下技术挑战：首先是将二维工件图纸准确转换到三维作业场景中的坐标系统，其次是实现二维图纸坐标与实际三维点云数据之间的精确配准，最后是如何高效地调整坡口切割参数以优化坡口质量。为了优化工件图纸的可视化处理功能，并确保实现对工件多元化的交互操控，软件选用的是稳定开发环境 Windows 10

操作系统，结合 Microsoft Visual Studio 2017 开发工具以及 QT 框架进行软件开发。这样的技术组合既确保了软件平台的稳定运行，同时也增强了其可维护性，有力支撑了工件图纸的高效管理和机器人灵活交互等需求。

当用户需要读取 CAD 文件并实现目标集合的生成时，鉴于 CAD 文件是建立在实体基础上的，故设计了一种名为“Entity”的基本数据类型，将其作为构建整个数据结构的基础模块。Entity 对应 CAD 图纸中的单一实体元素，这些元素构成了工件图纸的基本单元，但在实际工业生产环境中，单个 Entity 本身并无独立的实际意义，只有当它们被整合为闭合的几何图形时，才真正代表了金属工件的形态结构。因此，通常是以 Entities 集合的方式来组织和管理这些 Entity 对象。在从 CAD 文件中读取数据的阶段，为了能快速依据坡口参数生成离散点云，需要对 Entity 进行分类处理，并在这一过程中记录相关的图像特征，以便于后续流程应用。图像特征包含了诸如 Entities 集合的质心、排序顺序（例如顺时针或逆时针）等关键信息，这些信息有助于即时生成机器人坡口加工任务所必需的 LS 文件中的 X、Y、R 集合。这里，X、Y、R 实际上是机器人 6D 姿态中的三个关键维度参数（平面坐标和旋转角度）；至于 Z、W、P 这另外三个维度值，由于工作台高度恒定以及加工角度范围受限，故在此场景下无需特别记录。

在 Entities 集合中，每一个 Entity 元素都有其明确的类型定义，如直线（line）、圆弧（arc）、圆形（circle）、样条曲线（spline）等。在用户界面展示方面，除了呈现工件图纸本身之外，还需通过坐标轴 AxesItem 来直观反映当前图纸坐标系与实际机器人用户坐标系之间的转换关系。AxesItem 通常由一对正交排列的 ArrowItem 构成，每个 ArrowItem 包含了一条线段、一个指向性三角形标记以及一个文字标签，用于指示坐标轴的方向和单位。鉴于实际生产过程中并非所有边部都需要进行坡口加工，所以有必要筛选出目标 Entity，从而构建一个新的 Entities 集合。鉴于待加工的目标 Entities 可能是非连续的，这就意味着在生产流程中可能涉及多次独立的坡口作业步骤。为此，引入 EntitiesGroup 的概念，用于记录不同坡口作业目标 Entities 的集合。总体数据结构如图 8-24 所示。

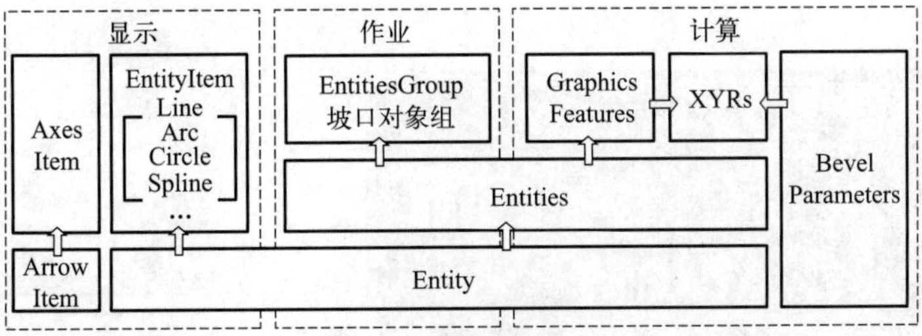

图 8-24 数据结构设计

机器人坡口系统的核心操作流程包括以下几个关键步骤（如图 8-25 所示）：首先，用户通过文件打开功能导入必要的配置文件；接着，通过界面交互模块选择特定的坡口作业实体；然后，根据作业需求设定坡口作业的关键参数；随后，系统利用点云配准技术对零件进行精确定位；最终，生成批处理文件并执行自动化坡口作业。

本软件系统提供了一系列的坡口参数设置选项，以满足用户在不同加工场景下的需求。

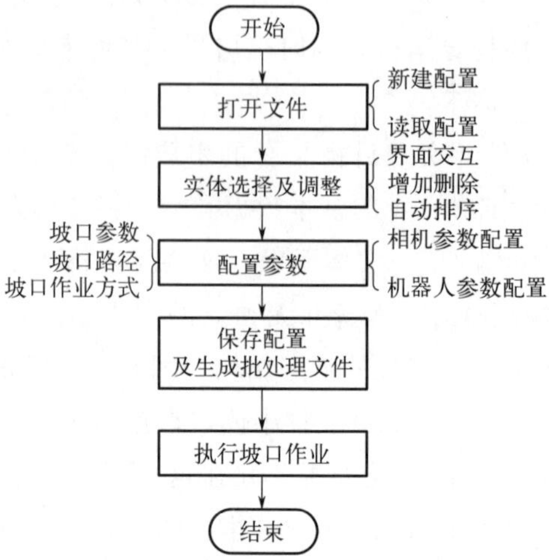

图 8-25　机器人坡口系统软件流程

这些设置分为几个关键部分，确保了加工过程的精确性。首先，图纸映射转移矩阵的设置允许用户调整坐标系的位置。该矩阵与工具栏中 X、Y 轴所处实体的设置具有相同的目的，即为加工过程提供准确的空间定位。当工具栏中的实体设置无法满足特定的加工要求时，用户可以通过修改转移矩阵来实现坐标系位置的精细调整。其次，加工参数设置涉及多个方面，包括但不限于加工方式的选择、切削工艺参数的调整等。这些参数对于确保加工质量至关重要。此外，用户还需要指定机器人在进行坡口作业时的 W、P 位姿，以及作业区域内工件的高度 Z 值。同时，机器人第 7 轴 E1 的位置信息和用户坐标系的相关设置也是加工参数设置中的重要组成部分。最后，机器人 FTP 服务器信息的设置用于与 Fanuc 机器人的通信，不仅可以监控 Fanuc 机器人的寄存器状态，还可以传输供机器人执行的 LS 文件。LS 文件包含了机器人执行坡口作业所需的指令，确保了机器人能够准确地执行切割路径和其他相关任务。坡口参数设置界面如图 8-26 所示。通过这些设置选项，软件系统能够适应各种复杂的加工需求，提供高度定制化的加工解决方案。

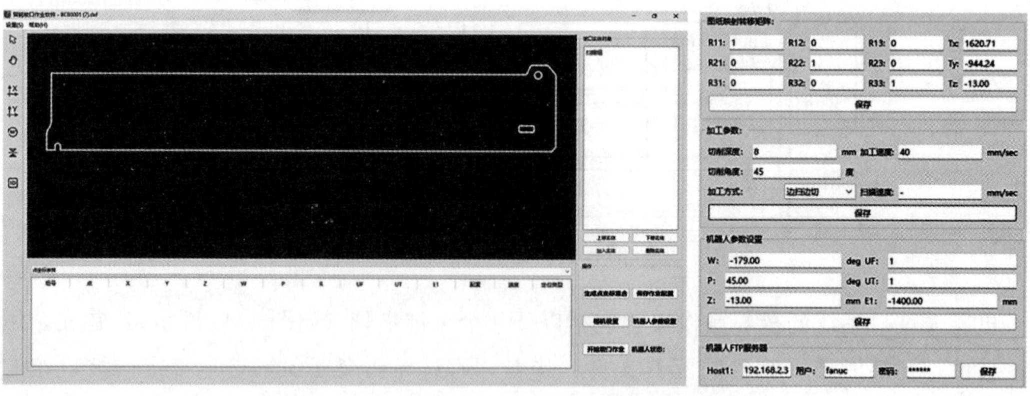

图 8-26　用户交互界面与坡口系统参数设置界面

该软件在实际场景中的应用如图 8-27 所示。该软件已投入到实际生产中，通过机器人程序控制，能够在坡口加工阶段确保切削精度和一致性，从而改善坡口生产的质量标准。

图 8-27　坡口系统生产应用

图 8-27 中直观地呈现机器人坡口系统作业的总体效果，呈现了平滑的坡口加工效果。

8.3　大型薄壁蒙皮机器人铣削切边

相较于传统数控机床等加工方式，工业机器人具有更大的操作空间、更高的柔性、支持多机协同作业等优势。因此，通过集成视觉测量系统、移动平台，以及带有电主轴、刀具等执行器的机器人，能够构建覆盖大范围的智能化机器人测量-加工系统。这一系统可以替代传统的手工或数控机床加工方法，为大型复杂薄壁构件的广范围、小余量的铣削、磨削和钻铆等加工任务提供了新的解决方案[1-4]。

8.3.1　蒙皮加工关键技术

在蒙皮毛坯的测量过程中，现场测点通常会受到高斯噪声、密度不均等缺陷的影响。直接基于这些测点计算生成的蒙皮毛坯离散网格模型和边缘加工余量，可能会出现尖锐凸起或局部缺失，从而导致机器人加工路径发生抖动和突变，显著降低加工精度和表面质量。解决这一问题的关键在于对机器人加工路径进行光顺优化处理，包含以下几个关键技术：

① 刀具路径点光顺优化；

② 刀轴矢量光顺优化；

③ 机器人加工姿态的冗余自由度光顺优化，从而选择刚度和灵巧度均优的机器人加工姿态。

在蒙皮毛坯离散网格模型已经建立，边缘加工余量点已经测得的情况下，接下来将介绍基于双 NURBS 曲线最小二乘拟合的刀具轨迹生成方法。在此基础上，构建了刀具轨迹曲面的光顺优化与偏差控制同步操作目标函数，以减少刀具路径点与刀轴矢量的抖动现象，生成满足精度要求的光顺刀具轨迹。同时，建立了机器人刚度与灵巧度同步优化的目标函数，采用 TSA 智能优化算法[5] 求解最优机器人姿态，最终得到满足光顺性、刚度与灵巧度要求的机器人加工路径。

本小节将以第 3 章中的双机器人测量-作业系统（图 8-28）为例进行阐述。

8.3.2　刀具轨迹生成与光顺优化

定义刀具路径点集合为 $P_S=\{{}^B\boldsymbol{p}_{S1},{}^B\boldsymbol{p}_{S2},\cdots,{}^B\boldsymbol{p}_{Sn}\}$，对应的离散网格法矢集合为 $V=\{{}^B\boldsymbol{v}_1,{}^B\boldsymbol{v}_2,\cdots,{}^B\boldsymbol{v}_n\}$。采用最小二乘 B 样条曲线拟合（least squares B-spline curve fitting,

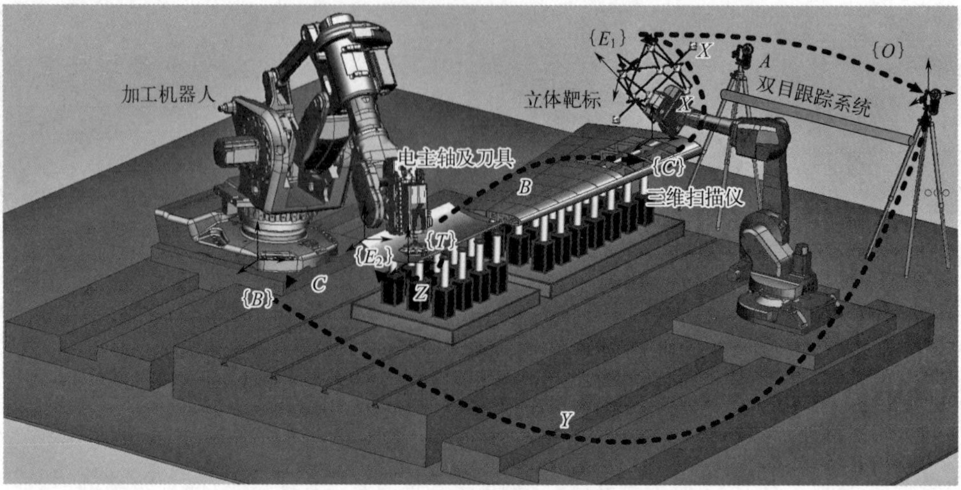

图 8-28　双机器人测量-作业系统

LSBCFS）方法[6] 对 P_S 进行拟合生成的 NURBS 曲线可表示为

$$\boldsymbol{C}_{P_S}(u)=\frac{\sum_{j=0}^{m_P} w_{P,j} N_{P,j,h}(u) \boldsymbol{d}_{P,j}}{\sum_{j=0}^{m_P} w_{P,j} N_{P,j,h}(u)} \tag{8-1}$$

式中，m_P 为曲线 $\boldsymbol{C}_{P_S}(u)$ 的控制点数量；$\boldsymbol{d}_{P,j}$ 为控制点；$w_{P,j}$ 表示与控制点 $\boldsymbol{d}_{P,j}$ 对应的权重系数；h 表示 B 样条曲线的次数。定义点集 P_S 在曲线 $\boldsymbol{C}_{P_S}(u)$ 上的最近点集合为 $P_N=\{{}^B\boldsymbol{p}_{N1},{}^B\boldsymbol{p}_{N2},\cdots,{}^B\boldsymbol{p}_{Nn}\}$。将 P_N 沿对应的法矢集合 V 偏置距离 b 得到刀轴矢量点集合 $Q_S=\{{}^B\boldsymbol{q}_{S1},{}^B\boldsymbol{q}_{S2},\cdots,{}^B\boldsymbol{q}_{Sn}\}$，其中 ${}^B\boldsymbol{q}_{Si}={}^B\boldsymbol{p}_{Ni}+b\cdot{}^B\boldsymbol{v}_i$，$i=1,2,\cdots,n$。设偏置距离 $b=\min[l,0.5\min(R_{N,i})]$，其中 l 表示刀具伸出长度，$R_{N,i}$ 表示曲线 $\boldsymbol{C}_{P_S}(u)$ 在点 ${}^B\boldsymbol{p}_{Ni}$ 处沿 ${}^B\boldsymbol{v}_i$ 方向的曲率半径。将 Q_S 代入 LSBCF 算法计算得到刀轴矢量点 NURBS 曲线：

$$\boldsymbol{C}_{Q_S}(u)=\frac{\sum_{j=0}^{m_Q} w_{Q,j} N_{Q,j,h}(u) \boldsymbol{d}_{Q,j}}{\sum_{j=0}^{m_Q} w_{Q,j} N_{Q,j,h}(u)} \tag{8-2}$$

需要注意的是 $\boldsymbol{C}_{P_S}(u)$ 与 $\boldsymbol{C}_{Q_S}(u)$ 是两条节点矢量不同的 NURBS 曲线，而对于连续的刀具轨迹，其刀具路径点与刀轴矢量点应该一一对应，因此必须对曲线 $\boldsymbol{C}_{P_S}(u)$ 与 $\boldsymbol{C}_{Q_S}(u)$ 的参数 u 进行同步化处理。定义 P_N 在曲线 $\boldsymbol{C}_{P_S}(u)$ 上对应的参数集合为 $U_{P_N}=\{u_{P_N1},u_{P_N2},\cdots,u_{P_Nn}\}$，$Q_S$ 在曲线 $\boldsymbol{C}_{Q_S}(u)$ 上对应的最近点集合为 $Q_N=\{{}^B\boldsymbol{q}_{N1},{}^B\boldsymbol{q}_{N2},\cdots,{}^B\boldsymbol{q}_{Nn}\}$，$Q_N$ 在曲线 $\boldsymbol{C}_{Q_S}(u)$ 上对应的参数集合为 $U_{Q_N}=\{u_{Q_N1},u_{Q_N2},\cdots,u_{Q_Nn}\}$，显然 U_{P_N} 与 U_{Q_N} 存在一一对应关系，以此为基础可建立 $\boldsymbol{C}_{P_S}(u)$ 上的任意参数 u_P 与 $\boldsymbol{C}_{Q_S}(u)$ 上的对应参数 u_Q 之间的对应关系：

$$u_Q(u_P)=\frac{u_P-u_{P_Ni}}{u_{P_Ni+1}-u_{P_Ni}}(u_{Q_Ni+1}-u_{Q_Ni})+u_{Q_Ni},\ \forall u_P\in[u_{P_Ni},u_{P_Ni+1}) \tag{8-3}$$

则曲线 $\boldsymbol{C}_{P_S}(u)$ 上的任意一点 $\boldsymbol{C}_{P_S}(u_P)$ 都能在曲线 $\boldsymbol{C}_{Q_S}(u)$ 上找到其对应点 $\boldsymbol{C}_{Q_S}(u_Q(u_P))$，实现了刀具路径点与刀轴矢量点的一一对应。

刀具路径点与刀轴矢量点的双 NURBS 曲线最小二乘拟合在一定程度上减少了刀具轨迹的突变与抖动，但由于调整控制点数量只能改变全局轨迹的光顺性，在局部区域中轨迹仍可能存在突变与抖动，为此需要进一步对光顺性进行优化。

综合考虑 $\boldsymbol{C}_{P_S}(u)$ 和 $\boldsymbol{C}_{Q_S}(u_Q(u_P))$ 曲线构造出的双 NURBS 曲线的示意图如图 8-29 所示，其数学表达形式如下：

$$\boldsymbol{S}(u_P,\boldsymbol{v})=(1-v)\boldsymbol{C}_{P_S}(u_P)+v\boldsymbol{C}_{Q_S}(u_Q(u_P)) \tag{8-4}$$

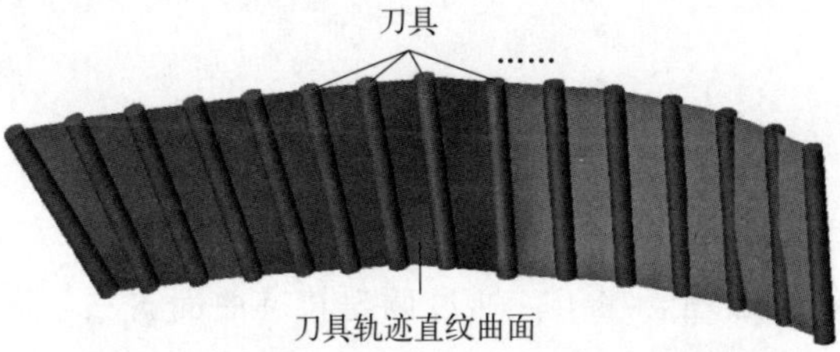

图 8-29　刀具轨迹直纹 NURBS 曲面示意图

定义双 NURBS 曲线的权重：系数分别为 $w_{P,j}=1(j=1,\cdots,m_P)$ 与 $w_{Q,j'}=1(j'=1,\cdots,m_Q)$，则 $\boldsymbol{C}_{P_S}(u_P)$ 与 $\boldsymbol{C}_{Q_S}(u_Q(u_P))$ 可转化为

$$\begin{aligned}\boldsymbol{C}_{P_S}(u_P)&=\sum_{j=0}^{m_P}N_{P,j,k}(u_P)\boldsymbol{d}_{P,j}\\ \boldsymbol{C}_{Q_S}(u_Q(u_P))&=\sum_{j=0}^{m_Q}N_{Q,j',k}(u_Q(u_P))\boldsymbol{d}_{Q,j'}\end{aligned} \tag{8-5}$$

将式(8-5) 代入式(8-4) 可得到：

$$\begin{aligned}\boldsymbol{S}(u_P,v)&=(1-v)\boldsymbol{C}_{P_S}(u_P)+v\boldsymbol{C}_{Q_S}(u_Q(u_P))\\ &=(1-v)\sum_{j=0}^{m_P}N_{P,j,k}(u_P)(\boldsymbol{d}_{P,j})^{\mathrm{T}}+v\sum_{j'=0}^{m_Q}N_{Q,j',k}(u_Q(u_P))(\boldsymbol{d}_{Q,j'})^{\mathrm{T}}\\ &=\begin{bmatrix}(1-v)N_{P,1,k}(u_P)\\(1-v)N_{P,2,k}(u_P)\\ \vdots\\(1-v)N_{P,m_P,k}(u_P)\\vN_{Q,1,k}(u_Q(u_P))\\vN_{Q,2,k}(u_Q(u_P))\\ \vdots\\vN_{Q,m_Q,k}(u_Q(u_P))\end{bmatrix}^{\mathrm{T}}\begin{bmatrix}(\boldsymbol{d}_{P,1})^{\mathrm{T}}\\ \vdots\\(\boldsymbol{d}_{P,m_P})^{\mathrm{T}}\\(\boldsymbol{d}_{Q,1})^{\mathrm{T}}\\ \vdots\\(\boldsymbol{d}_{Q,m_Q})^{\mathrm{T}}\end{bmatrix}=\boldsymbol{BD}\end{aligned} \tag{8-6}$$

直纹曲面 $\boldsymbol{S}(u_P,v)$ 的光顺性可采用曲面能量模型[7] 进行评价：

$$E_S(\boldsymbol{D})=\iint\left(\left\|\frac{\partial^2\boldsymbol{S}(u_P,v)}{\partial u_P^2}\right\|^2+\left\|\frac{\partial^2\boldsymbol{S}(u_P,v)}{\partial v^2}\right\|^2+2\left\|\frac{\partial^2\boldsymbol{S}(u_P,v)}{\partial u_P\partial v}\right\|^2\right)\mathrm{d}u_P\mathrm{d}v \tag{8-7}$$

式中，$\boldsymbol{D}=[\boldsymbol{d}_{P,1},\cdots,\boldsymbol{d}_{P,m_P},\boldsymbol{d}_{Q,1},\cdots,\boldsymbol{d}_{Q,m_Q}]^{\mathrm{T}}$ 为控制点集。曲面弯曲程度与 $E_S(\boldsymbol{D})$ 的值正相关，即 $E_S(\boldsymbol{D})$ 的值越小曲面的弯曲变化程度越小，曲面越光顺，当 $E_S(\boldsymbol{D})\approx 0$ 时可以认为曲面为平面。将式(8-6) 代入式(8-7) 中，$E_S(\boldsymbol{D})$ 可被转化为

$$\begin{aligned}E_S(\boldsymbol{D})&=\iint\left(\boldsymbol{D}^{\mathrm{T}}\left[\frac{\partial^2\boldsymbol{B}}{\partial u_P^2}\right]^{\mathrm{T}}\left[\frac{\partial^2\boldsymbol{B}}{\partial u_P^2}\right]\boldsymbol{D}+\boldsymbol{D}^{\mathrm{T}}\left[\frac{\partial^2\boldsymbol{B}}{\partial v^2}\right]^{\mathrm{T}}\left[\frac{\partial^2\boldsymbol{B}}{\partial v^2}\right]\boldsymbol{D}+2\boldsymbol{D}^{\mathrm{T}}\left[\frac{\partial^2\boldsymbol{B}}{\partial u_P\partial v}\right]^{\mathrm{T}}\left[\frac{\partial^2\boldsymbol{B}}{\partial u_P\partial v}\right]\boldsymbol{D}\right)\mathrm{d}u_P\mathrm{d}v\\&=\boldsymbol{D}^{\mathrm{T}}\iint\left(\left[\frac{\partial^2\boldsymbol{B}}{\partial u_P^2}\right]^{\mathrm{T}}\left[\frac{\partial^2\boldsymbol{B}}{\partial u_P^2}\right]+\left[\frac{\partial^2\boldsymbol{B}}{\partial v^2}\right]^{\mathrm{T}}\left[\frac{\partial^2\boldsymbol{B}}{\partial v^2}\right]+2\left[\frac{\partial^2\boldsymbol{B}}{\partial u_P\partial v}\right]^{\mathrm{T}}\left[\frac{\partial^2\boldsymbol{B}}{\partial u_P\partial v}\right]\right)\mathrm{d}u_P\mathrm{d}v\boldsymbol{D}\\&=\boldsymbol{D}^{\mathrm{T}}\boldsymbol{K}\boldsymbol{D}\end{aligned} \tag{8-8}$$

式中，$\boldsymbol{K}$ 为曲面 $\boldsymbol{S}(u_P,v)$ 的刚度矩阵，其维度为$(m_P+m_Q)\times(m_P+m_Q)$。$\boldsymbol{K}$ 可利用 Gauss-Legendre 积分公式计算得到[8]。

刀具轨迹光顺优化的核心理念在于，通过调整轨迹曲面 $\boldsymbol{S}(u_P,v)$ 的控制点坐标，以降低曲面的能量值，从而提升刀具轨迹的光顺性。为实现这一目标，可以建立以控制点矩阵 $\boldsymbol{D}$ 为自变量的刀具轨迹光顺优化目标函数：

$$\begin{aligned}&\min E_S(\boldsymbol{D})\\\text{s.t.}\quad&\|{}^B\boldsymbol{p}_{Si}-{}^B\boldsymbol{p}_{Ni}\|<e_{\max},i=2,\cdots,n\\&\|{}^B\boldsymbol{q}_{Si}-{}^B\boldsymbol{q}_{Ni}\|<e_{\max},i=2,\cdots,n\end{aligned} \tag{8-9}$$

该式中的约束条件可限制点集 P_S 与 Q_S 到它们对应曲线上最近点的距离不超过阈值 $e_{\max}$，从而避免光顺优化后的刀具轨迹偏离初始轨迹过远。

需要注意的是，式(8-9) 的光顺优化目标函数可以提升直线曲面 $\boldsymbol{S}(u_P,v)$ 的光顺性，但同时也可能导致曲面趋向于偏离点集 P_S 与 Q_S，从而引入加工误差。为确保刀具轨迹在光顺优化的同时贴近点集 P_S 与 Q_S，定义如下刀具路径点与刀轴矢量点偏差控制目标函数：

$$\begin{aligned}\min D(\boldsymbol{D})&=\sum_{i=1}^{n}(\|{}^B\boldsymbol{p}_{Si}-{}^B\boldsymbol{p}_{Ni}\|^2+\|{}^B\boldsymbol{q}_{Si}-{}^B\boldsymbol{q}_{Ni}\|^2)\\&=\sum_{i=1}^{n}(d_{p,i}(\boldsymbol{D})^{\mathrm{T}}d_{p,i}(\boldsymbol{D})+d_{q,i}(\boldsymbol{D})^{\mathrm{T}}d_{q,i}(\boldsymbol{D}))\\\text{s.t.}\quad&\|{}^B\boldsymbol{p}_{Si}-{}^B\boldsymbol{p}_{Ni}\|<e_{\max},i=2,\cdots,n\\&\|{}^B\boldsymbol{q}_{Si}-{}^B\boldsymbol{q}_{Ni}\|<e_{\max},i=2,\cdots,n\end{aligned} \tag{8-10}$$

综合考虑式(8-9) 和式(8-10) 可得到光顺优化-偏差控制同步操作的目标函数：

$$\begin{aligned}&\min F(\boldsymbol{D})=E_S(\boldsymbol{D})+\mu D(\boldsymbol{D})\\\text{s.t.}\quad&\|{}^B\boldsymbol{p}_{Si}-{}^B\boldsymbol{p}_{Ni}\|<e_{\max},i=2,\cdots,n\\&\|{}^B\boldsymbol{q}_{Si}-{}^B\boldsymbol{q}_{Ni}\|<e_{\max},i=2,\cdots,n\end{aligned} \tag{8-11}$$

式中，μ 表示偏差项的刚度权重系数，单位为 N/m，则函数 $E_S(\boldsymbol{D})$ 和 $\mu D(\boldsymbol{D})$ 的单位均为 N/m。该目标函数以刀具轨迹光顺与刀位/刀轴矢量偏差控制为优化目标，在滤除刀具

轨迹局部抖动的同时可以保持轨迹整体精度。

考虑到式(8-11）中的目标函数为复杂非线性函数，本章介绍一种连续渐进迭代方法（successive approximation method，SAM）对其进行求解。其基本思想是通过对目标函数泰勒展开将原始复杂非线性问题转化为二次规划问题，通过求解二次规划问题并迭代直至收敛，最终得到式(8-11）中变量 $\boldsymbol{D}$ 的最优解 $\boldsymbol{D}^*$，具体计算流程如表 8-1 所示。

表 8-1　连续渐进算法计算流程

输入：双 NURBS 曲线的初始控制点 $\boldsymbol{D}_0$，$\boldsymbol{D}_0$ 对应的目标函数值 $F(\boldsymbol{D}_0)$，最大迭代次数 $r_{\max}$，迭代终止阈值 e_F
1. 对目标函数［式(5-18)］在 $\boldsymbol{D}_r$ 处进行二阶泰勒展开，构造关于 $\Delta\boldsymbol{D}$ 的二次规划问题 2. 利用二次规划方法对新问题求解得到最优解为 $\Delta\boldsymbol{D}^*$ 3. 设 $\boldsymbol{D}_{r+1}=\boldsymbol{D}_r+\Delta\boldsymbol{D}^*$，计算 $F(\boldsymbol{D}_{r+1})$ 4. 判断是否满足终止条件［$F(\boldsymbol{D}_r)-F(\boldsymbol{D}_{r+1})\leqslant e_F$ 或 $r\geqslant r_{\max}$］，若满足，令最优解 $\boldsymbol{D}^*=\boldsymbol{D}_{r+1}$ 并终止迭代，否则，令 $r=r+1$ 并返回步骤 1 **输出**：最优控制点矩阵 $\boldsymbol{D}^*$

为了求解 $\boldsymbol{D}^*$，需要将式(8-9)～式(8-11）分别转化为关于 $\Delta\boldsymbol{D}$ 的二次规划问题。

对于光顺优化目标函数［式(8-9)］，定义 $\boldsymbol{D}=\boldsymbol{D}_r+\Delta\boldsymbol{D}$，则式(8-9）中的 $E_S(\boldsymbol{D})$ 转化为

$$\widehat{E}_S(\Delta\boldsymbol{D})=E_S(\boldsymbol{D}_r+\Delta\boldsymbol{D})=\boldsymbol{D}_r^{\mathrm{T}}\boldsymbol{K}\boldsymbol{D}_r+2(\boldsymbol{K}\boldsymbol{D}_r)^{\mathrm{T}}\Delta\boldsymbol{D}+\Delta\boldsymbol{D}^{\mathrm{T}}\boldsymbol{K}\Delta\boldsymbol{D} \tag{8-12}$$

将式(8-12）代入目标函数［式(8-9)］后，可将（8-9）转化为如下二次规划问题：

$$\begin{aligned} &\min\quad \widehat{E}_S(\Delta\boldsymbol{D}) \\ &\text{s.t.}\quad \|{}^B\boldsymbol{p}_{Si}-{}^B\boldsymbol{p}_{Ni}\|<e_{\max},i=2,\cdots,n \\ &\qquad\ \ \|{}^B\boldsymbol{q}_{Si}-{}^B\boldsymbol{q}_{Ni}\|<e_{\max},i=2,\cdots,n \end{aligned} \tag{8-13}$$

在偏差优化目标函数［式(8-10)］中，分别对 $d_{p,i}(\boldsymbol{D})$ 与 $d_{q,i}(\boldsymbol{D})$ 在 $\boldsymbol{D}_r$ 处进行泰勒展开得到：

$$\begin{aligned} d_{p,i}(\boldsymbol{D}_r+\Delta\boldsymbol{D})&=d_{p,i}(\boldsymbol{D}_r)+\left(\frac{\partial d_{p,i}(\boldsymbol{D}_r)}{\partial\boldsymbol{D}_r}\right)^{\mathrm{T}}\Delta\boldsymbol{D}+O((\boldsymbol{D}_r)^2) \\ d_{q,i}(\boldsymbol{D}_r+\Delta\boldsymbol{D})&=d_{q,i}(\boldsymbol{D}_r)+\left(\frac{\partial d_{q,i}(\boldsymbol{D}_r)}{\partial\boldsymbol{D}_r}\right)^{\mathrm{T}}\Delta\boldsymbol{D}+O((\boldsymbol{D}_r)^2) \end{aligned} \tag{8-14}$$

将式(8-14）代入其目标函数（8-10）后，可将其转化为如下二次规划问题：

$$\min\widehat{D}(\Delta\boldsymbol{D})=\sum_{i=1}^{n}(d_{p,i}(\boldsymbol{D}_r+\Delta\boldsymbol{D})^{\mathrm{T}}d_{p,i}(\boldsymbol{D}_r+\Delta\boldsymbol{D})+d_{q,i}(\boldsymbol{D}_r+\Delta\boldsymbol{D})^{\mathrm{T}}d_{q,i}(\boldsymbol{D}_r+\Delta\boldsymbol{D}))$$

$$=\sum_{i=1}^{n}\left(\begin{aligned}&d_{p,i}(\boldsymbol{D}_r)^{\mathrm{T}}d_{p,i}(\boldsymbol{D}_r)+\Delta\boldsymbol{D}^{\mathrm{T}}\left(\frac{\partial d_{p,i}(\boldsymbol{D}_r)}{\partial\boldsymbol{D}_r}\right)\left(\frac{\partial d_{p,i}(\boldsymbol{D}_r)}{\partial\boldsymbol{D}_r}\right)^{\mathrm{T}}\Delta\boldsymbol{D}\\&+2d_{p,i}(\boldsymbol{D}_r)^{\mathrm{T}}\left(\frac{\partial d_{p,i}(\boldsymbol{D}_r)}{\partial\boldsymbol{D}_r}\right)^{\mathrm{T}}\Delta\boldsymbol{D}+d_{q,i}(\boldsymbol{D}_r)^{\mathrm{T}}d_{q,i}(\boldsymbol{D}_r)\\&+\Delta\boldsymbol{D}^{\mathrm{T}}\left(\frac{\partial d_{q,i}(\boldsymbol{D}_r)}{\partial\boldsymbol{D}_r}\right)\left(\frac{\partial d_{q,i}(\boldsymbol{D}_r)}{\partial\boldsymbol{D}_r}\right)^{\mathrm{T}}\Delta\boldsymbol{D}+2d_{q,i}(\boldsymbol{D}_r)^{\mathrm{T}}\left(\frac{\partial d_{q,i}(\boldsymbol{D}_r)}{\partial\boldsymbol{D}_r}\right)^{\mathrm{T}}\Delta\boldsymbol{D}\end{aligned}\right)$$

$$=\sum_{i=1}^{n}(A_i^2+\Delta\boldsymbol{D}^{\mathrm{T}}\boldsymbol{B}_i^{\mathrm{T}}\boldsymbol{B}_i\Delta\boldsymbol{D}+2A_i\boldsymbol{B}_i\Delta\boldsymbol{D}) \tag{8-15}$$

$$\text{s.t.}\quad \|{}^{B}\boldsymbol{p}_{Si}-{}^{B}\boldsymbol{p}_{Ni}\|<e_{\max},i=2,\cdots,n$$

$$\|{}^{B}\boldsymbol{q}_{Si}-{}^{B}\boldsymbol{q}_{Ni}\|<e_{\max},i=2,\cdots,n$$

将式(8-13)与式(8-15)代入目标函数式(8-11)，得到光顺-偏差同步优化目标函数为

$$\begin{aligned}&\min\widehat{F}(\Delta\boldsymbol{D})=\widehat{E}_{S}(\Delta\boldsymbol{D})+\mu\widehat{D}(\Delta\boldsymbol{D})\\&\text{s.t.}\quad\|{}^{B}\boldsymbol{p}_{Si}-{}^{B}\boldsymbol{p}_{Ni}\|<e_{\max},i=2,\cdots,n\\&\qquad\|{}^{B}\boldsymbol{q}_{Si}-{}^{B}\boldsymbol{q}_{Ni}\|<e_{\max},i=2,\cdots,n\end{aligned} \tag{8-16}$$

需要注意，式(8-16)属于典型的二次规划问题，其最优解 $\Delta\boldsymbol{D}^*$ 可以通过二次规划方法求得。将解 $\Delta\boldsymbol{D}^*$ 代入表 8-1 的二次规划算法，经过多次迭代运算，最终得到最优控制点矩阵 $\boldsymbol{D}^*$。然后，将 $\boldsymbol{D}^*$ 代入相关公式，即可生成在光顺性和偏差同步优化后的刀具轨迹 $\boldsymbol{C}_{P_S}(u_P)$ 和 $\boldsymbol{C}_{Q_S}(u_Q(u_P))$。

8.3.3 多约束下机器人姿态优化

(1) 可执行加工路径点生成

轨迹 $\boldsymbol{C}_{P_S}(u_P)$ 和 $\boldsymbol{C}_{Q_S}(u_Q(u_P))$ 分别表示初始路径点和刀轴矢量点的连续运动轨迹，不能直接应用于加工任务。为适应实际加工情况（如加工模式、刀具几何参数和加工余量等因素)，需要对 $\boldsymbol{C}_{P_S}(u_P)$ 和 $\boldsymbol{C}_{Q_S}(u_Q(u_P))$ 进行偏置和离散插值处理，并确定各路径点处的机器人姿态，以生成可执行的机器人加工路径。

首先，对 $\boldsymbol{C}_{P_S}(u_P)$ 和 $\boldsymbol{C}_{Q_S}(u_Q(u_P))$ 进行偏置处理，不同加工模式应采用不同的偏置策略。例如，对于端面铣削或端面研磨，加工路径的 TCP 应与初始路径点重合，即偏置矢量 $\boldsymbol{a}_i=\boldsymbol{0}$，此时刀具轨迹的实际加工曲线可表示为

$$\begin{cases}\boldsymbol{C}_{P_N}(u_P)=\boldsymbol{C}_{P_S}(u_P)\\\boldsymbol{C}_{Q_N}(u_Q(u_P))=\boldsymbol{C}_{Q_S}(u_Q(u_P))\end{cases} \tag{8-17}$$

对于飞机蒙皮等薄壁件铣边，曲线 $\boldsymbol{C}_{P_S}(u_P)$ 与 $\boldsymbol{C}_{Q_S}(u_Q(u_P))$ 的切矢量分别表示为

$$\begin{cases}\boldsymbol{t}_{P_S}(u_P)=\dfrac{\mathrm{d}\boldsymbol{C}_{P_S}(u_P)}{\mathrm{d}u_P}\Bigg/\left\|\dfrac{\mathrm{d}\boldsymbol{C}_{P_S}(u_P)}{\mathrm{d}u_P}\right\|\\\boldsymbol{t}_{Q_S}(u_P)=\dfrac{\mathrm{d}\boldsymbol{C}_{Q_S}(u_Q(u_P))}{\mathrm{d}u_Q(u_P)}\Bigg/\left\|\dfrac{\mathrm{d}\boldsymbol{C}_{Q_S}(u_Q(u_P))}{\mathrm{d}u_Q(u_P)}\right\|\end{cases} \tag{8-18}$$

u_P 处的刀轴矢量可表示为

$$\boldsymbol{v}(u_P)=\frac{\boldsymbol{C}_{P_S}(u_P)-\boldsymbol{C}_{Q_S}(u_Q(u_P))}{\|\boldsymbol{C}_{P_S}(u_P)-\boldsymbol{C}_{Q_S}(u_Q(u_P))\|} \tag{8-19}$$

定义刀具半径为 R，边缘加工余量（切削深度）为 a，则双 NURBS 曲线的偏置距离为 $d=R-a$。设 TCP 点相对初始路径点沿刀轴矢量的偏置距离为 c，对曲线 $\boldsymbol{C}_{P_S}(u_P)$ 与 $\boldsymbol{C}_{Q_S}(u_Q(u_P))$ 进行偏置处理，以获得适用于实际加工的刀具轨迹曲线：

$$\begin{cases} \boldsymbol{C}_{P_N}(u_P)=\boldsymbol{C}_{P_S}(u_P)+d\cdot\boldsymbol{v}(u_P)\times\boldsymbol{t}_{P_S}(u_P)+c\cdot\boldsymbol{v}(u_P) \\ \boldsymbol{C}_{Q_N}(u_Q(u_P))=\boldsymbol{C}_{Q_S}(u_Q(u_P))+d\cdot\boldsymbol{v}(u_P)\times\boldsymbol{t}_{Q_S}(u_P)+c\cdot\boldsymbol{v}(u_P) \end{cases} \tag{8-20}$$

对偏置后的曲线 $\boldsymbol{C}_{P_N}(u_P)$ 与 $\boldsymbol{C}_{Q_N}(u_Q(u_P))$ 进行 o 次均匀采样可得到刀具路径点集合 $P_T=\{{}^B\boldsymbol{p}_{T1},\cdots,{}^B\boldsymbol{p}_{To}\}$ 与刀轴矢量点集合 $Q_T=\{{}^B\boldsymbol{q}_{T1},\cdots,{}^B\boldsymbol{q}_{To}\}$，进而得到刀轴矢量集合 $V_T=\{{}^B\boldsymbol{v}_{T1},\cdots,{}^B\boldsymbol{v}_{To}\}$，其中 ${}^B\boldsymbol{v}_{Ti}=({}^B\boldsymbol{q}_{Ti}-{}^B\boldsymbol{p}_{Ti})/\|{}^B\boldsymbol{q}_{Ti}-{}^B\boldsymbol{p}_{Ti}\|$，$i=1,2,\cdots,o$。

（2）机器人姿态约束条件

任意路径点 ${}^B\boldsymbol{p}_{Ti}$ 处的机器人姿态可表示为

$${}_{E_2}^{B}\boldsymbol{T}(\gamma_i)={}_{p_i}^{B}\boldsymbol{T}({}_{T}^{E_2}\boldsymbol{T}_{p_i}^{T}\boldsymbol{T}(\gamma_i))^{-1} \tag{8-21}$$

需要注意的是，机器人姿态 ${}_{E_2}^{B}\boldsymbol{T}(\gamma_i)$ 在绕刀具坐标系 $\{\boldsymbol{T}\}$ 的 z 轴旋转时存在冗余自由度，该旋转自由度可用转动角度 γ_i 表示。因此，为了优化机器人加工姿态，需要选择路径上各点处的合适转动角度 γ_i。理想的机器人加工姿态应满足以下三个约束条件：

① 机器人关节角度约束。根据逆运动学方法，可以将末端位姿矩阵 ${}_{E_2}^{B}\boldsymbol{T}(\gamma_i)$ 转换为机器人关节空间中的 6 个关节角度 $\theta_{i,k}(k=1,\cdots,6)$。然而，由于机器人关节角度存在限制，机器人姿态需要满足以下关节角度范围约束：

$$\theta_{k,\max}\geqslant\theta_{i,k}\geqslant\theta_{k,\min} \tag{8-22}$$

式中，$\theta_{i,k,\max}$ 和 $\theta_{i,k,\min}$ 分别表示第 k 个关节角度的上限和下限。

② 机器人灵巧度约束。本小节采用了 Dubey[9] 提出的 MVR（manipulator velocity ratio）作为机器人姿态灵活性的评价标准。该指标综合考虑了机器人末端沿任务执行方向的特定要求，因此被认为更真实地反映了机器人在实际操作场景下的灵巧性。在路径点 ${}^B\boldsymbol{p}_{Ti}$ 处定义机器人的雅可比矩阵为 $\boldsymbol{J}(\boldsymbol{\theta}_i)$，其中 $\boldsymbol{\theta}_i=[\theta_{i,1},\theta_{i,2},\cdots,\theta_{i,6}]^{\mathrm{T}}$。在此路径点 ${}^B\boldsymbol{p}_{Ti}$ 处，机器人基坐标系 $\{B\}$ 中的末端速度矢量可以表示为

$$\dot{\boldsymbol{x}}_i=\begin{bmatrix}\boldsymbol{v}_i\\ \boldsymbol{\omega}_i\end{bmatrix}\in\Re^6 \tag{8-23}$$

式中，$\boldsymbol{v}_i\in\Re^3$ 表示线速度分量；$\boldsymbol{\omega}_i\in\Re^3$ 表示角速度分量。路径点 ${}^B\boldsymbol{p}_{Ti}$ 处的灵巧度指标 $\boldsymbol{\kappa}_i$ 可定义为

$$\begin{aligned}\boldsymbol{\kappa}_i&=\sqrt{\dot{\boldsymbol{x}}_{v,i}^{\mathrm{T}}\dot{\boldsymbol{x}}_{v,i}/(\dot{\boldsymbol{x}}_{v,i}^{\mathrm{T}}(\boldsymbol{J}_v(\boldsymbol{\theta}_i)\boldsymbol{J}_v^{\mathrm{T}}(\boldsymbol{\theta}_i))\dot{\boldsymbol{x}}_{v,i})}\\&=\sqrt{1/(\boldsymbol{u}_{v,i}^{\mathrm{T}}(\boldsymbol{J}_v(\boldsymbol{\theta}_i)\boldsymbol{J}_v^{\mathrm{T}}(\boldsymbol{\theta}_i))\boldsymbol{u}_{v,i})}\end{aligned} \tag{8-24}$$

式中，$\dot{\boldsymbol{x}}_{v,i}=\boldsymbol{W}_x^{1/2}\dot{\boldsymbol{x}}_i$；$\boldsymbol{J}_v(\boldsymbol{\theta}_i)=\boldsymbol{W}_x^{1/2}\boldsymbol{J}(\boldsymbol{\theta}_i)W_\theta^{-1/2}$；$\boldsymbol{u}_{v,i}=\dot{\boldsymbol{x}}_{v,i}/\sqrt{\dot{\boldsymbol{x}}_{v,i}^{\mathrm{T}}\dot{\boldsymbol{x}}_{v,i}}$ 表示速度 $\dot{\boldsymbol{x}}_{v,i}$ 的单位方向向量。矩阵 $\boldsymbol{W}_x\in\Re^{6\times6}$ 和 $\boldsymbol{W}_\theta\in\Re^{6\times6}$ 分别为线速度 $\dot{\boldsymbol{x}}_i$ 和关节角速度 $\dot{\boldsymbol{\theta}}_i$ 的权重矩阵。这些权重矩阵可根据任务需求进行选择：

a. 对于自由曲面零件的铣削，加工过程中刀轴矢量可能会发生较大变化，此时应更加重视机器人的线性运动精度，可选择 $\boldsymbol{W}_x=\boldsymbol{W}_\theta=\boldsymbol{I}_{6\times6}$。

b. 对于规则平面零件的铣削，刀轴矢量在加工中保持恒定，因此机器人的线性运动精度相对不如转动精度重要，权重可设置为 $\boldsymbol{W}_x=\boldsymbol{W}_\theta=\mathrm{diag}(w,w,w,1,1,1)$，其中 $w>1$。

矩阵 $\dot{\boldsymbol{x}}_i$ 的具体形式如下：

$$\dot{\boldsymbol{x}}_i=\begin{bmatrix}\boldsymbol{\omega}_i & \boldsymbol{v}_i\\ \boldsymbol{0} & 1\end{bmatrix} \tag{8-25}$$

路径点 ${}^B\boldsymbol{p}_{Ti}$ 处的速度 $\dot{\boldsymbol{x}}_i$ 可通过下式计算：

$$\dot{\boldsymbol{x}}_i\approx\frac{{}_E^B\boldsymbol{T}_{i+1}(\gamma_{i+1}){}_E^B\boldsymbol{T}_i(\gamma_i)^{-1}-\boldsymbol{I}_{4\times4}}{\Delta t} \tag{8-26}$$

利用上述公式便可得出灵巧度 κ_i 的取值范围：

$$\sigma_{i,1}\geqslant\kappa_i\geqslant\sigma_{i,6}$$

式中，$\sigma_{i,1}$ 和 $\sigma_{i,6}$ 分别表示雅可比矩阵 $\boldsymbol{J}_v(\boldsymbol{\theta}_i)$ 的最大和最小奇异值，较大的 κ_i 值表示机器人具有较高的灵巧度。

为了确保机器人加工姿态具有足够的灵巧度，通常要求满足以下约束：

$$\kappa_i\geqslant\kappa_{\min} \tag{8-27}$$

式中，$\kappa_{\min}$ 为 κ_i 的下限值。

③ 机器人刚度变化约束。机器人在笛卡儿空间的刚度矩阵可以表示为

$$\boldsymbol{K}_{D,i}=\boldsymbol{J}(\boldsymbol{\theta}_i)^{-T}\boldsymbol{K}_\theta\boldsymbol{J}(\boldsymbol{\theta}_i)^{-1} \tag{8-28}$$

式中，$\boldsymbol{K}_{D,i}$ 是路径点 ${}^B\boldsymbol{p}_{Ti}$ 处机器人的笛卡儿空间刚度矩阵；$\boldsymbol{K}_\theta=\mathrm{diag}(K_1,K_2,\cdots,K_6)$表示机器人各关节的关节刚度。

对于路径点 ${}^B\boldsymbol{p}_{Ti}$，刀具受到的广义力矢量由力矢量和力矩矢量构成，其具体形式为

$$\boldsymbol{F}_i=\begin{bmatrix}\boldsymbol{f}_i\\ \boldsymbol{m}_i\end{bmatrix} \tag{8-29}$$

式中，$\boldsymbol{f}_i$ 和 $\boldsymbol{m}_i$ 均为 3×1 的矢量。在蒙皮毛坯铣边过程中，由于切削力主要集中在与刀轴矢量垂直的平面内，故可以忽略与刀轴矢量平行的切削力分量，则在坐标系 $\{B\}$ 下的力矢量 $\boldsymbol{f}_i$ 可表示为

$${}^B\boldsymbol{f}_i=f_n{}^B\boldsymbol{n}_{Ti}+f_t{}^B\boldsymbol{t}_{Ti} \tag{8-30}$$

式中，${}^B\boldsymbol{t}_{Ti}$ 为曲线 $C_{P_S}(u_P)$ 在路径点 ${}^B\boldsymbol{p}_{Ti}$ 处的切矢量（即切削进给方向）；方向向量 $\boldsymbol{n}_{Ti}={}^B\boldsymbol{v}_{Ti}\times{}^B\boldsymbol{t}_{Ti}$；$f_n$ 与 f_t 分别对应 ${}^B\boldsymbol{n}_{Ti}$ 和 ${}^B\boldsymbol{t}_{Ti}$ 方向上的切削力的模长分量。假设在蒙皮毛坯铣边过程中，进给速度恒定且切向深度均匀，此时可认为 f_n 和 f_t 均为常量。故在坐标系 $\{O_2\}$ 下的且广义切削力为 ${}^B\boldsymbol{F}_i=\begin{bmatrix}{}^B\boldsymbol{f}_i\\ {}^B\boldsymbol{p}_{Ti}\times{}^B\boldsymbol{f}_i\end{bmatrix}$。根据 3.1.4 小节中构造的空间转换矩阵运算 Sr(・)，力 ${}^B\boldsymbol{F}_i$ 在坐标系 $\{p_i\}$ 中的表达可写为

$${}^{p_i}\boldsymbol{F}_i=\begin{bmatrix}{}_B^{p_i}\boldsymbol{R}{}^B\boldsymbol{f}_i\\ {}_B^{p_i}\boldsymbol{R}{}^B\boldsymbol{m}_i\end{bmatrix}=\begin{bmatrix}{}_B^{p_i}\boldsymbol{R} & \boldsymbol{0}_{3\times3}\\ \boldsymbol{0}_{3\times3} & {}_B^{p_i}\boldsymbol{R}\end{bmatrix}{}^B\boldsymbol{F}_i=\mathrm{Sr}({}_B^{p_i}\boldsymbol{R}){}^B\boldsymbol{F}_i \tag{8-31}$$

并根据 3.1.4 小节中的力的伴随变换 Ad_F(・)，刀具末端的切削力在坐标系 $\{E_2\}$ 中表达为

$$^{E_2}\boldsymbol{F}_i=\begin{bmatrix} {}^{E_2}_{p_i}\boldsymbol{R} & \boldsymbol{0} \\ [{}^{E_2}\boldsymbol{p}_{p_{iO}}]\,{}^{E_2}_{p_i}\boldsymbol{R} & {}^{E_2}_{p_i}\boldsymbol{R} \end{bmatrix}^{p_i}\boldsymbol{F}_i=\mathrm{Ad}_F({}^{E_2}_{p_i}\boldsymbol{T})^{p_i}\boldsymbol{F} \tag{8-32}$$

再次通过 Sr(・) 变换，$^{E_2}\boldsymbol{F}_i$ 在坐标系 $\{B\}$ 中的表达可写为

$$^{B}\boldsymbol{F}_{Ei}=\begin{bmatrix} {}^{B}_{E}\boldsymbol{R}_i\,{}^{E_2}\boldsymbol{f}_{E_2} \\ {}^{B}_{E}\boldsymbol{R}_i\,{}^{E_2}\boldsymbol{m}_{E_2} \end{bmatrix}=\begin{bmatrix} {}^{p_i}_{B}\boldsymbol{R}_i & \boldsymbol{0}_{3\times3} \\ \boldsymbol{0}_{3\times3} & {}^{p_i}_{B}\boldsymbol{R}_i \end{bmatrix}^{B}\boldsymbol{F}_i=\mathrm{Sr}({}^{p_i}_{B}\boldsymbol{R}_i)^{B}\boldsymbol{F}_i \tag{8-33}$$

故机器人在末端坐标系 $\{E_2\}$ 中的刚度变形量可写为

$$^{E_2}\boldsymbol{D}_{Ei}=\mathrm{Sr}({}^{E_2}_{B}\boldsymbol{R}_i)\boldsymbol{K}_{D,i}^{-1}\,{}^{B}\boldsymbol{F}_{Ei} \tag{8-34}$$

参考 3.1.4 小节中式(3-29) 和式(3-30) 得到机器人在路径点 $\boldsymbol{p}_i$ 中的变形量为

$$\begin{aligned} ^{p_i}\boldsymbol{D}_i &=\mathrm{Ad}_F({}^{p_i}_{E_2}\boldsymbol{T})^{E_2}\boldsymbol{D}_{Ei} \\ &=\mathrm{Ad}_F({}^{p_i}_{E_2}\boldsymbol{T})\mathrm{Sr}({}^{E_2}_{B}\boldsymbol{R}_i)\boldsymbol{K}_D^{-1}\mathrm{Sr}({}^{B}_{E_2}\boldsymbol{R}_i)\mathrm{Ad}_F({}^{E_2}_{p_i}\boldsymbol{T})\mathrm{Sr}({}^{p_i}_{B}\boldsymbol{R})^{B}\boldsymbol{F}_i \\ &=\boldsymbol{X}_F\,{}^{B}\boldsymbol{F}_i \end{aligned} \tag{8-35}$$

为了控制机器人在蒙皮铣边过程中的刚度变形误差，误差 $^{p_i}\boldsymbol{D}_i$ 的模量应设置如下上限：

$$\|{}^{p_i}\boldsymbol{D}_i\|\leqslant{}^{p_i}D_{\max} \tag{8-36}$$

式中，$\|{}^{p_i}\boldsymbol{D}_i\|$ 为刚度变形误差 $^{p_i}\boldsymbol{D}_i$ 的模量；$^{p_i}D_{\max}$ 为 $\boldsymbol{p}_i$ 处误差模量的上限。

(3) 机器人姿态优化[10]

根据上述过程中建立的约束条件对机器人的加工姿态进行优化，优化目标是让灵巧度指标的倒数 $1/\kappa_i$ 与刚度变形指标 $\|{}^{p_i}\boldsymbol{D}_i\|$ 尽可能小。由于 $1/\kappa_i$ 与 $\|{}^{p_i}\boldsymbol{D}_i\|$ 的量纲不同，在指标进行求和以进行综合考虑之前，需要分别对它们进行无量纲化处理：

$$\begin{aligned} \kappa_i' &=\frac{1/\kappa_i-\min(1/\kappa_i)}{\max(1/\kappa_i)-\min(1/\kappa_i)} \\ \|{}^{p_i}\boldsymbol{D}_i\|' &=\frac{\|{}^{p_i}\boldsymbol{D}_i\|-\min(\|{}^{p_i}\boldsymbol{D}_i\|)}{\max(\|{}^{p_i}\boldsymbol{D}_i\|)-\min(\|{}^{p_i}\boldsymbol{D}_i\|)} \end{aligned} \tag{8-37}$$

式中，$\min(1/\kappa_i)$ 与 $\max(1/\kappa_i)$ 分别为所有路径点中 $1/\kappa_i$ 的最小值与最大值；$\min(\|{}^{p_i}\boldsymbol{D}_i\|)$ 与 $\max(\|{}^{p_i}\boldsymbol{D}_i\|)$ 分别为路径点中 $\|{}^{p_i}\boldsymbol{D}_i\|$ 的最小值与最大值。由此建立出整条加工路径上，关于冗余自由度 $\gamma_i(i=1,2,\cdots,o)$ 的目标函数：

$$\begin{aligned} \min\quad & G(\gamma_1,\cdots,\gamma_o)=w_1\sum_{i=1}^{o}\kappa'_i+w_2\sum_{i=1}^{o}\|{}^{p_i}\boldsymbol{D}_i\|' \\ \text{s.t.}\quad & \theta_{k,\max}\geqslant\theta_k\geqslant\theta_{k,\min} \\ & \kappa_i\geqslant\kappa_{\max} \\ & \|{}^{p_i}\boldsymbol{D}_i\|\leqslant{}^{p_i}D_{\max} \end{aligned} \tag{8-38}$$

式中，w_1 和 w_2 分别为 κ_i' 和 $\|{}^{p_i}\boldsymbol{D}_i\|'$ 的权重系数。

目标函数式(8-38)由于包含大量有关三角函数的矩阵运算，是一个复杂的非线性问题，可采用遗传算法、A* 算法、序列二次规划（sequence quadratic programming，SQP）以及囊群优化算法（tunicate swarm algorithm，TSA）等方法进行求解。本书不对其具体求解过程进行阐述。

8.3.4 蒙皮铣削加工案例

图 8-30 展示了一个典型的机器人铣削加工系统。该系统由以下主要部分组成：

① Leica AT960 激光跟踪仪：具备 15μm 的精度和 6μm/m 的测量精度，配备了 T-scan 三维扫描仪，用于精确定位和测量。

② ABB IRB 6660 205/1.9 机器人：具有 6 个自由度，重复定位精度为 0.07mm，并配备高速铣削电主轴，确保高效加工。

图 8-30 机器人铣削切边系统

将本小节介绍的方法部署到该系统中，以图 8-31 所示的 JXX 口盖类蒙皮样件为加工对象，包括蒙皮 1 和蒙皮 2，材料均为 7075 铝合金，厚度为 2mm。

(a) 蒙皮1 (b) 蒙皮2

图 8-31 JXX 口盖类蒙皮样件

实验中设定机器人进给速度为 500mm/min，主轴转速为 6000r/min，单层路径切削深度为 0.5mm，共切削 4 层，总理论去除量为 2mm。

图 8-32 展示了加工的现场过程。在加工前，使用 T-scan 扫描仪对蒙皮 1 和蒙皮 2 的毛坯进行扫描，获取加工前的点云数据。基于这些点云数据，生成机器人加工路径并执行铣边操作。加工完成后，再次扫描蒙皮 1 和蒙皮 2，获得加工后的点云数据，结果如表 8-2 所示。

(a) 蒙皮1铣边

(b) 蒙皮2铣边

图 8-32　现场加工示意图

表 8-2　蒙皮 1 和蒙皮 2 的边缘实际去除量、理论去除量与误差

零件	理论去除量/mm	实际去除量/mm	去除量标准差/mm	边缘轮廓加工误差/mm
蒙皮 1	2.000	1.762	0.284	0.238
蒙皮 2	2.000	1.823	0.328	0.177

结果表明，蒙皮 1 和蒙皮 2 的边缘实际去除量标准差分别为 0.284mm 和 0.328mm，标准差受曲面规范型刚性匹配不准导致的加工后蒙皮轮廓整体偏移影响，无法直接反映零件的边缘轮廓精度，而平均去除量不受此问题影响。与理论去除量 2mm 相比，蒙皮 1 和蒙皮 2 的平均实际边缘去除量分别为 1.762mm 和 1.823mm，故平均边缘轮廓加工误差为 0.238mm 和 0.177mm。因此可以认为该方法满足蒙皮装配对缝间隙小于＋0.5mm 的技术要求，证明了该方法的有效性。

8.4　航空叶片机器人三维视觉检测

航空发动机叶片是飞机的关键核心部件，这些叶片必须具有精确的尺寸和准确的形状，以确保发动机的高效、稳定运行。然而，由于叶片几何形状复杂（如前后工作边缘的曲率半径、进排气边缘转接圆滑度等）、精度要求高，其测量成为一项具有挑战性的任务。传统的测量方法往往需要耗费大量的人力和时间，且测量精度容易受到人为因素的影响。而机器人三维测量系统则能够实现自动化、高精度的测量，大大提高了测量效率。通过机器人自主定位与光学三维测量技术，可以实现对叶片的快速、准确测量，从而缩短生产周期，降低生产成本，提高生产效率。本节将介绍航空叶片机器人三维检测系统的实际应用案例，具体从系统标定的精确性、测量规划的合理性、点云融合的高效性、特征识别的准确性等关键技术层面，以及软硬件系统的集成与开发视角进行全面阐述。

图 8-33 所示为机器人三维测量系统与数字孪生。系统包括机器人、转台、扫描仪和待测叶片，可实现叶片大范围、多角度的自动化测量。测量过程包括系统标定、位姿规划、特征提取等关键技术。系统标定确定机器人末端坐标系与扫描仪坐标系的关系。位姿规划基于待测点可视锥、工件设计模型确定扫描仪位姿，通过系统标定结果转化为机器人基坐标系下的运动路径，实现测量过程自动化。然后自主开发叶片数据处理模块，完成叶片全误差检测。从航空叶片的测量、路径规划到后处理，实现“算法-测量设备-软件处理”一体化系统的搭建。此外，数字孪生系统可以通过建立的双目可视锥模型实现扫描区域的准确预测；通过考虑测量精度和曲面完整性等多目标因素，实现随意放置曲面零件的扫描路径自主优化和避障，且无需设计模型，解决了传统固定式路径规划方法受限于零件类型与摆放姿态的局限性[11-13]。

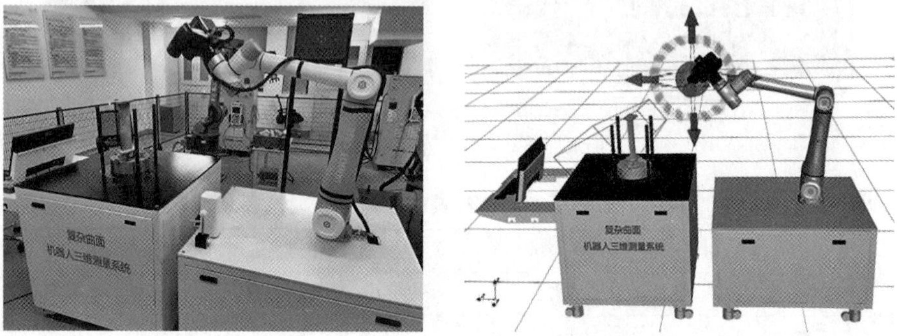

图 8-33 航空叶片机器人三维测量系统与数字孪生

8.4.1 机器人测量系统手眼标定

设被测工件叶片上一点在世界坐标系 $\{B\}$ 下坐标为 $\boldsymbol{X}_w$，机器人末端坐标系 $\{E\}$ 相对于机器人基坐标系 $\{B\}$ 的旋转和平移矩阵分别为 $\boldsymbol{R}_0$、$\boldsymbol{T}_0$。$\boldsymbol{R}_{0i}$、$\boldsymbol{T}_{0i}$ 表示第 i 次测量的机器人旋转、平移矩阵，扫描仪坐标系 $\{S\}$ 相对于机器人末端坐标系 $\{E\}$ 的旋转和平移矩阵为 $\boldsymbol{R}_e$、$\boldsymbol{T}_e$，被测工件叶片上一点在扫描仪坐标系 $\{S\}$ 下坐标为 $\boldsymbol{X}_s$。$\boldsymbol{X}_w$ 和 $\boldsymbol{X}_s$ 的关系满足：

$$\begin{bmatrix}\boldsymbol{X}_w\\1\end{bmatrix}=\begin{bmatrix}\boldsymbol{R}_0 & \boldsymbol{T}_0\\\boldsymbol{0} & 1\end{bmatrix}\begin{bmatrix}\boldsymbol{R}_e & \boldsymbol{T}_e\\\boldsymbol{0} & 1\end{bmatrix}\begin{bmatrix}\boldsymbol{X}_s\\1\end{bmatrix} \tag{8-39}$$

将上式展开：

$$\boldsymbol{X}_w=\boldsymbol{R}_0\boldsymbol{R}_e\boldsymbol{X}_s+\boldsymbol{R}_0\boldsymbol{T}_e+\boldsymbol{T}_0 \tag{8-40}$$

控制机器人保持姿态不变，进行平移，即有 $\boldsymbol{R}_{01}=\boldsymbol{R}_{02}$，整体有

$$\boldsymbol{X}_{w1}=\boldsymbol{R}_{01}\boldsymbol{R}_e\boldsymbol{X}_{s1}+\boldsymbol{R}_{01}\boldsymbol{T}_e+\boldsymbol{T}_{01} \tag{8-41}$$

$$\boldsymbol{X}_{w2}=\boldsymbol{R}_{02}\boldsymbol{R}_e\boldsymbol{X}_{s2}+\boldsymbol{R}_{02}\boldsymbol{T}_e+\boldsymbol{T}_{02} \tag{8-42}$$

式(8-41) 与式(8-42) 两式相减：

$$\boldsymbol{R}_0\boldsymbol{R}_e(\boldsymbol{X}_{s2}-\boldsymbol{X}_{s1})=\boldsymbol{T}_{01}-\boldsymbol{T}_{02} \tag{8-43}$$

采集多组实验数据，通过上式可求出 $\boldsymbol{R}_e$。

对于与基坐标系相对位置固定的点，根据式(8-39)，同样可得 $\boldsymbol{X}_w$ 的表达式。由于面结构光扫描仪只需一次扫描，即可完成对标定球的扫描，达到拟合圆心的要求，故用面结构光扫描仪对标定球进行不同姿态的扫描，即 $\boldsymbol{R}_{01} \neq \boldsymbol{R}_{02}$，$\boldsymbol{X}_{w1} = \boldsymbol{X}_{w2}$。将式(8-41) 与式(8-42) 相减，可得

$$(\boldsymbol{R}_{02} - \boldsymbol{R}_{01})\boldsymbol{T}_e = \boldsymbol{R}_e\boldsymbol{R}_{01}\boldsymbol{X}_{s1} - \boldsymbol{R}_e\boldsymbol{R}_{02}\boldsymbol{X}_{s2} + \boldsymbol{T}_{01} - \boldsymbol{T}_{02} \tag{8-44}$$

由式(8-44) 可求得 $\boldsymbol{T}_e$。根据 ${}_S^W\boldsymbol{T} = {}_B^W\boldsymbol{T}{}_E^B\boldsymbol{T}{}_S^E\boldsymbol{T}$，对涡轮叶片进行扫描，将扫描点云与叶片设计模型进行匹配，得到旋转、平移关系即为 ${}_S^W\boldsymbol{T}$，可求出 ${}_B^W\boldsymbol{T}$，确定测量系统各坐标系关系。若需要进一步提高标定精度，可以通过多次迭代提高测量精度。

8.4.2　机器人测量位姿规划

在机器人测量位姿规划中，若曲面 S_w 上的待测点 $\boldsymbol{p}_t$ 沿检测方向 $\boldsymbol{v}_c$ 是可接近的，则扫描仪的光线及两个相机的视野都可到达待测点 $\boldsymbol{p}_t$。扫描仪在点 $\boldsymbol{p}_t$ 的可接近方向通过高斯映射形成高斯球面，所以待测点有无数个方向可以测量。离散化高斯球面，得到参考方向 S_c^2，以待测点 $\boldsymbol{p}_t$ 为原点形成的锥体即为可接近锥。对于待测点 $\boldsymbol{p}_t$，障碍物模型 S_o，一组参考方向 S_c^2，扫描仪 C 的离散可接近锥定义为

$$AC(\boldsymbol{p}_t) = \{\boldsymbol{x} \in S_c^2 : C \cap S_o = \varnothing\} \tag{8-45}$$

由于面结构光扫描仪由蓝光扫描仪和两个相机组成，要求三个设备均可以接近待测点，所以建立模型时需同时验证三者的可接近性。

假设叶片点云 P 上分布 n 个测点 $\boldsymbol{p}_1$，$\boldsymbol{p}_2, \cdots, \boldsymbol{p}_n$，对测点 $\boldsymbol{p}_i$，在叶片点云 P 中提取与 $\boldsymbol{p}_i$ 距离最近的 s 个点，形成最近点邻域点集 P'，将点集 P' 进行平面拟合，得到平面法矢为 $\boldsymbol{n}_i$。若测点 $\boldsymbol{p}_i$ 位于面结构光测量设备双相机的焦点交叉处，且测量方向为点的法线方向时，其测量精度最高。若 $\boldsymbol{n}_i \in AC(\boldsymbol{p}_i)$，则选择 $\boldsymbol{v}_i$ 为点 $\boldsymbol{p}_i$ 的最佳测量方向；若 $\boldsymbol{n}_i \notin AC(\boldsymbol{p}_i)$，则对于点 $\boldsymbol{p}_i$ 的每一个可接近方向 $\boldsymbol{\alpha}_i \in AC(\boldsymbol{p}_i)$，选定与点切面法矢夹角最小的方向作为点 $\boldsymbol{p}_i$ 的最佳测量方向：

$$\begin{aligned} \text{min.} \quad & \theta(\boldsymbol{\alpha}_i) = \sum_{i=1}^{n} \sin(\alpha_i \boldsymbol{v}_i) \\ \text{s.t.} \quad & \boldsymbol{\alpha}_i \in AC(\boldsymbol{p}_i) \end{aligned} \tag{8-46}$$

得到各点 $\boldsymbol{p}_i$ 的最佳测量方向集合为 $\{\boldsymbol{v}_1, \boldsymbol{v}_2, \cdots, \boldsymbol{v}_n\}$。计算相邻两点之间的夹角 α_i：

$$\alpha_i = \sin(\boldsymbol{v}_{i-1}\boldsymbol{v}_i) \tag{8-47}$$

通过 α_i 计算结果得到叶盆、叶背和前后缘叶片曲率变化不同位置的阈值 β，选取任意一点为初始点 $\boldsymbol{p}_0$，测量方向为 $\boldsymbol{v}_0$，从其相邻点 $\boldsymbol{p}_i$ 顺次开始，若 $\alpha_i \leqslant \beta$，则表示待测点 $\boldsymbol{p}_i$ 与 $\boldsymbol{p}_0$ 为叶盆或叶背位置点，分在同组进行测量，直到点 $\boldsymbol{p}_i$ 的夹角 $\alpha_i > \beta$，则表示已经遍历到叶片前后缘附近，该分组结束，从该点开始进行下一轮分组。叶片前后缘附近，还需计算初始点 $\boldsymbol{p}_0$ 与点 $\boldsymbol{p}_i$ 之间夹角 γ，当 $\gamma > 90°$时，完成当前分组。

将所有待测点云依据其最佳测量方向分组后可确定扫描仪位姿。对于同组点云 $\{\boldsymbol{p}_0$，

$\boldsymbol{p}_1,\cdots,\boldsymbol{p}_j,\cdots,\boldsymbol{p}_m\}$，扫描仪测量方向为

$$\boldsymbol{v}_s=\sum_{j=1}^{m}\boldsymbol{v}_j/m \tag{8-48}$$

对多组测量点 $\{\boldsymbol{p}_1,\boldsymbol{p}_2,\cdots,\boldsymbol{p}_n\}$，将其按照最优方向 $\boldsymbol{v}_s$ 投影成二维点云，按照下列公式求出测点点集的形心坐标（X,Y）。设扫描仪焦距为 f，则扫描仪最终摆放位置为

$$(X,Y)=(X+\boldsymbol{v}_{sx}f,Y+\boldsymbol{v}_{sy}f) \tag{8-49}$$

测量方向为（$-\boldsymbol{v}_{sx},-\boldsymbol{v}_{sy}$）。

图 8-34(a) 所示为航空叶片点云，根据测量需求截取叶片待测截面，离散化得到待测截面点，截面共计 109 个被测点，要求规划出机器人可测到这些截面点的可视方向及位置。对各个点查找其邻域点并计算其切平面法矢，在高斯球面范围内计算其可视方向集合，可视方向集合如图 8-34(b) 所示，单点的可视锥方向集合如图 8-34(c) 所示。由于截面待测点较多，所以简化了显示可视方向的点，其他点可视方向亦同。结合点云切平面法矢方向及可视方向，对每个测点而言，若其位于面结构光测量设备双相机的焦点交叉处，且测量方向为点的切平面的法线方向，则其测量有最高精度。故计算各待测点法矢方向是否在其可视方向范围内，保证扫描仪能测量到，若在范围内，则选择点云法矢作为最佳测量方向；若不在，则选择与法矢夹角最小的可视方向作为待测点的最佳测量方向以达到最佳测量精度。选取后的被测点方向如图 8-34(d) 所示。

选取起始测量点，并计算其方向与其余各点方向的夹角以及同组内点是否在同一测量景深下，设置分组夹角阈值为 30°。结合叶片的叶盆、叶背、前后缘特点，设置分组规则，增加前后缘测量次数，截面点云主要分为四部分，完成分组后的点云不再进行计算。109 个测量点数据被分成 5 组，位置如图 8-34(e) 所示。

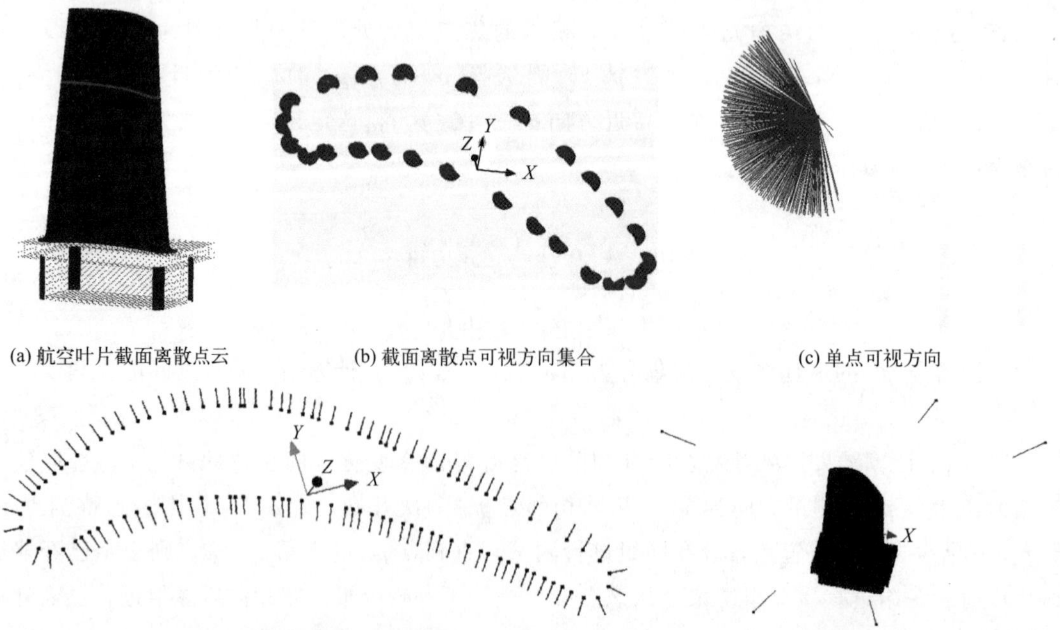

(a) 航空叶片截面离散点云　(b) 截面离散点可视方向集合　(c) 单点可视方向

(d) 测点最优测量方向选取结果　(e) 扫描仪测量位置

图 8-34　航空叶片机器人测量视点规划过程

8.4.3　航空叶片截面特征参数提取

叶片截面点集必须垂直于叶身轴线。为提高提取叶片截面特征参数的精度，在接触式测量中可以通过精确调整 Z 轴使其与叶身轴线方向一致，再沿 Z 方向依次移动间隔 ΔZ，来获得相应的叶片截面。但是在非接触式测量中，由于测量仪坐标轴方向的随机性，Z 轴不一定与叶身轴线平行，可以通过主成分分析法获取叶身轴线方向，再将点云数据通过坐标变换使新坐标轴 Z_{new} 轴与叶身轴线平行。根据截面要求沿 Z_{new} 轴方向移动 ΔZ 即可获得相应的叶片截面。

叶片型面形状复杂，需要较多的特征参数描述，主要包括前缘、后缘、前后缘点、前后缘中心、前后缘半径、弦线、弦长、弦倾角、中弧线、最大厚度等，如图 8-35 所示。

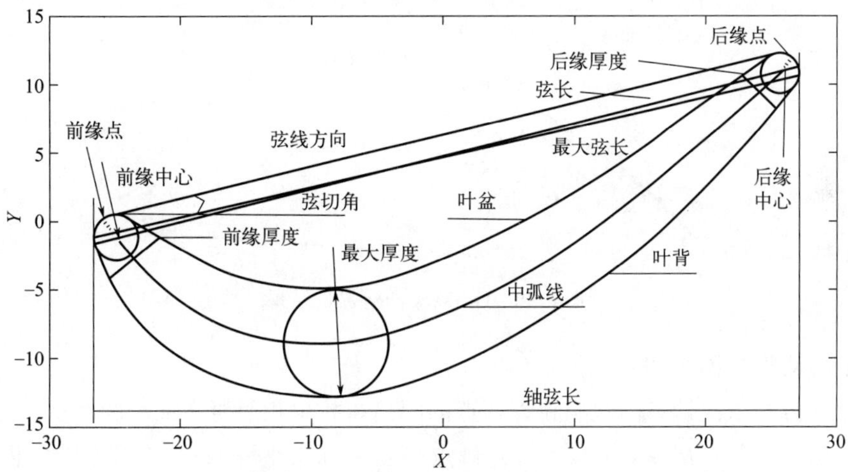

图 8-35　叶片型面特征参数示意图

叶片截面参数提取流程如图 8-36 所示。

点云排序：叶背与前后缘部分具有凸包特点，可以利用凸包算法获取叶片截面凸包顺序点集，然后采用基于改进的移动平均法获取凹弧顺序点集，将凹凸两顺序点集按逆时针方向相连，即可得到封闭叶片截面顺序点集。此外也可以用凹包算法获取截面有序轮廓。

坐标变换：取凸包相邻两点最大距离所在直线为新 x 轴进行坐标变换。

前后缘提取：在凸包距离最大的两相邻端点附近粗略提取前后缘，再用基于最小二乘拟合圆方法精确提取前后缘。

弦线提取：用解析法精确求解弦线、弦长、弦倾角。

截面点云分段：叶片截面封闭点集减去前后缘，所剩的两段点集中凹弧为叶盆，凸弧为叶背。

中弧线提取：先用移动最小二乘拟合叶盆、叶背，再采用中轴线法提取中弧线。

图 8-36　叶片型面参数提取流程

最大厚度提取：叶盆与叶背中间区域的最大内切圆直径即最大厚度

(1) 点云排序

截面点云排序可通过计算几何中凹包的方法实现。通常凹包计算方法有基于 Delaunay 三角化法（图 8-37）、滚边法和滚球法。此外也可以通过 Graham 凸包算法先提取叶片截面的凸包，如图 8-38 所示，再进行排序。

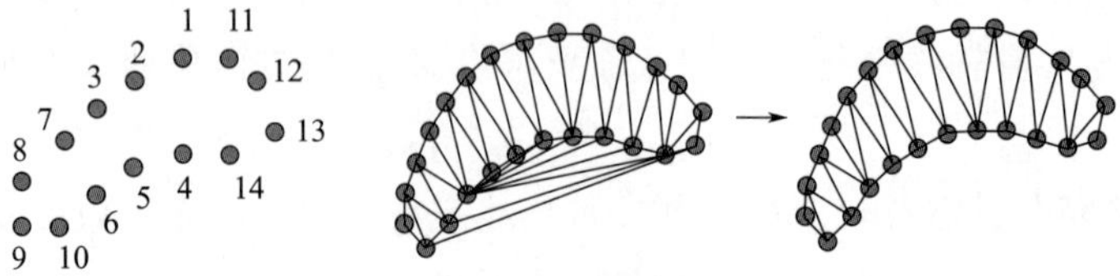

图 8-37　Delaunay 三角化法获取叶片截面有序点云

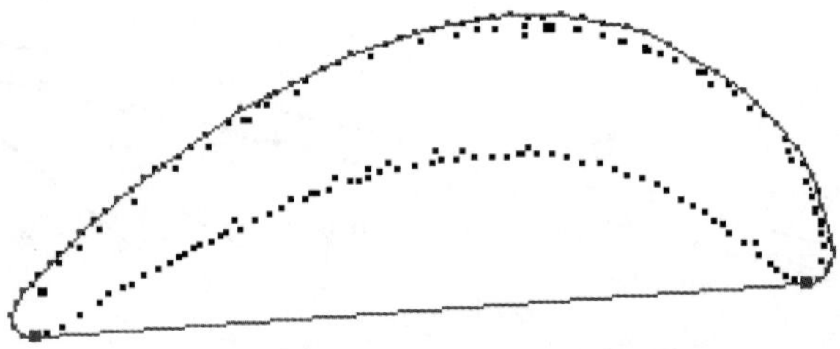

图 8-38　Graham 凸包提取结果

(2) 坐标变换（图 8-39）

按逆时针方向依次计算凸包中相邻两点的距离，找出相邻距离最大的两点。左、右端点分别记为 $L(x_L, y_L)$、$R(x_R, y_R)$。取左端点为新坐标系坐标原点 o'；以点 L 指向点 R 的方向 $\overrightarrow{LR}$ 为新 x'轴正方向；由原点指向叶盆、叶背并垂直于 x'轴的方向记为 y'轴正方向。

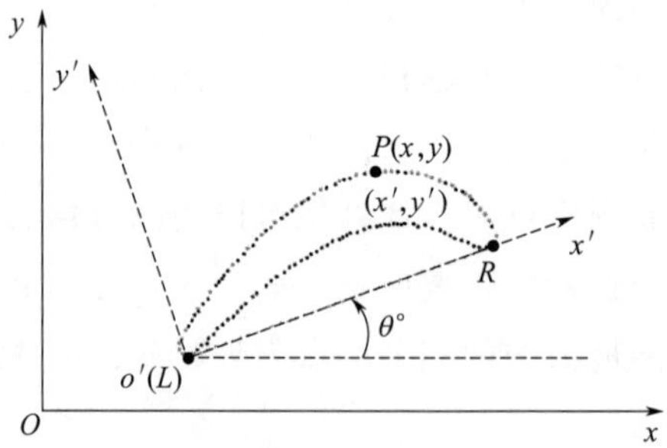

图 8-39　坐标变换

(3) 提取前后缘

在弦线两端点分别沿前后缘方向上选取邻域点，代入二次曲线方程：

$$Ax^2+Bxy+Cy^2+Dx+Ey+F=0(F=1) \tag{8-50}$$

然后依次计算每个点到该曲线上的欧几里得距离，如果 $d \leqslant \Delta d$（给定阈值），则近似认为该点在曲线上，并将其记入粗略提取前后缘的范围，在该范围内随机选取五个点拟合成二次曲线，并计算前后粗略点云到二次曲线的代数距离 $d=|Ax^2+Bxy+Cy^2+Dx+Ey+F|$，

记下所有 $d \leqslant \Delta d$（给定阈值）的点的总数 Num_i，依此循环若干次（依数据点的个数、准确度、时间而定），选取 Num_i 最大的五个点拟合成的二次曲线即最优的二次曲线。若 $B^2 - AC < 0$，则曲线拟合为椭圆。粗提取的前后缘，范围缩小了很多，但依旧含有多余噪点，可以通过迭代拟合法进一步优化：以前缘为例，首先对粗提取的前缘运用带约束的最小二乘拟合成圆弧，去除前缘点集 A 首部与尾部不在圆弧内的点，并更新 A；再对 A 进行最小二乘圆弧拟合，再剔除前缘点集 A 首部与尾部不在圆弧内的点，按照该方法进行多次，直到没有点被剔除为止。过程如图 8-40 所示。

图 8-40　前后缘精提取示意图

(4) 弦线提取

弦线为与前后缘外侧相切的一条外公切线，前缘圆弧与后缘圆弧的位置关系为外离，共有四条切线、四个切点，因此只要剔除其中的两个切点，剩下两切点所连直线即外切线。

(5) 中弧线提取

中弧线是航空发动机叶片截面内叶盆与叶背一系列内切圆圆心构成的曲线，它是叶片设计的重要基准之一，也是截面线离散的重要依据，对叶片造型的质量影响重大，其微小误差都可能导致最后叶片截面不光顺，影响发动机叶片的性能。因此能否有效地提取中弧线在航空制造领域具有十分重要的意义。现有的提取叶片截面中弧线的方法主要有迭代法、自相交法、解析法、中轴线法等。

迭代法：基于中弧线上的点到叶盆、叶背的距离相等的原理，应用迭代法求解中弧线。如图 8-41 所示，对叶盆、叶背进行三次样条曲线拟合加密，在叶背上任取一点 A，过 A 点做拟合叶背曲线的法线与叶盆交于 B 点，若 A、B 两点的法斜率相等，则 AB 的中点 G 一定落在中弧线上，否则以 AB 为直径作圆与叶背交于另一点 C。与 A 点对应的内切圆的另

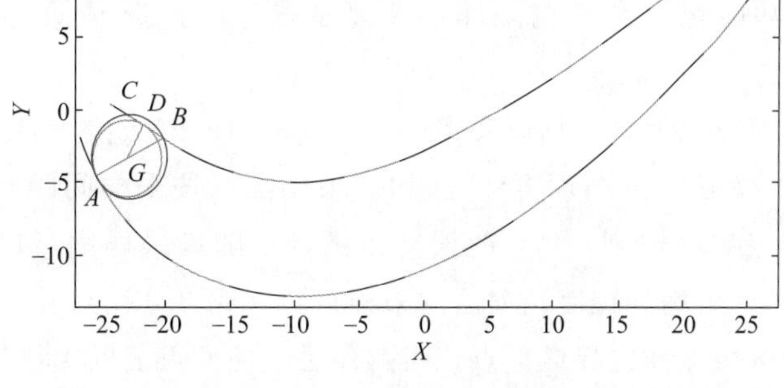

图 8-41　迭代法求解中弧线

一切点 D 一定落在弧线 BC 内，对弧线 BC 进行插值，得到 m 个点，计算每个点的法线与 A 法线的交点 G，若 $||AG|-|GD||$ 中最小值小于设定值 ERROR，则取与最小值对应的点为中弧线上的点，否则继续减小插值间隔，循环求解直到满足要求为止。该算法迭代耗时严重，同时在原理上存在两类误差：曲线拟合误差与人为设定 ERROR 的误差。

自相交法：首先将叶片截面封闭点云拟合成曲线，然后通过对该曲线向内偏置，求取偏置后曲线上的自相交点；通过多次偏置，将所有得到的自相交点进行排序，再插值即得到中弧线。该算法存在拟合误差，而且事实上自相交点不一定是中弧线上的点。

解析法：将叶盆、叶背拟合成多项式，并根据内切圆圆心到叶盆、叶背的距离相等建立一个高次方程组，采用迭代法求解，该算法计算复杂，耗时严重。而且在大多数情况下，叶盆、叶背一般不满足特定多项式曲线，因此适用面较窄。

中轴线法：将中轴线看成中弧线，然后利用中轴线跟踪算法进行求解，如图 8-42 所示。

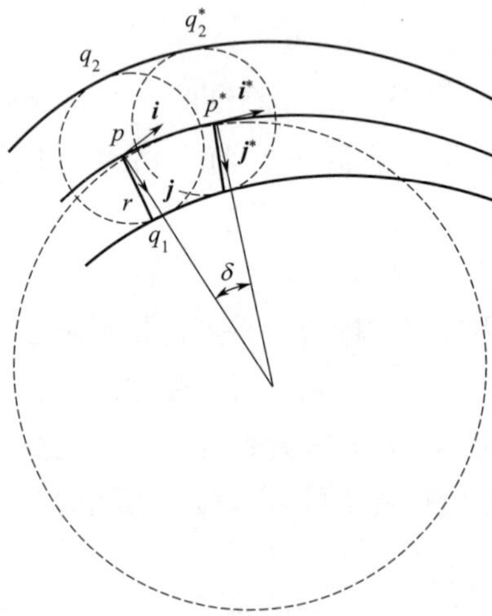

图 8-42 中轴线跟踪算法

8.4.4 航空叶片截面特征参数软件

自主开发三维点云软件处理系统，在此基础上开发了叶片截面特征参数提取专用模块，以 VS2010 和 OpenGL 软件为开发环境，可实现航空叶片的曲面检测。软件框架如图 8-43 所示，具体功能包括文件输入输出、显示操作、点云精简、点云拼合、误差分析、特征提取等。

在大规模点云精简方法上，根据需要提供了三种常用的方法：均匀采样法、随机采样法和曲率自适应采样法（OCTree 精简方法）。均匀采样法可按采样间距和采样点数（或百分比）进行采样，采样点数可控制在 5%的误差范围内；随机采样则可以通过设置采样点数（或百分比）进行采样，可精确控制精简后的采样点数（或百分比）；曲率自适应采样过程中优先考虑采样高曲率区域点及边界区域点，可避免丢失曲面点云的关键特征信息。在点云拼合上，用户可以根据需要选择 ICP 算法、TDM 算法和 ADF 算法进行操作。特别是 ADF 算法引入了修正系数，可自适应地改变切向距离，有效地解决了拼合中收敛速度与收敛稳定性的问题。为便于用户操作，该软件还提供其他辅助功能，包括冗余点删除、点-面有向距离误差的色谱图显示、点云输入输出、PDF 格式输出与打印等功能。

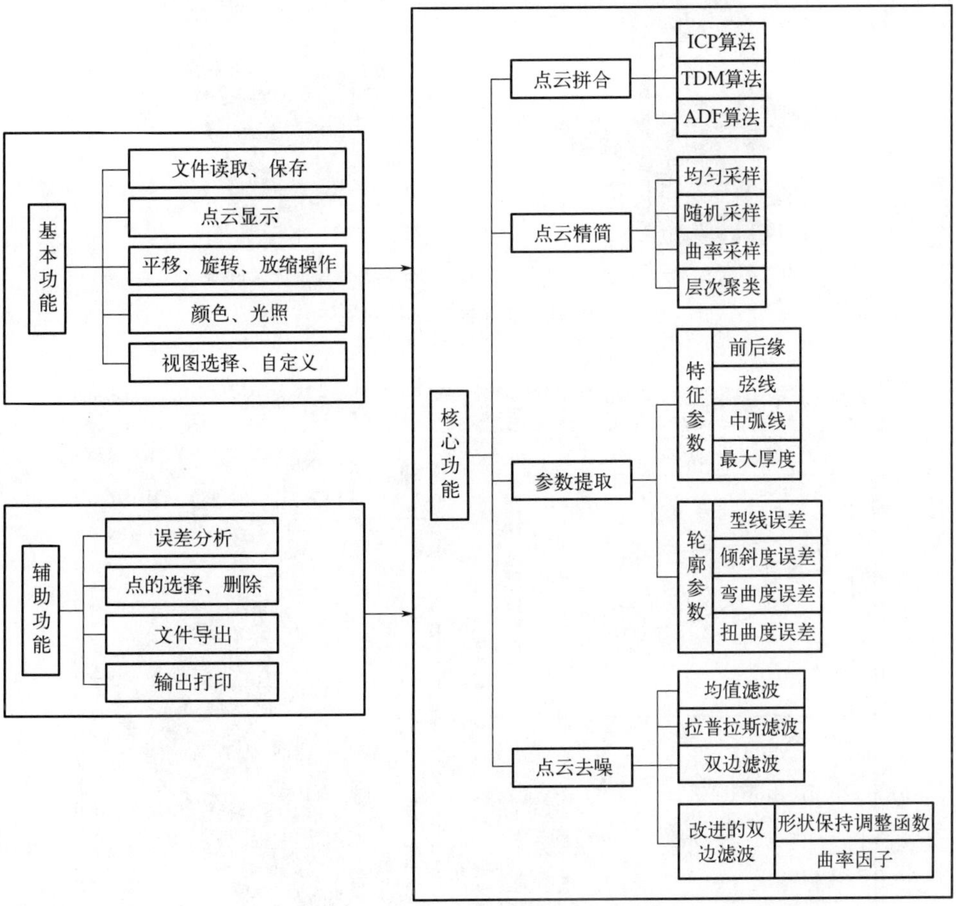

图 8-43　软件框架

由于叶片型面复杂，需要多角度扫描，这样会得到很多点云数据（有百万多个），这些点云中包括噪声点、冗余点、孤点等，因此在进行叶片型面参数提取处理前要对测量的数据点进行预处理。首先用测量设备扫描航空发动机叶片类零件，将获得的测量数据导入，如图 8-44 所示，点数达百万。通过 Laplacian 滤波去除噪声，均匀采样精简数据以及删除冗余点后点数减少 80%以上。叶片截面各参数提取结果如表 8-3 所示，叶片截面特征参数提取界面如图 8-45 所示。

表 8-3　叶片截面各参数提取结果

截面序号	前缘中心	后缘中心	前缘点	后缘点	前缘半径	后缘半径
1	$\begin{pmatrix}690.504\\535.462\end{pmatrix}$	$\begin{pmatrix}640.546\\541.751\end{pmatrix}$	$\begin{pmatrix}691.163\\537.283\end{pmatrix}$	$\begin{pmatrix}639.374\\542.890\end{pmatrix}$	2.136	1.32
截面序号	弦长	轴弦长	弦倾角	最大厚度	中弧线最大误差	中弧线平均误差
2	51.573	50.534	6.021	7.798	0.091	0.034

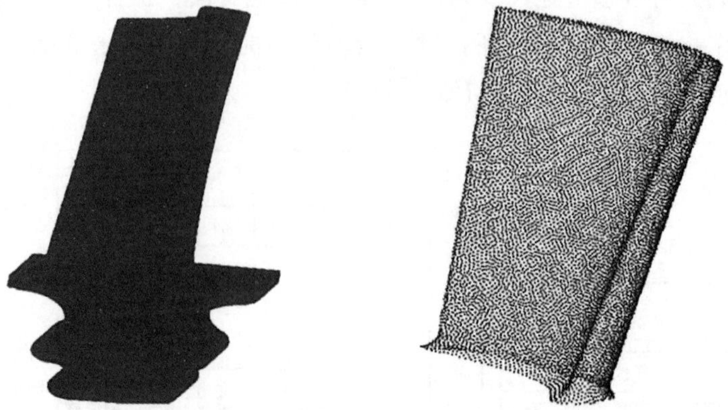

(a) 叶片测量数据导入iCloud　　(b) 叶片测量数据预处理后

图 8-44　叶片导入与预处理

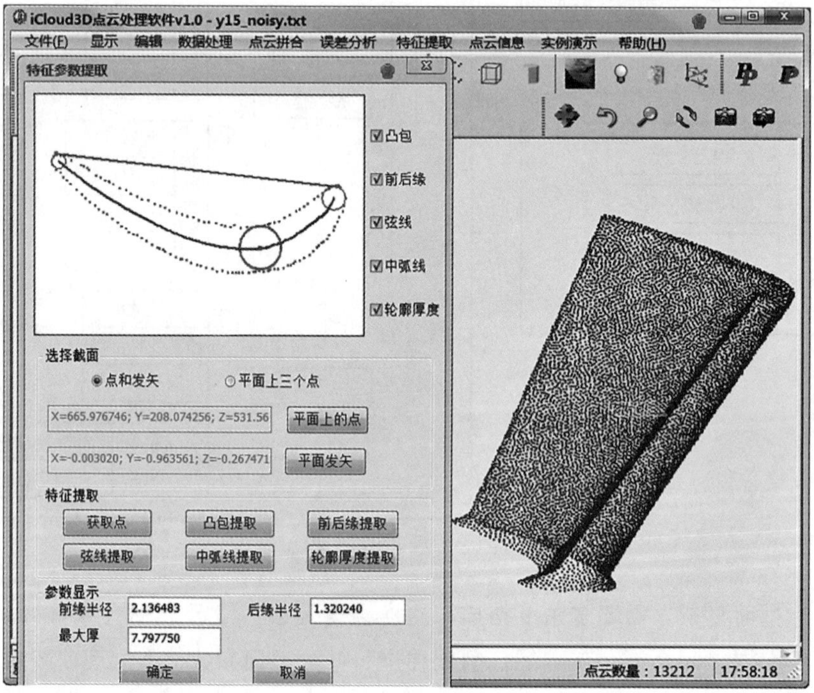

图 8-45　叶片截面特征参数提取界面

8.5 移动机器人双目视觉惯性 SLAM

SLAM（simultaneous localization and mapping）技术使移动设备在未知环境中实现地图构建与自身位姿估计。经典 SLAM 框架包括传感器数据获取、前端位姿估计、后端优化、回环检测和建图，按传感器类型分为激光 SLAM 和视觉 SLAM。VINS-FUSION 是基于 VINS-MONO 开发的双目视觉 IMU 融合 SLAM 方案，其框架与传统 SLAM 相似，见图 8-46。

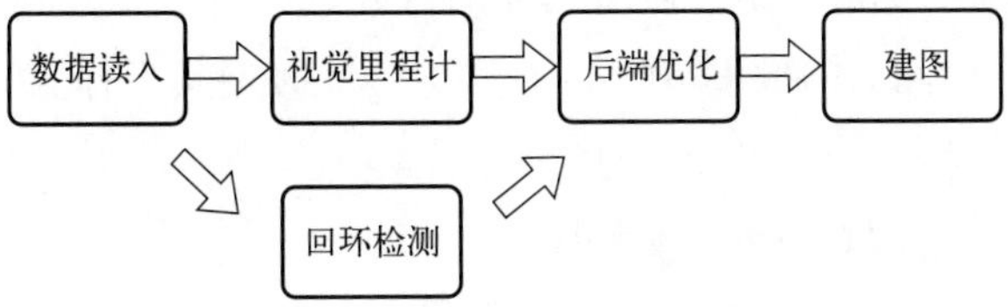

图 8-46　视觉 SLAM 框架图

8.5.1　数据预处理

VINS-FUSION 数据预处理主要是进行特征点提取与追踪、IMU 数据预积分两部分。图像数据预处理包括左右双目图像对齐、Shi-Tomasi 角点检测及 L-K 光流法特征点追踪。IMU 与相机数据的时间同步至关重要，需对 IMU 数据积分以确保与每帧图像精准匹配。

（1）图像数据预处理

通过移动小窗口并观察各方向的灰度变化探测角点，判断滑动窗口的灰度值变化，见式(8-51)。其中 $I(x,y)$ 表示坐标 (x,y) 的像素点的灰度值，$w(x,y)$ 为窗口函数。

$$\boldsymbol{E}(u,v)=\sum_{x,y}w(x,y)[I(x+u,y+v)-I(x,y)]^2 \tag{8-51}$$

由于 u 和 v 缺少定义，窗口移动方向和大小未知，需要对此公式进行简化，对含 u、v 项进行二元函数泰勒展开，并代入式(8-51) 中，将其转化为矩阵形式，得到：

$$\boldsymbol{E}(u,v)=[u \quad v]\sum_{x,y}w(x,y)\begin{bmatrix} I_x^2 & I_xI_y \\ I_xI_y & I_y^2 \end{bmatrix}\begin{bmatrix} u \\ v \end{bmatrix} \tag{8-52}$$

提取其中的 u、v 项，剩余参数构成系数矩阵 $\boldsymbol{M}$，$\boldsymbol{M}$ 是一个实对称矩阵，对其标准化后得到式(8-53)。

$$\boldsymbol{E}(u,v)=[u \quad v]\boldsymbol{M}\begin{bmatrix} u \\ v \end{bmatrix}=[u \quad v]\begin{bmatrix} \lambda_1 & 0 \\ 0 & \lambda_2 \end{bmatrix}\begin{bmatrix} u \\ v \end{bmatrix}=\begin{bmatrix} A & C \\ C & B \end{bmatrix} \tag{8-53}$$

通过特征值分析判断窗口特征：一个特征值较大，窗口含角点；仅一个特征值较大，可能含角点；无较大特征值变化，窗口为平坦区域。利用矩阵 $\boldsymbol{M}$ 特征值分析方法评估窗口特征。

角点响应函数 $R=\min\{\lambda_1,\lambda_2\}$ 通过较小特征值判断窗口特征。若较小特征值大于阈值，窗口为角点；若较小特征值小于阈值，需判断较大特征值，若较大特征值也小于阈值，窗口为平坦区域；若较大特征值大于阈值，窗口为边缘特征。

采用光流法追踪特征点，通过分析连续帧中特征点或小区域的位移，推断物体的三维相对运动。光流法在其基本假设下确定了两帧图像之间的变形，而不同的光流算法的前提条件不同。L-K 光流追踪算法求解稀疏光流，基于三个假设条件：

① 亮度恒定：对于灰度图像中的运动目标，其像素点的亮度在相邻帧间不发生变化。

② 小位移假设：在每次计算时，不会由于时间的变化而引起目标位置的剧烈变化，运动目标的像素点在相邻帧之间对应位置的变化比较小。

③ 空间连贯性原则：特征点附近所有相邻的像素点运动情况相似。

在假设①下，定义时间 t 的像素 $p(x,y)$ 在 $t+\mathrm{d}t$ 时刻其坐标为 $(x+\mathrm{d}x,y+\mathrm{d}y)$，故可得：

$$I(x+\mathrm{d}x,y+\mathrm{d}y,t+\mathrm{d}t)=I(x,y,t) \tag{8-54}$$

对等号左侧泰勒展开并略去高阶小项，并保持假设①条件，其灰度值不变，可得：

$$I(x+\mathrm{d}x,y+\mathrm{d}y,t+\mathrm{d}t)\approx I(x,y,t)+\frac{\partial I}{\partial x}\mathrm{d}x+\frac{\partial I}{\partial y}\mathrm{d}y+\frac{\partial I}{\partial t}\mathrm{d}t \tag{8-55}$$

$$\frac{\partial I}{\partial x}\mathrm{d}x+\frac{\partial I}{\partial y}\mathrm{d}y+\frac{\partial I}{\partial t}\mathrm{d}t=0 \tag{8-56}$$

为了得到像素的像素速度，对式(8-56) 做如下处理：

$$\frac{\partial I}{\partial x}\frac{\mathrm{d}x}{\mathrm{d}t}+\frac{\partial I}{\partial y}\frac{\mathrm{d}y}{\mathrm{d}t}=-\frac{\partial I}{\partial t}\rightarrow\begin{bmatrix}I_x & I_y\end{bmatrix}\begin{bmatrix}u\\v\end{bmatrix}=-I_t \tag{8-57}$$

利用假设③的条件，相邻点的运动是一致的，故此时选取包含 p 的合适大小的窗口，此窗口内的所有点的运动与 p 一致。假设窗口大小为 w，含有 w^2 个像素，窗口内像素的 u 和 v 都相同，故可得到下列方程组：

$$\begin{cases}\begin{bmatrix}I_{x1} & I_{y1}\end{bmatrix}\begin{bmatrix}u\\v\end{bmatrix}=-I_{t1}\\ \vdots\\ \begin{bmatrix}I_{xn} & I_{yn}\end{bmatrix}\begin{bmatrix}u\\v\end{bmatrix}=-I_{tn}\end{cases}\rightarrow\begin{bmatrix}I_{x1} & I_{y1}\\ \vdots & \vdots\\ I_{xn} & I_{yn}\end{bmatrix}\begin{bmatrix}u\\v\end{bmatrix}=-\begin{bmatrix}I_{t1}\\ I_{tn}\end{bmatrix} \tag{8-58}$$

对 u 和 v 的方程用最小二乘法求解像素位置，进行像素追踪。L-K 光流追踪选择角点最稳定，边缘点易沿边缘滑动。L-K 光流追踪的假设②要求相机采集频率高以保证时间连续。

（2）IMU 数据预处理

IMU 积分可以获得 IMU 的位置信息和姿态，考虑到 IMU 采集的数据存在噪声和零偏，表达式为式(8-59)。

$$\hat{\boldsymbol{a}}(t)=\boldsymbol{R}^{\mathrm{T}}(\boldsymbol{a}(t)-\boldsymbol{g})+\boldsymbol{b}_a(t)+\boldsymbol{\eta}_a(t),\hat{\boldsymbol{\omega}}(t)=\boldsymbol{\omega}(t)+\boldsymbol{b}_g(t)+\boldsymbol{\eta}_g(t) \tag{8-59}$$

式中，下标 a 代表加速计，g 代表陀螺仪；$\boldsymbol{R}^{\mathrm{T}}$ 代表世界坐标系转换到 IMU 坐标系的旋转矩阵；而加速度测量中的 $\boldsymbol{g}$ 代表重力加速度。

记 IMU 坐标系在世界坐标系下的旋转矩阵为 $\boldsymbol{R}$，用 IMU 坐标系到世界坐标的旋转四元数 $\boldsymbol{q}_{wb}$ 来代替表达 IMU 的姿态变化。上述测量参数积分可得 IMU 的速度、位置和姿态信息，积分结果如下：

$$\dot{\boldsymbol{v}}(t)=\boldsymbol{a}(t),\dot{\boldsymbol{q}}_{wb}(t)=\boldsymbol{q}_{wb}(t)\otimes\begin{bmatrix}0\\ \frac{1}{2}\boldsymbol{\omega}(t)\end{bmatrix},\dot{\boldsymbol{p}}(t)=\boldsymbol{v}(t) \tag{8-60}$$

记 IMU 从 i 时刻起积分到 j 时刻，可以得到该时刻的 PVQ 参数：

$$\boldsymbol{v}(j)=\boldsymbol{v}(i)+\int_{i}^{j}[\boldsymbol{q}_{wb}(t)(\hat{\boldsymbol{a}}(t)-\boldsymbol{b}_{a}(t)-\boldsymbol{\eta}_{a}(t))-\boldsymbol{g}]\delta t \tag{8-61}$$

$$\boldsymbol{p}(j)=\boldsymbol{p}(i)+\boldsymbol{v}(i)\Delta t+\iint_{i}^{j}[\boldsymbol{q}_{wb}(t)(\hat{\boldsymbol{a}}(t)-\boldsymbol{b}_{a}(t)-\boldsymbol{\eta}_{a}(t))-\boldsymbol{g}]\delta t^{2} \tag{8-62}$$

$$\boldsymbol{q}_{wb}(j)=\int_{i}^{j}\boldsymbol{q}_{wb}(t)\otimes\begin{bmatrix}0\\ \frac{1}{2}\boldsymbol{\omega}(t)\end{bmatrix}\delta t \tag{8-63}$$

由上述积分得到的 PVQ 值可见，其积分过程均与 $\boldsymbol{q}_{wb}(t)$ 有关，而该参数表示的是 IMU 的姿态。若后端优化时改变了其中一刻的 $\boldsymbol{q}_{wb}(t)$，其后续每一帧位姿参数均需要重新进行积分，影响计算效率，故 IMU 预积分采用式(8-64) 将 $\boldsymbol{q}_{wb}(t)$ 从积分过程中分离出来，以实现仅进行一次积分即可。

$$\boldsymbol{q}_{wb}(t)=\boldsymbol{q}_{wb}(t)\otimes\boldsymbol{q}_{bibt} \tag{8-64}$$

此公式将 $\boldsymbol{q}_{wb}(t)$ 改写为 IMU 在 t 时刻相对于 i 时刻的姿态。后端优化调整的是 IMU 相对于世界坐标系的位姿 $\boldsymbol{q}_{wb}(t)$，$\boldsymbol{q}_{bibt}$ 不参与优化，因此调整 t 时刻位姿时无需重新积分。鉴于 IMU 数据离散，VINS－FUSION 采用中值积分方法，使用两帧间平均角速度 $\boldsymbol{\omega}$ 和加速度进行 IMU 预积分。改写后的积分公式如下：

$$\boldsymbol{\omega}=\frac{[\hat{\boldsymbol{\omega}}(k)-\boldsymbol{b}_{g}(k)-\boldsymbol{\eta}_{g}(k)+\hat{\boldsymbol{\omega}}(k+1)-\boldsymbol{b}_{g}(k+1)-\boldsymbol{\eta}_{g}(k+1)]}{2} \tag{8-65}$$

定义任意 t 时刻 IMU 的真实加速度值为 $\boldsymbol{a}_{t}$，两帧之间用于积分的加速度值为两帧的平均加速度，由此计算得到 IMU 的预积分量，见式(8-67)。

$$\boldsymbol{a}_{t}=\boldsymbol{q}_{bibt}(\hat{\boldsymbol{a}}(t)-\boldsymbol{b}_{a}(t)-\boldsymbol{\eta}_{a}(t))-\boldsymbol{g} \tag{8-66}$$

$$\boldsymbol{\alpha}_{bkbk+1}=\boldsymbol{\alpha}_{bibk}+\boldsymbol{\beta}_{bibk}\delta t+\frac{1}{2}\boldsymbol{a}_{t}\delta t^{2},\boldsymbol{\beta}_{bkbk+1}=\boldsymbol{\beta}_{bibk}+\boldsymbol{a}_{t}\delta t,\boldsymbol{\gamma}_{bk+1}^{bi}=\boldsymbol{\gamma}_{bk}^{bi}\otimes\begin{bmatrix}1\\ \frac{1}{2}\boldsymbol{\omega}\delta t\end{bmatrix} \tag{8-67}$$

8.5.2 初始化

VIO 系统在初始化过程中确定系统的重力方向以对齐惯性系统的重力方向，并提供其初始速度和偏置。

(1) 滑动窗口 SFM

单目相机的成像过程会失去尺度，仅依靠单张图像信息无法确定图像中的点位于世界坐标系的位姿，需要确定匹配视觉结构与距离尺度的参数。

初始化前，筛选关键帧需满足：出现新特征点或视差超阈值。筛选后，通过 SFM (structure from motion) 恢复相机位姿，设定滑动窗口。新帧进入时，对比特征点追踪稳定性，选稳定帧为参考，计算相对位姿。

相机位姿计算过程：参考帧需满足两帧间稳定追踪的特征点数达到设定值且视差超阈值。若滑动窗口内无合适参考帧，则最新帧保留在滑动窗口内，等待新帧进入。选定参考帧后，用五点法计算两帧间的旋转矩转和平移矩阵。

完成最新帧与参考帧的相对位姿估计后，通过三角测量计算特征点的三维坐标。对滑动窗口内每帧使用 SFM 三角化的特征点求解 PnP 问题，确定其余帧位姿。随后进行 BA 优化，最小化三角点误差，优化各帧位姿。系统初始化时需对齐参考坐标系与惯性坐标系的重力方向，选择 SFM 过程中的第一帧作为初始参考坐标系，记为上标 $c0$。PnP 求得的相机位姿（$\overline{\boldsymbol{p}}_{ck}^{c0}$，$\boldsymbol{q}_{ck}^{c0}$）基于此初始参考系，通过相机与 IMU 位姿转换关系（$\boldsymbol{p}_c^b$，$\boldsymbol{q}_c^b$），将相机位姿转换至 IMU 坐标系下，见式(8-68)。

$$\boldsymbol{q}_{bk}^{c0}=\boldsymbol{q}_{ck}^{c0}\otimes(\boldsymbol{q}_c^b)^{-1},s\overline{\boldsymbol{p}}_{bk}^{c0}=s\overline{\boldsymbol{p}}_{ck}^{c0}-\boldsymbol{R}_{bk}^{c0}\boldsymbol{p}_c^b \tag{8-68}$$

凭此关系转换，求解出尺度参数 s，实现相机的初始化。

（2）视觉 IMU 对齐及校准

陀螺仪偏差校正通过分析滑动窗口内连续两帧的 IMU 角速度信息进行。利用 IMU 坐标系下的姿态 $\boldsymbol{q}_{bk}^{c0}$ 和 $\boldsymbol{q}_{bk+1}^{c0}$，结合旋转约束估计角速度偏置。通过 IMU 预积分的相对约束 $\widehat{\gamma}_{bk+1}^{bk}$ 及其协方差计算的偏置 Jacobian 矩阵，求出相对约束的一阶近似，代入最小化代价函数中求解陀螺仪偏置的初始校准值：

$$\min\sum_{k\in B}\|\boldsymbol{q}_{bk+1}^{c0}{}^{-1}\otimes\boldsymbol{q}_{bk}^{c0}\otimes\gamma_{bk+1}^{bk}\|^2\rightarrow\gamma_{bk+1}^{bk}\approx\widehat{\gamma}_{bk+1}^{bk}\otimes\begin{bmatrix}1\\ \dfrac{1}{2}\boldsymbol{J}_{b_\omega}^{\gamma}\delta\boldsymbol{b}_\omega\end{bmatrix} \tag{8-69}$$

在完成相机与 IMU 对齐后，需要对速度、重力和尺度进行初始化。待估计状态量 $\boldsymbol{\chi}_I$ 的组成：$\boldsymbol{v}_{bk}^{bk}$ 是第 k 帧图像本体坐标系的速度；$\boldsymbol{g}^{c0}$ 是在 $c0$ 坐标系下的重力向量；s 是单目 SFM 到公制单位的尺度。考虑两个连续的帧 bk 和 $bk+1$ 在窗口中有式(8-71)，将式(8-69)与式(8-68)进行合并可得到线性测量模型：

$$\boldsymbol{\chi}_I=[\boldsymbol{v}_{b0}^{b0},\boldsymbol{v}_{b1}^{b1},\boldsymbol{v}_{b2}^{b2},\cdots,\boldsymbol{v}_{bn}^{bn},\boldsymbol{g}^{c0},s] \tag{8-70}$$

$$\begin{aligned}\boldsymbol{\alpha}_{bk+1}^{bk}&=\boldsymbol{R}_{c0}^{bk}\left(s(\overline{\boldsymbol{p}}_{bk+1}^{c0}-\overline{\boldsymbol{p}}_{bk}^{c0})+\frac{1}{2}\boldsymbol{g}^{c0}\delta t^2-\boldsymbol{R}_{bk}^{c0}\boldsymbol{v}_{bk}^{bk}\delta t\right)\\ \boldsymbol{\beta}_{bk+1}^{bk}&=\boldsymbol{R}_{c0}^{bk}\left(\boldsymbol{R}_{bk+1}^{c0}\boldsymbol{v}_{bk+1}^{bk+1}+\boldsymbol{g}^{c0}\delta t-\boldsymbol{R}_{bk}^{c0}\boldsymbol{v}_{bk}^{bk}\right)\end{aligned} \tag{8-71}$$

$$\boldsymbol{z}_{bk+1}^{bk}=\begin{bmatrix}\widehat{\boldsymbol{\alpha}}_{bk+1}^{bk}-\boldsymbol{p}_c^b+\boldsymbol{R}_{c0}^{bk}\boldsymbol{R}_{bk+1}^{c0}\boldsymbol{p}_c^b\\ \widehat{\boldsymbol{\beta}}_{bk+1}^{bk}\end{bmatrix} \tag{8-72}$$

完成线性模型整合后，通过最小二乘法求解每帧窗口内的本体坐标系 $c0$ 的速度、重力向量和尺度参数。初始化零偏、尺度、重力向量和速度后，调整重力向量，得出初始坐标系与世界坐标系的旋转矩阵，完成单目相机与 IMU 传感器的初始化，校准轨迹至全局坐标系。

8.5.3 基于滑动窗口的局部 BA 优化

（1）目标函数建立

后端优化采用滑动窗口局部 BA 优化进行位姿估计。完成图像数据三角化获取特征点深度及 PnP 求解当前位姿后，进行后端优化，确定系统估计状态参数，包括机器人三维位置和姿态、相机特征点深度或三维位置，以及 IMU 的速度和偏置。

$$\boldsymbol{\chi}=[p_0,R_0,p_1,R_1,\cdots,p_n,R_n,x_{cam},x_{imu}] \tag{8-72}$$

$$\boldsymbol{x}_{cam}=[\lambda_0,\lambda_1,\cdots,\lambda_n],\boldsymbol{x}_{imu}=[\boldsymbol{v}_0,\boldsymbol{b}_{a0},\boldsymbol{b}_{g0},\boldsymbol{v}_1,\boldsymbol{b}_{a1},\boldsymbol{b}_{g1},\cdots,\boldsymbol{v}_n,\boldsymbol{b}_{gn},\boldsymbol{b}_{gn}] \tag{8-73}$$

p_n、R_n 为机体位姿，机体中心与传感器中心之间的平移已知，故用传感器中心位姿来代替机体位姿，当使用纯双目相机时，选用左目相机位姿作为机体位姿；使用双目＋IMU 版本相机时，选用 IMU 位姿作为机体位姿。$\boldsymbol{x}_{cam}$ 为相机状态估计变量，由起始帧特征点逆深度组成；$\boldsymbol{x}_{imu}$ 为 IMU 相关变量，由速度和偏置组成。进行状态估计，基于测量数据独立的前提下，构建最大似然估计问题：

$$\boldsymbol{\chi}^*=[\boldsymbol{\chi}=\underset{\boldsymbol{\chi}}{\operatorname{argmin}}\prod_{t=0}^{n}\prod_{k\in S}p(\boldsymbol{z}_t^k\mid\boldsymbol{\chi}) \tag{8-74}$$

假设 S 为一组来自传感器的测量数据，其不确定性服从高斯分布，$p(\boldsymbol{z}_t^k,\boldsymbol{\chi})\sim N(\boldsymbol{z}_t^k,\boldsymbol{\Omega}_1^k)$；马氏范数被定义为 $\|\boldsymbol{r}\|_{\Omega}^2=\boldsymbol{r}^{\mathrm{T}}\boldsymbol{\Omega}^{-1}-\boldsymbol{r}$；$\boldsymbol{h}(\cdot)$ 为传感器模型。对负似然对数改写：

$$\boldsymbol{\chi}^*=[\boldsymbol{\chi}=\underset{\boldsymbol{\chi}}{\operatorname{argmax}}\prod_{t=0}^{n}\prod_{k\in S}\exp\left(-\frac{1}{2}\|z_t^k-h_t^k(\boldsymbol{\chi})\|_{\Omega_1^k}^2\right)=\underset{\boldsymbol{\chi}}{\operatorname{argmin}}\prod_{t=0}^{n}\prod_{k\in S}\|\boldsymbol{z}_t^k-h_t^k(\boldsymbol{\chi})\|_{\Omega_1^k}^2 \tag{8-75}$$

(2) 传感器残差构建及优化

优化的残差函数主要由三部分组成：视觉残差、IMU 残差和边缘化过程产生的先验误差。

视觉部分通过分析重投影误差来实施视觉约束，对在归一化坐标系中比较特征点的实际观测位置与理论投影位置之间的偏差进行求解。相机残差用特征点的观测残差表示，记第 i 时刻图像首次观察到特征点 l，而在 t 时刻再次观测到该特征点的观测残差如下：

$$\boldsymbol{z}_t^l-\boldsymbol{h}_t^l(\boldsymbol{\chi})=\boldsymbol{z}_t^l-\boldsymbol{h}_t^l(\boldsymbol{p}_i,\boldsymbol{R}_i,\boldsymbol{p}_l,\boldsymbol{R}_l,\lambda_l)=\begin{bmatrix}u_t^l\\ v_t^l\end{bmatrix}-\boldsymbol{\pi}_c\left(\boldsymbol{T}_c^{b-1}\boldsymbol{T}_t^{-1}\boldsymbol{T}_i\boldsymbol{T}_c^b\boldsymbol{\pi}_c^{-1}\left(\lambda_{-1},\begin{bmatrix}u_i^l\\ v_i^l\end{bmatrix}\right)\right) \tag{8-76}$$

式中，$[u_i^l \quad v_i^l]$ 为 i 时刻观测到的特征点 l 的位置；$[u_t^l \quad v_t^l]$ 为 t 时刻观测到的特征点 l 的位置；$\boldsymbol{\pi}_c$ 和 $\boldsymbol{\pi}_c{}^{-1}$ 为投影和反投影函数，由相机模型决定；$\boldsymbol{T}$ 为四阶变换矩阵；$\boldsymbol{T}_c^b$ 为相机外参。

在完成传感器残差构建后，解决状态估计的非线性最小二乘问题，代价函数相对于初始的状态估计 $\hat{\boldsymbol{\chi}}$ 线性化近似。对状态估计变量 $\delta\boldsymbol{\chi}$ 求解，通过流形上的加法运算进行状态更新 $\hat{\boldsymbol{\chi}}=\hat{\boldsymbol{\chi}}\oplus\delta\boldsymbol{\chi}$。对该过程进行迭代直至收敛：

$$\underset{\boldsymbol{\chi}}{\operatorname{argmin}}\sum_{t=0}^{n}\sum_{k\in S}\|e_t^k+J_t^k\delta\boldsymbol{\chi}\|_{\Omega_t^k}^2 \tag{8-77}$$

(3) 滑动窗口边缘化

为提高计算效率，SLAM 系统采用滑动窗口限制状态变量规模，仅优化窗口内的状态变量。新关键帧加入时，旧关键帧从窗口中剔除，通过边缘化处理保留旧帧对新帧的约束。边缘化过程将边缘状态的测量值转换为先验，优化问题被拆解为边缘化状态 $\boldsymbol{\chi}_m$ 和保留状态

$\boldsymbol{\chi}_r$，通过累加边缘化因子并进行舒尔补操作简化矩阵，构造新的先验 H_p、b_p：

$$\begin{bmatrix} H_{mm} & H_{mr} \\ H_{rm} & H_{rr} \end{bmatrix} \begin{bmatrix} \delta\boldsymbol{\chi}_m \\ \delta\boldsymbol{\chi}_r \end{bmatrix} = \begin{bmatrix} b_m \\ b_r \end{bmatrix} \rightarrow \underbrace{(H_{rr} - H_{mm} H_{mm}^{-1} H_{mr})}_{H_p} \delta\boldsymbol{\chi}_r = \underbrace{b_r - H_{mm} H_{mm}^{-1} b_m}_{b_p} \tag{8-78}$$

边缘化状态信息保存在先验项中，获取了先验信息后，计算后验，将状态估计转化成最大后验问题。假定滑动窗口保留 m 到 n 时刻状态，m 时刻之前状态被边缘化，其对滑动窗口内状态的约束保留在先验项中，边缘化处理后的最大后验估计问题如下：

$$\begin{aligned} \boldsymbol{\chi}_{m:n}^{*} &= \underset{\boldsymbol{\chi}_{m:n}}{\operatorname{argmax}} \prod_{t=m}^{n} \prod_{k \in S} p(\boldsymbol{z}_t^k \mid \boldsymbol{\chi}_{m:n}) p(\boldsymbol{\chi}_{m:n}) \\ &= \underset{\boldsymbol{\chi}}{\operatorname{argmin}} \sum_{t=m}^{n} \sum_{k \in S} \| \boldsymbol{z}_t^k - \boldsymbol{h}_t^k \delta(\boldsymbol{\chi}_{m:n}) \|_{\Omega_t^k}^2 + (H_p \delta\boldsymbol{\chi}_{m:n} - b_p) \end{aligned} \tag{8-79}$$

8.5.4 回环检测

滑动窗口优化与边缘化措施的结合有效降低了位姿估计的计算难度，但其导致过程中每帧产生的漂移传递到了下一帧，从而使全局位姿产生了累积漂移。故需要加入回环检测进行重定位，对全局位姿进行优化，以得到更精确的轨迹。

VINS-FUSION 使用 DBow2 进行回环检测，通过增加 Fast 角点并计算 BRIEF 描述子，以便于匹配和检索。BRIEF 描述子用于查询可视化数据库，DBoW2 通过时空一致性检验筛选相似候选帧。系统仅保留 BRIEF 描述子以节省内存。检测到回环时，先查找数据库中的 BRIEF 描述子，再进行匹配来确定最佳闭环候选帧。为减少外点，遍历特征点计算重投影误差，均值超 3 像素即剔除外点。之后计算当前帧与闭环帧的位姿差，利用 BRIEF 描述子匹配点，若匹配数超阈值并通过 PNP 计算，且位姿误差小于设定值，则确认闭环。

闭环检测后，滑动窗口内位姿序列与历史位姿图对齐，以回环帧为基准优化滑动窗口内位姿。结合 IMU、局部视觉及回环检测数据，共同优化滑动窗口。多回环时，同时优化所有帧的回环特征，通过多角度限制提高重定位精度和连续性。使用图优化技术（如 g2o、GTSAM）来全局优化所有关键帧位姿，最小化总误差，消除累积漂移，提升轨迹一致性。

8.5.5 实验验证

（1）实验平台

实验设备：DELL G15 5520 笔记本电脑，其具体配置可见表 8-4，实物见图 8-47。实验在 Ubuntu 20.04 操作系统下进行，相应环境配置为 ROS（robot operating system）noetic 版本，所使用的开源工具库有图像处理算法库 OpenCV（open source comput vision library）、C++开源线性代数库 Eigen 和 Google 开发的开源非线性优化库 Ceres。

表 8-4　笔记本电脑配置

笔记本电脑型号	CPU	GPU	系统版本
DELL G15 5520	12500H	RTX 350Ti	Ubuntun 20.04

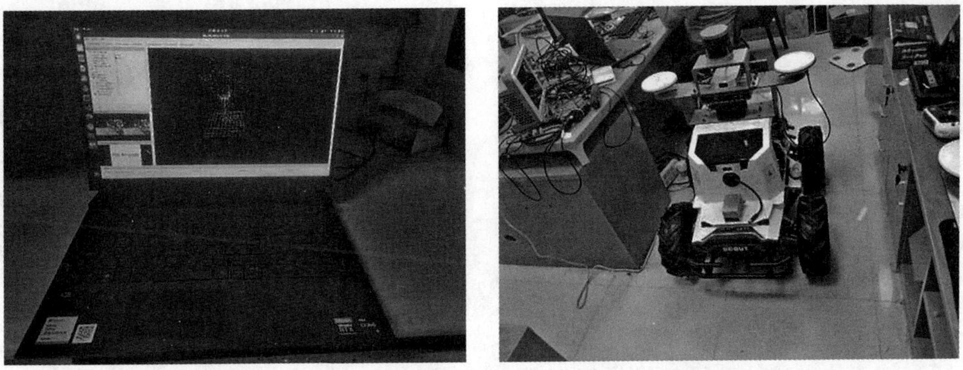

图 8-47　左侧为 DELL G15 5520 笔记本电脑，右侧为松灵小车 Agilex hunter

实车部署的硬件实验平台由搭载了 ZED 2i 双目相机（内置 IMU，相机规格和参数见表 8-5）的松灵小车 Agilex hunter 构成，实验场地为重庆大学 A 区，以此为基础完成对 VINS-FUSION 进行实车部署和验证。松灵小车 Agilex hunter 与 ZED 2i 相机的实物图见图 8-47、图 8-48。

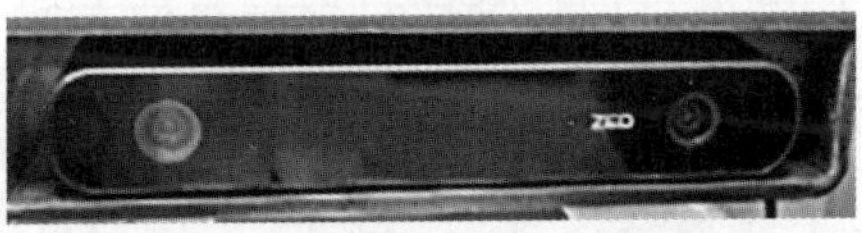

图 8-48　ZED 2i 双目相机

表 8-5　ZED 2i 相机规格参数

参数	双目相机	IMU
视角	Max. 72°(H)×44°(V)×81°(D)	—
分辨率	640×360	加速度计为 0.244mg；陀螺仪为 0.03dps
帧率	最高 100Hz，可调	400Hz
基线	120mm	—
深度范围	1.5～35 m	—

(2) 实验结果

在重庆大学校园七个地点（新华园、校门口、民主湖、宿舍、校医院、江边、操场）采集数据，运行 VINS-FUSION 的纯双目相机和双目＋IMU 版本相机进行轨迹分析。图 8-49 给出了 cq01 新华园数据轨迹。使用 evo 工具评估输出轨迹的 APE 和 RPE，对比双目＋IMU 版本相机和纯双目版本相机的性能，如表 8-6 所示。

对七个校园数据集的 APE 和 RPE 分析显示：在 APE 对比中，仅 cq04 和 cq05 的

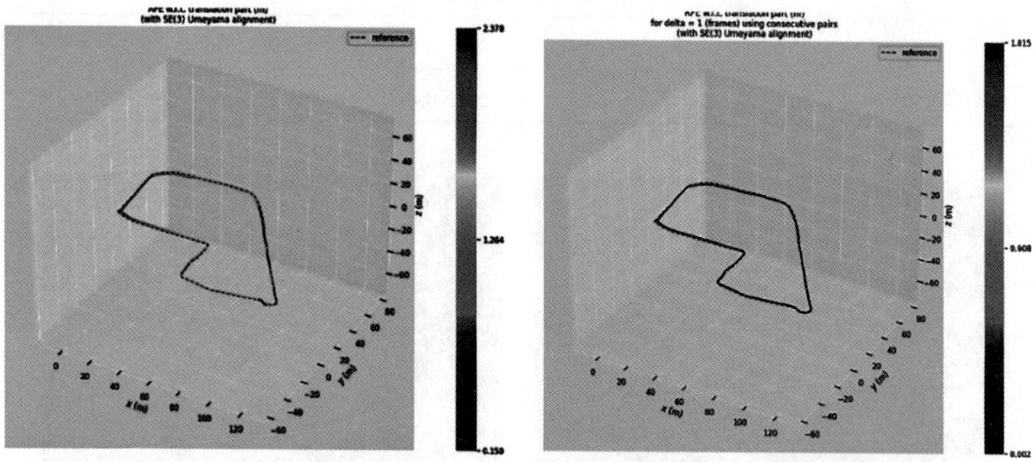

图 8-49　cq01 新华园数据轨迹图（左侧为绝对位姿估计，右侧为相对位姿估计）

RMSE 和 STD 结果是纯双目相机优于双目+IMU 相机，其余五个数据集均为双目+IMU 相机优于纯双目相机；在 RPE 分析中，七个数据集均显示双目+IMU 相机的轨迹漂移更小。综上，双目+IMU 相机的综合表现优于纯双目相机。

表 8-6　APE 和 RPE 评估参数对比结果　　单位：m

数据集序列	双目+IMU 相机				纯双目相机			
	RMSE		STD		RMSE		STD	
	APE	RPE	APE	RPE	APE	RPE	APE	RPE
cq01	**1.5464**	**0.0701**	**1.5178**	**0.024**	3.0394	0.0758	2.0661	0.0279
cq02	**9.1429**	**0.0609**	**7.5534**	**0.0259**	12.0981	0.0616	9.4810	0.0298
cq03	**4.8832**	**0.0554**	**3.6428**	**0.0251**	5.4716	0.0698	4.9700	0.0295
cq04	5.2432	**0.0596**	4.1012	**0.0299**	**2.6221**	0.0658	**1.9718**	0.0346
cq05	**6.4719**	**0.0613**	**5.7383**	**0.0266**	6.6254	0.0767	5.8442	0.0325
cq06	**7.6848**	**0.1752**	**7.1427**	**0.0285**	7.9823	0.1876	7.2682	0.0317
cq07	5.8177	**0.0281**	3.2481	**0.0185**	**5.6426**	0.0313	**2.6797**	0.0228

综合上述实验结果对比，可见视觉传感器与 IMU 融合能够提供更好的定位效果，系统的精度以及鲁棒性得到提升。

参 考 文 献

[1] Guo Y J, Dong H Y, Ke Y L. Stiffness-oriented posture optimization in robotic machining applications [J]. Robotics and Computer-Integrated Manufacturing, 2015, 35: 69-76.

[2] Yuan L, Pan Z X, Ding D H, et al. A review on chatter in robotic machining process regarding both regenerative and mode coupling mechanism [J]. IEEE/ASME Transactions on Mechatronics, 2018, 23 (5): 2240-2251. [LinkOut]

[3] Song Y X, Lv H B, Yang Z H. An adaptive modeling method for a robot belt grinding process [J]. IEEE/ASME Transactions on Mechatronics, 2012, 17 (2): 309-317.

[4] Li W L, Xie H, Zhang G, et al. 3-D shape matching of a blade surface in robotic grinding applications [J]. IEEE/

ASME Transactions on Mechatronics，2016，21 (5)：2294-2306.

[5] Kaur S，Awasthi L K，Sangal A L，et al. Tunicate Swarm Algorithm：A new bio-inspired based metaheuristic paradigm for global optimization [J]. Engineering Applications of Artificial Intelligence，2020，90：103541.

[6] Li W L，Wang G，Zhang G，et al. A novel path generation method of onsite 5-axis surface inspection using the dual-cubic NURBS representation [J]. Measurement Science and Technology，2016，27 (9)：095003. [LinkOut]

[7] Kawasaki T，Jayaraman P K，Shida K，et al. An image processing approach to feature-preserving B-spline surface fairing [J]. Computer-Aided Design，2018，99：1-10.

[8] Si D C，Wang J G，Wei G，et al. Method and experimental study of voltage measurement based on electric field integral with Gauss-Legendre algorithm [J]. IEEE Transactions on Instrumentation and Measurement，2020，69 (6)：2771-2778.

[9] Dubey R，Luh J Y S. Redundant robot control using task based performance measures [J]. Journal of Robotic Systems，1988，5 (5)：409-432.

[10] 王刚．航空蒙皮机器人铣削加工位姿参数标定与光顺路径规划 [D]. 武汉：华中科技大学，2021.

[11] Liu D Y，Arai S，Miao J Q，et al. Point pair feature-based pose estimation with multiple edge appearance models (PPF-MEAM) for robotic Bin picking [J]. Sensors，2018，18 (8)：2719.

[12] Drost B，Ulrich M，Navab N，et al. Model globally，match locally：Efficient and robust 3D object recognition [C]//Proceedings of IEEE Computer Society Conference on Computer Vision and Pattern Recognition. June 13-18，2010，San Francisco，CA，USA. Piscataway，NJ：IEEE，2010：998-1005.

[13] Lavalle S M . Rapidly-exploring random trees：A new tool for path planning [J]. The annual research report，1998.

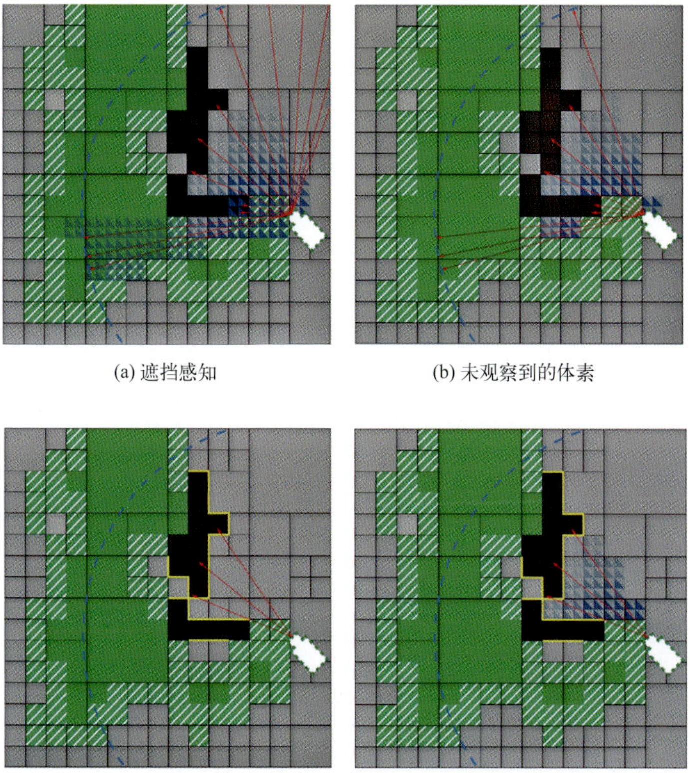

(a) 遮挡感知　　(b) 未观察到的体素

(c) 后侧体素　　(d) 后侧熵

图 4-8　不同种类的体素信息示意图

[图中不同元素所代表的含义：占用体素（黑色）、未知体素（灰色）、空置体素（绿色）区域、一个候选视点（白色相机）、边界体素（白色条纹）、未知体素边界（黄色）、模拟射线（红色）、最大射线长度（蓝色虚线圈）和 VI 权重（蓝色三角形的不透明度）]

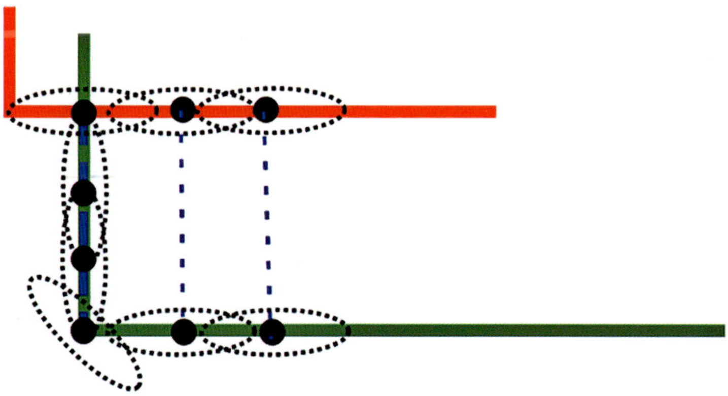

图 5-6　GICP 面到面匹配

红线—目标点云；绿线—源点云；黑色圆点—待匹配点对；

黑色椭圆形虚线—每个点的分布；蓝色虚线—匹配关系

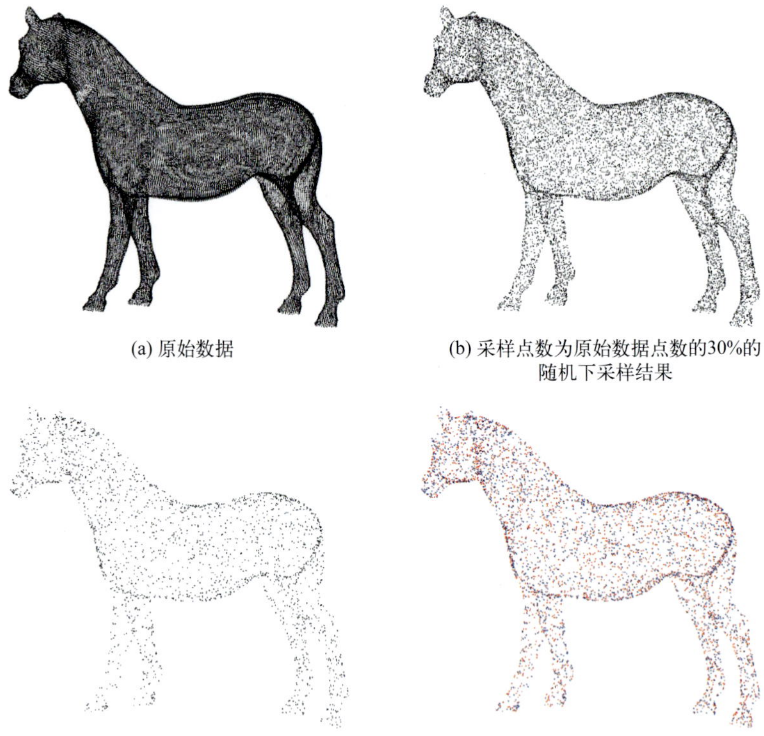

(a) 原始数据

(b) 采样点数为原始数据点数的30%的随机下采样结果

(c) 采样点数为原始数据点数的5%的随机下采样结果

(d) 两次采样点数为原始数据点数的5%的随机下采样结果(红色与蓝色)

图 6-1 不同参数的随机下采样结果

黑色点云—原始数据、采样数据；蓝色点云—第一次随机下采样结果；

红色点云—第二次随机下采样结果

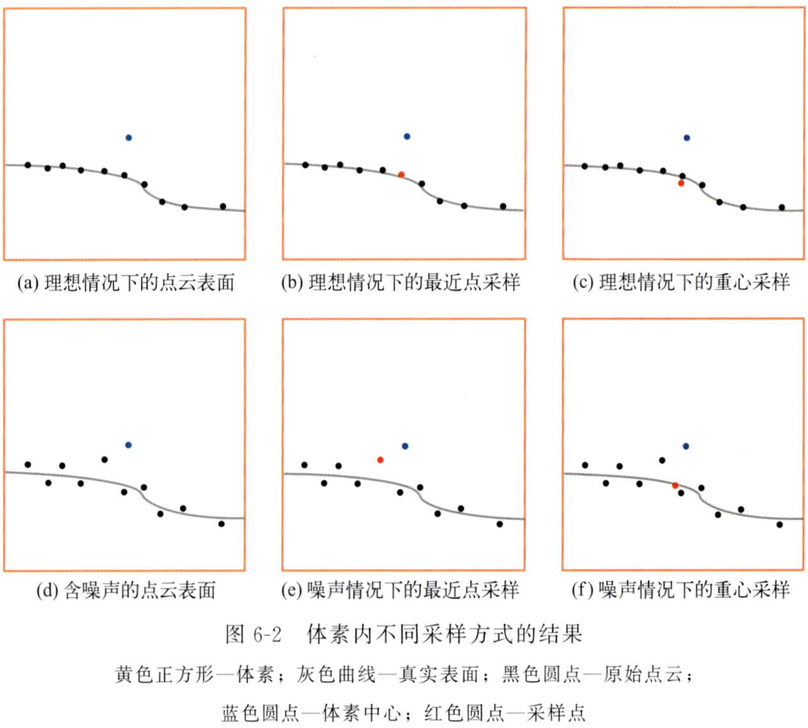

(a) 理想情况下的点云表面

(b) 理想情况下的最近点采样

(c) 理想情况下的重心采样

(d) 含噪声的点云表面

(e) 噪声情况下的最近点采样

(f) 噪声情况下的重心采样

图 6-2 体素内不同采样方式的结果

黄色正方形—体素；灰色曲线—真实表面；黑色圆点—原始点云；

蓝色圆点—体素中心；红色圆点—采样点

(a) 原始数据　　(b) r为0.003的体素下采样结果　　(c) r为0.005的体素下采样结果

图 6-3　不同参数的体素下采样结果

黑色点云—原始数据、不同采样结果

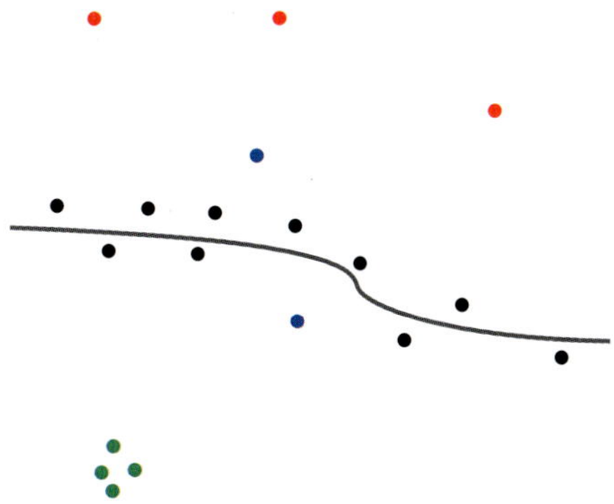

图 6-10　噪声点与离群点区别

灰色曲线—真实表面；黑色圆点—点云数据；蓝色圆点—噪声点；

红色圆点—稀疏型离群点；绿色圆点—稠密型离群点

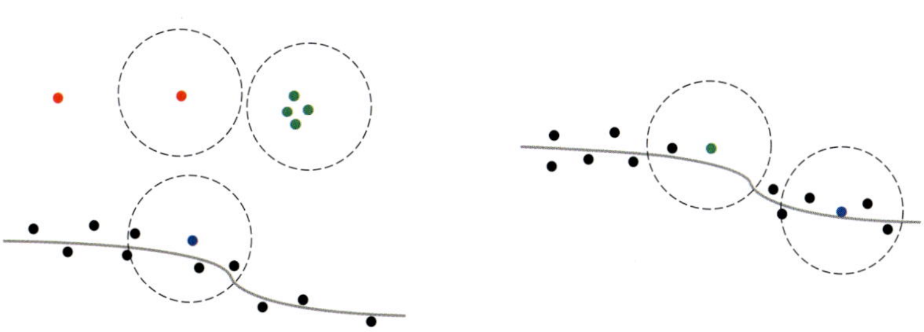

(a) 正常情况　　(b) 点云密度不均匀的情况

图 6-11　半径滤波在不同情况下的处理

灰色曲线—真实曲面；黑色圆点—正常点云数据；红色圆点—稀疏型离群点；

蓝色圆点—正常点云数据；绿色圆点—在（a）中为稠密型离群点，

在（b）中为点云稀疏区域的点；灰色圆形虚线—搜索范围

(a) 原始点云数据　　(b) 增加噪声后的点云数据

(c) N_{thr}为5、r为0.005的半径滤波结果　　(d) N_{thr}为8、r为0.005的半径滤波结果

图 6-12　不同参数的半径滤波结果

黑色点云—原始数据；红色点云—随机产生的离群点

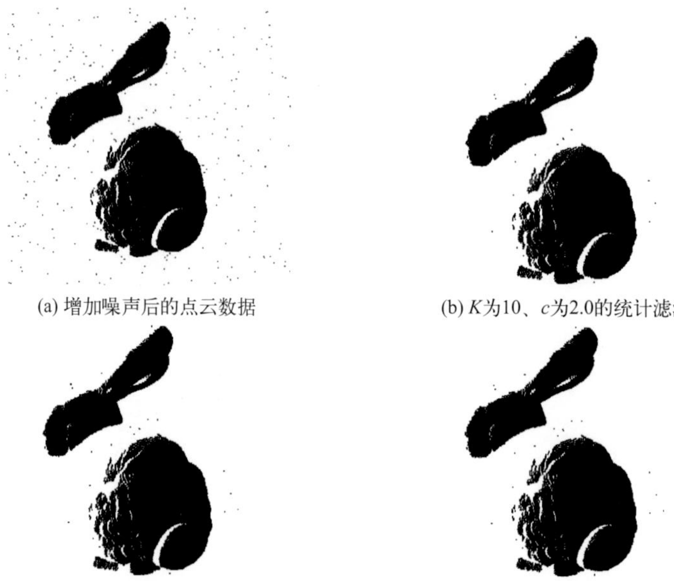

(a) 增加噪声后的点云数据　　(b) K为10、c为2.0的统计滤波结果

(c) K为10、c为2.5的统计滤波结果　　(d) K为30、c为2.0的统计滤波结果

图 6-13　不同参数的统计滤波结果

黑色点云—原始数据；红色点云—随机产生的离群点

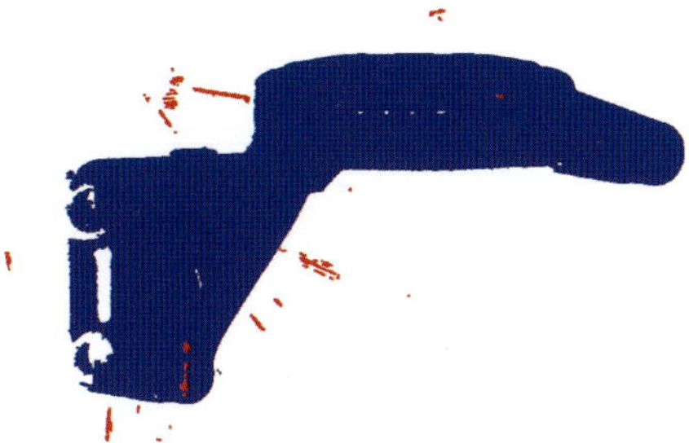

(a) 离群点(红色)与正常点云(蓝色)

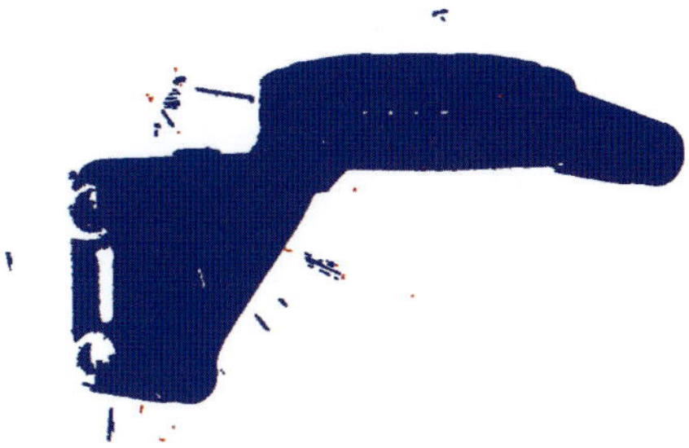

(b) 半径滤波结果

(c) 统计滤波结果

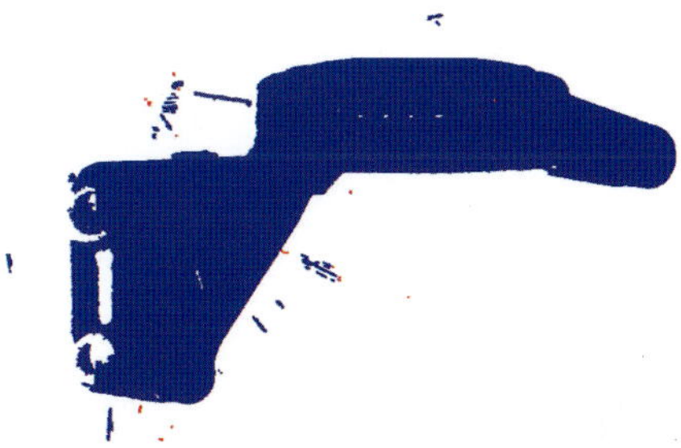

(d) LOF结果

图 6-15　不同点云去噪方法的稠密型离群点去除效果对比

红色点云—原始离群点（a）、检测到的离群点（b）～（d）；

蓝色点云—原始正常数据（a）、检测到的正常数据（b）～（d）

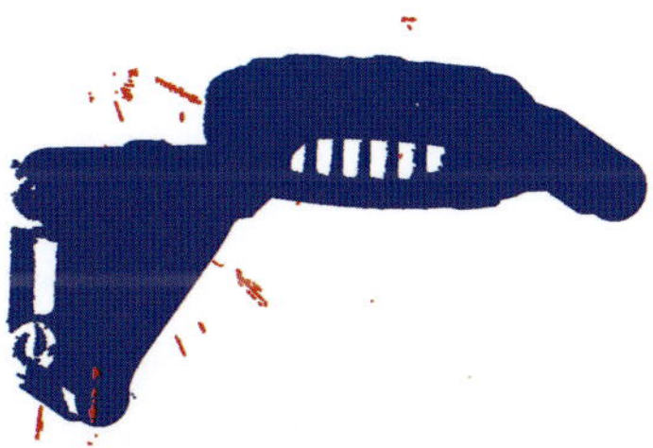

(a) 离群点(红色)与正常数据(蓝色)

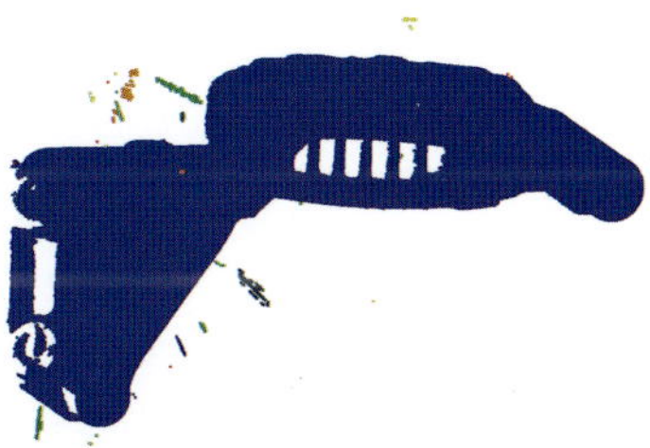

(b) 聚类结果(不同颜色对应不同类别)

(c) 聚类法去噪结果，离群点占比2%

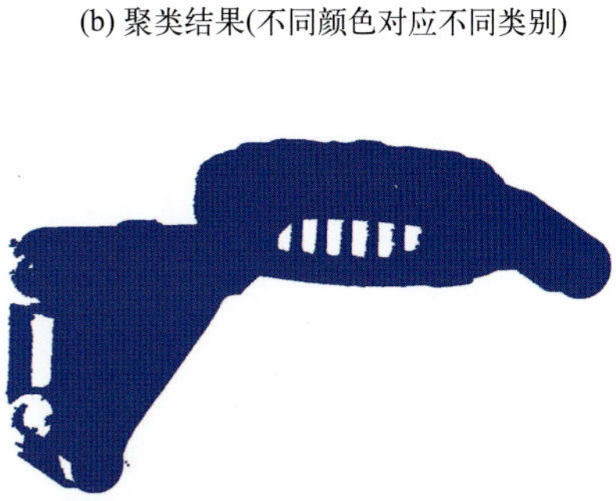

(d) 聚类法去噪结果，离群点占比0.5%

图 6-16　聚类结果与不同参数下的聚类法去噪效果

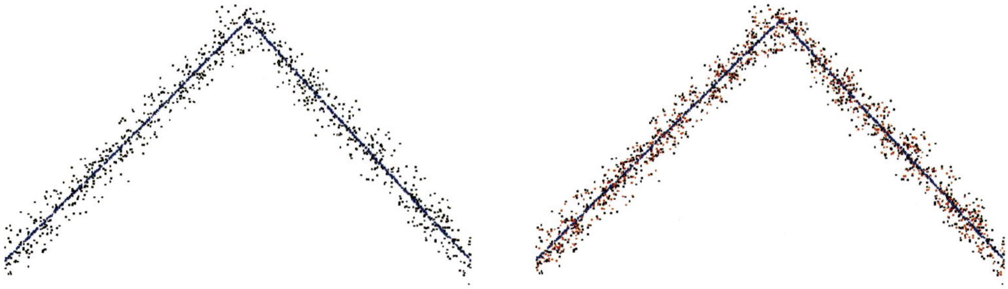

(a) 原始数据与真实表面　　　　(b) 中值滤波结果

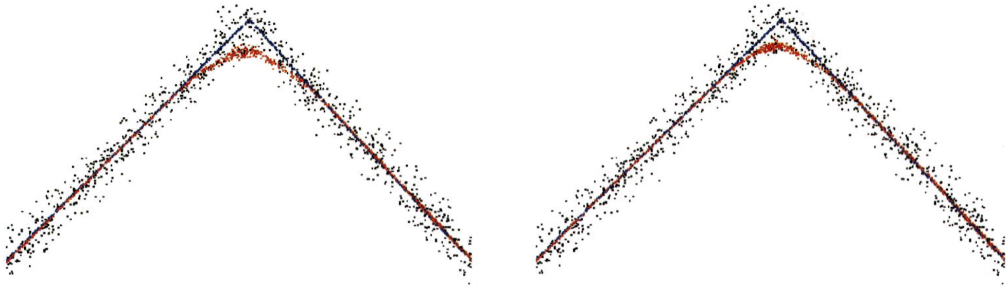

(c) 均值滤波结果　　　　(d) 高斯滤波结果

图 6-18　不同点云光顺方法对比

黑色点云—含噪声的原始点云数据；蓝色点云—真实表面点云；

红色点云—双边滤波结果点云

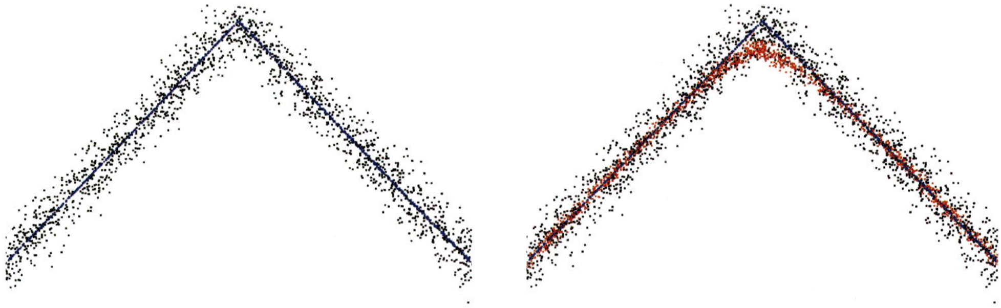

(a) 原始数据与真实表面　　　　(b) 拉普拉斯滤波结果

图 6-19　某点云噪声表面的拉普拉斯滤波结果

黑色点云—含噪声的原始点云数据；蓝色点云—真实表面点云；

红色点云—双边滤波结果点云

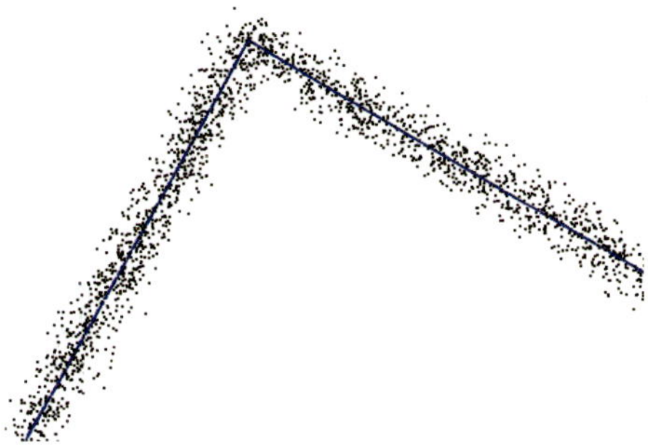

(a) 原始数据与真实表面

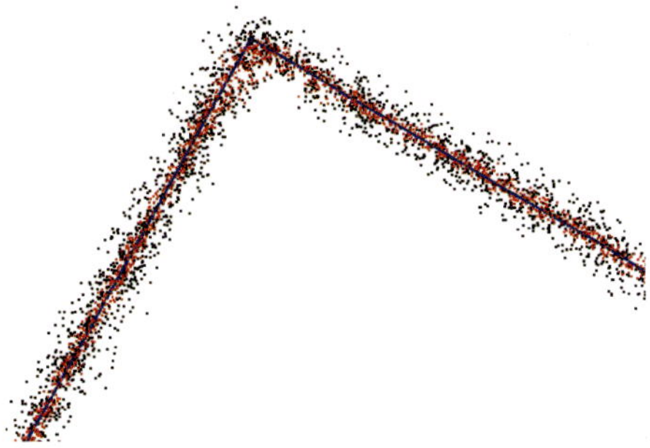

(b) 迭代一次的双边滤波结果

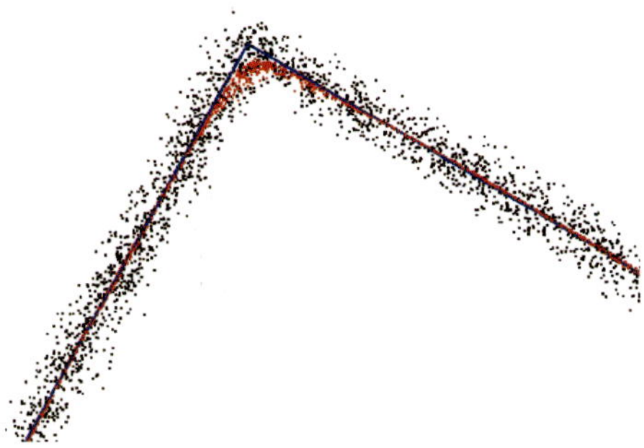

(c) 迭代两次的双边滤波结果

图 6-20　双边滤波结果

黑色点云—含噪声的原始点云数据；蓝色点云—真实表面点云；

红色点云—双边滤波结果点云

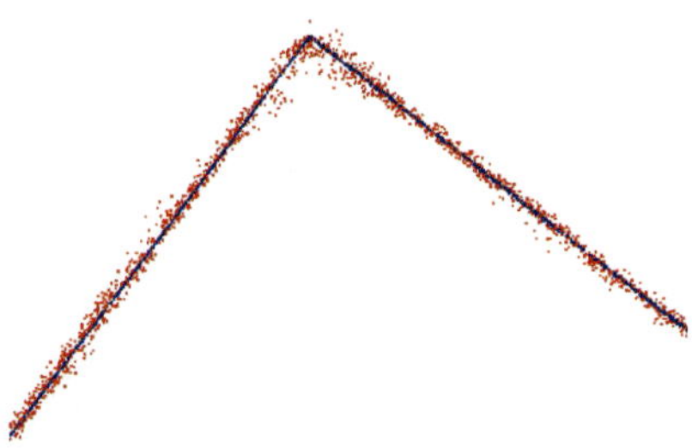

(a) σ_n为0.007的双边滤波结果

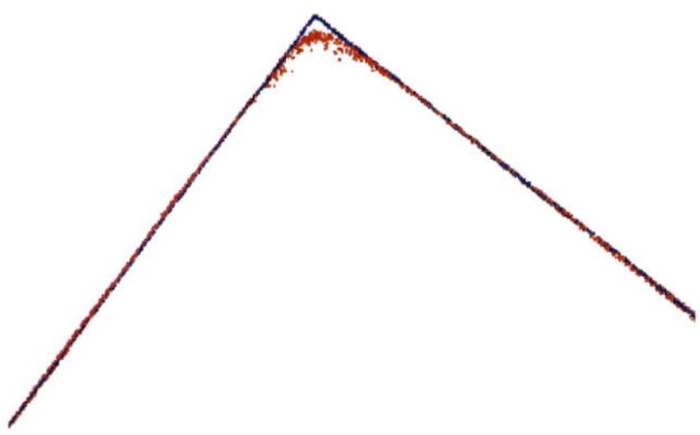

(b) σ_n为0.016的双边滤波结果

图 6-21　不同参数下的双边滤波结果

蓝色点云—真实表面点云；红色点云—双边滤波结果点云

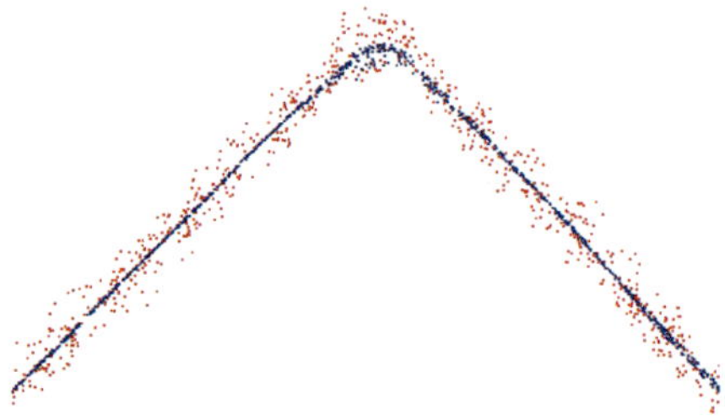

(a) 中值滤波与双边滤波对比

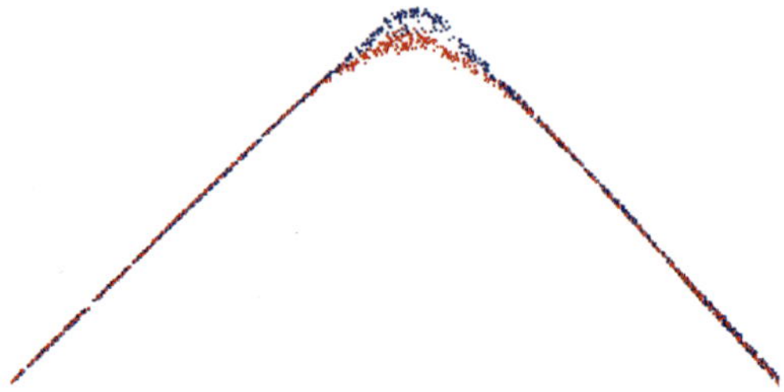

(b) 均值滤波与双边滤波对比

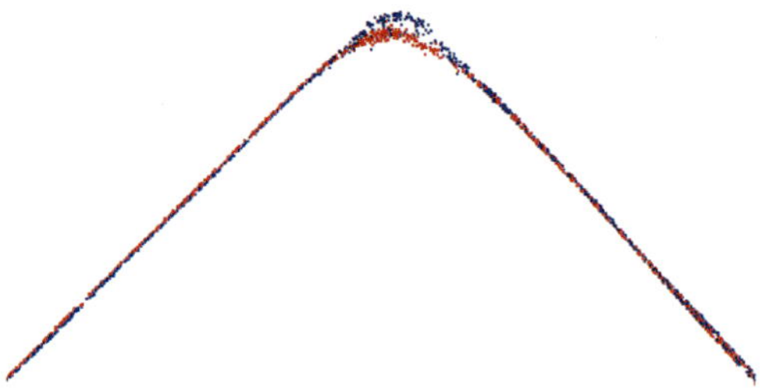

(c) 高斯滤波与双边滤波对比

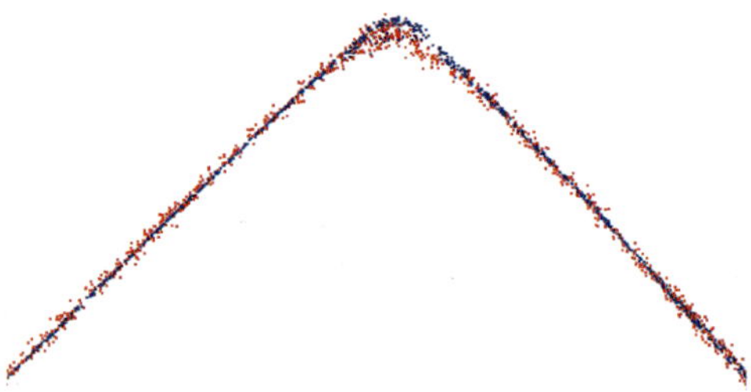

(d) 拉普拉斯滤波与双边滤波对比

图 6-23　不同光顺方法与双边滤波的光顺效果对比

蓝色点云—双边滤波结果；红色点云—其他光顺方法结果

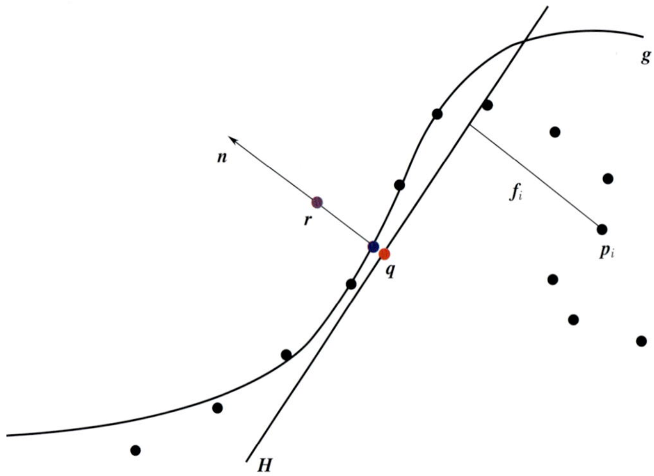

图 6-24　MLS 示意图

紫色点—待投影点；蓝色点—投影结果

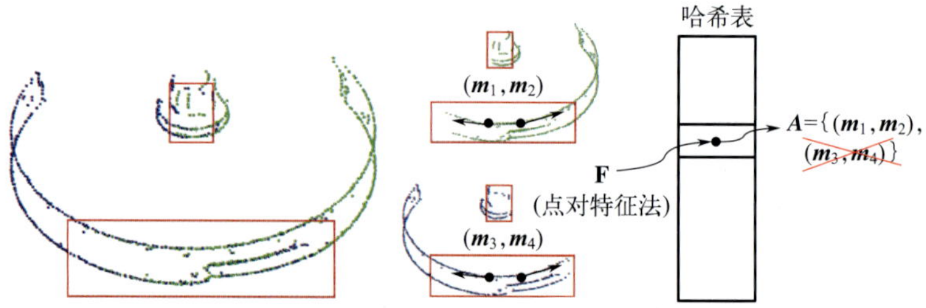

图 8-6　删除哈希表中来自不同视角下的相同点对